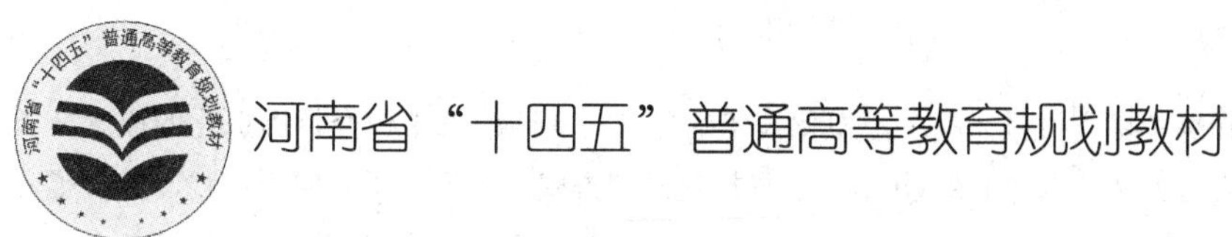

云计算虚拟化技术基础与实践

主　编　张世海　韩义波

副主编　邢静宇　刘　斌

参　编　单平平　张　政

西安电子科技大学出版社

内 容 简 介

本书主要介绍了云计算关键支撑技术——虚拟化技术的原理与实践。书中在介绍虚拟化的概念分类及实现技术的基础上，给出了基于 KVM 和 QEMU 的虚拟化配置方式、原理解析和应用实践，讨论了容器虚拟化技术 Docker 和容器集群管理工具 Kubernetes，阐述了容器虚拟化的实践应用，最后简单介绍了其他主流虚拟化技术，并对虚拟化技术的未来进行了展望。

全书共 13 章，主要内容包括云计算与虚拟化概述、虚拟化基础环境搭建、虚拟化实现技术、网络虚拟化实现技术、QEMU 虚拟化配置、QEMU 虚拟化原理、KVM 内核模块解析、KVM 及 QEMU 虚拟化应用实践、容器虚拟化技术基础、Docker 高级技术、容器集群管理、其他主流虚拟化技术以及虚拟化技术未来与展望。

本书为省级“十四五”普通高等教育规划教材，内容新颖，注重技术应用和实践操作，配套资源丰富，可作为应用型本科及高职高专计算机类专业相关课程的教材或相关领域技术人员的参考书。

图书在版编目(CIP)数据

云计算虚拟化技术基础与实践 / 张世海　韩义波主编. —西安：西安电子科技大学出版社，2022.1

ISBN 978-7-5606-6260-2

Ⅰ. ①云…　Ⅱ. ①张…　②韩…　Ⅲ. ①云计算—数字技术　Ⅳ. ①TP393.027

中国版本图书馆 CIP 数据核字(2021)第 235117 号

策划编辑　李惠萍
责任编辑　买永莲　雷鸿俊
出版发行　西安电子科技大学出版社(西安市太白南路 2 号)
电　　话　(029)88202421　88201467　　邮　　编　710071
网　　址　www.xduph.com　　电子邮箱　xdupfxb001@163.com
经　　销　新华书店
印刷单位　咸阳华盛印务有限责任公司
版　　次　2022 年 1 月第 1 版　2022 年 1 月第 1 次印刷
开　　本　787 毫米×1092 毫米　1/16　印 张 28
字　　数　666 千字
印　　数　1～2000 册
定　　价　64.00 元
ISBN 978 - 7 - 5606 - 6260 - 2 / TP

XDUP 6562001-1

如有印装问题可调换

前　言

从广义上说，云计算是与信息技术、软件、互联网相关的一种服务，是分布式计算、效用计算、负载均衡、并行计算、网络存储和虚拟化技术等计算机技术混合演进并跃升的结果。在 2020 年 7 月 29 日的可信云大会上，中国信息通信研究院发布《云计算发展白皮书(2020年)》。白皮书指出，未来，云计算将迎来下一个黄金十年，进入普惠发展期。云计算以服务的形态被使用已为业界所接受，当前，全球云计算市场稳定增长，我国公有云服务规模更是首超私有云。

云技术是一种能够抽象、汇集和共享整个网络中的可扩展资源的 IT 环境。虚拟化是一种可让用户以单个物理硬件系统为基础，创建多个模拟环境或专用资源的技术。虚拟化能将计算机的各种实体资源，如服务器、网络、内存及存储器等抽象转换后以软件的形式呈现出来，不受实体资源架设方式、地域或物理组态的限制。虚拟化的核心特点在于可以提高 IT 资源的使用敏捷性、灵活性和可扩展性，同时大幅节约成本。简而言之，云计算是一种环境，虚拟化是支撑云计算的一项基础技术。

近些年来，随着多核系统、集群、云计算和边缘计算的广泛部署，虚拟化技术在商业应用上的优势日益突显，不仅降低了 IT 成本，还增强了系统的安全性和可靠性，虚拟化的概念也逐渐深入人们日常的工作与生活中。

虚拟化技术是一套解决方案，完整的服务器虚拟化解决方案需要 CPU、主板芯片组、BIOS 和软件的支持。KVM(基于内核的虚拟机)作为一个主流 Linux 系统下、x86 硬件平台上的全功能开源虚拟化解决方案，包含了一个可加载的内核模块 kvm.ko，用来提供虚拟化核心架构和处理器规范。从 Linux Kernel 2.6.20 版本开始，KVM 作为 Linux 内核的一个模块，就包含在 Linux 内核代码之中，负责虚拟机的创建、虚拟机内存的分配、虚拟 CPU 寄存器的读/写以及虚拟 CPU 的运行等。但是操作虚拟机仅有 KVM 模块是不够的，还必须有一个运行于用户空间的工具，KVM 开发者选择了开源虚拟化软件 QEMU。QEMU 是一款开源的硬件模拟器及虚拟机监控器。QEMU 用于模拟各种硬件资源，提供 I/O 设备模型以及访问外设的途径，libkvm 是 KVM 提供给 QEMU 的应用程序接口。KVM 和 QEMU 的结合，成就了基于 KVM 的虚拟化技术。

基于 KVM 的虚拟化技术的虚拟机会占用较多的硬件资源，需要进一步提高服务器的资源利用率。随着虚拟化技术的发展，出现了“轻量级”的容器虚拟化技术，其中最流行的就是 Docker。Docker 利用 Linux 容器技术实现类似虚拟机的功能，可以用更少的硬件资源给用户提供更多的计算资源。Docker 本身不是容器，它是创建容器的工具，是应用容器引擎。传统虚拟机通过虚拟硬件并在其上运行操作系统，然后在操作系统上运行所需应用进程。Docker 容器与虚拟机不同，它不需要操作系统，只需应用软件必要的库资源和环境设置即可运行；应用进程直接运行于宿主机内核，容器没有自己的内核，也没有进行硬件虚拟。Docker 因此变得高效、轻量，并保证部署在任何环境中的软件都能始终如一地运行。

Docker 虽然好用，但面对强大的集群和成千上万的容器，想要将 Docker 用于具体的业务，对 Docker 的容器进行编排、管理和调度是很困难的。人们需要一套管理系统，能对 Docker 及容器进行更高级、更灵活的管理。于是，Kubernetes 应运而生。Kubernetes 是基于容器的集群管理平台(K8s 是 Kubernetes 的缩写，用 8 替代了 8 个字母“ubernete”)，是一个可移植的、可扩展的开源平台，Google 在 2014 年将其开源。Kubernetes 用于管理容器化的工作负载和服务，可以快速部署和扩展应用，可促进声明式配置和自动化。Kubernetes 支持各种形式的云计算平台，且能自动部署、自动重启、自动伸缩和扩展。

本书对云计算中关键的虚拟化技术进行了深入的分析，在虚拟化概念的基础上，进行了虚拟化技术分类，阐述了 CPU、内存、网络等虚拟化实现技术。书中首先以 KVM 和 QEMU 为例，讲解了服务器虚拟化的详细配置方式和虚拟化原理，进行了基于 KVM 虚拟化的应用实践；然后对流行的容器虚拟化技术 Docker 进行了详细分析；接着简要介绍了容器集群管理工具 Kubernetes；最后介绍了其他主流虚拟化技术，并对虚拟化技术的未来进行了展望。

本书内容新颖，注重技术应用和实践操作，旨在培养掌握 KVM 和 QEMU 虚拟化技术、Docker 技术和 Kubernetes 技术，并能够进行云计算领域虚拟化技术使用与开发的工程技术人员。在对每章内容的组织上，本书注重基础理论知识和实践动手能力的结合，在保证云计算虚拟化基础理论系统性的同时，把 QEMU 配置、Docker 使用和配置、Kubernetes 使用和配置等实践操作融入相关章节中，促进“教、学、做”一体化教学模式的实现。

本书由张世海和韩义波担任主编，邢静宇和刘斌担任副主编，单平平、张政为参编。其中，第 1 章、第 10 章、第 12 章中从第 12.1 节至第 12.2 节由韩义波编写，第 2 章、第 8 章、第 11 章、第 12 章中从 12.3 节至第 12.6 节由邢静宇编写，第 3 章、第 5 章、第 13 章由刘斌编写，第 6 章、第 9 章由单平平编写，第 4 章、第 7 章由张政编写，张世海负责全书的统筹及校对。

本书所提供的配套资源文件，读者可登录西安电子科技大学出版社网站(http://www.xduph.com)下载。

本书在编写过程中得到了很多同事和朋友的大力支持，一些同行专家及相关行业人士也提出了很多宝贵意见，在此一并表示感谢。

虚拟化技术是一个比较新的技术和领域，尽管编委会成员在本书编写过程中付出了很多努力，但限于编者的水平，书中不足之处在所难免。读者如有意见和建议，可随时联系我们。我们的邮箱为 xingjingyu@nyist.edu.cn，我们会积极听取您的意见建议，密切跟踪虚拟化技术新的发展动向，在本书再版时修改。

本书为河南省“十四五”普通高等教育规划教材。

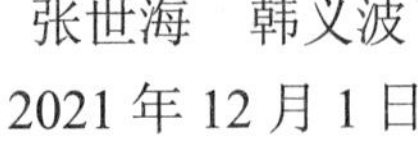

张世海　韩义波

2021 年 12 月 1 日

思 政 导 入

全国上下一盘棋，整合资源，统一调度，即可建设重大项目，应对巨大考验，如中国高铁建设、新冠疫情应对、西部大开发等。云计算可整合计算、存储和网络资源，既满足巨量计算和存储需要，又满足少量、个性化需求。

云计算起源于美国，但中国后来居上。在阿里、百度及腾讯等互联网巨头的带领下，加上国家政策的高度支持，云计算在我国快速发展，规模不断扩大。

从全球市场来看，自2017年以来，全球云计算市场3A格局(亚马逊AWS、微软Azure和阿里云)稳固，三巨头占据近七成市场份额。在国内也是如此，IDC发布的《中国公有云服务市场(2020上半年)跟踪》报告显示，中国市场前五大公有云，即阿里云、腾讯云、华为云、中国电信天翼云和AWS(Amazon Web Services)的总体市场份额达到76.7%。

阿里云在全球云计算市场排名中位列第三，是亚太及中国市场最大的赢家。在阿里巴巴发布的2020财年业绩里，阿里云的收入超过400亿元。如此强劲的表现，让阿里云的估值水涨船高，达到770亿美元。尽管阿里云还没有超过亚马逊和微软，但其“黑马”之姿已经越来越明显，其势头正迎头赶上亚马逊。

2020年以来，受新冠肺炎疫情的影响，云办公、云课堂、云演出、云展览等“云化”生活极大地方便了足不出户的大众，云计算行业也再次走上了风口。根据中国信通院数据预测，我国公有云市场2020—2022年仍将处于快速增长阶段，私有云未来几年将保持稳定增长。据前瞻产业研究院预计，2022年我国云计算整体市场规模将达到2952亿元左右，到2025年市场规模有望突破5400亿元[1]。

随着全球云计算的快速发展和大规模应用，作为云计算核心部分的虚拟化市场迎来了新一轮的繁荣。云计算关键技术主要包括编程模型技术、数据管理技术、数据存储技术、虚拟化技术和云计算平台管理技术五大核心技术。虚拟化是云计算产业发展的技术基础，占据重要地位，在大型服务器领域得到了广泛的应用。云计算的背后需要数量庞大的服务器集群作为硬件支撑，可以是单台服务器的集群，也可以是机柜形态服务器的集群。虚拟化技术将服务器设备的资源进行划分，分成几十甚至几百台虚拟机，从而向更多的用户提供计算、存储、网络等各种资源。可以说，服务器是云计算虚拟IT资源的底层支撑和来源，虚拟化技术是云计算给用户提供服务的技术基础。云计算的核心就是利用以虚拟化为代表的技术进行计算、存储、网络等资源的配置管理和弹性扩展。

近年来，尤其是2018年中兴事件以来，基础研究国产化提到了国家战略的层面，对于自主可控的国产服务器来说，虚拟化技术的发展显得十分重要。在国家的大力支持下，龙芯、申威、兆芯、海光、飞腾等国产处理器企业发展迅速，对于虚拟化技术的支持也日趋成熟。例如，兆芯处理器通过引进x86指令集和微内核设计，先后推出了ZX-C系列、KX-x000系列；飞腾处理器立足于ARM架构，推出了FT-1500、FT-2000、FT-2000+、FT-2500等一系列高性能处理器产品，并联合了多家单位构建了以飞腾处理器为核心的全自主生态系统。从虚拟化支持能力及生态来看，飞腾处理器已经探索出一条国产服务器之上虚拟化技术发展的新路径[2]。

在虚拟化软件研发方面，国家将虚拟化研发纳入了“十四五”发展规划，并作为重点项目出台了相应的扶持政策；国产虚拟化软硬件产品作为云计算的基础平台发展迅速，国内出现了大量虚拟化软件厂商，推出了多款成熟的虚拟化软件产品，如华为技术有限公司的 FusionSphere、北京红山世纪科技有限公司的 vGate、北京方物软件有限公司的 Fronware vServer 等，曙光、浪潮、联想等硬件厂商也纷纷推出了各自的虚拟化解决方案。国产虚拟化技术正呈现百花齐放的局面，同时在性能、兼容性、稳定性和安全性等多个方面，正逐步缩小与国外虚拟化软件厂商巨头的差距，并在很多细分的应用领域实现了弯道超车[3]。

内外因素促使国产虚拟化厂商迎来发展机遇。外界因素上，中美贸易战持续升温，且随着中国经济地位的提升，中央政府强调提高关键核心技术创新能力，为我国的全面发展提供了有力的科技保障。内部因素上，随着国产 IT 企业实力的增强，打破现有的市场格局，不断提升产品技术竞争力及降低核心技术对外依存度成为必然的需求。目前国内 IT 企业在硬件层面的能力快速提升，为实现服务器虚拟化技术的国产化奠定了深厚的产业基础。

从目前的市场份额来看，我国服务器虚拟化市场份额中，华为、新华三、浪潮与云宏四家国产服务器虚拟化厂商占据中国服务器虚拟化市场的半壁江山。尽管市场依然存在VMware(威睿)一家独大的情况，但其他国外服务器虚拟化厂商被国内厂商替代的趋势愈发明显。从魔力象限看，服务器虚拟化市场从 2013 年全由国外巨头占据，到 2014—2015 年华为占有一席之地，再到 2016 年深信服也进入了魔力象限。尽管两者处于魔力象限的追随者位置，但依然展现出我国国内服务器虚拟化厂商的迅速崛起与不断冲击现有市场格局之势。从产品角度来看，目前国内服务器虚拟化厂商，如华为、新华三和深信服等旗下服务器虚拟化产品在功能和性能上均接近行内领军厂商 VMware 和微软，同时这些厂商也在结合其自身原有的优势，增强旗下服务器虚拟化产品的差异化竞争力[4]。

近几年来，国内服务器虚拟化厂商不断抢占 VMware 与其他国外服务器虚拟化厂商的市场份额，随着国内厂商自身实力增强及不断谋求市场扩张，以及我国政府对实现核心技术可控的信心和决心及其相应措施的贯彻实施，服务器虚拟化技术的国产化趋势有望持续发展。

[参考文献]

[1] 前瞻产业研究院. 2021 年中国云计算行业市场现状、竞争格局及发展前景分析[EB/OL]. http://www.infoobs.com/article/20210301/45571.html, 2021-03-01/2021-09-05.

[2] 殷虎. 基于国产服务器的虚拟化技术研究[J]. 电子世界, 2020(23):103-104+107.

[3] 黄建军. 国产虚拟化软件产品在人民银行应用的研究——以新疆人民银行系统为例[J]. 中国管理信息化, 2015, 18(22):145.

[4] 【云计算系列专题】政策推动核心技术自主可控，重点关注国产第三方服务器虚拟化企业[EB/OL], https://www.sohu.com/a/253890935_354900, 2020-05-13.

目　　录

第 1 章

云计算与虚拟化概述

本章首先介绍云计算的基础概念，云计算的体系架构、服务模式等；进而对虚拟化技术的概念和发展进行介绍，给出虚拟化技术的基本分类；最后阐述云计算和虚拟化之间的区别与联系。

知识结构图

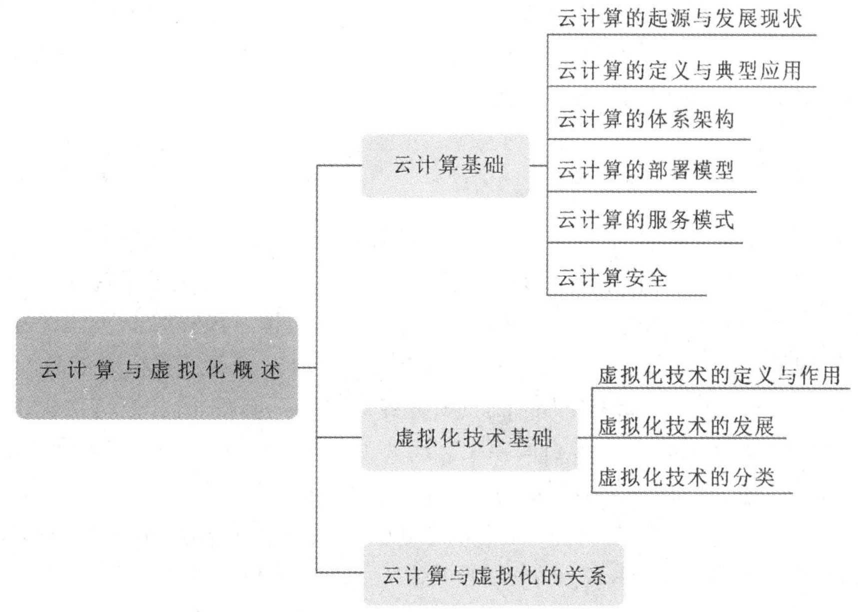

本章重点

- 理解云计算的基本概念。
- 理解虚拟化技术的基本概念。
- 了解虚拟化技术的基本分类。
- 掌握云计算与虚拟化之间的关系。

本章任务

通过云计算的基本概念，理解云计算的体系架构、部署模型、服务模式和云计算安全。通过虚拟化的基本概念，理解虚拟化技术的发展及虚拟化技术的基本分类。明确云计算和虚拟化的区别，理解云计算和虚拟化之间相辅相成的关系。

1.1 云计算基础

云计算是当前互联网技术领域的一个热点，它的出现，宣告了低成本提供超级计算时代的到来。作为新一代互联网计算资源的基石，云计算支撑着互联网几乎所有的上层数据处理系统，无论是大数据还是人工智能，以及其他各类应用场景，都需要依托云计算提供的基础设施来运行，云计算技术已是很多行业专业人士必须具备的专业素养[1]。

云计算的发展，提升了 IT 资源利用效率。云服务的使用，可以帮助企业节约成本，使其专注于核心竞争力的提升。

1946 年，首台通用计算机 ENIAC 的诞生，宣告了计算时代的开始。此后，计算模式经历了终端—主机(Terminal-Server，T/S)、客户机—服务器(Client-Server，C/S)、浏览器—服务器(Brower-Server，B/S)等架构的变迁。尤其在 B/S 模式影响下，互联网给企业运作和个人生活带来了颠覆性的变革，电子政务、电子商务、电子金融、社交媒体、网上购物、在线支付、线上教育成为政府、企业和个人生活的新常态，各类业务需求导致海量数据存储、强大计算力、高效处理能力的爆炸性增长。为满足对存储、计算、处理、网络等资源快速增长的需求，新计算模式——云计算应运而生。

1.1.1 云计算的起源与发展现状

云计算的概念可追溯到 1955 年，美国麻省理工学院(MIT)的计算机科学奠基人约翰·麦卡锡(John McCarthy)提出“计算机的分时”(Time Sharing)技术理念，借此满足多人同时使用一台计算机的诉求；这个概念就是云计算的雏形。1959 年，英国计算机科学家克里斯托弗·斯特雷奇(Christopher Strachey)发表论文《大型高速计算机中的时间共享》(Time Sharing in Large Fast Computer)，虚拟化(云计算架构的基石)的概念被首次提出。1961 年，约翰·麦卡锡在麻省理工学院一百周年纪念庆典上，又首次提出效用计算(Utility Computing)的概念，指出计算能力甚至特定的应用程序有可能按公共服务的商业模式来销售，就像自来水和电力一样。受效用计算的影响，MIT 和美国国防高级研究计划局(Defense of Advanced Research Project Agency，DARPA 或 ARPA)下属的信息处理技术办公室(Information Processing Techniques Office，IPTO)共同启动了著名的 MAC(Multiple Access Computing)项目，旨在开发“多人可同时使用的电脑系统”，实际上就是“云”和“虚拟化”技术的雏形。1964 年，大西洋月刊刊发《明日计算机》(The Computers of Tomorrow)一文，主要从接口(用户如何和资源进行对接)、服务设备(用户通过什么设备将资源转换成服务)、产品同质性(不像电，计算是一种复杂的服务，存在多样性及不同的编程语言和硬件，因此就有兼容性、交互性等问题)等方面详细分析了效用计算服务与公共电网的异同。1967 年，IBM 发布 CP-40/CMS 分时操作系统，成为历史上第一个虚拟机系统。1969 年，在 IPTO 负责人约瑟夫· 利克莱德(J.C.R.Licklider)的推动下，ARPA 研究的计算机网络阿帕网(ARPANET)诞生，即 Internet 的前身。1970 年，贝尔实验室发布 UNIX 操作系统。至此，云计算所依赖的三大底层技术全部出现，即管理物理计算资源的操作系统、把资源分给多人同时使用的虚拟化技术以及远程接入的互联网。

尽管云计算基础技术已具备，但人们沉浸于 PC(Personal Computer)市场的繁荣，主要精力都放在了软件和网络上，忽视了对 Utility Computing 的关注。1984 年，SUN 公司联合创始人约翰·盖奇(John Gage)提出“网络就是计算机”(The Network is the Computer)的主题口号，用于描述分布式计算技术。20 世纪 90 年代初，云计算理念重新得到关注，依据电网(Electric Power Grid)概念提出把大量计算机整合成一个虚拟的超级机器(即 Utility Computing)，供分布在世界各地的人们使用。1996 年，康柏(Compaq)公司的技术主管探讨计算业务的发展时，首次使用了 Cloud Computing；这是 Cloud Computing 首次出现。1997 年，Ramnath K. Chellappa 教授对 Cloud Computing 给出首个学术定义，即计算资源的边界不再由技术决定，而是由经济需求来决定。1998 年，VMware 公司成立并首次引入 x86 的虚拟技术。1999 年，Marc Andreessen 创建 LoudCloud，LoudCloud 被认为是世界上第一个商业化的基础设施即服务(Infrastructure as a Service，IaaS)模型；同年，公认的云计算先驱 Salesforce.com 公司成立，宣布开启“软件终结”“No Software”革命，即通过自己的互联网站点向企业提供客户关系管理(Customer Relationship Management，CRM)软件系统，使企业不必像以前那样部署自己的软件系统进行客户管理。CRM 被认为是最早的软件即服务(Service as a Service，SaaS)模型。

云计算已是“万事俱备，只欠东风”“呼之欲出”，Amazon、Google、SUN、HP 等国际 IT 巨头开始部署自己的云计算计划。2000 年，Amazon 公司开始开发电商服务平台 Merchant.com，旨在帮助第三方公司在 Amazon 上构建自己的在线购物网站，但因架构设计能力和管理流程等方面的问题，该项目进展缓慢；2002 年，考虑在已有代码解耦的基础上，设计独立的 API 服务，让内部或外部应用进行服务调用，以节约后续开发工作量，同时增强系统的灵活性和复用度，Amazon 公司启用了 AWS(Amazon Web Services)平台；2003 年，亚马逊创始人杰夫·贝索斯(Jeff Bezos)决定把应用开发的通用部分抽离出来，整理了一系列可以成为公共服务的候选模块，从中挑选了服务器、存储和数据库三个部分开始做公共基础设施服务平台，方便内、外部开发者基于此服务平台开发自己的应用；2006 年，推出简单存储服务 S3(Simple Storage Service)、弹性云计算 EC2(Elastic Cloud Computer)两款重磅产品，从而奠定了直至今日都无人可以撼动的云计算服务基石。

2003—2006 年，Google 公司发表了关于分布式文件系统(Google File System，GFS)、并行计算(MapReduce)、数据管理(Big Table)和分布式资源管理(Chubby)的四篇重磅技术文章，不仅奠定了 Google 云计算服务的基础，也为全球云计算、大数据的发展指明了方向。2006 年，27 岁的 Google 公司高级工程师克里斯托夫·比希利亚(Christophe Bisciglia)第一次向 Google 公司董事长兼 CEO 埃里克·施密特(Eric Schmidt)提出“云端计算”的想法，8 月，埃里克·施密特在搜索引擎大会上第一次用云和云计算的概念描述了谷歌所提供的互联网服务；2008 年，他们推出了全栈、受控、可自动调整的 Google App Engine 网络应用平台；2009 年，发布了以企业级 Google App 为核心的商业版云计算产品，同时开始推广。

随着 Google 公司、Amazon 公司利用云计算推动商业发展的成功，一大批 IT 巨头开始进军云计算市场。2010 年，Microsoft 公司发布云服务，并于 2013 年开始在 Microsoft Azure 上支持 IaaS 服务；2013 年，IBM 公司通过收购当时在云计算领域收入排名第二的 Softlayer 进入云计算行业；2015 年，Oracle 公司开始推进云计算战略。

从计算机诞生起，计算科学家就试图连接不同的计算机，实现资源共享。为了满足各类科学工程、企业应用对计算功能、性能越来越高的要求，计算模式大致经历了 T/S、C/S、B/S 等主要计算架构，其间出现了与云计算相关但主要目标相异的并行计算(Parallel Computing)、分布式计算(Distributed Computing)、集群计算(Cluster Computing)、网格计算(Grid Computing)、效用计算(Utility Computing)、互联网服务(Web Service)、虚拟化技术(Virtualization Technology)等技术，共同助推新的计算模式的出现。计算模式相关技术如表 1-1 所示。

表 1-1　计算模式相关技术

相关技术	主 要 目 标
并行计算	不同的子任务可在多个处理器上同时运行，以快速解决大型且复杂的计算问题
分布式计算	侧重把复杂问题分成适量的子任务，再把子任务分配给多台计算机进行处理，最后把子任务的计算结果综合起来
集群计算	以紧耦合方式连接一组计算机，以构成更高性能的计算机系统，通常通过局域网连接
网格计算	依托专网或互联网，以松耦合方式将部分处于不同地域的、自愿参加的计算机组织起来，统一调度，利用闲散的计算资源，组成一台虚拟“超级计算机”，形成超级计算能力
效用计算	提供客户需要的计算资源和基础设施管理，根据使用量而不仅仅是速率收费的服务模型
互联网服务	可使运行在不同机器上的不同应用无须借助附加的、专门的第三方软件或硬件，就可相互交换数据或集成
虚拟化技术	对单台或多台计算机系统软、硬件资源进行划分和抽象，形成可以统一分配、调度、管理的计算机资源

从技术角度看，并行计算侧重于计算的时间效率问题；分布式计算研究了分解复杂问题为子任务并分配到不同计算机上执行的问题；集群计算解决了单个服务器性能不够强大的问题；网格计算解决了集群计算不支持异构设备、资源无法动态提供、弹性伸缩不足的问题；效用计算则结合分散各地的服务器、存储系统以及应用程序提供需求数据的技术，使得用户可以像将灯泡插入灯头一样来使用计算机资源。从表 1-1 可以看出，网格计算与云计算较为相似，有人认为云计算是网格计算的升级版或者说起源于网格计算，但网格计算与云计算各有侧重，两者的异同如表 1-2 所示。

表 1-2　网格计算与云计算异同

项　目	网格计算	云 计 算
资源管理	聚合分布资源	资源相对集中
应用支持	用聚合资源支持大型集中式应用，即一个大应用分到多处执行	支持广泛企业计算、Web 应用等，大量分散应用或在若干大的中心执行
平台支持	用中间件屏蔽异构系统	用专用的内部平台
服务面向	科研应用，商业模型不清晰	诞生起就针对商业应用，商业模型清晰

笔者认为云计算集成了上述技术的优势，实现了存储、计算、软件、数据、管理资源

的动态分配和按需存取。云计算与相关技术的关系如图 1-1 所示。

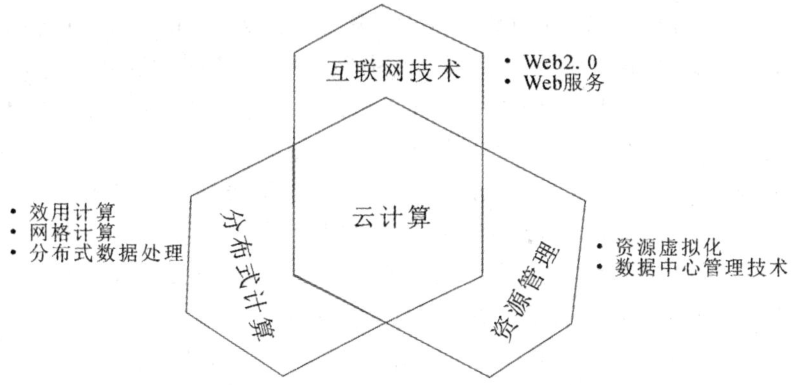

图 1-1　云计算与相关技术的关系

2006 年 8 月，Google 公司董事长兼 CEO 埃里克·施密特第一次用云和云计算的概念描述谷歌所提供的互联网服务后，Amazon、Google、Microsoft 公司迅速成为了云计算行业的三大巨头。2008 年，受三大巨头云计算商业成功的影响，我国互联网发展迎来高峰，而我国云计算发展则是后来者居上，经历了初生、质疑、萌发、攻坚、并起、竞争、加速、成熟等多个阶段。

(1) 初生阶段(2008 年)：网购的蓬勃发展导致庞大的数据处理，依靠传统 IOE(IBM 服务器、Oracle 数据库、EMC 存储设备)架构的阿里巴巴出现了“每天早上八点到九点半之间，阿里服务器的使用率都会飙升到 98%，离爆棚就差两个百分点”的状况。当时阿里对云计算的执着并不被看好，腾讯、百度基本未发展云计算业务。

(2) 质疑阶段(2009 年)：这一时期人们提出“云计算只是新瓶装旧酒，和早期的 B/S、基于互联网的 Web 服务本质上一样”“云计算是比较技术性的话题、比较超前的概念，可能是几百年后的‘阿凡达’时代”等说法，但人们也提出了“云计算是数据处理、存储并分享”的机制，并对云计算开始充满信心和希望。

(3) 萌发阶段(2010 年)：阿里云飞天系统发布，引起国内其他 IT、互联网商业巨头聚焦云计算。华为正式公布云计算战略，表示“要让全世界所有的人，像用电一样享用信息的应用与服务”。

(4) 攻坚阶段(2012 年)：这个时期虽然出现了不少云计算厂商，但对大规模算力调度依然束手无策，无法突破瓶颈，如飞天系统的 5K 测试(单点集群 5 千台)难题，云计算发展面临着巨大的挑战。

(5) 并起阶段(2013 年)：阿里云于 2013 年 6 月突破 5K 测试，中国云计算时代真正来临，除 BAT(Baidu、Alibaba、Tencent)斥巨资发展云计算外，金山云、UCloud、青云(QingCloud)、七牛云等都进军云计算行业，中国云计算市场走向繁荣。

(6) 竞争阶段(2015 年)：中国云计算巨头在竞争中实现了快速发展，如阿里云与腾讯云的竞争。1 月，12306 网站车票查询业务放到阿里云计算平台上，改观了抢票期间系统瘫痪的局面。腾讯云宣布聚焦互联网服务领域，滴滴成为其代表性客户。7 月，阿里云投资 60 亿人民币，宣布与 AWS 展开竞争。9 月，腾讯云宣布“未来 5 年投入 100 亿发展腾讯云，追赶阿里云”。

(7) 加速阶段(2017 年)：中国云计算发展按下了加速键，这是发展最快的一年，企业上云步伐加快，同时也推动了资本向云计算行业的注入，呈现出阿里云、腾讯云、华为云、百度云、金山云、UCloud、青云(QingCloud)、华云数据等企业群雄割据之势。其中华为云业务部门 Cloud BU(Business Unit)真正成立，半年后升级为 Cloud BG(Business Group)，与消费者事业部、运营商事业部和企业事业部并列，作为第四大业务部门。百度云凭借 ABC(Artificial Intelligence、Big Data、Cloud Computing)技术的解决方案，投入到营销、金融、媒体、工业、交通、物流等各个行业中。

(8) 成熟阶段(2018 年)：资本的助推和云计算的快速发展，促进了中国云计算市场更加稳定发展，尤其阿里云、腾讯云、华为云等在中国市场逐渐成长、成熟并开始向海外探索，形成了后来者居上的态势。根据 Gartner 公司发布的 2020 云厂商产品评估报告，2020 年全球云厂商产品能力排名如表 1-3 所示。作为国内唯一入选的云厂商，阿里云在计算大类中，以 92.3%的高得分率拿下全球第一，并且刷新了该项目的历史最佳成绩。此外，在存储和 IaaS 基础能力大类中，阿里云也位列全球第二。

表 1-3　2020 年全球云厂商产品能力排名

排名	计 算	存 储	网 络	IaaS 基础能力
1	Alibaba	Amazon	Amazon	Amazon
2	Amazon	Alibaba	Google	Alibaba
3	Google	Microsoft	Microsoft	Google
4	Microsoft	Google	Alibaba	Microsoft
5	Oracle	Oracle	Oracle	Oracle

1.1.2　云计算的定义与典型应用

互联网发展至今，以设备、技术为核心的观念已逐渐被以云服务为核心的观念取代。云计算让用户关注的不再是复杂的硬件和软件，而是像水电一样按需取用的良好服务，用户不需要拥有看得见、摸得着的硬件设施，也不需要为机房支付设备供电、空调制冷、专人维护等费用，并且不需要等待漫长的供货周期、项目实施等时间，只需要向云计算服务提供商提出服务申请并支付相关的费用，即可马上得到需要的服务。云计算终将让我们不需要安装操作系统和软件，只需终端(智能手机、iPad、手持设备等)中的一个浏览器即可完成现在 PC 所做的一切，且不必担心数据丢失以及病毒入侵，随时随地工作和娱乐，随心所欲地、动态即时地获取计算、存储、网络资源。

1. 云计算的定义

从云计算的理念描述到商业应用，其概念日趋明晰，目标渐达一致，应用愈显成功，但有关云计算的定义尚未统一，现阶段广为接受的是美国国家标准与技术研究院(National Institute of Standard and Technology，NIST)的定义，即云计算是一种能够通过网络，以便利的、按需付费的方式获取资源，包括计算、存储、网络、应用和服务等，并提高其可用性的模式。这些资源来自一个共享的、可配置的资源池，并能够以最省力和无人干预的方式获取和释放，这种云模式具有 5 个关键功能(按需自助服务、宽带网络接入、资源池、快速响应、可计量服务)、3 种服务模式(SaaS、PaaS、IaaS)、4 种部署方式(公有云、私有云、社区云、混合云)，以及 12 种技术，包括虚拟化、分布式计算、自治系统技术(Autonomous

Systemmous)、网格计算、宽带网、Web 2.0、面向服务的架构(Service-Oriented Architecture，SOA)、开源软件、Web 应用框架、浏览器的发展、服务级别协议(Service Level Agreement，SLA)、效用计算等，正是这 12 种技术使得云计算达到了现在的状态。下面给出其他几种代表性云计算的定义，供读者理解。

(1) 云计算是一种新兴的计算模式和服务理念描述，以动态、易扩展的方式提供虚拟化资源，包括计算、存储、网络等，因资源分布在互联网上，而互联网模型或示意图通常以云状图案表示，所以这种计算模式被形象地称为云计算。

(2) 云计算是一种基于因特网的计算模式，远程数据中心里成千上万台服务器连接成"资源池"，拥有每秒 10 万亿次的运算能力，可以模拟核爆以及预测气候变化和市场发展趋势等，用户可通过电脑、笔记本、手机等终端接入数据中心，按自己的需求获得服务。

(3) 云计算包含互联网上的应用服务及在数据中心提供这些服务的软硬件设施，即"云"是数据中心的软硬件设施及其提供的应用服务。

(4) 从用户角度看，一切都在"云"里边，"云"有无限的存储和计算能力来提供安全、可靠的服务。"云"可提供计算、存储以及各类应用服务，作为使用者，不用关心"云"里到底有什么、CPU 是什么型号、硬盘容量是多少、服务器在哪里、计算机是怎么连接的、应用软件是谁开发的等问题，仅需随时随地接入、按实际使用情况计量付费，即用户可以在任何地方、任何时间最大限度地使用相关服务，处理大规模计算问题。

(5) 云计算以因特网为中心的软件模型、软件开发和应用，向以网络和数据为中心转变，"云"将成为新计算范式中开发、实施和管理应用程序的重要方式。

(6) 云计算是分布式计算、并行计算、效用计算、网络存储、虚拟化、负载均衡、热备份冗余等传统计算机和网络技术发展融合的产物，能够"弹性"提供资源和服务，以满足用户需求的动态变化；"云"由大量 ICT(Information Communication Technology)基础设施及管理这些基础设施的软件组成。

(7) "云"是巨大的资源池，可实现资源的按需、灵活分配，资源包括计算资源、网络资源以及存储资源。计算资源一般指程序运行时所需的 CPU 资源、内存资源；网络资源主要指各种设备接入网络所通过的媒介，例如线路、带宽等；存储资源指存储设备的空间，例如 100 GB、1 TB、10 TB 等。灵活包括时间灵活性和空间灵活性，即想什么时候用就什么时候用，想要多少就有多少。

(8) 云计算把硬件、软件、平台、应用、服务等一切资源都集成起来，同时提供非常简单的接口，让用户方便使用。

(9) 云计算是一种融合了多项计算机技术的以数据处理能力为中心的密集型计算模式，其中，虚拟化、分布式数据存储、分布式并发编程模型、大规模数据管理和分布式资源管理技术最为关键。

从上述定义可以看出，云计算是一种服务模式，它是把计算、存储、网络等各种资源整合起来形成"IT 资源池"，然后按需租给有需要的用户(企业、个人)，不需用户考虑昂贵的硬件购置、安装、维护等，节省了用户开支，实现了绿色 IT。

2. 云计算的典型应用

云计算使企业或个人无须承担昂贵的成本支出，就可以快速部署最新的技术、使用最新的软件、获得专家支持等。目前最典型的应用是基于 Internet 的各类业务，包括在线搜索、HPC(High Performance Computing)、在线文档编辑、云端存储等，成功案例包括百度搜索、在线文档 WPS、电子邮件系统 Gmail、Baidu 云盘、Amazon 的弹性计算云(EC2)和简单存储服务(S3)业务等。下面简述几种云计算应用方式，帮助大家更直观地理解云计算带来的变革。

1) *云存储系统*

云计算的出现，使本地存储变得不再必需。云存储系统通过虚拟化技术整合网络中多种存储设备对外提供云存储服务，用户可以将文件、数据存储在互联网上的某个地方，以便随时随地访问，并能管理文件、数据的存储、备份、复制和存档，解决本地存储管理上的不足，如降低数据丢失率、存储空间不足等。云存储服务提供商的各种在线存储服务，将会为用户提供广泛的产品选择和独有的安全保障，让用户能够在免费和专属方案之间自由选择，成熟的云存储提供商有百度、阿里、腾讯、浪擎科技、七牛云、Dropbox、Amazon 等。

2) *云桌面*

云桌面，又称云电脑、云办公系统，是云计算技术最火热的应用场景。云桌面提供商一般都建有自己的服务器机房和数据中心，将原先 PC 上的操作系统、应用程序和数据全部集中放置于数据中心运行和管理，并提供与传统 PC 相同的使用体验，从而不再需要传统 PC 主机，实现优化 IT 资源的同时节省了管理成本，提高了系统可用性。云桌面用户无须任何硬件或主机，仅需在终端登录，按需付费，随时随地移动办公；未来云电脑或将取代 PC 产品。目前提供该服务的国内厂商有华为、深信服、新华三、锐捷和信创天等。

3) *行业云与政务云*

行业云由行业内或某个区域内起主导作用或者掌握关键资源的组织建立和维护，以公开或者半公开的方式，向行业内部或相关组织和公众提供有偿或无偿服务的云平台，如教育云、医疗云、档案云、交通云等。政务云属于行业云的一种，运用云计算技术，统筹利用已有的机房、计算、存储、网络、安全、应用支撑、信息资源等，发挥云计算虚拟化、高可靠性、高通用性、高可扩展性及快速、按需、弹性服务等特征，是面向政府行业，由政府主导、企业建设运营，为政府行业提供基础设施、支撑软件、应用系统、信息资源、运行保障和信息安全等服务的综合服务平台。政务云的使用，一方面，可以避免重复建设，节约建设资金；另一方面，通过统一标准可有效促进政府各部门之间的互连互通、业务协同，避免产生“信息孤岛”，同时有利于推动政府大数据开发与利用，是大众创业、万众创新的基础支撑。目前华为、中国电信、浪潮等都提供了政务云解决方案。

4) *云文档*

云文档平台(多人协作在线文档平台)是可以直接在网络上进行编辑和预览的 Office 办公软件。云文档平台的出现，改变了用户的文档管理模式。云文档具有多人协作、多端同时编辑同份文档、云端实时保存、权限灵活配置、多种格式高度兼容等特点。相比纸质文档管理，云文档可直接通过线上平台搜索，在线预览，多人同时编辑、管理和传输文件，有利于各部门之间的文件传输，避免纸张浪费以及相互传阅和审批过程中的时间浪费。因文件都在云端存储，用户不用担心自己需要工作的时候，电脑不在身边、文件不在身边而无法工作的问题。使用较为方便的国内云文档平台有金山 WPS、腾讯文档、永中优云等。

事实证明，云计算可以降低成本，提高灵活性和弹性，优化资源利用，从而提高业务竞争力。在大数据、人工智能、云计算、物联网叠加发展的时代，上述仅是几种典型应用场景，各行各业已掀起了业务“上云”的热潮。

1.1.3　云计算的体系架构

基于传统 C/S(客户端—服务器)架构，通过虚拟化、并行化等技术手段，云计算实现了一种资源能够“按需分配”的新型计算体系架构。该体系架构下，大量同构或异构的计算资源在云端实现“逻辑重构和组合”，以共享的方式通过网络对不同需求种类的用户提供服务。云计算体系架构是一个复杂系统，它涵盖了底层硬件、操作系统、网络和不同的服务应用。云计算技术体系架构分为四层：物理资源层、资源池层、管理中间件层和 SOA(Service-Oriented Architecture，面向服务的体系结构)构建层，如图 1-2 所示。

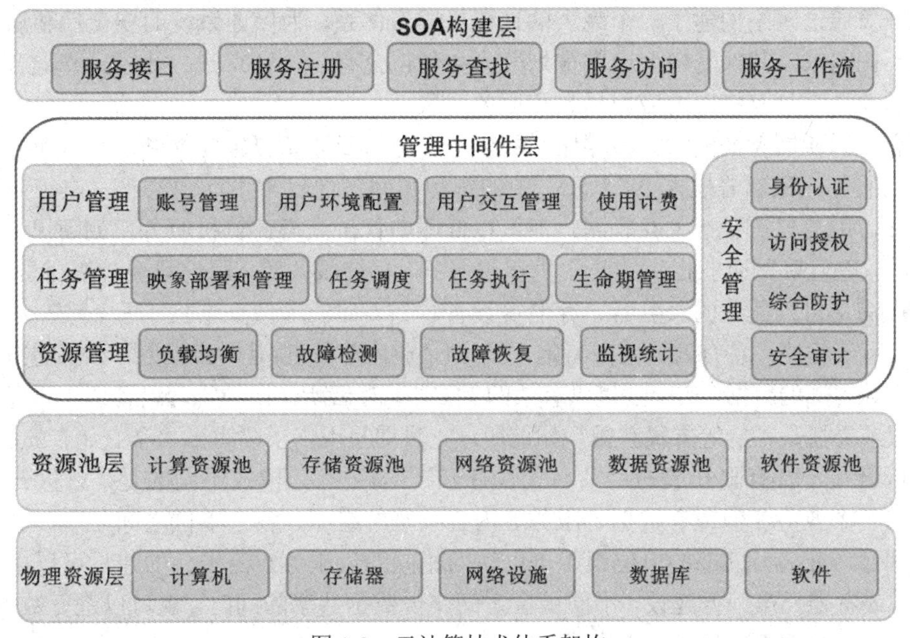

图 1-2　云计算技术体系架构

物理资源层主要包括计算机、存储器、网络设施等资源。云计算体系架构中可以兼容多种类、不同架构的硬件资源，如不同种类的存储设备和异构的计算设备等，可采用虚拟化等技术将它们进行“资源池化”后，无差别地提供给用户使用。

资源池层，又称资源虚拟化层，负责将大量相同或异构类型的资源抽象、构建成同构或接近同构的资源池，如计算资源池、数据资源池等，而构建资源池更多的工作是物理资源集成和管理，例如在一个标准集装箱空间容纳 2000 个服务器，解决散热和故障节点替换的问题并降低能耗。

管理层又称管理中间件层，负责对云计算资源进行管理，包括资源管理、任务管理、用户管理和安全管理等工作，并对众多应用任务进行调度，使资源能够高效、安全地为上层应用提供服务。其中资源管理负责均衡地使用云资源节点，检测节点的故障并试图恢复或屏蔽之，同时对资源的使用情况进行监视统计；任务管理负责执行用户或应用提交的任务，包括完成用户任务映象(Image)的部署和管理、任务调度、任务执行、任务生命期管理等；用户管理是实现云计算商业模式的一个必不可少的环节，包括提供用户交互接口、管理和识别用户身份、创建用户程序的执行环境、对用户的使用进行计费等；安全管理保障云计算设施的整体安全，包括身份认证、访问授权、综合防护和安全审计等。

SOA 构建层又称应用层，负责将云计算能力封装成统一的外部访问接口，隐藏架构底层的系统和实现细节，用户能够无差异地访问和使用云中的各类资源，如封闭成标准的 Web Services 服务，并纳入到 SOA 体系进行管理和使用，包括服务注册、查找、访问和构建服务工作流等；另外，用户也可以在该层部署自己的服务等。

值得说明的是，资源虚拟化层和管理中间件层是云计算体系架构中最关键的部分。

1.1.4　云计算的部署模型

云计算通过网络构建了一个庞大的计算机服务体系，为保证系统的安全性和满足服务对象的不同需求，其部署模型通常被划分为 4 种：公有云、私有云、社区云和混合云，每一种部署模型都具有特殊的应用场景和服务对象。

公有云需要拥有大量计算、存储、网络等资源的云计算服务提供商建设，面向公众提供互联网服务。该部署模式下，“云”中的资源和服务像日常生活中的水、电等公共生活资源一样，用户只需要接入互联网，便可以低廉的代价获得计算机服务，如阿里、百度、腾讯、微软等互联网企业提供的云主机租用服务、存储服务等，用户只要按需付费“租赁”即可使用满足自己需要的服务器、存储等设备。

与公有云相比，私有云只面向特定人员(如企业内部员工)提供云服务。该部署方式能够对单位组织内部的数据、安全性提供有效的保护。私有云所使用的物理设备资源可通过单位内部建设或委托、租赁等方式获得，如前所述，目前呈现出了公有云“私有化”的趋势。

社区云是一种有限开放的“共享式私有云”。与公有云模式不同的是，社区云的适用对象是若干个业务相似或有数据、服务等内容共享的组织，各个单位之间共享一套云物理设施。因而，社区云内部的单位组织可以访问相同的云服务，云平台的建设可以由多个单位共建，或者委托第三方建设，不同单位之间实现数据共享的同时，也可以进行数据备份，这样能够有效提高整个云平台数据的抗风险能力。

混合云是上述云部署模式的结合体，根据实际的云服务访问需求，在一个云平台中面向多种类型用户授权时，需要结合公有云、私有云和社区云的部署模式，这种云计算模式能够发挥各个部署模式的优点，实现云之间的数据和应用程序的平滑流转。

1.1.5　云计算的服务模式

作为新型的计算服务模式，云服务提供商提供了大量的优质计算资源，针对不同需求的云服务消费者，目前公认的云平台对外服务模式有三种：基础设施即服务(Infrastructure as a Service，IaaS)、平台即服务(Platform as a Service，PaaS)、软件即服务(Software as a Service，SaaS)。用户可以结合自己的需求，以免费或有偿的方式从云服务提供商处获得设备、平台或软件服务。

基础设施即服务(IaaS)是一种将计算机硬件系统作为服务提供给用户的服务模式，这种模式下用户根据自己对计算机硬件的实际需求，按某种计量方式支付相应的费用，从服务提供商处获得计算、存储、网络等硬件资源，用户可以像使用个人服务器一样，在“租赁”到的硬件设备上进行软件系统的部署等操作，而服务提供商负责硬件系统的日常维护。IaaS 模式被一些小微企业或个人广泛采用，如租户可以从阿里云上申请获得云服务器，可在云主机上安装、配置操作系统、数据库等软件，也可以部署自己的 Web 服务器，其他客户通过外网可以随时随地访问租户系统。

平台即服务(PaaS)以“租赁”云计算系统的平台软件层作为服务，服务提供商不仅仅向租户提供需要的硬件设施，还将用户需要的系统软件(操作系统、数据库等)一并以服务的形式提供给用户使用。与 IaaS 模式相比，PaaS 服务提供商可提供的服务内容更多，需要将云计算资源及平台统一化和模块化，以标准的服务模块提供给租户，如在云计算系统中的云桌面服务产品。

软件即服务(SaaS)是一种出租云计算系统中软件(系统)的服务模式。这种模式极大地降低了租户自身的硬件、资金要求，租户不需要考虑与计算机硬件系统相关的任何因素，也无需配置租户软件对应的系统环境等，仅需通过互联网访问云中的软件。此种模式更适合多用户、协作式的软件工作模式，如在线邮件和办公系统、文字排版与电子表格软件都属于此类模式。同时，此种模式还有利于昂贵软件的“平民化”，如 CRM、ERP 等大型软件系统，用户仅需支出极少的费用购买账户，即可使用以往需要投资大量经费才能使用的大型软件。

1.1.6　云计算安全

1. 云计算安全问题

云计算作为新兴的计算服务模式，以“共享”的方式有效提高了设备的使用率和并发性，大量的数据信息在整个云计算系统中相互交叉。因此，云计算安全是一个具有挑战性的问题，也是云计算技术领域中重要的分支之一。目前常见的云计算安全问题主要涉及以下几个方面：

(1) 数据丢失。云计算系统中用户访问权限设置不当、数据存储和管理不严格等因素都会造成云计算系统中数据安全性控制力度不够。

(2) 账户、服务和通信劫持。云计算系统的访问需要通过系统身份验证，由于不同类型资源的交叉，一旦身份验证机制薄弱，很有可能造成云计算系统受到入侵威胁。

(3) 不安全的应用程序接口。租户需要在云计算系统上部署自己开发的应用程序，并提供对外访问接口，若租户或企业在接口审核过程中不严格，会对整个云计算系统带来威胁。

(4) 网络病毒。云计算系统也会受到计算机病毒的威胁，与传统的计算机系统相比，云计算系统中用户、数据更加集中，极易成为黑客攻击的目标。因此，病毒在云计算系统的传播速度和感染对象更加广泛，其危害性更大。

2. 云计算安全技术

随着云计算技术的不断发展，上述安全问题已经很普遍，目前在云计算安全领域中采用的主要技术大体上可以分为以下几种：

(1) 数据加密。对保密文件进行加密，有效保护数据。无论在哪种云计算服务模式下，云用户和云服务提供商为了避免数据丢失和被窃，通常在数据传输、数据存储等阶段使用数据加密、隔离等手段，尽可能实现数据在云计算系统中的安全使用。

(2) 用户身份认证。加强用户权限管理，用户使用云计算系统的过程中需要用户提供正确的账号和指令，以监控每一个云计算系统访问者的行为操作。

(3) 制定不同的安全策略和等保级别。不同的云模式和云类型面临的安全问题不尽相同，因此，云计算安全问题需要正确识别不同应用模式下的安全威胁，根据不同云类型和模式中安全控制需求，有针对性地制定合适的安全策略。

1.2　虚拟化技术基础

虚拟化技术的范围非常宽泛，在计算机领域中是一项基本技术，该技术于 1959 年由英国计算机科学家克里斯托弗•斯特雷奇首次提出。在云计算提出后，虚拟化技术被提到了一个很高的地位，成为云计算的核心技术之一。

1.2.1　虚拟化技术的定义与作用

虚拟化是一个逻辑词，旨在实现不同技术层面的逻辑抽象和转换工作。根据应用领域的不同，逻辑抽象和转换工作采用不同的技术描述，如工业领域中，汽车机械运动的复杂形态被逻辑上抽象、简化为方向盘、油门、刹车、离合器的简单运动，屏蔽了汽车机械系统的复杂性；金融领域中，复杂的股市变化抽象为几个简单的指数描述，通过指数的变化反映股票市场的运行情况，乃至整个经济的运行规律。本书主要讨论云计算领域的虚拟化技术，而非其他领域的虚拟化技术。

1. 虚拟化技术的定义

计算机科学中，从广义上讲，虚拟化技术(Virtualization Technology，VT)是一种 IT 资源管理、优化技术，将计算机各种资源，如 CPU、内存、存储空间、网络适配器，甚至应用、软件等予以抽象、转换，呈现出一个可供分割并任意组合为一个或多个(虚拟)计算机环境，实现 IT 资源的动态分配、灵活调度和跨域共享，从而提高 IT 资源的利用率；从狭义上讲，虚拟化技术是将一台计算机虚拟为多台逻辑计算机，在一台计算机上同时运行多个逻辑计算机，同时每个逻辑计算机可运行不同的操作系统，应用程序都可以在相互独立的空间内运行而互不影响，从而提高计算机的工作效率。

虚拟化的主要目标是对基础设施、系统、软件等 IT 资源的表示、访问和管理进行简化，并为这些资源的使用者(用户、应用程序、其他服务)提供标准接口。虚拟化技术打破了计算机内部物理结构间不可分割的障碍，解决了软件、应用共享性弱的问题，使用户能够以比原本更好的配置方式应用这些计算机软、硬件资源，且这些资源的虚拟形式不受现有的架构方式、地域或物理配置所限制。虚拟化技术给资源使用和调度带来了极大的方便，可以根据应用的实际负载情况及时进行资源调度，从而保证既不会因为资源得不到充分利用造成浪费，又不会因为资源缺乏而带来性能的下降。

2. 虚拟化技术的作用

通俗来说，虚拟化技术就是使不同客户的电脑看起来是隔离的，但实际是在一台物理设备上。如一个用户看似有一个 10 GB 的硬盘，另一个用户也看似有一个 10 GB 的硬盘，但实际上这两个 10 GB 是在同一个很大的存储器上。需说明的是，虚拟化软件并没有完全解决灵活性的问题，因为它一般创建 1 台虚拟的电脑，需要人工指定这台虚拟电脑放在哪台物理机上，并且需要比较复杂的人工配置，因此虚拟化软件所能管理的物理机集群规模并不大，一般在十几台或者几十台，这样的集群规模远远达不到想要多少有多少的需求。当用户数量越来越多，甚至达到上百万台时，靠人工进行虚拟化电脑的配置，几乎是不可能的。于是，人们设计各种各样的算法完成“虚拟机”的自动分配，这类算法叫做调度(Scheduler)；通过虚拟化和调度，可以在几分钟之内虚拟出一个独立的、随需配置的虚拟机供用户使用。所谓虚拟机，可简单理解为将物理机、操作系统及其应用程序“打包”成一个文件。

虚拟化技术在云计算模式中实现两方面的功能，一是将一台物理服务器模拟成运行不同操作系统的“虚拟机(Virtual Machine，VM)”供用户使用，表面上看，这些虚拟机都是独立的服务器，实际上，它们共享同一台物理服务器的 CPU、内存、硬件、网卡等资源，可简称为 IT 资源逻辑“分割”；另一方面将异构、跨域的数据中心的物理服务器及网络资源整合成一台逻辑服务器(资源池)，供管理者统一分配给不同的用户使用，可简称为 IT 资源逻辑“池化”。云计算数据中心可通过虚拟化技术的“池化”和“分割”功能动态、弹性调配 IT 资源，具备在线迁移、低开销管理、服务器整合、高灵活性和高可用性等优势。据相关数据统计，云计算服务器虚拟化之后，服务器资源使用率能够节省 70%的服务器运行成本[8]。

如前所述，云计算是一种服务模式，将计算、存储、网络、应用等资源按需免费或计费租用给用户，而虚拟化技术则为这种服务模式的实现提供了有力的支撑。云计算和虚拟化技术的结合使 IT 资源应用更加灵活，以优势互补的方式为用户提供更优质的服务；一些特定场景中，云计算和虚拟化技术无法剥离，只有相互搭配才能更好地解决客户需求。

1.2.2　虚拟化技术的发展

早在 20 世纪 60 年代，IBM 率先实施虚拟化，对大型机进行逻辑分区以形成若干独立虚拟机。这些分区允许大型机进行“多任务处理”，即同时运行多个应用程序和进程。由于当时大型机是十分昂贵的资源，因此使用虚拟化技术来进行分区，可以让用户尽可能地充分利用昂贵的大型机资源。

随着技术的发展和市场竞争的需要，大型机上的技术开始向小型机或 UNIX 服务器上移植。IBM、HP 和 SUN 后来都将虚拟化技术引入各自的高端 RISC 服务器系统中。但当时真正使用大型机和小型机的用户毕竟还是少数，加上各家产品和技术之间并不兼容，致使虚拟化曲高和寡。

20 世纪 80 年代，由于 C/S 应用程序以及价格低廉的 x86 服务器和台式机成就了分布式计算技术，虚拟化技术实际上已被人们弃用。

20 世纪 90 年代，Windows 的广泛使用以及 Linux 作为服务器操作系统的出现，奠定了 x86 服务器的行业标准地位。但 x86 服务器和桌面部署的增长带来了新的 IT 基础架构和运作难题。这些难题包括：

(1) 基础架构利用率低。根据市场调研公司美国国际数据集团(International Data Corporation，IDC)报告，典型 x86 服务器部署的平均利用率仅为总容量的 10%到 15%。企业组织通常在每台服务器上运行一个应用程序，以避免出现一个应用程序中的漏洞影响同一服务器上其他应用程序的可用性风险。

(2) 物理基础架构成本日益攀升。为支持不断增长的物理基础架构，需要的运营成本稳步攀升。大多数物理基础架构都必须时刻保持运行，因此耗电量、制冷和设施成本不断攀高。

(3) IT 管理成本不断攀升。随着计算环境日益复杂，基础架构管理人员所需的专业水平和经验，以及此类人员的相关成本也随之增加。企业组织在与服务器维护相关的手动任务方面付出了更多的时间和资源，因而也需要更多的人员来完成这些任务。

(4) 故障切换和灾难保护不足。关键服务器应用程序停机和关键终端用户桌面不可访问对企业组织造成的影响越来越大。安全攻击、自然灾害以及恐怖主义的威胁，使得对桌面和服务器进行业务连续性规划显得更为重要；尤其终端用户桌面的维护成本高昂，为企业桌面的管理和保护带来了许多难题。因为在不影响用户有效工作环境的前提下，控制分布式桌面环境并强制实施管理、访问和安全策略，实现起来十分复杂且成本高昂，并且必须不断地对桌面环境运行数目众多的修补和升级程序，以消除安全漏洞。

1999 年，VMware 推出了针对 x86 系统的虚拟化技术，旨在解决上述诸多难题，并将 x86 系统转变成通用的共享硬件基础架构，使得应用程序环境在完全隔离、移动性和操作系统方面都有了选择的空间。

x86 计算机与大型机不同，它在设计上不支持全面虚拟化。大多数 CPU 基本功能都是执行一系列存储指令(即软件程序)，然而 x86 处理器中有 17 条特定指令在虚拟化时会产生问题，从而导致操作系统显示警告、终止应用程序或直接完全崩溃。因此，这 17 条指令成为 x86 计算机实现虚拟化的严重障碍。为应对这些指令，VMware 开发了一种自适应虚拟化技术。在产生这些“问题”指令时，此技术会将它们“困住”，然后将它们转换成可以虚拟化的安全指令，同时允许所有其他指令不受干扰地执行，这样就产生了一种与主机硬件匹配并保持软件完全兼容的高性能虚拟机。VMware 在虚拟化技术发展的历程中功不可没。

总结而言，虚拟化的发展经历了 4 个阶段：

第一个阶段是大型机上的虚拟化，就是简单地、硬性地划分硬件资源。

第二个阶段是大型机技术开始向 UNIX 系统或类 UNIX 系统的迁移，比如 IBM 的 AIX、SUN 的 Solaris 等操作系统都带有虚拟化的功能特性。

第三个阶段则是针对 x86 平台的虚拟化技术的出现，这主要是源于斯坦福大学计算机实验室的一批教授的研究，包括 VMware 以及 Connectix(2003 年其 Virtual PC 部门被微软收购)的核心技术人员也都来自斯坦福。开源的 XEN 与 VMware 等基本类似，主要不同之处是需要改动内核，但都是通过软件模拟硬件层，然后在模拟出来的硬件层上安装完整的操作系统并运行应用。其核心思想可以用“模拟”两个字来概括，即用软件模拟硬件，并能实现异构操作系统的互操作。

第四个阶段就是近几年崭露头角的虚拟化技术，主要有芯片级虚拟化、操作系统级虚拟化和应用级虚拟化。

2014 年，全球很多巨头公司都开始考虑虚拟化，包括那些不太愿意部署新技术的公司。2015 年，VMware、Microsoft、Red Hat 和 Citrix 都已经在各自的虚拟化层中实现了对 CPU 和内存的虚拟化。VMware 则更进一步提出了软件定义数据中心的理念，旨在将虚拟化技术延伸到网络和存储技术中。虚拟化这些资源的意义何在呢？对用户而言有什么益处？相对于虚拟化 CPU 和内存而言，虚拟化网络和存储又有什么特殊的价值？这绝对是值得我们认真思考的问题。

CPU 虚拟化就是把物理 CPU 虚拟化为逻辑 CPU，以方便工作负载使用计算资源；工作负载包括线程和进程，操作系统负责将这些线程和进程调度到 CPU 中运行。VMware 通过 CPU 虚拟化技术解决的难题是如何在一个操作系统实例中运行多个应用，而每一个应用都与操作系统有着密切的依赖关系。一个应用通常只能运行于特定版本的操作系统和中间件之上，这就是 Windows 用户常常提到的“DLL 地狱”。因此，大多数用户只能在一个 Windows 操作系统实例上运行一种应用，即操作系统实例独占一台物理服务器。这种状况会导致物理服务器的 CPU 资源被极大地浪费。能够使多个操作系统实例同时运行在一台物理服务器之上是 VMware 所提供的 CPU 虚拟化技术的价值所在，VMware 通过整合服务器，充分利用 CPU 资源，可以给用户带来极大的收益。实现服务器整合的前提是工作负载并不需要知晓它们正在共享 CPU，虚拟化层必须具备这种能力。这便是 CPU 虚拟化与其它虚拟化形式所不同的地方。

所谓内存虚拟化，是指 VMware 的 CPU 虚拟化通过时间片的方式实现 CPU 的共享。假设一个应用程序需要 2 GB 物理内存，那么分配 2 GB 虚拟内存给它，对应的物理内存也必须存在，否则应用程序的性能将变得很差(通常使用磁盘交换内存页)。VMware 通过透明页共享技术可以实现一定程度上的内存共享。虚拟化层能够识别出各操作系统只读内存区域(代码页)中的相同部分，这些页面在内存中只保留一个副本。需要强调的是，CPU 时间分片是虚拟化层能够实现的，而内存却不能按时间分片。多个应用可以共用一个 CPU，但多个应用却不能同时使用一段内存区域。

网络虚拟化在被 IT 界讨论多年之后，于 2015 年成为现实。网络虚拟化吸引企业的原因在于它能够解决工作负载配置方面存在的瓶颈问题。事实上，网络虚拟化提供的更大灵活性和自动化也是吸引很多不同行业、企业的原因。正常情况下，企业可能需要两到八周的时间启动和运行新服务，而网络虚拟化可以显著加快这个进程，甚至可在不到一天的时间内完全启用服务。网络虚拟化还可以提供网络安全性。VMware 很早就在软件中实现了虚拟交换机，微软的 Hyper-V 中也有类似技术，如运行在同一主机上的两台虚拟机要相互通信，网络流量不需要通过物理网卡传送到物理交换机。如果把服务于某个应用的 Web 服务器、应用服务器和数据库服务器放在同一台主机上，那么只有数据库服务器的流量会流经网卡(使用 NAS)或 HBA 卡(使用光纤存储)，因此网络虚拟化可以减少物理服务器所需网口的数量，可称之为“网络整合”。另外，把交换设备的控制权和交换设备本身移到软件中还有更深远的意义和价值，用户将不再需要那些昂贵且智能的交换机。

存储虚拟化的主要目标是让存储更容易管理，整合更多的存储空间，提高整体可靠性，允许利用多种存储设备创建虚拟化镜像。该技术被广泛应用于云计算提供的 IaaS 存储服务和大数据领域，可实现多用户同时访问相同的物理空间。

也可从虚拟化实现的层次，即硬件级虚拟化与操作系统级虚拟化的角度来总结虚拟化技术的发展历史及主要参与企业。

1. 硬件级虚拟化发展历史

(1) 19 世纪 60 年代，美国出现第一个由 IBM 开发的 CP-40 Mainframes 系统。

(2) 1987 年，Insignia Solutions 公布了软件模拟器 SoftPC，允许用户在 UNIX Workstations 上运行 DOS；1989 年，Insignia Solutions 发布 Mac 版 SoftPC，苹果公司用户不仅能运行 DOS，还能运行 Windows 操作系统。

(3) 1997 年，SoftPC 的成功促使其他虚拟化公司如雨后春笋般出现，苹果公司开发了 Virtual PC，后卖给 Connectix 公司。

(4) 1998 年，虚拟化技术主导者 VMware 公司成立，1999 年开始销售 VMware Workstation；2001 年，VMware 公司又发行了 ESX 和 GSX，即现在经常使用的 ESX-i 前身。

(5) 2003 年，微软公司收购 Connectix 公司后，推出 Microsoft Virtual PC；同年，VMware 被 EMC 公司收购；同年，开源虚拟化项目 Xen 启动，2007 年被 Citrix 公司收购。

2. 操作系统级虚拟化发展历史

(1) 1982 年，直到现在依然使用的系统调用 chroot，作为第一个操作系统级虚拟化技术出现，该系统调用能够改变运行进程的工作目录，并且只能在这个目录里面工作，实现了文件系统层的隔离。

(2) 2000 年，第一个功能完整的操作系统级虚拟化技术 FreeBSD jail 出现。

(3) 2005 年，OpenVZ 在 Linux 平台上实现了容器化技术。

(4) 2008 年，LXC 发布，即 Docker 最初使用的容器技术核心。

(5) 2013 年，Docker 发布，本身基于 LXC，同时封装了其他一些功能。

之后，很多大公司不断加入虚拟化软件市场，竞争异常激烈，排名靠前的有 EMC(收购 VMware)、微软、Citrix、红帽、Oracle、Parallels 等。微软把虚拟机直接集成在操作系统里；红帽携 KVM 开源虚拟机一路攻城掠地；Oracle 的虚拟机只能算是个小字辈；Parallels 公司的产品既支持虚拟机，也支持容器。

近几年来，虚拟化技术成为全球各种规模企业提高 IT 效率的核心技术，正在从“接受”快速向“普及”发展，呈现出平台开放化、连接协议标准化、客户终端硬件化及公有云私有化四个趋势。平台开放化是指通过虚拟化管理，使不同厂商的虚拟机能够在开放平台下共享，实现丰富的应用。连接协议标准化旨在解决多种连接协议(VMware 的 PCoIP、Citrix 的 ICA、微软的 RDP 等)在公有桌面云情况下出现的终端和云平台之间的广泛兼容性问题，多种连接协议将带来终端兼容性的复杂化，需要终端支持多种虚拟化客户端软件；对于嵌入式的云终端来说，限制了客户采购的选择性和替代性。客户终端硬件化指伴随着虚拟化技术的成熟及广泛应用，终端(PAD、智能手机等)将通过硬件辅助处理来逐步加强对虚拟化的支持，从而提升用户的富媒体(2D/3D/视频/Flash 等)体验，推动虚拟化技术落地于移动终端上。公有云私有化是在公有云场景(如产业园区)下将政府或企业的 IT 架构构建于公有云上，在减少昂贵软、硬件购置，维护投入的前提下享用公有云的便利性，尤其是数据的安全性，这就需要有类似于 VPN 的技术，把企业的 IT 架构变成叠加在公有云上的“私有云”，保证私有数据的安全性。

1.2.3　虚拟化技术的分类

虚拟化技术经过数十年的发展，已经成为一个庞大的技术家族，其技术形式种类繁多，实现的应用也自成体系。下面按照虚拟化实现方法、机制、架构模型、应用领域等标准介绍四种分类。

1. 按虚拟化实现方法分类

从虚拟化实现的方法看，虚拟化技术主要分为软件辅助的虚拟化和硬件辅助的虚拟化。实现虚拟化重要的一步在于虚拟化层能够将计算元件对真实物理资源的直接访问加以拦截，并将其重新定位到虚拟的资源中进行访问。因此，其划分标准在于虚拟化层是通过软件辅助还是硬件辅助的方式提供对真实物理资源的“访问拦截并重定向”。

1) 软件辅助的虚拟化

软件辅助的虚拟化指通过软件让客户机的特权指令陷入异常，从而触发宿主机进行虚拟化处理，实现对真实物理资源的截获与模拟。虚拟化解决方案中，客户操作系统(Guest OS)通过虚拟机监控器 VMM(Virtual Machine Monitor，又叫 Hypervisor)与硬件通信，由虚拟机监控器决定对系统上所有虚拟资源的访问。常见的软件虚拟化工具有 QEMU、VMware Workstation。

QEMU 通过软件的方式仿真 x86 平台处理器的取指、解码和执行，客户机的执行并不在物理平台上直接进行，因为所有的处理器指令都是通过软件模拟而来的，所以通常性能比较差，但是可以在同一平台上模拟不同架构平台的虚拟机；VMware Workstation 是另一款软件虚拟机工具，Hypervisor 运行在受控范围内，客户机指令在真实的物理平台上直接运行。当然，客户机指令在运行前会被 Hypervisor 扫描，如果有超出 Hypervisor 限制的指令，这些指令则会被动态替换为可在真实物理平台上直接运行的安全指令，或者替换为对 Hypervisor 的软件调用指令。

使用软件虚拟化解决方案的优势比较明显，如成本低廉、部署方便、管理维护简单等等。不过这种解决方案也有劣势，正是这些劣势决定了软件虚拟化解决方案在部署时会受到比较多的限制。

第一个劣势是增加了额外开销。软件虚拟机监控器部署在操作系统上，对于宿主机操作系统来说，虚拟机监控器跟普通的应用程序是一样的。这种情况下，若虚拟机监控器上再安装一个操作系统，即客户操作系统，那么软件与硬件的通信会怎么处理呢？举个简单例子，在一台主机上安装的操作系统是 Linux，然后部署了一个虚拟机监控器，在虚拟机监控器上又安装了一个 Windows 操作系统；若用户使用 Windows 操作系统的 MP3 播放器播放音乐，Windows 操作系统数据要转发给虚拟机监控器，然后虚拟机监控器再将数据转发给 Linux 操作系统。显然，转发的过程中多了一道额外的 CPU 指令的二进制转换过程，而这个转换过程必然会增加系统的负载和硬件资源的额外开销，从而降低应用的性能。在实际工作中，一般不会在服务器上采用软件虚拟化解决方案，也正是出于这个原因。该方案应用最广泛的地方是在普通的主机上，比如给用户培训或者测试环境，因对性能要求并不是很高，就可以在虚拟机客户操作系统上进行相关的设置。

第二个劣势是客户操作系统的支持受到虚拟机环境的限制。例如，64 位的操作系统必须安装在支持 64 位操作系统的硬件上，如 64 位的 CPU 上。若 CPU 是 32 位，即使采用虚拟化技术，也不能够安装 64 位的操作系统，因为硬件不支持。实际工作中，这是很致命的一个缺陷。

第三个劣势是增加了复杂性。软件虚拟化解决方案中，Hypervisor 在物理平台上的位置为传统意义上的操作系统所处的位置，客户操作系统的位置为传统意义上的应用程序所处的位置，系统复杂性和软件堆栈复杂性的增加意味着软件虚拟化解决方案难于管理，会降低系统的可靠性和安全性。

另外需要说明的是，Hypervisor 与客户操作系统(或者说虚拟操作系统)是不一样的。通过 Hypervisor 可将 1 台物理或逻辑服务器划分成 1 至 n 台标准计算机的硬件配置，包括 CPU、内存、硬盘、声/显卡、光驱等，称为虚拟机；可根据需求在不同的虚拟机上安装不同的操作系统，目前主流虚拟化软件有 VMware、Xen、KVM、VirtualBox 等。

2) 硬件支持的虚拟化

硬件支持的虚拟化概念比较简单，即通过物理平台本身提供的特殊指令，实现对真实物理资源的获取与模拟的硬件支持，即硬件支持的虚拟化不依赖于操作系统，不在应用程序层面进行部署；其产生的主要原因是在技术层面用软件手段达到全虚拟化非常麻烦，而且效率较低。

Intel、AMD 等处理器厂商发现了商机，他们通过在 CPU 中加入新的指令集和处理器运行模式，直接在芯片上提供了对虚拟化的支持，完成了虚拟操作系统对硬件资源的直接调用，典型技术如 Intel VT-x、AMD-V。

通常情况下，支持虚拟化技术的 CPU 使用专门优化过的指令集控制整个虚拟的过程。通过这些指令集，Hypervisor 可以将客户机置于一种受限制的模式下运行，一旦客户机需要访问物理资源，硬件会将控制权交给 Hypervisor 处理；Hypervisor 利用硬件虚拟化增强机制，由硬件重定向到 Hypervisor 指定的虚拟资源，整个过程不需要暂停客户机的运行和 Hypervisor 的参与。

相比纯软件辅助的虚拟化解决方案来说，硬件支持的虚拟化具有以下优势：

(1) 性能上的优势。如 CPU 虚拟化技术，其通信流量不需要转发。在上个例子中，Windows 操作系统上的数据流是直接传送给 CPU 等硬件资源，而不是通过另外一个操作系统来转发的，也就是说，此时 Windows 操作系统与 Linux 操作系统是平等的。在基于 CPU 的虚拟化解决方案中，虚拟化监控器提供了一个全新的虚拟化架构，支持虚拟化的操作系统直接在 CPU 上运行，而不需要进行额外的二进制转换，减少了相关的性能开销。同时，支持虚拟化技术的 CPU 带有特别优化过的指令集来控制虚拟化过程。通过这些技术，虚拟化监控器就比较容易提高服务器的性能。

(2) 提供不同位数操作系统的支持。在纯软件解决方案中，相关应用仍然受到主机硬件的限制，这个缺陷造成的不利影响也日益突出。而基于 CPU 等硬件的虚拟化解决方案，除了能够支持 32 位的操作系统之外，还能够支持 64 位的操作系统。这对于很多管理员来说是一个福音，使得他们在测试应用程序在 64 位操作系统上的稳定性和兼容性时，避免了额外的投资。

对于支持硬件虚拟化的厂商而言，鉴于虚拟化的巨大需求和硬件虚拟化产品的广阔前景，Intel 和 AMD 公司一直都在努力完善和加强自己的硬件虚拟化产品线。Intel 自 2005 年末，便开始在其处理器产品线中推广应用硬件支持的虚拟化技术 Intel VT(Intel Virtualization Technology)，发布了具有 Intel VT 虚拟化技术的一系列处理器产品，包括桌面的 Pentium 和 Core 系列，还有服务器的 Xeon 至强和 Itanium 安腾。多年来，Intel 坚持在每一代新的处理器架构中优化硬件虚拟化的性能并增加新的虚拟化技术。现在市面上从桌面的 Core i3/5/7，到服务器端的 E3/5/7/9，几乎全部都支持 Intel VT 技术。不远的将来，Intel VT 将成为所有 Intel 处理器的标准配置。

需要注意的是，一个完善的硬件虚拟化解决方案往往需要得到 CPU、主板芯片组、BIOS 以及软件(包括 VMM 或者某些操作系统本身)的支持，也就是说，硬件解决方案的部署成本要比软件解决方案高。因此，一般情况下，硬件支持的虚拟化解决方案用于对虚拟化性能要求比较高的生产环境。

2. 按虚拟化实现机制分类

1) 半虚拟化

半虚拟化(Para Virtualization)也叫准虚拟化或类虚拟化，即通过对客户机操作系统内核进行修改，加入特定的虚拟化指令，可以使用这些指令直接通过 Hypervisor 层调用硬件资源，免除由 Hypervisor 层转换指令造成的性能开销。由于需要修改客户机操作系统内核，因此半虚拟化一般都会同时用于 I/O 优化，通过高度优化的 I/O 协议和 VMM 紧密结合，达到近似于物理机的速度。半虚拟化的典型代表有 Microsoft Hyper-V、VMware 的 vSphere 等。

软件虚拟化可以在缺乏硬件虚拟化支持的平台上完全通过 Hypervisor 来实现对各个客户虚拟机的监控，从而保证它们之间彼此独立和隔离。但是软件虚拟化付出的代价是软件复杂度的增加和性能上的损失。降低这种损失的方法之一是改动客户机操作系统内核，让客户机操作系统和虚拟机监控器协同工作，这也是半虚拟化的由来。

半虚拟化使用 Hypervisor 分享存取底层硬件，但是它的客户机操作系统集成了虚拟化支持代码，无须重新编译或引起中断。客户机操作系统能够非常好地配合 Hypervisor 来实现虚拟化，因此宿主机操作系统能够与虚拟进程很好地协作，使其性能接近物理机。

半虚拟化解决方案中最经典的产品就是 Xen。Xen 是开源半虚拟化技术的典型应用。客户机操作系统在 Xen 的 Hypervisor 上运行，必须在内核层面进行某些改变，因此，Xen 适用于 BSD、Linux、Solaris 以及其他开源操作系统，但不适合 Windows 系列的专用操作系统，因为 Windows 系列不公开源代码，无法修改其内核。微软的 Hyper-V 所采用技术和 Xen 类似，因此可以把 Hyper-V 归属于半虚拟化的范畴。

半虚拟化需要客户机操作系统做一些修改来配合 Hypervisor，这是一个不足之处；但是半虚拟化提供了与原始系统相近的性能，同时还支持多个不同操作系统的虚拟化。图 1-3

展示了在半虚拟化环境中，各客户操作系统运行的虚拟平台以及修改后的客户机操作系统在虚拟平台上的分享进程。

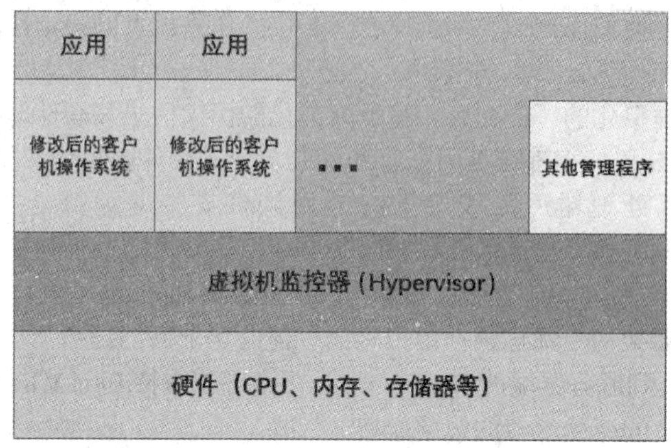

图 1-3　半虚拟化通过修改后的客户机操作系统分享进程

总而言之，半虚拟化的优点是与全虚拟化相比，架构更精简，在整体速度上有一定的优势。其缺点是需要对客户机操作系统进行修改，在用户体验方面比较麻烦。比如对于 Xen 而言，如果需要虚拟 Linux 操作系统作为客户机操作系统，那么需要将 Linux 操作系统的内核修改成 Xen 支持的内核才能使用。

2) 全虚拟化

全虚拟化(Full Virtualization)也叫完全虚拟化或原始虚拟化，是不同于半虚拟化的另一种虚拟化方法。

全虚拟化中，VMM 虚拟出来的平台是现实中存在的平台，对于客户机操作系统来说，自己并不知道自己是运行在虚拟的平台上。正因如此，全虚拟化中的客户机操作系统是不需要做任何修改的，客户机操作系统与底层硬件完全隔离，由中间的 Hypervisor 层转化虚拟客户操作系统对底层硬件的调用代码，具有良好的兼容性。

与半虚拟化不同，全虚拟化为客户机提供了完整的虚拟 x86 平台，包括处理器、内存和外设，理论上支持任何可在真实物理平台上运行的操作系统。全虚拟化为虚拟机的配置提供了最大程度的灵活性，不需要对客户机操作系统做任何修改，即可正常运行任何非虚拟化环境中已存在的基于 x86 平台的操作系统和软件，这点是全虚拟化无可比拟的优势。

全虚拟化的重要工作是在客户机操作系统和硬件之间捕捉和处理那些对虚拟化敏感的特权指令，使客户机操作系统无须修改就能运行；当然，速度会根据不同的实际情况存在差异，但大致能满足用户的需求。这种虚拟方式是业界迄今为止最成熟和最常见的。其知名的产品有 IBM CP/CMS、Virtual Box、KVM、VMware Workstation 和 VMware ESX(其 4.0 版本后改名为 VMware vSphere)。另外，Xen 在 3.0 以上版本也开始支持全虚拟化。

随着硬件虚拟化技术的逐代演化，运行于 Intel 平台的全虚拟化产品的性能已经超过了半虚拟化产品的性能，这一点在 64 位的操作系统上表现得更为明显；加之全虚拟化不需要对客户机操作系统做任何修改的固有优势，基于硬件的全虚拟化产品将是未来虚拟化技术的核心。

总之，全虚拟化的优点是客户机操作系统不用修改直接就可以使用；缺点则是会损失一部分性能，这些性能消耗在 VMM 捕获处理特权指令上。全虚拟化的唯一限制就是操作系统必须能够支持底层硬件。图 1-4 展示了在全虚拟化环境中，各客户操作系统使用 Hypervisor 分享底层硬件，自己并不知道自己运行在虚拟平台上。

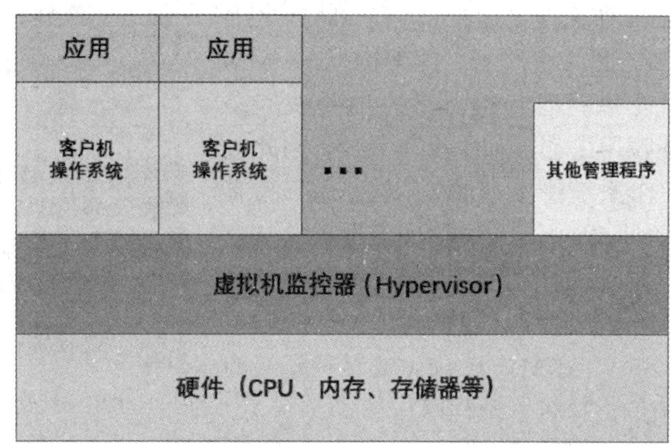

图 1-4　全虚拟化使用 Hypervisor 分享底层硬件

到目前为止，Intel 的 VT-x 硬件虚拟化技术已经能将 CPU 和内存的性能提高到真机的水平，但是由于设备(如磁盘、网卡)是有数目限制的，虽然 VT-d 技术已经可以做到一部分的硬件隔离，但是大部分情况下还是需要软件来对其进行模拟。在全虚拟化的情况下，是通过 QEMU 进行设备模拟的，而半虚拟化技术则可以通过虚拟机之间共享内存的方式利用特权级虚拟机的设备驱动直接访问硬件，从而达到更高的性能水平。

值得一提的是，有了硬件支持的虚拟化技术 Intel VT-x 与 AMD-V 后，客户机操作系统的“低特权态部件发出的敏感指令”能够自动被 Hypervisor 截获，半虚拟化就没有必要再对 Guest OS 内核进行修改，全虚拟化也不必对客户机操作系统作可执行代码编译了。所以如果不考虑半虚拟化与全虚拟化在 I/O 设备处理上的不同，硬件支持的虚拟化技术已经取消了半虚拟化技术和全虚拟化技术之间的差别，两者都可以被看作全虚拟化技术。

3. 按虚拟化架构模型分类

1) 裸机架构

裸机架构(Bare Metal Architecture)又称为 Hypervisor 型架构，硬件资源之上没有操作系统，直接使用 VMM 作为 Hypervisor 接管这些硬件，Hypervisor 称为裸机虚拟机管理程序，直接在物理硬件上运行，控制硬件并管理虚拟机，架构如图 1-5 所示。其主流产品有 Xen[9]、XenServer[10]、KVM(Kernal-based Virtual Machine)[11]、VMware ESXi 等，以上都是基于裸机架构的服务器虚拟化产品。这种架构因硬件设备多种多样，且每种设备都需要驱动实现，而 VMM 不可能把每种设备的驱动都一一实现，所以存在支持的硬件设备有限的缺陷。

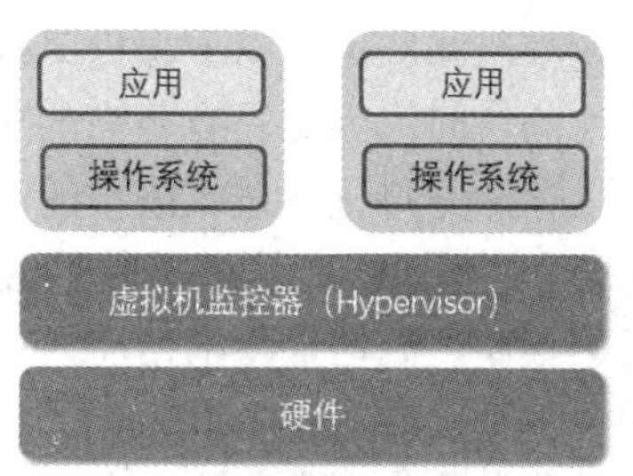

图 1-5　裸机架构示意图

2) 宿主架构

在宿主架构(Hosted Architecture)中，硬件资源之上有个普通的操作系统，该操作系统安装在裸机上，负责硬件设备管理，VMM 作为一个应用程序搭建在现有的操作系统上运行，再在 VMM 之上加载客户机，其架构如图 1-6 所示。此架构下，VMM 完全不用操心实现设备驱动，然而它的主要缺点是 VMM 对硬件资源的调用依赖于宿主操作系统，因此效率和功能受宿主操作系统影响较大。其主流产品有 Virtual Box(可以在各种 OS 上运行，移植虚拟机非常方便)、VMware Workstation(适用于各种操作系统，UI 简捷，使用方便)、Xvisor(轻量级、便携式、灵活的虚拟化解决方案，支持 x86 和 ARM)、Lguest(非常轻量级的内置于 Linux 内核中的虚拟机管理程序)。

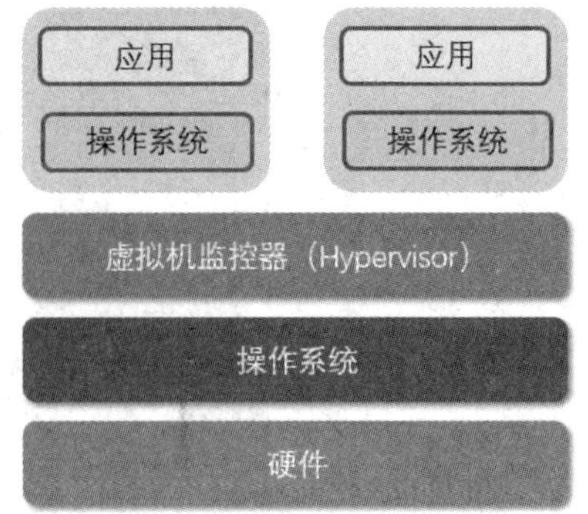

图 1-6　宿主架构示意图

3) 混合架构

混合架构(Mixed Architecture)是综合上述两种架构的虚拟化技术。首先 VMM 直接管理硬件，但是它会让出一部分对设备的控制权，交给运行在虚拟机中的特权操作系统来管理。这个模型因需要特权操作系统提供服务，会出现上下层切换，这部分开销会造成整体性能的下降。

4. 按虚拟化应用领域分类

虚拟化在云计算中的应用领域可分为服务器虚拟化、存储虚拟化、应用程序虚拟化、平台虚拟化、桌面虚拟化，以及网络虚拟化。

服务器虚拟化将一个物理或逻辑服务器划分成若干个，通过在硬件和操作系统之间引入虚拟化层(VMM 或 Hypervisor)实现硬件与操作系统的解耦，虚拟化层使每个虚拟机得到一套独立的模拟出的硬件设备，包含 CPU、内存、存储、主板、显卡、网卡等硬件资源；然后，在其上安装自己的操作系统，称为客户(Guest)操作系统；最终用户的应用程序，运行在 Guest 操作系统中。表面上看，这些虚拟机都是相互独立的服务器，但实际上，它们共享物理服务器的 CPU、内存、硬件、网卡等资源。服务器虚拟化是基础设施即服务(IaaS)的基础。如前所述，服务器虚拟化有两种常见的架构：宿主架构和裸机架构。宿主架构将虚拟化层运行在操作系统之上，当作一个应用来运行，此架构依赖于宿主操作系统对设备的支持和对物理资源的管理；裸机架构直接将虚拟化层运行在硬件系统上，再在其上安装操作系统和应用，由于裸机架构可以直接访问硬件资源，而不需要通过操作系统来实现对硬件的访问，因此具有更高的效率。

存储虚拟化通过大规模的 RAID(Redundant Arrays of Independent Disks，磁盘阵列)子系统和多个 I/O 通道将异构的存储资源连接到服务器上，并抽象成一个巨大的、对用户透明的存储资源池，再根据需要把存储资源分配给各个用户或应用。这种方式的优点在于存储设备管理员对设备有完全的控制权，而且通过与服务器系统分开，可以将存储管理与多种服务器操作系统隔离，并且可以很容易地调整硬件参数。

应用程序虚拟化是把应用程序对底层系统和硬件的依赖抽象出来，从而解除应用程序与操作系统和硬件的耦合关系，应用程序运行在本地应用虚拟化环境中，这个环境屏蔽了应用程序与底层和其他应用产生冲突的内容。应用程序虚拟化是软件即服务(SaaS)的基础。

平台虚拟化是集成各种开发资源虚拟出的一个面向开发人员的统一接口，软件开发人员可以方便地在这个虚拟平台中开发各种应用并嵌入到云计算系统中，使其成为新的云服务供用户使用。平台虚拟化是平台即服务(PaaS)的基础。

桌面虚拟化将用户的桌面环境与其使用的终端设备解耦，服务器上存放的是每个用户的完整桌面环境，用户可以使用具有足够处理和显示功能的不同终端设备通过网络访问该桌面环境。

网络虚拟化可以将多台网络设备进行连接，“横向整合”起来组成一个“联合设备”，保留网络设计中原有的层次结构、数据通道和所能提供的服务，使得最终用户的体验等同于独享物理网络；对管理者来说，这些设备组成一个逻辑单元，在网络中表现为一个网元节点，可看作单一设备进行管理和使用，使得管理、配置简单化，可跨设备链路聚合，极大简化网络架构，同时进一步增强冗余可靠性，提高网络资源利用率。

1.3 云计算与虚拟化的关系

虚拟化是一种概念，可用于各个行业领域。信息化技术领域内，虚拟化是指计算元件在虚拟而不是真实的基础上运行，是一个目标为简化管理、优化资源的解决方案，通常扮演进行硬件平台、操作系统(OS)、存储设备或者网络等资源逻辑抽象与划分的角色。

云计算是一种商业模型、计算模式，是现有技术和模式的演进和融合，是一种“一切皆服务”的模式，通过网络提供“云”上服务。云计算是为了让用户能够受益于诸如效用计算、分布式计算、网络计算等优势技术而无须深入了解和掌握它们，帮助用户通过网络随时随地获取各种高度可扩展的、灵活的 IT 资源，并按需使用、按量付费，从而让用户降低 IT 投资成本并专注于核心业务。

虚拟化和云计算到底是什么样的关系呢？前面给出了云计算与虚拟化技术概念，可以看出，云计算其实包含较多核心技术，如虚拟化、并行计算、分布式数据库、分布式存储等，而虚拟化技术是云计算的基石，是云计算系统的核心组成部分，也是云计算 SaaS、PaaS、IaaS 三类服务得以实现的最关键技术。通过虚拟化技术可以将各种硬件、软件、操作系统、存储、网络以及其他 IT 资源进行虚拟化，并纳入到云计算管理平台进行管理，从而使 IT 能力都可以转变为可管理的逻辑资源，再通过互联网把这些资源像水、电和天然气等公共资源一样提供给最终用户，以实现云计算的最终目标。从根本上来说，虚拟化技术是将各种计算及存储资源充分整合和高效利用的关键技术，目的是实现硬件资源的最充分利用。例如为了实现“按需使用、按量付费”的服务模式，云计算供应商必须利用虚拟化技术才能获得可用的基础设施以满足终端用户的需求，这对公有云供应商(外部)和私有云供应商(内部)都适用。

“云化”已成为 IT 信息产业发展的一个未来趋势，正如互联网应用的蓬勃发展一样。目前一些富客户端 RIA(Rich Internet Applications)应用迅速发展，开源软件和 HTML5 不断推广，无疑都为用户提供了更好的服务。云计算通过融合现有技术，实现了为用户或者企业提供更好服务的一种新的 IT 模式，可以说云计算本身带来的是一种 IT 产业格局的变化。

总而言之，虚拟化技术是云计算的主要支撑技术之一，云计算方案通过虚拟化技术使整个 IT 资源部署更加灵活；反过来，虚拟化方案也可以引入云计算的理念，为用户提供按需使用的资源和服务。云计算和虚拟化是分不开的，即虚拟化技术可实现计算、存储、网络、应用程序等 IT 资源在不同层次以不同的方式展现，方便使用者、开发及维护人员使用、开发及维护应用程序及数据，允许 IT 部门添加、减少、移动硬件和软件到它们想要的地方，为组织带来灵活性，从而改善 IT 运维并减少成本支出。

本章小结

本章是读者接触云计算虚拟化的第一章，首先从云计算的概念和其体系架构开始，逐步引出虚拟化的概念、虚拟化的作用以及虚拟化在云计算中所处的地位，使读者逐步明白虚拟化和云计算之间的关系，理解虚拟化作为核心技术如何在云计算中发挥重要作用。

本章还介绍了虚拟化的常见分类，并对软件辅助的虚拟化、硬件支持的虚拟化，半虚拟化、全虚拟化，裸机架构、宿主架构、混合架构作了比较详细的说明。

本章习题

1. 试分析网格计算与云计算的异同。
2. 虚拟化的本质是什么？
3. IaaS、PaaS 和 SaaS 分别是什么？
4. 虚拟化技术分为哪几类？
5. 半虚拟化与全虚拟化的区别是什么？在什么情况下都为全虚拟化？

第 2 章

虚拟化基础环境搭建

本章介绍虚拟化基础环境的构建步骤，包括 VMware 的安装，操作系统的选择、下载及安装，基本的环境配置等。为方便读者学习，本书以 VMware Workstation Pro 作为虚拟化基础环境，读者在学习过程中也可以使用服务器实体机作为虚拟化的基础环境。

知识结构图

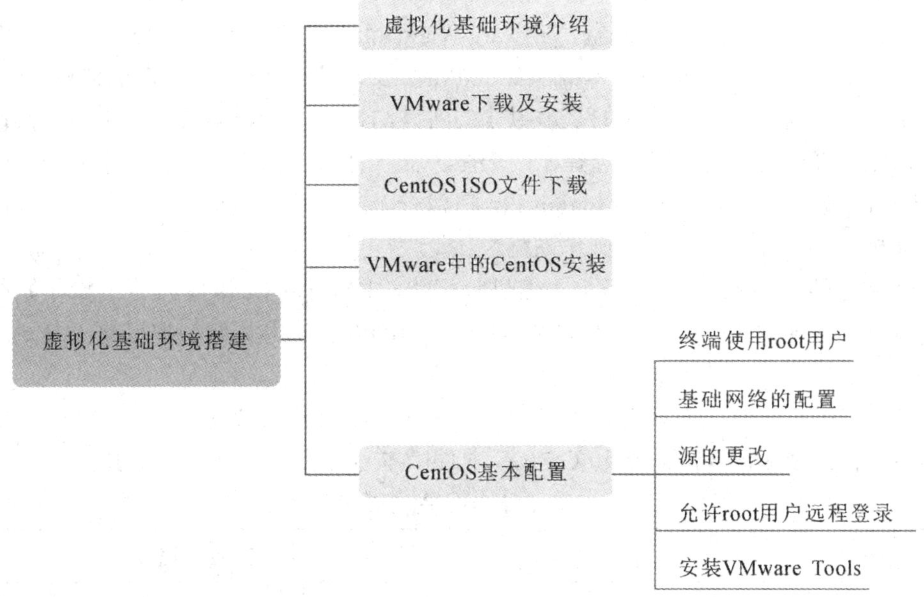

本章重点

- 掌握 VMware 的安装方式。
- 掌握 VMware 中 CentOS 虚拟机的安装方式。
- 掌握基础网络及源的配置。
- 掌握远程登录的设置方式。
- 掌握 VMware Tools 的安装方式。

本章任务

在理解云计算与虚拟化概念的基础上，能够在实体机或者 VMware Workstation Pro 中建立虚拟化基础环境；理解宿主机和虚拟机的基本概念，能够对宿主机进行基本的网络和源的配置。

2.1　虚拟化基础环境介绍

为方便读者学习，本书的虚拟化基础环境构建采用在安装有 Windows 操作系统的机器上安装 VMware Workstation Pro 16，然后在 VMware Workstation Pro 16 中搭建 CentOS(Community Enterprise Operating System，社区企业操作系统)虚拟机的方式。

VMware 公司创办于 1998 年，是一家专注于提供虚拟化解决方案的公司，是目前世界范围内最成熟的商业虚拟化软件提供商，其产品线在业界覆盖范围最广。VMware Workstation Pro 是该公司出品的运行于台式机和工作站上的虚拟化软件，可以在单台 PC 或 Mac 上运行多个操作系统。VMware Workstation Pro 为 IT 专业人员、开发人员和企业提供了强大的本地虚拟化沙箱，用以构建、运行或支持任何类型的应用。详细的 VMware 公司产品介绍请读者参阅本书第 12 章。

本书的所有内容都是基于 VMware Workstation Pro 中的 CentOS 环境进行编写的。如果从 Windows 实体机的角度来看，VMware Workstation Pro 16 是 Windows 操作系统上安装的一个虚拟化工具，在 VMware Workstation Pro 上安装的 CentOS 是一个虚拟机，而 Windows 是宿主机。因为本书主要讨论的是虚拟化的实践与操作，所以需要一个 Linux 操作系统作为虚拟化基础环境，读者可以选择在一个服务器实体机上搭建 Linux 操作系统，也可以在 Windows 上使用 VMware Workstation Pro 搭建一个虚拟的 Linux 操作系统，本书选用了后者，选择 CentOS7 作为 Linux 操作系统。

因此这里将 CentOS 看作一个实体机，也叫宿主机，将 CentOS 提供的操作系统环境看作是本书进行虚拟化操作的基础环境，将在 CentOS 上使用其他的虚拟化工具生成的操作系统叫做虚拟机。

在本书的后续章节中将把在 VMware Workstation Pro 中搭建的 CentOS 作为虚拟化环境的宿主机，使用的 VMware 和 CentOS 软件版本号及下载网址如表 2-1 所示。

表 2-1　相关软件信息

软件	版本号	下载网址
VMware	VMware Workstation Pro 16.1.0	https://www.vmware.com/cn.html
CentOS	CentOS7	https://www.centos.org/

2.2　VMware 下载及安装

VMware 使用 VMware Workstation Pro 16 版本，VMware 中国官网网址为 https://www.vmware.com/cn.html，官网首页如图 2-1 所示。

图 2-1　VMware 中国官网首页

在图 2-1 中，点击页面中的“下载”链接，进入图 2-2 所示的下载页面。

图 2-2　VMware 下载页面

在图2-2中，点击“转至下载”，即可进行下载。下载成功后即可进行 VMware Workstation Pro16 的安装。安装向导界面如图 2-3 所示。

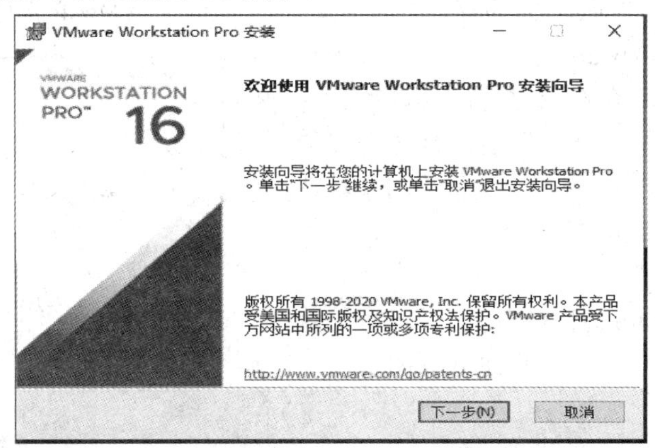

图 2-3　VMware 安装向导界面

在图 2-3 中点击“下一步”，进入如图 2-4 所示界面。在图 2-4 中，点击勾选“我接受许可协议中的条款”，然后点击“下一步”。在图 2-5 中，可以点击“更改...”进入如图 2-6 所示界面，修改 VMware 的安装位置，如无需修改，则直接点击“下一步”即可。

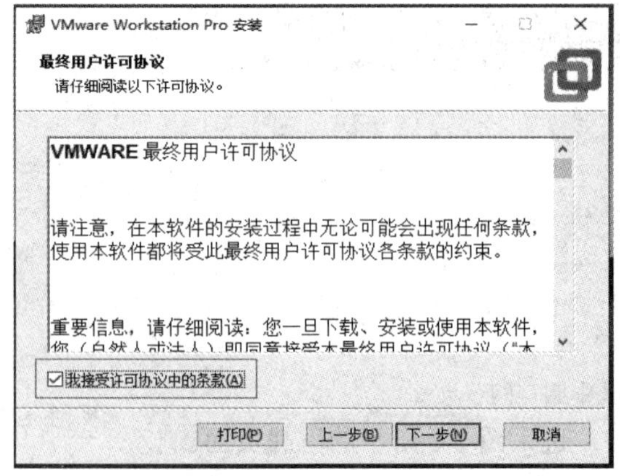

图 2-4　接受 VMware 用户许可协议

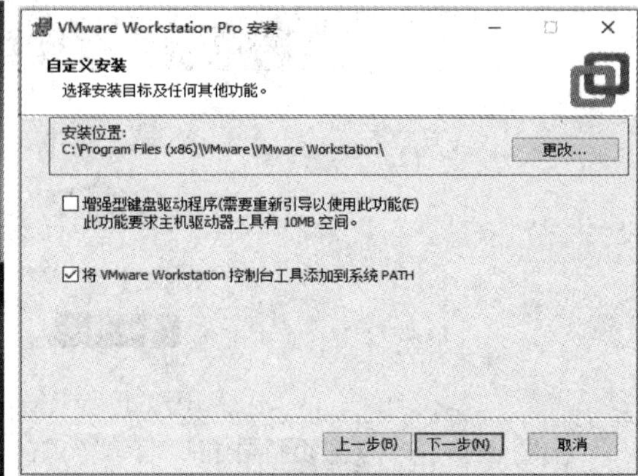

图 2-5　VMware 安装位置

如需修改 VMware 的安装位置，在图 2-6 中将“文件夹名称：”文本框中的内容修改为想要安装的目录，随后点击“确定”，即可进入如图 2-7 所示界面。

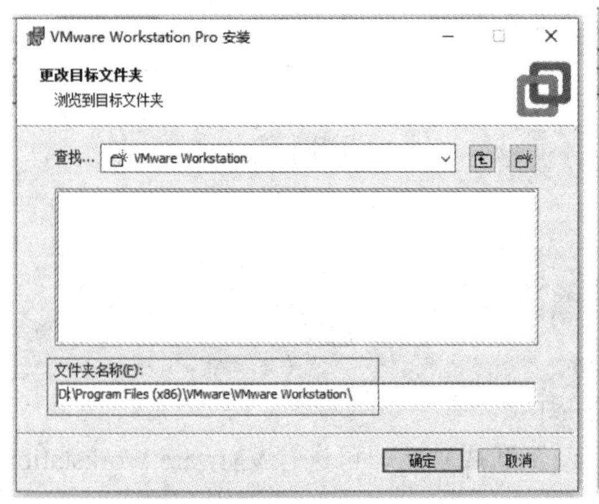

图 2-6　更改 VMware 安装位置

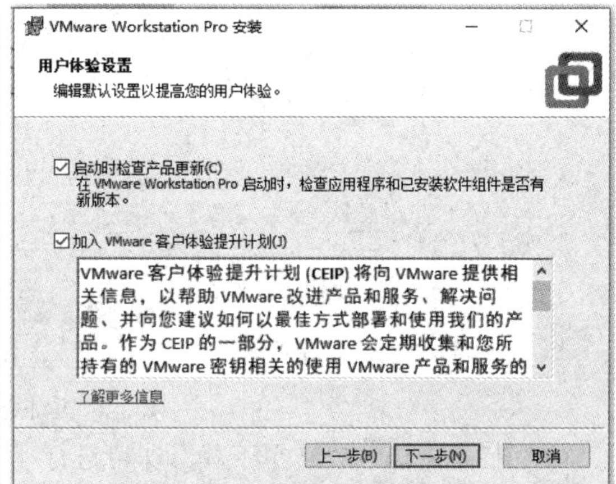

图 2-7　VMware 用户体验设置

图 2-7 所示是 VMware 的“用户体验设置”界面，“启动时检查产品更新”和“加入 VMware 客户体验提升计划”前的复选框用户可自行选择，不影响后续使用，这里采用了默认的选择设置。随后点击“下一步”，即可进入如图 2-8 所示界面。

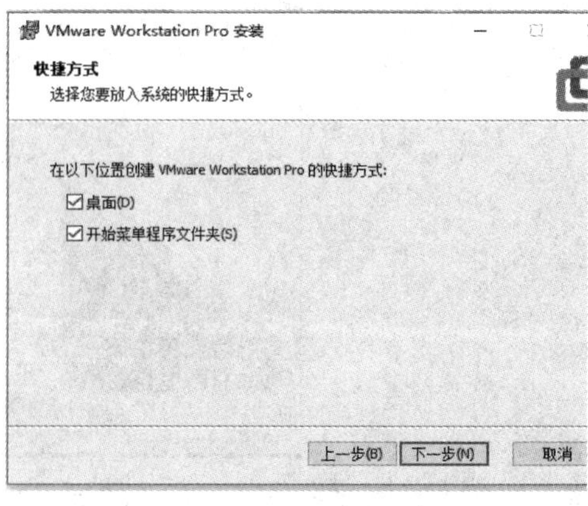

图 2-8　VMware 快捷方式设置

图 2-8 是 VMware 的快捷方式设置界面，默认选择并点击“下一步”，即可进入如图 2-9 所示界面。

图 2-9 中，VMware 的设置已经完成，点击“安装”，即可开始 VMware 的安装。

VMware 的安装界面如图 2-10 所示。

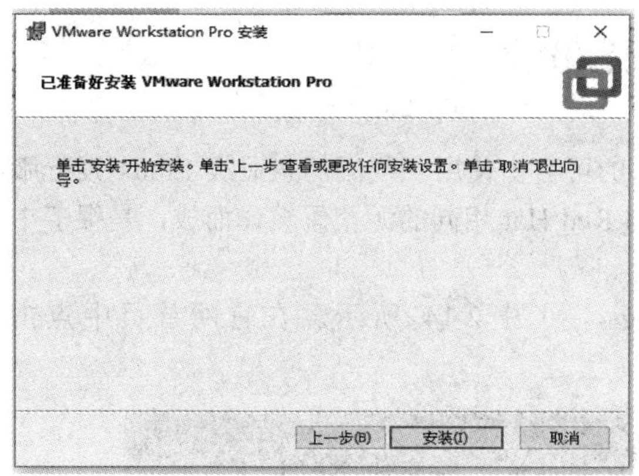

图 2-9　VMware 设置完成

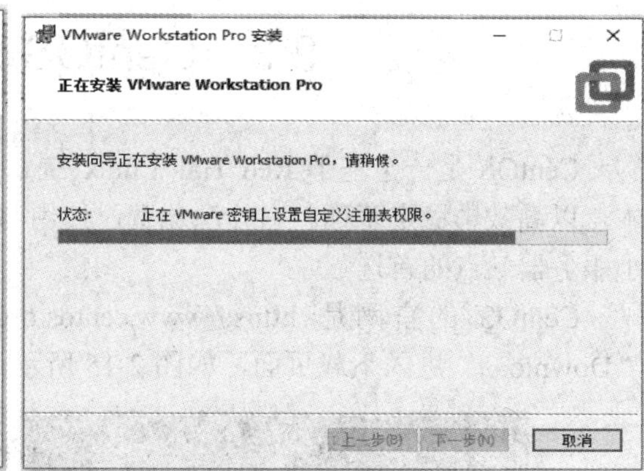

图 2-10　VMware 安装界面

VMware 安装完成后，进入如图 2-11 所示界面，点击“许可证”，进入如图 2-12 所示的 VMware 的许可证秘钥输入界面。若直接点击“完成”，则结束 VMware 的安装，但此时无许可证，影响后续使用，用户也可随后在 VMware 的使用界面中输入许可证秘钥。

在图 2-12 中输入合法的许可证秘钥，再点击“输入”即可。

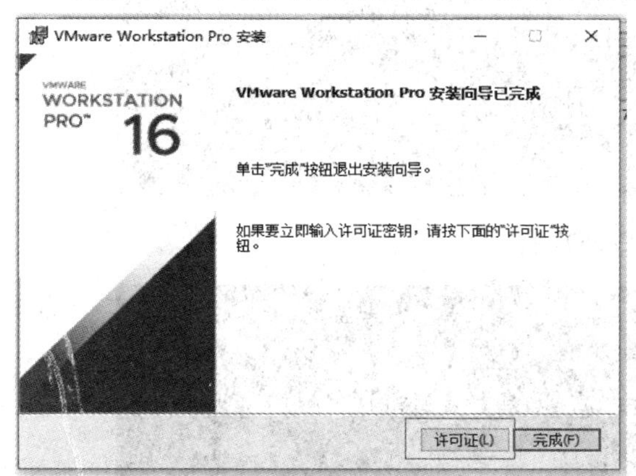

图 2-11　VMware 安装完成后需输入许可证密钥

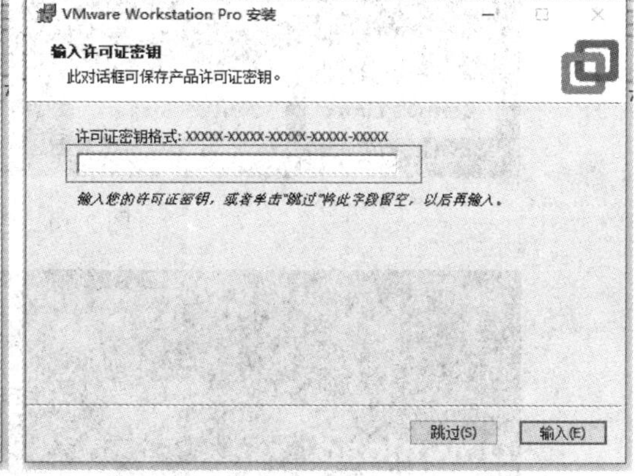

图 2-12　输入 VMware 许可证密钥

VMware Workstation Pro 16 安装完毕后的界面如图 2-13 所示。

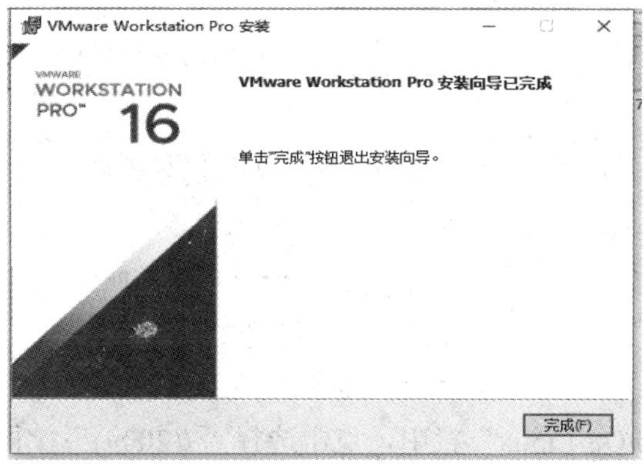

图 2-13　VMware 安装完成

2.3　CentOS ISO 文件下载

CentOS 是一个基于 Red Hat Linux 提供的可自由使用源代码的企业级 Linux 发行版本，以高效、稳定著称。它开源免费，使用与 Red Hat 相同的源代码编译而成，是很多中小服务器站点的首选。

CentOS 的官网是 https://www.centos.org/，如图 2-14 所示。在官网首页中点击“Download”进入下载页面，如图 2-15 所示。

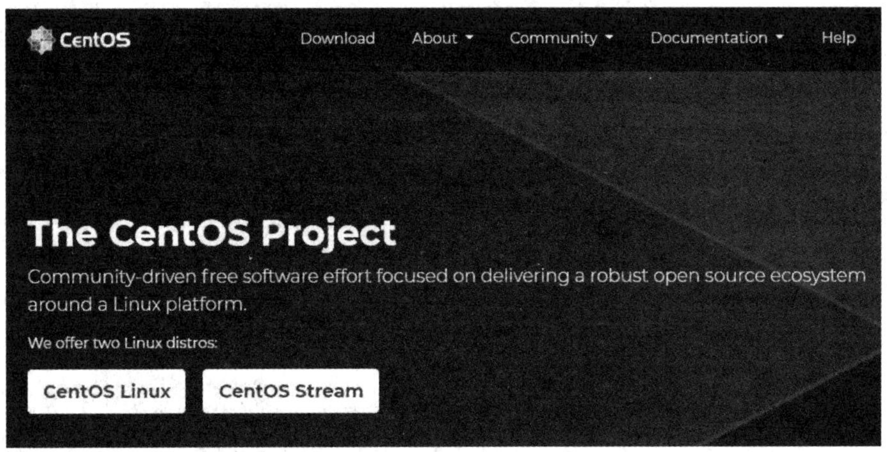

图 2-14　CentOS 官网

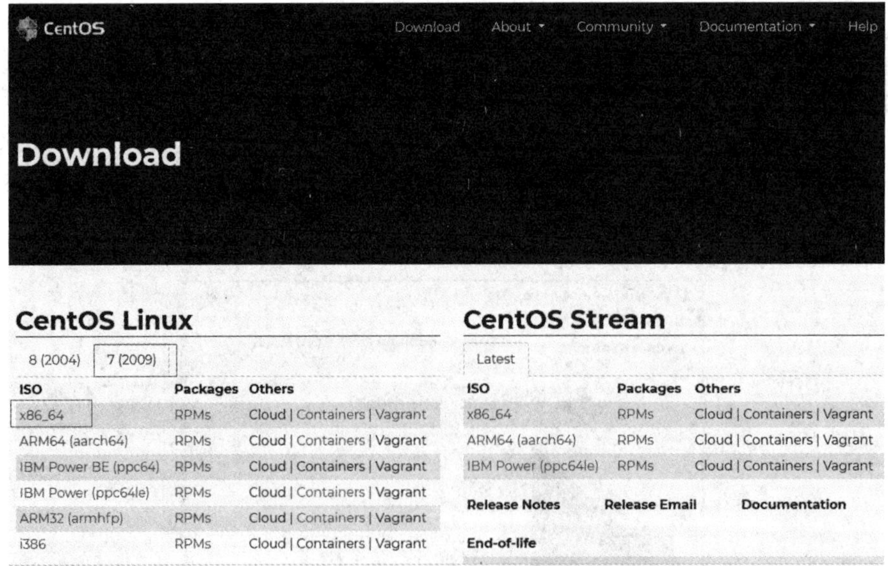

图 2-15　CentOS 下载页面

在图 2-15 的“CentOS Linux”栏中，点击选择“7(2009)”，再在“ISO”选项下面点击“x86_64”(这里以 64 位机为例)，进入下载镜像页面，如图 2-16 所示。

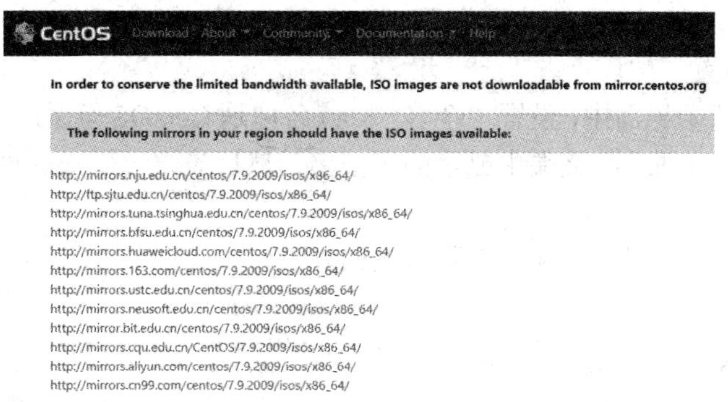

图 2-16　CentOS 下载镜像页面

在图 2-16 中，根据下载速度可以使用任意镜像页面进行下载，点击第一个链接后进入 ISO 下载页面，如图 2-17 所示。在图 2-17 中，点击“CentOS-7-x86_64-DVD-2009.iso”进行下载即可。

Index of /centos/7.9.2009/isos/x86_64/

../		
0_README.txt	06-Nov-2020 22:32	2495
CentOS-7-x86_64-DVD-2009.iso	04-Nov-2020 19:37	4712300544
CentOS-7-x86_64-DVD-2009.torrent	06-Nov-2020 22:44	180308
CentOS-7-x86_64-Everything-2009.iso	02-Nov-2020 23:18	10200547328
CentOS-7-x86_64-Everything-2009.torrent	06-Nov-2020 22:44	389690
CentOS-7-x86_64-Minimal-2009.iso	03-Nov-2020 22:55	1020264448
CentOS-7-x86_64-Minimal-2009.torrent	06-Nov-2020 22:44	39479
CentOS-7-x86_64-NetInstall-2009.iso	27-Oct-2020 00:26	602931200
CentOS-7-x86_64-NetInstall-2009.torrent	06-Nov-2020 22:44	23567
sha256sum.txt	04-Nov-2020 19:38	398
sha256sum.txt.asc	06-Nov-2020 22:37	1258

图 2-17　CentOS 的 ISO 下载页面

2.4　VMware 中 CentOS 安装

打开 VMware Workstation Pro 16，创建新的虚拟机，在如图 2-18 所示的“新建虚拟机向导”界面中选择“自定义(高级)”选项，再点击“下一步>”。

进入如图 2-19 所示的界面，直接点击“下一步>”。

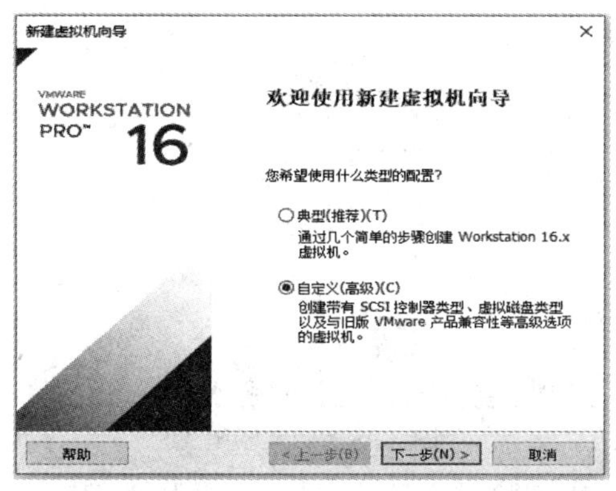

图 2-18　VMware 中创建虚拟机

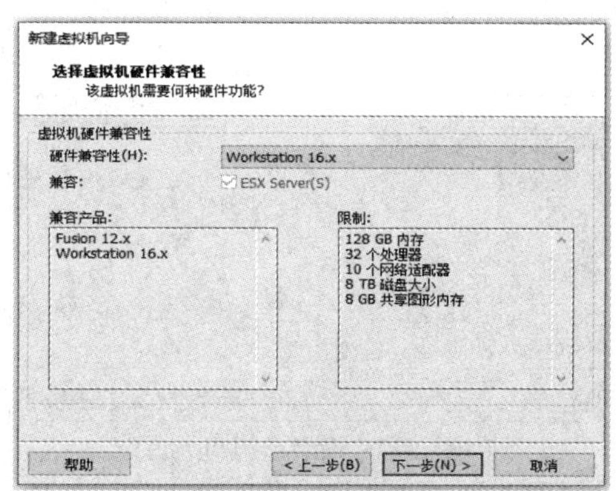

图 2-19　选择虚拟机硬件兼容性

进入如图 2-20 所示界面，点击“浏览...”，在弹出窗口中选择 2.3 小节中下载的 CentOS ISO 文件的存放位置，然后点击“下一步>”。

在如图 2-21 所示界面中，设置“全名”，该名称是 CentOS 登录时的用户名；设置“用户名”，该用户名是 CentOS 终端中显示的用户名；然后设置该用户的密码并确认；最后点击“下一步>”。

注意：此用户和根用户 root 都使用该密码。

图 2-20　安装客户机操作系统

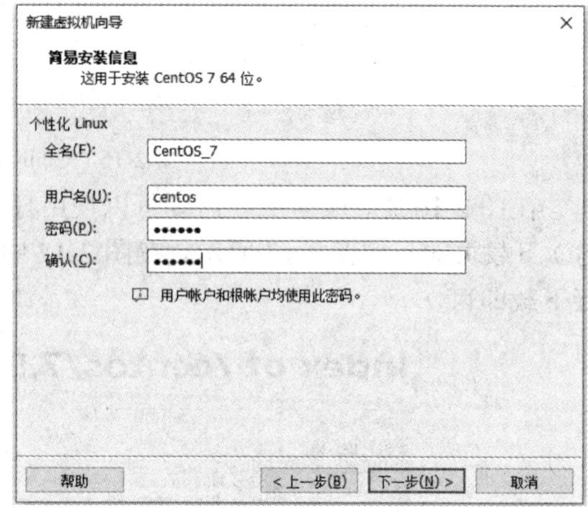

图 2-21　简易安装信息

随后在图 2-22 所示界面中，分别设置“虚拟机名称”和“位置”，虚拟机名称是在 VMware 左侧栏中显示的 CentOS 虚拟机名称，位置即 CentOS 的安装位置，点击“浏览...”，可选择合适的 CentOS 虚拟机的存放目录，最后点击“下一步>”。

注意：在“位置”选项中尽量选择空间较大的磁盘分区，因为 CentOS 虚拟机在本书的后续使用中，会安装很多内容，所占空间较大。

在如图 2-23 所示界面中，可以根据个人电脑性能配置处理器。这里配置了一个处理器，使用了双核，完成后点击“下一步>”。

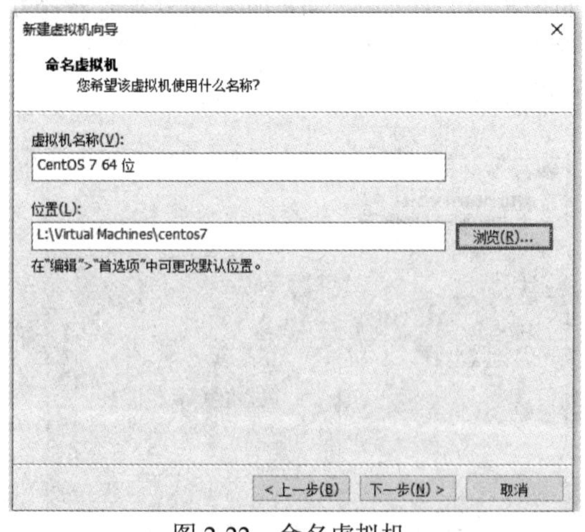

图 2-22　命名虚拟机

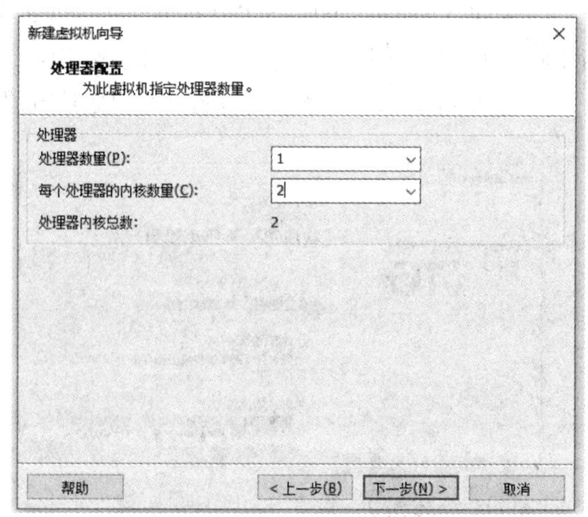

图 2-23　处理器配置

注意：该配置在 CentOS 安装好后，还可以进行修改。如内存大小、网络类型、I/O 控制器类型、磁盘类型等，都可以在 CentOS 安装好后，在使用过程中进行调整。

在如图 2-24 所示界面中，进行 CentOS 的内存配置。根据个人电脑性能进行选择，这里将内存配置为 2048 MB，即 2 GB，配置完成后点击“下一步>”。

进入如图 2-25 所示界面，选择“使用网络地址转换(NAT)”的网络设置，点击“下一步>”。

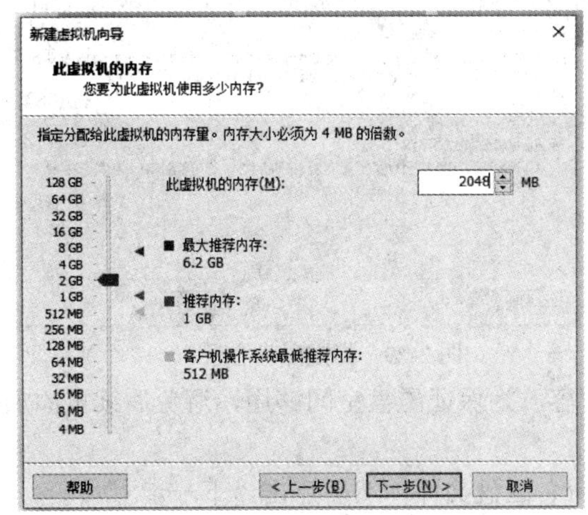

图 2-24　内存大小配置

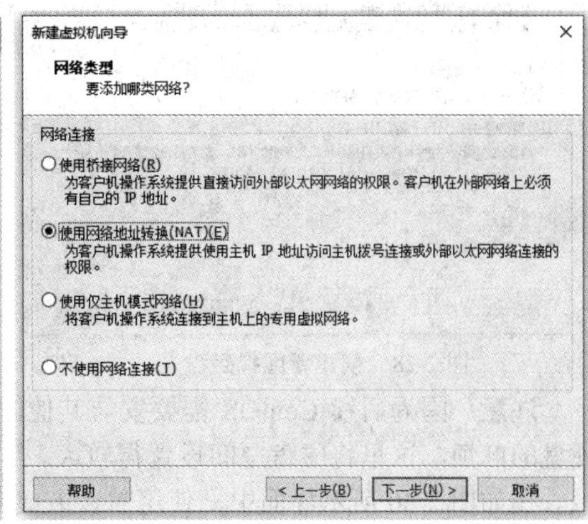

图 2-25　网络类型选择

在如图 2-26 所示界面中，选择 I/O 控制器类型，使用 SCSI 控制器，点击选中推荐的“LSI Logic”即可，最后点击“下一步>”。

在如图 2-27 所示界面中，选择虚拟磁盘类型，点击选中推荐的“SCSI”即可，最后点击“下一步>”。

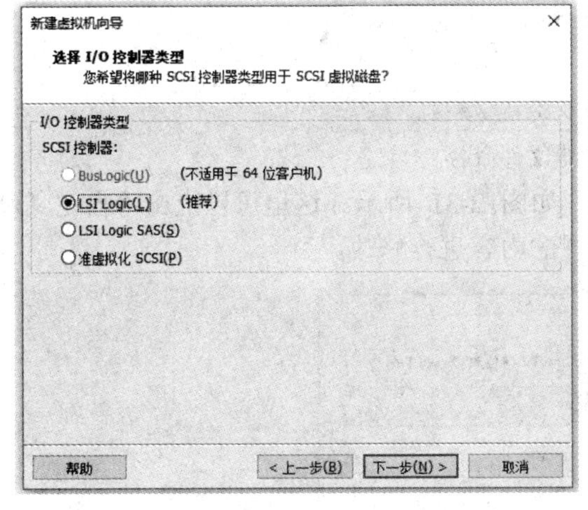

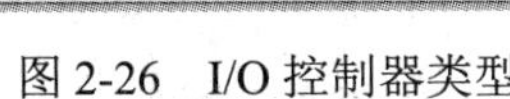
图 2-26　I/O 控制器类型

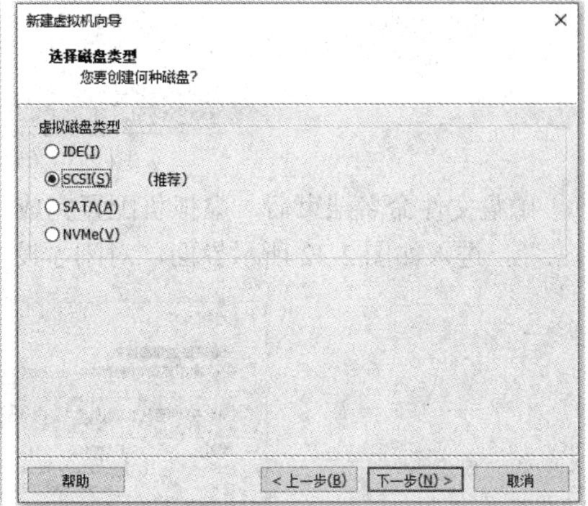

图 2-27　磁盘类型

随后在如图 2-28 所示界面中，点击选择“创建新虚拟磁盘”，再点击“下一步>”即可。

在如图 2-29 所示界面中指定磁盘容量，默认是 20 GB，根据个人电脑性能进行配置，这里更改为 40 GB。点击选择“将虚拟磁盘拆分成多个文件”，再点击“下一步>”即可。

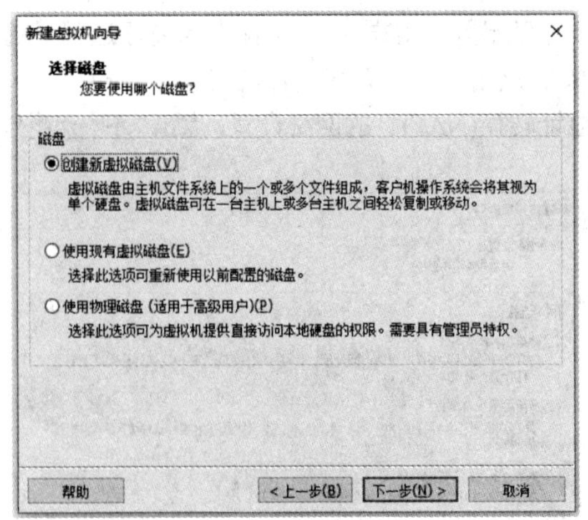

图 2-28　创建新虚拟磁盘

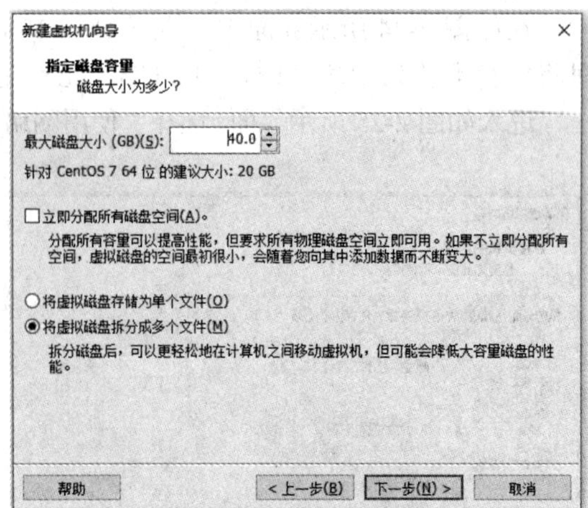

图 2-29　指定磁盘容量

注意：因为后续 CentOS 需要安装其他内容，为保证磁盘空间够用，避免后续再添加硬盘的麻烦，这里将磁盘空间设置得较大。

在如图 2-30 所示界面中，使用默认方式命名磁盘文件，然后点击“下一步>”。

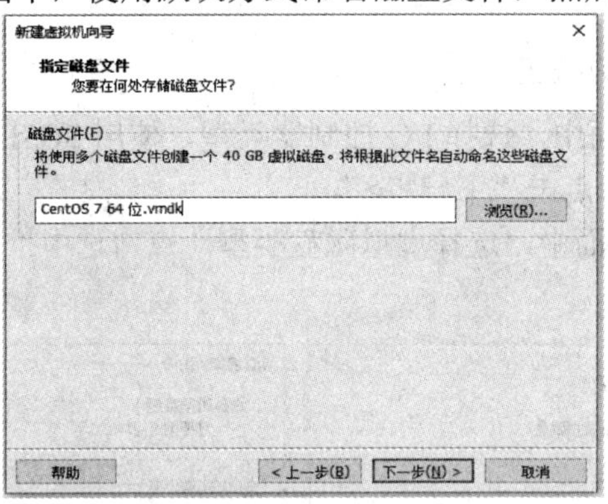

图 2-30　磁盘文件命名

磁盘文件命名结束后，虚拟机配置完成，如图 2-31 所示。这里可以点击“自定义硬件...”，进入如图 2-32 所示界面，对刚才设置的内容进行修改。

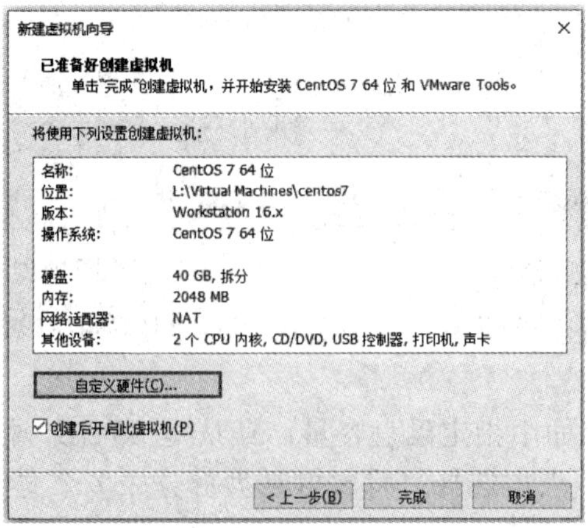

图 2-31　虚拟机设置完毕

如果没有需要修改的内容，直接在图 2-32 中点击“关闭”，返回图 2-31 后，点击“完成”按钮，即进入如图 2-33 所示的 CentOS 的安装界面。

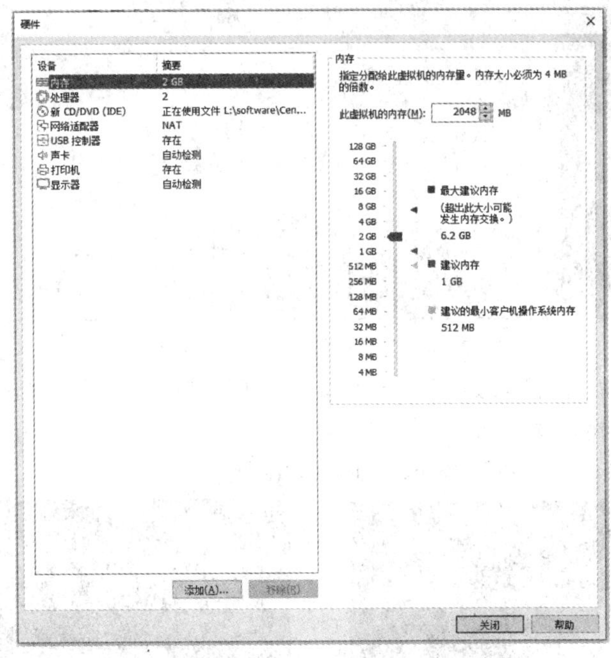

图 2-32　CentOS 硬件查看

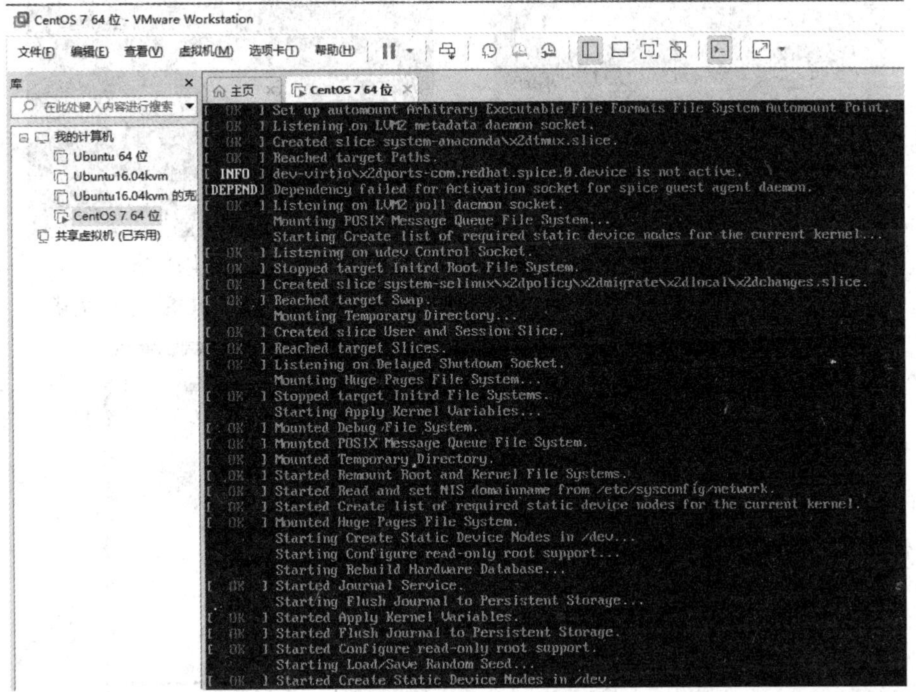

图 2-33　CentOS 的安装界面

图 2-33 中，在系统检测完毕后，会进入图形化的 CentOS 的安装界面，如图 2-34 所示。整个安装过程将会持续 20 分钟左右，用户需耐心等待。

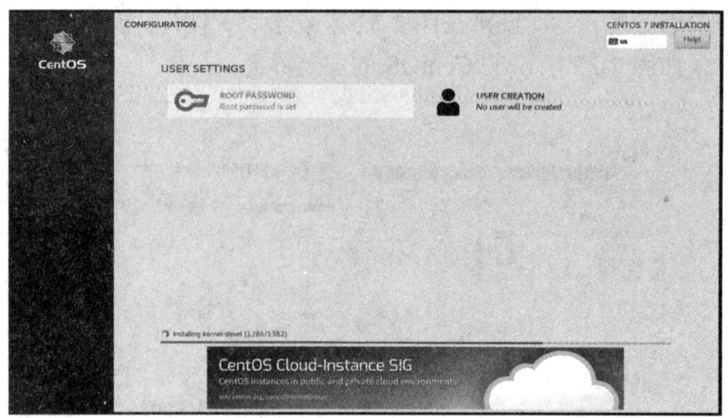

图 2-34　图形化的 CentOS 安装界面

CentOS 安装结束后，进入如图 2-35 的登录界面，其中的用户名 CentOS_7 是如图 2-21 所示 CentOS 安装时设置的全名。

使用安装时设置的密码进行登录，如图 2-36 所示。

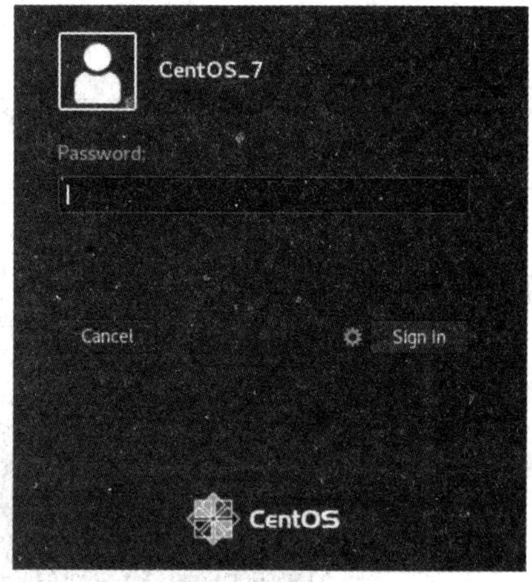

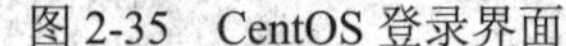

图 2-35　CentOS 登录界面　　　　图 2-36　输入密码登录

登录后进入 CentOS 的开始界面，如图 2-37 所示。至此，CentOS 安装完毕。

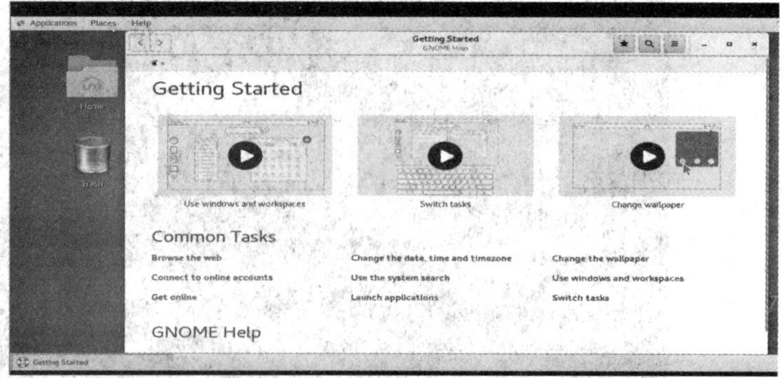

图 2-37　CentOS 的开始界面

注意：在图 2-35 中可点击选择“Not listed?”选项，使用根用户 root 的账户名和密码进行登录。使用 root 登录，能够方便后续的设置操作。

2.5　CentOS 基本配置

本书中将 2.4 小节安装的 CentOS 作为后续内容的宿主机，后续章节中的所有虚拟化操作都基于此 CentOS 宿主机进行。

2.5.1　终端使用 root 用户

Linux 的超级管理员名即是 root，在学习过程中使用 root 用户可以方便后续的操作。如果在登录 CentOS 时使用的是“CentOS_7”用户，登录后可以使用“su root”命令切换为 root 用户，输入安装时设置的密码即可。

```
[centos@localhost ~]$ su root
Password:
[root@localhost centos]# whoami
root
[root@localhost centos]#
```

2.5.2　基础网络的配置

1. 有线网络

在安装 CentOS 时，网络连接使用的是默认的 NAT 模式，如果 Windows 是固定 IP 的有线网络，那么 CentOS 安装好后，网络默认是连通的，可以通过 ping 命令进行查看。

```
[root@localhost centos]# ping www.baidu.com
PING www.a.shifen.com (110.242.68.3) 56(84) bytes of data.
64 bytes from 110.242.68.3 (110.242.68.3): icmp_seq=1 ttl=128 time=24.9 ms
64 bytes from 110.242.68.3 (110.242.68.3): icmp_seq=2 ttl=128 time=31.5 ms
64 bytes from 110.242.68.3 (110.242.68.3): icmp_seq=3 ttl=128 time=27.1 ms
^C
--- www.a.shifen.com ping statistics ---
3 packets transmitted, 3 received, 0% packet loss, time 2003ms
rtt min/avg/max/mdev = 24.953/27.885/31.553/2.744 ms
[root@localhost centos]# ping www.nyist.edu.cn
PING sec.nyist.edu.cn (59.69.128.113) 56(84) bytes of data.
64 bytes from 59.69.128.113 (59.69.128.113): icmp_seq=1 ttl=128 time=1.31 ms
64 bytes from 59.69.128.113 (59.69.128.113): icmp_seq=2 ttl=128 time=1.24 ms
64 bytes from 59.69.128.113 (59.69.128.113): icmp_seq=3 ttl=128 time=1.79 ms
64 bytes from 59.69.128.113 (59.69.128.113): icmp_seq=4 ttl=128 time=1.95 ms
^C
--- sec.nyist.edu.cn ping statistics ---
```

```
4 packets transmitted, 4 received, 0% packet loss, time 12018ms
rtt min/avg/max/mdev = 1.249/1.578/1.954/0.302 ms
```

这里 ping 了两个网址，分别是百度和南阳理工学院的官网，可以看到，网络是连通的，不需要再进行其他设置。

2. 无线网络(使用 DHCP 方式)

如果 Windows 是安装在笔记本上的，使用 DHCP 的无线网络上网，那么 CentOS 安装好后，需要进行设置才能连通网络。

注意：此方法由于使用 VMware 的 DHCP 服务进行虚拟机 IP 地址的分配，会导致每次打开虚拟机时，其 IP 地址可能会被修改，为后续的网络连接带来不便，因此建议使用后续的静态 IP 方式设置固定 IP。

首先，在 VMware 界面中，点击“编辑”，然后点击“虚拟网络编辑器”，打开如图 2-38 所示界面，在该界面中点击右下角的“更改设置”，进入如图 2-39 所示的界面。

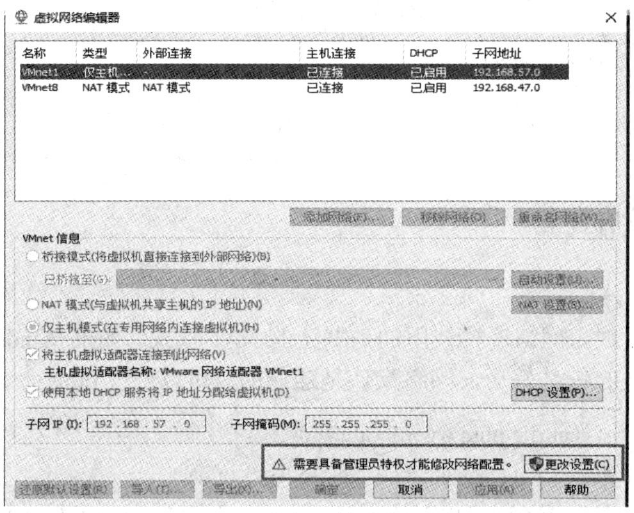

图 2-38　VMware 虚拟网络编辑器—更改设置

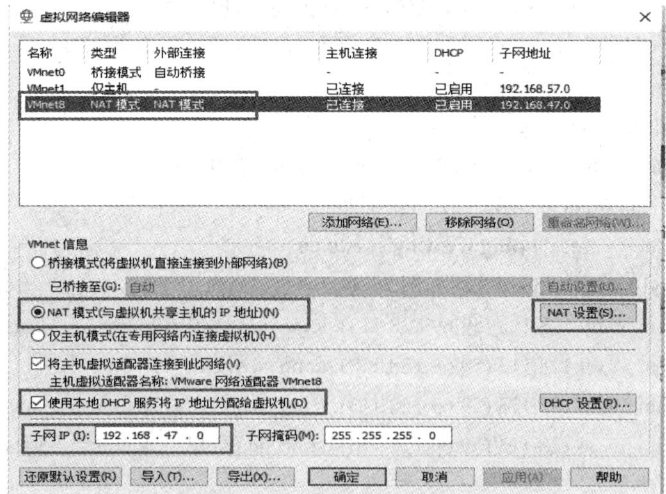

图 2-39　VMware 虚拟网络编辑器—查看 VMnet8

在图 2-39 所示的虚拟网络编辑器中，选中名称为“VMnet8”的列表行，查看其信息，将 VMware 设置为“NAT 模式(与虚拟机共享主机的 IP 地址)”，选中复选框“使用本地 DHCP 服务将 IP 地址分配给虚拟机”，查看子网 IP 地址，这里为“192.168.47.0”，然后点击“NAT 设置...”。

点击“NAT 设置...”后，打开如图 2-40 所示的界面。在“网关 IP”中设置网络的网关 IP 地址，这里为 192.168.47.2。随后依次点击“确定”即可。

注意：网关 IP 需要保证和图 2-39 中的子网 IP 在同一个网段。

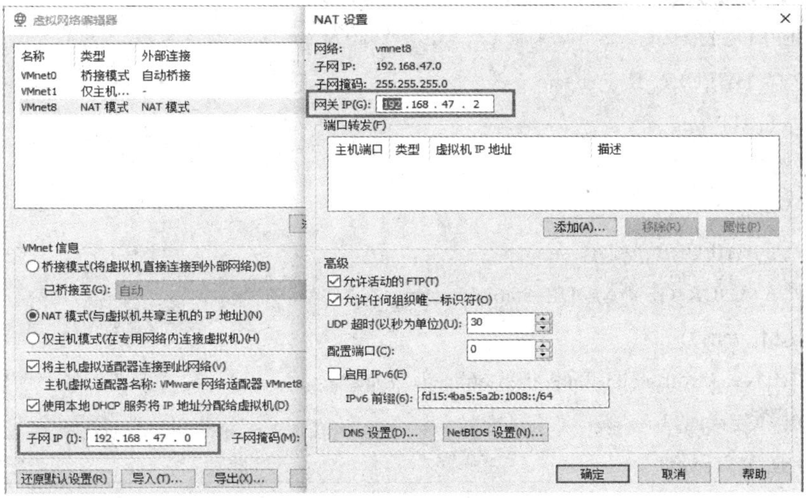

图 2-40　NAT 设置

设置好 VMware 的虚拟网络编辑器后，保存并退出。

进入 CentOS 虚拟机，打开一个终端，切换到 root 用户。进入到目录“/etc/sysconfig/network-scripts/”，该目录下有一个名称为“ifcfg-ens33”的文件，使用文本编辑器 vim 将其打开。

```
[centos@localhost ~]$ su root
Password:
[root@localhost centos]# cd /etc/sysconfig/network-scripts/
[root@localhost network-scripts]# ls
ifcfg-ens33    ifdown-ppp        ifup-ib       ifup-Team
ifcfg-lo       ifdown-routes     ifup-ippp     ifup-TeamPort
ifdown         ifdown-sit        ifup-ipv6     ifup-tunnel
ifdown-bnep    ifdown-Team       ifup-isdn     ifup-wireless
ifdown-eth     ifdown-TeamPort   ifup-plip     init.ipv6-global
ifdown-ib      ifdown-tunnel     ifup-plusb    network-functions
ifdown-ippp    ifup              ifup-post     network-functions-ipv6
ifdown-ipv6    ifup-aliases      ifup-ppp
ifdown-isdn    ifup-bnep         ifup-routes
ifdown-post    ifup-eth          ifup-sit
[root@localhost network-scripts]# vim ifcfg-ens33
```

注意：在编辑“ifcfg-ens33”文件时，必须切换为root用户，才能进行修改。

用vim指令编辑ifcfg-ens33文件，将BOOTPROTO设置为dhcp，将ONBOOT设置为yes，按下Esc键，进入命令模式后，输入:wq，保存并退出。

```
TYPE=Ethernet
PROXY_METHOD=none
BROWSER_ONLY=no
BOOTPROTO=dhcp
DEFROUTE=yes
IPV4_FAILURE_FATAL=no
IPV6INIT=yes
IPV6_AUTOCONF=yes
IPV6_DEFROUTE=yes
IPV6_FAILURE_FATAL=no
IPV6_ADDR_GEN_MODE=stable-privacy
NAME=ens33
UUID=9a38fdfb-e3b3-45c9-abe3-66beedc279aa
DEVICE=ens33
ONBOOT=yes
```

网络设置完毕后，需要重启网络服务才能使网络连通。使用命令“service network restart”重启网络，然后使用ping命令测试连接百度，可以看到网络此时已经连通。

```
[root@localhost network-scripts]# service network restart
Restarting network (via systemctl):                          [  OK  ]
[root@localhost network-scripts]# ping www.baidu.com -c 5
PING www.baidu.com (110.242.68.4) 56(84) bytes of data.
64 bytes from 110.242.68.4 (110.242.68.4): icmp_seq=1 ttl=128 time=27.5 ms
64 bytes from 110.242.68.4 (110.242.68.4): icmp_seq=2 ttl=128 time=25.6 ms
64 bytes from 110.242.68.4 (110.242.68.4): icmp_seq=3 ttl=128 time=28.0 ms
64 bytes from 110.242.68.4 (110.242.68.4): icmp_seq=4 ttl=128 time=25.4 ms
64 bytes from 110.242.68.4 (110.242.68.4): icmp_seq=5 ttl=128 time=26.9 ms

--- www.baidu.com ping statistics ---
5 packets transmitted, 5 received, 0% packet loss, time 4008ms
rtt min/avg/max/mdev = 25.444/26.718/28.035/1.044 ms
```

3. 无线网络(使用静态IP方式)

将CentOS的网络连接设置为“桥接模式”，如图2-41所示。

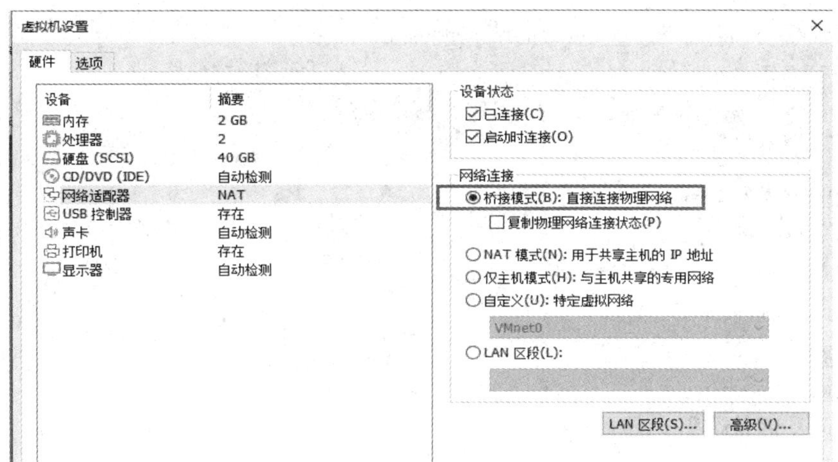

图 2-41　将 CentOS 的网络连接设置为“桥接模式”

首先在 Windows 中，使用“ipconfig/all”命令查看网络信息。

```
Microsoft Windows [版本 10.0.18363.1316]
(c) 2019 Microsoft Corporation。保留所有权利。

C:\Users\DELL>ipconfig/all
…
无线局域网适配器 WLAN:

   连接特定的 DNS 后缀 .......:
   描述...............: Intel(R) Wireless-AC 9462
   物理地址.............: 04-ED-33-CB-CA-73
   DHCP 已启用 ..........: 是
   自动配置已启用..........: 是
   本地链接 IPv6 地址........: fe80::c4ce:b6a8:3c79:ba43%3(首选)
   IPv4 地址 ............: 192.168.124.6(首选)
   子网掩码 ............: 255.255.255.0
   获得租约的时间 .........: 2021 年 1 月 23 日 21:29:28
   租约过期的时间 .........: 2021 年 1 月 24 日 21:29:28
   默认网关.............: 192.168.124.1
   DHCP 服务器 ..........: 192.168.124.1
   DHCPv6 IAID ...........: 201649459
   DHCPv6 客户端 DUID .......: 00-01-00-01-25-3C-67-4E-9C-EB-E8-4B-44-9A
   DNS 服务器 ...........: 192.168.124.1
   TCPIP 上的 NetBIOS .......: 已启用
```

然后在 CentOS 中，进入到目录“/etc/sysconfig/network-scripts/”，用 vim 指令编辑 ifcfg-ens33 文件。

注意：在编辑“ifcfg-ens33”文件时，必须切换为 root 用户，才能进行修改。

```
[root@localhost centos]# vim /etc/sysconfig/network-scripts/ifcfg-ens33
TYPE=Ethernet
PROXY_METHOD=none
BROWSER_ONLY=no
BOOTPROTO=static
DEFROUTE=yes
IPV4_FAILURE_FATAL=no
IPV6INIT=yes
IPV6_AUTOCONF=yes
IPV6_DEFROUTE=yes
IPV6_FAILURE_FATAL=no
IPV6_ADDR_GEN_MODE=stable-privacy
NAME=ens33
UUID=9a38fdfb-e3b3-45c9-abe3-66beedc279aa
DEVICE=ens33
ONBOOT=yes

IPADDR=192.168.124.10
NETMASK=255.255.255.0
GATEWAY=192.168.124.1
DNS1=192.168.124.1
```

修改 BOOTPROTO 为 static，然后在该文件的下方添加 IPADDR、NETMASK、GATEWAY、DNS1 等内容，其中 IPADDR 的值和 Windows 保持在同一个网段，其他值和 Windows 中保持一致即可。修改完毕后保存并退出。

接下来继续添加 DNS 的内容，在文件“/etc/resolv.conf”中添加“nameserver 192.168.124.1”内容即可。nameserver 的值和 Windows 保持一致。然后，保存并退出。

```
[root@localhost centos]# vim /etc/resolv.conf
# Generated by NetworkManager
nameserver 192.168.124.1
```

最后，使用命令“service network restart”重启网络。使用 ping 命令测试连接百度测试，经测试，网络已经连通。

```
[root@localhost centos]# service network restart
Restarting network (via systemctl):                          [  OK  ]
[root@localhost centos]# ping www.baidu.com -c 4
PING www.a.shifen.com (110.242.68.4) 56(84) bytes of data.
64 bytes from 110.242.68.4 (110.242.68.4): icmp_seq=1 ttl=51 time=26.1 ms
64 bytes from 110.242.68.4 (110.242.68.4): icmp_seq=2 ttl=51 time=27.0 ms
64 bytes from 110.242.68.4 (110.242.68.4): icmp_seq=3 ttl=51 time=26.5 ms
64 bytes from 110.242.68.4 (110.242.68.4): icmp_seq=4 ttl=51 time=59.7 ms
```

```
--- www.a.shifen.com ping statistics ---
4 packets transmitted, 4 received, 0% packet loss, time 3004ms
rtt min/avg/max/mdev = 26.125/34.866/59.758/14.376 ms
```

注意：此方式配置了 CentOS 的固定 IP，而一旦 Windows 的 IP 地址更改了，可能会导致在 Windows 中无法连接 CentOS。

2.5.3　源的更改

CentOS 进行软件下载安装的 yum 源分为本地源和网络源。默认使用的 yum 源是 CentOS 官网的镜像网站提供的源，属于网络源。

在可以联网的情况下建议使用网络源，但 CentOS 官网下载速度较慢；这里以阿里云为例，给出配置阿里云的 yum 网络源的步骤。

首先进入阿里云的镜像站 https://developer.aliyun.com/mirror/，主页如图 2-42 所示。

图 2-42　阿里云镜像主页

在图 2-42 中点击“centos”模块，可以得到 yum 源配置的教程以及 yum 源的地址。在 CentOS 中使用 mv 命令备份默认的 yum 源配置文件。

```
[root@localhost yum.repos.d]# cd /etc/yum.repos.d/
[root@localhost yum.repos.d]# ls
CentOS-Base.repo  CentOS-Debuginfo.repo  CentOS-Media.repo     CentOS-Vault.repo
CentOS-CR.repo    CentOS-fasttrack.repo  CentOS-Sources.repo
[root@localhost yum.repos.d]# mv CentOS-Base.repo CentOS-Base.repo.backup
[root@localhost yum.repos.d]# ls
CentOS-Base.repo.backup  CentOS-fasttrack.repo  CentOS-Vault.repo
CentOS-CR.repo           CentOS-Media.repo
CentOS-Debuginfo.repo    CentOS-Sources.repo
```

接下来使用 wget 命令下载新的 yum 源配置文件 CentOS-Base.repo 到/etc/yum.repos.d 目录中。

```
[root@localhost yum.repos.d]# wget -O /etc/yum.repos.d/CentOS-Base.repo https://mirrors.aliyun.
com/repo/Centos-7.repo
--2020-12-07 23:51:49--  https://mirrors.aliyun.com/repo/Centos-7.repo
Resolving mirrors.aliyun.com (mirrors.aliyun.com)... 42.236.88.238, 221.15.66.238, 123.6.9.118, ...
Connecting to mirrors.aliyun.com (mirrors.aliyun.com)|42.236.88.238|:443... connected.
HTTP request sent, awaiting response... 200 OK
Length: 2523 (2.5K) [application/octet-stream]
Saving to: '/etc/yum.repos.d/CentOS-Base.repo'

100%[==========================================>] 2,523        --.-K/s    in 0s

2020-12-07 23:51:49 (260 MB/s) - '/etc/yum.repos.d/CentOS-Base.repo' saved [2523/2523]

[root@localhost yum.repos.d]# ls
CentOS-Base.repo          CentOS-Debuginfo.repo   CentOS-Sources.repo
CentOS-Base.repo.backup   CentOS-fasttrack.repo   CentOS-Vault.repo
CentOS-CR.repo            CentOS-Media.repo
[root@localhost yum.repos.d]#
```

然后，运行 yum makecache 生成缓存时，发现了“mirrors.aliyun.com”域名，说明源已经更改。

```
[root@localhost yum.repos.d]# yum makecache
Loaded plugins: fastestmirror, langpacks
Loading mirror speeds from cached hostfile
 * base: mirrors.aliyun.com
 * extras: mirrors.aliyun.com
 * updates: mirrors.aliyun.com
base                                          | 3.6 kB     00:00
extras                                        | 2.9 kB     00:00
updates                                       | 2.9 kB     00:00
(1/2): extras/7/x86_64/filelists_db           | 224 kB   00:00
extras/7/x86_64/other_db          FAILED
http://mirrors.aliyuncs.com/centos/7/extras/x86_64/repodata/2e9fd48ed164af0d6a80c2a07dc67
c09d733ea94fbde75f81cc7076405c90124-other.sqlite.bz2: [Errno 14] curl#7 - "Failed connect to
mirrors.aliyuncs.com:80; Connection refused"
Trying other mirror.
(2/2): extras/7/x86_64/other_db                 | 134 kB   00:00
Metadata Cache Created
[root@localhost yum.repos.d]#
```

使用命令“yum-y update”进行源的更新即可。

```
[root@localhost centos]# yum -y update
Loaded plugins: fastestmirror, langpacks
Loading mirror speeds from cached hostfile
 * base: mirrors.aliyun.com
 * extras: mirrors.aliyun.com
 * updates: mirrors.aliyun.com
… (中间略)
Replaced:
   iwl7265-firmware.noarch 0:22.0.7.0-69.el7
   urw-fonts.noarch 0:2.4-16.el7
   webkitgtk4-plugin-process-gtk2.x86_64 0:2.20.5-1.el7

Complete!
```

2.5.4　允许 root 用户远程登录

CentOS 中默认 root 用户无法进行远程登录，为方便后续使用，建议开启 root 用户的远程登录设置。

首先打开一个终端，切换为 root 用户，然后使用 vim 命令打开 ssh 的配置文件/etc/ssh/sshd_config，修改该文件的第 38 行和第 65 行，将前面的符号“#”去掉。第 38 行代表允许 root 用户远程登录，第 65 行代表使用密码授权。

```
[root@localhost ~]# vim /etc/ssh/sshd_config
…
37 #LoginGraceTime 2m
38 PermitRootLogin yes
39 #StrictModes yes
…
64 #PermitEmptyPasswords no
65 PasswordAuthentication yes
…
```

配置文件修改完毕后，退出 vim。

接下来使用命令“systemctl restart sshd”重启 sshd 服务。

```
[root@localhost centos]# systemctl restart sshd
```

然后在安装 VMware 的宿主机上(Windows)使用远程连接工具 Xshell、Puttty、SSH Secure 等进行连接即可。

以 Xshell 为例，首先在 CentOS 中使用命令“ifconfig”查看网络接口“ens33”的 IP 地址，如图 2-43 所示。

```
[root@localhost centos]# ifconfig
ens33: flags=4163<UP,BROADCAST,RUNNING,MULTICAST>  mtu 1500
        inet 192.168.124.10  netmask 255.255.255.0  broadcast 192.168.124.255
        inet6 fe80::ccbb:7131:e8f1:8d04  prefixlen 64  scopeid 0x20<link>
        ether 00:0c:29:5b:89:b1  txqueuelen 1000  (Ethernet)
        RX packets 16  bytes 1298 (1.2 KiB)
        RX errors 0  dropped 0  overruns 0  frame 0
        TX packets 15  bytes 1266 (1.2 KiB)
        TX errors 0  dropped 0 overruns 0  carrier 0  collisions 0
```

图 2-43　查看 CentOS 的 IP 地址

然后在另外一台机器上，打开 Xshell 工具。这里以本机器 Windows 为例，在 Windows 中使用 Xshell，新建一个连接，如图 2-44 所示，“名称”可以自定义，“主机”填写图 2-43 中要连接的 CentOS 的 IP，最后点击“确定”。

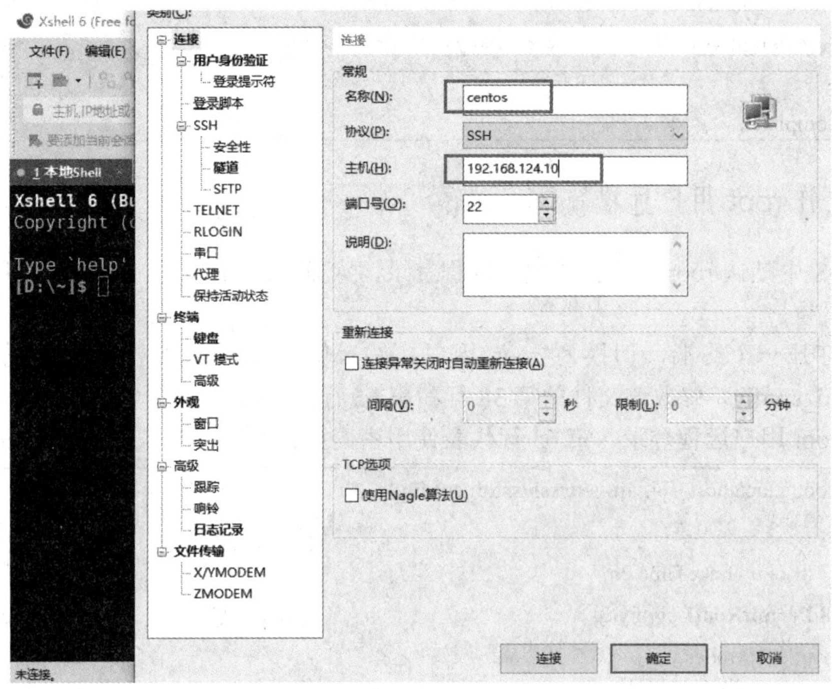

图 2-44　在 Xshell 中新建 CentOS 的连接

接下来，在 Xshell 中使用 root 用户和密码进行登录即可，如图 2-45 所示。

SSH 用户名

远程主机:　192.168.124.10:22 (centos)

服务器类型:　SSH2, OpenSSH_7.4

请输入登录的用户名(E):

root

记住用户名(R)

确定　取消

图 2-45　在 Xshell 中使用 root 用户登录

2.5.5　安装 VMware Tools

VMware Tools 中包含一系列服务和模块，可在 VMware 中实现多种功能，从而使用户能够更好地管理客户机操作系统，并与其进行无缝交互。

安装 VMware Tools 时，需要对虚拟机的光盘(CD/DVD)的“设备状态”进行设置，如果虚拟机是开机状态，将“已连接”复选框选中即可；如果虚拟机是关机状态，将“启动时连接”复选框选中即可，如图 2-46 所示。

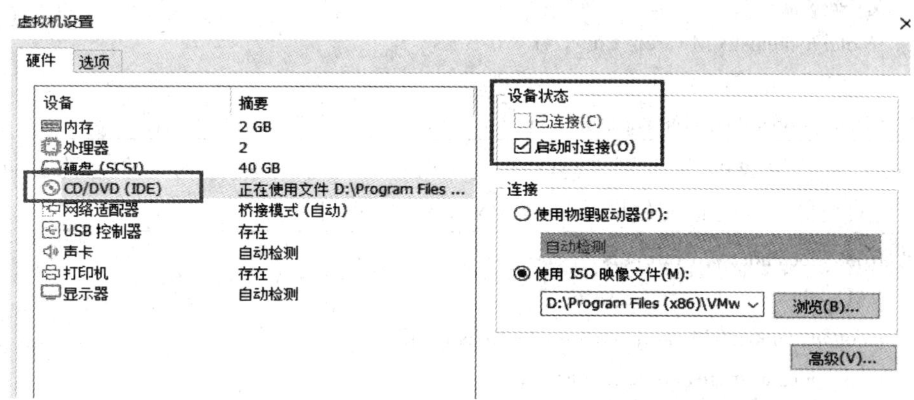

图 2-46　设置光盘的设备状态

然后设置光盘使用的 ISO 映像文件为 linux.iso 文件。linux.iso 文件存放在 VMware 的安装目录下，如图 2-47 所示。

设置完毕后，打开虚拟机，在桌面上会看到一个 VMware Tools 名称的光盘已加载。右键点击光盘文件，选择“Open in Terminal”，使光盘在终端打开，如图 2-48 所示。

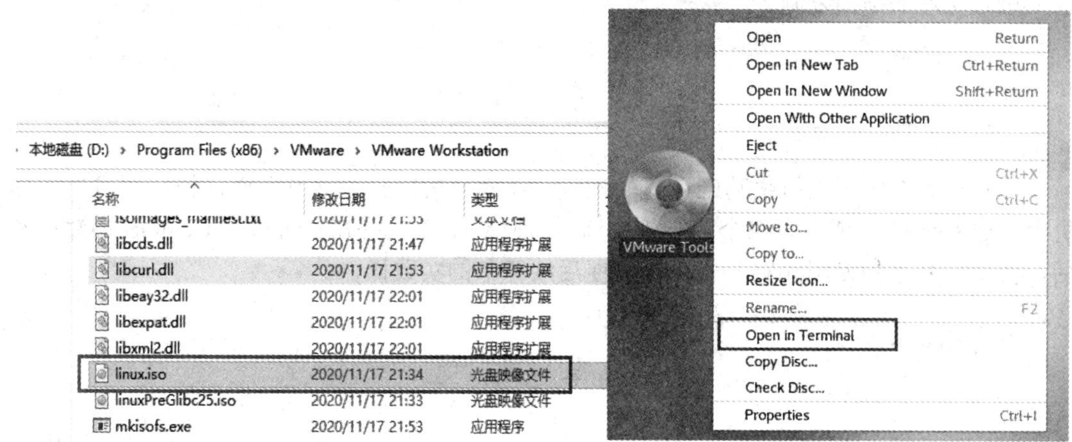

图 2-47　VMware 安装目录下存放的 linux.iso 文件　　　　图 2-48　在终端打开光盘

打开光盘文件后，在终端进行操作。使用“ls”命令，可以看到光盘中有一个名为“VMwareTools-10.3.22-15902021.tar.gz”的文件；需要将该文件先复制到虚拟机合适的位置，再解压缩。这里在根目录下创建了 VMware 文件夹，复制时将名称修改为“VM-tools”。然后使用命令“tar -xzvf VM-tools”进行解压缩。

```
[root@localhost VMware Tools]# ls
manifest.txt      VMwareTools-10.3.22-15902021.tar.gz   vmware-tools-upgrader-64
run_upgrader.sh   vmware-tools-upgrader-32
[root@localhost VMware Tools]# mkdir /VMware
[root@localhost VMware Tools]# cp VMwareTools-10.3.22-15902021.tar.gz /VMware/VM-tools
[root@localhost VMware Tools]# cd /VMware/
[root@localhost VMware]# ls
VM-tools
[root@localhost VMware]# tar -xzvf VM-tools
...//省略解压缩内容
vmware-tools-distrib/vmware-install.pl
```

在解压缩后生成的文件夹“vmware-tools-distrib”中可以看到一个名为“vmware-install.pl”的文件，执行该文件即可完成 VMware-Tools 的安装。

```
[root@localhost VMware]# ls
VM-tools   vmware-tools-distrib
[root@localhost VMware]# cd vmware-tools-distrib/
[root@localhost vmware-tools-distrib]# ls
bin   caf   doc   etc   FILES   INSTALL   installer   lib   vgauth   vmware-install.pl
[root@localhost vmware-tools-distrib]# ./vmware-install.pl
...
```

注意：在安装中，如遇到提问，回答“yes”或者直接回车键即可，安装过程不再赘述。

安装完毕后，即可在 VMware 的虚拟机和外层宿主机间进行文件的复制粘贴，也可以直接进行文件的拖拽复制。

本 章 小 结

本章着重介绍了虚拟化基础环境的构建，读者可按自己的学习条件选择在服务器实体机上搭建 CentOS，或者是在个人电脑上通过 VMware 工具搭建 CentOS。CentOS 搭建完毕后，要掌握基本的使用配置方式，以方便后续章节的实践操作。

本 章 习 题

1. 简述 VMware 的安装步骤。
2. 简述 VMware 中 CentOS 的安装步骤。
3. 简述 CentOS 中网络的配置方式。
4. 你的虚拟化环境是如何搭建的？网络是如何配置的？
5. CentOS 中源的更改步骤是什么？
6. 简述如何设置 CentOS，使得 CentOS 允许 SSH、Xshell 或者其他工具远程登录。

第 3 章

虚拟化实现技术

本章首先介绍系统虚拟化的架构，然后对虚拟化的部分主要实现技术，包括处理器虚拟化、内存虚拟化和 I/O 虚拟化进行详细介绍。鉴于网络虚拟化在虚拟化实现技术中的核心地位，将网络虚拟化实现技术内容单独列为第 4 章。

知识结构图

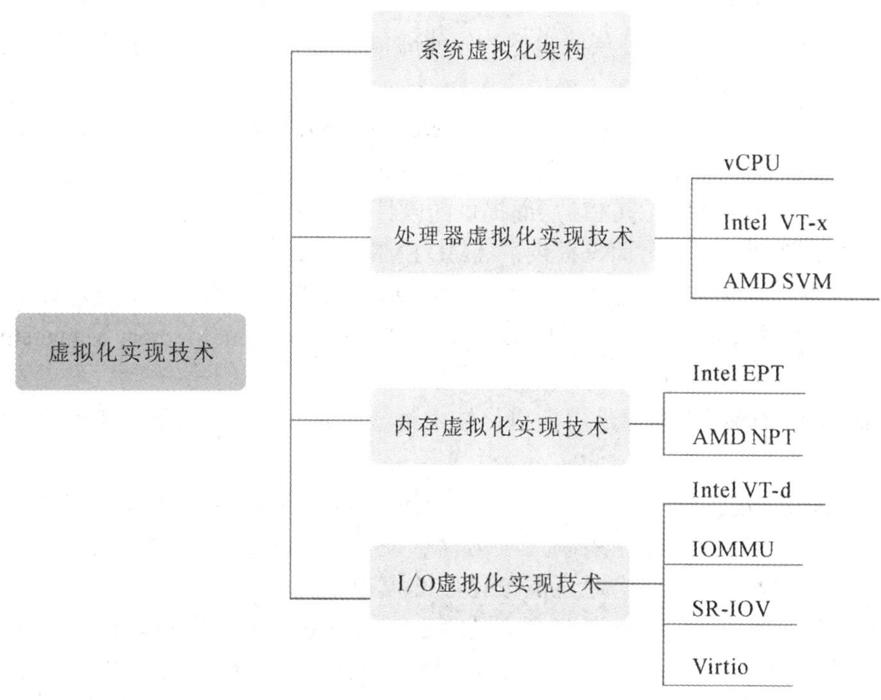

本章重点

- 了解系统虚拟化架构。
- 掌握 Intel 的处理器虚拟化实现技术 VT-x。
- 了解 AMD 的处理器虚拟化实现技术 AMD SVM。
- 熟悉 Intel 和 AMD 的两种内存虚拟化实现技术。
- 熟悉 Intel VT-d、IOMMU 和 SR-IOV 的 I/O 虚拟化实现技术。
- 掌握 Virtio 的 I/O 虚拟化实现技术。

本章任务

在了解系统虚拟化架构的基础上，理解处理器虚拟化的两种实现技术，重点掌握 Intel 的 VT-x 实现技术，理解内存虚拟化实现技术的基本概念，掌握 I/O 虚拟化实现技术中 Virtio 虚拟化的实现架构。

3.1 系统虚拟化架构

传统的虚拟化技术一般通过对 CPU 指令的“陷入再模拟”的方式来实现，这种方式需要处理器的支持，即使用传统虚拟化技术的前提是处理器本身是一个可虚拟化的体系结构。很多处理器在设计时并没有充分考虑虚拟化的需求，因而并不是一个完备的可虚拟化体系结构。为了解决这个问题，VMM 对物理资源的虚拟需要完成三个主要任务：处理器虚拟化、内存虚拟化和 I/O 虚拟化。本章以 Intel VT(Virtualization Technology)和 AMD SVM(Secure Virtual Machine)为例，围绕这三部分分别介绍各种虚拟化技术的基本原理和不同虚拟化方式的实现细节。

Intel VT 是 Intel 在 CPU 层面提供的硬件虚拟化技术的总称，主要提供下列技术：

(1) 在处理器虚拟化方面，提供了 VT-x 技术；

(2) 在内存虚拟化方面，提供了 EPT(Extended Page Table，扩展页表)技术；

(3) 在 I/O 设备虚拟化方面，提供了 VT-d 技术。

AMD SVM 是 AMD 在 CPU 层面提供的硬件虚拟化技术的总称，主要提供下列技术：

(1) 在处理器虚拟化方面，提供了 AMD SVM 技术；

(2) 在内存虚拟化方面，提供了 NPT(Nested Page Table，嵌套页表)技术；

(3) 在 I/O 设备虚拟化方面，提供了 IOMMU(Input/Output Memory Management Unit，输入/输出内存管理单元)技术。

系统虚拟化的核心思想是用虚拟化技术将一台物理计算机系统虚拟化为一台或多台逻辑独立的计算机系统。

一般来说，虚拟环境由三部分组成：硬件、虚拟化层 VMM 和虚拟机。在没有虚拟化的情况下，物理机操作系统直接运行在硬件之上，管理着底层物理硬件，构成了一个完整的计算机系统。当通过虚拟化层的模拟，即系统虚拟化之后，每个虚拟机系统都拥有自己的虚拟硬件(如处理器、内存、I/O 设备及网络接口等)，为用户提供一个独立的虚拟机执行环境，认为自己独占一个系统在运行。实际上，VMM 已经抢占了传统物理机操作系统的位置，变成了真实物理硬件的管理者，向上层的软件呈现出虚拟的硬件平台。此时，虚拟机操作系统运行在虚拟平台之上，仍然管理着它认为是“物理硬件”的虚拟硬件。使用虚拟化技术，每个虚拟机中的操作系统可以完全不同，执行环境也可以完全独立，多个操作系统可以互不影响地在一台物理机上同时运行，如图 3-1 所示。

在 x86 平台虚拟化技术中，虚拟化层被称为虚拟机监控器，也叫做 Hypervisor。虚拟机监控器运行的环境，也就是真实的物理机，称为宿主机，而虚拟出的平台被称为客户机(或者虚拟机)，客户机上面运行的系统被称为客户机操作系统。

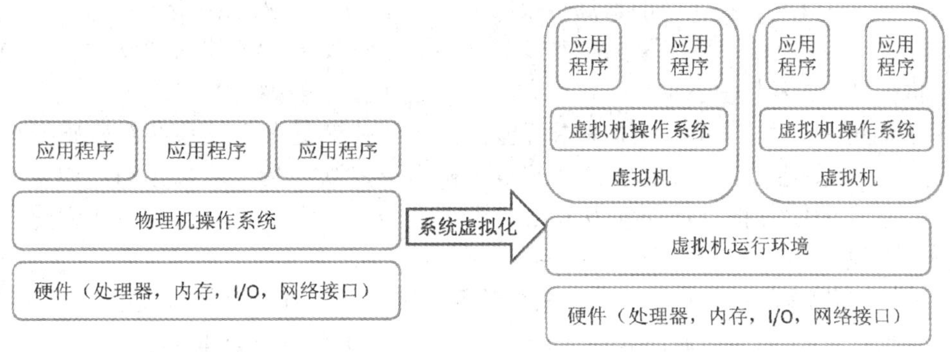

图 3-1　系统虚拟化示意图

1974 年，Popek 和 Goldberg 对虚拟机的定义是：虚拟机可以看作是物理机的一种高效隔离的复制，其中有三层含义，即同质、高效和资源受控，这也是一个虚拟机所具有的三个典型特征。

(1) 同质：虚拟机的运行环境和物理机的运行环境在本质上是相同的，但是在表现上有一些差异。例如，虚拟机中所看到的 CPU 个数可以和物理机上实际的 CPU 个数不同，CPU 主频也可以与物理机的不同，但是虚拟机中看到的 CPU 必须和物理机上的 CPU 是同一种基本类型的(目前的虚拟化产品可以虚拟出和物理机不同的虚拟 CPU)。

(2) 高效：虚拟机中运行的软件必须和直接在物理机上运行时的性能接近。为了实现这点，当软件在虚拟机中运行时，大多数的指令须直接在硬件上执行，只有少量指令需要经过 VMM 处理或模拟。

(3) 资源受控：VMM 需要对系统资源有完全控制能力和管理权限，包括资源的分配、监控和回收。

判断一个系统的体系结构是否可虚拟化，关键在于看它是否能够在该系统上虚拟化出具有上述三个典型特征的虚拟机。为了进一步研究可虚拟化的条件，我们从指令开始着手，引入两个概念——特权指令和敏感指令。

(1) 特权指令：系统中操作和管理关键系统资源的指令。现代计算机体系结构中都有两个或两个以上的特权级，用来区分系统软件和应用软件。特权指令只能够在最高特权级上执行，如果在非最高特权级上执行，特权指令就会引发一个异常，使得处理器陷入最高特权级，交由系统软件来处理。但不是每个特权指令都能够引发异常。例如，如果 x86 平台上的用户违反了规范，在用户态修改 EFLAGS 寄存器的中断开关位，这一修改不会产生任何效果，也不会引起异常陷入(Exception Trap)，而会被硬件直接忽略掉。

(2) 敏感指令：虚拟化环境里操作特权资源的指令，包括修改虚拟机的运行模式或者物理机的状态，读/写敏感的寄存器或者内存，例如时钟、中断寄存器、访问存储保护系统、内存系统、地址重定位系统以及所有的 I/O 指令。

由此可见，所有的特权指令都是敏感指令，但并非所有的敏感指令都是特权指令。

为了使 VMM 可以完全控制系统资源，敏感指令应当设置为必须在 VMM 的监控审查下进行。如果一个系统上的所有敏感指令都是特权指令，就可以按如下步骤实现一个虚拟环境：

如果将 VMM 运行在系统的最高特权级上，而将客户机操作系统运行在非最高特权级上，此时，当客户机操作系统因执行敏感指令(也就是特权指令)而陷入到 VMM 时，VMM 将模拟执行引起异常的敏感指令，这种方法被称为“陷入再模拟”。

由上述可知，判断一个系统是否可虚拟化，其关键就在于该系统对敏感指令的支持程度。如果系统上的所有敏感指令都是特权指令，则它是可虚拟化的；如果该系统无法支持所有的敏感指令都能触发异常，则不是一个可虚拟化的结构，我们称其存在“虚拟化漏洞”。

虽然虚拟化漏洞可以采用一些办法来避免，例如将所有虚拟化都采用模拟的方式来实现，保证所有指令(包括敏感指令)的执行都受到 VMM 的监督审查，但由于它对每条指令都不区别对待，因而性能很差。所以既要填补虚拟化漏洞，又要保证虚拟化的性能，只能采取一些辅助的手段，或者直接在硬件层面填补虚拟化漏洞，或者通过软件的办法避免在虚拟机中使用无法陷入的敏感指令。这些方法不仅保证了敏感指令的执行受到 VMM 的监督审查，而且保证了非敏感指令可以不经过 VMM 而直接执行，使得性能大大提高。

3.2　处理器虚拟化实现技术

处理器虚拟化是 VMM 中最重要的部分，因为访问内存或者 I/O 的指令本身就是敏感指令，所以内存虚拟化和 I/O 虚拟化都依赖于处理器虚拟化。

x86 体系结构中，处理器有四个运行级别，分别是 Ring0、Ring1、Ring2 和 Ring3。其中，Ring0 级别拥有最高的权限，可以执行任何指令而没有限制。运行级别从 Ring0 到 Ring3 依次递减。操作系统内核态代码运行在 Ring0 级别，因为它需要直接控制和修改 CPU 状态，类似于这样的操作需要在 Ring0 级别的特权指令才能完成，而应用程序一般运行在 Ring3 级别。

如前所述，在 x86 体系结构中实现虚拟化，需要在客户机操作系统以下加入虚拟化层来实现物理资源的共享。因而，这个虚拟化层应该运行在 Ring0 级别，而客户机操作系统只能运行在 Ring0 以下的级别。但是，客户机操作系统中的特权指令，如果不运行在 Ring0 级别，将会有不同的语义，产生不同的效果，或者根本不起作用，这是处理器结构在虚拟化设计上存在的缺陷，这些缺陷会直接导致虚拟化漏洞。为了弥补这种漏洞，在硬件还未提供足够的支持之前，基于软件的虚拟化技术就已经给出了两种可行的解决方案：全虚拟化和半虚拟化。全虚拟化采用二进制代码动态翻译(Dynamic Binary Translation)技术来解决客户机的特权指令问题，这种方法的优点在于代码的转换是在工作时动态完成的，无须修改客户机操作系统，因而可以支持多种操作系统。而半虚拟化通过修改客户机操作系统来解决虚拟机执行特权指令的问题，被虚拟化平台托管的客户机操作系统需要修改其操作系统，将所有敏感指令替换为对底层虚拟化平台的超级调用(Hypercall)。在半虚拟化实现机制中，客户机操作系统和虚拟化平台必须兼容，否则虚拟机无法有效操作宿主机。x86 系统结构下的处理器虚拟化如图 3-2 所示，从图中可以更清晰地理解前述的全虚拟化和半虚拟化概念。

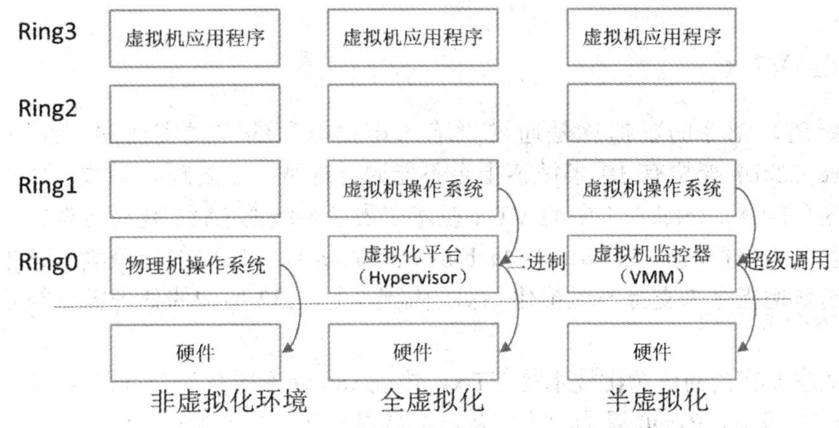

图 3-2　x86 系统结构下的处理器虚拟化

虽然可以通过软件辅助的虚拟化技术，即全虚拟化技术或半虚拟化技术实现处理器虚拟化，但增加了系统复杂性和性能开销。如果使用硬件支持的虚拟化技术，也就是在 CPU 中加入专门针对虚拟化的支持，可以使系统软件更加容易、高效地实现虚拟化。目前，Intel 和 AMD 公司分别推出了硬件支持的虚拟化技术 Intel VT-x 和 AMD SVM，在接下来的小节中将进行重点讲解。

3.2.1　vCPU

硬件虚拟化采用 vCPU(virtual CPU，虚拟处理器)描述符来描述虚拟 CPU。vCPU 本质上是一个结构体。以 Intel 的 VT-x 技术为例，vCPU 一般可以划分为两个部分：一个是 VMCS 结构(Virtual Machine Control Structure，虚拟机控制结构)，其中存储的是由硬件使用和更新的内容，这主要是虚拟寄存器；另一个是 VMCS 没有保存而由 VMM 使用和更新的内容，即 VCMS 以外的部分。vCPU 的结构如图 3-3 所示。

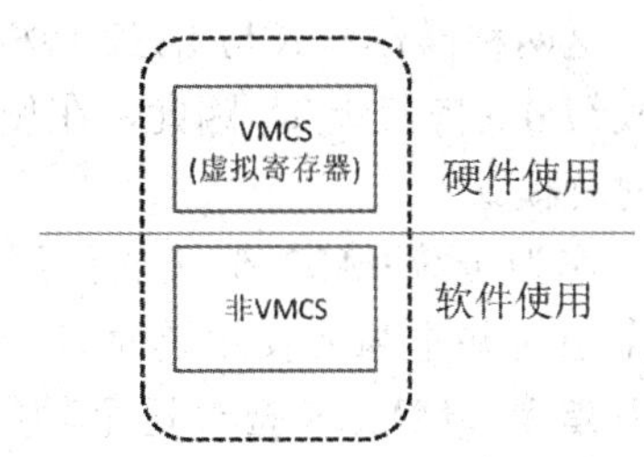

图 3-3　Intel VT-x 的 vCPU 结构

在具体实现中，VMM 创建客户机时，首先要为客户机创建 vCPU，然后再由 VMM 来调度运行。整个客户机的运行实际上可以看作是 VMM 调度不同的 vCPU 运行，其基本操作如下：

(1) vCPU 的创建：实际上是创建 vCPU 描述符。由于 vCPU 描述符是一个结构体，因此创建 vCPU 描述符就是分配相应大小的内存。vCPU 描述符在创建之后，需要进一步初始化才能使用。

(2) vCPU 的运行：vCPU 创建并初始化好之后，就会被调度程序调度运行，调度程序会根据一定的策略算法来选择 vCPU 运行。

(3) vCPU 的退出：和进程一样，vCPU 作为调度单位不可能永远运行，总会因为各种原因退出，例如执行了特权指令、发生了物理中断等，这种退出在 VT-x 中表现为发生 VM-Exit。对 vCPU 退出的处理是 VMM 进行 CPU 虚拟化的核心，例如模拟各种特权指令。

(4) vCPU 的再运行：VMM 在处理完 vCPU 的退出后，会负责将 vCPU 投入再运行。

3.2.2　Intel VT-x

如前所述，指令的虚拟化是通过“陷入再模拟”的方式实现的，而 IA32 (Intel Architecture 32bit) 架构有 19 条敏感指令不能通过这种方法处理，导致了虚拟化漏洞。为了解决这个问题，Intel VT 中的 VT-x 技术扩展了传统的 IA32 处理器架构，为处理器增加了一套名为虚拟机扩展(Virtual Machine Extensions，VMX)的指令集，该指令集包含十条左右的新增指令来支持与虚拟化相关的操作，为 IA32 架构的处理器虚拟化提供了硬件支持。

Intel 处理器支持的虚拟化技术是 VT-x，传统 x86 处理器有 4 个特权级，Linux 使用了 Ring0、Ring3 级别，Ring0 是内核态，Ring3 是用户态。在虚拟化架构上，虚拟机监控器的运行级别需要内核态特权级，而 CPU 特权级被传统操作系统占用，所以 Intel 设计了 VT-x，提出了 VMX 模式，即 VMX Root Operation(根操作模式)和 VMX Non-Root Operation(非根操作模式)，虚拟机监控器运行在 VMX Root Operation 模式，虚拟机运行在 VMX Non-Root Operation 模式。每个模式下都有相对应的 4 个特权级。

(1) VMX Root Operation：VMM 运行所处的模式，以下简称根模式。

(2) VMX Non-Root Operation：客户机运行所处的模式，以下简称非根模式。

在非根模式下，所有敏感指令(包括 19 条不能被虚拟化的敏感指令)的行为都将被重新定义，这样它们就能不经虚拟化就直接运行或通过“陷入再模拟”的方式来处理；在根模式下，所有指令的行为和传统 IA32 一样，没有改变，因此原有的软件都能正常选行。其基本思想的结构如图 3-4 所示。

这两种操作模式与 IA32 特权级 0～特权级 3 是正交的，即两种操作模式下都有相应的特权级 0～特权级 3。因此，在使用 VT-x 时，描述程序运行在某个特权级，应具体指明处于何种模式。

作为传统 IA32 架构的扩展，VMX 操作模式在默认情况下是关闭的，因为传统的操作系统并不需要使用这个功能。当 VMM 需要使用这个功能时，可以使用 VT-x 提供的新指令 VMXON 打开这个功能，用 VMXOFF 来关闭这个功能，VMX 操作模式如图 3-5 所示。

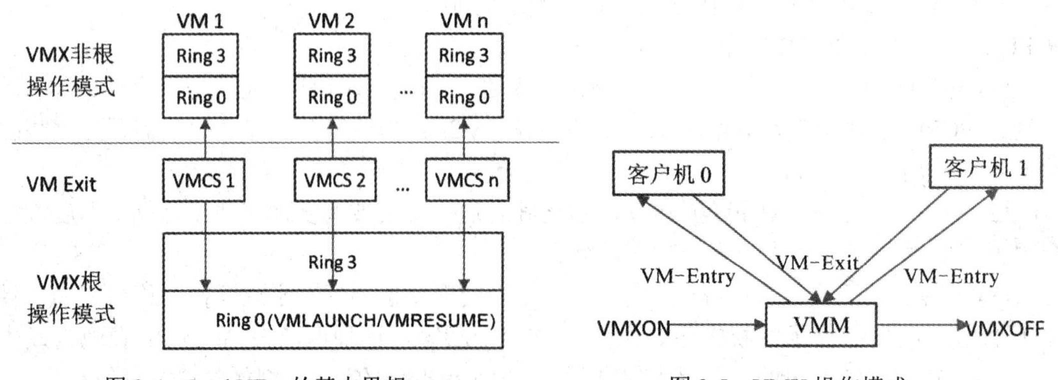

图 3-4　Intel VT-x 的基本思想　　　　图 3-5　VMX 操作模式

(1) VMM 执行 VMXON 指令进入到 VMX 操作模式，此时 CPU 处于 VMX 根操作模式，VMM 软件开始执行。

(2) VMM 执行 VMLAUNCH 或 VMRESUME 指令产生 VM-Entry，客户机软件开始执行，此时 CPU 从根模式转换成为非根模式。

(3) 当客户机执行特权指令，或者当客户机运行时发生了中断或异常，VM-Exit 被触发而陷入到 VMM，CPU 自动从非根模式切换到根模式。VMM 根据 VM-Exit 的原因作相应处理，然后转到步骤(2)继续运行客户机。

(4) 如果 VMM 决定退出，则执行 VMXOFF，关闭 VMX 操作模式。

另外，VT-x 还引入了 VMCS 来支持处理器虚拟化。VMCS 是保存在内存中的数据结构，VMCS 中的内容一般包括以下几个重要的部分：

(1) vCPU 标识信息：标识 vCPU 的一些属性。

(2) 虚拟寄存器信息：虚拟的寄存器资源，开启 Intel VT-x 机制时，虚拟寄存器的数据存储在 VMCS 中。

(3) vCPU 状态信息：标识 vCPU 当前的状态。

(4) 额外寄存器/部件信息：存储 VMCS 中没有保存的一些寄存器或者 CPU 部件。

(5) 其他信息：存储 VMM 进行优化或者额外信息的字段。

每一个 VMCS 对应一个虚拟 CPU 需要的相关状态，CPU 在发生 VM-Exit 和 VM-Entry 时都会自动查询和更新 VMCS，VMM 也可以通过指令来配置 VMCS，进而影响 CPU。

3.2.3 AMD SVM

在 AMD SVM 中，较多内容与 Intel VT-x 类似，但是技术上略有不同。SVM 中也有两种模式：根模式和非根模式。VMM 运行在非根模式上，而客户机运行在根模式上。在非根模式上，一些敏感指令会引起“陷入”，即 VM-Exit，而 VMM 调动某个客户机运行时，CPU 会由根模式切换到非根模式，即 VM-Entry。

AMD 中引入了一个新的结构 VMCB(Virtual Machine Control Block，虚拟机控制块)以更好地支持 CPU 的虚拟化。一个 VMCB 对应一个虚拟的 CPU 相关状态，如 VMCB 中包含退出域，当 VM-Exit 发生时会读取里面的相关信息。

此外，AMD 还增加了八个新指令操作码来支持 SVM，VMM 可以通过指令来配置 VMCB 映像 CPU，如 VMRUN 指令会从 VMCB 中载入处理器状态，而 VMSAVE 指令会把处理器状态保存到 VMCB 中。

3.3　内存虚拟化实现技术

从一个操作系统的角度来看物理内存，有两个基本认识：

(1) 内存都是从物理地址 0 开始的。

(2) 内存地址都是连续的，或者说至少在一些大的粒度上连续。

而在虚拟环境下，由于 VMM 与客户机操作系统在对物理内存的认识上存在冲突，造成了物理内存的真正拥有者 VMM 必须对客户机操作系统所访问的内存进行虚拟化，使模拟出来的内存符合客户机操作系统的两条基本认识，这个模拟过程就是内存虚拟化。因此，内存虚拟化面临如下问题：

(1) 物理内存要被多个客户机操作系统使用，但是物理内存只有一份，物理地址 0 也只有一个，无法同时满足所有客户机操作系统内存从 0 开始的需求。

(2) 使用内存分区方式把物理内存分给多个客户机操作系统使用，虽然可以保证虚拟机的内存被访问时是连续的，但是内存的使用效率较低。

为了解决这些问题，内存虚拟化引入一层新的地址空间——客户机物理地址空间，这个地址并不是真正的物理地址，而是被 VMM 管理的“伪”物理地址。为了虚拟内存，现在所有基于 x86 架构的 CPU 都配置了内存管理单元(Memory Management Unit，MMU)和页面转换缓冲(Translation Lookaside Buffer，TLB)，通过它们来优化虚拟内存的性能。

如图 3-6 所示，VMM 负责管理和分配每个虚拟机的物理内存，客户机操作系统所看到的是一个虚拟的客户机物理地址空间，其指令目标地址也是一个客户机物理地址。那么在虚拟化环境中，客户机物理地址不能直接被发送到系统总线上，VMM 需要先将客户机物理地址转换成一个实际物理地址后，再交由处理器来执行。

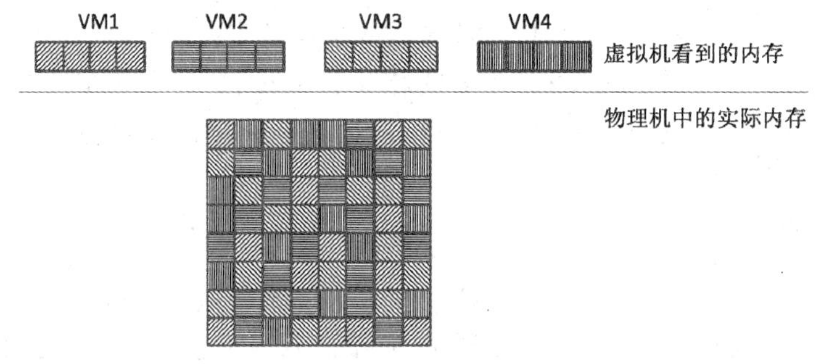

图 3-6　内存虚拟化示意图

当引入了客户机地址之后，内存虚拟化的主要任务就是处理以下两个方面的问题：

(1) 实现地址空间的虚拟化，维护宿主机物理地址和客户机物理地址之间的映射关系。

(2) 截获客户机对宿主机物理地址的访问，并根据所记录的映射关系，将其转换成宿主机物理地址。

问题(1)比较简单，只是简单的地址映射。在引入客户机物理地址空间后，可以通过两次地址转换来支持地址空间的虚拟化，即客户机虚拟地址(Guest Virtual Address，GVA)→客户机物理地址(Guest Physical Address，GPA) →宿主机物理地址(Host Physical Address，HPA)的转换。在实现过程中，GVA 到 GPA 的转换通常是由客户机操作系统通过 VMCS(AMD SVM 中的 VMCB)中客户机状态域 CR3 指向的页表来指定，而 GPA 到 HPA 的转换是由 VMM 决定的；VMM 通常会用内部数据结构来记录客户机物理地址到宿主机物理地址之间的动态映射关系。

但是，传统的 IA32 架构只支持一次地址转换，即通过 CR3 指定的页面来实现“虚拟地址”到“物理地址”的转换，这和内存虚拟化要求的两次地址转换相矛盾。为了解决这个问题，可以通过将两次转换合二为一，计算出 GVA 到 HPA 的映射关系，写入“影子页表”(Shadow Page Table)。这样虽然能够解决问题，但是缺点也很明显，即实现起来操作复杂，例如需要考虑各种各样页表的同步情况等，这样导致开发、调试以及维护都比较困难。另外，还需要为每一个客户机进程对应的页表都维护一个“影子页表”，内存开销很大。

为了解决这个问题，Intel 公司提供了 EPT 技术，AMD 公司提供了 AMD NPT 技术，直接在硬件上支持 GVA→GPA→HPA 的两次地址转换，大大降低了内存虚拟化的难度，也进一步提高了内存虚拟化的性能。在接下来的两小节中将重点讲解这两种硬件辅助内存虚拟化技术。

问题(2)从实现上来说比较复杂，它要求地址转换一定要在处理器处理目标指令之前进行，否则会造成客户机物理地址直接被发送到系统总线上这一重大漏洞。最简单的解决办法就是让客户机对宿主机物理地址空间的每一次访问都触发异常，由 VMM 查询地址转换表模拟其访问，但是这种方法造成系统性能变差。

3.3.1 Intel EPT

Intel EPT 是 Intel VT 提供的内存虚拟化支持技术。EPT 页表存在于 VMM 内核空间中，由 VMM 来维护。EPT 页表的基地址是由 VMCS 中 VM-Execution 控制域的 Extended Page Table Pointer 字段指定的，它包含了 EPT 页表的宿主机系统物理地址。EPT 是一个多级页表，各级页表的表项格式相同，如图 3-7 所示。

图 3-7　页表的表项格式

其格式中的各项含义如下：

- ADDR：下一级页表的物理地址。如果已经是最后一级页表，那么就是 GPA 对应的物理地址。
- SP：超级页(Super Page)所指向的页是大小超过 4 KB 的超级页，CPU 在遇到 SP = 1 时，就会停止继续往下查询。对于最后一级页表，这一位可以供软件使用。
- X：可执行，X = 1 表示该页是可执行的。
- R：可读，R = 1 表示该页是可读的。
- W：可写，W = 1 表示该页是可写的。

Intel EPT 通过使用硬件支持内存虚拟化技术，在原有的 CR3 页表地址映射的基础上引入了 EPT 页表来实现另一次映射。通过这个页表，能够将客户机物理地址直接翻译成宿主机物理地址，这样，GVA→GPA→HPA 两次地址转换都由 CPU 硬件自动完成，从而降低了整个内存虚拟化所需的代价。其基本原理如图 3-8 所示。

在图 3-8 中，假设客户机页表和 EPT 页表都是 4 级页表，CPU 完成一次地址转换的基本过程如下：

CPU 先查找客户机 CR3 指向的 L4 页表。由于客户机 CR3 给出的是 GPA，因此 CPU 需要通过 EPT 页表来实现客户机 CR3 中 GPA→HPA 的转换。CPU 然后会查找硬件的 EPT TLB，如果没有对应的转换，CPU 会进一步查找 EPT 页表，如果还没有，CPU 则抛出 EPT Violation 异常，由 VMM 来处理。

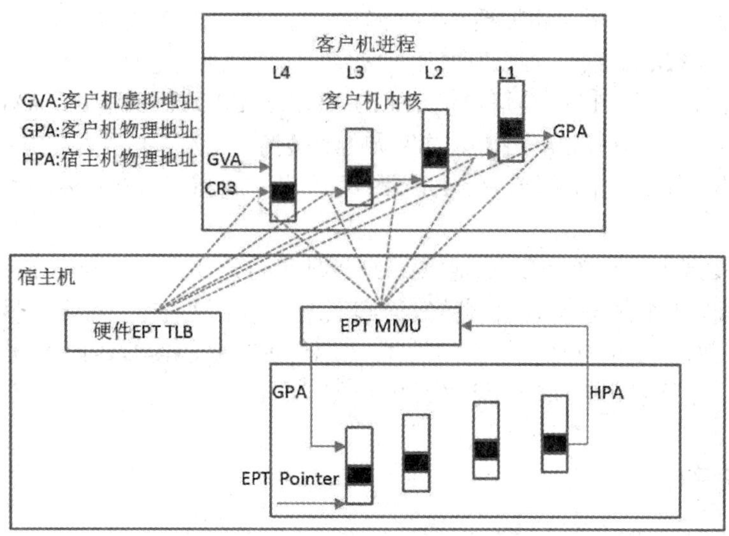

图 3-8　EPT 基本原理

获得 L4 页表地址后，CPU 根据 GVA 和 L4 页表项的内容，来获取 L3 页表项的 GPA。如果 L4 页表中 GVA 对应的表项显示为“缺页”，那么 CPU 产生 Page Fault，直接交由客户机内核来处理。获得 L3 页表项的 GPA 后，CPU 同样要通过查询 EPT 页表来实现 L3 的 GPA→HPA 的转换。

同样，CPU 会依次查找 L2、L1 页表，最后获得 GVA 对应的 GPA，然后通过查询 EPT 页表获得 HPA。

从上面的过程可以看出，CPU 需要查询 5 次 EPT 页表，每次查询都需要 4 次内存访问，因此最坏情况下总共需要 20 次内存访问。EPT 硬件通过增大 EPT TLB 来尽量减少内存访问。

在 GPA→HPA 转换的过程中，由于缺页、写权限不足等原因也会导致客户机退出，产生 EPT 异常。对于 EPT 缺页异常，处理过程大致如下：首先根据引起异常的 GPA，映射到对应的 GVA；然后为此虚拟地址分配新的物理页；最后再更新 EPT 页表，建立起引起异常的 GPA 到 HPA 的映射。

EPT 页表相对于影子页表，其实现方式大大简化，主要地址转换工作都由硬件自动完成，而且客户机内部的缺页异常也不会导致 VM-Exit，因此客户机运行性能更好，开销更小。

3.3.2　AMD NPT

AMD NPT 是 AMD 公司提供的一种内存虚拟化技术，它可以将客户机物理地址转换为宿主机物理地址。而且，与传统的影子页表不同，一旦嵌套页面生成，宿主机将不会打断和模拟客户机 gPT(guest Page Table，客户机页表)的修正。

在 NPT 中，宿主机和客户机都有自己的 CR3 寄存器，分别是 nCR3(nested CR3)和 gCR3(guest CR3)。gPT 负责客户机虚拟地址到客户机物理地址的映射，nPT(nested Page Table，嵌套页表)负责客户机物理地址到宿主机物理地址的映射。客户机页表和嵌套页表分别是由客户机和宿主机创建的，其中，客户机页表存在于客户机物理内存里，由 gCR3

索引；嵌套页表存在于宿主机物理内存中，由 nCR3 索引。当使用客户机虚拟地址时，会自动调用两层页表(gPT 和 nPT)将客户机虚拟地址转换成宿主机物理地址，如图 3-9 所示。

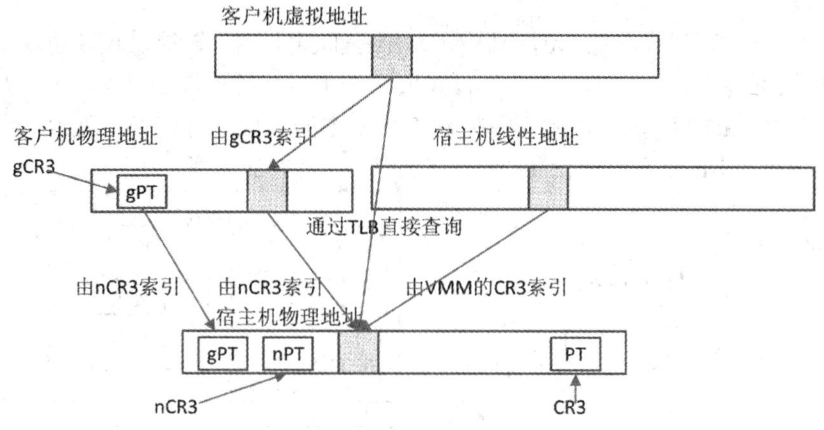

图 3-9　NPT 原理图

当地址转换完毕，TLB(Translation Lookaside Buffer，转译后备缓冲区)将会保存客户机虚拟地址到宿主机物理地址之间的映射关系。

3.4　I/O 虚拟化实现技术

目前，通过软件的方式实现 I/O 虚拟化有两种比较流行的方式，分别是“设备模拟”和“类虚拟化”，两种方式都有各自的优缺点。前者通用性强，但性能不理想；后者性能不错，却又缺乏通用性。为此，Intel 公司发布了 VT-d 技术(Intel(R) Virtualization Technology for directed I/O)，以帮助虚拟软件开发者实现通用性强、性能高的新型 I/O 虚拟化技术。

在介绍 I/O 虚拟化设备之前，先来介绍一下评价 I/O 虚拟化技术的两个指标——性能和通用性。越接近无虚拟机环境，则 I/O 性能越好；使用的 I/O 虚拟化技术对客户机操作系统越透明，则通用性越强。通过 Intel VT-d 技术，可以很好地实现这两个指标。

要实现这两个指标，面临如下挑战：

(1) 如何让客户机直接访问到设备真实的 I/O 地址空间，包括端口 I/O 和 MMIO (Memory-Mapped I/O，内存映射 I/O)？

(2) 设备无法区分运行的是虚拟机还是真实操作系统，它只是驱动提供给它的物理地址做 DMA 操作。如何让设备的 DMA(Direct Memory Access，直接存储器访问)操作直接访问到客户机的内存空间？

问题(1)和通用性面临的问题类似，要有一种方法把设备的 I/O 地址空间告诉客户机操作系统，并且能让驱动通过这些地址访问到设备真实的 I/O 地址空间。现在 VT-d 技术已经能够解决这个问题，允许客户机直接访问物理的 I/O 空间。

针对问题(2)，Intel VT-d 提供了 DMA 重映射技术，以帮助设备的 DMA 操作直接访问客户机的内存空间。

本节主要介绍当前比较流行的 Intel VT-d、SR-IOV(Single-Root I/O Virtualization)和

Virtio 等技术。

3.4.1 Intel VT-d

Intel VT-d 技术通过在北桥(MCH)引入 DMA 重映射硬件，以提供设备重映射和设备直接分配的功能。在启用 VT-d 的平台上，设备所有的 DMA 传输都会被 DMA 重映射硬件截获。根据设备对应的 I/O 页表，硬件可以对 DMA 中的地址进行转换，使设备只能访问规定的内存。使用 VT-d 技术后，设备访问内存的架构如图 3-10 所示。

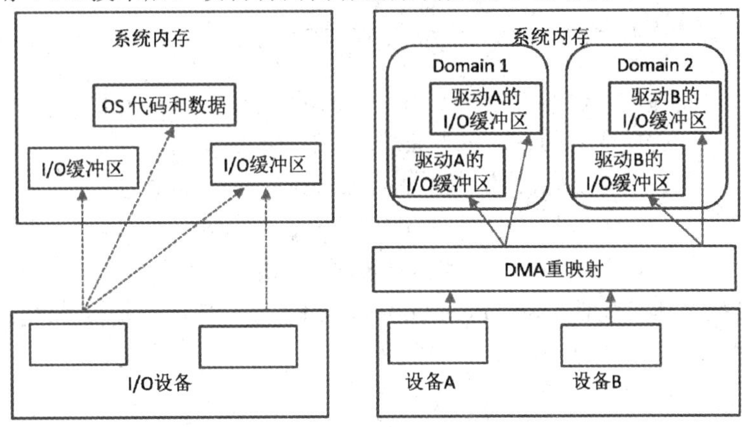

图 3-10　使用 VT-d 技术后设备访问内存的架构

图 3-10 左图是没有启动 VT-d 的情况，此时设备的 DMA 可以访问整个物理内存；右图是启用了 VT-d 的情况，此时设备的 DMA 只能访问指定的物理内存。

DMA 重映射技术是 VT-d 技术提供的最关键的功能之一。在进行 DMA 操作时，设备需要做的就是向(从)驱动程序告知的“物理地址”复制(读取)数据。然而，在虚拟机环境下，客户机使用的是 GPA，那么客户机驱动操作设备也用 GPA。但是设备在进行 DMA 操作时，需要使用 MPA(Memory Physical Address，内存物理地址)，于是 I/O 虚拟化的关键问题就是如何在操作 DMA 时将 GPA 转换成 MPA。VT-d 技术提供了 DMA 重映射技术就是来解决这个问题的。

PCI 总线结构通过设备标示符(BDF)可以检索到任何一条总线上的任何一个设备，而 VT-d 中的 DMA 总线传输中也包含一个 BDF 用于标识 DMA 操作发起者。除了 BDF 外，VT-d 还提供了两种数据结构来描述 PCI 架构，分别是根条目(Root Entry)和上下文条目(Content Entry)。下面将分别介绍这两种数据结构。

1. 根条目

根条目用于描述 PCI 总线，每条总线对应一个根条目。由于 PCI 架构支持最多 256 条总线，故最多可以有 256 个根条目。这些根条目一起构成一张表，称为根条目表(Root Entry Table)。有了根条目表，系统中每一条总线都会被描述到。如图 3-11 所示是根条目的结构。

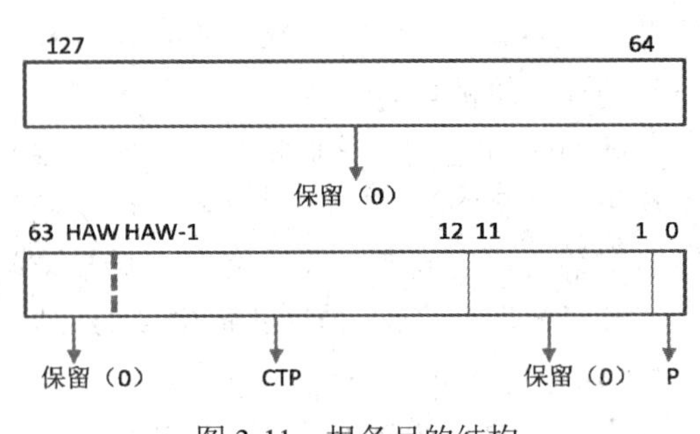

图 3-11　根条目的结构

图 3-11 中主要字段解释如下：

• P：存在位。P 为 0 时，条目无效，来自该条目所代表总线的所有 DMA 传输被屏蔽。P 为 1 时，该条目有效。

• CTP(Context Table Point，上下文表指针)：指向上下文条目表。

2. 上下文条目

上下文条目用于描述某个具体的 PCI 设备，这里的 PCI 设备是指逻辑设备(BDF 中的 function 字段)。一条 PCI 总线上最多有 256 个设备，故有 256 个上下文条目，它们一起组成上下文条目表(Context Entry Table)；通过上下文条目表，可描述某条 PCI 总线上的所有设备。如图 3-12 所示是上下文条目的结构。

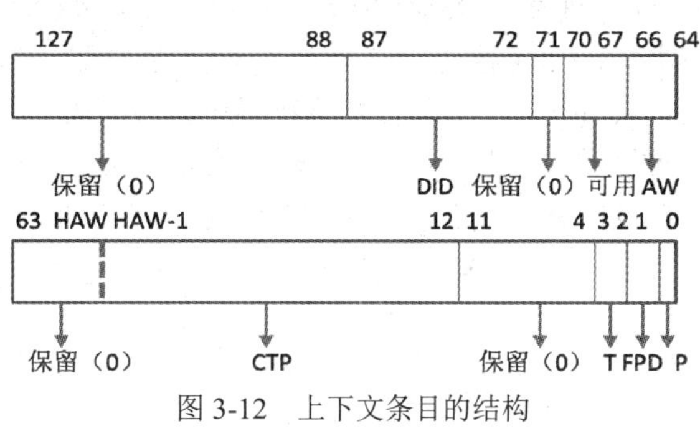

图 3-12　上下文条目的结构

图 3-12 中主要字段解释如下：

• P：存在位。为 0 时，条目无效，来自该条目所代表设备的所有 DMA 传输被屏蔽；为 1 时，表示该条目有效。

• T：类型，表示 ASR(Address Space Root，地址空间根)字段所指数据结构的类型。目前，VT-d 技术中该字段为 0，表示多级页表。

ASR 字段实际是一个指针，指向 T 字段所代表的数据结构，目前该字段指向一个 I/O 页表。

• DID(Domain ID，域标识符)：DID 可以看作用于唯一标识该客户机的标识符。

根条目表和上下文条目表共同构成了图 3-13 所示的两级结构。

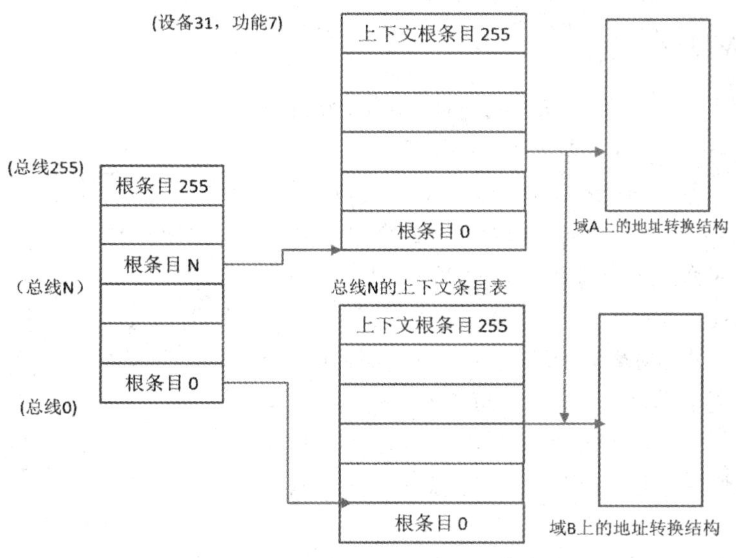

图 3-13　根条目表和上下文条目表构成的两级结构

当 DMA 重映射硬件捕获一个 DMA 传输时，通过其中 BDF 的总线 bus 字段索引根条目表，可以得到产生该 DMA 传输的总线对应的根条目。由根条目的上下文表指针 CTP 字段可以获得上下文条目表，用 BDF 中的{dev, func}索引该表，可以获得发起 DMA 传输的设备对应的上下文条目。从上下文条目的 ASR 字段，可以寻址到该设备对应的 I/O 页表，此时，DMA 重映射硬件就可以做地址转换了。通过这样的两级结构，VT-d 技术可以覆盖平台上所有的 PCI 设备，并对它们的 DMA 传输进行地址转换。

I/O 页表是 DMA 重映射硬件进行地址转换的核心。它的思想和 CPU 中分页机制的页表类似，CPU 通过 CR3 寄存器就可以获得当前系统使用的页表的基地址，而 VT-d 需要借助根条目和上下文条目才能获得设备对应的 I/O 页表。VT-d 使用硬件查页表机制，整个地址转换过程对于设备、上层软件都是透明的。与 CPU 使用的页表相同，I/O 页表也支持多种粒度的页面大小，其中最典型的 4 KB 页面地址转换过程如图 3-14 所示。

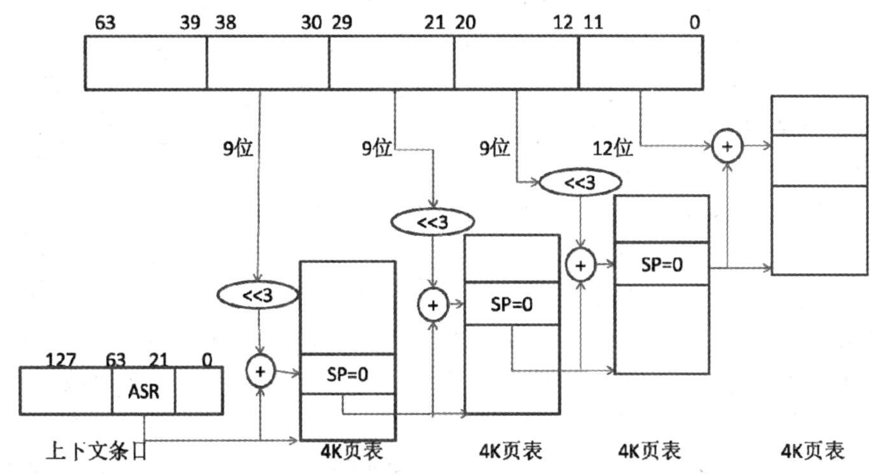

图 3-14　DMA 重映射的 4KB 页面地址转换过程

3.4.2　IOMMU

输入/输出内存管理单元 IOMMU(Input/Output Memory Management Unit)是一个内存管理单元，管理对系统内存的设备访问。它位于外围设备和主机之间，可以把 DMA I/O 总线连接到主内存上，将来自设备请求的地址转换为系统内存地址，并检查每个接入的读/写权限。IOMMU 技术示意图如图 3-15 所示。

IOMMU 提供 DMA 地址转换，以及对设备读取和写入的权限检查的功能。通过 IOMMU，客户机操作系统中一个未经修改的驱动程序可以直接访问它的目标设备，从而避免了通过 VMM 运行以及设备模拟产生的开销。

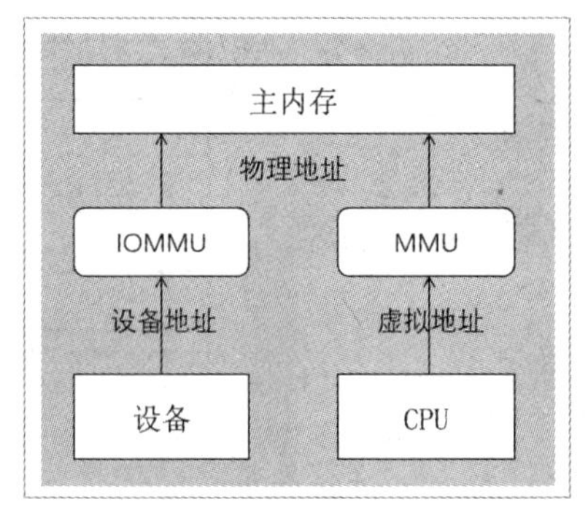

图 3-15　IOMMU 技术示意图

有了 IOMMU，每个设备可以分配一个保护域。这个保护域定义了 I/O 页的转译将被用于域中的每个设备，并且指明每个 I/O 页的读取权限。对于虚拟化而言，VMM 可以指定所有设备分配到相同保护域中的一个特定客户机操作系统，这将创建一系列为在客户机操作系统中运行所有设备需要使用的地址转译和访问限制。

IOMMU 将页转译缓存在一个 TLB 中，当需要进入 TLB 时，需要键入保护域和设备请求地址。因为保护域是缓存密钥的一部分，所以域中的所有设备共享 TLB 中的缓存地址。

IOMMU 决定一台设备属于哪个保护域，然后使用这个域和设备请求地址查看 TLB。TLB 入口中包括读/写权限标记，以及用于转译的目标系统地址，因此，如果缓存中出现一个登入动作，会根据许可标记来决定是否允许该访问。

对于不在缓存中的地址，IOMMU 会继续查看设备相关的 I/O 页表格。而 I/O 页表格入口也包括连接到系统地址的许可信息。

因此，所有地址转译最重要的是一次 TLB 或者页表是否能够被成功查看，如果查看成功，权限标记会告诉 IOMMU 是否允许访问。然后，VMM 通过控制 IOMMU 来查看地址的 I/O 页表格，以控制系统页对设备的可见性，并明确指定每个域中每个页的读/写访问权限。

IOMMU 提供的转译和保护双重功能提供了一种完全从用户代码出发、无须内核模式驱动程序操作设备的方式。IOMMU 可以被用于限制用户流程分配的内存设备 DMA，代替使用可靠驱动程序控制对系统内存的访问。设备内存访问仍然是受特权代码保护的，但它是创建 I/O 页表格的特权代码。

IOMMU 允许 VMM 直接将真实设备分配到客户机操作系统，让 I/O 虚拟化更有效。有了 IOMMU，VMM 会创建 I/O 页表格将系统物理地址映射到客户机物理地址，为客户机操作系统创建一个保护域，然后让客户机操作系统正常运转。针对真实设备编写的驱动程序则作为那些未经修改、对底层转译无感知的客户机操作系统的一部分而运行。这部分客户 I/O 交易通过 IOMMU 的 I/O 映射被从其他客户独立出来。

总而言之，IOMMU 避免设备模拟，取消转译层，允许本机驱动程序直接配合设备，极大地降低了 I/O 设备虚拟化的开销。

3.4.3 SR-IOV

利用 Intel VT-d 技术实现了设备的直接分配，但这种方式也有一个缺点，即一个物理设备资源只能分配给一个虚拟机使用。为了实现多个虚拟机共用同一物理设备资源并使设备直接分配，PCI-SIG 组织发布了一个 I/O 虚拟化技术标准——SR-IOV。

SR-IOV 是 PCI-SIG 组织公布的一个新规范，旨在消除 VMM 对虚拟化 I/O 操作的干预，以提高数据传输的性能。这个规范定义了一个标准的机制，可以实现多个设备的共享，它继承了 Passthrough I/O 技术，绕过虚拟机监控器直接发送和接收 I/O 数据，同时还利用 IOMMU 减少了内存保护和内存地址转换的开销。

一个具有 SR-IOV 功能的 I/O 设备是基于 PCIe 规范的，具有一个或多个物理设备(Physical Function，PF)；PF 是标准的 PCIe 设备，具有唯一的申请标识 RID。每一个 PF 都可以用来管理并创建一个或多个虚拟设备(Virtual Function，VF)，VF 是“轻量级”的 PCIe 设备。具有 SR-IOV 功能的 I/O 设备如图 3-16 所示。

每一个 PF 都具备标准的 PCIe 功能，并且关联多个 VF。每一个 VF 都拥有与性能相关的关键资源，如收/发队列等，专门用于软件实体在运行时的性能数据运转，而且与其他 VF 共享一些非关键的设备资源。因此，每一个 VF 都有独立收/发数据包的能力。若把一个 VF 分配给一台客户机，该客户机可以直接使用该 VF 进行数据包的发送和接收。最重要的是，客户机通过 VF 进行 I/O 操作时，可以绕过虚拟机监视器直接发送和接收 I/O 数据，这正是直接 I/O 技术最重要的优势之一。

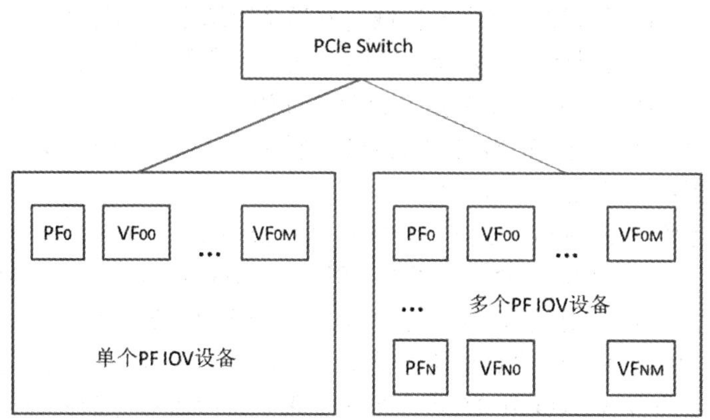

图 3-16　具有 SR-IOV 功能的 I/O 设备

SR-IOV 的实现模型包含三部分：PF 驱动、VF 驱动和 SR-IOV 管理器(IOVM)。SR-IOV 的实现模型如图 3-17 所示。

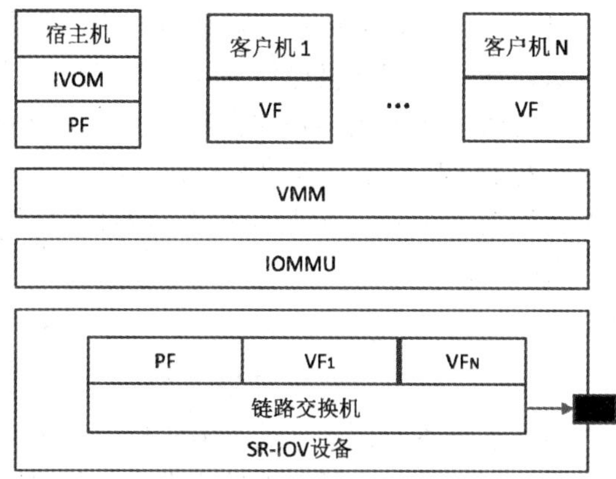

图 3-17　SR-IOV 实现模型

PF 驱动运行在宿主机上，可以直接访问 PF 的所有资源。PF 驱动主要用来创建、配置和管理虚拟设备(VF)。它可以设置 VF 的数量，全局启动或停止 VF，还可以进行设备相关的配置。PF 驱动同样负责配置两层分发，以确保从 PF 或者 VF 进入的数据可以有正确的路由。

VF 驱动是运行在客户机上的普通设备驱动。VF 驱动只有操作相应 VF 的权限。VF 驱动主要用来在客户机和 VF 之间直接完成 I/O 操作，包括数据包的发送和接收。由于 VF 只是一个“轻量级”的 PCIe 设备，并不是真正意义上的 PCIe 设备，因此 VF 不能像普通的 PCIe 设备一样被操作系统直接识别并配置。

SR-IOV 管理器运行在宿主机上，用于管理 PCIe 拓扑的控制点，以及每一个 VF 的配置空间。它为每一个 VF 分配了完整的虚拟配置空间，客户机能够像普通设备一样模拟和配置 VF，因此宿主机操作系统可以正确地识别并配置 VF。当 VF 被宿主机正确识别和配置后，它们才会被分配给客户机，然后在客户机操作系统中被当作普通的 PCI 设备初始化和使用。

具有 SR-IOV 功能的设备具有以下优点：

(1)系统性能的提高。采用 Passthrough 技术，将设备分配给指定的虚拟机，可以接近本机的性能。利用 IOMMU 技术，改善了中断重映射技术，减少了客户机从硬件中断到虚拟中断的处理延时。

(2) 安全性优势。通过硬件辅助，数据安全性得到加强。

(3) 可扩展性优势。系统管理员可以利用单个高带宽的 I/O 设备代替多个低带宽的设备而达到带宽要求。利用 VF 隔离带宽，使得单个物理设备模拟成隔离的多物理设备。此外，这还可以为其他类型的设备节省插槽。

3.4.4 Virtio

Virtio 是半虚拟化 Hypervisor 中位于设备之上的抽象层，主要用来提高虚拟化的 I/O 性能。Virtio 最早由澳大利亚的程序员 Rusty Russell 开发，用来支持自己的 Lguest 虚拟化解决方案。

Virtio 并没有提供多种设备模拟机制(比如针对网络块和其他驱动程序)，而是为这些设备模拟提供了一个通用的前端，从而实现接口标准化，并增加代码的跨平台重用率。客户机操作系统包含了充当前端的驱动程序，而 Hypervisor 为特定的设备模拟提供后端驱动程序。通过这些前端和后端驱动程序，Virtio 为开发模拟设备提供标准化接口，从而增加了代码的跨平台重用率，提高了效率。现在，很多虚拟机都采用了 Virtio 半虚拟化驱动来提高性能，例如 KVM 和 Lguest。

Virtio 的基本架构如图 3-18 所示。

图 3-18　Virtio 的基本架构

前端驱动程序(front-end driver)即 virtio-blk、virtio-net、virtio-pci、virtio-ballon 和 virtio-console，是在客户机操作系统中实现的。

后端驱动程序(back-end driver)是在 Hypervisor 中实现的。另外，Virtio 还定义了两个层来支持客户机操作系统与 Hypervisor 之间的通信。

Virtio 是虚拟队列接口，它在概念上将前端驱动程序附加到后端驱动程序。一个驱动程序可以使用 0 个或多个队列，队列的具体数且取决于该驱动程序实现的需求。例如，virtio-net 网络驱动程序使用两个虚拟队列，一个用于接收，另一个用于发送。而 virtio-blk 块设备驱动程序仅使用一个虚拟队列。虚拟队列实际上是跨越客户机操作系统和 Hypervisor 的衔接点，可以通过任意方式实现，但前提是客户机操作系统和 Hypervisor 必须以相同的方式实现它。

数据传输时使用了环形缓冲区，用于保存前端驱动和后端处理程序的执行信息。在该环形缓冲区中可以一次性保存前端驱动的多次 I/O 请求，并且交由后端驱动批量处理，最后调用宿主机中的设备驱动来实现物理上的 I/O 操作，这样就实现了批量处理，而不是客户机中每次 I/O 请求都处理一次，从而提高客户机与 Hypervisor 信息交换的效率。

现在，使用 Virtio 半虚拟化驱动方式，可以获得很好的 I/O 性能，其性能几乎可以媲美非虚拟化环境中的原生系统。

目前，在宿主机中除了一些比较老的 Linux 系统以外，Linux2.6.24 及以上的内核版本都已支持 Virtio，而且较新的 Linux 发行版本均已将 Virtio 相关驱动编译成内核，可以直接被客户机使用。

以 CentOS7 为例，相关的内核模块包括 virtio.ko、virtio_ring.ko、virtio_pci.ko、virtio_balloon.ko、virtio_net.ko、virtio_blk.ko 等。virtio、virtio_ring 和 virtio_pci 驱动程序是公用模块，提供了对 Virtio API 的基本支持，是任何 Virtio 前端驱动都必须使用的，其他模块都依赖于这三个模块，而且它们的加载遵循一定的顺序，要按照 virtio、virtio_ring、virtio_pci 的顺序进行加载。其余的驱动可以根据实际需要选择性地进行编译和加载。比如，客户机如需使用 Virtio 驱动的 balloon 动态内存分配功能，则启用 virtio_balloon 模块；如需使用 Virtio 驱动的网卡功能，则启用 virtio_net 模块；如需使用 Virtio 驱动的硬盘功能，则启用 virtio_blk 模块。

以 CentOS7 的内核配置文件为例，其中与 Virtio 相关的内核模块如下：

```
[root@localhost ~]# cat /boot/config-3.10.0-1160.11.1.el7.x86_64 |grep -i virtio
CONFIG_VIRTIO_VSOCKETS=m
CONFIG_VIRTIO_VSOCKETS_COMMON=m
CONFIG_VIRTIO_BLK=m
CONFIG_SCSI_VIRTIO=m
CONFIG_VIRTIO_NET=m
CONFIG_VIRTIO_CONSOLE=m
CONFIG_HW_RANDOM_VIRTIO=m
CONFIG_DRM_VIRTIO_GPU=m
CONFIG_VIRTIO=m
# Virtio drivers
CONFIG_VIRTIO_PCI=m
CONFIG_VIRTIO_PCI_LEGACY=y
CONFIG_VIRTIO_BALLOON=m
CONFIG_VIRTIO_INPUT=m
# CONFIG_VIRTIO_MMIO is not set
```

可以通过 modprobe 命令加载相应的 Virtio 模块，通过 lsmod 命令查看已加载的模块。

```
[root@localhost ~]# modprobe virtio
[root@localhost ~]# lsmod|grep virtio
virtio                  14959   0
[root@localhost ~]# modprobe virtio_blk
[root@localhost ~]# lsmod|grep virtio
virtio_blk              18472   0
virtio_ring             22991   1 virtio_blk
virtio                  14959   1 virtio_blk
[root@localhost ~]# lsmod|head -1
Module                  Size    Used by
```

由于 Windows 操作系统不是开源的操作系统，微软公司本身没有提供 Virtio 相关的驱动，因此在 Windows 操作系统中需要额外安装特定驱动来支持 Virtio。

本 章 小 结

本章从系统虚拟化架构入手，详述了处理器虚拟化、内存虚拟化、I/O 虚拟化等关键虚拟化实现技术。鉴于网络部分在虚拟化实现技术中的特殊地位，将网络虚拟化的实现技术部分单独放在第 4 章，具体内容读者可参阅下一章。

本 章 习 题

1. 简述系统虚拟化架构。
2. 简述 Intel 处理器虚拟化实现技术中 VT-x 的两种操作模式。
3. 简述 VMCS 保存的内容。
4. 内存虚拟化的主要任务是处理哪两个方面的问题？
5. 简述 Virtio 的基本架构。

第 4 章

网络虚拟化实现技术

本章延续上一章虚拟化实现技术的内容，介绍网络虚拟化实现技术，主要涉及 SDN、NFV 等相关理论知识，包含了 SDN 的网络架构、OpenFlow 关键组件、NFV 与 SDN 的关系、NFV 的体系架构以及 NFV 的部署方式和应用案例。本章还介绍相关的网络虚拟化开源项目，包括 Mininet、Open vSwitch 和 OpenStack Neutron，让读者能够系统地了解和掌握网络虚拟化实现技术。

知识结构图

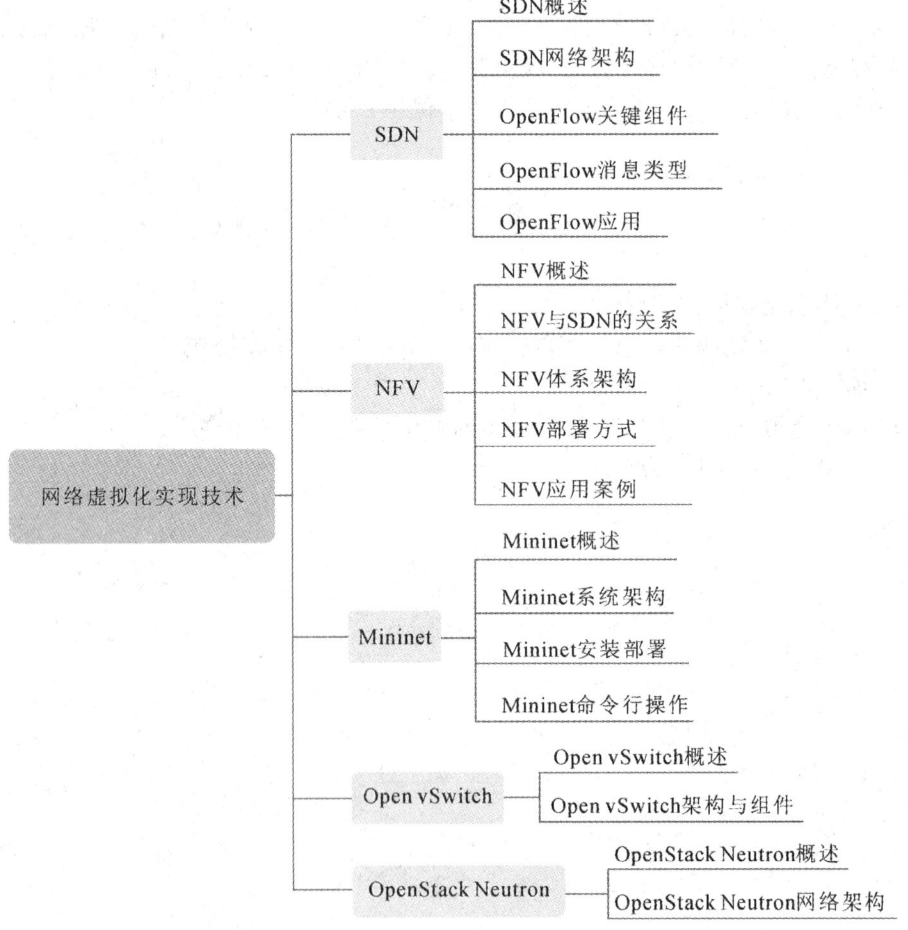

本章重点

- 了解 SDN 网络架构的特点。
- 掌握 OpenFlow 协议的具体实现。
- 了解 NFV 的体系架构与部署方式。
- 了解 Mininet 的基本原理，掌握 Mininet 的安装部署及命令行操作。
- 了解 Open vSwtich 的基本原理，熟悉 Open vSwitch 的架构与组件。
- 了解 OpenStack Neutron 的基本原理，熟悉 OpenStack Neutron 的网络架构。

本章任务

理解 SDN 的基本概念，掌握 OpenFlow 协议的具体实现；理解 NFV 的基本概念，NFV 与 SDN 的关系，NFV 的部署方式和基本应用；了解 Mininet、Open vSwitch 和 OpenStack Neutron 的基本原理，掌握 Mininet 的安装部署及命令行操作，熟悉 Open vSwitch 和 OpenStack Neutron 的基本概念和网络结构。

4.1　SDN

4.1.1　SDN 概述

软件定义网络(Software Defined Network，SDN)起源于 2006 年斯坦福大学的 Clean Slate 研究课题。2009 年，Mckeown 教授正式提出了 SDN 的概念。

2012 年 12 月 6 日，以“未来网络的演进之路”为主题的 2012 中国 SDN 与开放网络高峰会议在北京隆重召开，本次峰会获得国际组织 ONF(开放网络基金会)的大力支持，Justin Joubine Dustzadeh 博士代表 ONF 向大会致辞并发表主题演讲，指出 SDN 这一颠覆性的技术将对未来网络产生革命性的影响。众多国内外运营商、厂商及业界专家学者云集于此，共同探讨 SDN、开放网络等相关主题。

SDN 是一种新型网络创新架构，是网络虚拟化的一种实现方式。其核心技术 OpenFlow 通过将网络设备的控制与数据分离开来，从而实现了网络流量的灵活控制，使网络作为管道变得更加智能，为核心网络及应用的创新提供了良好的平台。

SDN 采用分层的思想，将数据与控制相分离。在控制层，包括具有逻辑中心化和可编程的控制器，可掌握全局网络信息，方便运营商和科研人员管理配置网络和部署新协议等。在数据层，包括哑交换机(与传统的二层交换机不同，专指用于转发数据的设备)，仅提供简单的数据转发功能，可以快速处理匹配的数据包，适应流量日益增长的需求。两层之间采用开放的统一接口(如 OpenFlow 等)进行交互。控制器通过标准接口向交换机下发统一的规则，交换机仅需按照这些规则执行相应的动作即可。

SDN 将网络中交换设备的控制逻辑集中到一个计算设备上，为提升网络管理配置能力带来了新的思路。SDN 的本质特点是控制平面和数据平面的分离，以及开放可编程性。通过分离控制平面和数据平面，以及开放的通信协议，SDN 打破了传统网络设备的封闭性。此外，南北向和东西向的开放接口及可编程性，也使得网络管理变得更加简单、动态和灵活。

SDN 可以分两类：控制与转发分离(超广义)，管理与控制分离(广义)。

SDN 有如下三个主要特征：

(1) 转控分离。网元的控制平面在控制器上，负责协议计算，产生流表；转发平面只在网络设备上。

(2) 集中控制。设备网元通过控制器集中管理和下发流表，这样就不需要对设备进行逐一操作，只需要对控制器进行配置即可。

(3) 开放接口。第三方应用只需要通过控制器提供的开放接口，通过编程方式定义一个新的网络功能，然后在控制器上运行即可。

SDN 具有传统网络无法比拟的优势：首先，数据控制解耦合使得应用升级与设备更新换代相互独立，加快了新应用的快速部署；其次，网络抽象简化了网络模型，将运营商从繁杂的网络管理中解放出来，从而能够更加灵活地控制网络；最后，控制的逻辑中心化使用户和运营商等可以通过控制器获取全局网络信息，从而优化网络，提升网络性能。

4.1.2　SDN 网络架构

SDN 与传统网络相比，有如下两点改变：一个是弹性响应上层应用的网络可编程，能够及时响应上层应用变化，并对网络规划与配置设计自适应地调整；另一个是在分布式网络连接之上引入一个集中统一的控制与管理层，来实现网络全局管理和对上层业务的动态响应(对原有网络设备的管理平面、控制平面与数据平面进行解耦；在设备中，仅保留数据平面，其他属于集中控制管理层)。

1. SDN 的三层网络架构

SDN 的三层网络架构如图 4-1 所示。

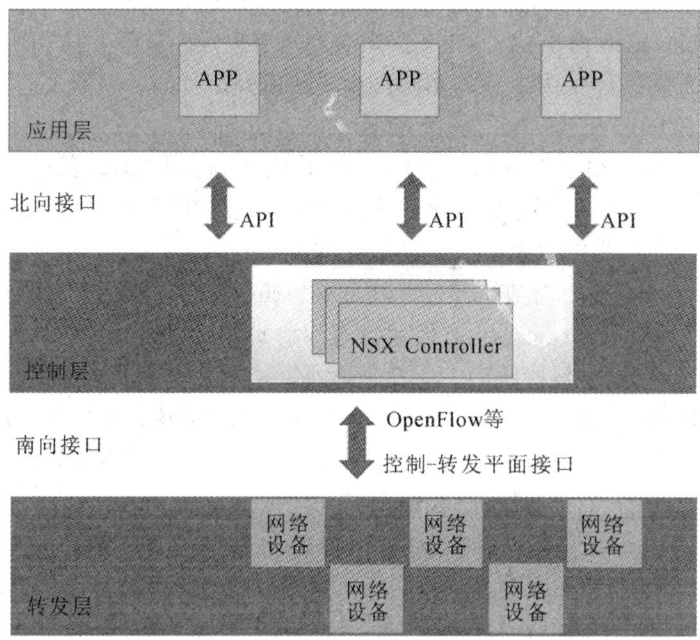

图 4-1　SDN 的三层网络架构

SDN 网络架构中的三层分别是：

• 应用层。应用层中主要是体现用户意图的各种上层应用程序，此类应用程序称为协同层应用程序，典型的应用包括 OSS(Operation Support System，运营支撑系统)、OpenStack 等。传统的 IP 网络同样具有转发平面、控制平面和管理平面，SDN 网络架构也同样包含这三个平面，只是传统的 IP 网络是分布式控制的，而 SDN 网络架构是集中控制的。

• 控制层。控制层是系统的控制中心，负责网络的内部交换路径和边界业务路由的生成，并负责处理网络状态变化事件。

• 转发层。转发层主要由转发器和连接器的线路构成基础转发网络，负责执行用户数据的转发，转发过程中所需要的转发表项是由控制层生成的。

除了这三层外，还有两个重要的接口，如图 4-2 所示。

• 南向接口(Southbound Interface 或 D-CPI)：位于数据平面和控制平面之间，负责 SDN 控制器与网络单元之间的数据交换和交互操作，OpenFlow 就是最著名的工作在南向接口的协议。

• 北向接口(Northbound Interface 或 A-CPI)：位于控制平面与应用平面之间，上层的应用程序通过北向接口获取下层的网络资源，并通过北向接口向下层网络发送数据。

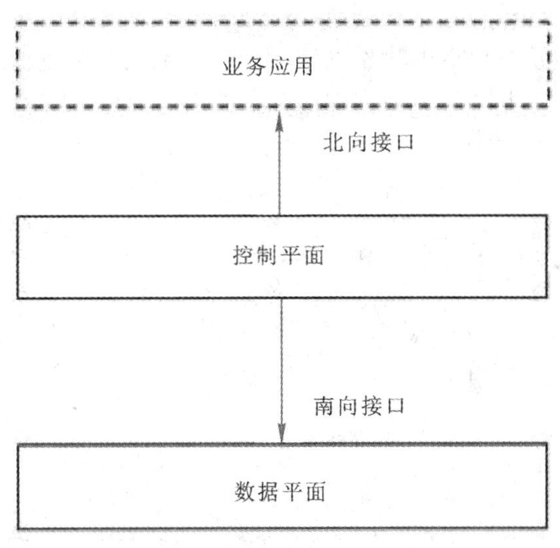

图 4-2　SDN 的两个接口

2. SDN 的网络部署方式

SDN 网络部署方式有两种：

(1) underlay 网络。underlay 指的是物理网络，它由物理设备和物理链路组成。常见的物理设备有交换机、路由器、防火墙、负载均衡、入侵检测、行为管理等，这些设备通过特定的链路连接起来，形成了一个传统的物理网络，这样的物理网络称为 underlay 网络。在 underlay 网络中，所有的转发行为都由控制器通过 OpenFlow 协议或定制的 BGP 协议(Border Gateway Protocol，边界网关协议)将转发表下发给转发器，转发器仅执行动作，没有单独控制面，其网络结构如图 4-3 所示。

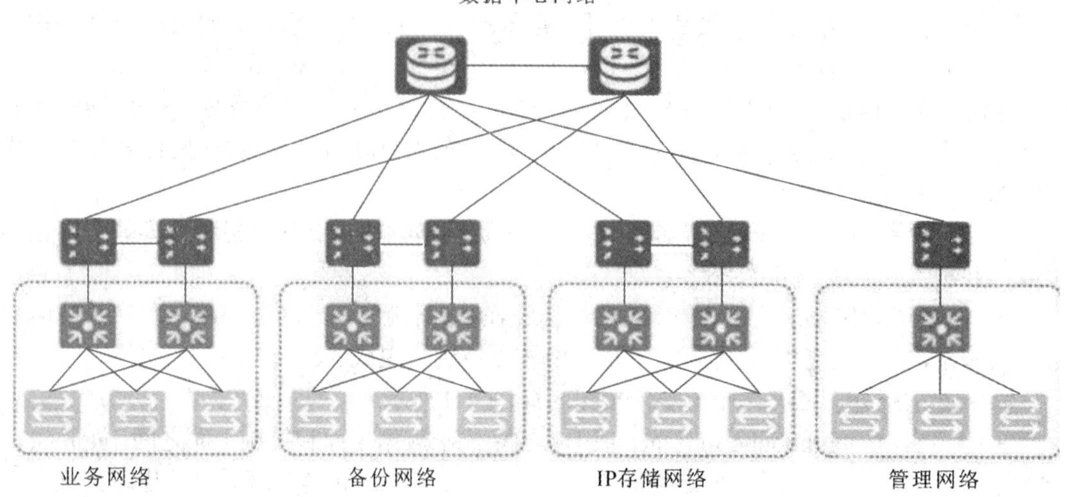

图 4-3　SDN 的 underlay 网络结构

(2) overlay 网络。overlay 其实是一种隧道技术，VXLAN、NVGRE 及 STT 是典型的三种隧道技术，它们都是通过隧道技术实现大二层网络。将原生态的二层数据帧报文进行封装后再通过隧道进行传输。总之，通过 overlay 技术，可以在对物理网络不做任何改造的情况下，通过隧道技术在现有的物理网络上创建一个或多个逻辑网络，即虚拟网络，有效解决了物理数据中心，尤其是云数据中心存在的诸多问题，实现了数据中心的自动化和智能化。overlay 的网络结构如图 4-4 所示。

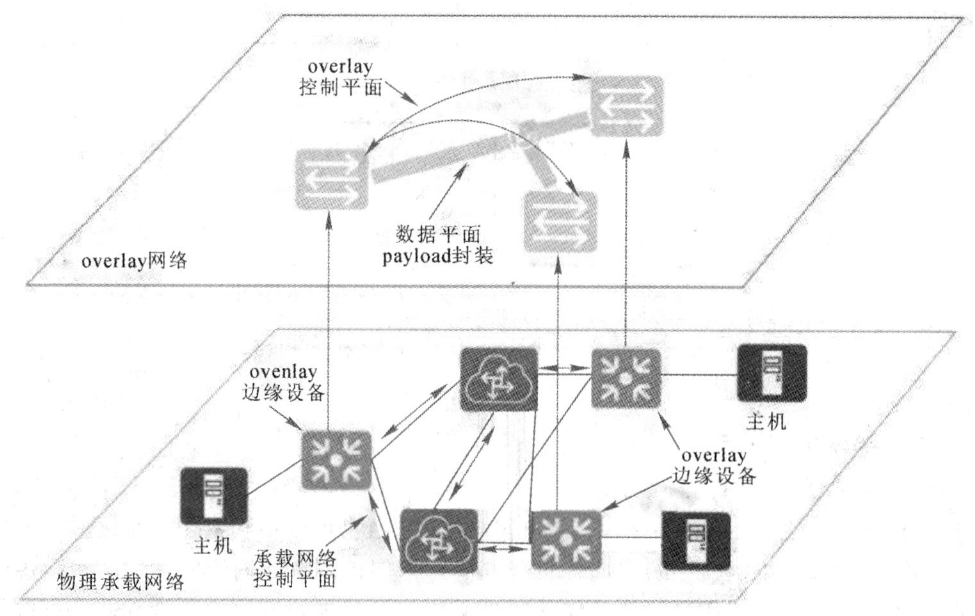

图 4-4　SDN 的 overlay 网络结构

4.1.3　OpenFlow 关键组件

OpenFlow 是 SDN 控制平面和数据平面之间的多种通信协议之一。OpenFlow 以其良好的灵活性、规范性已被看作 SDN 通信协议事实上的标准，类似于 TCP/IP 协议，作为互联网的通信准则。基于 OpenFlow 的 SDN 技术打破了传统网络的分布式架构，颠覆了传统网络的运行模式，但还需要满足新的技术和市场的需求。

OpenFlow 是一种属于数据链路层的网络通信协议，能够控制网上交换器或路由器的转发平面，借此改变网络数据包所经过的网络路径。OpenFlow 能够启动远程的控制器，经由网络交换器，决定网络数据包要由何种路径通过网络交换机。OpenFlow 允许远程控制网络交换器的数据包转送表，通过新增、修改与移除数据包控制规则与行动，来改变数据包转发的路径。相比用访问控制表(ACL)和路由协议，OpenFlow 允许更复杂的流量管理。OpenFlow 还允许不同供应商用一个简单、开源的协议远程管理交换机(通常提供专有的接口和描述语言)。

OpenFlow 协议用来描述控制器和交换机之间交互所用信息的标准，以及控制器和交换机的接口标准。OpenFlow 协议支持三种信息类型，即 Controller-to-Switch、Asynchronous 和 Symmetric，每一个类型都有多个子类型。Controller-to-Switch 信息由控制器发起并且直接用于检测交换机的状态。Asynchronous 信息由交换机发起，通常用于更新控制器的网络事件和改变交换机的状态。Symmetric 信息可以在没有请求的情况下由控制器或交换机发起。

OpenFlow 网络由 OpenFlow 网络设备(OpenFlow 交换机)、控制器(OpenFlow 控制器)、用于连接设备和控制器的安全通道(Secure Channel)以及 OpenFlow 表项组成。其中，OpenFlow 交换机和 OpenFlow 控制器是组成 OpenFlow 网络的实体，要求能够支持安全信道和 OpenFlow 表项。

1. OpenFlow 控制器

OpenFlow 控制器位于 SDN 架构中的控制层，通过 OpenFlow 协议指导设备的转发。目前主流的 OpenFlow 控制器分为两大类：开源控制器和厂商开发的商用控制器。这里简要介绍几款较为知名的开源控制器。

(1) NOX/POX。NOX 是第一款真正的 SDN OpenFlow 控制器，由 Nicira 公司在 2008 年开发，并且捐赠给了开源组织。NOX 支持 OpenFlow V1.0，提供相关 C++的 API，并采用异步的、基于时间的编程模型。POX 可以视作更新的、基于 Python 的 NOX 版本，支持 Windows、Mac OS 和 Linux 系统上的 Python 开发，主要用于研究和教育领域。

(2) ONOS。ONOS(Open Network Operating System)控制器是由 the Open Networking Lab 使用 Java 及 Apache 实现并发布的首款开源 SDN 网络操作系统，主要面向网络服务提供商和企业骨干网。ONOS 的设计宗旨是实现可靠性强、性能好、灵活度高的 SDN 控制器。

(3) OpenDaylight。OpenDaylight 是一个 Linux 基金合作项目，该项目以开源社区为主导，使用 Java 语言实现开源框架，旨在推动创新实施以及软件定义网络透明化。面对 SDN 型网络，OpenDaylight 拥有一套模块化、可插拔且极为灵活的控制器，还包含一套模块合集，能够执行需要快速完成的网络任务。OpenDaylight 控制器实现了 OpenDaylight 与 NFV 开放平台 OPNFV(Open Platform for NFV)、开源云平台 OpenStack 和开放网络自动化平台 ONAP(Open Network Automation Platform)同步。

2. OpenFlow 交换机

OpenFlow 交换机由硬件平面上的 OpenFlow 表项和软件平面上的安全通道构成，

OpenFlow 表项为 OpenFlow 的关键组成部分，由控制器下发来实现控制平面对转发平面的控制。OpenFlow 交换机主要有两种：

(1) OpenFlow-Only Switch：仅支持 OpenFlow 转发。

(2) OpenFlow-Hybrid Switch：既支持 OpenFlow 转发，也支持普通二、三层转发。

一个 OpenFlow 交换机可以有若干个 OpenFlow 实例，每个 OpenFlow 实例可以单独连接控制器，相当于一台独立的交换机，根据控制器下发的流表项指导流量转发。OpenFlow 实例使得一个 OpenFlow 交换机同时被多组控制器控制成为可能，OpenFlow 交换机与控制器的关系如图 4-5 所示。

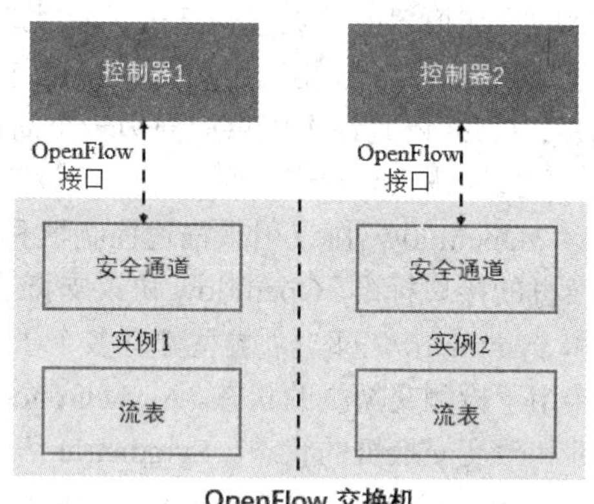

图 4-5　OpenFlow 交换机与控制器

OpenFlow 交换机在实际转发过程中依赖于 OpenFlow 表项，转发动作由交换机的 OpenFlow 接口完成。OpenFlow 接口有下面三类：

(1) 物理接口：比如交换机的以太网口等，可以作为匹配的入接口和出接口。

(2) 逻辑接口：比如聚合接口、Tunnel 接口等，可以作为匹配的入接口和出接口。

(3) 保留接口：由转发动作定义的接口，实现 OpenFlow 转发功能。

3. OpenFlow 流表

OpenFlow 的表项在 V1.0 阶段只有普通的单播表项，也即通常所说的 OpenFlow 流表。随着 OpenFlow 协议的发展，更多的 OpenFlow 表项被添加进来，如组表(Group Table)、计量表(Meter Table)等，以实现更多的转发特性以及 QoS 功能。因此，通常狭义的 OpenFlow 流表是指 OpenFlow 单播表项，广义的 OpenFlow 流表则包含了所有类型的 OpenFlow 表项。OpenFlow 通过用户定义的流表来匹配和处理报文。所有流表项都被组织在不同的 Flow Table 中，在同一个 Flow Table 中按流表项的优先级进行先后匹配。一个 OpenFlow 的设备可以包含一个或者多个 Flow Table。

一条 OpenFlow 的流表项(Flow Entry)由匹配域(Match Field)、优先级(Priority)、处理指令(Instruction)和统计数据(如 Counter)等字段组成，流表项的结构随着 OpenFlow 版本的演进不断丰富，不同协议版本的流表项结构如图 4-6 所示。

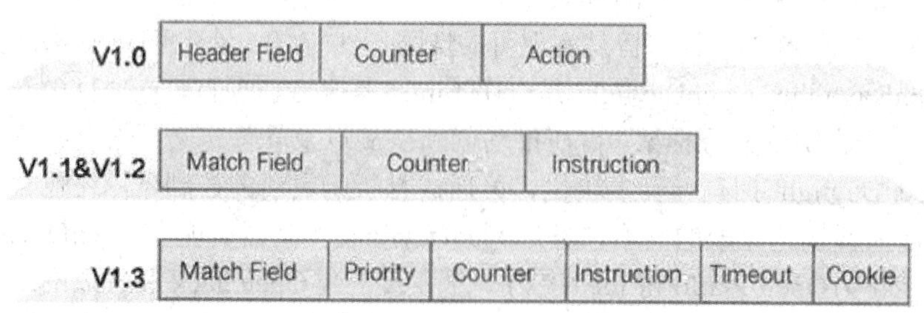

图 4-6　不同协议版本的流表项结构

(1) Match Fields：流表项匹配规则，可以匹配入接口、物理入接口，流表间数据，二层报文头、三层报文头、四层端口号等报文字段等。

(2) Priority：流表项优先级，定义流表项之间的匹配顺序，优先级高的先匹配。

(3) Counters：流表项统计计数，统计有多少个报文和字节匹配到该流表项。

(4) Instructions&Actions：流表项动作指令集，定义匹配到该流表项的报文需要进行的处理。当报文匹配流表项时，每个流表项包含的指令集就会执行。这些指令会影响到报文、动作集以及管道流程。交换机不需要支持所有的指令类型，控制器可以询问 OpenFlow 交换机所支持的指令类型。

(5) Timeouts：流表项的超时时间，包括了 Idle Time 和 Hard Time。在 Idle Time 时间超时后，如果没有报文匹配到该流表项，则此流表项被删除。在 Hard Time 时间超时后，无论是否有报文匹配到该流表项，此流表项都会被删除。

(6) Cookie：Controller 下发的流表项的标识。

4. OpenFlow 组表

OpenFlow 组表的表项被流表项(Flow Entry)所引用，提供组播报文转发功能。一系列的 Group 表项组成了 Group Table，组表的每个表项结构如图 4-7 所示。

Group Identier	Group Type	Counter	Action Bucket

图 4-7　OpenFlow 组表的每个表项结构

根据 Group ID，可检索到相应 Group 表项，每个 Group 表项包含多个 Bucket，每个 Bucket 包含多个动作，Bucket 内的动作执行顺序依照 Action Set 的顺序进行。

5. OpenFlow Meter 表

Meter 计量表项被流表项(Flow Entry)所引用，为所有引用 Meter 表项的流表项提供报文限速的功能。一系列的 Meter 表项组成了 Meter Table。每个 Meter 表项的组织结构如图 4-8 所示。

Meter Identifier	Meter Band	Counter

图 4-8　每个 Meter 表项的须知结构

一个 Meter 表项可以包含一个或者多个 Meter Band，每个 Meter Band 定义了速率以及动作；报文的速率超过了某些 Meter Band 定义的速率时，根据这些 Meter Band 中速率最大的那个定义的动作进行处理。

4.1.4　OpenFlow 消息类型

OpenFlow 协议目前支持的三种报文类型如下：

1. Controller to Switch 消息

Controller to Switch 消息是指由 Controller 发起、Switch 接收并处理的消息。这些消息主要用于 Controller 对 Switch 进行状态查询和修改配置等管理操作，不需要交换机响应。其示意图如图 4-9 所示。

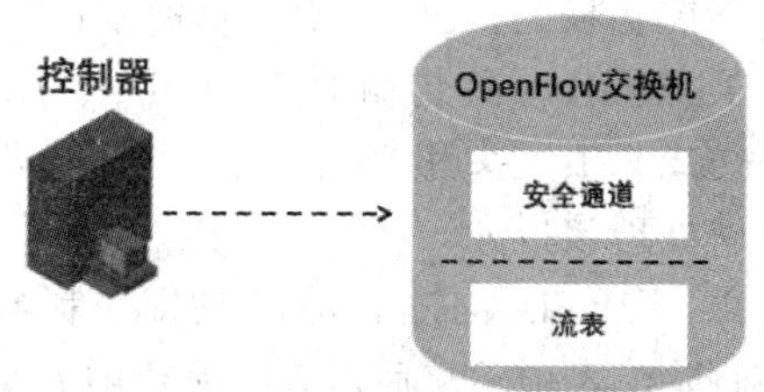

图 4-9　Controller to Switch 消息示意图

Controller to Switch 消息主要包括以下几种消息

类型：

(1) Features：用于控制器发送请求来了解交换机的性能，交换机必须回应该报文。

(2) Modify-State：用于管理交换机的状态，如流表项和端口状态。该命令主要用于增加、删除、修改 OpenFlow 交换机内的流表表项、组表表项以及交换机端口的属性。

(3) Read-State：用于控制器收集交换机各方面的信息，例如当前配置、统计信息等。

(4) Flow-Mod：用来添加、删除、修改 OpenFlow 交换机的流表信息。Flow-Mod 消息共有五种类型，即 ADD、DELETE、DELETE-STRICT、MODIFY、MODIFY-STRICT。

(5) Packet-out：用于通过交换机特定端口发送报文，这些报文是通过 Packet-in 消息接收到的。这个消息需要包含一个动作列表，当 OpenFlow 交换机收到该动作列表后，会对 Packet-out 消息所携带的报文执行该动作列表。如果动作列表为空，Packet-out 消息所携带的报文将被 OpenFlow 交换机丢弃。

(6) Asynchronous-Configuration：控制器使用该报文设定异步消息过滤器，只接收希望接收到的异步消息报文，或者向 OpenFlow 交换机查询该过滤器。该消息通常用于 OpenFlow 交换机和多个控制器相连的情况。

2. 异步消息

异步(Asynchronous)消息是指由 Switch 发送给 Controller，用来通知 Switch 上发生的某些异步事件的消息，主要包括 Packet-in、Flow-Removed、Port-Status 和 Error 等。例如，当某一条规则因为超时而被删除时，Switch 将自动发送一条 Flow-Removed 消息通知 Controller，以方便 Controller 做出相应的操作，如重新设置相关规则等。其示意图如图 4-10 所示。

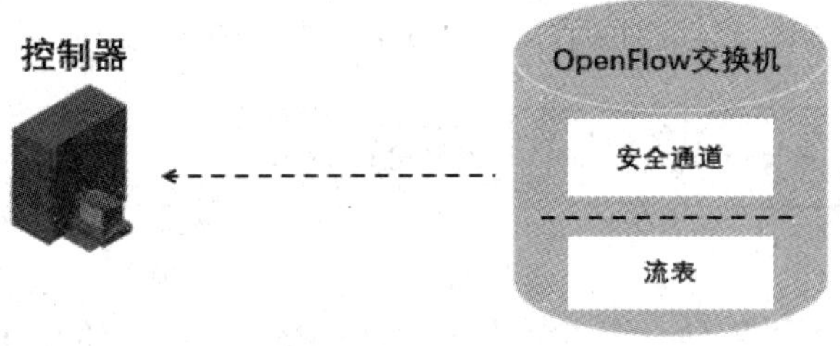

图 4-10　异步消息示意图

异步消息主要包括以下几种消息类型：

(1) Packet-in：转移报文的控制权到控制器。对于所有通过匹配流表项或者 Table Miss 后转发到 Controller 端口的报文，均要通过 Packet-in 消息送到 Controller。部分其他流程(如 TTL 检查等)也需要通过该消息和 Controller 交互。Packet-in 既可以携带整个需要转移控制权的报文，也可以通过在交换机内部设置报文的 Buffer 仅携带报文头以及将其 Buffer ID 一并传输给 Controller。Controller 在接收到 Packet-in 消息后会对其接收到的报文或者报文头和 Buffer ID 进行处理，并发回 Packet-out 消息，通知 OpenFlow 交换机如何处理该报文。

(2) Flow-Removed：通知控制器将某个流表项从流表移除。通常该消息在控制器发送删除流表项消息后，或者流表项的定时器超时后产生。

(3) Port-Status：通知控制器端口状态或设置的改变情况。

3. 同步(Symmetric)消息

顾名思义，同步(Symmetric)消息是双向对称的消息，主要用来建立连接、检测对方是否在线等，是控制器和 OpenFlow 交换机都会在无请求情况下发送的消息，包括 Hello、Echo 和 Experimenter 三种消息。其示意图如图 4-11 所示。

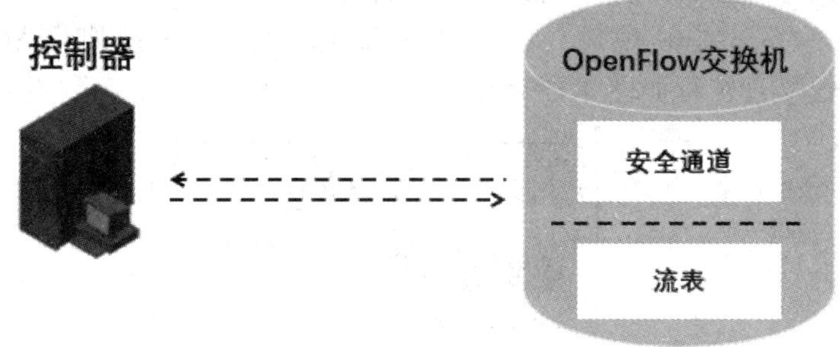

图 4-11　同步消息示意图

(1) Hello：当连接启动后，交换机和控制器会发送 Hello 交互。

(2) Echo：用于验证控制器与交换机之间的连接是否存活，控制器和 OpenFlow 交换机都会发送 Echo Request/Reply 消息。对于接收到的 Echo Request 消息，必须能返回 Echo Reply 消息。Echo 消息也可用于测量控制器与交换机之间链路的延迟和带宽。

(3) Experimenter：OpenFlow 使用 Experimenter 来描述可扩展的消息，各交换机厂家将自己定义的可扩展消息包含在 Experimenter 类型的 OpenFlow 消息中。

4.1.5　OpenFlow 应用

随着 OpenFlow/SDN 概念的发展和推广，其研究和应用领域也得到了不断拓展。目前，关于 OpenFlow/SDN 的研究领域主要包括网络虚拟化、安全和访问控制、负载均衡、聚合网络和绿色节能等。下面列举几个典型的 OpenFlow 应用案例。

1. 网络虚拟化(FlowVisor)

网络虚拟化(FlowVisor)的本质是要能够抽象底层网络的物理拓扑，能够在逻辑上对网络资源进行分片或者整合，从而满足各种应用对于网络的不同需求。

为了达到网络分片的目的，FlowVisor 实现了一种特殊的 OpenFlow Controller，可以将其看作其他不同用户或应用的 Controller 与网络设备之间的一层代理。因此，不同用户或应用可以使用自己的 Controller 来定义不同的网络拓扑，同时 FlowVisor 又可以保证这些 Controller 之间能够互相隔离而互不影响。

用计算机的虚拟化来类比，则 FlowVisor 就是位于硬件结构元件和软件之间的网络虚拟层。FlowVisor 允许多个控制器同时控制一台 OpenFlow 交换机，但是每个控制器仅仅可以控制经过这个 OpenFlow 交换机的某一个虚拟网络(即 slice)。因此通过 FlowVisor 建立的试验平台可以在不影响商业流转发速度的情况下，允许多个网络试验在不同的虚拟网络上同时进行。

2. 负载均衡(Aster*x)

传统的负载均衡方案一般需要在服务器集群的入口处，通过一个网关或者路由器来监测、统计服务器工作负载，并据此动态分配用户请求到负载相对较轻的服务器上。既然网络中所有的网络设备都可以通过 OpenFlow 进行集中式的控制和管理，同时应用服务器的负载可以及时反馈到 OpenFlow Controller，那么 OpenFlow 就非常适合做负载均衡的工作。Aster*x 通过 Host Manager 和 Net Manager 来分别监测服务器和网络的工作负载，然后将这些信息反馈给 Flow Manager，这样 Flow Manager 就可以根据这些实时的负载信息，重新定义网络设备上的 OpenFlow 规则，从而将用户请求(即网络包)按照服务器的能力进行调整和分发。Aster*x 实现流程如图 4-12 所示。

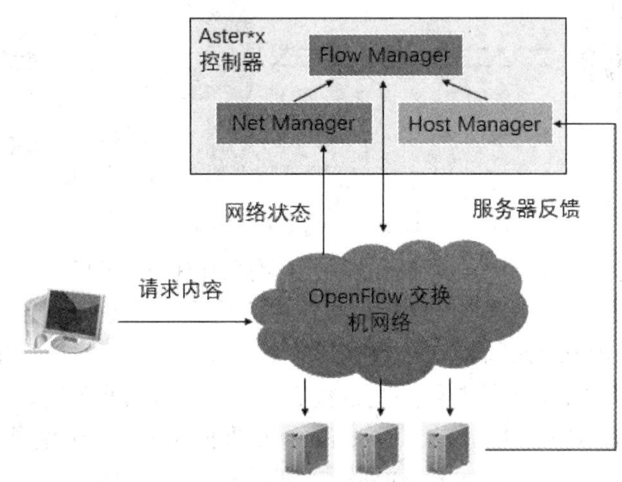

图 4-12　Aster*x 实现流程

3. 绿色节能的网络服务(ElasticTree)

在数据中心和云计算环境中，如何降低运营成本是一个重要的研究课题。能够根据工作负荷按需分配、动态规划资源，不仅可以提高资源的利用率，还可以达到节能环保的目的。ElasticTree 创新性地使用 OpenFlow，在不影响性能的前提下，根据网络负载动态规划路由，从而可以在网络负载不高的情况下选择性地关闭或者挂起部分网络设备，使其进入节电模式，达到节能环保、降低运营成本的目的。

基于 OpenFlow 的 SDN 应用部署有以下几种方式：

(1) 面向校园网的部署。可以为学校的科研人员构建一个可以部署网络新协议和新算法的创新平台，并实现基本的网络管理和安全控制功能。

(2) 面向数据中心的部署。由于数据中心的数据流量大、交换机层次管理结构复杂，服务器和虚拟机需要快速配置和数据迁移。如果不能在庞大的服务器机群中进行高效寻址和数据传输，则容易造成网络拥塞和性能瓶颈。将 OpenFlow 交换机部署到数据中心网络，可以实现高效寻址、优化传输路径、负载均衡等功能，从而进一步提高数据交换的效率，增加数据中心的可控性。

ElasticTree 设计了一个在数据中心部署的能量管理器，可动态调节网络元素(链路和交换机)的活动情况，在保证数据中心的流量负载平衡的情况下，达到节能的目的。

(3) 面向网络管理的部署。OpenFlow 网络的数据流由控制器作出转发决定，使得网络管理技术在 OpenFlow 网络中易于实现，尤其是流量管理、负载平衡、动态路由等功能，通过配置控制器提前部署转发策略，将实现更加直观的网络管控模式。

(4) 面向安全控制的部署。随着 OpenFlow 在网络管理方面的应用日益丰富，OpenFlow 的流管理功能很容易进行扩展，从而实现数据流的安全控制机制。实际上，在面向校园网的部署环境里，有很多应用都是针对安全管控的。

4.2 NFV

4.2.1 NFV 概述

NFV(Network Functions Virtualization，网络功能虚拟化)是指利用虚拟化技术在标准化的通用 IT 设备(x86 服务器、存储和交换设备)上实现各种网络功能。NFV 作为一种通过 IT 虚拟化技术将网络节点功能虚拟为软件模块的网络架构，这些软件模块可以按照业务流连接起来，共同为企业提供通信服务。NFV 的目标是取代通信网络中私有、专用和封闭的网元，实现统一通用硬件平台+业务逻辑软件的开放架构。NFV 与传统网络结构的区别如图 4-13 所示。

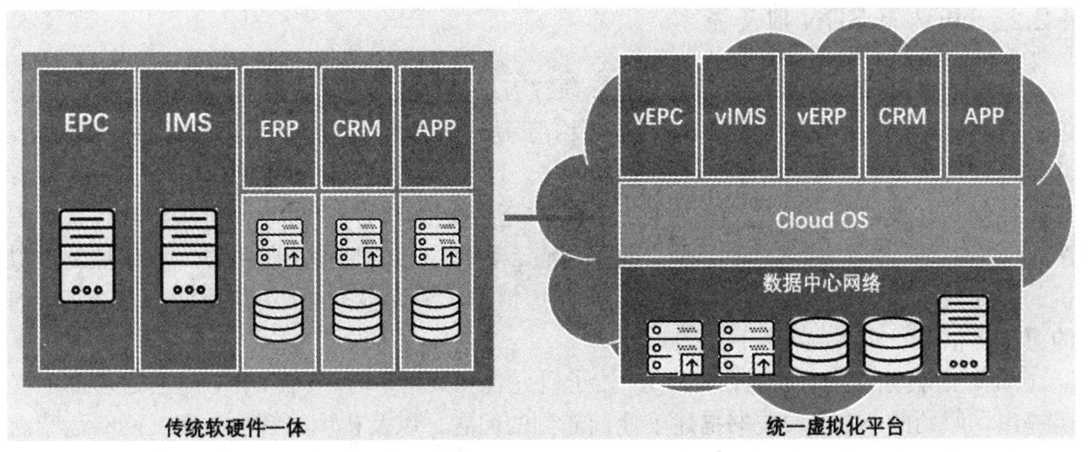

图 4-13　NFV 与传统网络结构的区别

NFV 将许多类型的网络设备(如 service、storage、switches 等)构建为一个数据中心网络，通过借用 IT 的虚拟化技术形成虚拟机，然后将传统的 CT(Communication Technology，通信技术)业务部署到虚拟机上。在 NFV 出现之前，设备的专业性很突出，具体功能都由专门的设备实现。而在 NFV 出现之后，设备的控制平面和具体的设备分离，不同设备的控制平面基于虚拟机，虚拟机基于云操作系统；这样当企业需要部署新业务时，只需要在开放的虚拟机操作平台上创建相应的虚拟机，然后在虚拟机上安装相应功能的软件包即可。

相比于传统软硬件一体的网络结构，网络虚拟化 NFV 有如下优势：

(1) 通过设备合并，借用 IT 的规模化经济，可减小设备成本、能源开销。

(2) 缩短网络运营的业务创新周期，提升投放市场的速度，从而极大地减少了网络成熟周期。

(3) 网络设备可以多版本、多租户共存，且单一平台可为不同的应用、用户、租户提供服务，允许运营商跨服务和跨不同客户群共享资源。

(4) 基于地理位置、用户引入精准服务，同时可以根据需要对业务进行快速扩张或收缩。

同时，由于 NFV 引入了虚拟机、资源调度等 IT 技术，整体架构更加复杂，因此也存在一些技术难点，包括：

(1) 虚拟网络配置运行在不同的硬件厂商、不同的 Hypervisor 上，难以获取较高的性能，软件虚拟化必定没有实体设备的性能好。

(2) 基于网络平台的硬件允许迁移到虚拟化的网络平台上，两者并不能共存，需要重用运营商当前的 OSS(Operations Support Systems，运营支撑系统)和 BSS(Business Support System，业务支撑系统)。

(3) 管理和组织诸多虚拟网络装置，需要同时避免安全攻击和错误配置。

(4) 需同时保证一定级别的硬件、软件可靠性。

(5) 需解决不同运营商的虚拟装置集成问题。网络运营商需要能“混合和匹配”不同厂家的硬件、不同厂家的 Hypervisor、不同厂家的虚拟装置，需要解决巨大的集成成本，并避免与单一厂家方案绑定。

4.2.2 NFV 与 SDN 的关系

SDN 诞生于高校，成熟于数据中心。研究者在高校进行科研时发现，每次进行新的协议部署尝试时，都需要改变网络设备的软件，于是开始考虑让这些网络硬件设备可编程化，并且可以被集中的一个盒子管理和控制，这样，诞生了现今的 SDN(包括基本定义和元素)：分离控制和转发的功能；控制集中化；使用广泛定义的(软件)接口，使得网络可以执行程序化行为。使 SDN 成熟的环境是云数据中心。数据中心的规模不断扩展，如何控制虚拟机的爆炸式增长，用更好的方式连接和控制虚拟机，成为数据中心的明确需求。而 SDN 的思想提供了一个明确的解决方法。

NFV 由服务供应商创建，和 SDN 始于研究者和数据中心不同，NFV 是由运营商的联盟提出，原始的 NFV 白皮书描述了他们遇到的问题，以及初步的解决方案。网络运营商的网络是通过大型的不断增长的专属硬件设备来部署的。一项新网络服务的推出，通常需要另一种架构；除此之外，能耗在增加，成本存在挑战，又缺少必要的技术来设计、整合和操作日趋复杂的硬件设备。更有甚者，基于硬件的设备面临被淘汰的压力。NFV 旨在利用标准的 IT 虚拟化技术解决这些问题，把多种网络设备类型融合到数据中心、网络节点和终端企业可定位的高容量服务器、交换机和存储中，NFV 可应用到任何数据层的数据包进程和固定移动网络架构中的控制层功能中。

NFV 与 SDN 的关系如图 4-14 所示。NFV 和 SDN 高度互补，但并不互相依赖。NFV 可以在没有 SDN 的情况下进行虚拟化和部署，这两个理念和方案的结合可以产生潜在的、更大的价值。

NFV 可以不用 SDN 机制，仅通过当前的数据中心技术实现；但从方法上有赖于 SDN 提出的控制和数据转发平面的分离，使用 SDN 可以增强性能，简化与已存在设备的兼容性、基础操作和维护流程。NFV 可以通过提供给 SDN 软件运行的基础设施来支持 SDN。

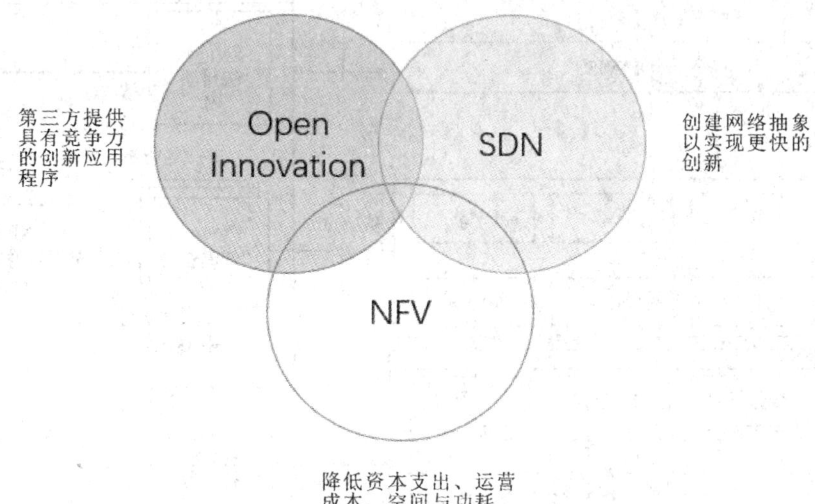

图 4-14　NFV 与 SDN 的关系

SDN 与 NFV 的对比如表 4-1 所示。

表 4-1　SDN 与 NFV 对比

类型	SDN	NFV
核心思想	转发与控制分离，控制面集中，网络可编程化	将网络功能从原来专用的设备移到通用设备上
针对场景	校园网，数据中心，云平台	运营商网络
针对设备	商用服务器和交换机	专用服务器和交换机
初始应用	云资源调度和网络	路由器、防火墙、网关、CND、广域网加速器、SLA 保证等
通用协议	OpenFlow	尚没有
标准组织	ONF(Open Networking Forun)组织	ETSI NFV 工作组

4.2.3　NFV 体系架构

ETSI 标准组织提出的 NFV 架构如图 4-15 所示。NFV 体系架构主要包括 NFV 基础设施(NFV Infrastructure，NFVI)、虚拟网络功能(Virtualized Network Function，VNF)、NFV 管理和编排(NFV Management And Orchestration，MANO)系统三个主要核心工作域。

1. NFVI

NFVI 的主要功能是为 VNF 的部署、管理和执行提供资源池。NFVI 需要将物理计算、存储、交换资源虚拟化成虚拟的计算、存储、交换资源。NFVI 可以跨地域部署。

2. VNF 和 EM

VNF 实现传统非云化电信网元的功能。VNF 所需资源需要分解为虚拟的计算、存储、交换资源，由 NFVI 来承载。一个 VNF 可以部署在一个或多个虚拟机上。

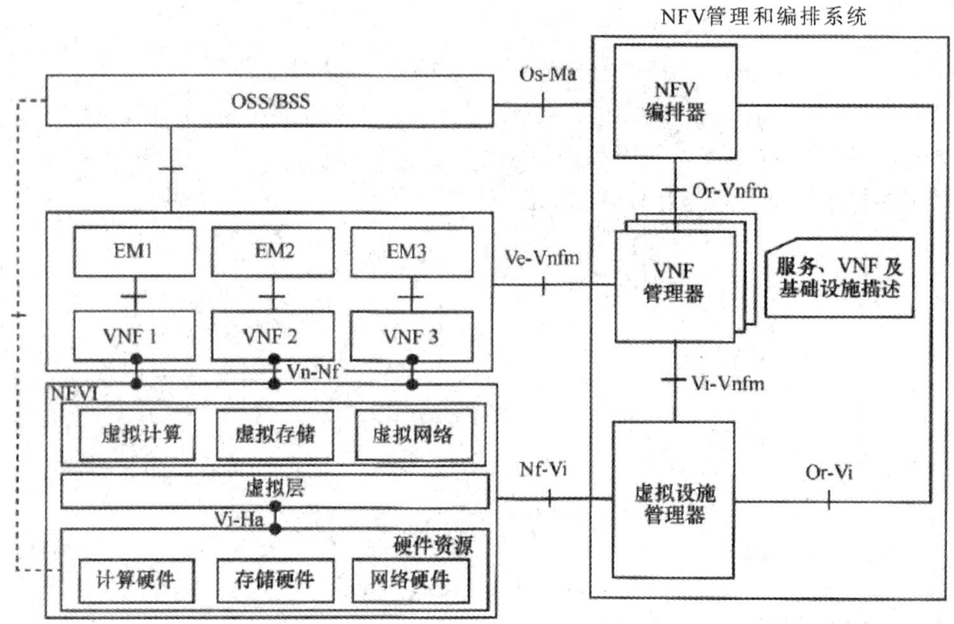

图 4-15　ETSI NFV 体系架构

EM(Element Management，网元管理)同传统网元管理功能一样，用于实现 VNF 的管理，如配置、告警、性能分析等功能。

3. NFV 管理和编排系统

NFV 管理和编排系统主要包括 NFV 编排器(NFV Orchestrator，NFVO)、VNF 管理器(VNF Manager，VNFM)和虚拟设施管理器(Virtualized Infrastructure Manager，VIM)三部分。

(1) NFVO：负责全网的网络服务，物理、虚拟资源和策略的编排维护，以及其他虚拟化系统相关维护管理；实现网络服务生命周期的管理，与 VNFM 配合实现 VNF 的生命周期管理和资源的全局视图功能。

(2) VNFM：实现虚拟化网元 VNF 的生命周期管理，包括 VNF 的管理及处理、VNF 实例的初始化、VNF 的扩容/缩容、VNF 实例的终止；支持接收 NFVO 下发的弹性伸缩策略，实现 VNF 的弹性伸缩。

(3) VIM：主要负责基础设施层硬件资源和虚拟化资源的管理、监控和故障上报；面向上层 VNFM 和 NFVO 提供虚拟化资源池。

此外，OSS/BSS 为运营商运营支撑系统，OSS 为传统的网络管理系统；BSS 为传统的业务支撑系统，包括计费、结算、账务、客服、营业等功能。

4.2.4　NFV 部署方式

根据 NFV 系统架构和功能划分，NFVO 更多定位于全网的生命周期管理，网络资源的编排、管理和维护等。从目前国内运营商运营维护支撑系统的设置要求以及未来全网 NFV 的演进趋势看，NFVO 应是独立于虚拟网元和硬件资源厂商之外的独立逻辑功能实体，其具体设置和功能要求应与运营商 NFV 的总体演进需求和管理运营要求相匹配，能够根据运营商的管理要求实现多 NFV 业务系统资源的统一管理和编排，因此该模块采用独立设置的方式。

对于硬件基础设施层、虚拟资源层(主要包括虚拟化层和 VIM 等)和网络功能层(主要包括 VNF 和 VNFM 等)，NFV 部署方式主要有单厂商、软硬件解耦和三层解耦三种，如图 4-16 所示。

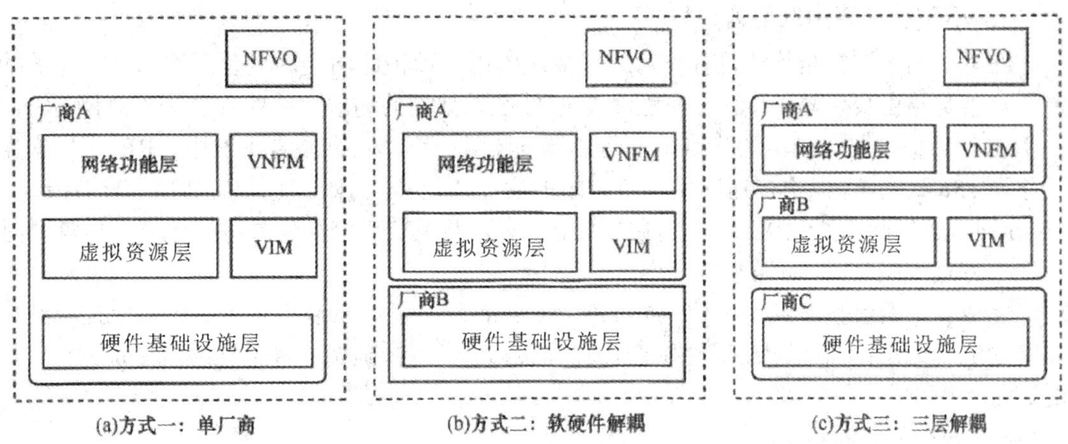

图 4-16　NFV 三种部署方式

1. 单厂商方式

单厂商方式即硬件基础设施层、虚拟资源层和网络功能层均由单一厂商提供，NFVO 既可以选择独立部署，也可以选择由同一厂商提供。选择同一厂商提供 NFVO 的主要优势是便于实现 NFV 的快速部署，但对于未来网络内有多业务系统、多厂商 NFV 演进需求的场景，建议 NFVO 后续仍采用独立设置的方式建设。本方式对于接口的开放性要求不高，可实现快速部署；但后续需要向方式二或方式三演进时，仍需要实现相关接口的开放性要求，网络改造要求高，会对已有设备和资源配置造成一定浪费。

2. 软硬件解耦方式

软硬件解耦方式即虚拟资源层和网络功能层由同一厂商提供，硬件基础设施层由运营商统一采购。NFVO 独立设置并定义与相关模块的接口，实现与不同厂商相关功能模块的互通和适配。本方式能够实现初步的软硬件解耦。

3. 三层解耦方式

三层解耦方式即硬件基础设施层、虚拟资源层和网络功能层分别由不同的厂商提供。NFVO 独立设置并定义与相关模块的接口，实现与不同厂商相关功能模块的互通和适配。本方式接口开放性要求高，能够实现资源层的充分共享。目前方式三可以由设备厂商实现系统集成，也可以由运营商自主集成。采用运营商自主集成方式时，对运营商的相关集成能力要求高，并需要运营商对于软件集成接口的相关技术要求和参数配置提供详细的规范定义。

根据上述分析，从满足 NFV 引入的目标要求看，方式三更符合网络云化的演进需求，也是大的主流运营商的选择方式；但该方式对于接口的开放性和标准化、集成商的工作、运营商的规划管理和运维均提出了新的、更高的要求。

4.2.5 NFV 应用案例

在 ETSI 的标准中，对于 NFV 的应用定义了多个不同的场景。下面介绍 NFV 在城域网下的 5 种应用案例。

1. vRR(虚拟路由反射器)

在骨干网全连接架构中，有一对或者多对路由器承担着向全网设备反馈路由信息的功能，这就是路由反射器(RR)，一般由专用硬件芯片架构的高端核心路由器来作全网 RR。由于 RR 的最主要功能是计算路由，而非转发流量，因此在大型骨干网中，RR 可以率先迁移到 x86 架构上，以更快适应使用者需求的变化和差异。例如，改变 BGP(Border Gateway Protocol，边界网关协议)路由下一跳的机制，引入源地址等综合信息进行选路，能够通过智能的方式实现骨干网流量负载均衡。

完成骨干网流量负载均衡后，通过部署 Controller，能够从现有骨干路由器上提取到更丰富的流量信息；Controller 通过综合计算和策略匹配，精确调度骨干网络流量，实现理想的流量工程。

2. vFW(虚拟防火墙)

防火墙需要实现对传统网络环境中安全域的隔离，也需要实现对虚拟化环境中的安全域的隔离。对于传统网络环境中的安全域，可采用传统的防火墙、传统的部署方式实现；而对于虚拟化环境中的安全域，可采用虚拟化的防火墙实现。

利用 NFV 技术，将物理防火墙的各种板卡都转成虚拟机，这些虚拟机被安装在普通 x86 服务器上，通过内部网络通信构成一个可扩展的极大容量的防火墙集群。从管理角度上看，整个集群就是一个超大容量的防火墙，需要具备如下功能：

(1) 丰富的网络和安全功能，能够满足企业分支及公有云多租户环境中的网络安全需求。

(2) 控制平面和数据平面分离，专门为虚拟环境设计的并发式数据转发机制，更充分利用计算资源。

(3) 模块化的体系架构，开放的网络平台，允许网络按需运行和控制，更容易实现 NFV/SDN 落地。

(4) 和物理网络设备共用统一的软件平台，提供相同的功能特性和一致的管理界面。

3. vDPI(虚拟深度包检测)

传统部署 DPI 的方式是把 DPI 嵌入各种网络设备当中，如会话边界控制器(SBC)、流量检测功能(TDF)等。这种方式的主要缺点是在不同的硬件平台上多次实现 DPI 技术带来高成本。另外，应用程序之间的互通比较困难，因为每个供应商都可能有私有的执行 DPI 和展示结果的方式。举例来说，一个供应商可能把一个信息流归类为 Twitter，但是别的供应商可能把它当作社交媒体。

有了 SDN 和 NFV，DPI 可以从嵌入的网络设备中迁移，成为托管在标准服务器上的共享功能。这种方式降低了 DPI 所需的总投资，DPI 只需要在更少的机器上实现(减少固定资产投入)，而且减少了能源消耗(减少操作成本)，同时不同功能和 DPI 应用程序之间的互通不再那么复杂。

4. vPOP(虚拟城域网边缘节点)

在国内运营商城域网中，BRAS(Broadband Remote Access Server，宽带远程接入服务器)是最为关键的网络设备和角色类型。以 BRAS 及其以下的接入网为模块，不断复制模块的扩容的方式建设城域网是最为典型的模式。这种模式的网络配置相对固定，可以很好地实现简单业务的网络扩容，但是也存在非常明显的问题：城域网内各个 BRAS 之间各自为政，无法实现资源共享。比如在用户聚集的地方只能多部署几台 BRAS，多从接入网拉一些光纤链路到 BRAS 机房，这种方式下 BRAS 和链路的利用率都不高。

将 BRAS 作为 VNF 部署在 x86 架构的虚拟机上，可以通过平滑扩展的方式增强计算和转发能力，这样，在城域网业务边缘层就形成了一个新的 vPOP，可以将各种 VNF 相对集中地部署形成资源池，并可面向用户、业务灵活调整资源，从而提升全网使用效率。在城域网范围内集中部署 vPOP 的 Controller，可以实现资源状态的查看、配置、维护、调整等功能。

vPOP 对于运营商而言，是一种新的商业模式的城域网新边缘节点。电信运营商不仅可以根据自身业务发展利用 vPOP 面向用户提供差异化的增值业务，也可以与虚拟运营商等第三方合作，为其提供差异化的用户体验，进一步体现出电信运营商在互联网时代产业链中的整合价值。

在企业网中，大量使用的 VPN 网关也可以通过 NFV 功能来实现。通过在 x86 架构的虚拟机上部署防火墙、VPN 网关等，可将企业网络扩展到公有云中，为企业进行统一的网络管理，包括网络配置、安全策略和管理策略的实施等。这不仅可以让企业员工通过 VPN 安全、快捷地访问公有云，而且企业公有云和私有云两层安全互联，可以实现资源统一管理、动态调配、灵活部署应用和自由迁移。

5. vCDN(虚拟内容交付网络)

CDN 服务通常部署在靠近网络边缘的内容缓存上，以改善用户业务体验质量。目前，CDN 提供商、运营商利用高速缓存技术，使用专用的硬件为用户提供这种服务。由于硬件资源的设计为高峰时满负荷，这些缓存资源在生命周期内大多数时间未能得到充分利用；并且不同服务商部署的 CDN 节点都是独立的，整体容量的使用效率不高，尤其是对于潮汐现象，利用率非常低。

随着终端用户尤其是智能终端的普及，以视频为首的内容提供成为了网络服务提供商的业务重点。而视频流量的大幅增长，对用户体验也提出了更高的要求，可针对 CDN 控制器或 Cache 在 CDN 上使用 NFV 技术。通过在邻近终端用户侧数据中心的 x86 通用服务器上执行相关 VNF，实现 Cache 的功能，可以实现资源的高效利用，保证用户体验。

利用和部署 NFV 实现虚拟化缓存，底层硬件资源可以被合并，并在多个供应商的 CDN 缓存和其他的 VNF 中实现动态共享，从而有效提高缓存资源的使用率。

4.3　Mininet

4.3.1　Mininet 概述

Mininet 是斯坦福大学基于 Linux Container 架构开发的一个进程虚拟化网络仿真工具，

可以创建一个包含主机、交换机、控制器和链路的虚拟网络，其交换机支持 OpenFlow，具备高度灵活的自定义软件定义网络。Mininet 作为一个轻量级软件定义网络研发和测试平台，具有如下功能：

(1) 支持 OpenFlow、Open vSwitch 等软件定义网络部件，为 OpenFlow 应用程序提供一个简单、低廉的网络测试平台；

(2) 启用复杂的拓扑测试，无须连接物理网络，支持系统级的还原测试；

(3) 具备拓扑感知和 OpenFlow 感知的命令行界面，用于调试或运行网络范围的测试；

(4) 支持复杂、自定义拓扑，支持超过 4096 台主机的网络结构；

(5) 提供用户网络创建和实验的可拓展 Python API。

(6) 具有良好的硬件移植性和高扩展性。

Mininet 结合了许多仿真器、硬件测试床和模拟器的优点。与仿真器相比，Mininet 启动速度快、拓展性大、提供带宽多、方便安装、易使用；与模拟器相比，Mininet 可运行真实的代码，容易连接真实的网络；与硬件测试床相比，Mininet 更便宜，能够快速重新配置及重新启动。

4.3.2 Mininet 系统架构

Mininet 是一个可在有限资源上快速建立大规模 SDN 原型系统的网络仿真工具。该系统由虚拟的终端节点、OpenFlow 交换机、控制器组成，可以模拟真实网络，对各种网络进行开发验证。由于 Mininet 是基于 Linux Container 内核虚拟化技术的进程虚拟化平台，因此其进程虚拟化的实现主要用到了 Linux 内核的 namespace 机制。Linux 从 2.6.27 版本开始支持 namespace 机制，可以实现进程级的虚拟化。

在 Linux 中，不同 namespace 的进程看到的系统资源是不同的。默认所有进程都在 root namespace 中，某个进程可以通过 unshare 系统调用拥有一个新的 namespace，通过 namespace 机制可以虚拟化三类系统资源：

(1) 网络协议栈：每个 namespace 都可以独自拥有一块网卡(可以是虚拟出来的)，root namespace 看到的就是物理网卡，不同 namespace 里的进程看到的网卡是不一样的。

(2) 进程表：不同 namespace 中的进程之间是不可见的。

(3) 挂载表：不同 namespace 中看到文件系统挂载情况是不一样的。

正是因为 Linux 内核支持这种 namespace 机制，可以在 Linux 内核中创建虚拟主机和定制拓扑，这也是 Mininet 可以创建支持 OpenFlow 协议的 SDN 的关键所在。

基于上述 namespace 机制，Mininet 架构按 datapath 的运行权限不同，分为 kernel datapath 和 userspace datapath 两种。其中 kernel datapath 把分组转发逻辑编译进 Linux 内核，效率非常高；userspace datapath 把分组转发逻辑实现为一个应用程序，叫做 ofdatapath，效率不及 kernel datapath，但更为灵活，更容易重新编译。

1. kernel datapath 架构

Mininet 的 kernel datapath 架构如图 4-17 所示，控制器和交换机的网络接口都在 root 命名空间中，每个主机都在自己独立的命名空间里，这也就表明每个主机在自己的命名空间中都会有自己独立的虚拟网卡 eth0。控制器就是一个用户进程，它会监听来自交换机安全信道的连接。每个交换机对应几个网络接口，如 s0-eth0、s0-eth1 以及一个 ofprotocol 进程，它负责管理和维护同一控制器之间的安全信道。

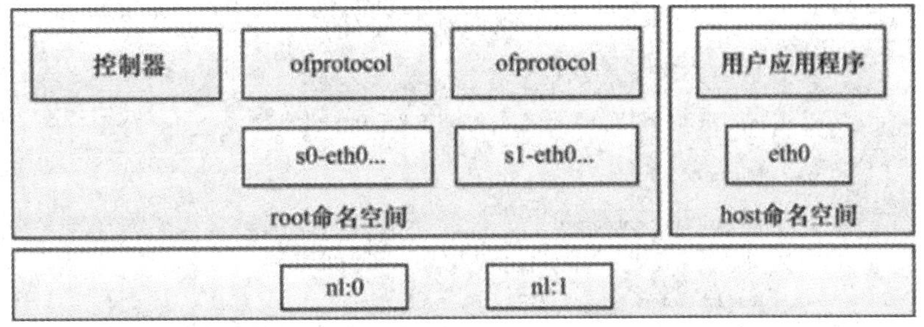

图 4-17　Mininet 的 kernel datapath 架构

2. userspace datapath 架构

Mininet 的 userspace datapath 架构如图 4-18 所示，与 kernel datapath 架构不同，网络的每个节点都拥有自己独立的 namespace。因为分组转发逻辑实现在用户空间，所以多出了一个 ofdatapath 进程。

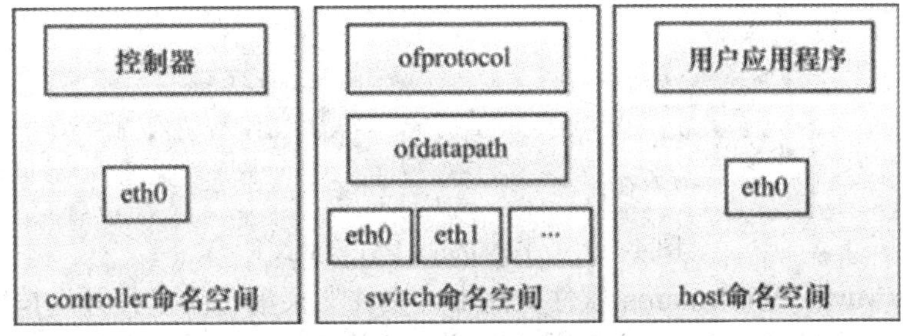

图 4-18　Mininet 的 userspace datapath 架构

另外，Mininet 除了支持 kernel datapath 和 userspace datapath 这两种架构以外，还支持 OVS(Open vSwitch)交换机。OVS 充分利用了内核的高效处理能力，它的性能和 kernel datapath 相差无几。

4.3.3　Mininet 安装部署

Mininet 有三种安装方式：第一种是安装使用带有 Mininet 的虚拟机；第二种是从 github 上获取源码安装；第三种是通过文件包安装。

其中第一种是安装 Mininet 最简单的方法，这里采用在 VMware Workstation 中安装 Mininet 虚拟机。首先需要在 github 上下载 Mininet VM 镜像文件，然后在 VMware Workstation 中安装该虚拟机，再直接打开 Mininet 虚拟机，即可使用 Mininet。

(1) 访问地址 https://github.com/mininet/mininet/releases/，下载 Mininet VM 镜像文件。推荐下载 Ubuntu 20.04.1 VM image，如图 4-19 所示。

(2) 解压缩下载下来的压缩包，有一个后缀名为 ovf 的文件。ovf 文件格式为开源虚拟化格式，是一种开源、安全、有效、可拓展的便携式虚拟打包格式，由 ovf 文件、mf 文件、cert 文件、vmdk 文件和 iso 文件等组成，可以用于虚拟机在不同虚拟化平台上的迁移。

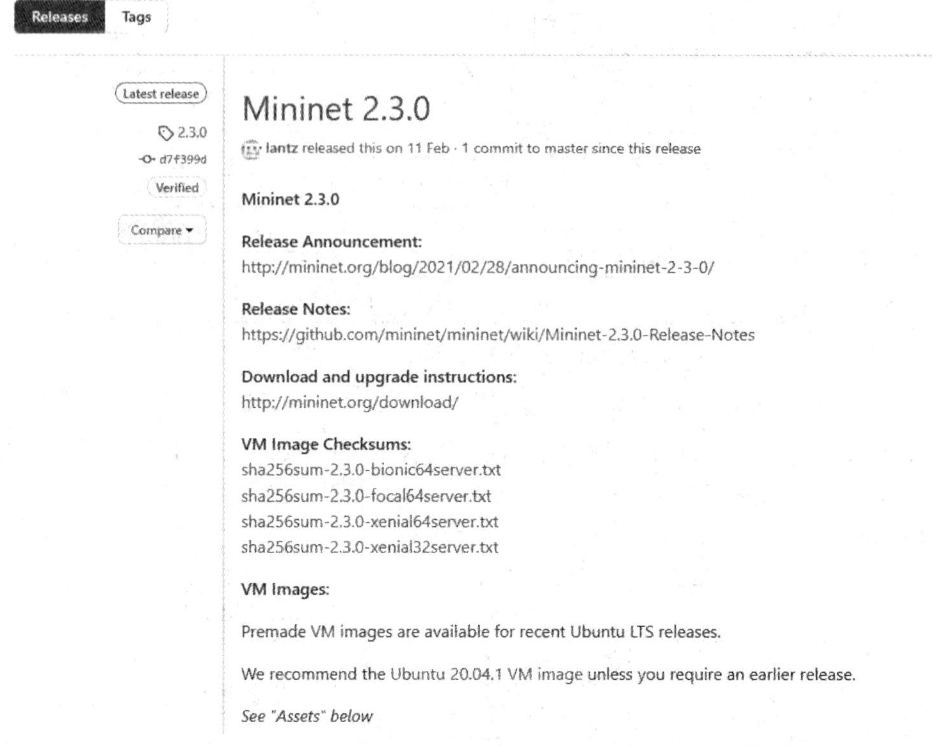

图 4-19　下载 Mininet VM 镜像文件

(3) 打开 VMware Workstation 软件，点击“文件”菜单下的“打开”按钮，选择并导入此 ovf 文件，如图 4-20 所示，并为导入的虚拟机命名如图 4-21 所示。

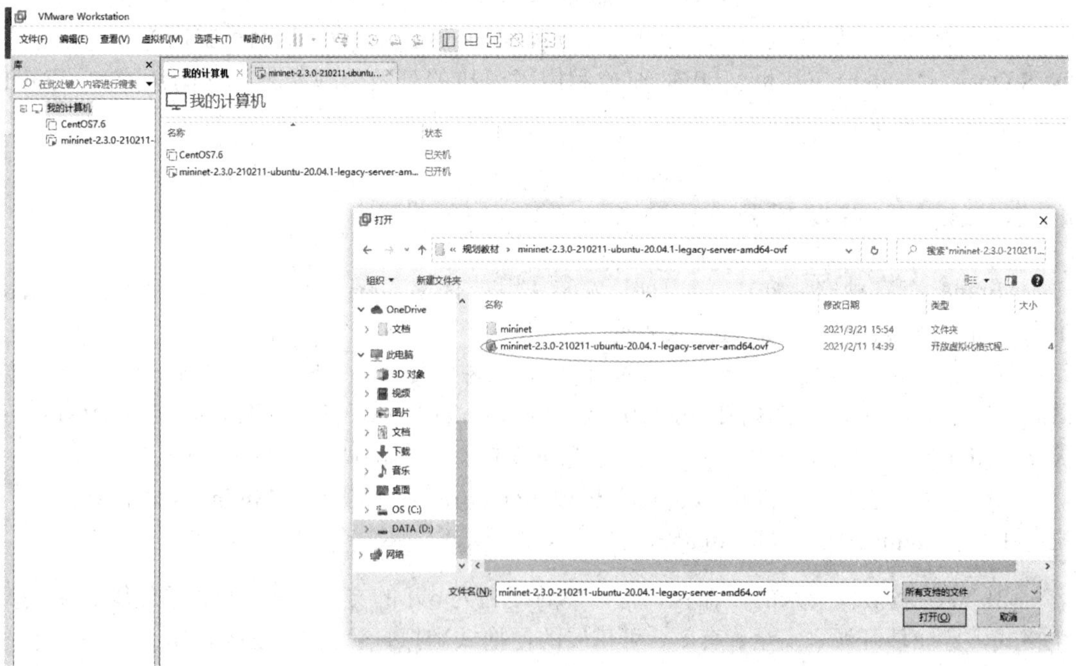

图 4-20　选择并导入 ovf 文件

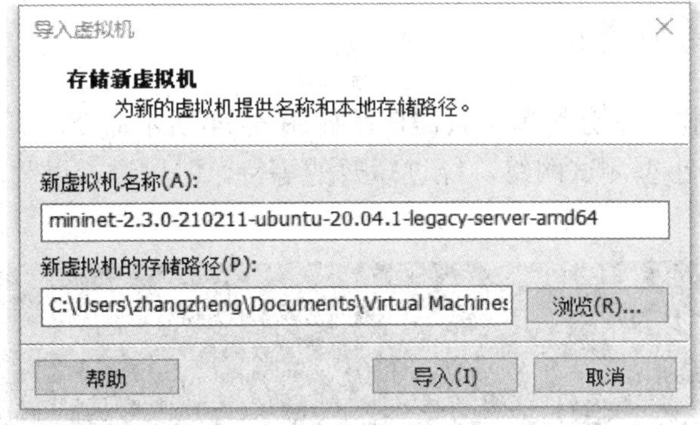

图 4-21　为虚拟机命名，开始导入

(4) 打开此虚拟机，输入用户名和密码(均为 mininet)，进入 Mininet VM，如图 4-22 所示。

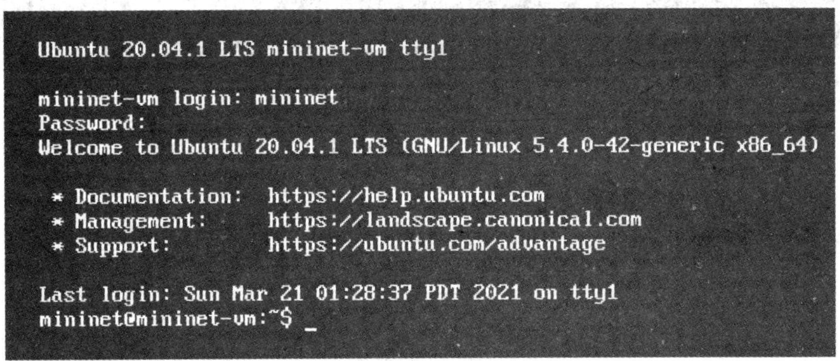

图 4-22　进入 Mininet VM

(5) 使用命令测试 Mininet 是否安装成功，具体命令如图 4-23 所示。

```
mininet@mininet-vm:~$ sudo mn --test pingall
*** Creating network
*** Adding controller
*** Adding hosts:
h1 h2
*** Adding switches:
s1
*** Adding links:
(h1, s1) (h2, s1)
*** Configuring hosts
h1 h2
*** Starting controller
c0
*** Starting 1 switches
s1 ...
*** Waiting for switches to connect
s1
*** Ping: testing ping reachability
h1 -> h2
h2 -> h1
*** Results: 0% dropped (2/2 received)
*** Stopping 1 controllers
c0
*** Stopping 2 links
..
*** Stopping 1 switches
s1
*** Stopping 2 hosts
h1 h2
*** Done
completed in 5.365 seconds
```

图 4-23　测试 Mininet 是否安装成功

4.3.4　Mininet 命令行操作

运行 Mininet 的操作十分简单，只需使用如图 4-24 所示命令即可启动 Mininet，该命令会创建默认的一个小型测试网络。经过短暂的等待，即可进入以“mininet>”引导的命令行界面。

```
mininet@mininet-vm:~$ sudo mn
*** Creating network
*** Adding controller
*** Adding hosts:
h1 h2
*** Adding switches:
s1
*** Adding links:
(h1, s1) (h2, s1)
*** Configuring hosts
h1 h2
*** Starting controller
c0
*** Starting 1 switches
s1 ...
*** Starting CLI:
mininet> _
```

图 4-24　Mininet 创建默认网络

进入“mininet>”命令行界面后，默认拓扑创建成功，即拥有一个有一台控制节点(Controller)、一台交换机(Switch)和两台主机(Host)的网络，其拓扑结构如图 4-25 所示，其中 s1 为交换机，h1、h2 为主机。

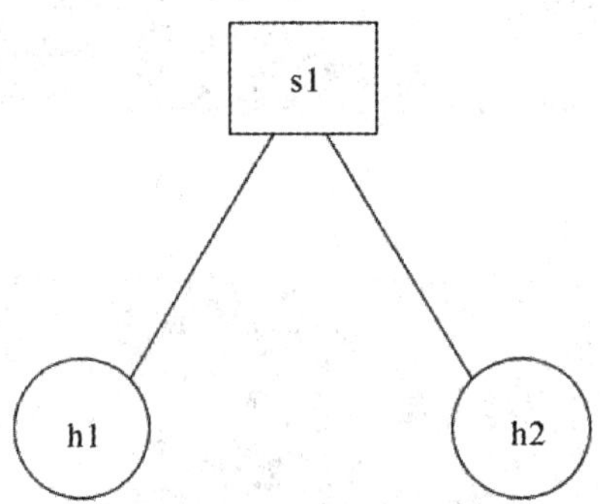

图 4-25　默认网络的拓扑结构

在“mininet>”命令行之后可以输入 pingall 命令来测试主机的连通性。

```
mininet> pingall
*** Ping: testing ping reachability
h1 -> h2
h2 -> h1
*** Results: 0% dropped (2/2 received)
```

由上面输出可知，h1 和 h2 之间是连通的。输入 help 命令查看可用命令行。

```
mininet> help

Documented commands (type help <topic>):
```

```
========================================
EOF     gterm   iperfudp   nodes        pingpair       py       switch
dpctl   help    link       noecho       pingpairfull   quit     time
dump    intfs   links      pingall      ports          sh       x
exit    iperf   net        pingallfull  px             source   xterm

You may also send a command to a node using:
  <node> command {args}
For example:
  mininet> h1 ifconfig

The interpreter automatically substitutes IP addresses
for node names when a node is the first arg, so commands
like
  mininet> h2 ping h3
should work.

Some character-oriented interactive commands require
noecho:
  mininet> noecho h2 vi foo.py
However, starting up an xterm/gterm is generally better:
  mininet> xterm h2
```

Mininet 命令行大致可以分为三类：第一类是查看网络状态；第二类是进行现有网络拓扑配置；第三类是创建网络。

其中，查看网络状态的命令如下：

(1) net：查看网络链路情况；

(2) nodes：查看节点情况；

(3) links：查看链路情况；

(4) pingpair/pingparifull：测试主机连通性；

(5) dump：查看网络链路详细信息；

(6) ports：查看端口连接；

(7) pingall/pingallfull：测试网络节点链路连通性。

在现有网络拓扑配置中，使用 py 命令执行 Python 命令行，可增加或者删除网络设备。下面列举几个简单的例子，以便读者能够直观地了解 Mininet 虚拟化网络工具的使用。

例 1　在默认网络的基础上，在 S1 交换机下增加一台主机 h3，并连接到拓扑中。

```
mininet> py net.addHost('h3')                          #加入新主机 h3
<Host h3:   pid=3486>
mininet> py net.addLink(h3,s1)                         #加入 s1 h3 的链路
<mininet.link.Link object at 0x7f3f3d06a7d0>
```

```
mininet> py s1.attach('s1-eth3')                    #s1 加入端口 eth3
mininet> py h3.cmd('ifconfig h3-eth0 10.3')         #h3 配置 IP 地址
mininet> h1 ping h3                          #h1-h3ARP 协议
PING 10.0.0.3 (10.0.0.3) 56(84) bytes of data.
64 bytes from 10.0.0.3: icmp_seq=1 ttl=64 time=0.985 ms
64 bytes from 10.0.0.3: icmp_seq=2 ttl=64 time=0.341 ms
mininet> pingall                             #测试主机连通性
*** Ping: testing ping reachability
h1 -> h2 h3
h2 -> h1 h3
h3 -> h1 h2
*** Results: 0% dropped (6/6 received)
```

Mininet 可以通过--topo 命令创建网络拓扑，也可通过--custom 参数的形式使用自定义 Python 文件，在 Mininet 源码中的 examples 目录下有多个写好的网络拓扑文件。

例 2 使用创建网络拓扑的命令，创建一个单交换机简单网络，主机数为 3。

```
mininet@mininet-vm:~/mininet$ sudo mn --topo single,3 #创建一个单交换机简单网络，主机数为 3
mininet@mininet-vm:~/mininet$ sudo mn --topo single,3
*** Creating network
*** Adding controller
*** Adding hosts:
h1 h2 h3
*** Adding switches:
s1
*** Adding links:
(h1, s1) (h2, s1) (h3, s1)
*** Configuring hosts
h1 h2 h3
*** Starting controller
c0
*** Starting 1 switches
s1 ...
*** Starting CLI:
mininet>
```

例 3 使用创建网络拓扑的命令，创建一个树形简单网络，深度为 2，扇出为 3。

```
mininet@mininet-vm:~/mininet$ sudo mn --topo tree,depth=2,fanout=3
#创建一个树形简单网络，深度为 2，扇出为 3
*** Creating network
*** Adding controller
*** Adding hosts:
```

```
h1 h2 h3 h4 h5 h6 h7 h8 h9
*** Adding switches:
s1 s2 s3 s4
*** Adding links:
(s1, s2) (s1, s3) (s1, s4) (s2, h1) (s2, h2) (s2, h3) (s3, h4) (s3, h5) (s3, h6) (s4, h7) (s4, h8) (s4, h9)
*** Configuring hosts
h1 h2 h3 h4 h5 h6 h7 h8 h9
*** Starting controller
c0
*** Starting 4 switches
s1 s2 s3 s4 ...
*** Starting CL
```

Mininet 除了创建默认的网络拓扑之外，还提供了丰富的参数设定方式，用来设定网络拓扑、交换机、控制器、MAC 地址、链路属性等，以满足使用者在仿真过程中多样性的需求。各参数说明如下：

1. 设置网络拓扑

--topo：用于指定 OpenFlow 的网络拓扑。Mininet 已经为大多数应用实现了五种类型的 OpenFlow 网络拓扑，分别为 tree、single、reversed、linear 和 minimal。默认情况下，创建的是 minimal 拓扑，该拓扑为一个交换机与两个主机相连。“--topo single,n”表示 1 个 OpenFlow 交换机连接 n 个主机。reversed 与 single 类型相似，区别在于，single 的主机编号和相连的交换机端口编号同序，而 reversed 的主机编号和相连的交换机端口编号反序。“--topo linear,n”表示将创建 n 个 OpenFlow 交换机，且每个交换机只连接一个主机，并且所有交换机连接成直线。“--topo tree,depth=n,fanout=m”表示创建一个树形拓扑，深度是 n，扇出是 m。例如，当“depth=2,fanout=8”时，将创建 8 个交换机连接 64 个主机(每个交换机连接 8 个设备，设备中包括交换机及主机)。

--custom：Mininet 支持自定义拓扑，使用一个简单的 Python API 即可，例如，导入自定义的 mytopo。

```
#sudo mn --custom ~/mininet/custom/topo-2sw-2host.py --topo mytopo --test pingall
```

2. 设置交换机

--switch：Mininet 支持四类交换机，分别是 UserSwitch、OVS 交换机、OVS Legacy Kernel Switch 和 IVS 交换机。其中，运行在内核空间的交换机性能和吞吐量要高于用户空间的交换机，可以通过运行 iperf 命令来测试链路的 TCP 带宽速率来验证。

```
#sudo mn --switch ovsk --testIPerf
```

3. 设置控制器

--controller：控制器可以是 Mininet 默认的控制器(NOX)或者虚拟机之外的远端控制器，如 Floodlight、POX 等。指定远端控制器的方法为：

```
#sudo mn --controller=remote,ip=[controllerIP],port=[controller listening port]
```

4. 配置 MAC 地址

--mac：设置 MAC 地址的作用是增强设备 MAC 地址的易读性，即将交换机和主机的 MAC 地址设置为一个较小的、唯一的、易读的 ID，以便在后续工作中减少设备识别的难度。

5. 设置链路属性

--link：链路属性可以是默认 Link 及 TCLink。将链路类型指定为 TC 后，可以进一步指定具体参数。指定具体参数的命令为

```
#sudo mn --link tc,bw=[bandwidth],delay=[delay time],loss=[loss rate],max_queue_size= [queue size]
```

其中，bw 表示链路带宽，使用 Mb/s 为单位表示；延迟 delay 以字符串形式表示，如'5ms' '100us'和'1s'；loss 表示数据分组丢失率的百分比，用 0～100 的一个百分数表示；max_queue_size 表示最大排队长度，使用数据分组的数量表示。

4.4 Open vSwitch

4.4.1 Open vSwitch 概述

Open vSwitch(OVS)是一个高质量、多层的虚拟交换软件，它的目的是通过编程扩展支持大规模网络自动化。Open vSwitch 由 Nicira Networks 开发，遵循 Apache 2.0 开源代码版权协议，可用于生产环境，支持跨物理服务器分布式管理、扩展编程、大规模网络自动化和标准化接口，实现了和大多数商业闭源交换机功能类似的功能。OVS 的定位是要做一个产品级质量的多层虚拟交换机，方便管理和配置虚拟机网络，检测多物理主机在动态虚拟环境中的流量情况，通过支持可编程扩展来实现大规模的网络自动化。其主要特性如下：

(1) 虚拟机间互联的可视性；

(2) 支持 trunking 的标准 802.1Q VLAN 模块；

(3) 细粒度的 QoS；

(4) 虚拟机端口的流量策略；

(5) 负载均衡支持 OpenFlow，参考 OpenFlow 打造弹性化的可控互联网；

(6) 远程配置兼容 Linux 桥接模块代码。

Open vSwitch 内核模块实现了多个“数据路径”(类似于网桥)，每个都可以有多个 vports(类似于桥内的端口)。每个数据路径也通过关联流表(Flow Table)来设置操作，而这些流表中的流都是用户空间在报文头和元数据的基础上映射的关键信息，一般的操作都是将数据包转发到另一个 vport。当一个数据包到达一个 vport，内核模块所做的处理是提取其流的关键信息并在流表中查找这些关键信息。当有匹配的流时，内核模块执行对应的操作；如果没有匹配的，内核模块会将数据包送到用户空间的处理队列中(作为处理的一部分，用户空间可能会设置一个流，用于以后碰到相同类型的数据包时，可以在内核中执行操作)。

Open vSwitch 实现的严密流量控制很大程度上是通过 OpenFlow 交换协议实现的。OpenFlow 使网络控制器软件能够通过网络访问一个交换机或路由器的数据路径。网络管

理员可以使用这个技术在一台 PC 上进行远程数据管理，实施精细的路由和交换控制，并实现复杂的网络策略。

有了 Open vSwitch 的远程管理功能，云服务的集成商和供应商就能够向客户提供在一台 PC 上持续管理各自虚拟网络、应用和策略的功能。

4.4.2 Open vSwitch 架构与组件

Open vSwitch 由三大部分构成：用户空间的主要组件 ovsdb-server 和 ovs-vswitchd，内核空间的 Datapath 内核模块，如图 4-26 所示。最上面的 Controller 表示 OpenFlow 控制器，控制器与 OVS 是通过 OpenFlow 协议进行连接的。

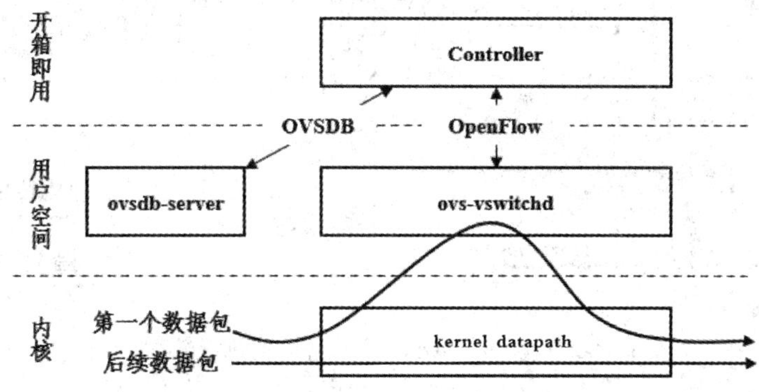

图 4-26　Open vSwitch 的总体架构

Open vSwitch 的用户可以从外部连接 OpenFlow 控制器，对虚拟交换机进行配置管理，指定流规则，修改内核态的流表信息等。

在用户空间中，ovs-vswitchd 是执行 OVS 的一个守护进程，它实现了 OpenFlow 交换机的核心功能，包括一个支持流交换的 Linux 内核模块，能够通过 netlink 协议直接和内核模块进行通信。

ovsdb-server 是一个轻量级数据库服务器，供 ovs-vswitchd 获取配置信息，例如 vlan、port 等信息；在交换机运行过程中，ovs-vswitchd 将交换机的配置、数据流信息及其变化保存到数据库 ovsdb 中，这个数据库由 ovsdb-server 直接管理，ovs-vswitchd 需要和 ovsdb-server 通过 UNIX 的 socket 机制进行通信，以获得或者保存配置信息。数据库 ovsdb 的存在使得 OVS 交换机的配置能够被持久化存储，即使设备被重启后相关的 OVS 配置仍然能够存在。

在内核态中，openvswitch_mod.ko 是内核态的主要模块，用于完成数据包的查找、转发、修改等操作。一个数据流的后续数据包到达 OVS 后将直接交由内核态，使用 openvswitch_mod.ko 中的处理函数对数据包进行处理。

Open vSwitch 的其他组件介绍如下：

- ovs-dpctl：用来配置 switch 内核模块；
- ovs-vsctl：查询和更新 ovs-vswitchd 的配置；
- ovs-ofctl：查询和控制 OpenFlow 交换机和控制器；
- ovs-openflowd：一个简单的 OpenFlow 交换机；
- ovs-controller：一个简单的 OpenFlow 控制器；

- ovs-pki：OpenFlow 交换机创建和管理公钥框架；
- ovs-tcpundump：tcpdump 的补丁，解析 OpenFlow 的消息；
- ovs-bugtool：管理 openvswitch 的 Bug 信息。

Open vSwitch 各组件间的执行流程如图 4-27 所示。

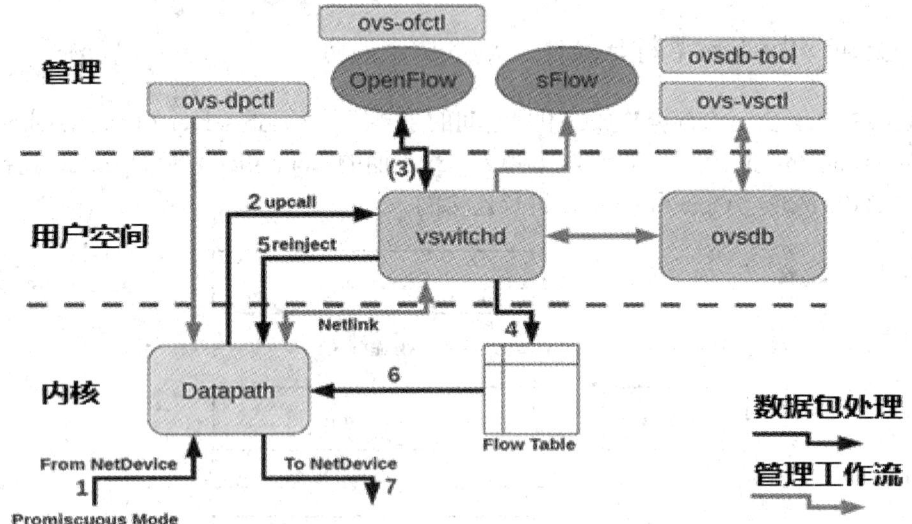

图 4-27　Open vSwitch 各组件间的执行流程

4.5　OpenStack Neutron

4.5.1　OpenStack Neutron 概述

Neutron 是 OpenStack 的核心项目之一，提供云计算环境下的虚拟网络功能。OpenStack Neutron 管理 OpenStack 环境中所有的虚拟网络基础设施(VNI)、物理网络基础设施(PNI)的接入层，为整个 OpenStack 环境提供网络支持，包括二层交换、三层路由、负载均衡、防火墙等。Neutron 提供了一个灵活的框架，无论是开源软件还是商业软件，都可以通过配置实现以下功能：

1. 二层交换

Neutron 支持多种虚拟交换机，包括 Linux 原生的 Linux Bridge 和第三方 Open vSwitch。利用 Linux Bridge 和 OVS，Neutron 除了可以创建传统的 VLAN，还可以创建基于隧道技术的 Overlay 网络。

2. 三层路由

虚拟机可以配置不同网段的 IP，Neutron 的虚拟路由器 Router 可以实现虚拟机的跨网段通信。Router 通过 IP forwarding、iptables 等技术来实现路由和 NAT。

3. 负载均衡

Neutron 提供了将负载分发到多个虚拟机的能力。LBaaS(Load Balance as a Service，负

载均衡即服务)支持多种负载均衡产品和方案，不同的实现以插件的形式集成到 Neutron，目前默认的 Plugin 是 HAProxy。

4. 防火墙

Neutron 的 Security Group 通过 Iptables 限制进出虚拟机的网络包，FireWall as a Service(FWaaS，防火墙即服务)也通过 Iptables 限制进出虚拟路由器的网络包。防火墙的本质都是使用内核挂载的 Filter 模块，只不过实现的方式有所区别，Firewall 是利用分区实现的，而 Iptables 是利用三表五链实现的。

4.5.2 OpenStack Neutron 网络架构

OpenStack Neutron 整体网络分为内部网络(管理网络、数据网络)和外部网络(外部网络、API 网络)。其各类型网络关系如图 4-28 所示。

- 管理网络：用于 OpenStack 各组件之间的内部通信；
- 数据网络：用于云部署中虚拟数据之间的通信；
- 外部网络：公共网络，外部或 Internet 可以访问的网络；
- API 网络：暴露所有的 OpenStack API，包括 OpenStack 网络 API 给租户们。

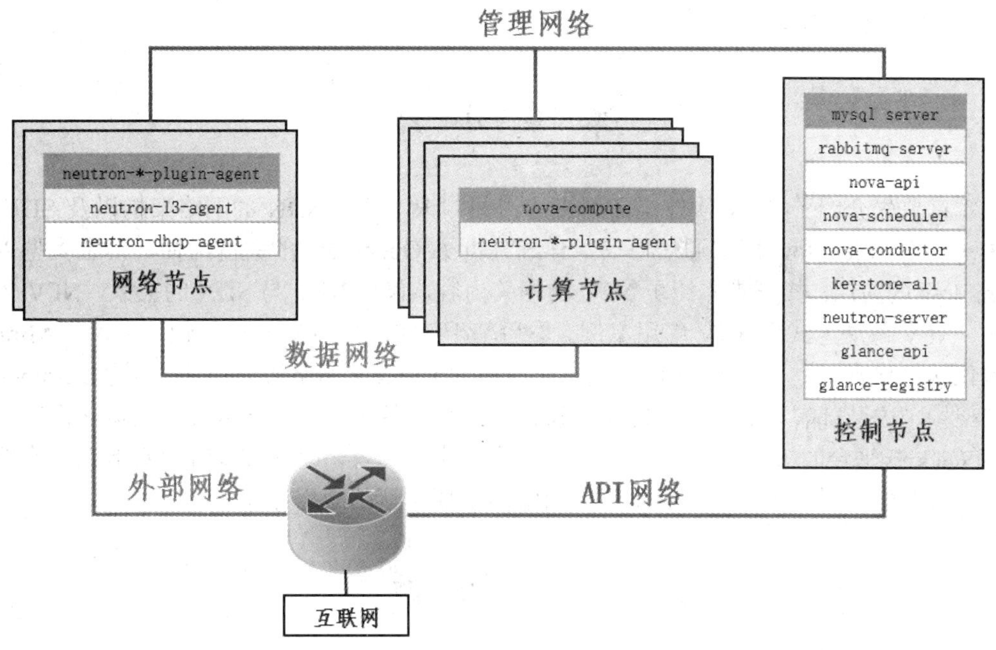

图 4-28　Neutron 各类型网络关系

管理员创建和管理 Neutron 外部网络，外部网络是租户虚拟机与互联网信息交互的桥梁。一般情况下，外部网络只有一个(Neutron 是支持多个外部网络的)，由管理员创建。租户虚拟机创建和管理租户网络，每个网络可以根据需要划分成多个子网。多个子网通过路由器与 Neutron 外部网络(图 4-29 中子网 A)连接。路由器的网关 gateway 端连接外部网络的子网，interface 接口端有多个，连接租户网络的子网。路由器及 interface 接口端连接的网络都是由租户根据需要自助创建的，管理者只创建和管理 Neutron 外部网络部分。Neutron

网络架构如图 4-29 所示。

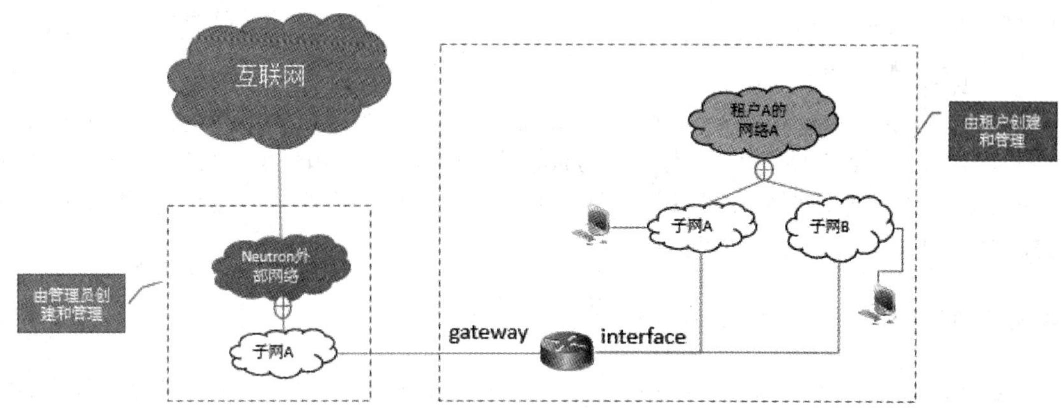

图 4-29　Neutron 网络架构

创建一个 Neutron 网络的过程如下：

(1) 管理员拿到一组可以在互联网上寻址的 IP 地址，创建一个外部网络和子网。

(2) 租户创建一个网络和子网。

(3) 租户创建一个路由器，连接租户子网和外部网络。

(4) 租户创建虚拟机。

本 章 小 结

本章首先介绍了 SDN 软件定义网络的相关知识，涉及 SDN 的网络架构以及 SDN 中的关键技术 OpenFlow 网络通信协议，详细分析了 OpenFlow 的关键组件、消息类型以及 OpenFlow 的应用。接下来介绍了 NFV 的相关内容，包括 NFV 与 SDN 的关系，NFV 体系结构、NFV 部署方式和 NFV 应用案例。然后基于 SDN 和 NFV 理论知识，引入了 Mininet 虚拟化网络仿真工具，Mininet 虚拟交换机支持 OpenFlow 网络协议，并介绍了 Mininet 的系统架构、安装部署以及命令行的相关操作。最后介绍了 Open vSwitch 虚拟交换工具和 OpenStack 云平台的核心网络组件 Neutron。通过本章内容，读者可以对网络虚拟化实现技术有一个全面的了解，并通过给出的应用实例掌握实际的应用操作。

本 章 习 题

1. 简述 SDN 的网络架构。
2. 分析 NFV 与 SDN 的关系。
3. 简述 NFV 的三种部署方式。
4. 简述 Mininet 的系统架构。
5. 运用 Mininet 命令创建包含一台交换机和三台主机的小型网络，并测试连通性。
6. 简述 Open vSwitch 的架构与组件构成。
7. 简述 OpenStack Neutron 的网络架构。

第 5 章

QEMU 虚拟化配置

本章重点介绍 KVM 与 QEMU 的虚拟化环境构建过程、QEMU 的基本命令，然后分别从 CPU 配置、内存配置、存储器配置和网络配置四个方面给出虚拟化配置的基本方法。本章宿主机以 CentOS7 为例，内核版本是 3.10.0-1160.el7.x86_64，客户机使用 cirros-0.5.2-x86_64-disk.img 系统镜像。另外，在实验中使用 QEMU 时都开启了 KVM 加速功能。

知识结构图

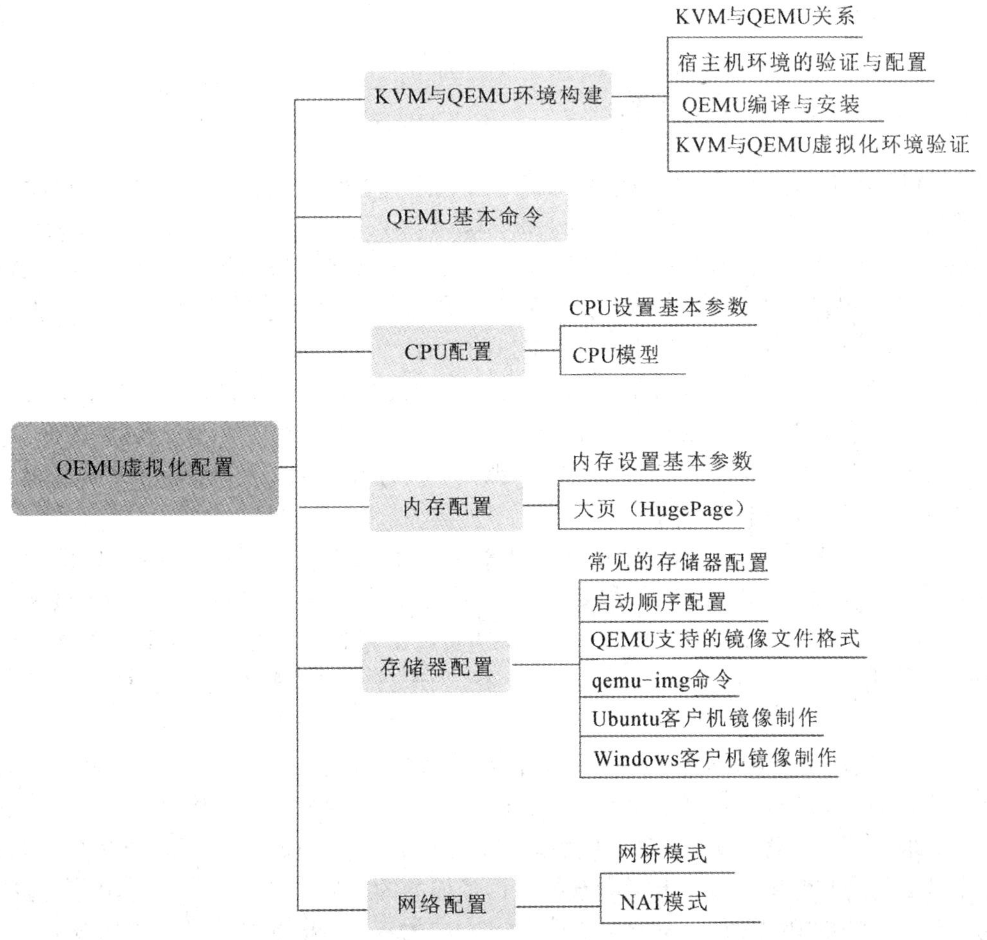

本章重点

- 理解 KVM 与 QEMU 的关系。
- 掌握 KVM 与 QEMU 虚拟化环境构建过程。
- 掌握 QEMU 基本命令。
- 掌握客户机核心模块 CPU、内存、存储器和网络配置的基本方法。
- 掌握 qemu-img 命令的基本使用方法。
- 掌握客户机镜像的制作过程。

本章任务

能够正确搭建KVM与QEMU虚拟化环境，使用QEMU的基本命令，进行客户机CPU、内存、存储器及网络的基本配置，并进行客户机镜像制作。

5.1　KVM 与 QEMU 环境构建

本节介绍在 CentOS7 宿主机环境中构建 KVM 和 QEMU 的虚拟化环境，为后续的实践操作提供基础。

5.1.1　KVM 与 QEMU 关系

KVM 是 Linux 的一个内核驱动模块，它能够让 Linux 主机成为一个 Hypervisor(虚拟机监控器)。在支持 VMX(Virtual Machine Extension，虚拟扩展机)功能的 x86 处理器中，Linux 在原有的用户模式和内核模式中新增加了客户模式，并且客户模式也拥有自己的内核模式和用户模式，虚拟机就运行在客户模式中。KVM 模块的职责就是打开并初始化 VMX 功能，提供相应的接口以支持虚拟机的运行。

QEMU 本身并不是 KVM 的一部分，而是一套由 Fabrice Bellard 编写的模拟处理器的自由软件。与 KVM 不同的是，QEMU 虚拟机是一个纯软件的实现，运行性能较低。QEMU 有整套的虚拟机实现技术，包括处理器虚拟化、内存虚拟化以及网卡、显卡、存储控制器和硬盘等虚拟设备的模拟。

由于 QEMU 支持 Xen 和 KVM 模式下的虚拟化，KVM 为了简化开发和代码重用，对 QEMU 进行了修改。从 QEMU 角度来看，虚拟机运行期间，QEMU 通过 KVM 模块提供的系统调用进行内核调用，由 KVM 模块负责将虚拟机置于处理器的特殊模式下运行。QEMU 使用了 KVM 模块的虚拟化功能，通过加速自己虚拟机的硬件虚拟化，来提高虚拟机的性能。

KVM 模块是 KVM 的核心，但是，KVM 模块仅仅是 Linux 内核的一个模块，管理和创建完整的 KVM 虚拟机，需要其他的辅助工具。一个 KVM 虚拟机是一个由 Linux 调度程序管理的标准进程，仅有 KVM 模块是远远不够的，还必须有一个用户空间的工具才行。这个辅助的用户空间工具，开发者选择了已经成型的开源虚拟化软件 QEMU。QEMU 作为一个强大的虚拟化软件，KVM 使用了 QEMU 的基于 x86 的部分，并稍加改造，形成了可控制 KVM 内核模块的用户空间工具 QEMU。

KVM 和 QEMU 相辅相成，KVM 则通过 QEMU 模拟设备，QEMU 通过 KVM 获得了硬件虚拟化速度。对于 KVM 的用户空间工具，尽管 QEMU 工具可以创建和管理 KVM 虚拟机，但是，RedHat 为 KVM 开发了更多的辅助工具，比如 Libvirt、Virsh、Virt-manager 等，QEMU 并不是 KVM 唯一的选择。

关于 KVM 和 QEMU 的关系，具体来讲，就是 KVM 只负责模拟 CPU 和内存，因此一个客户机操作系统可以在宿主机上运行，但是此客户机却无法被访问。为了解决该问题，开发者修改了 QEMU 的代码，把 QEMU 模拟 CPU、内存代码换成使用 KVM 实现，而网卡、显示器等设备的仿真模拟依然保留，因此 KVM 和 QEMU 就构成了一个完整的虚拟化平台。

QEMU 与 KVM 之间的关系是典型的开源社区在代码复用上的合作。QEMU 可以选择其他的虚拟技术来为其加速，例如 Xen 或者 KQEMU；KVM 也可以选择其他的用户程序作为虚拟机实现，只需按照 KVM 提供的 API 进行设计即可。但是结合 QEMU 和 KVM 各自的发展，两者结合是目前最成熟的虚拟化实现方案。

5.1.2　宿主机环境的验证与配置

本书统一利用 VMware Workstation 中搭建的 CentOS7 作为虚拟化环境的宿主机进行使用。在本节中，KVM 与 QEMU 的环境构建步骤都是在宿主机中执行的。

1. 开启 CentOS 虚拟化设置

如果让 CentOS7 支持硬件虚拟化，首先需要将 CentOS7 机器关闭。在虚拟机名称上点击右键，然后点击最下方的“设置”，可以打开如图 5-1 所示的“虚拟机设置”页面。如果看到的“虚拟化引擎”为灰色，说明 VMware 的宿主机 Windows 还未开启虚拟化的支持。

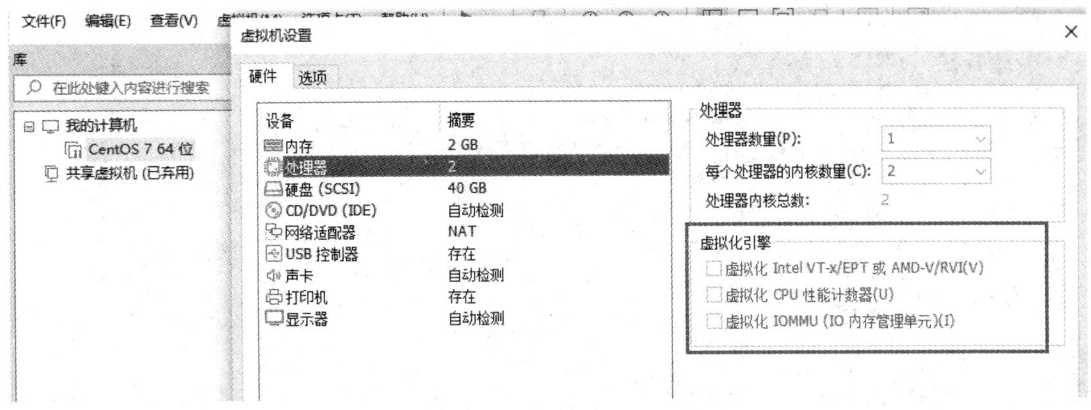

图 5-1　“虚拟机设置”页面

这时需要将 Windows 重启，进入 BIOS 页面，开启虚拟化设置。如何在 BIOS 中开启虚拟化设置，由于各机器不同，设置也不同。这里以 DELL 笔记本电脑为例，DELL 笔记本电脑进入 BIOS 的快捷键是 F2，其首界面如图 5-2 所示。

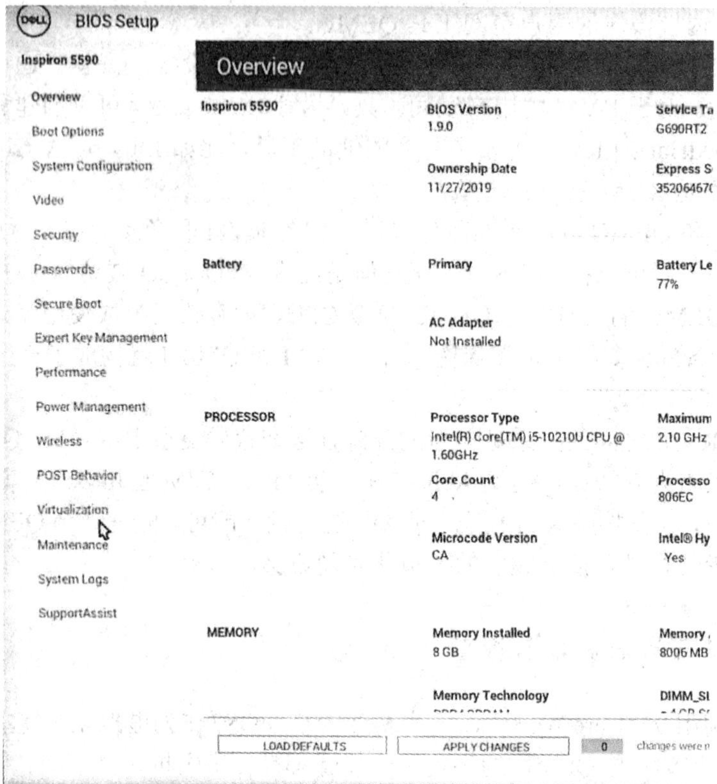

图 5-2　DELL 的 BIOS 首页面

在图 5-2 中，选择“Virtualization”，打开如图 5-3 所示的页面。

BIOS Setup
Inspiron 5590
Overview
Boot Options
System Configuration
Video
Security
Passwords
Secure Boot
Expert Key Management
Performance
Power Management
Wireless
POST Behavior
Virtualization
Maintenance
System Logs
SupportAssist
Virtualization
Intel® Virtualization Technology
Enable Intel® Virtualization Technology (VT)
When ON, the system will be able to run a virtual machine monitor (VMM).
ON
VT for Direct I/O
Enable Intel® VT for Direct I/O
When On, the system will be able to perform Virtualization Technology for Directed I/O (VT-d). VT-d is an Intel m
ON
LOAD DEFAULTS
APPLY CHANGES
0
changes were made

图 5-3　DELL 的 BIOS 中的虚拟化设置

在图 5-3 中，将"Enable Intel Virtualization Technology(VT)"和"Enable Intel VT for Direct I/O"都设置为打开状态，然后保存并退出，再重新启动电脑。

再次打开 CentOS 的"虚拟机设置"页面，将"虚拟化引擎"中的选项都选中，如图 5-4 所示，然后打开 CentOS 虚拟机。

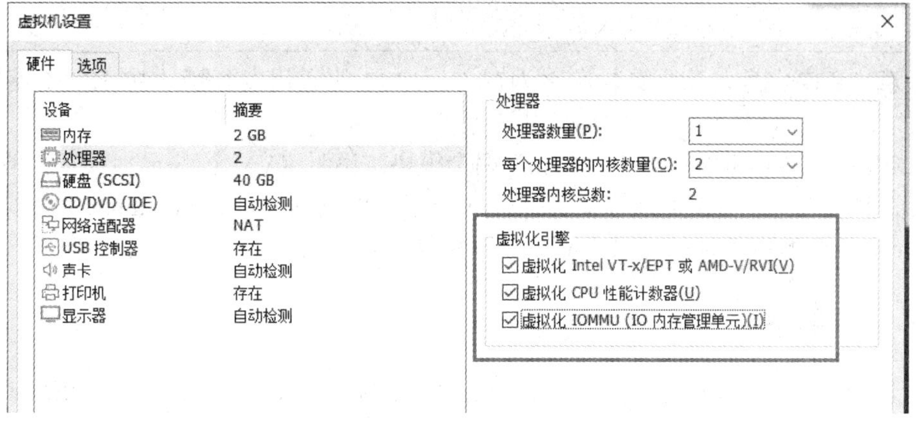

图 5-4　CentOS 的虚拟化引擎设置

2. 判断 CentOS 宿主机操作系统内核是否支持 KVM

利用命令"uname -r"查看内核的版本号，2.6 以上版本的内核都支持虚拟机，本书中 CentOS7 操作系统的内核版本为 3.10.0。

```
[root@localhost ~]# uname -r
3.10.0-1160.el7.x86_64
```

3. 验证 CentOS 系统内核是否安装 KVM 内核模块

首先使用命令"cat/proc/cpuinfo | grep vmx"查看 CentOS 是否支持虚拟化，如果能看到"vmx"，说明 CPU 支持虚拟化。

注意：此处以支持 Intel 的虚拟化技术 Intel-VT 的 CPU 为例，如果是支持 AMD 的虚拟化技术 AMD-V 的 CPU，需要查看是否包含"svm"，命令为"cat /proc/cpuinfo | grep svm"。

```
[root@localhost ~]# cat /proc/cpuinfo | grep vmx
flags: fpu vme de pse tsc msr pae mce cx8 apic sep mtrr pge mca cmov pat pse36 clflush dts mmx fxsr sse sse2 ss ht syscall nx rdtscp lm constant_tsc arch_perfmon pebs bts nopl xtopology tsc_reliable nonstop_tsc aperfmperf eagerfpu pni pclmulqdq vmx ssse3 cx16 pcid sse4_1 sse4_2 x2apic popcnt tsc_deadline_timer xsave avx hypervisor lahf_lm epb tpr_shadow vnmi ept vpid tsc_adjust dtherm arat pln pts
flags: fpu vme de pse tsc msr pae mce cx8 apic sep mtrr pge mca cmov pat pse36 clflush dts mmx fxsr sse sse2 ss ht syscall nx rdtscp lm constant_tsc arch_perfmon pebs bts nopl xtopology tsc_reliable nonstop_tsc aperfmperf eagerfpu pni pclmulqdq vmx ssse3 cx16 pcid sse4_1 sse4_2 x2apic popcnt tsc_deadline_timer xsave avx hypervisor lahf_lm epb tpr_shadow vnmi ept vpid tsc_adjust dtherm arat pln pts
```

然后检查 KVM 内核模块是否已加载。

```
[root@localhost ~]#   lsmod |grep kvm
kvm_intel               188740   0
kvm                      637289   1 kvm_intel
irqbypass               13503   1 kvm
```

注意：KVM 模块无须安装，因为在 CentOS7 的通用发行版本中 KVM 模块均已安装。

如果能看到“kvm_intel”和“kvm”两个模块，说明 KVM 模块已加载。如果不能看到，需要手动加载，加载命令为“modprobe kvm”和“modprobe kvm_intel”。目前大部分主流 Linux 操作系统中都包含 KVM 模块，不需要编译安装。

5.1.3　QEMU 编译与安装

对于 QEMU，可以通过 wget 工具下载 QEMU 源码压缩包，然后进行 QEMU 的配置编译安装，具体过程如下：

(1) 使用命令“wget https://download.qemu.org/qemu-4.1.0.tar.xz”下载压缩包。

```
[root@localhost ~]# wget https://download.qemu.org/qemu-4.1.0.tar.xz
--2021-04-21 14:16:04--   https://download.qemu.org/qemu-4.1.0.tar.xz
Resolving download.qemu.org (download.qemu.org)... 172.99.69.163
Connecting to download.qemu.org (download.qemu.org)|172.99.69.163|:443... connected.
HTTP request sent, awaiting response... 200 OK
Length: 54001708 (52M) [application/x-xz]
Saving to: 'qemu-4.1.0.tar.xz'

100%[=========================================>]  54,001,708       216KB/s
in 5m 17s

2021-04-21 14:21:23 (166 KB/s) - 'qemu-4.1.0.tar.xz' saved [54001708/54001708]
```

(2) 使用命令“tar xvJf qemu-4.1.0.tar.xz”解压缩。

```
[root@localhost ~]# tar xvJf qemu-4.1.0.tar.xz
qemu-4.1.0/
qemu-4.1.0/.gitignore
qemu-4.1.0/authz/
qemu-4.1.0/authz/list.c
qemu-4.1.0/authz/trace-events
qemu-4.1.0/authz/pamacct.c
qemu-4.1.0/authz/Makefile.objs
qemu-4.1.0/authz/simple.c
qemu-4.1.0/authz/listfile.c
```

```
qemu-4.1.0/authz/base.c
qemu-4.1.0/replication.c
qemu-4.1.0/qemu-nbd.c
/*省略部分代码*/
```

(3) 进入 QEMU 的解压缩目录，执行命令“./configure”进行配置。

```
[root@localhost ~]# cd qemu-4.1.0/
[root@localhost qemu-4.1.0]# ./configure
ERROR: "cc" either does not exist or does not work
```

如果出现错误“ERROR: "cc" either does not exist or does not work”，说明缺少 gcc 包，需要进行如下安装：

```
[root@localhost qemu-4.1.0]# yum install gcc
Loaded plugins: fastestmirror, langpacks
Loading mirror speeds from cached hostfile
 * base: mirror.lzu.edu.cn
 * extras: mirror.lzu.edu.cn
 * updates: mirror.lzu.edu.cn
/*省略部分代码*/
Installed:
  gcc.x86_64 0:4.8.5-44.el7
Dependency Installed:
  cpp.x86_64 0:4.8.5-44.el7                  glibc-devel.x86_64 0:2.17-323.el7_9
  glibc-headers.x86_64 0:2.17-323.el7_9   kernel-headers.x86_64 0:3.10.0-1160.24.1.el7
Dependency Updated:
  glibc.x86_64 0:2.17-323.el7_9              glibc-common.x86_64 0:2.17-323.el7_9
Complete!
```

如果出现错误“ERROR: glib-2.40 gthread-2.0 is required to compile QEMU”，说明缺少 gtk2-devel 包，需要进行如下安装：

```
[root@localhost qemu-4.1.0]# yum install -y gtk2-devel
Loaded plugins: fastestmirror, langpacks
Loading mirror speeds from cached hostfile
 * base: mirrors.njupt.edu.cn
 * extras: mirrors.njupt.edu.cn
 * updates: mirrors.bfsu.edu.cn
Resolving Dependencies
--> Running transaction check
---> Package gtk2-devel.x86_64 0:2.24.31-1.el7 will be installed
--> Processing Dependency: pango-devel >= 1.20.0-1 for package: gtk2-devel-2.24.31-1.el7.x86_64
--> Processing Dependency: glib2-devel >= 2.28.0-1 for package: gtk2-devel-2.24.31-1.el7.x86_64
```

```
--> Processing Dependency: cairo-devel >= 1.6.0-1 for package: gtk2-devel-2.24.31-1.el7.x86_64
/*省略部分代码*/
  mesa-libgbm.x86_64 0:18.3.4-12.el7_9          mesa-libglapi.x86_64 0:18.3.4-12.el7_9
  util-linux.x86_64 0:2.23.2-65.el7_9.1         zlib.x86_64 0:1.2.7-19.el7_9
Complete!
```

之后，继续执行命令“./configure”，完成 QEMU 的配置。

(4) 执行命令“make”，完成 QEMU 的编译。使用 make 命令时可以用参数“-j”同时开启多个线程对 QEMU 进行编译，加快编译速度。

```
[root@localhost qemu-4.1.0]# make -j 10
  GEN     aarch64-softmmu/config-devices.mak.tmp
  GEN     alpha-softmmu/config-devices.mak.tmp
  GEN     arm-softmmu/config-devices.mak.tmp
  GEN     cris-softmmu/config-devices.mak.tmp
  GEN     hppa-softmmu/config-devices.mak.tmp
  GEN     i386-softmmu/config-devices.mak.tmp
/*省略部分代码*/
  CC      xtensa-linux-user/target/xtensa/gdbstub.o
  CC      xtensa-linux-user/target/xtensa/win_helper.o
  GEN     trace/generated-helpers.c
  CC      xtensa-linux-user/trace/control-target.o
  CC      xtensa-linux-user/trace/generated-helpers.o
  LINK    xtensaeb-linux-user/qemu-xtensaeb
  LINK    x86_64-linux-user/qemu-x86_64
  LINK    xtensa-linux-user/qemu-xtensa
```

(5) 执行命令“make install”，完成 QEMU 的安装。

```
[root@localhost qemu-4.1.0]# make install
config-host.mak is out-of-date, running configure
No C++ compiler available; disabling C++ specific optional code
Install prefix    /usr/local
BIOS directory    /usr/local/share/qemu
firmware path     /usr/local/share/qemu-firmware
binary directory  /usr/local/bin
library directory /usr/local/lib
module directory  /usr/local/lib/qemu
/*省略部分代码*/
```

(6) 安装完毕后，使用命令“qemu-”，按两次 Tab 键查看 QEMU 是否安装成功。如果能够成功输出“qemu-system-x86_64”，说明安装成功。

```
[root@localhost qemu-4.1.0]# qemu-
qemu-aarch64            qemu-ppc                    qemu-system-mips64
qemu-aarch64_be         qemu-ppc64                  qemu-system-mips64el
qemu-alpha              qemu-ppc64abi32             qemu-system-mipsel
qemu-arm                qemu-ppc64le                qemu-system-moxie
qemu-armeb              qemu-pr-helper              qemu-system-nios2
qemu-cris               qemu-riscv32                qemu-system-or1k
qemu-edid               qemu-riscv64                qemu-system-ppc
qemu-ga                 qemu-s390x                  qemu-system-ppc64
qemu-hppa               qemu-sh4                    qemu-system-riscv32
qemu-i386               qemu-sh4eb                  qemu-system-riscv64
qemu-img                qemu-sparc                  qemu-system-s390x
qemu-io                 qemu-sparc32plus            qemu-system-sh4
qemu-m68k               qemu-sparc64                qemu-system-sh4eb
qemu-microblaze         qemu-system-aarch64         qemu-system-sparc
qemu-microblazeel       qemu-system-alpha           qemu-system-sparc64
qemu-mips               qemu-system-arm             qemu-system-tricore
qemu-mips64             qemu-system-cris            qemu-system-unicore32
qemu-mips64el           qemu-system-hppa            qemu-system-x86_64
qemu-mipsel             qemu-system-i386            qemu-system-xtensa
qemu-mipsn32            qemu-system-lm32            qemu-system-xtensaeb
qemu-mipsn32el          qemu-system-m68k            qemu-tilegx
qemu-nbd                qemu-system-microblaze      qemu-x86_64
qemu-nios2              qemu-system-microblazeel    qemu-xtensa
qemu-or1k               qemu-system-mips            qemu-xtensaeb
```

使用命令“which qemu-system-x86_64”查看 QEMU 安装的目录。

```
[root@localhost qemu-4.1.0]# which qemu-system-x86_64
/usr/local/bin/qemu-system-x86_64
```

5.1.4 KVM 与 QEMU 虚拟化环境验证

本节对安装的虚拟化环境进行验证，查看是否能够正常启动一台 KVM 内核加速的虚拟机。

下面以一个名为“cirros”的磁盘镜像为例(cirros 是一个较小的 Linux 操作系统镜像，通常用于测试)，通过“qemu-system-x86_64”命令启动 cirros 系统，然后使用 VNC 远程传输协议连接启动的虚拟机进行操作，查看 cirros 系统是否能通过 qemu-system-x86_64 命令正常启动。

1. 下载 cirros 磁盘镜像文件

cirros 磁盘镜像文件的下载地址为 https://github.com/cirros-dev/cirros/releases/，下载文件名为 cirros-0.5.2-x86_64-disk.img 的磁盘镜像文件，如图 5-5 所示。

cirros-0.5.2-ppc64le-uec.tar.gz	15.5 MB
cirros-0.5.2-ppc64-lxc.tar.gz	5.36 MB
cirros-0.5.2-ppc64-lxc.tar.xz	3.48 MB
cirros-0.5.2-ppc64-lxd.tar.xz	568 Bytes
cirros-0.5.2-ppc64-rootfs.img.gz	20 MB
cirros-0.5.2-ppc64-uec.tar.gz	14.6 MB
cirros-0.5.2-source.tar.gz	541 KB
cirros-0.5.2-x86_64-disk.img	15.5 MB
cirros-0.5.2-x86_64-initramfs	6.24 MB
cirros-0.5.2-x86_64-kernel	8.72 MB
cirros-0.5.2-x86_64-lxc.tar.gz	5.51 MB
cirros-0.5.2-x86_64-lxc.tar.xz	3.92 MB
cirros-0.5.2-x86_64-lxd.tar.xz	568 Bytes
cirros-0.5.2-x86_64-rootfs.img.gz	14.8 MB
cirros-0.5.2-x86_64-uec.tar.gz	14.6 MB

图 5-5　下载 cirros 系统的磁盘镜像文件

2. 安装 VNC 远程连接工具

VNC(Virtual Network Computing，虚拟网络计算)可以为操作系统提供图形接口连接方式，是一款基于 C/S 模型的桌面共享应用。常用的 VNC 应用有 TigerVNC 和 RealVNC，都有对应 C/S 模型的 VNC Server 和 VNC Viewer。VNC Server 是提供连接接口的服务端，VNC Viewer 是连接服务器的客户端。VNC Server 与 VNC Viewer 都支持多种操作系统，如 Windows、MacOS、UNIX、Linux 和 Solaris 等，因此可将 VNC Server 及 VNC Viewer 分别安装在不同的操作系统中进行使用。

用户需先将 VNC Server 安装在被控端的计算机上，然后才能在主控端执行 VNC Viewer 控制被控端。这里为了测试方便，将 VNC Server 和 VNC Viewer 都安装在一台机器上，即宿主机 CentOS 上。以下的主控端和被控端指的都是 CentOS。

(1) 在主控端计算机上安装 tigervnc。

```
[root@localhost ]# yum install -y tigervnc
Loaded plugins: fastestmirror, langpacks
Loading mirror speeds from cached hostfile
 * base: mirrors.aliyun.com
 * extras: mirrors.163.com
 * updates: mirrors.163.com
/*省略部分代码*/
Installed:
  tigervnc.x86_64 0:1.8.0-22.el7
Dependency Installed:
  fltk.x86_64 0:1.3.4-2.el7              tigervnc-icons.noarch 0:1.8.0-22.el7
Complete!
```

(2) 在被控端计算机上安装 tigervnc-server。

```
[root@localhost]# yum install -y tigervnc-server
Loaded plugins: fastestmirror, langpacks
```

```
Loading mirror speeds from cached hostfile
 * base: mirrors.aliyun.com
 * extras: mirrors.163.com
 * updates: mirrors.163.com
/*省略部分代码*/
Installed:
  tigervnc-server.x86_64 0:1.8.0-22.el7
Complete!
```

(3) 在被控端计算机上启动 KVM 虚拟机。

在被控端计算机上通过命令“qemu-system-x86_64 -m 1024 -smp 1 -boot order=c -hda cirros-0.5.2-x86_64-disk.img -vnc :1 -enable-kvm”来启动 KVM 虚拟机。

```
[root@localhost ~]# qemu-system-x86_64 -m 1024 -smp 1 -boot order=c -hda cirros-0.5.2-x86_64-disk.img -vnc :1 -enable-kvm
```

其中，“-m 1024”表示给虚拟机分配 1024 MB 内存。“-smp 1”表示给虚拟机分配 1 个 vCPU。“-boot order=c”表示虚拟机从硬盘启动。“-hda cirros-0.5.2-x86_64-disk. img”表示使用 cirros 系统磁盘镜像文件作为虚拟机启动盘启动虚拟机。“-vnc :1”表示使用 vnc 的 5901 端口共享虚拟机桌面。“-enable-kvm”表示开启 KVM 内核加速模块。

(4) 在主控端计算机上启动 vncviewer 远程连接虚拟机桌面，可执行命令“vncviewer”。

```
[root@localhost ~]# vncviewer

TigerVNC Viewer 64-bit v1.8.0
Built on: 2020-11-16 16:46
Copyright (C) 1999-2017 TigerVNC Team and many others (see README.txt)
See http://www.tigervnc.org for information on TigerVNC.
```

按回车键，弹出对话框，输入被控端 IP 和监听端口 5901，如图 5-6 所示。

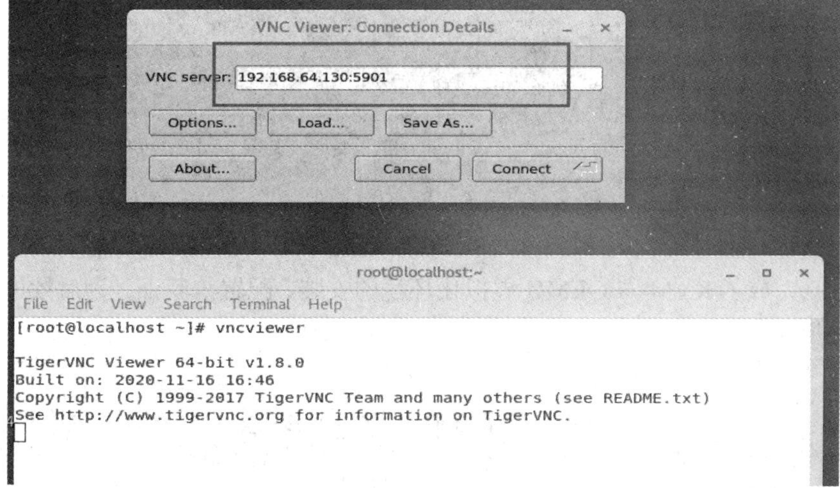

图 5-6　启动 vncviewer 后输入被控端的 IP 和端口

点击 Connect 按钮，进入虚拟机远程桌面，如图 5-7 所示。

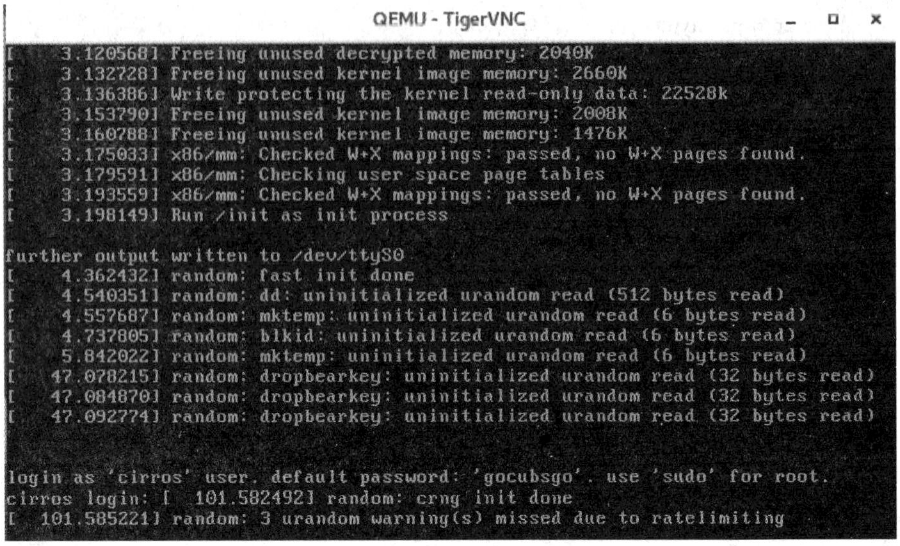

QEMU - TigerVNC

```
[    3.120568] Freeing unused decrypted memory: 2040K
[    3.132728] Freeing unused kernel image memory: 2660K
[    3.136386] Write protecting the kernel read-only data: 22528k
[    3.153790] Freeing unused kernel image memory: 2008K
[    3.160788] Freeing unused kernel image memory: 1476K
[    3.175033] x86/mm: Checked W+X mappings: passed, no W+X pages found.
[    3.179591] x86/mm: Checking user space page tables
[    3.193559] x86/mm: Checked W+X mappings: passed, no W+X pages found.
[    3.198149] Run /init as init process

further output written to /dev/ttyS0
[    4.362432] random: fast init done
[    4.540351] random: dd: uninitialized urandom read (512 bytes read)
[    4.557687] random: mktemp: uninitialized urandom read (6 bytes read)
[    4.737805] random: blkid: uninitialized urandom read (6 bytes read)
[    5.842022] random: mktemp: uninitialized urandom read (6 bytes read)
[   47.078215] random: dropbearkey: uninitialized urandom read (32 bytes read)
[   47.084870] random: dropbearkey: uninitialized urandom read (32 bytes read)
[   47.092774] random: dropbearkey: uninitialized urandom read (32 bytes read)


login as 'cirros' user. default password: 'gocubsgo'. use 'sudo' for root.
cirros login: [  101.582492] random: crng init done
[  101.585221] random: 3 urandom warning(s) missed due to ratelimiting
```

图 5-7　cirros 虚拟机远程桌面

注意：如果无法连接远程桌面，则可尝试关闭被控端计算机的防火墙。

输入账户名 cirros、密码 gocubsgo，进入 KVM 虚拟机。cirros 系统是精简版 Linux 系统，可以执行 Linux Shell 命令进行操作，如图 5-8 所示。

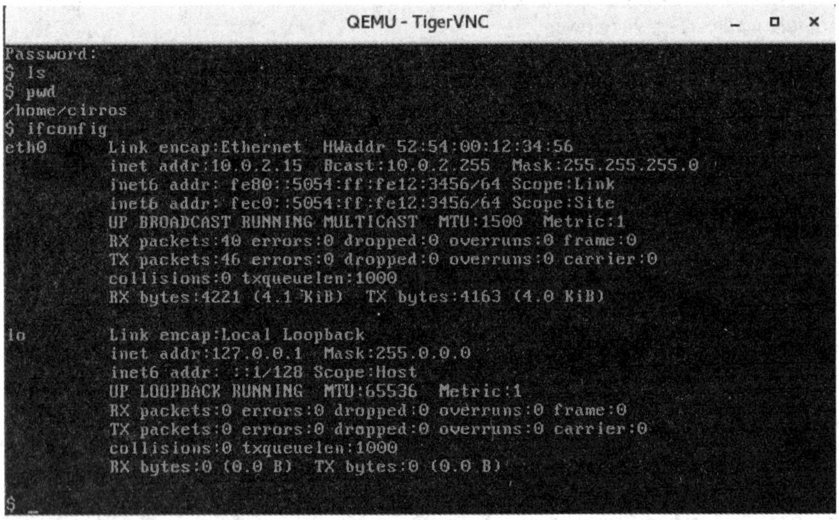

QEMU - TigerVNC

```
Password:
$ ls
$ pwd
/home/cirros
$ ifconfig
eth0      Link encap:Ethernet  HWaddr 52:54:00:12:34:56
          inet addr:10.0.2.15  Bcast:10.0.2.255  Mask:255.255.255.0
          inet6 addr: fe80::5054:ff:fe12:3456/64 Scope:Link
          inet6 addr: fec0::5054:ff:fe12:3456/64 Scope:Site
          UP BROADCAST RUNNING MULTICAST  MTU:1500  Metric:1
          RX packets:40 errors:0 dropped:0 overruns:0 frame:0
          TX packets:46 errors:0 dropped:0 overruns:0 carrier:0
          collisions:0 txqueuelen:1000
          RX bytes:4221 (4.1 KiB)  TX bytes:4163 (4.0 KiB)

lo        Link encap:Local Loopback
          inet addr:127.0.0.1  Mask:255.0.0.0
          inet6 addr: ::1/128 Scope:Host
          UP LOOPBACK RUNNING  MTU:65536  Metric:1
          RX packets:0 errors:0 dropped:0 overruns:0 frame:0
          TX packets:0 errors:0 dropped:0 overruns:0 carrier:0
          collisions:0 txqueuelen:1000
          RX bytes:0 (0.0 B)  TX bytes:0 (0.0 B)

$ _
```

图 5-8　cirros 虚拟机操作界面

至此，就完成了 KVM 与 QEMU 虚拟化环境的安装、配置与验证，为后续的内容提供了基础的环境保障。

5.2　QEMU 基本命令

一般来说，在 x86_64 平台上的 QEMU 命令行的基本格式如下：

```
qemu-system-x86_64 [options] [disk_image]
```

其选项(options)非常多，大致可分为如下类型：标准选项、USB 选项、显示选项、i386 平台专用选项、网络选项、字符设备选项、蓝牙相关选项、Linux 系统引导专用选项、调试/专家模式选项、PowerPC 专用选项、Sparc32 专用选项等。

此处主要介绍 QEMU 的标准选项。标准选项主要涉及指定主机类型、CPU 模式、NUMA、软驱设备、光驱设备及硬件设备等。QEMU 的标准选项如下：

• -name name：设定客户机名称。

• -M machine：指定要模拟的主机类型，例如 Standard PC、Ubuntu 14.04 PC 等，可以使用命令“qemu-system-x86_64 -M ?”获取所支持的所有类型。

• -m megs：设定客户机的 RAM 大小。

• -cpu model：设定 CPU 模型，例如 qemu32、qemu64 等，可以使用命令“qemu-system-x86_64-cpu ?”来获取所支持的所有模型。

• -smp[cpus=]n[,maxcpus=cpus][,cores=cores][,threads=threads][,sockets=sockets]：设定模拟的 SMP 架构中 CPU 的个数、每个 CPU 的 core 个数及 CPU 的 socket 个数相等；PC 上最多可以模拟 255 个 CPU；maxcpus 用于指定热插入的 CPU 个数上限。

• -numa opts：指定模拟多节点的 numa 设备。

• -fda file：使用指定文件(file)作为第一个软盘镜像，如果 file 为/dev/fd0，则表示使用物理软驱。

• -fdb file：使用指定 file 作为第二个软盘镜像。

• -hda file：使用指定 file 作为第一个硬盘镜像，file 为/dev/hda 或者/dev/sda，则表示使用物理硬盘。

• -hdb file：使用指定 file 作为第二个硬盘镜像。

• -hdc file：使用指定 file 作为第三个硬盘镜像。

• -cdrom file：使用指定 file 作为 CD-ROM 镜像，将 file 指定为/dev/cdrom，则可以直接使用物理光驱。

• -drive option[,option[,option[,...]]]：定义一个硬盘设备，可用的子选项有很多。

• file=/path/to/somefile：硬件映像文件路径。

• if=interface：指定硬盘设备所连接的接口类型，即控制器类型，如 ide、scsi、sd、mtd、floppy、pflash 及 virtio 等。

• index=index：设定同一种控制器类型中不同设备的索引号，即标识号。

• media=media：定义介质类型为硬盘(disk)还是光盘(cdrom)。

• snapshot=snapshot：指定当前硬盘设备是否支持快照功能(on 或 off)。

• cache=cache：定义如何使用物理机缓存来访问块数据，其可用值有 none、writeback、unsafe 和 writethrough 四个。

• format=format：指定映像文件的格式。

• -boot [order=drives][,once=drives][,menu=on|off]：定义启动设备的引导次序，每种设备使用一个字符表示；不同的架构所支持的设备及其表示字符不尽相同，在 x86 PC 架构上，a、b 表示软驱，c 表示第一块硬盘，d 表示第一个光驱设备，n 表示网络适配器；

默认为硬盘设备。

5.3 CPU 配置

CPU 是计算机的核心，负责处理、运算计算机内部的所有数据。QEMU 负责模拟客户机中的 CPU，使得客户机显示出指定数目的 CPU 和相关的 CPU 特性。

5.3.1 CPU 设置的基本参数

随着科技的快速发展，多核、多处理器以及超线程技术相继出现，SMP(Symmetric Multi-Processor，对称多处理器)系统越来越被广泛使用。QEMU 不但可以模拟客户机中的 CPU，也可以模拟 SMP 架构，让客户机在运行时充分利用物理硬件来实现并行处理。

在 QEMU 中，“-smp”参数是为了配置客户机的 SMP 系统。在命令行中，有关 SMP 系统的配置参数如下：

```
-smp [cpus=]n[,maxcpus=cpus][,cores=cores][,threads=threads][,sockets=sockets]
```

说明：

- cpus：设置客户机中使用的逻辑 CPU 的数量(默认值是 1)。
- maxcpus：设置客户机的最大 CPU 的数量，最多支持 255 个 CPU。其中，包含启动时处于下线状态的 CPU 数目。
- cores 用：设置在一个 socket 上 CPU core 的数量。
- threads：设置在一个 CPU core 上线程的数量。
- sockets：设置客户机中看到的总 socket 的数量。

例 1　不加 smp 参数，使用其默认值 1，模拟只有一个逻辑 CPU 的客户机系统。

```
[root@localhost ~]# qemu-system-x86_64 cirros-0.5.2-x86_64-disk.img -vnc :1 -monitor stdio
```

其中，“-monitor stdio”表示开启了 QEMU MONITOR。

在 QEMU MONITOR 中，用命令“info cpus”可以看到客户机中 CPU 的状态，具体如下：

```
(qemu) info cpus
* CPU #0: thread_id=109659
```

从上面的输出可以看到，只有一个 CPU，线程的 ID 是 109659。

在宿主机中，可以用 ps 命令来查看 QEMU 进程和线程，具体如下：

```
[root@localhost ~]#   ps -efL | grep qemu
root      109656    2916  109656  3     4  21:53  pts/0     00:00:06  qemu-system-x86_64
cirros-0.5.2-x86_64-disk.img -vnc :1 -monitor stdio
root      109656    2916  109657  0     4  21:53  pts/0     00:00:00  qemu-system-x86_64
cirros-0.5.2-x86_64-disk.img -vnc :1 -monitor stdio
root      109656    2916  109659  34    4  21:53  pts/0     00:01:03  qemu-system-x86_64
cirros-0.5.2-x86_64-disk.img -vnc :1 -monitor stdio
```

```
root      109656    2916  109660   0      4  21:53  pts/0      00:00:00  qemu-system-x86_64
cirros-0.5.2-x86_64-disk.img -vnc :1 -monitor stdio
root      109782 109723 109782   0      1 21:56 pts/3     00:00:00 grep --color=auto qemu
```

从上面的输出可以看到，客户机的进程 ID 是 109656，它产生了一个线程作为客户机的 vCPU 运行在宿主机中，这个线程 ID 是 109659。其中，ps 命令主要用于监控后台进程的工作情况，-e 参数指定选择所有进程和环境变量，-f 参数指定选择打印出完整的各列，-L 参数指定打印出线程的 ID 和线程的个数。

在客户机中，可使用“ls /sys/devices/system/cpu/”命令查看 CPU 信息，可以看到模拟的设备 CPU 为 cpu0，结果如图 5-9 所示。

```
cpu0          isolated      online        smt
cpufreq       kernel_max    possible      uevent
cpuidle       modalias      power         vulnerabilities
hotplug       offline       present
```

图 5-9　在客户机上查看 CPU 信息

从上面的输出可以看到，客户机系统识别到一个 QEMU 模拟的 CPU(cpu0)。

在客户机中，可使用“cat /proc/cpuinfo”命令查看 CPU 信息，可以看到模拟的这个 CPU 的具体信息，包括处理器号、CPU 模具名称、物理 id 号、CPU 核数等等，结果如图 5-10 所示。

```
processor       : 0
vendor_id       : AuthenticAMD
cpu family      : 6
model           : 6
model name      : QEMU Virtual CPU version 2.5+
stepping        : 3
cpu MHz         : 2503.374
cache size      : 512 KB
physical id     : 0
siblings        : 1
core id         : 0
cpu cores       : 1
apicid          : 0
initial apicid  : 0
fpu             : yes
fpu_exception   : yes
cpuid level     : 13
wp              : yes
flags           : fpu de pse tsc msr pae mce cx8 apic sep mtrr pge mca cmov pat
pse36 clflush mmx fxsr sse sse2 syscall nx lm nopl cpuid pni cx16 hypervisor lah
f_lm svm 3dnowprefetch vmmcall
bugs            : fxsave_leak sysret_ss_attrs spectre_v1 spectre_v2 spec_store_b
ypass
bogomips        : 5006.74
--More--
```

图 5-10　在客户机上查看 CPU 的具体信息

从上面的输出可以看到，客户机系统识别到一个 QEMU 模拟的 CPU。

例 2　使用 smp 参数，模拟有两个逻辑 CPU 的客户机系统。

```
[root@localhost ~]# qemu-system-x86_64 -smp 2 cirros-0.5.2-x86_64-disk.img -vnc :1 -monitor stdio
```

其中，“-smp 2”表示分配了两个虚拟的 CPU。

在 QEMU MONITOR 中，用“info cpus”命令可以看到客户机中 CPU 状态。

```
(qemu) info cpus
* CPU #0: thread_id=117125
  CPU #1: thread_id=117126
```

从上面的输出可以看到，客户机有两个 CPU，线程的 ID 分别是 117125 和 117126。

在宿主机中，可以用 ps 命令来查看 QEMU 进程和线程。

```
[root@localhost ~]# ps -efL | grep qemu
root   117122   2916 117122  3   5 22:09 pts/0   00:00:05 qemu-system-x86_64 -smp 2 cirros-0.5.2-x86_64-disk.img -vnc :1 -monitor stdio
root   117122   2916 117123  0   5 22:09 pts/0   00:00:00 qemu-system-x86_64 -smp 2 cirros-0.5.2-x86_64-disk.img -vnc :1 -monitor stdio
root   117122   2916 117125 24   5 22:09 pts/0   00:00:34 qemu-system-x86_64 -smp 2 cirros-0.5.2-x86_64-disk.img -vnc :1 -monitor stdio
root   117122   2916 117126 18   5 22:09 pts/0   00:00:26 qemu-system-x86_64 -smp 2 cirros-0.5.2-x86_64-disk.img -vnc :1 -monitor stdio
root   117122   2916 117127  0   5 22:09 pts/0   00:00:00 qemu-system-x86_64 -smp 2 cirros-0.5.2-x86_64-disk.img -vnc :1 -monitor stdio
root   117168 109723 117168  0   1 22:11 pts/3   00:00:00 grep --color=auto qemu
```

从上面的输出可以看到，客户机的进程 ID 是 117122，它产生了两个线程作为客户机的 vCPU 运行在宿主机中，线程 ID 分别是 117125 和 117126。

在客户机中，可使用“ls/sys/devices/system/cpu/”命令查看 CPU 信息，结果如图 5-11 所示。

```
cpu0        hotplug      offline     present
cpu1        isolated     online      smt
cpufreq     kernel_max   possible    uevent
cpuidle     modalias     power       vulnerabilities
```

图 5-11　在客户机上查看 CPU 信息

从上面的输出可以看到，在系统启动时，客户机系统识别到两个 QEMU 模拟的 CPU(cpu0 和 cpu1)。

在客户机中，可使用“cat/proc/cpuinfo”命令查看 CPU 信息，结果如图 5-12 和图 5-13 所示。

```
processor       : 0
vendor_id       : AuthenticAMD
cpu family      : 6
model           : 6
model name      : QEMU Virtual CPU version 2.5+
stepping        : 3
cpu MHz         : 2294.660
cache size      : 512 KB
physical id     : 0
siblings        : 1
core id         : 0
cpu cores       : 1
apicid          : 0
initial apicid  : 0
fpu             : yes
fpu_exception   : yes
cpuid level     : 13
wp              : yes
flags           : fpu de pse tsc msr pae mce cx8 apic sep mtrr pge mca cmov pat
pse36 clflush mmx fxsr sse sse2 syscall nx lm nopl cpuid pni cx16 hypervisor la
f_lm svm 3dnowprefetch vmmcall
bugs            : fxsave_leak sysret_ss_attrs spectre_v1 spectre_v2 spec_store_
ypass
bogomips        : 4589.32
--More--
```

图 5-12　在客户机上查看 cpu0 的信息

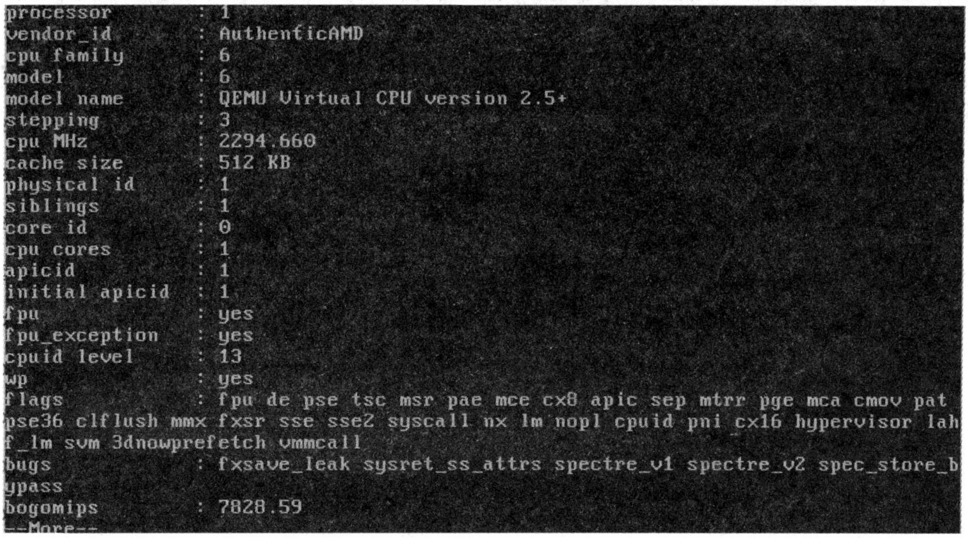

```
processor       : 1
vendor_id       : AuthenticAMD
cpu family      : 6
model           : 6
model name      : QEMU Virtual CPU version 2.5+
stepping        : 3
cpu MHz         : 2294.660
cache size      : 512 KB
physical id     : 1
siblings        : 1
core id         : 0
cpu cores       : 1
apicid          : 1
initial apicid  : 1
fpu             : yes
fpu_exception   : yes
cpuid level     : 13
wp              : yes
flags           : fpu de pse tsc msr pae mce cx8 apic sep mtrr pge mca cmov pat
pse36 clflush mmx fxsr sse sse2 syscall nx lm nopl cpuid pni cx16 hypervisor lah
f_lm svm 3dnowprefetch vmmcall
bugs            : fxsave_leak sysret_ss_attrs spectre_v1 spectre_v2 spec_store_b
ypass
bogomips        : 7828.59
--More--
```

图 5-13　在客户机上查看 cpu1 的信息

例 3　使用 smp 参数，模拟有 4 个逻辑 CPU 的客户机系统，共有两个 CPU socket，每个 socket 有两个核。

```
[root@localhost ~]#qemu-system-x86_64 -smp 4,sockets=2,cores=2 cirros-0.5.2-x86_64-disk.img
-vnc :1 -monitor stdio
```

在 QEMU MONITOR 中，用“info cpus”命令可以看到客户机中 CPU 状态。

```
(qemu) info cpus
* CPU #0: thread_id=117343
  CPU #1: thread_id=117344
  CPU #2: thread_id=117345
  CPU #3: thread_id=117346
```

从上面的输出可以看到，有 4 个 CPU，线程的 ID 分别为 117343、117344、117345 和 117346。

在宿主机中，可以用 ps 命令来查看 QEMU 进程和线程：

```
[root@localhost ~]#  ps -efL | grep qemu
root    117340   2916 117340  1   7 22:22 pts/0   00:00:13 qemu-system-x86_64 -smp
4,sockets=2,cores=2 cirros-0.5.2-x86_64-disk.img -vnc :1 -monitor stdio
root    117340   2916 117341  0   7 22:22 pts/0   00:00:00 qemu-system-x86_64 -smp
4,sockets=2,cores=2 cirros-0.5.2-x86_64-disk.img -vnc :1 -monitor stdio
root    117340   2916 117343  2   7 22:22 pts/0   00:00:33 qemu-system-x86_64 -smp
4,sockets=2,cores=2 cirros-0.5.2-x86_64-disk.img -vnc :1 -monitor stdio
root    117340   2916 117344  0   7 22:22 pts/0   00:00:11 qemu-system-x86_64 -smp
4,sockets=2,cores=2 cirros-0.5.2-x86_64-disk.img -vnc :1 -monitor stdio
root    117340   2916 117345  1   7 22:22 pts/0   00:00:14 qemu-system-x86_64 -smp
4,sockets=2,cores=2 cirros-0.5.2-x86_64-disk.img -vnc :1 -monitor stdio
```

```
root    117340  2916 117346  1    7 22:22 pts/0    00:00:20 qemu-system-x86_64 -smp
4,sockets=2,cores=2 cirros-0.5.2-x86_64-disk.img -vnc :1 -monitor stdio
root    117340  2916 117347  0    7 22:22 pts/0    00:00:01 qemu-system-x86_64 -smp
4,sockets=2,cores=2 cirros-0.5.2-x86_64-disk.img -vnc :1 -monitor stdio
root    117664 109723 117664  0    1 22:42 pts/3    00:00:00 grep --color=auto qemu
```

从上面的输出可以看到，客户机的进程 ID 是 117340，它产生了 4 个线程作为客户机的 vCPU 运行在宿主机中，线程 ID 分别是 117343、117344、117345 和 117346。

在客户机中，可使用“cat/proc/cpuinfo | grep 'processor'”命令来查看逻辑 CPU 的个数，结果如图 5-14 所示。

```
processor       : 0
processor       : 1
processor       : 2
processor       : 3
```

图 5-14　在客户机上查看 CPU 个数

在客户机中，可使用“cat/proc/cpuinfo | grep 'physical id' | sort |uniq”命令来查看 socket 信息，结果如图 5-15 所示。

```
physical id     : 0
physical id     : 1
```

图 5-15　在客户机上查看 socket 信息

在客户机中，可使用“cat/proc/cpuinfo | grep 'core id' | sort |uniq”命令来查看核数，结果如图 5-16 所示。

```
core id         : 0
core id         : 1
```

图 5-16　在客户机上查看核数

从上面的输出可以看到，在客户机中有 4 个逻辑 CPU，共有两个 CPU socket，每个 socket 有两个核。

5.3.2　CPU 模型

每一种虚拟机监控器都定义了自己支持的 CPU 模型，通常虚拟机监控器会简单地将宿主机中的 CPU 类型和特性直接传递给客户机使用。在默认情况下，QEMU 会为客户机提供一个名为 qemu64 或 qemu32 的基本 CPU 模型。虚拟机监控器不但可以为 CPU 提供一些高级的过滤功能，还可以在物理平台根据基本 CPU 模型进行分组，使得客户机在同一组硬件平台上的动态迁移更加平滑和安全。

例 4　查看当前 QEMU 支持的所有 CPU 模型。

```
[root@localhost ~]# qemu-system-x86_64 -cpu ?
Available CPUs:
x86 486                 (alias configured by machine type)
x86 486-v1
x86 Broadwell           (alias configured by machine type)
```

```
x86 Broadwell-IBRS          (alias of Broadwell-v3)
x86 Broadwell-noTSX         (alias of Broadwell-v2)
x86 Broadwell-noTSX-IBRS    (alias of Broadwell-v4)
x86 Broadwell-v1            Intel Core Processor (Broadwell)
x86 Broadwell-v2            Intel Core Processor (Broadwell, no TSX)
x86 Broadwell-v3            Intel Core Processor (Broadwell, IBRS)
/*省略部分代码*/
x86 qemu32                  (alias configured by machine type)
x86 qemu32-v1               QEMU Virtual CPU version 2.5+
x86 qemu64                  (alias configured by machine type)
x86 qemu64-v1               QEMU Virtual CPU version 2.5+
x86 base                    base CPU model type with no features enabled
x86 host                    KVM processor with all supported host features
x86 max                     Enables all features supported by the accelerator in the
/*省略部分代码*/
```

在 x86-64 平台上编译和运行的 QEMU，如果不加“-cpu”参数启动，默认采用“qemu64”作为 CPU 模型。

例 5　不加“-cpu”参数来启动客户机。

```
[root@localhost ~]# qemu-system-x86_64 cirros-0.5.2-x86_64-disk.img -vnc :1
```

在客户机上，可使用“cat /proc/cpuinfo”命令查看 CPU 信息，如图 5-17 所示。

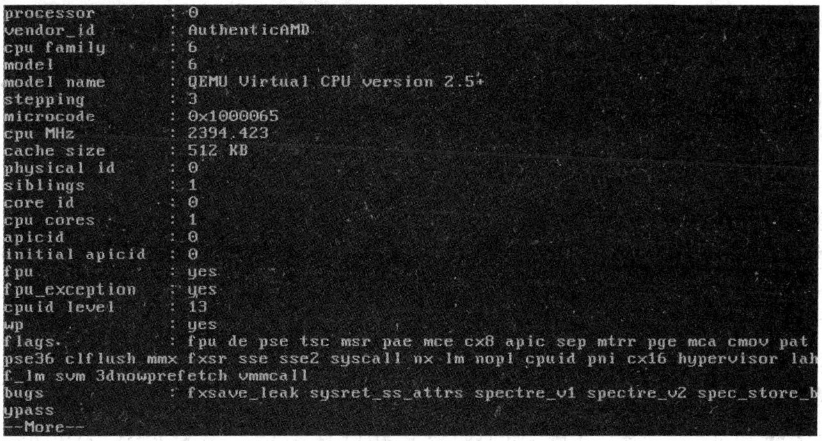

```
processor       : 0
vendor_id       : AuthenticAMD
cpu family      : 6
model           : 6
model name      : QEMU Virtual CPU version 2.5+
stepping        : 3
microcode       : 0x1000065
cpu MHz         : 2394.423
cache size      : 512 KB
physical id     : 0
siblings        : 1
core id         : 0
cpu cores       : 1
apicid          : 0
initial apicid  : 0
fpu             : yes
fpu_exception   : yes
cpuid level     : 13
wp              : yes
flags           : fpu de pse tsc msr pae mce cx8 apic sep mtrr pge mca cmov pat
pse36 clflush mmx fxsr sse sse2 syscall nx lm nopl cpuid pni cx16 hypervisor lah
f_lm svm 3dnowprefetch vmmcall
bugs            : fxsave_leak sysret_ss_attrs spectre_v1 spectre_v2 spec_store_b
ypass
--More--
```

图 5-17　在客户机上查看 CPU 信息

从上面的输出可知，客户机中的 CPU 模型的名称为“QEMU Virtual CPU version 2.5+”，这是“qemu64”CPU 模型的名称。

在 QEMU 中，除了使用默认的 CPU 模型之外，还可以用“-cpu cpu_model”命令指定在客户机中的 CPU 模型。

例 6　在启动客户机时指定 CPU 模型为 Penryn。

```
[root@localhost ~]# qemu-system-x86_64 cirros-0.5.2-x86_64-disk.img -cpu Penryn -vnc :1
```

在客户机上，可使用命令“cat/proc/cpuinfo”查看 CPU 信息，结果如图 5-18 所示。

```
processor       : 0
vendor_id       : GenuineIntel
cpu family      : 6
model           : 23
model name      : Intel Core 2 Duo P9xxx (Penryn Class Core 2)
stepping        : 3
microcode       : 0x1
cpu MHz         : 2394.437
cache size      : 16384 KB
physical id     : 0
siblings        : 1
core id         : 0
cpu cores       : 1
apicid          : 0
initial apicid  : 0
fpu             : yes
fpu_exception   : yes
cpuid level     : 10
wp              : yes
flags           : fpu de pse tsc msr pae mce cx8 apic sep mtrr pge mca cmov pat
pse36 clflush mmx fxsr sse sse2 syscall nx lm constant_tsc rep_good nopl cpuid p
ni ssse3 cx16 sse4_1 hypervisor lahf_lm pti
bugs            : cpu_meltdown spectre_v1 spectre_v2 spec_store_bypass l1tf mds
swapgs itlb_multihit
--More--
```

图 5-18　在客户机上查看 CPU 信息

从上面的输出可知，客户机中 CPU 模型的名称为“Intel Core 2 Duo P9xxx (Penryn Class Core 2)”，这是 Penryn CPU 模型的名称。

5.4　内 存 配 置

作为一种存储设备，所有的程序都要通过内存将代码和数据提交到 CPU 中处理和执行。内存的大小和访问速度会直接影响虚拟机的运行速度。

5.4.1　内存设置的基本参数

启动客户机时，设置内存大小的参数为

```
-m [size=]megs
```

设置客户机虚拟内存为 megs MB 字节。在默认情况下，内存为 128 MB。可以加上“M”或者“G”为后缀，指定使用 MB 或者 GB 作为内存分配的单位。

例 7　不加内存参数，模拟一个默认内存大小的客户机系统。

```
[root@localhost ~]# qemu-system-x86_64 cirros-0.5.2-x86_64-disk.img -vnc :1
```

在客户机中，可以使用“free -m”命令查看内存信息，结果如图 5-19 所示。

```
             total       used       free     shared    buffers     cached
Mem:           100         32         68          0          2          6
-/+ buffers/cache:         23         77
Swap:            0          0          0
```

图 5-19　在客户机上查看内存信息

free 命令通常用来查看内存的使用情况，-m 参数是指内存以 MB 为单位来显示。上面示例使用了默认大小的内存，值为 128 MB，而根据上面输出可知总的内存为 100 MB，比 128 MB 小，这是因为 free 命令显示的内存是实际能够使用的内存，已经除去了内核执行文件占用的内存和一些系统保留的内存。

在客户机中，可以使用“cat/proc/meminfo”命令查看内存信息，结果如图 5-20 所示。

```
MemTotal:          103196 kB
MemFree:            69696 kB
MemAvailable:       84080 kB
Buffers:             2616 kB
Cached:              7020 kB
SwapCached:             0 kB
Active:              8824 kB
Inactive:            1444 kB
Active(anon):         636 kB
Inactive(anon):        20 kB
Active(file):        8188 kB
Inactive(file):      1424 kB
Unevictable:            0 kB
Mlocked:                0 kB
SwapTotal:              0 kB
SwapFree:               0 kB
Dirty:                  8 kB
Writeback:              0 kB
AnonPages:            660 kB
Mapped:              1340 kB
Shmem:                 28 kB
KReclaimable:        9776 kB
Slab:               15992 kB
SReclaimable:        9776 kB
--More--
```

图 5-20　在客户机上查看内存信息

使用 cat 命令来查看“/proc/meminfo”，看到的“MemTotal”是 103 196 KB，这个值比 128 MB × 1024 = 131 071 KB 小，其原因也是因为此处显示的内存是实际能够使用的内存。

例 8　模拟一个内存为 512 MB 的客户机系统。

```
[root@localhost ~]# qemu-system-x86_64 -m 512M cirros-0.5.2-x86_64-disk.img -vnc :1
```

在客户机中，可以使用“free -m”命令查看内存信息，结果如图 5-21 所示。

```
             total       used       free     shared    buffers     cached
Mem:           477         33        444          0          2          6
-/+ buffers/cache:         23        453
Swap:            0          0          0
```

图 5-21　在客户机上查看内存信息

根据上面输出可知，可用的总内存为 477 MB，比 512 MB 小。

例 9　模拟一个内存为 0.5 GB 的客户机系统。

```
[root@localhost ~]# qemu-system-x86_64 -m 0.5G cirros-0.5.2-x86_64-disk.img -vnc :1
```

在客户机中，可以使用“free -m”命令查看内存信息，结果如图 5-22 所示。

```
             total       used       free     shared    buffers     cached
Mem:           477         33        444          0          2          6
-/+ buffers/cache:         23        453
Swap:            0          0          0
```

图 5-22　在客户机上查看内存信息

根据上面输出可知，可用的总内存为 477 MB，比 512 MB 小。

上面两个例子相同，都是设置了 0.5 GB = 512 MB 内存，使用 free 命令来查看，可用的总内存都为 477 MB。

5.4.2　大页(HugePage)

在 Linux 环境中，内存是以页 Page 的方式进行分配的，页面默认为 4 KB。如果需要比较大的内存空间，操作系统需要频繁地进行页分配和管理寻址动作。HugePage(大页)是传统 4 KB Page 的替代方案，它的广泛启用开始于 Kernel 2.6。使用 HugePage 可以有更大的内存分页。

例 10　在宿主机中进行设置，让客户机启动后使用 HugePage(大页)内存。

(1) 查看宿主机中内存页的大小和 HugePage 的大小。

通常情况下，内存页为 4 KB，HugePage 是 2048 KB，即 2 MB。可以使用如下命令来查看：

```
[root@localhost ~]# getconf PAGESIZE
4096
[root@localhost ~]# cat /proc/meminfo | grep Hugepagesize
Hugepagesize:        2048 kB
```

(2) 使用 mount 命令挂载 hugetlbfs 文件系统到 Linux 的 HugePage 目录下。

```
[root@localhost ~]# mount -t hugetlbfs hugetlbfs /dev/hugepages
[root@localhost ~]# mount
sysfs on /sys type sysfs (rw,nosuid,nodev,noexec,relatime,seclabel)
proc on /proc type proc (rw,nosuid,nodev,noexec,relatime)
/*省略部分代码*/
/dev/sr0 on /run/media/root/CentOS 7 x86_64 type iso9660 (ro,nosuid,nodev,relatime,uid=0,
gid=0,iocharset=utf8,dmode=0500, mode=0400, uhelper=udisks2)
hugetlbfs on /dev/hugepages type hugetlbfs (rw,relatime,seclabel)
```

(3) 设置 HugePage 的数量为 1024。

```
[root@localhost ~]# sysctl vm.nr_hugepages=1024
vm.nr_hugepages = 1024
[root@localhost ~]# cat /proc/meminfo | grep Huge
AnonHugePages:     358400 kB
HugePages_Total:    1024
HugePages_Free:     1024
HugePages_Rsvd:        0
HugePages_Surp:        0
Hugepagesize:       2048 kB
```

(4) 启动客户机，并让其使用 HugePage 内存。

```
[root@localhost ~]# qemu-system-x86_64 -m 512 cirros-0.5.2-x86_64-disk.img -mem-path
/dev/hugepages -vnc :1
```

“-mem-path/dev/hugepages”参数表示让虚拟机使用/dev/hugepages 目录下的 hugetlbfs 文件系统。

(5) 查看宿主机中 HugePage 的使用情况。

```
[root@localhost ~]# cat /proc/meminfo | grep Huge
AnonHugePages:     360448 kB
HugePages_Total:    1024
HugePages_Free:      961
HugePages_Rsvd:      193
HugePages_Surp:        0
Hugepagesize:       2048 kB
```

客户机开启后，可以在宿主机上看到 HugePages_Free 数量减少了，这是因为客户机使用了一定数量的 HugePage。客户机启动时，通过“-m 512”选项分配了 512 MB 的内存，但是在宿主机上，查看 HugePages_Free 的数量，共使用了 63 个大页(1024－961=63)，也就是给客户机分配了 63 × 2 MB = 126 MB 的内存。宿主机大页的数量并没有减少 256 个(256 × 2 MB = 512 MB)，是因为这里没有给客户机预分配所有需要的内存。

如果使用“-mem-prealloc”参数，就会给客户机预分配内存，这时，HugePages_Free 数量的减少和分配给客户机的内存大小会保持一致。

例 11　在宿主机上启动客户机，使用 HugePage，同时使用“-mem-prealloc”参数。

```
[root@localhost ~]# qemu-system-x86_64 -m 512 cirros-0.5.2-x86_64-disk.img -mem-path /dev/hugepages --mem-prealloc -vnc :1
```

查看宿主机中 HugePage 的使用情况：

```
[root@localhost ~]# cat /proc/meminfo | grep Huge
AnonHugePages:      358400 kB
HugePages_Total:      1024
HugePages_Free:        768
HugePages_Rsvd:          0
HugePages_Surp:          0
Hugepagesize:         2048 kB
```

通过上述结果可以看到，HugePages_Free 数量减少了 1024 - 768 = 256 个，这是因为客户机启动的时候就分配了 512 MB 内存(256 × 2 MB = 512 MB)。

在 Linux 环境中开启 HugePage 有很多好处：

(1) 非 Swap 内存：当开启 HugePage 的时候，HugePage 是不会被交换为虚拟内存的。

(2) 减少 TLB(Translation Look-aside Buffer，地址变换高速缓存)的负担：TLB 是 CPU 里面的一块缓冲区域，其中包括了部分 PageTable 内容。使用 HugePage 可以减少 TLB 工作负载。

(3) 减少 PageTable 空间负载：在 PageTable 管理中，每条 Page 记录要占据 64 B 的空间。也就是说，一块 50 GB 的 RAM，4 KB 的 PageTable 就有 80 MB 左右。

(4) 减少 PageTable 检索负载：更小的 PageTable 意味着更快的检索定位能力。

(5) 内存性能提升：Page 数量的减少和大小的增加，降低了管理过程的复杂性，进一步降低了瓶颈出现的概率。

5.5　存储器配置

5.5.1　常见的存储器配置

在 QEMU 命令行工具中，常见存储器配置的主要参数如下：

(1) -hda file：默认选项，指定 file 镜像作为客户机中的第一个 IDE 设备(序号 0)，即

/dev/hda(如果客户机使用 PIIX_IDE 驱动)或者/dev/sda(如果客户机使用 ata_piix)设备。

(2) -cdrom file：指定 file 作为 CD-ROM 镜像。也可以将 host 的/dev/cdrom 作为 -cdrom 的 file 参数来使用。注意，-cdrom 不能和 -hdc 同时使用，因为 -cdrom 就是客户机中的第三个 IDE 设备。

常见的存储器配置的具体形式如下：

```
-drive option[,option[,option[,...]]]
```

如果 option 为以下参数，则主要参数说明如下：

(1) file=/path/to/somefile：硬件镜像文件路径。

(2) if=interface：指定硬盘设备所连接的接口类型，即控制器类型，常见的有 ide、scsi、sd、mtd、floopy、pflash 和 virtio 等。

(3) cache=none|writeback|writethrough|unsafe：设置对客户机块设备(包括镜像文件或一个磁盘)的缓存方式，可以为 none (或 off)、writeback、writethrough 或 unsafe。其默认值是 writethrough，称为直写模式；这种写入方式同时向磁盘缓存(Disk Cache)和后端块设备(Block Device)执行写入操作。而 writeback 为回写模式，只将数据写入到磁盘缓存后就返回，只有数据被换出缓存时才将修改过的数据写到后端块设备中。显然，writeback 写入数据速度较快，但在系统掉电等异常发生时，会导致未写回后端的数据无法恢复。writethrough 和 writeback 在读取数据时都尽量使用缓存。当设置为 none 时，将关闭缓存功能。

5.5.2　启动顺序配置

在 QEMU 中，可以使用-boot 参数指定客户机的启动顺序：

```
-boot [order=drives] [,once=drives][,menu=on|off][,splash=splashfile][,splash-time=sp-time]
```

主要参数说明：

(1) order=drives：在 QEMU 模拟的 x86_64 平台中，用“a”和“b”表示第一和第二个软驱，用“c”表示第一个硬盘，用“d”表示 CD-ROM 光驱，用“n”表示从网络启动。默认情况下从硬盘启动，假如要从网络启动，可以设置为“-boot order=n”。

(2) once=drives：设置第一次启动的启动顺序，重启后恢复为默认值。例如“-boot once=n”表示本次从网络启动，但系统重启后从默认的硬盘启动。

(3) menu=on|off：设置交互式的启动菜单选项，需要客户机的 BIOS 支持。默认情况下，menu=off，表示不开启交互式的启动菜单。例如，使用“-boot order=dc，menu=on”命令后，在客户机启动窗口中按 F12 键进入启动菜单，菜单第一个选项为光盘，第二个选项为硬盘。

(4) splash=splashfile：在 menu=on 时，设置 BIOS 的 splash 的 logo 图片 splashfile。

(5) splash-time=sp-time：在 menu=on 时，设置 BIOS 的 splash 图片的显示时间，单位为毫秒。

例 12　设置一个客户机内存为 1024 MB，有两个逻辑 CPU，使用 cirros-0.5.2-x86_64-disk.img 镜像文件，指定驱动器的接口类型为 IDE，指定宿主机对块设备数据访问的缓存方式为直写模式，从硬盘启动。

```
[root@localhost ~]# qemu-system-x86_64 -m 1024 -smp 2 -drive file=cirros-0.5.2-x86_64-disk.img , if=ide,cache=writethrough, -boot order=c -vnc :1
```

5.5.3 QEMU 支持的镜像文件格式

QEMU 支持的镜像文件格式非常多，可以通过命令“qemu-img -h”查看。

```
[root@localhost ~]# qemu-img -h
/*省略部分代码*/
Supported formats: blkdebug blklogwrites blkreplay blkverify bochs cloop compress copy-on-read dmg file host_cdrom host_device luks nbd null-aio null-co nvme parallels qcow qcow2 qed quorum raw replication sheepdog throttle vdi vhdx vmdk vpc vvfat
```

表 5-1 中列出了常见的 Hypervisor 及其支持的镜像格式。

表 5-1　常见的 Hypervisor 及其支持的镜像格式

Hypervisor	镜像格式					
	raw	qcow2	vmdk	qed	vdi	vhd
KVM	√	√	√	√	√	
XEN	√	√	√			√
VMware			√			
VirtualBox			√		√	√

下面，针对比较常见的镜像格式作一个简单的介绍。

1. raw

raw 是 qemu-img 默认创建的格式，是原始的磁盘镜像格式，它直接将文件系统的存储单元分配给客户机使用，采取了直读/直写的策略，能够简单、方便地移植到其他 Hypervisor 上使用。

默认情况下，qemu-img 的 raw 格式的文件是稀疏文件，如果客户机文件系统支持“空洞”，那么镜像文件只有在被写有数据的扇区才会真正占用磁盘空间，从而有节省磁盘空间的作用。但若使用 dd 命令来创建 raw 格式，dd 一开始就让镜像实际占用了分配的空间，而没有使用稀疏文件的方式对待“空洞”而节省磁盘空间。使用 dd 命令创建 raw 格式之初就实际占用磁盘空间，因此在写入新的数据时不需要宿主机从现有磁盘空间中分配，在第一次写入数据时性能会比稀疏文件的方式更好。简而言之，raw 有以下几个优点：

(1) 寻址简单，访问效率较高。

(2) 可以通过格式转换工具方便地转换为其他格式。

(3) 可以方便地被宿主机挂载，不用开虚拟机即可在宿主机和虚拟机间进行数据传输。

raw 格式实现简单，但也存在很多缺点，如不支持压缩、快照、加密和 CoW(Copy-on-Write，写时拷贝)等特性。

2. cow

cow 是 QEMU 的 CoW 镜像文件格式，和 raw 一样简单，也是创建时分配所有空间；但

cow 有一个 bitmap 表记录当前哪些扇区被使用，所以 cow 可以使用增量镜像，也就是说可以对其做外部快照。目前由于历史遗留原因，不支持窗口模式，因而该格式目前使用较少。

3. qcow

qcow 是一种比较老的 QEMU 镜像格式，它在 cow 的基础上增加了动态增加文件大小的功能，并且支持加密和压缩。但是，一方面其优化和功能不及 qcow2；另一方面，读/写性能又没有 cow 和 raw 好，因而该格式目前使用较少。

4. qcow2

qcow2 是 qcow 的一种改进，是 QEMU 0.8.3 版本引入的镜像文件格式。它是 QEMU 目前推荐的镜像格式，也是一种集各种技术为一体的超级镜像格式。它有以下几大优点：

(1) 占用更小的空间，支持写时拷贝，镜像文件只反映底层磁盘的变化。

(2) 支持快照，镜像文件能够包含多个快照的历史。

(3) 支持基于 zlib 的压缩方式。

(4) 支持 AES 加密，以提高镜像文件的安全性。

(5) 访问性能很高，接近 raw 裸格式的性能。

5. vdi

vdi(virtual disk image，虚拟磁盘镜像)是兼容 Oracle 的 VirtualBox1.1 的镜像文件格式。

6. vmdk

vmdk(virtual machine disk format，虚拟磁盘格式)是 VMware 实现的虚拟机镜像格式，支持 CoW、快照、压缩等特性，镜像文件的大小随着数据写入操作的增长而增长，数据块的寻址也需要两次查询。它在实现上，基本和 qcow2 类似。

7. qed

qed(QEMU enhanced disk)是从 QEMU 0.14 版本开始加入的增强磁盘文件格式，是为了避免 qcow2 格式的一些缺点，也是为了提高性能，不过目前还不够成熟。

例 13　通过创建 qcow2 和 raw 文件来对比这两种镜像。

```
[root@localhost ~]# qemu-img create -f qcow2 test.qcow2 10G
Formatting 'test.qcow2', fmt=qcow2 cluster_size=65536 compression_type=zlib size=10737418240
lazy_refcounts=off refcount_bits=16
[root@localhost ~]#  qemu-img create -f raw test.raw 10G
Formatting 'test.raw', fmt=raw size=10737418240
```

对比两种格式文件的实际大小及占用空间：

```
[root@localhost ~]# ll -sh test.*
196K -rw-r--r--. 1 root root 193K Apr 13 12:06 test.qcow2
4.0K -rw-r--r--. 1 root root   10G Apr 13 12:07 test.raw
[root@localhost ~]# stat test.raw
  File: 'test.raw'
  Size: 10737418240      Blocks: 8          IO Block: 4096     regular file
Device: fd00h/64768d  Inode: 105755021     Links: 1
```

```
Access: (0644/-rw-r--r--)  Uid: (    0/    root)   Gid: (    0/    root)
Context: unconfined_u:object_r:admin_home_t:s0
Access: 2021-04-13 12:07:04.855212589 -0400
Modify: 2021-04-13 12:07:01.309163483 -0400
Change: 2021-04-13 12:07:01.309163483 -0400
 Birth: -
[root@localhost ~]# stat test.qcow2
  File: 'test.qcow2'
  Size: 196768        Blocks: 392          IO Block: 4096   regular file
Device: fd00h/64768d  Inode: 105755020   Links: 1
Access: (0644/-rw-r--r--)  Uid: (    0/    root)   Gid: (    0/    root)
Context: unconfined_u:object_r:admin_home_t:s0
Access: 2021-04-13 12:06:47.729975442 -0400
Modify: 2021-04-13 12:06:47.729975442 -0400
Change: 2021-04-13 12:06:47.729975442 -0400
 Birth: -
```

从上述输出可以看出，qcow2 格式的镜像文件为 196768 字节，占用 392 块(Block)。而 raw 格式的文件是一个稀疏文件，基本没有占用磁盘空间。

在 QEMU 中，客户机镜像文件可以由多种方式来构建，常见的有以下几种：

(1) 本地存储：本地存储是客户机镜像文件最常见的构建方式，它有多种镜像文件格式可供选择，在对磁盘 I/O 要求不是很高时，通常使用 qcow2。

(2) 网络文件系统 NFS(Network File System)：可以将客户机挂载到 NFS 服务器中的共享目录，然后像使用本地文件一样使用 NFS 远程文件。

(3) 物理磁盘：物理磁盘也可以作为镜像分配给客户机使用。但是由于没有磁盘的 MBR 引导记录，不能作为客户机的启动镜像，只能作为客户机附属的非启动块设备。采用物理磁盘构建镜像在管理性和移动性上不如本地存储的镜像文件方便。

除此之外，还可以采用 LVM (Logic Volume Manager，逻辑卷管理)、ISCSI(Internet Small Computer System Interface，互联网小型计算机接口)等方式来构建。

5.5.4 qemu-img 子命令

qemu-img 是 QEMU 的磁盘管理工具，有较多的子命令，其子命令介绍如下：

1. check 命令

check 命令的基本语法格式为

```
check [-f fmt] filename
```

check 命令用来对磁盘镜像文件进行一致性检查，查找镜像文件中的错误。参数“-f fmt”用来指定文件的格式，如果不指定格式，qemu-img 会自动检测。filename 是磁盘镜像文件的名称(包括路径)。目前仅支持对“qcow2”“qed”“vdi”格式文件的检查。

例 14　对镜像文件进行一致性检查。

```
[root@localhost ~]# qemu-img check cirros-0.5.2-x86_64-disk.img
No errors were found on the image.
578/1792 = 32.25% allocated, 49.31% fragmented, 20.76% compressed clusters
Image end offset: 36765696
```

2. create 命令

create 命令的基本语法格式为

```
create [-f fmt] [-o options] filename [size]
```

create 命令用来创建一个格式为 fmt、大小为 size、文件名为 filename 的镜像文件。根据文件格式的不同，还可以添加多个选项来对该文件进行功能设置。如果想要查询某种格式文件支持哪些选项，可以使用“-o?”命令。“-o”选项中的各个选项用逗号来分隔。

例 15　查看 qcow2 格式文件支持的选项。

```
[root@localhost ~]# qemu-img create -f qcow2 -o?
Supported qcow2 options:
  backing_file=<str>       - File name of a base image
  backing_fmt=<str>        - Image format of the base image
  cluster_size=<size>      - qcow2 cluster size
  compat=<str>             - Compatibility level (v2 [0.10] or v3 [1.1])
  compression_type=<str> - Compression method used for image cluster compression
  data_file=<str>          - File name of an external data file
  data_file_raw=<bool (on/off)> - The external data file must stay valid as a raw image
  encrypt.cipher-alg=<str> - Name of encryption cipher algorithm
  encrypt.cipher-mode=<str> - Name of encryption cipher mode
  encrypt.format=<str>     - Encrypt the image, format choices: 'aes', 'luks'
  encrypt.hash-alg=<str> - Name of encryption hash algorithm
  encrypt.iter-time=<num> - Time to spend in PBKDF in milliseconds
  encrypt.ivgen-alg=<str> - Name of IV generator algorithm
  encrypt.ivgen-hash-alg=<str> - Name of IV generator hash algorithm
  encrypt.key-secret=<str> - ID of secret providing qcow AES key or LUKS passphrase
  encryption=<bool (on/off)> - Encrypt the image with format 'aes'. (Deprecated in favor of
encrypt.format=aes)
  lazy_refcounts=<bool (on/off)> - Postpone refcount updates
  preallocation=<str>      - Preallocation mode (allowed values: off, metadata, falloc, full)
  refcount_bits=<num>      - Width of a reference count entry in bits
  size=<size>              - Virtual disk size

The protocol level may support further options.
Specify the target filename to include those options.
```

其中，size 选项用于指定镜像文件的大小，其默认单位是字节(Byte)，也支持 k(或 K)、M、G、T 来分别表示 KB、MB、GB、TB。size 不但可以写在命令最后，也可以被写在“-o”选项中作为其中一个选项，此时，size 参数也可以不用设置，其值默认为后端镜像文件的大小。backing_file 选项用来指定后端镜像文件，如果使用这个选项，那么创建的镜像文件仅记录与后端镜像文件的差异部分。通常情况下，后端镜像文件不会被修改，除非在 QEMU MONITOR 中使用“commit”命令或者使用“qemu-img commit”命令手动提交改动。另外，直接使用“-b backfile”参数与“-o backing_file=backfile”效果相同。

例 16　创建没有 backing_file 的 qcow2 格式的镜像文件，指定 5 GB 大小。

```
[root@localhost ~]#  qemu-img create -f qcow2 test.qcow2 5G
Formatting 'test.qcow2', fmt=qcow2 cluster_size=65536 compression_type=zlib size=5368709120 lazy_refcounts=off refcount_bits=16
```

例 17　用两种不同方法创建有 backing_file 的 qcow2 格式的镜像文件。

```
[root@localhost ~]# qemu-img create -f qcow2 -o backing_file=cirros-0.5.2-x86_64-disk.img cirros.qcow2
qemu-img: warning: Deprecated use of backing file without explicit backing format (detected format of qcow2)
Formatting 'cirros.qcow2', fmt=qcow2 cluster_size=65536 compression_type=zlib size=117440512 backing_file=cirros-0.5.2-x86_64-disk.img backing_fmt=qcow2 lazy_refcounts=off refcount_bits=16
[root@localhost ~]#  qemu-img create -f qcow2 -b cirros-0.5.2-x86_64-disk.img cirros.qcow2
qemu-img: warning: Deprecated use of backing file without explicit backing format (detected format of qcow2)
Formatting 'cirros.qcow2', fmt=qcow2 cluster_size=65536 compression_type=zlib size=117440512 backing_file=cirros-0.5.2-x86_64-disk.img backing_fmt=qcow2 lazy_refcounts=off refcount_bits=16
```

3. commit 命令

commit 命令的基本语法格式为

```
commit [-f fmt] [-t cache] filename
```

如果在创建镜像文件时，通过 backing_file 指定了后端镜像文件，可以通过 commit 命令提交 filename 文件中的更改到后端支持镜像文件中。

4. convert 命令

convert 命令的基本语法格式为

```
convert [-c] [-p] [-f fmt] [-t cache] [-O output_fmt] [-o options] [-s snapshot_name] [-S sparse_size] filename [filename2 [...]] output_filename
```

通过 convert 命令，可以实现不同格式的镜像文件之间的转换。可以将格式为 fmt 的名为 filename 的镜像文件，根据 options 选项转换为格式为 output_fmt 的名为 output_filename 的镜像文件。其中，“-c”参数表示对输出的镜像文件进行压缩，只有 qcow 和 qcow2 格式的镜像文件才支持压缩。同样，可以使用“-o options”来指定各种选项，例如，后端镜像文件、文件大小和是否加密等。

一般来说，输入文件格式 fmt 可以由 qemu-img 工具自动检测到，而输出文件格式 output_fmt 则由用户根据需要自行指定，默认会被转换为 raw 文件格式。当 raw 格式的镜像文件(非稀疏文件格式)被转换成 qcow2、qcow、cow 等格式时，镜像转换还可以将空的扇区删除，减小镜像文件的大小。

例 18　将一个 qcow2 格式的镜像文件转换为 raw 格式的文件。

```
[root@localhost ~]# qemu-img convert cirros-0.5.2-x86_64-disk.img cirros.raw
[root@localhost ~]# ll cirros.raw
-rw-r--r--. 1 root root 117440512 Apr 13 12:29 cirros.raw
```

5. info 命令

info 命令的基本语法格式为

```
info [-f fmt] filename
```

info 命令主要用来展示 filename 镜像文件的信息。如果文件使用稀疏文件的存储方式，则会显示出它本来分配的大小以及实际已占用的磁盘空间大小。如果磁盘镜像中存放有客户机快照，则快照的信息也会被显示出来。

例 19　对例 18 中 qcow2 格式的镜像文件和被转换为 raw 格式的文件，查看镜像文件的相关信息。

```
[root@localhost ~]#   qemu-img info cirros-0.5.2-x86_64-disk.img
image: cirros-0.5.2-x86_64-disk.img
file format: qcow2
virtual size: 112 MiB (117440512 bytes)
disk size: 35.1 MiB
cluster_size: 65536
Format specific information:
    compat: 1.1
    compression type: zlib
    lazy refcounts: false
    refcount bits: 16
    corrupt: false
[root@localhost ~]#   qemu-img info cirros.raw
image: cirros.raw
file format: raw
virtual size: 112 MiB (117440512 bytes)
disk size: 33.4 MiB
```

从以上输出结果可以看到，qcow2 格式文件的 disk size 为 35.1 MiB，而 raw 格式的文件使用稀疏文件的方式来存储，disk size 仅为 33.4 MiB。

6. snapshot 命令

snapshot 命令的基本语法格式为

```
snapshot [-l | -a snapshot | -c snapshot | -d snapshot] filename
```

snapshot 命令主要用来操作镜像文件中的快照，qcow2 格式支持快照功能，raw 格式则不支持。快照的主要参数说明如下：

(1) -l：查询并列出镜像文件中的所有快照。

(2) -a snapshot：让镜像文件使用某个快照。

(3) -c snapshot：创建一个快照。

(4) -d：删除一个快照。

注意：创建磁盘快照时客户机需要处于关闭状态。

例 20　针对 qcow2 格式的镜像文件，创建一个镜像文件快照并使用。

```
[root@localhost ~]# qemu-img snapshot -c base cirros-0.5.2-x86_64-disk.img
[root@localhost ~]# qemu-img snapshot -l cirros-0.5.2-x86_64-disk.img
Snapshot list:
ID          TAG                              VM  SIZE                    DATE          VM
CLOCK
1           base                                   0 B 2021-04-13 12:39:10    00:00:00.000
[root@localhost ~]# qemu-img snapshot -a 1 cirros-0.5.2-x86_64-disk.img
[root@localhost ~]# qemu-img snapshot -l cirros-0.5.2-x86_64-disk.img
Snapshot list:
ID          TAG                 VM SIZE             DATE              VM CLOCK
1           base                0 B          2021-04-13 12:39:10    00:00:00.000
```

删除这个快照，并查看：

```
[root@localhost ~]# qemu-img snapshot -d base    cirros-0.5.2-x86_64-disk.img
[root@localhost ~]# qemu-img snapshot -l    cirros-0.5.2-x86_64-disk.img
```

从以上输出可知，镜像的快照删除成功。

例 21　为 raw 格式的文件创建一个快照。

```
[root@localhost ~]#    qemu-img snapshot -c base cirros.raw
WARNING: Image format was not specified for 'cirros.raw' and probing guessed raw.
         Automatically detecting the format is dangerous for raw images, write operations on
block 0 will be restricted.
         Specify the 'raw' format explicitly to remove the restrictions.
qemu-img: Could not create snapshot 'base': -95 (Operation not supported)
```

从以上输出结果可以看到，raw 格式的文件不支持快照功能。

7. rebase 命令

rebase 命令的基本语法格式为

```
rebase [-f fmt] [-t cache] [-p] [-u] -b backing_file [-F backing_fmt] filename
```

rebase 命令主要用来改变镜像的后端镜像文件，只有 qcow2 和 qed 格式才支持 rebase 命令。“-b backing_file”表示指定 backing_file 文件作为后端镜像，“-F backing_fmt”表示被转化为指定的后端镜像格式。

rebase 命令可以工作于两种模式之下，一种是安全模式，也是默认的模式，qemu-img 会比较原来的后端镜像与现在的后端镜像的不同，然后进行合理的处理；另一种是非安全模式，可以通过“-u”参数来指定，这种模式主要用于将后端镜像进行重命名或者移动了位置之后对前端镜像文件进行修复处理，由用户保证后端镜像的一致性。

8. resize 命令

resize 命令的基本语法格式为

```
resize filename [+|-]size
```

resize 命令主要用来改变镜像文件的大小。“+”用于增加镜像文件的大小，“-”用于减小镜像文件的大小；size 也支持 K、M、G、T 等单位。注意，在缩小镜像文件之前，需要确保客户机中的文件系统有空余空间，否则会丢失数据。在增大了镜像文件后，需启动客户机应用分区工具进行相应的操作，才能真正让客户机使用到增加的镜像空间。使用 resize 命令之前最好做好备份，因为失败可能导致镜像文件无法正常使用而造成数据丢失。

例 22　使用 resize 命令来增大镜像文件。

首先利用 qemu-img info 命令查看镜像文件的基本信息，镜像文件为 112MB。

```
[root@localhost ~]#  qemu-img info cirros-0.5.2-x86_64-disk.img
image: cirros-0.5.2-x86_64-disk.img
file format: qcow2
virtual size: 112 MiB (117440512 bytes)
disk size: 35.2 MiB
cluster_size: 65536
Format specific information:
    compat: 1.1
    compression type: zlib
    lazy refcounts: false
    refcount bits: 16
    corrupt: false
```

利用 qemu-img resize 命令为 qcow2 格式的镜像文件增加 100 MB 空间，再次查看镜像文件大小，镜像文件已经增加为 212 MB。

```
[root@localhost ~]# qemu-img resize cirros-0.5.2-x86_64-disk.img +100M
Image resized.
[root@localhost ~]# qemu-img info cirros-0.5.2-x86_64-disk.img
image: cirros-0.5.2-x86_64-disk.img
```

```
file format: qcow2
virtual size: 212 MiB (222298112 bytes)
disk size: 35.2 MiB
cluster_size: 65536
Format specific information:
    compat: 1.1
    compression type: zlib
    lazy refcounts: false
    refcount bits: 16
    corrupt: false
```

raw 格式的镜像文件既支持增大，也支持缩小；而 qcow2 格式只支持增大。

5.5.5　Ubuntu 客户机镜像制作

本小节以 Ubuntu 16.04.7 为例，详细讲述 Ubuntu 客户机镜像的制作过程。

(1) 下载 Ubuntu 16.04.7 的 ISO 文件，用户可以到 Ubuntu 的官网下载，然后创建一个 10 GB 大小的镜像“硬盘”(raw 格式)。

```
[root@localhost ~]# qemu-img create -f raw ubuntu16.04.7.img 10G
Formatting 'ubuntu16.04.7.img', fmt=raw size=10737418240
```

(2) 使用 Ubuntu 16.04.7 的 ISO 文件和刚创建的镜像“硬盘”引导启动 Ubuntu 系统安装。

```
[root@localhost ~]# qemu-system-x86_64 -m 1024 ubuntu-16.04.7-desktop-amd64.iso -drive file=ubuntu16.04.7.img -boot d -vnc :1
```

(3) 进入 Ubuntu 安装的初始化界面，如图 5-23 所示。

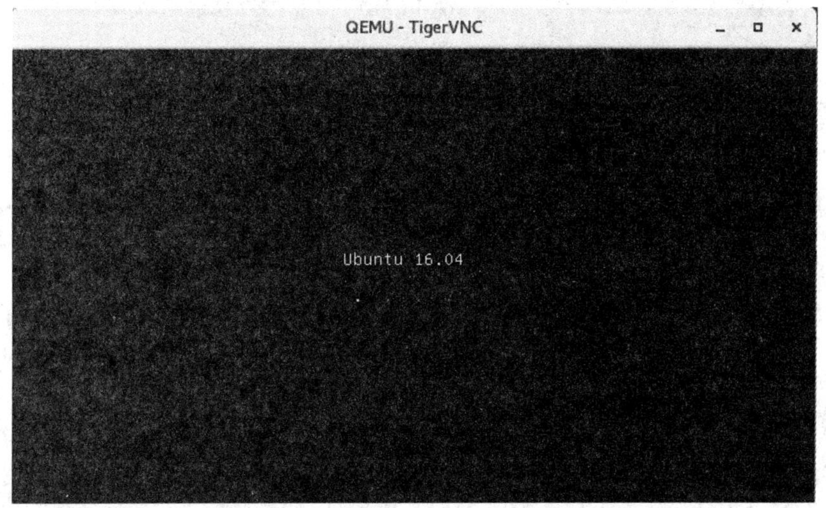

图 5-23　Ubuntu 安装初始化界面

(4) 初始化后，进入安装界面，选择 Install Ubuntu，如图 5-24 所示。

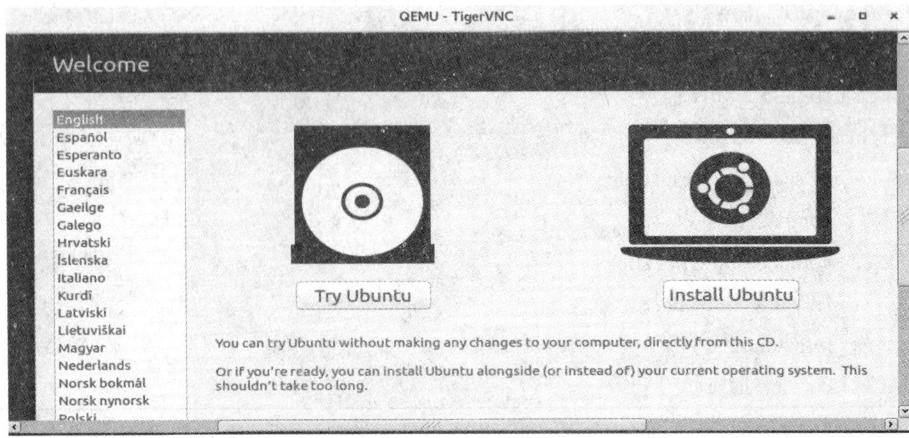

图 5-24　Ubuntu 安装界面 1

(5) 按照个人喜好，设置安装过程中是否下载更新以及是否安装第三方的软件，然后点击“Continue”，如图 5-25 所示。

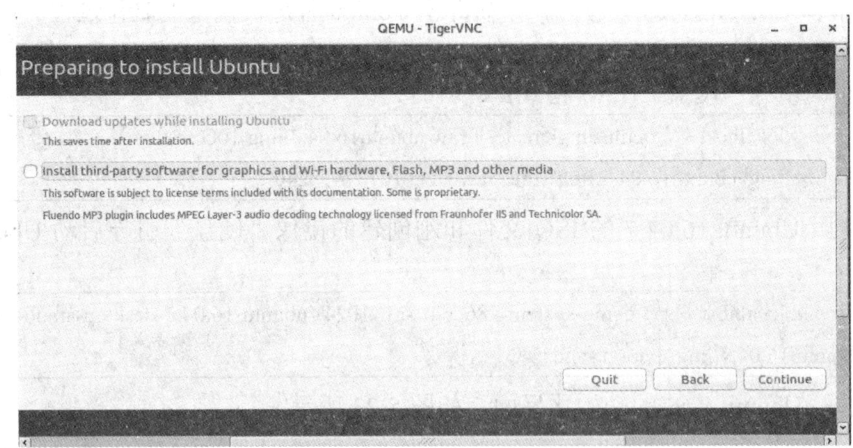

图 5-25　Ubuntu 安装界面 2

(6) 设置安装类型，一般选择“Erase disk and install Ubuntu”，抹去 disk 并安装 Ubuntu，然后点击“Continue”，如图 5-26 所示。

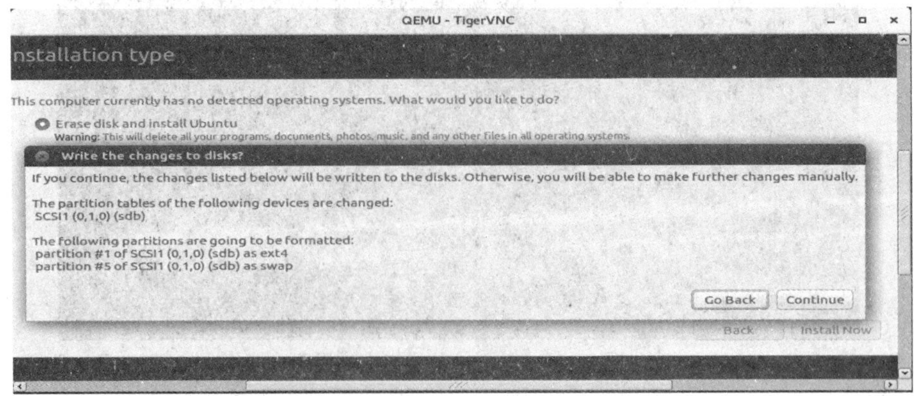

图 5-26　Ubuntu 安装界面 3

(7) 在地图上选择时区所在地 Shanghai，然后设置计算机名称、用户名和密码，如图 5-27 所示。

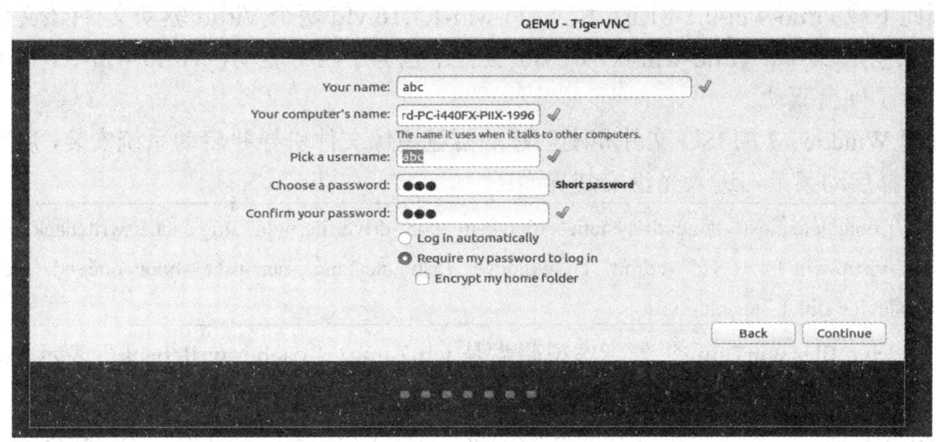

图 5-27　Ubuntu 安装界面 4

(8) 进入安装阶段，如图 5-28 所示。

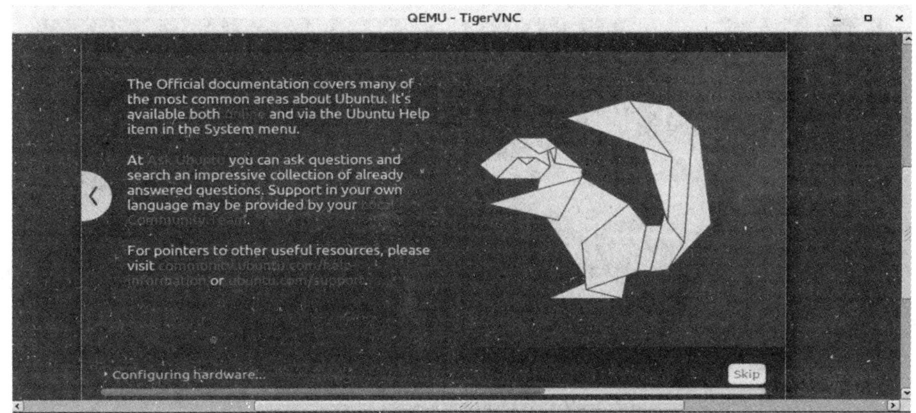

图 5-28　Ubuntu 安装界面 5

客户机镜像制作完成，利用镜像文件启动一个虚拟机。

```
[root@localhost ~]# qemu-system-x86_64 -m 1024 -smp 2 -boot c  -drive file=ubuntu16.04.7.img
-vnc :1
```

如果使用刚刚制作的镜像文件能够开启一个虚拟机，说明虚拟机镜像制作成功。

5.5.6　Windows 客户机镜像制作

本小节以 Windows 7 为例，详细讲述 Windows 客户机镜像的制作过程。首先下载 Windows 7 操作系统的 ISO 文件 cn_windows_7.iso，然后创建一个 50 GB 的镜像文件 win7.img(qcow2 格式)。

```
[root@localhost ~]# qemu-img create -f raw win7.img 50G
```

其中，“create”参数为使用 qemu-img 命令创建镜像文件，“-f”参数指定镜像文件的格式为“qcow2”，镜像文件名为 win7.img，大小为 50 GB。

因为 Windows 操作系统默认不包含 Virtio 驱动，而制作 Windows 虚拟机需要 Virtio 驱动，因此下载 virtio-win-0.1-81.iso 和 virtio-win-1.1.16.vfd 两个 Virtio 驱动文件(该文件详见书籍资源包)。其中，virtio-win-0.1-81.iso 文件中包含了网卡驱动，virtio-win-1.1.16.vfd 文件中包含了硬盘驱动。

使用 Windows 7 的 ISO 文件和刚创建的磁盘镜像文件引导并启动系统安装，启动时按 F12 键选择启动菜单，进入光盘安装界面：

```
[root@localhost ~]# qemu-system-x86_64 -m 2048 -drive file=win7.img,cache=writeback, if=virtio
-fda virtio-win-1.1.16.vfd -cdrom cn_windows_7.iso -net nic -net user -boot once=d, menu=on
-usbdevice tablet --enable-kvm
```

其中，“-drive file=win7.img”表示虚拟磁盘是 win7.img；“cache=writeback”表示 cache 方式为 writeback；“if=virtio”表示使用磁盘半虚拟化；“usbdevice tablet”表示启用 usb 设备中的 tablet 功能，可使虚拟机内外的鼠标同步；“-boot once=d,menu=on”中 once=d 表示只从光盘启动一次。

进入图 5-29 安装界面，选择启动设备，输入 1，选择从光盘启动。

```
QEMU
SeaBIOS (version Ubuntu-1.8.2-1ubuntu1)

iPXE (http://ipxe.org) 00:03.0 C980 PCI2.10 PnP PMM+7FF923B0+7FED23B0 C980


Press F12 for boot menu.

Select boot device:

1. DVD/CD [ata1-0: QEMU DVD-ROM ATAPI-4 DVD/CD]
2. Floppy [drive A]
3. Virtio disk PCI:0:4
4. iPXE (PCI 00:03.0)
5. Legacy option rom
```

图 5-29　Windows 7 安装启动界面

选择要安装的语言、时间和货币格式、键盘和输入方法后，点击“下一步”，如图 5-30 所示。

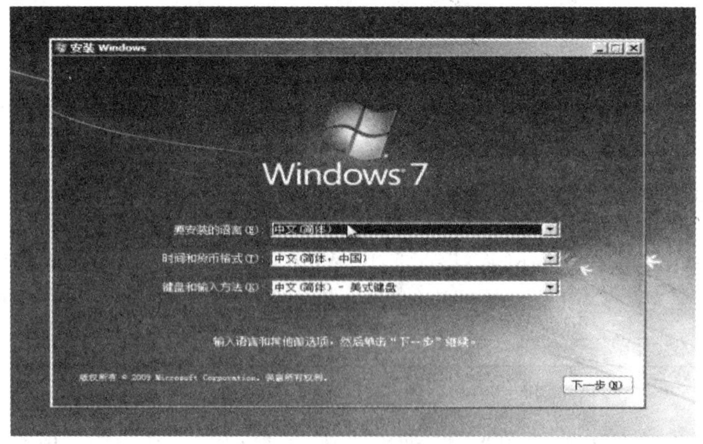

图 5-30　Windows7 安装界面(1)

选择安装的类型为“自定义(高级)”，如图 5-31 所示。

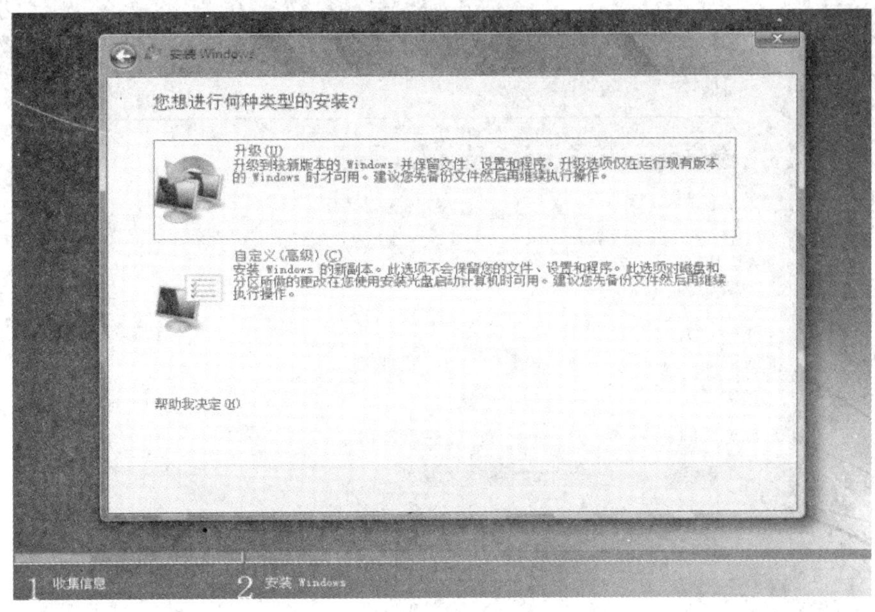

图 5-31　Windows 7 安装界面(2)

选择 Windows 7 的安装位置。因为没有相应的硬盘，所以首先加载硬盘驱动程序，此处点击“加载驱动程序”，如图 5-32 所示。

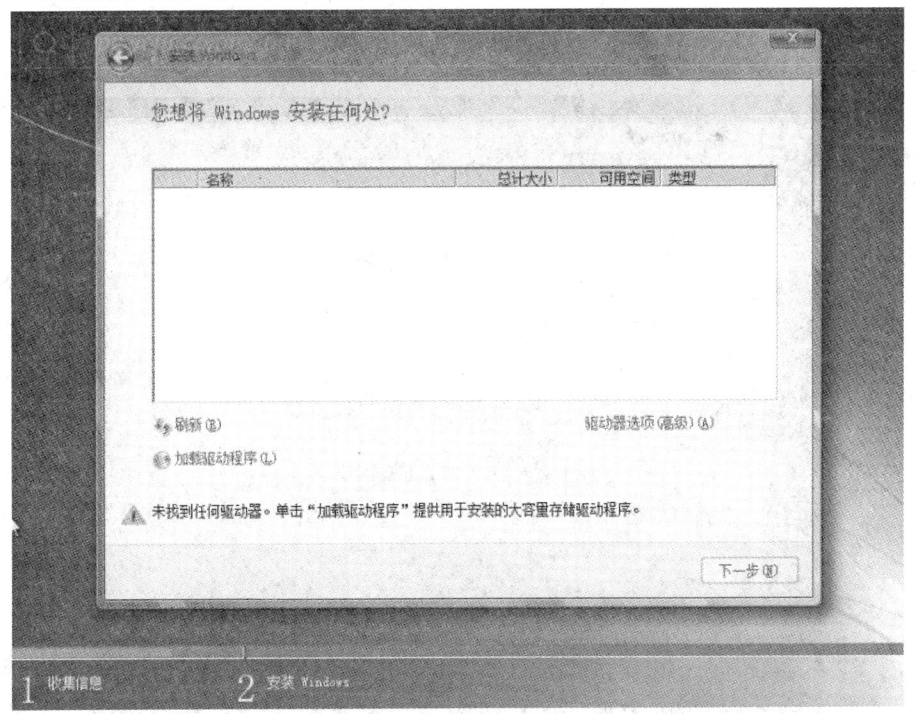

图 5-32　Windows7 安装界面(3)

选择 Windows 7 的驱动程序，然后点击“下一步”，如图 5-33 所示。

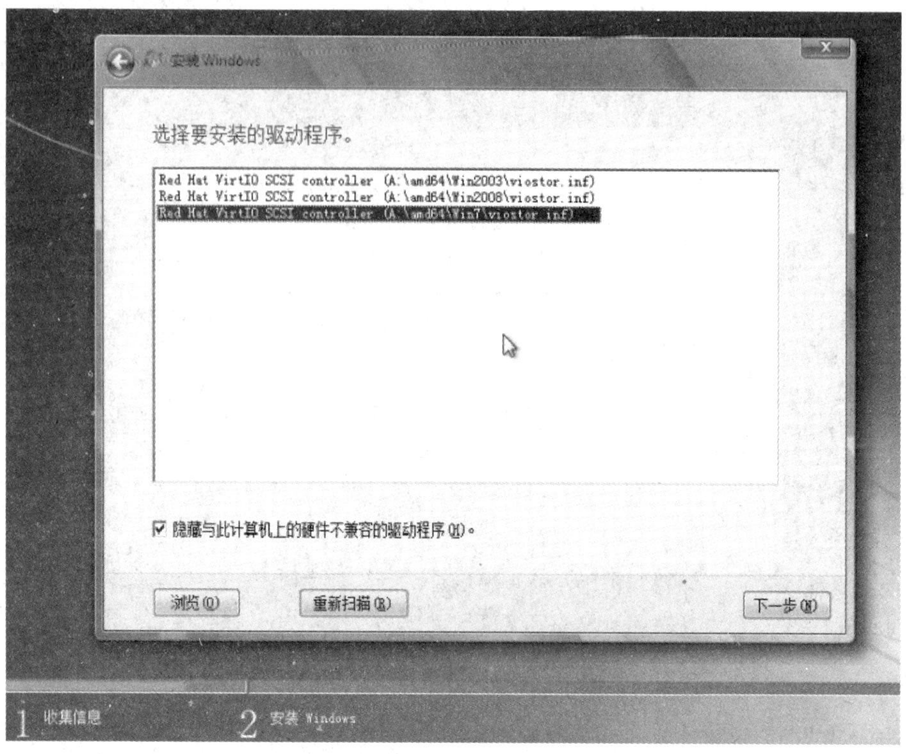

图 5-33　Windows7 安装界面(4)

格式化分区，选择“驱动器高级选项”，再选择“新建”，新建一个磁盘分区，大小为 50 GB，如图 5-34 所示。

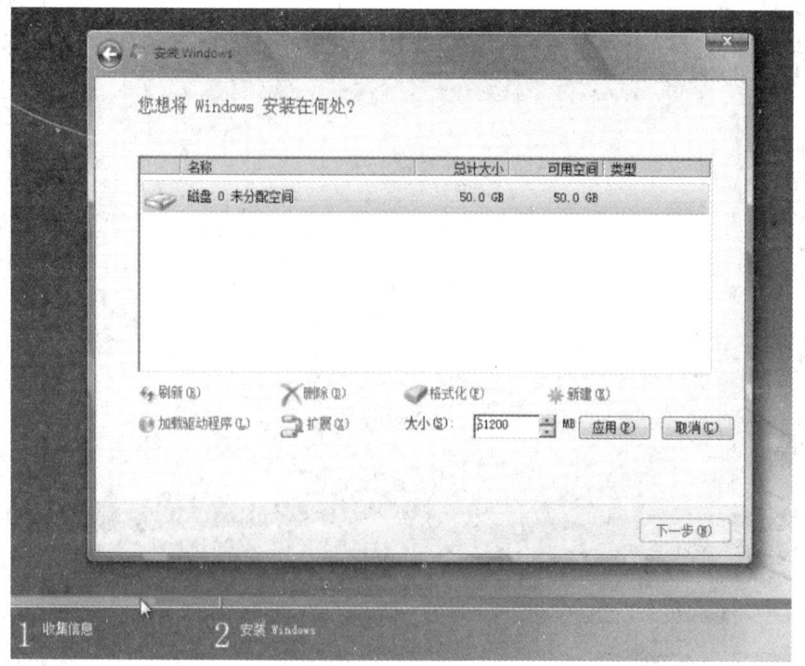

图 5-34　Windows 7 安装界面(5)

分区后，磁盘如图 5-35 所示，此时点击“下一步”，安装 Windows 7。

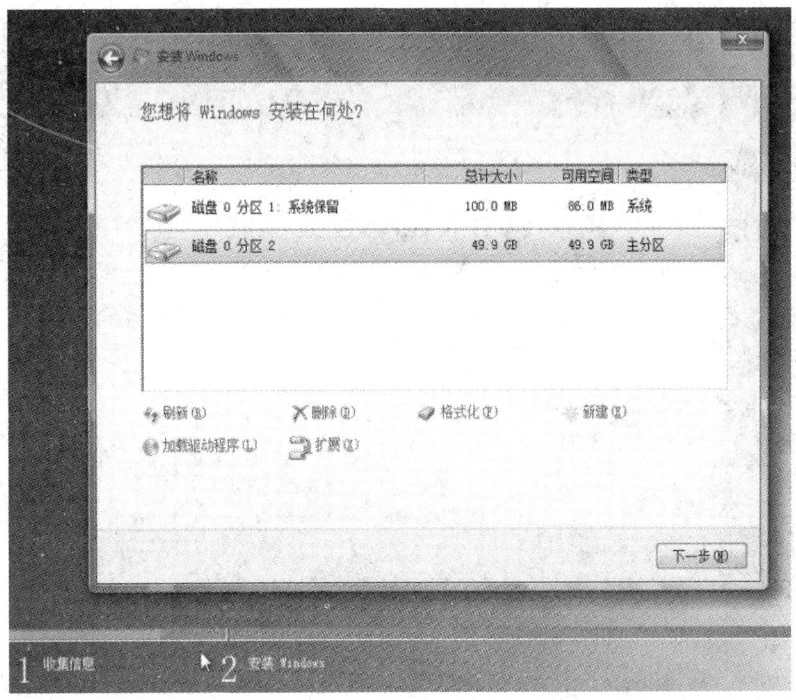

图 5-35　Windows 7 安装界面(6)

Windows 7 安装情况如图 5-36 所示。

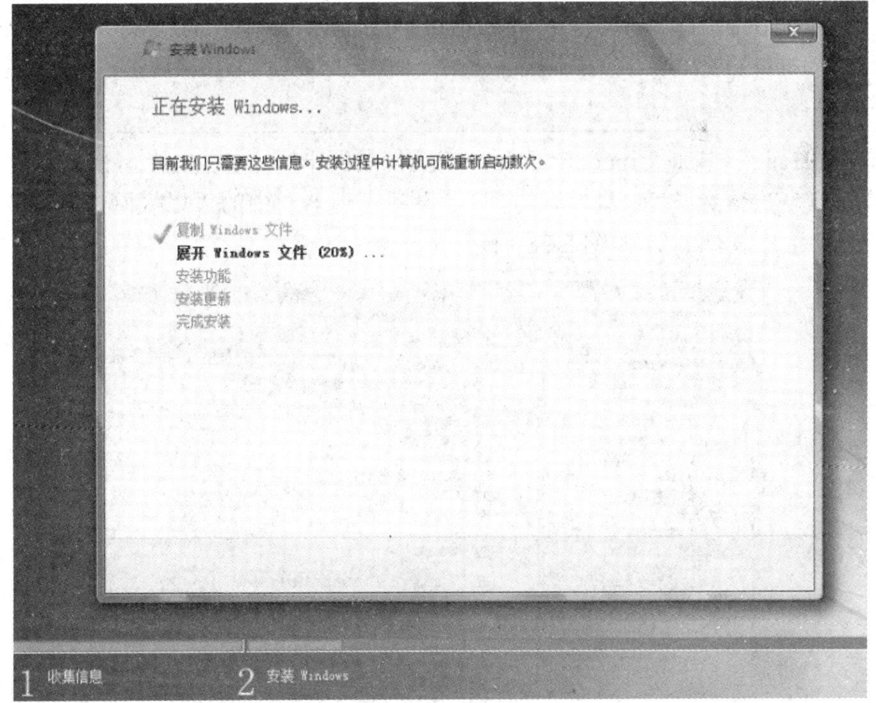

图 5-36　Windows 7 安装界面(7)

等待 Windows 7 重启，重启后设置 Windows 7 的用户名、计算机名、账户密码等，如图 5-37 所示。

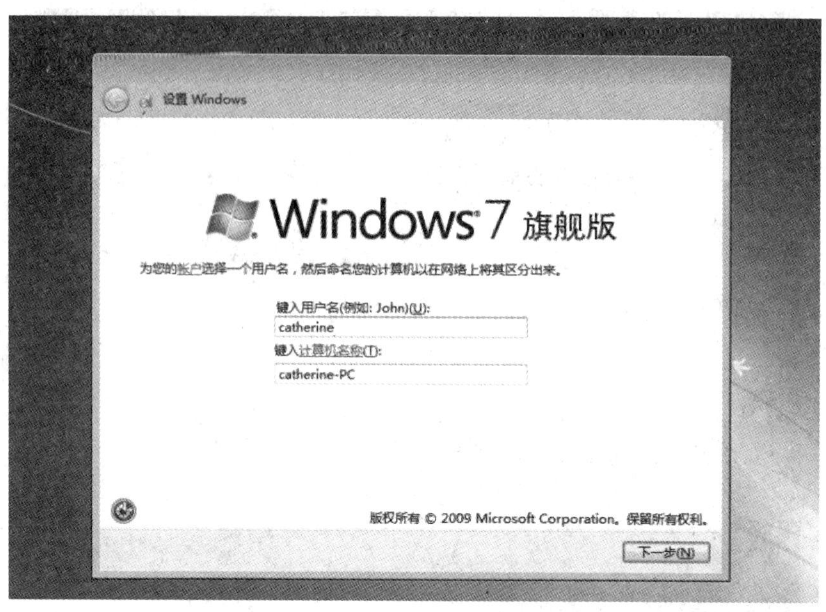

图 5-37　Windows 7 安装界面(8)

安装结束后，Windows 7 已经安装成功，但是网络模块未安装。若要继续安装网络模块，需先将 Windows 7 关闭，然后使用以下命令再次启动虚拟机(将 virtio-win-0.1-81.iso 设置为客户机的光盘文件，从该文件安装 Windows 7 所需的 virtio 网卡驱动程序)：

```
[root@localhost ~]# qemu-system-x86_64 -m 2048 -drive file=win7.img,cache=writeback, if=virtio
-cdrom virtio-win-0.1-81.iso -net nic,model=virtio -net user -boot order=c -usbdevice tablet
--enable-kvm
```

其中，在“-net nic”中加入 model=virtio，表示使用网卡半虚拟化驱动 virtio。

正常进入 Windows 7 客户机后，打开“设备管理器”中的“以太网控制器”，右键单击“更新驱动程序软件...”，如图 5-38 所示。

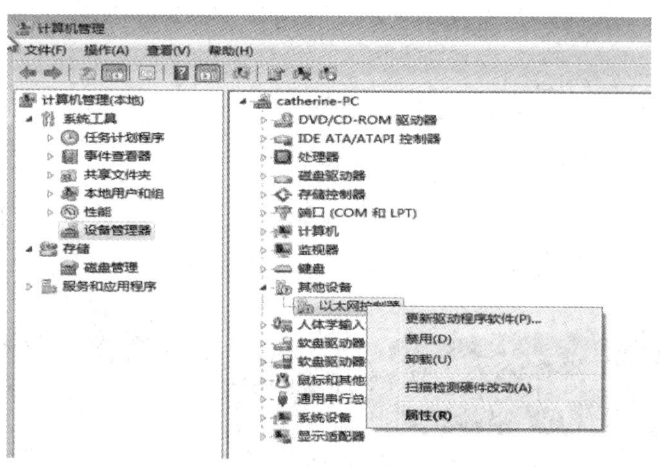

图 5-38　在 Windows 7 中选择网络驱动(1)

搜索驱动程序软件时，选择“浏览计算机以查找驱动程序软件”，如图 5-39 所示。

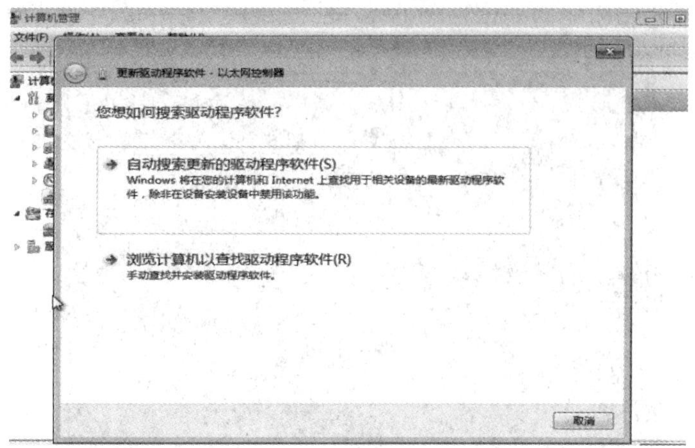

图 5-39　在 Windows 7 中选择网络驱动(2)

浏览文件夹，选择 CD 驱动器中的 WIN7 文件夹，如图 5-40 所示。

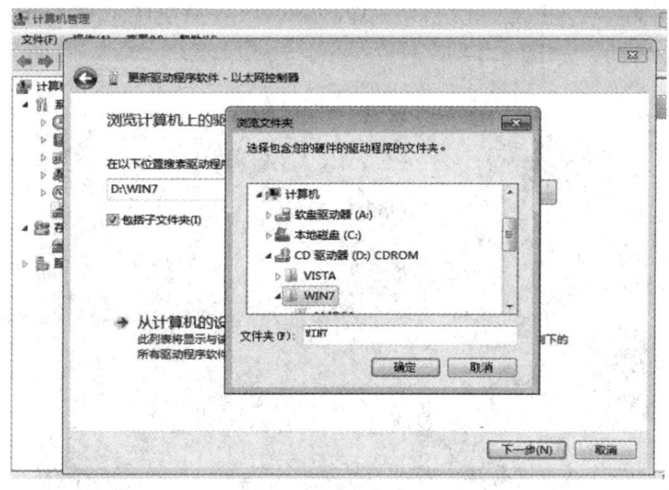

图 5-40　在 Windows 7 中选择网络驱动(3)

正确选择网络驱动后，在网络适配器下会显示出正确的驱动，如图 5-41 所示。

图 5-41　在 Windows 7 中选择网络驱动(4)

在 Windows 7 虚拟机中查看本机的 IP 地址，如图 5-42 所示。

```
C:\Windows\system32\cmd.exe
Microsoft Windows [版本 6.1.7600]
版权所有 (c) 2009 Microsoft Corporation。保留所有权利。

C:\Users\catherine>ipconfig

Windows IP 配置


以太网适配器 本地连接 2:

   连接特定的 DNS 后缀 . . . . . . . : localdomain
   本地链接 IPv6 地址. . . . . . . . : fe80::b46c:f4da:c7ec:69b0%13
   IPv4 地址 . . . . . . . . . . . . : 192.168.43.180
   子网掩码  . . . . . . . . . . . . : 255.255.255.0
   默认网关. . . . . . . . . . . . . : 192.168.43.2

隧道适配器 isatap.localdomain:

   媒体状态  . . . . . . . . . . . . : 媒体已断开
   连接特定的 DNS 后缀 . . . . . . . : localdomain

C:\Users\catherine>
```

图 5-42　在 Windows 7 虚拟机中查看本机 IP

此时，如果宿主机网络正常，就可以在 Windows 7 虚拟机中通过“ping www.baidu.com”命令查看网络是否畅通，如图 5-43 所示。

图 5-43　在虚拟机中查看网络是否畅通

5.6　网 络 配 置

在互联网技术飞速发展的今天，网络对人类生活各领域的影响越来越重要。在虚拟化技术中，QEMU 对客户机也提供了多种类型的网络支持。QEMU 中主要给客户机提供了以下四种不同模式的网络配置方案：

(1) 基于网桥(Bridge)的虚拟网卡模式。

(2) 基于 NAT(Network Address Translation，网络地址转换)的虚拟网络模式。

(3) QEMU 内置的网络模式。

(4) 直接分配网络设备模式(例如，VT-d)。

网桥和 NAT 是基于 Linux-Bridge 实现的软件虚拟网络模式，QEMU 内置的网络模式是 QEMU 软件虚拟的网络模式。第四种模式则是直接将物理网卡分配给客户机使用，例如有 ens33 和 ens38 两块网卡，直接把 ens33 这块网卡给某一客户机使用。

在 QEMU 命令行中，前三种网络配置方案对客户机网络的配置都采用的是“-net”参数。QEMU 命令行中“-net”参数的基本语法格式为

```
-net nic[,vlan=n][,macaddr=mac][,model=type][,name=name][,addr=addr][,vectors=v]
```

主要参数说明：

(1) -net nic：必需的参数，表明为客户机创建客户机网卡。

(2) vlan=n：将建立一个新的网卡，并把网卡放入到编号为 n 的 VLAN，默认为 0。

(3) macaddr=mac：设置网卡的 MAC 地址，默认会根据宿主机中网卡的地址来分配；若局域网中客户机太多，建议自己设置 MAC 地址，以防止 MAC 地址冲突。

(4) model=type：设置模拟的网卡的类型。

(5) name=name：设置网卡的名字，该名称仅在 QEMU MONITOR 中可能用到，一般由系统自动分配。

(6) addr=addr：设置网卡在客户机中的 PCI 设备地址为 addr。

(7) vectors=v：设置该网卡设备的 MSI-X 向量的数量为 v。该选项仅对使用 virtio 驱动的网卡有效。若设置为“vectors=0”，则关闭 virtio 网卡的 MSI-X 中断方式。

如果没有配置任何的“-net”参数，则默认是“-net nic -net user”参数，即指示 QEMU 使用一个 QEMU 内置的用户模式，这种模式是默认的。因此，下面两个命令是等价的：

```
[root@localhost ~]# qemu-system-x86_64 -drive file=cirros-0.5.2-x86_64-disk.img -net nic -net user -vnc :1
```

等同于

```
[root@localhost ~]#qemu-system-x86_64 -drive file=cirros-0.5.2-x86_64-disk.img -vnc :1
```

QEMU 提供了对一系列主流网卡的模拟，通过“-net nic,model=?”参数可以查询到当前的 QEMU 工具实现了哪些网卡的模拟。

例 23　查看当前 QEMU 能支持的网卡种类。

```
[root@localhost ~]# qemu-system-x86_64 -net nic,model=?
Supported NIC models:
e1000
e1000-82544gc
e1000-82545em
e1000e
i82550
i82551
i82557a
i82557b
i82557c
i82558a
```

```
i82558b
i82559a
i82559b
i82559c
i82559er
i82562
i82801
ne2k_pci
pcnet
rtl8139
tulip
virtio-net-pci
virtio-net-pci-non-transitional
virtio-net-pci-transitional
vmxnet3
```

如果没有设置任何的“-net”参数，QEMU 会默认分配 e1000 类型的虚拟网卡。

例 24　在宿主机中，不设置任何网络参数，直接启动一个客户机。

```
[root@localhost ~]# qemu-system-x86_64 -drive file=cirros-0.5.2-x86_64-disk.img -net nic -net user -vnc :1 -monitor stdio
```

在 QEMU MONITOR 中，用“info network”命令可以看到客户机中的网络状态。

```
(qemu) info network
hub 0
 \ hub0port1: user.0: index=0,type=user,net=10.0.2.0,restrict=off
 \ hub0port0: e1000.0: index=0,type=nic,model=e1000,macaddr=52:54:00:12:34:56
```

由以上输出可以看到，在客户机中使用的是 QEMU 默认分配的 Intel e1000 类型的虚拟网卡。在客户机上可以使用“lspci | grep Eth”命令来查看客户机中的网络状态。

例 25　在宿主机中，模拟一个 rtl8139 系列的网卡给客户机使用，并启动客户机。

```
[root@localhost ~]# qemu-system-x86_64 -drive file=cirros-0.5.2-x86_64-disk.img -net nic,model=rtl8139 -net user -vnc :1 -monitor stdio
```

在 QEMU MONITOR 中，用“info network”命令可以看到客户机中的网络状态。

```
(qemu) info network
hub 0
 \ hub0port1: user.0: index=0,type=user,net=10.0.2.0,restrict=off
 \ hub0port0: rtl8139.0: index=0,type=nic,model=rtl8139,macaddr=52:54:00:12:34:56
```

由以上输出可以看到，在客户机中使用的是 rtl8139 类型的虚拟网卡。

例 26　在宿主机中，使用下列的网络参数启动一个客户机。

```
[root@localhost ~]# qemu-system-x86_64 -drive file=cirros-0.5.2-x86_64-disk.img -net nic,macaddr=48:44:14:32:54:26,model=rtl8139,addr=08 -net user -vnc :1 -monitor stdio
```

在 QEMU MONITOR 中，用“info network”命令可以看到客户机中的网络状态。

```
(qemu) info network
hub 0
 \ hub0port1: user.0: index=0,type=user,net=10.0.2.0,restrict=off
 \ hub0port0: rtl8139.0: index=0,type=nic,model=rtl8139,macaddr=48:44:14:32:54:26
```

除了可以使用“QEMU MONITOR”查看网卡信息，也可以在客户机中通过 ifconfig 命令来查看网卡信息，如图 5-44 所示。

```
eth0      Link encap:Ethernet  HWaddr 48:44:14:32:54:26
          inet addr:10.0.2.15  Bcast:10.0.2.255  Mask:255.255.255.0
          inet6 addr: fe80::4a44:14ff:fe32:5426/64 Scope:Link
          inet6 addr: fec0::4a44:14ff:fe32:5426/64 Scope:Site
          UP BROADCAST RUNNING MULTICAST  MTU:1500  Metric:1
          RX packets:48 errors:0 dropped:0 overruns:0 frame:0
          TX packets:54 errors:0 dropped:0 overruns:0 carrier:0
          collisions:200 txqueuelen:1000
          RX bytes:5098 (4.9 KiB)  TX bytes:4542 (4.4 KiB)

lo        Link encap:Local Loopback
          inet addr:127.0.0.1  Mask:255.0.0.0
          inet6 addr: ::1/128 Scope:Host
          UP LOOPBACK RUNNING  MTU:65536  Metric:1
          RX packets:0 errors:0 dropped:0 overruns:0 frame:0
          TX packets:0 errors:0 dropped:0 overruns:0 carrier:0
          collisions:0 txqueuelen:1000
          RX bytes:0 (0.0 B)  TX bytes:0 (0.0 B)
```

图 5-44　在客户机中查看网卡信息

由以上输出可以看到，在客户机中使用的是 rtl8139 系列网卡，MAC 地址是 48:44:14:32:54:26。

本节具体介绍了网络设置的基本参数，如果想让虚拟化的网卡在客户机中连接上外部网络，需要详细配置其网络工作模式。下面将详细介绍网桥模式和 NAT 模式这两种比较常用的网络工作模式的原理和配置方法。

5.6.1　网桥模式

在 QEMU 中，网桥模式是一种比较常见的网络连接模式。在这种模式下，客户机的 IP 独立，但和宿主机共享一个物理网络。客户机可以访问外部网络，外部网络也可以访问这台客户机。

在 QEMU 命令行中，网桥模式的网络参数的基本语法格式为

```
-net tap[,vlan=n][,name=str][,fd=h][,ifname=name][,script=file][,downscript=dfile][,helper =helper]
[,sndbuf=nbytes][,vnet_hdr=on|off][,vhost=on|off][,vhostfd=h][,vhostforce=on|off]
```

主要参数说明：

(1) -net tap：必需的，表示创建一个 tap 设备。

(2) vlan=n：设置该设备的 VLAN 编号，默认值为 0。

(3) name=str：设置网卡的名字。在 QEMU MONITOR 里面用到，一般由系统自动分配。

(4) fd=h：连接到现在已经打开的 tap 接口的文件描述符，一般 QEMU 会自动创建一个 tap 接口。

(5) ifname=name：tap 设备接口名字。

(6) script=file：宿主机在启动客户机时自动执行的脚本，默认为“/etc/qemu-ifup”；如果不需要执行脚本，则设置为“script=no”。

(7) downscript=dfile：表示宿主机在关闭客户机时自动执行的脚本，默认值为“/etc/qemu-ifdown”；如果不需要执行，则设置为“downscript=no”。

(8) helper=helper：设置启动客户机时在宿主机中运行的辅助程序，它的默认值为“/usr/local/libexec/qemu-bridge-helper”，一般不用自定义，采用默认值即可。

(9) sndbuf=nbytes：限制 tap 设备的发送缓冲区大小为 n 字节，当需要进行流量控制时，可以设置该选项。其默认值为“sndbuf=0”，即不限制发送缓冲区的大小。

下面给出在宿主机中通过网桥模式实现虚拟机的网络配置的步骤。

(1) 查看宿主机网络情况。

```
[root@localhost ~]# ifconfig ens33
ens33: flags=4163<UP,BROADCAST,RUNNING,MULTICAST>  mtu 1500
        inet 192.168.43.176  netmask 255.255.255.0  broadcast 192.168.43.255
        inet6 fe80::3988:1e0c:3c71:cec0  prefixlen 64  scopeid 0x20<link>
        ether 00:0c:29:8c:75:cb  txqueuelen 1000  (Ethernet)
        RX packets 274  bytes 46467 (45.3 KiB)
        RX errors 0  dropped 0  overruns 0  frame 0
        TX packets 59  bytes 7066 (6.9 KiB)
        TX errors 0  dropped 0 overruns 0  carrier 0  collisions 0
```

由以上输出可知，宿主机 IP 地址为 192.168.43.176。

(2) 采用网桥模式的网络配置，在宿主机中要安装虚拟网桥桥接工具 bridge-utils，可以使用 yum 工具进行安装。

```
[root@localhost ~]# yum install bridge-utils
Loaded plugins: fastestmirror, langpacks
Loading mirror speeds from cached hostfile
 * base: mirrors.163.com
 * extras: mirrors.aliyun.com
 * updates: mirrors.aliyun.com
base                                              | 3.6 kB  00:00:00
extras                                            | 2.9 kB  00:00:00
updates                                           | 2.9 kB  00:00:00
(1/2): extras/7/x86_64/primary_db                 | 232 kB  00:00:00
(2/2): updates/7/x86_64/primary_db                | 7.1 MB  00:00:00
Package bridge-utils-1.5-9.el7.x86_64 already installed and latest version
```

从上面的输出可知，本机中已经安装了虚拟网桥桥接工具。

(3) 使用 lsmod 命令查看 KVM 相关模块和 tun 模块是否加载。

```
[root@localhost ~]# lsmod |grep kvm
kvm_intel              188740   4
kvm                     637289   1 kvm_intel
irqbypass               13503   1 kvm
[root@localhost ~]# lsmod |grep tun
tun                     36164   3
```

如果 tun 模块没有加载，通过以下命令来加载。

```
[root@localhost ~]# modprobe tun
```

(4) 检查“/dev/net/tun”，查看当前用户是否对其拥有可读/写权限。

```
[root@localhost ~]#   ll /dev/net/tun
crw-rw-rw-. 1 root root 10, 200 Apr   8 21:03 /dev/net/tun
```

当前用户为 root，可以看出对文件“/dev/net/tun”有读/写权限。

(5) 建立一个网桥 br0，并将其绑定在一个可以正常工作的网络接口上，同时让 br0 成为连接本机和外部网络的接口。其主要配置命令如下：

```
[root@localhost ~]# brctl addbr br0                    #增加一个虚拟网桥 br0
[root@localhost ~]# brctl addif br0 ens33              #在 br0 中添加一个接口 ens33
[root@localhost ~]# brctl stp br0 on                   #打开 STP 协议，否则可能造成环路
[root@localhost ~]# ifconfig ens33 0                   #将 ens33 的 IP 设置为 0
[root@localhost ~]# dhclient br0                       #给 br0 动态配置 IP、路由等
[root@localhost ~]# route                              #显示路由表信息
Kernel IP routing table
Destination     Gateway         Genmask         Flags Metric Ref    Use Iface
default         gateway         0.0.0.0         UG    0      0        0 br0
192.168.43.0    0.0.0.0         255.255.255.0   U     0      0        0 br0
192.168.122.0   0.0.0.0         255.255.255.0   U     0      0        0 virbr0
[root@localhost ~]# ifconfig                #查看宿主机网络情况
br0: flags=4163<UP,BROADCAST,RUNNING,MULTICAST>   mtu 1500
        inet 192.168.43.176   netmask 255.255.255.0   broadcast 192.168.43.255
        inet6 fe80::20c:29ff:fe8c:75cb   prefixlen 64   scopeid 0x20<link>
        ether 00:0c:29:8c:75:cb   txqueuelen 1000   (Ethernet)
        RX packets 388   bytes 156014 (152.3 KiB)
        RX errors 0   dropped 0   overruns 0   frame 0
        TX packets 63   bytes 7749 (7.5 KiB)
        TX errors 0   dropped 0 overruns 0   carrier 0   collisions 0

ens33: flags=4163<UP,BROADCAST,RUNNING,MULTICAST>   mtu 1500
        inet6 fe80::3988:1e0c:3c71:cec0   prefixlen 64   scopeid 0x20<link>
        ether 00:0c:29:8c:75:cb   txqueuelen 1000   (Ethernet)
```

```
        RX packets 9095    bytes 11722321 (11.1 MiB)
        RX errors 0    dropped 0    overruns 0    frame 0
        TX packets 4151    bytes 265533 (259.3 KiB)
        TX errors 0    dropped 0 overruns 0    carrier 0    collisions 0

lo: flags=73<UP,LOOPBACK,RUNNING>    mtu 65536
        inet 127.0.0.1    netmask 255.0.0.0
[此处省略其他内容]
```

从上面的输出可知，网桥 br0 已经设置成功。

如果想要删除某个虚拟网桥和接口，可以使用命令 delbr 和 delif。上面是使用命令方式配置网桥，也可以把配置直接写入文件，进行永久化的配置。

(6) 准备启动脚本 qemu_ifup(该文件详见书籍资源包)。该脚本的功能是在启动时创建和打开指定的 tap 接口，并将该接口添加到虚拟网桥中。“/etc/qemu-ifup”脚本代码如下：

```
#! /bin/sh
#这是一个用于为客户机建立 Brdige 模式的脚本

PATH=$PATH:/sbin:/usr/sbin
ip=$(which ip)

if [ -n "$ip" ]; then
   ip link set "$1" up
else
   brctl=$(which brctl)
   if [ ! "$ip" -o ! "$brctl" ]; then
     echo "W: $0: not doing any bridge processing: neither ip nor brctl utility not found" >&2
     exit 0
   fi
   ifconfig "$1" 0.0.0.0 up
fi

switch=$(ip route ls | \
    awk '/^default / {
          for(i=0;i<NF;i++) { if ($i == "dev") { print $(i+1); next; } }
         }'
        )

#将 tap 接口添加到虚拟网桥

for br in $switch; do
    if [ -d /sys/class/net/$br/bridge/. ]; then
```

```
        if [ -n "$ip" ]; then
            ip link set "$1" master "$br"
        else
            brctl addif $br "$1"
        fi
        exit        # exit with status of the previous command
    fi
done

echo "W: $0: no bridge for guest interface found" >&2
```

注意：可使用“chmod 766 qemu-ifup”命令将该文件权限设置为可执行。

(7) 准备结束脚本 qemu_ifdown，该脚本的主要功能是退出时将该接口从虚拟网桥中移除，然后关闭该接口。一般 QEMU 会自动操作此步。

(8) 用 qemu-system-x86_64 命令启动 bridge 模式的网络。

在启动客户机之前，在宿主机上用命令“brctl show”查看此时的 br0 状态：

```
[root@localhost ~]# ls /sys/devices/virtual/net
br0    lo    virbr0    virbr0-nic
[root@localhost ~]# brctl show
bridge namebridge id            STP enabled     interfaces
br0             8000.000c2921de6f       yes             ens33
virbr0          8000.52540052599f   yes             virbr0-nic
```

在宿主机中，用如下命令启动客户机：

```
[root@localhost ~]# qemu-system-x86_64 -drive file=cirros-0.5.2-x86_64-disk.img -m 1024
-smp 2 -net nic -net tap,ifname=tap1,script=/etc/qemu-ifup,downscript=no -enable-kvm -vnc :1
```

启动客户机之后，在宿主机上用命令“brctl show”查看此时的 br0 状态：

```
[root@localhost ~]#    brctl show
bridge namebridge id            STP enabled     interfaces
br0             8000.000c2921de6f   yes         ens33
                                    tap1
virbr0          8000.52540052599f   yes         virbr0-nic
```

由上可知，在创建了客户机之后，宿主机上添加了一个名为 tap1 的 TAP 虚拟网络设备，并将其绑定在了 br0 这个 bridge 上。

```
[root@localhost ~]#    ls /sys/devices/virtual/net/
br0    lo    tap1    virbr0    virbr0-nic
```

由上可知，前三个虚拟网络设备依次为：新建的 bridge 设备 br0，网络回路设备 lo 和给客户机提供网络的 TAP 设备 tap1。

在客户机中，查看网络是否配置好，测试网络的连通情况，如图 5-45 所示。

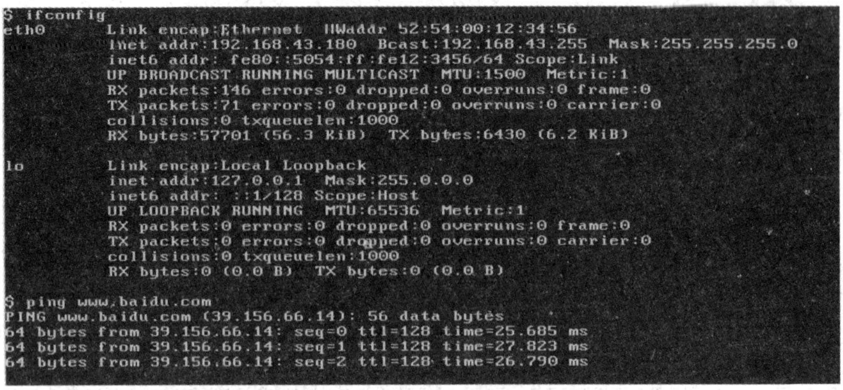

```
$ ifconfig
eth0      Link encap:Ethernet  HWaddr 52:54:00:12:34:56
          inet addr:192.168.43.180  Bcast:192.168.43.255  Mask:255.255.255.0
          inet6 addr: fe80::5054:ff:fe12:3456/64 Scope:Link
          UP BROADCAST RUNNING MULTICAST  MTU:1500  Metric:1
          RX packets:146 errors:0 dropped:0 overruns:0 frame:0
          TX packets:71 errors:0 dropped:0 overruns:0 carrier:0
          collisions:0 txqueuelen:1000
          RX bytes:57701 (56.3 KiB)  TX bytes:6430 (6.2 KiB)

lo        Link encap:Local Loopback
          inet addr:127.0.0.1  Mask:255.0.0.0
          inet6 addr: ::1/128 Scope:Host
          UP LOOPBACK RUNNING  MTU:65536  Metric:1
          RX packets:0 errors:0 dropped:0 overruns:0 frame:0
          TX packets:0 errors:0 dropped:0 overruns:0 carrier:0
          collisions:0 txqueuelen:1000
          RX bytes:0 (0.0 B)  TX bytes:0 (0.0 B)

$ ping www.baidu.com
PING www.baidu.com (39.156.66.14): 56 data bytes
64 bytes from 39.156.66.14: seq=0 ttl=128 time=25.685 ms
64 bytes from 39.156.66.14: seq=1 ttl=128 time=27.823 ms
64 bytes from 39.156.66.14: seq=2 ttl=128 time=26.790 ms
```

图 5-45　在客户机中查看网络情况

由上图可知，客户机 IP 地址为 192.168.43.180，使用 ping 命令可知客户机网络畅通。

当客户机关闭后，再次在宿主机中查看 br0 和虚拟设备的状态：

```
[root@localhost ~]# brctl show
bridge name     bridge id               STP enabled     interfaces
br0             8000.000c2921de6f       yes             ens33
virbr0          8000.52540052599f       yes             virbr0-nic
```

由上面的输出信息可知，tap1 设备已被删除。

5.6.2　NAT 模式

NAT 模式就是让客户机借助宿主机所在的网络来访问互联网。NAT 模式下的客户机 TCP/IP 配置信息是由 DHCP 服务器提供的，无法进行手工修改。使用 NAT 模式进行网络连接，支持宿主机和客户机之间的互访，也支持客户机访问网络。与网桥模式不同的是，当外界访问客户机时，需要在拥有 IP 的宿主机上实现端口映射，让宿主机 IP 的一个端口被重新映射到 NAT 内网的客户机相应端口上。

采用 NAT 模式最大的优势是客户机接入互联网非常简单，不需要进行任何其他的配置，只需宿主机能访问互联网即可。

下面给出在宿主机中通过 NAT 模式配置虚拟机网络的步骤。

(1) 在宿主机中，通过 yum install 命令安装必要的软件包(bridge-utils、iptables 和 dnsmasq)。其中，bridge-utils 是桥接工具，里面包含管理 bridge 的工具 brctl；iptables 是一个对数据包进行检测的访问控制工具；dnsmasq 是用于配置 DNS 和 DHCP 的工具。在宿主机中，查看所需软件包的情况，如果未安装，需使用“yum install”命令进行安装。

```
[root@localhost ~]# yum list installed|grep bridge-utils
bridge-utils.x86_64                 1.5-9.el7                  @anaconda
[root@localhost ~]# yum list installed|grep iptables
iptables.x86_64                     1.4.21-35.el7              @anaconda
[root@localhost ~]# yum list installed|grep dnsmasq
dnsmasq.x86_64                      2.76-16.el7                @anaconda
```

(2) 准备一个为客户机建立 NAT 用的 qemu-ifup 脚本(该文件详见书籍资源包)。这个脚本的主要功能是建立 bridge，设置 bridge 的内网 IP，并且将客户机的网络接口与之绑定。打开系统中的网络数据包转发功能，最后启动 dnsmasq，作为一个简单的 DHCP 服务器。

qemu-ifup 脚本代码如下：

```
#!/bin/bash
#这是一个用于为客户机建立 NAT 模式的脚本
#设置网桥名称
BRIDGE=virbr0

NETWORK=192.168.122.0      #设置 nat 的网段
NETMASK=255.255.255.0
GATEWAY=192.168.122.1      #网关
DHCPRANGE=192.168.122.2,192.168.122.130      #地址池

function check_bridge()      #检测虚拟网桥是否存在
{
        if brctl show |grep -q "^$BRIDGE" ;then
                return 1
        else
                return 0
        fi
}
function create_bridge()   #创建虚拟网桥
{
        brctl addbr $BRIDGE
        brctl stp $BRIDGE on
        brctl setfd $BRIDGE 0      #设置网桥转发延迟
        ifconfig $BRIDGE $GATEWAY netmask $NETMASK up
}
function enable_ip_forward()   #开启数据包转发
{
        echo 1 > /proc/sys/net/ipv4/ip_forward
}
function add_filter_rules()      #nat 功能，进行源地址转换
{
        iptables -t nat -A POSTROUTING -s $NETWORK/$NETMASK ! -d $NETWORK/
$NETMASK -j MASQUERADE
}
function start_dnsmasq()      #开启 dnsmasq 功能
{
```

```
        ps -ef |grep dnsmasq |grep  -v grep &> /dev/null
        if [ $? -eq 0 ];then
                return 1
        fi
        dnsmasq   --listen-address=$GATEWAY   --dhcp-range=$DHCPRANGE
}
function setup_bridge_nat()                   #启动所有功能
{
    check_bridge $BRIDGE
    if [ $? -eq 0 ];then
        create_bridge
        fi
        enable_ip_forward
        add_filter_rules
        start_dnsmasq
}
if [ -n $1 ];then
setup_bridge_nat                               #真正的程序开始的地方
ifconfig $1 0.0.0.0 up                         #$1 被虚拟成网桥，所以本身不需要 IP，但是要启用
brctl addif $BRIDGE $1                         #把$1 绑定到虚拟网桥
else
exit 1
fi
```

(3) 准备一个关闭客户机时调用的网络 qemu-ifdown 脚本(该文件详见书籍资源包)。该脚本的主要功能是虚拟机关闭时将该接口从虚拟网桥中移除，然后关闭该接口。一般 QEMU 会自动操作这一步。

注意：可使用 chmod 命令为 qemu-ifup 和 qemu-ifdown 文件加权限，将该文件权限设置为可执行。

(4) 使用 qemu-system=x86_64 命令启动客户机。

```
[root@localhost ~]#qemu-system-x86_64 -drive file=/root/cirros-0.5.2-x86_64-disk.img -net nic
-net tap,script=/root/NAT/qemu-ifup,downscript=no -enable-kvm -vnc :1
```

(5) 启动客户机后，查看宿主机中的网络信息。

```
[root@localhost ~]# brctl show
bridge namebridge id          STP enabled     interfaces
virbr0      8000.160ec48edb9d    yes          tap0
                                              virbr0-nic
```

由上可知，一个 NAT 模式的桥 virbr0，绑定了客户机使用的虚拟网络接口 tap0。此时，可以用 iptables 命令来列出所有的规则，也可以查看 virtbr0 的 IP。

```
[root@localhost ~]# ifconfig virbr0
virbr0: flags=4163<UP,BROADCAST,RUNNING,MULTICAST>  mtu 1500
        inet 192.168.122.1  netmask 255.255.255.0  broadcast 192.168.122.255
        ether 16:0e:c4:8e:db:9d  txqueuelen 1000  (Ethernet)
        RX packets 91  bytes 6134 (5.9 KiB)
        RX errors 0  dropped 0  overruns 0  frame 0
        TX packets 76  bytes 7360 (7.1 KiB)
        TX errors 0  dropped 0 overruns 0  carrier 0  collisions 0
```

(6) 当客户机启动成功后，在客户机中用 ifconfig 命令查看是否获取到网段为 192.168.122.0 的 IP 地址，并测试是否能与外网 IP 通信，结果如图 5-46 和图 5-47 所示。

```
eth0      Link encap:Ethernet  HWaddr 52:54:00:12:34:56
          inet addr:192.168.122.76  Bcast:192.168.122.255  Mask:255.255.255.0
          inet6 addr: fe80::5054:ff:fe12:3456/64 Scope:Link
          UP BROADCAST RUNNING MULTICAST  MTU:1500  Metric:1
          RX packets:64 errors:0 dropped:0 overruns:0 frame:0
          TX packets:79 errors:0 dropped:0 overruns:0 carrier:0
          collisions:0 txqueuelen:1000
          RX bytes:6486 (6.3 KiB)  TX bytes:6414 (6.2 KiB)

lo        Link encap:Local Loopback
          inet addr:127.0.0.1  Mask:255.0.0.0
          inet6 addr: ::1/128 Scope:Host
          UP LOOPBACK RUNNING  MTU:65536  Metric:1
          RX packets:0 errors:0 dropped:0 overruns:0 frame:0
          TX packets:0 errors:0 dropped:0 overruns:0 carrier:0
          collisions:0 txqueuelen:1000
          RX bytes:0 (0.0 B)  TX bytes:0 (0.0 B)
```

图 5-46　在客户机中查看 IP 地址

```
PING www.baidu.com (220.181.38.149): 56 data bytes
64 bytes from 220.181.38.149: seq=0 ttl=127 time=14.072 ms
64 bytes from 220.181.38.149: seq=1 ttl=127 time=11.055 ms
64 bytes from 220.181.38.149: seq=2 ttl=127 time=11.500 ms
64 bytes from 220.181.38.149: seq=3 ttl=127 time=16.881 ms
64 bytes from 220.181.38.149: seq=4 ttl=127 time=16.333 ms
64 bytes from 220.181.38.149: seq=5 ttl=127 time=8.856 ms
^C
--- www.baidu.com ping statistics ---
6 packets transmitted, 6 packets received, 0% packet loss
round-trip min/avg/max = 8.856/13.116/16.881 ms
```

图 5-47　在客户机中查看是否联网

此时，在客户机中，可通过 DHCP 动态获得 IP。客户机已经可以连接到外部网络，但是外部网络(宿主机除外)无法直接连接到客户机中。为了让外部网络也能访问客户机，可以在宿主机中添加 iptables 规则来进行端口映射。

本 章 小 结

本章从 KVM 与 QEMU 环境构建开始，介绍了 QEMU 的基本命令，给出了使用 QEMU 基本命令设置虚拟机核心模块 CPU、内存、存储器和网络的基本方式。在存储器配置小节中，使用 qemu-img 命令给出了对 Ubuntu 和 Windows 两个操作系统进行镜像制作的详细过程。通过本章的学习，读者可以使用 QEMU 命令进行虚拟机的基本设置和操作。

本 章 习 题

1. 使用 smp 参数模拟有 4 个逻辑 CPU 的客户机系统，并能在宿主机、客户机和 QEMU MONITOR 上查看。

2. 模拟一个内存为 2 GB 的客户机系统，并能在客户机上查看。

3. 简述在宿主机中让客户机使用 HugePage 的主要过程。

4. 分别用 qemu-img 和 dd 命令创建 raw 格式文件，然后比较两者差异，并说明原因。

5. 简述制作一个 Ubuntu 客户机镜像的主要过程。

6. 简要说明如何在宿主机中通过网桥方式配置虚拟机网络。

第 6 章

QEMU 虚拟化原理

通过前面章节的学习，读者了解了云计算的相关概念，例如云计算架构、云计算服务模式与部署模式、虚拟化与云计算的关系、虚拟化架构、虚拟化实现技术、网络虚拟化实现技术等。本章将在此基础上围绕 QEMU，介绍相关的虚拟化原理。本章介绍 QEMU 的运行模式、QEMU 软件构成和内存模型，以及 QEMU 的 PCI 总线与设备。

知识结构图

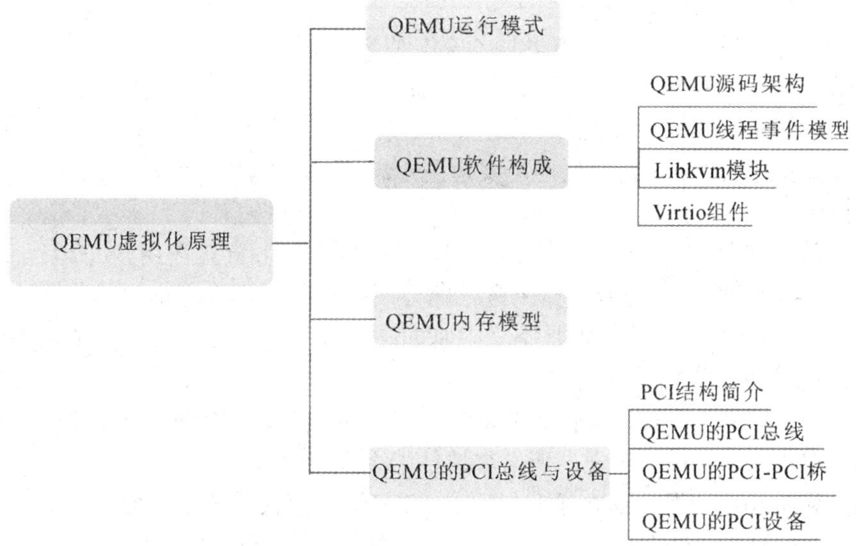

本章重点

- 理解 QEMU 的运行模式。
- 了解 QEMU 的软件构成。
- 理解 QEMU 的内存模型。
- 理解 QEMU 的 PCI 总线与设备。

本章任务

理解 KVM 虚拟化加速模块与 QEMU 虚拟化仿真模拟软件的关系，理解 QEMU 的运行模式、软件构成与内存模型，掌握 QEMU 中 PCI 总线与设备的原理。

6.1　QEMU运行模式

QEMU作为一个开源的硬件模拟器，除了支持x86体系架构之外，还支持ARM、MIPS、PowerPC、IA64等多种CPU硬件架构。由于QEMU采用模块化的设计方法，因此可以很方便地支持各种外设硬件，底层还可以集成不同的虚拟化加速模块，从而提升硬件模拟性能。

对于QEMU来说，除了支持KVM之外，还支持全虚拟机和kqemu加速模块等方式，针对这三种方式的软件架构如图6-1所示。

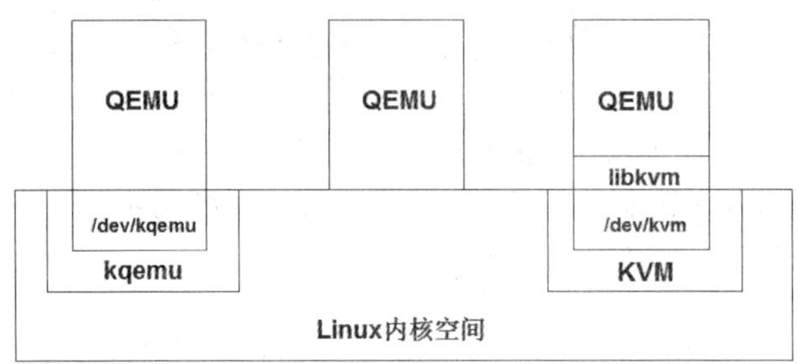

图6-1　QEMU的三种模块架构

如图6-1中所示，第一种模式是通过kqemu加速模块来实现内核态的加速。在系统内核中加入kqemu的相关模块后，在用户态的QEMU就可以通过访问/dev/kqemu设备文件来实现设备模拟的加速。这种情况主要适用于虚拟机和宿主机都运行于统一架构的情况下进行虚拟化。

第二种模式是在不借用任何底层加速模块的情况下直接在用户态运行QEMU，由QEMU对目标虚拟机中的所有指令进行翻译后执行，相当于全虚拟化。在这种模式下，QEMU虚拟的CPU硬件设备是不受限制的，所以可以运行不同形态的体系结构，比如Android应用开发环境中就是采用QEMU来模拟ARM架构下的操作系统。这种模式的缺点是每一条目标机的执行指令都需要翻译成宿主机指令，会耗费少则数个多则成千上万个宿主机的指令周期来模拟实现，所以虚拟性能不是很理想。

第三种模式是利用Linux内核中集成的KVM加速模块进行虚拟。KVM加速模块通过/dev/kvm字符设备文件向用户态程序提供操作接口，其实现的核心是libkvm库，将/dev/kvm的ioctl类型的API转化成传统意义上的函数API调用，最终提供给QEMU的适配层，由QEMU来完成整个虚拟化的工作。测试表明，三种模式中通过KVM加速模块进行虚拟化的性能最优。

6.2　QEMU软件构成

QEMU是纯软件实现的虚拟化模拟器，最常见的应用就是能够模拟一台独立运行操作系统的虚拟机，虚拟机看似直接和硬件打交道，其实虚拟机是在和QEMU模拟出来的硬件打交道，QEMU负责将这些指令转译给真正的硬件。QEMU是纯软件实现的，所有指令都要经过 QEMU 动态翻译，性能非常低。所以，在生产环境中，大多数的做法都是用 QEMU 配合 KVM 来完成虚拟化工作，KVM 是硬件辅助的虚拟化技术，主要负责比较繁琐的 CPU 和内存虚拟化，而 QEMU 则负责 I/O 虚拟化，两者合作各自发挥自身的优势，相得益彰。QEMU 的软件架构如图 6-2 所示。

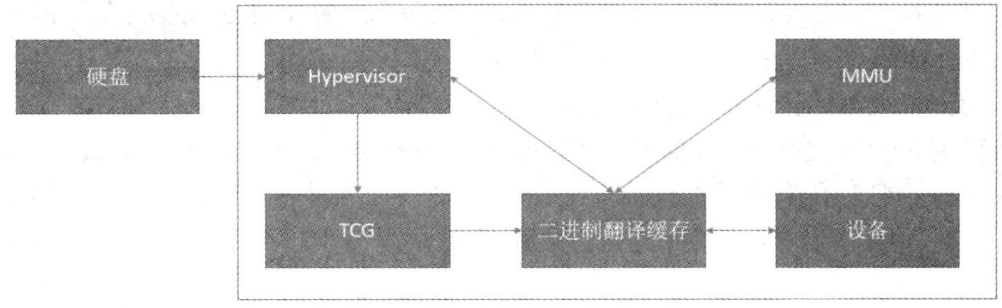

图 6-2　QEMU 的软件架构

从图 6-2 中可知，QEMU 主要由以下几个部分组成：

(1) Hypervisor：控制虚拟化仿真。

(2) Tiny Code Generator(TCG，微型代码生成器)：在虚拟机器代码和宿主机代码之间进行转换。

(3) 软件内存管理单元(MMU)：处理内存访问。

(4) 硬盘子系统：处理不同的磁盘映像格式。

(5) 设备子系统：处理网卡和其他硬件设备。

为了深入了解 QEMU 的技术架构和实现细节，以及每个组件的作用和运行机制，本节分为 QEMU 源码架构、QEMU 线程事件模型、Libkvm 模块和 Virtio 组件四个部分来介绍。

6.2.1　QEMU 源码架构

QEMU 的源码可以访问 QEMU 的官方网站 https://www.qemu.org/download/获取。QEMU 源码总体上分为指令翻译(位于 tcg 目录下的文件)、硬件模拟(位于 hw 目录下的文件)、网络传输(位于 slirp 目录下的文件)和文件系统(block 前缀文件)四个部分，其主程序涉及的相关文件有 vl.c、cpu-exec.c、exec.c、translate-all.c、thunk.c 和 disas.c。

1. 代码结构

QEMU 模拟的架构叫客户机架构，运行 QEMU 的系统架构叫宿主机架构，QEMU 中的模块 TCG，用来将客户机代码翻译成宿主机代码，如图 6-3 所示。

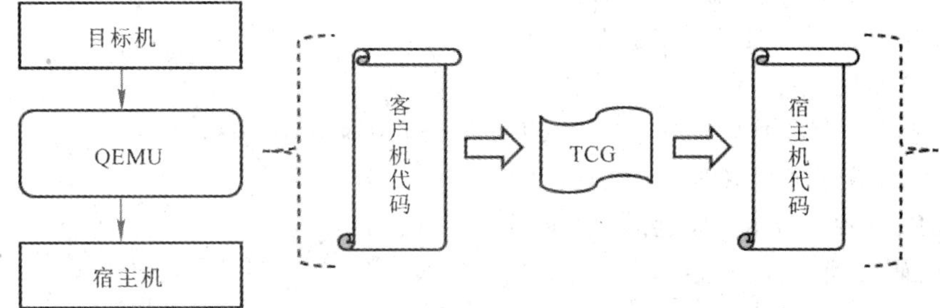

图 6-3　QEMU 指令动态翻译过程

将运行在虚拟 CPU 上的代码叫做客户机代码，QEMU 的主要功能就是不断提取客户机代码并且转换成宿主机指定架构的代码。整个翻译任务分为两个部分：第一部分将客户机代码转换成 TCG 中间代码；第二部分将中间代码转换成宿主机代码。

QEMU 的代码结构非常清晰，但是内容复杂，下面对总体结构进行分析：

(1) 开始执行。比较重要的 C 语言文件有 vl.c、cpus.c、exec-all.c、exec.c 和 cpu-exec.c。QEMU 的 main 函数定义在 vl.c 中，它也是执行的起点，这个函数的功能主要是建立一个虚拟的硬件环境，负责初始化内存、初始化设备模拟、设置 CPU 参数、初始化 KVM 等。然后程序跳转到其他的分支文件上继续执行，包括 cpus.c、exec-all.c、exec.c 和 cpu-exec.c 等文件。

(2) 硬件模拟。所有的硬件设备都在/hw/目录下面，所有的设备都有独自的文件，包括总线、串口、网卡、鼠标等等。它们通过设备模块串在一起，在 vl.c 中的 machine _init 中初始化。

(3) 目标机器。现在 QEMU 可以模拟的 CPU 架构有 Alpha、ARM、Cris、i386、M68K、PPC、Sparc、Mips、MicroBlaze、S390X 和 SH4 等。QEMU 使用./configure 脚本文件进行配置，这个脚本文件会自动读取宿主机的 CPU 架构，并且在编译时就编译对应架构的代码。模拟不同 CPU 架构的 QEMU 所执行的任务不同，所以不同架构下的 QEMU 代码放置在不同的目录下面。/target-arch/目录对应于相应架构的代码，如/target-i386/就对应了 x86 系列的代码部分。虽然不同架构 QEMU 的做法不同，但都是为了将对应客户机 CPU 架构的代码转换成 TCG 的中间代码。这个就是 TCG 实现的前半部分。

(4) 主机。这部分就是使用 TCG 代码生成主机的代码。这部分代码存放在/tcg/目录中，该目录也对应了不同的架构，分别在不同的子目录中，如 i386 架构代码存放在/tcg/i386 中。整个生成宿主机代码的过程就是 TCG 实现的后半部分。

(5) 文件总结和补充。

/vl.c 文件包含最主要的模拟循环、虚拟机机器环境初始化和 CPU 的执行。

/target-arch/translate.c 文件将客户机代码转换成不同架构的 TCG 操作码。

/tcg/tcg.c 文件包含主要的 TCG 代码。

/tcg/arch/tcg-target.c 文件将 TCG 代码转换生成主机代码。

/cpu-exec.c 文件中的 cpu-exec()函数主要寻找下一个 TB(翻译代码块)，如果未找到，就请求得到下一个 TB，并且操作生成的代码块。

2. TCG 动态翻译

QEMU 在 0.9.1 版本之前使用 DynGen 翻译 C 代码，在需要的时候 TCG 动态地转换代码。新的代码从 TB 中生成以后，被保存到一个 CACHE 中；因为很多相同的 TB 会被反复地操作，所以类似于内存的 CACHE 能够提高使用效率。CACHE 的刷新使用 LRU(Least Recently Used，最近最少使用)算法。TCG 代码转换过程如图 6-4 所示。

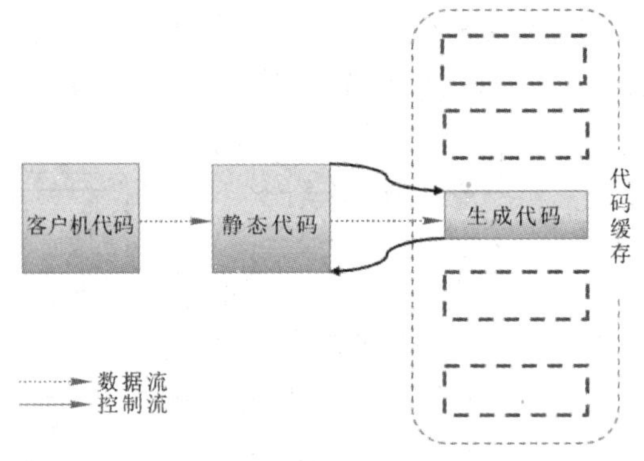

图 6-4　TCG 代码转换过程

编译器在执行时会从源代码中产生目标

代码，像 GCC 这种编译器，会产生一些特殊的汇编目标代码，这些汇编目标代码能够让编译器知道何时需要调用函数，需要调用什么函数，以及函数调用以后需要返回什么。这些特殊的汇编代码产生过程就叫做函数的 Prologue 和 Epilogue，即前端和后端。

函数的后端要恢复前端的状态，主要需执行以下两个过程：

(1) 恢复堆栈的指针，包括栈顶和基地址。

(2) 修改 cs(代码段寄存器)和 ip(指令指针寄存器)，程序回到之前的前端记录点。

TCG 就如编译器一样可以产生目标代码，代码会保存在缓冲区中，当进入前端和后端的时候就会将 TCG 生成的缓冲代码插入到目标代码中。

下面分析代码动态翻译的过程。动态翻译的基本思想就是把每一条 Target 指令切分成若干条微操作(由微命令控制实现的最基本操作)，每条微操作由一段简单的 C 代码来实现，运行时通过一个动态代码生成器把这些微操作组合成一个函数，最后执行这个函数，就相当于执行了一条 Target 指令。这种思想的基础是 CPU 指令都是规则的，每条指令的长度、操作码、操作数都有固定的格式，根据前面就可推导出后面，所以只需通过反汇编引擎分析出指令的操作码、输入参数、输出参数等，剩下的工作就是编码为 Host 指令了。

CPU 指令看似名目繁多，异常复杂，实际上不外乎以下几大类：数据传送、算术运算、逻辑运算、程序控制。例如，数据传送包括传送指令(如 MOV)、堆栈操作(PUSH、POP)等；程序控制包括函数调用(CALL)、转移指令(JMP)等。

基于此，TCG 把微操作按以上几大类定义(代码见 tcg/i386/tcg-target.c 文件)进行分解，例如其中一个最简单的函数 tcg_out_movi：

```
// tcg/tcg.c
static inline void tcg_out8(TCGContext *s, uint8_t v)
{
        *s->code_ptr++ = v;
}
static inline void tcg_out32(TCGContext *s, uint32_t v)
{       *(uint32_t *)s->code_ptr = v;
        s->code_ptr += 4;
}
// tcg/i386/tcg-target.c
static inline void tcg_out_movi(TCGContext *s, TCGType type,int ret, int32_t arg)
{
        if (arg == 0) {
        /* xor r0,r0 */
        tcg_out_modrm(s, 0x01 | (ARITH_XOR << 3), ret, ret);
        } else {
tcg_out8(s, 0xb8 + ret);   //输出操作码，ret 是寄存器索引
tcg_out32(s, arg);         //输出操作数
        }
}
```

0xb8～0xbf 正是 x86 指令中 MOV 系列操作的十六进制码，所以，tcg_out_movi 的功能就是输出 MOV 操作的指令码到缓冲区中。可以看到，TCG 在生成目标指令的过程中是采用硬编码的方式，也就是将数据嵌入到程序或其他可执行对象的源代码中。因此，要让 TCG 运行在不同的 Host 平台上，就必须为不同的平台编写微指令函数。

3. TB 链

在 QEMU 中，从代码缓存(CACHE)到静态代码，再回到代码缓存，这个过程比较耗时，所以在 QEMU 中设计了一个 TB 链将所有 TB 连在一起，可以让一个 TB 执行完以后直接跳到下一个 TB，而不用每次都返回到静态代码部分，具体过程如图 6-5 所示。

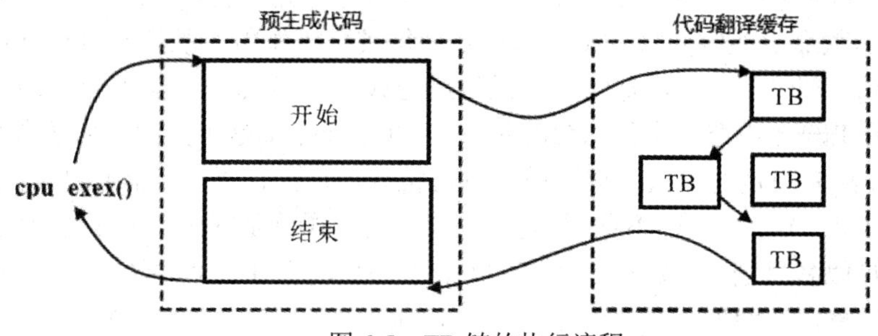

图 6-5　TB 链的执行流程

4. QEMU 的 TCG 代码分析

TCG(iny Code Generator)起源于一个 C 编译器后端，后被简化成 QEMU 的动态代码生成器，成为 QEMU 的翻译引擎，主要负责分析、优化 Target 代码以及生成 Host 代码，具体执行流程如下：

(1) 在 vl.c 文件中的 main 函数创建单板机。

```
current_machine =
MACHINE(object_new(object_class_get_name(OBJECT_CLASS(machine_class))));
```

(2) 启动单板机，执行如下命令，此时会调用 mac99 单板机对应的模型，其建模过程对应 QEMU 源码中的 hw\ppc\mac_newworld.c 文件。

```
./qemu-system-ppc -M mac99
```

(3) 初始化 CPU(ac_newworld.c 文件中调用)。

```
core99_machine_class_init->(mc->init=ppc_core99_init)
```

中的 ppc_core_init 函数实现了创建 CPU 的具体过程，代码如下：

```
for (i = 0; i<smp_cpus; i++) {
        cpu = POWERPC_CPU(cpu_create(machine->cpu_type));
        env = &cpu->env;
        /* Set time-base frequency to 100 Mhz */
        cpu_ppc_tb_init(env, TBFREQ);
        qemu_register_reset(ppc_core99_reset, cpu);
    }
```

(4) 在创建 CPU 时，为每一个 vCPU 创建一个 vCPU 线程，代码如下：

```
ppc_cpu_class_init->ppc_cpu_realize->qemu_init_vcpu
```

其中，qemu_init_vcpu 函数的定义在 cpus.c 文件中，具体实现代码如下：

```
void qemu_init_vcpu(CPUState *cpu)
{
    cpu->nr_cores = smp_cores;
    cpu->nr_threads = smp_threads;
    cpu->stopped = true;
    if (!cpu->as) {
        cpu->num_ases = 1;
        cpu_address_space_init(cpu, 0, "cpu-memory", cpu->memory);
    }
    if (kvm_enabled()) {
        qemu_kvm_start_vcpu(cpu);
    } else if (hax_enabled()) {
        qemu_hax_start_vcpu(cpu);
    } else if (hvf_enabled()) {
        qemu_hvf_start_vcpu(cpu);
    } else if (tcg_enabled()) {
        qemu_tcg_init_vcpu(cpu);
    } else if (whpx_enabled()) {
        qemu_whpx_start_vcpu(cpu);
    } else {
        qemu_dummy_start_vcpu(cpu);
    }
    while (!cpu->created) {
        qemu_cond_wait(&qemu_cpu_cond, &qemu_global_mutex);
    }
}
```

其中，该函数调用了 qemu_tcg_init_vcpu 函数，qemu_tcg_init_vcpu 函数调用 qemu_thread_create 函数创建一个 vCPU 线程，代码如下：

```
qemu_thread_create(cpu->thread, thread_name, qemu_tcg_cpu_thread_fn, cpu, QEMU_THREAD_
JOINABLE);
```

接下来 qemu_tcg_cpu_thread_fn 调用 tcg_cpu_exec，然后 tcg_cpu_exec 调用 cpu_exec。

(5) 重点解析 cpu_exec 函数，该函数位于 accel\tcg\cpu-exec.c 文件中，其中 tb=tb_find(cpu, last_tb, tb_exit, cflags)用来查找 TB(translation block)，查找到 TB 之后会调用 cpu_loop_exec_tb(cpu, tb, &last_tb, &tb_exit)函数来执行翻译好的主机代码，tb_find 函数代

码如下：

```
static inline TranslationBlock *tb_find(CPUState *cpu,
                                        TranslationBlock *last_tb,
                                        int tb_exit, uint32_t cf_mask)
{
    TranslationBlock *tb;
    target_ulongcs_base, pc;
    uint32_t flags;
    tb = tb_lookup__cpu_state(cpu, &pc, &cs_base, &flags, cf_mask);
    if (tb == NULL) {
            mmap_lock();
            tb = tb_gen_code(cpu, pc, cs_base, flags, cf_mask);
            mmap_unlock();
            atomic_set(&cpu->tb_jmp_cache[tb_jmp_cache_hash_func(pc)], tb);
    }
#ifndef CONFIG_USER_ONLY
    if (tb->page_addr[1] != -1) {
    last_tb = NULL;
    }
#endif
    /* See if we can patch the calling TB. */
    if (last_tb) {
        tb_add_jump(last_tb, tb_exit, tb);
    }
    return tb;
}
```

上述代码的主要功能是返回翻译好的 TB，首先调用 tb=tb_lookup_cpu_state(cpu, &pc, &cs_base, &flags, cf_mask)函数查看该 PC 对应的代码是否已经翻译，如果翻译，则直接返回 TB；如果没有翻译，则需要调用 tb_gen_code 函数来进行翻译。如果该基本块不在缓存中，则需要使用 tb_gen_code 函数进行翻译并放到缓存中。

tb_lookup__cpu_state 函数会调用 cpu_get_tb_cpu_state 获取当前客户机的 pc 寄存器中的值，接下来调用 tb_jmp_cache_hash_func，根据 pc 的值获取存储 TB 的 hash 表的索引；接下来调用 atomic_rcu_read(&cpu->tb_jmp_cache[hash])函数来获取 cache 中存储的 TB。tb_htable_lookup 函数中通过调用 get_page_addr_code 函数获取客户机操作系统的物理内存地址(phys_pc)。

5. QEMU 中的 ioctl

在 QEMU 中，用户空间的 QEMU 是通过 ioctl(input/output control)与内核空间的 KVM 模块进行通信的。

1) 创建 KVM

在/vl.c 中通过 kvm_init()将会创建各种 KVM 的结构体变量，并且通过 ioctl 与已经初始化好的 KVM 模块进行通信，创建虚拟机，然后创建 vCPU，等等。

2) KVM_RUN

这个 ioctl 是使用最频繁的，整个 KVM 的运行就在不停地执行这个 ioctl，当 KVM 需要 QEMU 处理一些指令和 I/O 时，就会通过这个 ioctl 退回到 QEMU 进行处理，否则会一直在 KVM 中执行。KVM_RUN 的初始化过程如下：

在 vl.c 中调用 machine_init 函数初始化硬件设备，然后调用 pc_init_pci 与 c_init1 函数。接着通过下面的一系列函数来初始化 KVM 的主循环和 CPU 的循环，其中，在 CPU 的循环过程中不断执行 KVM_RUN 指令与 KVM 模块交互。

```
    pc_init1->pc_cpus_init->pc_new_cpu->cpu_x86_init->qemu_init_vcpu->kvm_init_vcpu->ap_main_
loop->kvm_main_loop_cpu->kvm_cpu_exec->kvm_run
```

3) KVM_IRQ_LINE

ioctl 和 KVM_RUN 是不同步的，它的调用频率非常高，是一般中断设备的中断注入入口。当设备有中断时，通过 ioctl 调用 KVM 里的 kvm_set_irq，将中断注入到虚拟的中断控制器。然后 KVM 会进一步判断中断属于什么类型，并在合适的时机写入 VMCS(Virtual Machine Control Structure，虚拟机控制结构)中。在 KVM_RUN 中会不断地同步虚拟中断控制器，来获取需要注入的中断。

6.2.2 QEMU 线程事件模型

1. QEMU 的事件驱动核心

事件驱动架构以派发事件到处理函数为核心进行循环操作。QEMU 的主事件循环是 main_loop_wait()，它主要完成以下工作：

(1) 等待文件描述符变成可读或可写。文件描述符(File Descriptors)是一个关键角色，因为 files、sockets、pipes 以及其他资源都使用文件描述符来表示，qemu_set_fd_handler()函数用于实现文件描述符的增加。

(2) 处理到期的定时器(Timer)。qemu_mod_timer()函数用于实现定时器的添加。

(3) 执行下半部分(Bottom-Halves，BHs)。它和定时器类似，会立即过期。BHs 用来放置回调函数的重入和溢出。BHs 的添加可使用 qemu_bh_schedule()函数。

当一个文件描述符准备完毕、一个定时器过期或者一个 BHs 被调度时，事件循环就会调用一个回调函数来响应这些事件。回调函数对于自身的运行环境有两条要求遵守的规则：

(1) 程序中没有其他核心代码同时在执行，不需要考虑同步问题。对于核心代码来说，回调函数是线性和原子执行的。在任意给定的时间里，只有一个线程控制执行核心代码。

(2) 不应该执行可阻断系统调用或是长运行计算(Long-Running Computations)。由于事件循环在继续其他事件时会等待当前回调函数返回，所以如果违反这条规则，会导致客户机暂停并且使管理器无响应。

第二条规则有时很难遵守，因为在 QEMU 中会有代码被阻塞。事实上，qemu_aio_wait()

函数内部还有嵌套循环，它会等待顶层事件循环处理完毕再继续执行。庆幸的是，这些违反规则的部分会在未来重新架构代码时被移除。新代码几乎没有合理的理由被阻塞，而解决方法之一就是使用专属的工作线程来卸载这些长执行或者会被阻塞的代码。

2. QEMU 中的线程分类

(1) 主线程：执行循环，主要做三件事情。

① 执行 select 操作，查询文件描述符有无读/写操作。

② 执行定时器回调函数。

③ 执行下半部分(BHs)回调函数。采用 BHs 的原因主要是避免可重入性和调用栈溢出。

(2) 执行客户机代码的线程：只讨论 KVM 执行客户机代码情况(不考虑 TCG，TCG 采用动态翻译技术)，如果有多个 vCPU，就意味着存在多个线程。

(3) 异步 I/O 文件操作线程：提交 I/O 操作请求到队列中，该线程从队列取请求，并进行处理。

(4) 主线程与执行客户机代码同步线程：不能同时运行，要通过一个全局互斥锁实现。

3. QEMU 线程代码分析

1) 主线程

函数 main_loop_wait 是主线程的主要执行函数，当文件描述符、定时器或下半部分(BHs)触发相应事件后，将执行相应回调函数。

```
void main_loop_wait(int timeout){
    ret = select(nfds + 1, &rfds, &wfds, &xfds, &tv);
      if (ret > 0) {
        IOHandlerRecord *pioh;
        QLIST_FOREACH(ioh, &io_handlers, next) {
            if (!ioh->deleted && ioh->fd_read && FD_ISSET(ioh->fd, &rfds)) {
              ioh->fd_read(ioh->opaque);
              if (!(ioh->fd_read_poll && ioh->fd_read_poll(ioh->opaque)))
                FD_CLR(ioh->fd, &rfds);
            }
            if (!ioh->deleted && ioh->fd_write && FD_ISSET(ioh->fd, &wfds)) {
              ioh->fd_write(ioh->opaque);
              }
        }
      }
      qemu_run_timers(&active_timers[QEMU_CLOCK_HOST],qemu_get_clock(host_clock));
      /*最后检查下半部分，以防事件过早触发*/
      qemu_bh_poll();
}
```

对于 select 函数轮询文件描述符，以及该描述符执行操作函数，主要通过 qemu_set_fd_handler()和 qemu_set_fd_handler2()函数添加完成。

```
int qemu_set_fd_handler(int fd,
        IOHandler *fd_read,
        IOHandler *fd_write,
        void *opaque);
int qemu_set_fd_handler2(int fd,
        IOCanRWHandler *fd_read_poll,
        IOHandler *fd_read,
        IOHandler *fd_write,
        void *opaque)
```

对于到期执行的定时器函数，回调函数是由 qemu_new_timer()函数添加的，触发是由 qemu_mod_timer()函数修改的。

```
EMUTimer *qemu_new_timer(QEMUClock *clock, QEMUTimerCB *cb, void *opaque)
void qemu_mod_timer(QEMUTimer *ts, int64_t expire_time)
```

下半部分(BHs)要添加调度函数，则由函数 qemu_bh_new()和 qemu_bh_schedule()完成。

```
EMUBH *qemu_bh_new(QEMUBHFunc *cb, void *opaque)
void qemu_bh_schedule(QEMUBH *bh)
```

2) 执行客户机代码的线程

当初始化客户机硬件时，每个 CPU 创建一个线程，每个线程执行 ap_main_loop 函数，该函数运行 kvm_run 函数和客户机代码。

```
/* PC hardware initialisation */
        static void pc_init1(ram_addr_t ram_size,
        const char *boot_device,
        const char *kernel_filename,
        const char *kernel_cmdline,
        const char *initrd_filename,
        const char *cpu_model,
        int pci_enabled)
{
        for (i = 0; i < smp_cpus; i++) {
        env = pc_new_cpu(cpu_model);
        }
}
void kvm_init_vcpu(CPUState *env)
{
        pthread_create(&env->kvm_cpu_state.thread, NULL, ap_main_loop, env);
        while (env->created == 0)
            qemu_cond_wait(&qemu_vcpu_cond);
}
```

执行客户机代码的线程调用函数 ap_main_loop，该函数最终调用函数 kvm_main_loop_cpu。其工作流程如下：

(1) 注入中断，执行客户机代码，解决客户机退出问题，例如 KVM_EXIT_MMIO，KVM_EXIT_IO。如果解决成功，继续运行；失败则进入步骤(2)。

(2) 该步骤中，如果 vCPU 存在着已传递但是还没有处理的信号 SIG_IPI、SIGBUS，则该线程阻塞，暂停处理客户机代码，直到处理完相应信号。

如果上述过程完成，则继续运行执行客户机代码。

```
static int kvm_main_loop_cpu(CPUState *env)
{
    while (1) {
        int run_cpu = !is_cpu_stopped(env);
        if (run_cpu && !kvm_irqchip_in_kernel()) {
            process_irqchip_events(env);
            run_cpu = !env->halted;
        }
        if (run_cpu) {
            kvm_cpu_exec(env);
            kvm_main_loop_wait(env, 0);
        } else {
            kvm_main_loop_wait(env, 1000);
        }
    }
    pthread_mutex_unlock(&qemu_mutex);
    return 0;
}
static void kvm_main_loop_wait(CPUState *env, int timeout)
{
    struct timespec ts;
    int r, e;
    siginfo_t siginfo;
    sigset_t waitset;
    sigset_t chkset;
    ts.tv_sec = timeout / 1000;
    ts.tv_nsec = (timeout % 1000) * 1000000;
    sigemptyset(&waitset);
    sigaddset(&waitset, SIG_IPI);
    sigaddset(&waitset, SIGBUS);
    do {
            pthread_mutex_unlock(&qemu_mutex);
            r = sigtimedwait(&waitset, &siginfo, &ts);
```

```
            e = errno;
            pthread_mutex_lock(&qemu_mutex);
            if (r == -1 && !(e == EAGAIN || e == EINTR)) {
                printf("sigtimedwait: %s\n", strerror(e));
                exit(1);
            }
            switch (r) {
    case SIGBUS:
                kvm_on_sigbus(env, &siginfo);
                break;
                default:
                break;
        }
        r = sigpending(&chkset);
        if (r == -1) {
            printf("sigpending: %s\n", strerror(e));
            exit(1);
            }
        } while (sigismember(&chkset, SIG_IPI) || sigismember(&chkset, SIGBUS));
        cpu_single_env = env;
        flush_queued_work(env);
        if (env->stop) {
            env->stop = 0;
            env->stopped = 1;
            pthread_cond_signal(&qemu_pause_cond);
        }
        env->kvm_cpu_state.signalled = 0;
    }
```

3) 异步 I/O 文件操作线程

创建 I/O 文件操作线程，进行读/写操作。可以通过 Linux 系统下的调试工具 GDB 进行跟踪，查看 I/O 线程的运行情况。

```
    static void spawn_thread(void)
    {   sigset_t set, oldset;
        cur_threads++;
        idle_threads++;
        /* block all signals */
        if (sigfillset(&set)) die("sigfillset");
        if (sigprocmask(SIG_SETMASK, &set, &oldset))
            die("sigprocmask");
```

```
        thread_create(&thread_id, &attr, aio_thread, NULL);
    if (sigprocmask(SIG_SETMASK, &oldset, NULL))
        die("sigprocmask restore");
}
static void qemu_paio_submit(struct qemu_paiocb *aiocb)
{
    aiocb->ret = -EINPROGRESS;
    aiocb->active = 0;
    mutex_lock(&lock);
    if (idle_threads == 0 && cur_threads < max_threads)
        spawn_thread();
        QTAILQ_INSERT_TAIL(&request_list, aiocb, node);
        mutex_unlock(&lock);
        cond_signal(&cond);
}
```

可见，启动一次 bdrv_aio_readv 或者 raw_aio_writev 操作，则创建一个 aio_thread 线程。

```
static BlockDriverAIOCB *raw_aio_readv(BlockDriverState *bs, int64_t sector_num,
        QEMUIOVector *qiov, int nb_sectors, BlockDriverCompletionFunc *cb, void *opaque)
{
    return raw_aio_submit(bs, sector_num, qiov, nb_sectors,
    cb, opaque, QEMU_AIO_READ);
}
```

4) 主线程与执行客户机代码同步线程

主线程与执行客户机代码线程不能同时运行，要通过一个全局互斥锁 qemu_global_mutex 来实现，具体代码如下：

```
void main_loop_wait(int timeout)
{
    qemu_mutex_unlock_iothread();                //开锁
    ret = select(nfds + 1, &rfds, &wfds, &xfds, &tv);
    qemu_mutex_lock_iothread();              //锁住
}
```

执行客户机代码时不需要锁定：

```
int kvm_cpu_exec(CPUState *env)
{
    qemu_mutex_unlock_iothread();                //开锁
    ret = kvm_vcpu_ioctl(env, KVM_RUN, 0);
    qemu_mutex_lock_iothread();              //锁住
}
```

6.2.3　Libkvm 模块

Libkvm 模块是 QEMU 和 KVM 内核模块中间的通信模块，虽然 KVM 的应用程序编程接口比较稳定，同时也提供了/dev/kvm 设备文件作为 KVM 的 API 接口。但是考虑到未来的扩展性，KVM 开发小组提供了 Libkvm 模块。此模块封装了针对设备文件/dev/kvm 的具体 ioctl 操作，同时还提供了关于 KVM 的相关初始化函数，这样就使 Libkvm 模块成了一个可复用的用户空间的控制模块，供其他程序开发包使用，比如 Libvirt 等。

6.2.4　Virtio 组件

Virtio 是半虚拟化 Hypervisor 中位于设备之上的抽象层。Virtio 由 Rusty Russell 开发，他当时的目的是支持自己的虚拟化解决方案 lguest。Linux 提供各种 Hypervisor 解决方案，包括 KVM、lguest 和 User-mode Linux 等。这些解决方案都有自己的特点，但在 Linux 上配备这些不同的 Hypervisor 解决方案会给操作系统带来负担，负担的大小取决于各个解决方案的需求，其中的一项开销即为设备的虚拟化。Virtio 虽没有提供多种设备模拟机制(包括网络、块设备和其他驱动程序)，但为这些设备的模拟提供了一个通用的前端驱动(Front-end Driver)，从而可以使接口标准化和增加代码的跨平台重用。

在开始学习 Virtio 组件的内容之前，需要先了解半虚拟化和模拟设备的相关内容。

完全虚拟化和半虚拟化是两种类型完全不同的虚拟化模式。在完全虚拟化中，客户操作系统运行在位于物理机器上的 Hypervisor 之上。客户操作系统并不知道它已被虚拟化，并且不需要任何更改就可以在该配置下工作。相反，在半虚拟化中，客户操作系统不仅知道它运行在 Hypervisor 之上，还包含让客户操作系统更高效地过渡到 Hypervisor 的代码。

在完全虚拟化模式中，Hypervisor 位于系统会话的最底层，负责硬件设备的模拟。虽然完全虚拟化模式实现了客户机所需的各种硬件设备，但是其软件模拟的实现方式导致了设备 I/O 的低效率和高复杂性。完全虚拟化模式下的设备模拟分层结构如图 6-6 所示。

在半虚拟化模式中，客户操作系统和 Hypervisor 能够共同合作，让模拟更加高效。半虚拟化模式的缺点是操作系统知道它被虚拟化，并且需要修改才能工作。半虚拟化模式下的设备模拟分层结构如图 6-7 所示。

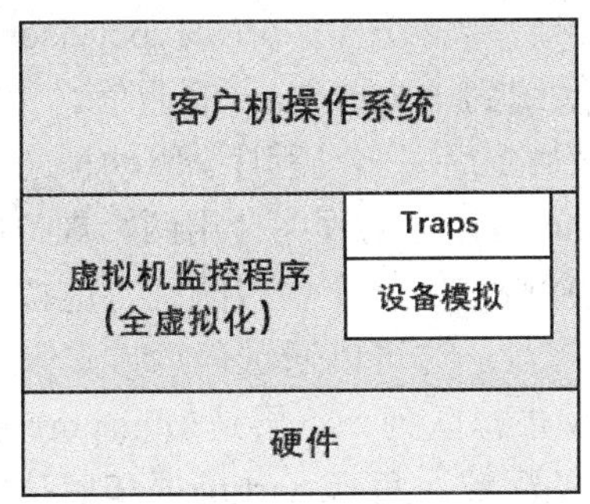

图 6-6　完全虚拟化环境下的设备模拟

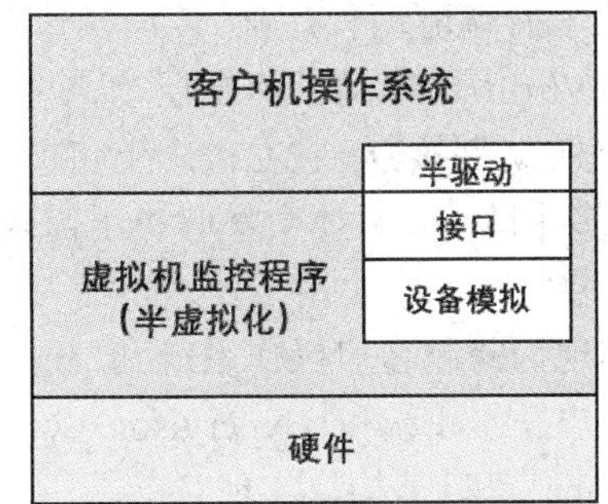

图 6-7　半虚拟化模式下的设备模拟分层结构

硬件随着虚拟化技术而不断改变。新的处理器通过纳入高级指令来让客户操作系统到 Hypervisor 的过渡更加高效。此外，硬件也随着输入/输出的虚拟化而不断改变。但是在传统的完全虚拟化模式中，Hypervisor 必须捕捉客户机发送的访问硬件资源的请求，然后模拟物理硬件的行为。尽管这样提供了很大的灵活性(即运行未更改的操作系统)，但它的效率比较低。图 6-7 所示为半虚拟化示例。在这里，客户操作系统知道它运行在 Hypervisor 之上，并包含了充当前端的驱动程序。Hypervisor 为特定的设备模拟实现后端驱动程序(Back-end Driver)。Virtio 组件位于前端与后端驱动程序之间，为开发模拟设备提供了标准化接口，从而增加代码的跨平台重用率并提高代码效率。

1. Virtio 组件的驱动程序抽象

Virtio 是对半虚拟化 Hypervisor 中的一组通用模拟设备的抽象。该设置还允许 Hypervisor 导出一组通用的模拟设备，并通过一个通用的应用编程接口(API)让它们变得可用。图 6-8 展示了 Virtio 组件的驱动程序抽象。有了半虚拟化 Hypervisor 之后，客户操作系统能够实现一组通用的接口，在一组后端驱动程序之后采用特定的设备模拟。后端驱动程序不必是通用的，因为它们只实现前端所需的行为。

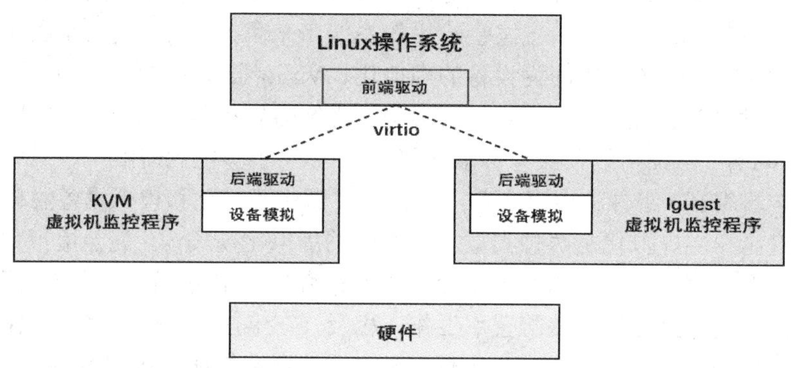

图 6-8　Virtio 的驱动程序抽象

注意：在现实中，设备模拟发生在使用 QEMU 的用户空间，因此后端驱动程序与 Hypervisor 的用户空间交互，通过 QEMU 为 I/O 提供便利。QEMU 是一个系统模拟器，它不仅提供客户操作系统虚拟化平台，还提供整个系统(PCI 主机控制器、磁盘、网络、视频硬件、USB 控制器和其他硬件设备)的模拟。

2. Virtio 架构

除了前端驱动程序(在客户操作系统中实现)和后端驱动程序(在 Hypervisor 中实现)之外，Virtio 还定义了两个层次来支持客户操作系统到 Hypervisor 的通信。上层(virtio 层)是虚拟队列接口，它在概念上将前端驱动程序附加到后端驱动程序。驱动程序可以使用 0 个或多个队列，具体数量取决于需求。例如，Virtio 网络驱动程序使用两个虚拟队列，一个用于接收，另一个用于发送，而 Virtio 块驱动程序仅使用一个虚拟队列。虚拟队列实际上被实现为跨越客户操作系统和 Hypervisor 的衔接点。这可以通过任意方式来实现，前提是客户操作系统和 Hypervisor 以相同的方式实现虚拟队列。下层是 transport 层，利用 virtio_ring 基础架构，实现对前端驱动的具体功能的配置，负责 virtio 层和后端驱动，进而到 Hypervisor 的交互(数据的接收和发送)，具体实现位于 driver/virtio/virtio_ring.c。

如图 6-9 所示，列出了 5 个前端驱动程序，分别为块设备 virto-blk(比如磁盘)、网络设备 virtio-net、PCI 模拟 virtio-pci、balloon 驱动程序 virtio-balloon 和 console 驱动程

序 virtio-console。每个前端驱动程序在 Hypervisor 中有一个对应的后端驱动程序。

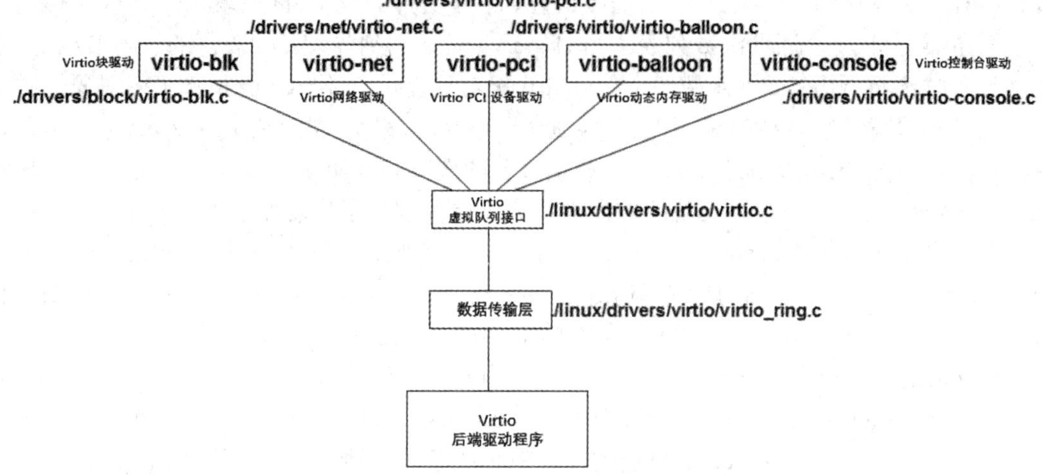

图 6-9　Virtio 框架架构

从客户操作系统的角度来看，对象层次结构的定义如图 6-10 所示。在顶级的是 virtio_driver，它在客户操作系统中表示前端驱动程序。与该驱动程序匹配的设备由 virtio_device(设备在客户操作系统中的表示)封装，使用 virtio_config_ops 结构(它定义了配置 Virtio 设备的操作)。virtio_device 被 virtqueue 引用，并添加到虚拟设备队列中，同时每个 virtqueue 对象引用 virtqueue_ops 对象，virtqueue_ops 对象定义处理 Hypervisor 的驱动程序的底层队列操作。队列操作是 Virtio API 的核心，下面详细探讨 virtqueue_ops 的操作。

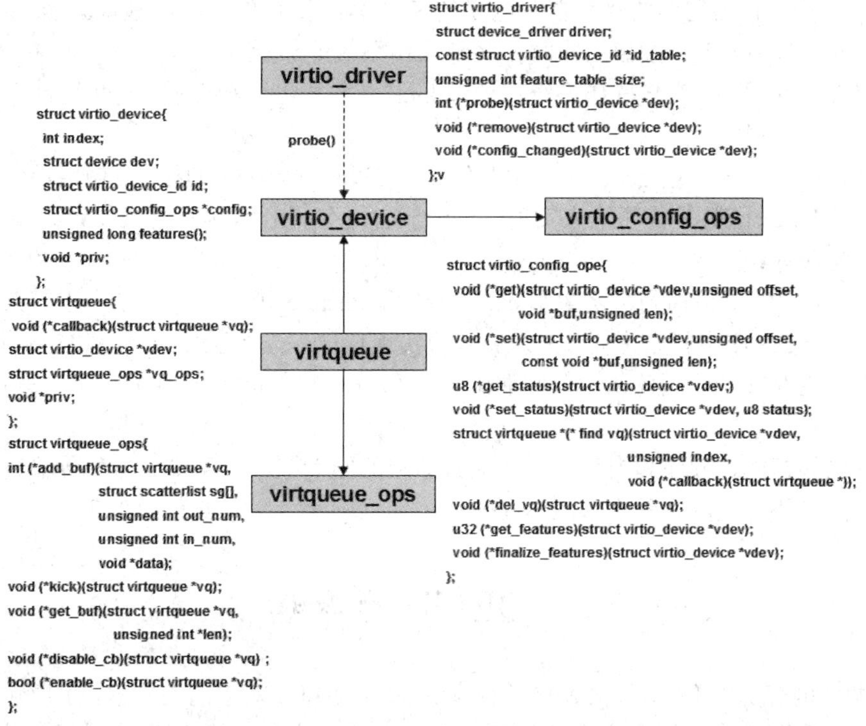

图 6-10　Virtio 前端的对象层次结构

前后端驱动的交互流程以创建 virtio_driver 并通过 register_virtio_driver 进行注册开始。virtio_driver 结构定义上层设备驱动程序、驱动程序支持的设备 ID 列表、一个特性表单(取决于设备类型)和一个回调函数列表。当 Hypervisor 识别到与设备列表中的设备 ID 相匹配的新设备时，将调用 probe 函数(由 virtio_driver 对象提供)来传入 virtio_device 对象，并将这个对象和设备的管理数据进行缓存(以独立于驱动程序的方式缓存)。Hypervisor 可以调用 virtio_config_ops 函数来获取或设置特定设备的选项，例如，为 virtio_blk 设备获取磁盘的 Read/Write 状态或设置块设备的块大小，具体情况取决于启动器的类型。

要识别与该 virtio_device 相关联的 virtqueue，需要结合使用 virtio_config_ops 对象和 find_vq 函数。该对象返回与这个 virtio_device 实例相关联的虚拟队列。find_vq 函数还允许为 virtqueue 指定一个回调函数(查看图 6-10 中的 virtqueue 结构)。

virtqueue 是一个简单的结构，它识别一个可选的回调函数(在 Hypervisor 使用缓冲池时调用)、一个到 virtio_device 的引用、一个到 virtqueue 操作的引用，以及一个底层实现的特殊 priv 引用。虽然 callback 是可选的，但是它能够动态地启用或禁用回调。

该层次结构的核心是 virtqueue_ops，它定义了客户操作系统和 Hypervisor 之间移动命令和数据的方式。

3. 核心 API

virtio_device 和 virtqueue 将客户机操作系统中的驱动程序与 Hypervisor 驱动程序链接起来。virtqueue 支持自己独有的 API 集合，使用函数 add_buf 向 Hypervisor 提供请求。对于 add_buf 函数发送的请求，客户机操作系统提供用于将请求添加到队列的 virtqueue、列表(地址和长度数组)、用于输出条目(目标是底层 Hypervisor)的缓冲池数量，以及用于输入条目(Hypervisor 将为它们储存数据并返回到客户操作系统)的缓冲池数量。当 virtqueue 通过 add_buf 向 Hypervisor 发出请求时，客户操作系统能够通过 kick 函数通知 Hypervisor。为了获得最佳的性能，客户操作系统在通过 kick 函数发出通知之前，将尽可能多的缓冲池装载到 virtqueue 中。

客户机操作系统通过 get_buf 函数触发来自 Hypervisor 的响应，并调用该函数或通过 virtqueue callback 函数等待通知来实现轮询。当缓冲区可用时，客户机操作系统调用 get_buf 函数返回完成的缓冲区。

virtqueue API 的最后两个函数是 enable_cb 和 disable_cb，分别用来启用或禁用回调进程(通过在 virtqueue 中初始化的 callback 函数实现)。注意，该回调函数和 Hypervisor 都位于独立的地址空间中，因此调用该回调函数需要通过一个间接的 Hypervisor 来触发(比如 kvm_hypercall)。

缓冲区的格式、顺序和内容仅对前端和后端的驱动程序有意义。内部传输过程仅移动缓冲区，并且不知道其中的内部表示。

6.3 QEMU 内存模型

QEMU 内存 API 仿真了 QEMU 的内存、I/O 总线以及对应的控制器，主要包括常规内存、I/O 映射内存(MMIO)、内存控制器(将物理内存动态地映射到不同的虚拟地址空间)的仿真：

QEMU 内存模型主要包括以下功能：

(1) 跟踪目标机内存的变化。

(2) 为 KVM 建立共享内存(Coalesced Memory)。

(3) 为 KVM 建立 ioeventfd region。

QEMU 的内存以 Memory Region(MR)对象为单位被组织成无环的树形结构，树的根是从 CPU 的角度(the System Bus)可见的内存(System Memory)，树中的节点表示其他总线、内存控制器以及被重新映射过的内存区域，叶子节点表示真正的 RAM Region 和 MMIO Region。QEMU 中包含四种类型的 Memory Region，通过 C 数据结构 struct Memory Region 来表示：

(1) RAM Region：目标机可用的主机上的一段虚拟地址空间。

(2) MMIO Region：注册了 read 和 write 回调函数(Callbacks Function)的一段目标机地址空间，对这段空间的读/写操作将会调用主机上的回调函数。

(3) Container：多个 Memory Region 的集合，每个 MR 在 Container 中有不同的 offset。

(4) Alias：某个 MR 的 subsection。Alias 类型的 MR 可以指向任何其他类型的 MR。

Memory Region 的 name 通过每个 MR 的构造函数进行赋值，对于大多数的 MR 来说，其 name 仅在调试时使用，但有时也用来定位在线迁移的内存。每个 MR 通过构造函数 memory_region_init*()来创建，并通过析构函数 memory_region_destrory()来销毁，然后通过 memory_region_add_subregion()将其添加到目标系统的地址空间中，并通过 memory_region_del_subregion()从地址空间中删除。另外，每个 MR 的属性在任何地方都可以被改变。通常来说，不同的 MR 不会重叠，但有时 MR 的重叠是很有用的。目标系统可通过 memory_region_add_subregion_overlap()允许同一个 Container 中的两个 MR 的地址空间重叠，重叠的 MR 具有优先级属性(priority)，用来标识当前哪个 MR 是可见的。

当目标系统访问某个地址空间时，QEMU 内存管理系统按照如下规则选择一个 MR：

(1) 从根节点按照降序的优先级进行匹配。

(2) 如果当前的 MR 是叶子节点，搜索过程终止。

(3) 如果当前 MR 是 Container，相同的算法在 Container 中搜索。

(4) 如果当前 MR 是 Alias，搜索从 Alias 指向的 MR 继续进行。

图 6-11 是简单的 PC 内存映射图，4 GB 的 RAM 地址空间通过两个 Alias MR 被映射到目标系统的地址空间中。其中 lomem 采用一一映射的方式共映射了 4 GB 地址空间的前 3.5 GB，himem 映射到剩下的 0.5 GB 的地址空间(图 6-11 中被称为 pc-hole)。内存控制器将 640～768 KB 的 RAM 地址重新映射到 PCI 地址空间，命名为 vga-window，并且比原来 RAM 中的这段地址空间有更高的优先级，保证了访问这段地址空间的正确性和有效性。

在系统中，只有 System Memory 管理的地址空间是 CPU 可见的，PCI 地址空间并不是 System Memory 的孩子节点，通过创建 vga-window 和 pci-hole 两个 PCI 地址空间中两个子空间别名的方式，可使 PCI 地址空间中的部分 Region 对 CPU 是可见的。

Memory Region 的属性包括 read-only、dirty logging、coalesced mmio、ioeventfd 等，MMIO 类型的 Memory Region 提供了 read()和 write()两个回调函数，另外还附加了一些限制条件来控制对两个回调函数的调用。

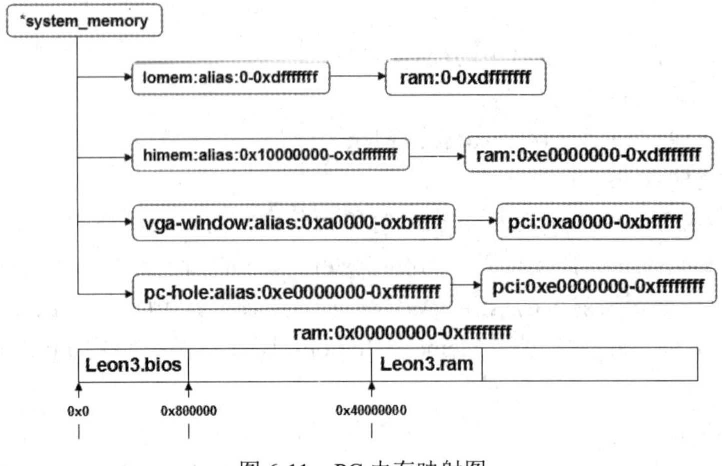

图 6-11　PC 内存映射图

6.4　QEMU 的 PCI 总线与设备

6.4.1　PCI 结构简介

每一个 PCI 设备都对应一段内存空间，其中按照地址位置放置 PCI 设备的信息，如表 6-1 所示，包括厂家信息、bar 信息、中断等等；也可以理解成一个数组，一些设备一出厂，相关的信息已经写在里面，模拟设备的所有信息都要进行动态的读和写，这里只列出了相关的数据。

表 6-1　PCI 设备信息

PCI 设备内存高地址	PCI 设备内存低地址			
	0x00	0x04	0x08	0x0C
0x00	Vendor ID Dev ID	command		
0x10	bar0 addr	bar1 addr	bar2 addr	bar3 addr
0x20	bar4 addr	bar5 addr		
0x30			interrupt line	

6.4.2　QEMU 的 PCI 总线

QEMU 在初始化硬件的时候，最开始的函数就是 pc_init1。在这个函数里面会相继初始化 CPU、中断控制器、ISA 总线，然后就要判断是否需要支持 PCI，如果支持，则需调用 i440FX_init 初始化 PCI 总线。

i440FX_init 函数的主要参数是初始化好的 ISA 总线以及中断控制器，返回值是 PCI 总线，初始化之后就可以挂载设备了。PCI 总线的初始化代码如下：

```
dev = qdev_create(NULL, "i440FX-pcihost");
s = FROM_SYSBUS(I440FXState, sysbus_from_qdev(dev));
```

```
b = pci_bus_new(&s->busdev.qdev, NULL, 0);
s->bus = b;
qdev_init_nofail(dev);
d = pci_create_simple(b, 0, "i440FX");
*pi440fx_state = DO_UPCAST(PCII440FXState, dev, d);
piix3 = DO_UPCAST(PIIX3State,dev,pci_create_simple_multifunction(b, -1,true, "PIIX3"));
piix3->pic = pic;
pci_bus_irqs(b, piix3_set_irq, pci_slot_get_pirq, piix3, 4);
(*pi440fx_state)->piix3 = piix3;
```

经过上面的初始化，就得到了系统的主 PCI 总线 b，接着就可以挂载设备。另外，在 Linux 中可以使用“lspci -t”命令来查看 PCI 总线的结构图。

6.4.3 QEMU 的 PCI-PCI 桥

在 QEMU 中，所有的设备包括总线、桥、一般设备等都对应一个设备结构，通过 register 函数将所有的设备链接起来。在 QEMU 启动的时候会初始化所有的 QEMU 设备，而对于 PCI 设备来说，QEMU 在初始化以后还会进行一次 RESET，将所有的 PCI bar 上的地址清空，然后进行统一分配。

QEMU 的 PCI 默认设备都是挂载在主总线上，PCI-PCI 桥的作用是连接两个总线，然后进行终端和 I/O 的映射。为了方便起见，QEMU 把 Power PC 架构里面的 DEC 桥拿来使用，关键就是包含相关头文件，修改 x86 下面的配置文件，将 DEC 桥配置好，这种 i440FX 加 DEC 的组合在真实设备上并不常见。

有了现成的桥，使用起来就很简单了，代码如下(参数是之前的主 PCI 总线，返回子总线)：

```
sub_bus= pci_dec_21154_init(pci_bus,-1);
```

DEC 桥的初始化过程如下：

```
PCIBus *pci_dec_21154_init(PCIBus *parent_bus, int devfn)
{
    PCIDevice *dev;
    PCIBridge *br;
    dev = pci_create_multifunction(parent_bus, devfn, false, "dec-21154-p2p-bridge");
    br = DO_UPCAST(PCIBridge, dev, dev);
    pci_bridge_map_irq(br, "DEC 21154 PCI-PCI bridge", dec_map_irq);
    qdev_init_nofail(&dev->qdev);
    return pci_bridge_get_sec_bus(br);
}
static int dec_21154_initfn(PCIDevice *dev)
{
```

```
        int rc;
        rc = pci_bridge_initfn(dev);
        if (rc < 0) {
            return rc;
        }
        pci_config_set_vendor_id(dev->config, PCI_VENDOR_ID_DEC);
        pci_config_set_device_id(dev->config, PCI_DEVICE_ID_DEC_21154);
        return 0;
    }
```

通过上面的几个关键步骤，就能初始化一个 QEMU 的 PCI 桥设备。使用“lspci -t”命令能够看到 QEMU 的初始化桥的结构图。

6.4.4　QEMU 的 PCI 设备

一般的 PCI 设备其实和桥很像，甚至更简单，可以通过 class 属性和 bar 地址来区分桥和一般设备。下面给出一个标准的 PCI 设备结构：

```
    static PCIDeviceInfo fpga_info={
        .qdev.name = "fpga",
        .qdev.size = sizeof(FPGAState),
        .init = pci_fpga_init,
    };
    static void fpga_register_devices(void)
{
        pci_qdev_register(&fpga_info);
    }
        device_init(fpga_register_devices);
```

在上面的过程中，pci_fpga_init 函数实现了 fpga 设备的相关初始化操作(申请地址空间、分配设备操作接口等)。其中最重要的是给 bar 分配 I/O 地址，调用函数如下：

```
pci_register_bar(&s->dev,0,0x800,PCI_BASE_ADDRESS_SPACE_IO,fpga_ioport_map);
```

其中，第一个参数是设备；第二个参数是 bar 的编号，每个 PCI 设备有 6 个 bar，对应 0～5，可以在表 6-1 中看到这 6 个 bar，后文代码中出现的 region 变量代表的就是表中描述的 bar，这里 QEMU 设置第二个参数为 0，也就是编号为 0 的 bar；第三个参数是分配的 I/O 地址空间范围；第四个参数表示 I/O 类型是 PIO 而不是 MMIO；最后一个参数是 I/O 读/写映射函数。

这里我们会发现一个问题：并没有给设备分配 I/O 空间的基地址，只有一个空间长度。这也进一步说明 PCI 设备在 QEMU 中一般是随机动态分配空间的，通过不断地更新映射操作(updatemapping)来更新 I/O 空间的映射。

当 PCI 设备结构都构造好以后，就可以通过 pci_create_simple_multifunction(sub_bus, -1, true, "fpga"))来挂载设备了，这里的 sub_bus 就是 6.4.3 小节中通过创建 PCI-PCI 桥得到的子总线。

通过上述 QEMU 源码的剖析，我们了解了 QEMU 中的 PCI 设备，并且熟悉了 QEMU 添加 PCI 桥和 PCI 设备的实现细节。但是遗留了一个问题：如何给一个 PCI 设备的 bar 动态分配一个 I/O 基地址？下面的内容将进一步讨论。

结合 6.4.3 小节，此时，在 QEMU 中已经成功地虚拟了一个 PCI 桥和一个 PCI 设备，接下来 QEMU 将给它们分配固定的 I/O 基地址。

要给 PCI 设备分配固定的 I/O 基地址，就需要先了解 PCI 设备是如何刷新和分配 I/O 基地址的。

1. PCI 设备的重置与刷新

当 PCI 设备需要设置 PCI 重置时，比如第一次启动，I/O 重叠等就需要重置 PCI 设备，并且清空 PCI bar 上面的地址信息，主要调用函数为 pci_device_reset。

```
void pci_device_reset(PCIDevice *dev)
{
    int r;
    ...
    ...
    dev->config[PCI_CACHE_LINE_SIZE] = 0x0;
    dev->config[PCI_INTERRUPT_LINE] = 0x0;
    for (r = 0; r < PCI_NUM_REGIONS; ++r) {
      PCIIORegion *region = &dev->io_regions[r];
      if (!region->size) {
        continue;
      }
    if (!(region->type & PCI_BASE_ADDRESS_SPACE_IO) &&
        region->type & PCI_BASE_ADDRESS_MEM_TYPE_64)
{
        pci_set_quad(dev->config + pci_bar(dev, r), region->type);
} else {
        pci_set_long(dev->config + pci_bar(dev, r), region->type);
        pci_update_mappings(dev);
      }
    }
        pci_update_mappings(dev);
}
```

刷新 I/O 地址函数展开如下：

```
static void pci_update_mappings(PCIDevice *d)
{
    PCIIORegion *r;
```

```
    int i;
    pcibus_t new_addr, filtered_size;
    for(i = 0; i < PCI_NUM_REGIONS; i++) {
      r = &d->io_regions[i];
      if (!r->size)
        continue;
    new_addr = pci_bar_address(d, i, r->type, r->size);
    filtered_size = r->size;
    if (new_addr != PCI_BAR_UNMAPPED) {
        pci_bridge_filter(d, &new_addr, &filtered_size, r->type);
    }
    if (new_addr == r->addr && filtered_size == r->filtered_size)
        continue;
        ...
        ...
    }
}
```

得到设备 bar 上存储的基地址的函数展开如下：

```
static pcibus_t pci_bar_address(PCIDevice *d, int reg, uint8_t type, pcibus_t size)
{
    pcibus_t new_addr, last_addr;
    int bar = pci_bar(d, reg);
    uint16_t cmd = pci_get_word(d->config + PCI_COMMAND);
    if (type & PCI_BASE_ADDRESS_SPACE_IO) {
      if (!(cmd & PCI_COMMAND_IO)) {
        return PCI_BAR_UNMAPPED;
    }
    new_addr = pci_get_long(d->config + bar) & ~(size - 1);
    last_addr = new_addr + size - 1;
    if (last_addr <= new_addr || new_addr == 0 || last_addr > UINT16_MAX) {
        return PCI_BAR_UNMAPPED;
    }
    return new_addr;
}
...
...
}
```

从这里可以看到，要保证地址不被清空，只需保证之前有基地址，而且合法即可。所以，只要 reset 不清空地址，那么这里只要地址合法，就不会清空映射好的地址。

当刷新得到新地址以后，就可进行与父桥的地址匹配，函数展开如下：

```
static void pci_bridge_filter(PCIDevice *d, pcibus_t *addr, pcibus_t *size, uint8_t type)
{
    ...
    ...
    base = MAX(base, pci_bridge_get_base(br, type));
    limit = MIN(limit, pci_bridge_get_limit(br, type));
    if (base > limit) {
      goto no_map;
    }
    *addr = base;
    *size = limit - base + 1;
    return;
    no_map:
      *addr = PCI_BAR_UNMAPPED;
      *size = 0;
}
```

从这个函数可以看出，设备的地址分配是受桥的地址分配约束的，只要桥的地址分配了，设备的地址就只能分配在桥的范围内，否则就会被置为无效，然后重新分配，一直到分配在桥的范围内为止。所以只要固定了桥的地址，自然就固定了设备的地址。因此只需要初始化桥的地址，并且在 reset 的时候跳过桥的基地址进行重置，就能实现设备和桥地址的固定。

添加桥的初始地址，因为桥的地址固定写在 bar3 上，通过写 20 可以将基地址固定在 0x2000 上，同时还需要写命令位，设置为 1。

```
static int dec_21154_initfn(PCIDevice *dev)
{
    ...
    ...
    pci_set_word(dev->config + PCI_BASE_ADDRESS_3,0x2020);
    pci_set_word(dev->config + PCI_COMMAND,0x1);
    void pci_device_reset(PCIDevice *dev);
    return 1;
}
```

在重置桥的时候需要过滤 QEMU 的桥，通过 dev 的名字可以识别 QEMU 自定义的设备，如果是 QEMU 的设备，就不重置，直接进行 I/O 映射的更新。

```
void pci_device_reset(PCIDevice *dev)
{
  if(strcmp(dev->name,"dec_name")==0){
```

```
        pci_update_mappings(dev);
        return;
    }
    ...
    ...
}
```

通过上面的步骤就能实现一般的 I/O 基地址固定，可以在 Linux 中使用 cat /proc/ioports 命令来查看当前 PCI 设备的 I/O 映射地址关系。

2. 直接重写 config_write 函数

由于客户机操作系统的实现差异，QEMU 中 PCI 设备的初始化过程可能会有区别，有些不能够自适应分配 I/O 基地址设备的，就需要强行重写 PCI 配置的读/写函数，也就是本节中介绍的 config_write 函数的直接重写。

在 QEMU 中，每一个 PCI 设备都要注册一个读/写配置函数，用来提供给操作系统读/写 PCI 设备的内存信息，通过读/写这两个函数，就能实现对 PCI 设备 I/O 基地址的设置。而 QEMU 的 I/O 基地址之所以会动态变化，是因为这个函数将新的 I/O 基地址写到了 QEMU 虚拟的 PCI 设备的 bar 里，造成 QEMU 自己设置的基地址被覆盖。如果 QEMU 不重写它，就使用系统默认的配置函数，不改变重写的数值，如果 QEMU 有特殊的需求，如强行给 PCI 内存赋值，就可以重写这个函数。

如果这样做，QEMU 就需要修改之前定义的设备结构体。在结构体里增添.config_write 和.config_read，并且在 write 里强行把基地址写成 QEMU 想固定的地址。

```
static PCIDeviceInfo fpga_info={
    .qdev.name = "fpga",
    .qdev.size = sizeof(FPGAState),
    .init = pci_fpga_init,
    .config_write = fpga_config_write,
    .config_read = fpga_config_read,
  };
  void fpga_write_config(PCIDevice *d, uint32_t addr, uint32_t val, int l)
  {
  if(addr = 0x10)
    pci_default_write_config(d,addr,0x20,l);
  else
    pci_default_write_config(d,addr,val,l);
}
```

同样的方法也可以用在桥里面，将桥的 I/O 基地址固定。PCI 桥的基地址是放在 bar3 上的，判断时要判断 Id，如：

```
if(addr==Id)
```

```
        pci_bridge_write_config(d,addr,0x20,l);
    else
        pci_bridge_write_config(d,addr,val,l);
```

这样，QEMU 就强行将两者的 I/O 基地址固定了，并且 KVM I/O 拦截运行正常。

QEMU 通过上面两种改写，能够确保模拟出来的 PCI 总线设备和桥固定在 QEMU 想要的 I/O 空间段，不用系统随机分配。这样做可以满足 QEMU 一些特殊化需求，如某些板子的某些设备是固定 I/O 地址的，而相应的操作系统不是通过 class 和 subclass、vendor、device ID 等来读取设备，而是通过固定 I/O 来访问设备的。这样的改写对一些固定的操作系统有更强的兼容性，也在一定的程度上可以帮助我们更深入地理解 PCI 设备，理解硬件与操作系统的 I/O 交互。

本 章 小 结

本章首先分析了 QEMU 的三种运行模型，对后面从源码的层面理解 QEMU 有一定的指导作用。接下来深入剖析了 QEMU 的源码结构，同时针对 QEMU 最核心的三部分(线程事件模型、Libkvm 模块以及 Virtio 组件)给出了详细的解释和分析。QEMU 作为虚拟设备的模拟器，重点是模拟内存和 PCI 设备，因此本章对 QEMU 内存模型和 PCI 设备的模拟给出了具体的介绍和分析。通过本章的学习，读者可以对 QEMU 从整体架构到具体实现有一个系统的认识和把握。

本 章 习 题

1. 简述 QEMU 的软件构成。
2. 简述 QEMU 的三种运行模式。
3. 简述 QEMU 指令动态翻译的过程。
4. 简述 QEMU 内存模型包含的主要功能。

第 7 章

KVM 内核模块解析

本章主要围绕 KVM 的内核模块的源码进行解析，首先阐述 KVM 内核模块的架构，分析 Makefile 文件和内核源码结构，然后对 KVM 模块的 API 进行详细的剖析，包括 API 中重要的结构体和常见接口调用方式，最后介绍 KVM 内核模块中的重要数据结构以及重要流程的具体实现，以便读者能够更深入地了解 KVM 虚拟化的底层实现逻辑。

知识结构图

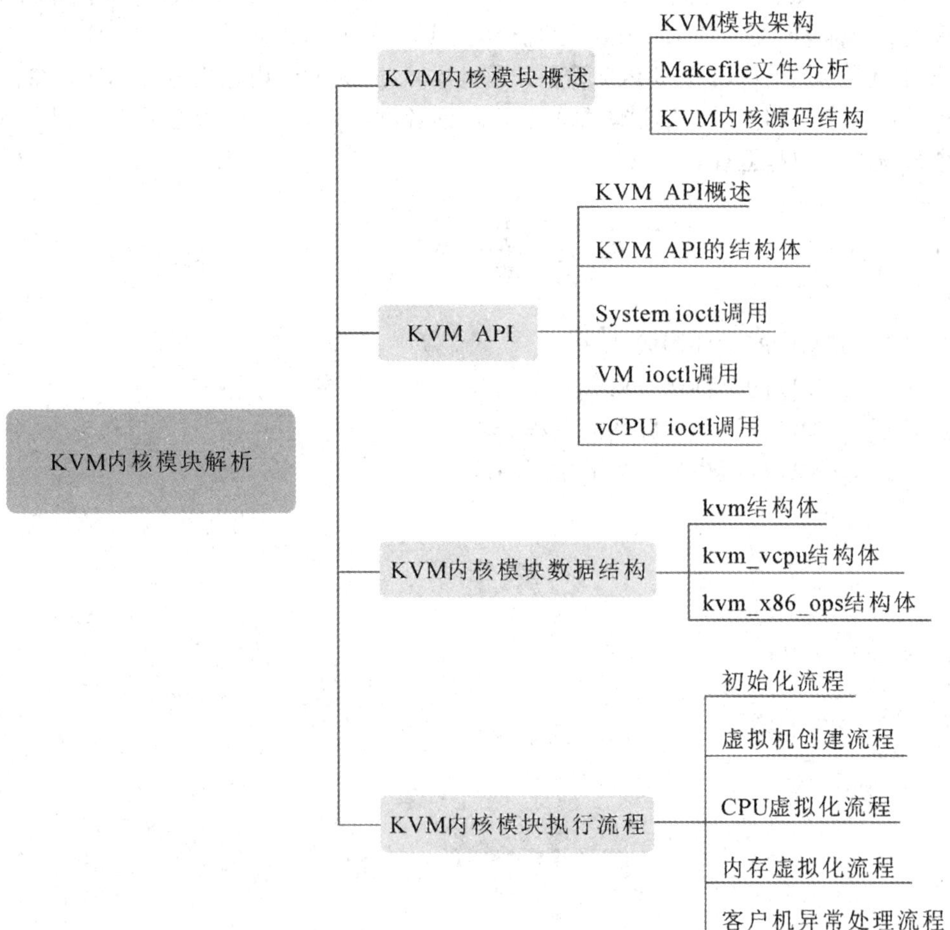

本章重点

- 了解 KVM 内核模块的架构。
- 熟悉 KVM 涉及的内核源码结构。
- 熟悉 KVM API 中的常用结构体。
- 掌握 System ioctl、VM ioctl 和 vCPU ioctl 的调用。
- 熟悉 KVM 内核中的数据结构。
- 理解 KVM 内核中的初始化流程、虚拟机创建流程。

本章任务

了解 KVM 内核模块的架构，熟悉模块中涉及的相关源码结构以及 KVM API 中的常用结构体，掌握 System ioctl、VM ioctl 和 vCPU ioctl 三种调用的方法，熟悉 KVM 内核中的常用数据结构，理解 KVM 内核中初始化流程和虚拟机的创建流程。

7.1 KVM 内核模块概述

KVM 是一种用于 Linux 内核中的虚拟化基础设施，可以将 Linux 内核转化为一个 Hypervisor。KVM 在 2007 年 2 月被导入 Linux 2.6.20 内核版本中，以可加载内核模块的方式被移植到 FreeBSD 和 Illumos 上。

KVM 作为开源虚拟化的 Linux 内核模块，与其他虚拟化技术相比有其独有的特性：

(1) KVM 是基于 x86 架构且支持硬件虚拟化技术(如 Intel VT 或 AMD-V)的 Linux 全虚拟化解决方案。

(2) KVM 包含一个为处理器提供底层虚拟化的可加载的核心模块 kvm.ko(Intel 处理器的 kvm-intel.ko 或 AMD 处理器的 kvm-amd.ko)。

(3) KVM 能在不改变 Linux 或 Windows 镜像的情况下同时运行多个虚拟机，即多个虚拟机使用同一镜像，并为每一个虚拟机配置个性化硬件环境，包括网卡、磁盘、图形适配器、处理器等。

(4) KVM 需要一个经过修改的 QEMU 软件作为虚拟机上层控制和应用界面。

7.1.1 KVM 模块架构

为什么需要操作系统虚拟化？因为随着 CPU 计算能力的提高，单独的操作系统已经不能充分利用 CPU 的计算能力，例如：

(1) 很多应用的执行需要单独占用一个操作系统的环境，如安全测试等；

(2) IaaS 云计算厂商以操作系统为单位销售计算能力。

在操作系统虚拟化方案中，由 Hypervisor 取代原生的操作系统控制具体硬件资源，同时 Hypervisor 将资源分配给具体的 VM，VM 中运行的是没有修改过的操作系统；为了让 VM 中的操作系统能正常运行，Hypervisor 的任务就是模拟具体的硬件资源，让操作系统不能识别出真假。

在虚拟化方案中，对于应用程序来讲，操作系统是硬件资源管理中心，Hypervisor 作为 VM 的操作系统，实现资源的调度。KVM 就是基于这一点，利用现有的 Linux 内核代码，构建了一个 Hypervisor，使内存分配、进程调度等功能无须重写代码即可执行。我们称 Hypervisor 为宿主机 Host，虚拟机为客户机 Guest。

Guest OS 保证客户操作系统中的程序正常执行，用户空间对应的是 QEMU，内核空间对应的是 KVM 驱动。KVM 驱动负责模拟虚拟机的 CPU 运行、内存管理、设备管理等，QEMU 本身就是一个虚拟化程序，只是纯软件实现，虚拟化效率低；它被 KVM 优化后，作为 KVM 的前端存在，用来创建进程、模拟虚拟机的 I/O 设备接口以及用户态控制接口。QEMU 通过 KVM 的 FD(文件描述符)和 IOCTL 系统调用来控制 KVM 驱动的运行过程。KVM 模块的整体架构如图 7-1 所示。

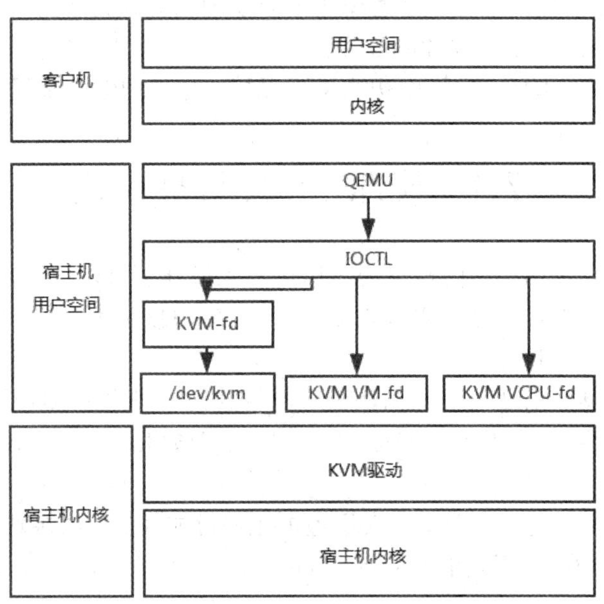

图 7-1　KVM 模块的整体架构

7.1.2　Makefile 文件分析

在源码中涉及 KVM 的主要有两个目录，virt 和 arch/x86/kvm。virt 目录主要包含内核中非硬件体系架构相关的部分，如 IOMMU、中断控制等。其他部分主要包含在 arch/x86/kvm 目录中。

按照分析 Linux Kernel 代码的惯例，Makefile 和 Kconfig 是理解源代码结构最好的地图。打开 Kconfig 可以看到，里面提供了三个主要的菜单选项：KVM、KVM-INTEL、KVM-AMD。KVM 选项是 KVM 的开关，而 KVM-XXX 选项对应目前两大 CPU 厂商 INTEL 和 AMD。

在 KVM 的 Makefile 文件中，可以查看到 KVM 的代码文件组织结构。KVM 的 Makefile 文件如下：

```
EXTRA_CFLAGS += -Ivirt/kvm -Iarch/x86/kvm
CFLAGS_x86.o := -I.
CFLAGS_svm.o := -I.
```

```
CFLAGS_vmx.o := -I.
kvm-y += $(addprefix ../../../virt/kvm/, kvm_main.o ioapic.o \
        coalesced_mmio.o irq_comm.o eventfd.o \
        assigned-dev.o)
kvm-$(CONFIG_IOMMU_API) += $(addprefix ../../../virt/kvm/, iommu.o)
kvm-y += x86.o mmu.o emulate.o i8259.o irq.o lapic.o \
        i8254.o timer.o
kvm-intel-y += vmx.o
kvm-amd-y += svm.o
obj-$(CONFIG_KVM)       += kvm.o
obj-$(CONFIG_KVM_INTEL) += kvm-intel.o
obj-$(CONFIG_KVM_AMD)   += kvm-amd.o
```

内核代码中的$(CONFIG_KVM)部分是预编译条件，如果在 Linux 内核的配置中配置了该选项，则$CONFIG_KVM 会通过预编译替换成 y，obj-$(CONFIG_KVM) += kvm.o 就成为了 obj-y+= kvm.o。

在最后三行，可以看到该 Makefile 主要由三个模块生成：kvm.ko、kvm-intel.ko 和 kvm-amd.ko。前一个是 KVM 的核心模块，后两个是 KVM 的平台架构独立模块。

在 KVM 的核心模块中，包含了 IOMMU(Input/Output Memory Management Unit，输入/输出内存管理单元)、中断控制、KVM Arch、设备管理等部分的代码，这些代码组成了虚拟机管理的核心功能。从这些功能中可以看到，KVM 并没有尝试实现一个完整的操作系统虚拟化，而是将最重要的 CPU 虚拟化、I/O 虚拟化和内存虚拟化部分针对硬件辅助的能力进行了有效的抽象和对接，并开放 API 供上层应用使用。

7.1.3 KVM 内核源码结构

要想理解 KVM 的内核源码结构，首先要了解 KVM 的基本工作原理：用户模式的 QEMU 利用接口 Libkvm 通过 IOCTL 系统调用进入 Linux 内核模式。KVM Driver 为虚拟机创建虚拟内存和虚拟 CPU 后执行 vmlauch 指令进入宿主机 CPU 的客户模式，装载 Guest OS 执行。如果 Guest OS 发生外部中断或者影子页表缺页之类的事件，暂停 Guest OS 的执行，退出客户模式，进行一些必要的处理。处理完毕后重新进入客户模式，执行客户代码。如果发生 I/O 事件或者信号队列中有信号到达，就会进入用户模式进行处理。KVM 采用全虚拟化技术，客户机不用修改就可以运行。KVM 工作原理如图 7-2 所示。

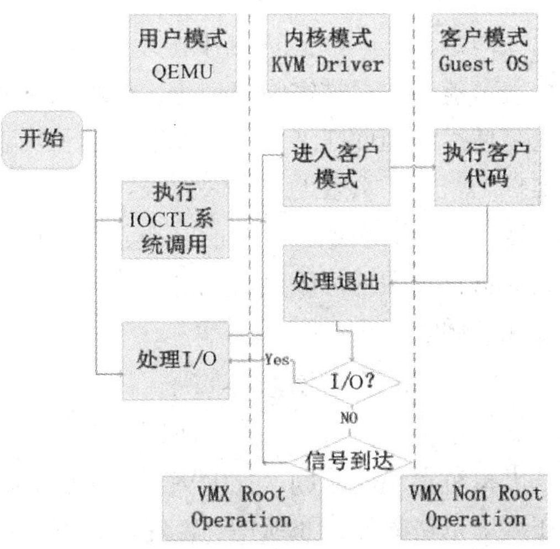

图 7-2 KVM 工作原理

KVM 内核模块的实现主要包括三大部分：虚拟机的调度执行、内存管理、设备管理。

1. KVM 虚拟机的调度执行

VMM 虚拟机(Guest OS)调度执行时，QEMU 通过 IOCTL 系统调用进入内核模式，在 KVM Driver 中通过 get_cpu 获得对当前物理 CPU 的引用。之后将 Guest OS 状态从 VMCS(Virtual Machine Control Structure，虚拟机控制结构)中读出，并装入物理 CPU 中。执行 vmlauch 指令，使得物理处理器进入非内核态，运行客户代码。

当 Guest OS 执行一些特权指令或者外部事件时，比如 I/O 访问、对控制寄存器的操作、MSR(Microsoft Reserved Partition，Microsoft 保留分区)的读/写数据包到达等，都会导致物理 CPU 发生虚拟机退出，从而停止运行 Guest OS 代码。这时将 Guest OS 保存到 VMCS 中，将宿主机状态装入物理处理器，物理处理器进入内核模式，KVM 取得控制权，读取 VMCS 中 VM_EXIT_REASON 字段以得到引起虚拟机退出的原因，再调用 kvm_exit_handler 函数。如果 Guest OS 需要的 I/O 信号到达，物理 CPU 转到用户模式，接下来的工作交给 QEMU 处理，处理完毕后，继续运行虚拟 CPU。如果 Guest OS 是因为外部中断发生虚拟机退出，KVM 则在 Libkvm 中做一些必要的处理，然后重新进入客户模式，执行客户机代码。

2. KVM 内存管理

KVM 使用影子页表实现客户物理地址到宿主机物理地址的转换。影子页表初始为空，随着虚拟页访问时间的增加被逐渐建立，并随着客户机页表的更新而更新。在 KVM 中提供了一个哈希列表和哈希函数，以客户机页表项中的虚拟页号和该页表项所在页表的级别作为键值，通过该键值进行查询。如果不为空，则表示该对应的影子页表项中的物理页号已经存在并且所指向的影子页表已经生成；如果为空，则需新生成一张影子页表，KVM 将获取指向该影子页表的主机物理页号填充到相应的影子页表项的内容中，同时以客户机页表虚拟页号和页表所在的级别生成键值，在代表该键值的哈列希列表中填入主机物理页号，以备查询。

但是，一旦 Guest OS 中出现进程切换，整个影子页表将全部删除重建，而刚被删掉的页表可能很快又被客户机使用；如果只更新相应的影子页表的表项，旧的影子页表就可以重复使用。因此在 KVM 中采用将影子页表中对应主机物理页的客户虚拟页写保护，并且维护一张影子页表的逆向映射表，即从宿主机物理地址到客户虚拟地址之间的转换表。这样客户机对页表或页目录的修改就可以触发一个缺页异常，从而被 KVM 捕获，对客户页表或页目录项的修改就可以同样作用于影子页表，通过这种方式实现影子页表与客户机页表保持同步。

3. KVM 设备管理

一个机器只有一套 I/O 地址和设备。设备的管理和访问是操作系统中的突出问题，也是虚拟机实现的难题。在 KVM 中通过移植 QEMU 中的设备模型进行设备的管理和访问。在无虚拟化的操作系统中，软件使用可编程 I/O(Programmable Input/Output，PIO)和内存映射 I/O(Memory Mapping Input/Output，MMIO)与硬件交互，而硬件可以发出中断请求，由操作系统处理。在有虚拟机的情况下，虚拟机必须要捕获并且模拟 PIO 和 MMIO 的请求，模拟虚拟硬件中断。

(1) PIO 的捕获：PIO 请求由硬件直接提供。当 VM 发出 PIO 指令时，会导致虚拟机退出，然后硬件会将虚拟机退出原因及对应的指令写入 VMCS 控制结构中，这样 KVM 就会模拟 PIO 指令。

(2) MMIO 的捕获：对 MMIO 页的访问会导致缺页异常，然后被 KVM 捕获，通过 x86 模拟器模拟执行 MMIO 指令。

KVM 中的 I/O 虚拟化都是通过用户空间的 QEMU 实现的。而所有 PIO 和 MMIO 的访问都是被转发到 QEMU 的。QEMU 模拟硬件设备提供给虚拟机使用，KVM 通过异步通知机制以及 I/O 指令的模拟来完成设备访问，这些通知包括虚拟中断请求、信号驱动机制以及 VM 间的通信。

下面以虚拟机接收数据包为例来说明虚拟机和设备的交互。KVM 的 I/O 模型如图 7-3 所示。

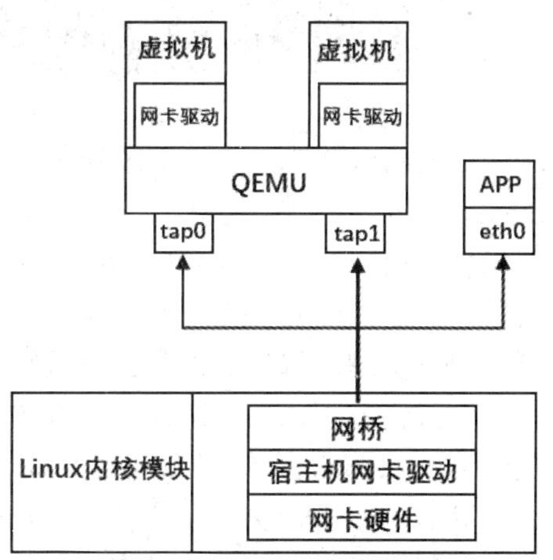

图 7-3　KVM 的 I/O 模型

(1) 当数据包到达主机的物理网卡硬件后，调用宿主机网卡驱动程序，在其中利用 Linux 内核中的软件网桥，实现数据的转发。

(2) 在软件网桥这一层，判断数据包是发往哪个设备的；同时调用网桥的发送函数，向对应的端口发送数据包。

(3) 若数据包是发往虚拟机的，则要通过 tap 设备进行转发，tap 设备由两部分组成，即网络设备和字符设备。网络设备负责接收和发送数据包，字符设备负责将数据包送往内核空间和用户空间进行转发。tap 网络设备收到数据包后，将 tap 设备文件符置位，同时向正在运行的 VM 的进程发出 I/O 可用信号，引起虚拟机退出，然后停止 VM 运行，进入物理 CPU 的内核态。KVM 根据 KVM_EXIT_REASON 判断原因，模拟 I/O 指令的执行，将中断注入到 VM 的中断向量表中。

(4) 转到用户模式的 QEMU 中，执行设备模型。执行完毕后返回到 KVM main_loop，执行 KVM main_loop_wait 函数；在这个函数里收集对应设备的设备文件描述符的状态，此时 tap 设备文件描述符的状态同样被收集到 fd set。

(5) KVM 中的 main_loop 不停地循环，通过 select 系统调用判断哪个文件描述符的状态发生了变化，相应地调用对应的处理函数。

7.2　KVM API

7.2.1　KVM API 概述

KVM API 是一组 ioctl 指令的集合，主要功能是控制虚拟机的整个生命周期。KVM 所提供的用户空间 API 从功能上可以分为三种类型，如表 7-1 所示。

表 7-1　KVM API 的三种类型

API 类型	功能说明
System 指令	主要针对虚拟机的全局性参数进行查询和设置，以及用于虚拟机创建等控制操作
VM 指令	主要针对可以影响具体 VM 虚拟机的属性进行查询和设置，比如内存大小设置、vCPU 创建等。注意：VM 指令不是进程安全的
vCPU 指令	主要针对具体的 vCPU 进行参数设置，比如 MRU 寄存器读/写、中断控制等

KVM API 是通过一个字符设备进行访问的。这个字符设备在 Linux 系统的/dev 目录下，设备名是 kvm，在/dev 目录下键入“ls -l kvm”，可以看到关于 kvm 字符设备的一些详细信息，如图 7-4 所示。

```
root@ubuntu:/dev# ls -l kvm
crw------- 1 root root 10, 232 Jan 26 02:37 kvm
```

图 7-4　kvm 字符设备详细信息

/dev/kvm 作为 Linux 系统的一个标准字符型设备，可以使用常见的系统调用，如 open、close、ioctl 等指令进行操作。因为/dev/kvm 字符设备的实现函数中，没有包含 write、read 等操作，所以对 kvm 字符设备的所有操作都是通过 ioctl 指令发送对应的控制指令字来实现的。其中，ioctl 函数是设备驱动程序中对设备的 I/O 通道进行管理的函数。所谓对 I/O 通道进行管理，就是对设备的一些特性进行控制。

一般情况下，用户态程序对 KVM API 的操作是从打开 kvm 设备文件开始的，通过调用 open 函数会获得针对 kvm 模块的一个句柄，这个句柄其实是文件描述符。在系统调用 ioctl 执行的时候，文件描述符指定当前设备为/dev/kvm。ioctl 配合特定的控制命令，告诉 kvm 字符设备进行特定的操作，比如，KVM_CREATE_VM 指令字表示创建一个虚拟机，同时会返回此虚拟机对应的 fd 文件描述符。利用此 fd 文件描述符可以执行 VM 指令，对具体的虚拟机进行控制。而针对 vCPU 的文件描述符，又可以执行 vCPU 指令，设置具体 vCPU 的各项参数。

7.2.2　KVM API 的结构体

用户空间程序与 KVM 的交互中，关于 KVM Hypervisor 或者 Guest OS 的查询与管理，是通过使用 ioctl 函数与一个特殊的设备/dev/kvm 的交互来实现的。KVM API 就是一些可以用于控制虚拟机各方面的 ioctl 的集合。用户空间的程序可以通过 KVM API 获得 KVM 的版本信息，也能创建虚拟机、创建 vCPU、查询 KVM 的特性和性能等。KVM API 包含符合 Linux 标准的一系列结构体，主要是 kvm_device_fops、kvm_vm_fops、kvm_vcpu_fops，分别对应字符型设备、VM 文件描述符和 vCPU 文件描述符的三种操作，结构体都是标准 file_operations 结构体。

结构体 file_operations 在头文件 linux/fs.h 中定义，用来存储驱动内核模块提供的对设备进行各种操作的函数指针。该结构体的每个域都对应着驱动内核模块用来处理某个被请求的事务的函数地址。file_operations 结构体的定义代码如下：

```
struct file_operations {
    struct module *owner;
```

```
        loff_t (*llseek) (struct file *, loff_t, int);
        ssize_t (*read) (struct file *, char __user *, size_t, loff_t *);
        ssize_t (*write) (struct file *, const char __user *, size_t, loff_t *);
        ssize_t (*aio_read) (struct kiocb *, const struct iovec *, unsigned long, loff_t);
        ssize_t (*aio_write) (struct kiocb *, const struct iovec *, unsigned long, loff_t);
        int (*iterate) (struct file *, struct dir_context *);
        unsigned int (*poll) (struct file *, struct poll_table_struct *);
        long (*unlocked_ioctl) (struct file *, unsigned int, unsigned long);
        long (*compat_ioctl) (struct file *, unsigned int, unsigned long);
        int (*mmap) (struct file *, struct vm_area_struct *);
        int (*open) (struct inode *, struct file *);
        int (*flush) (struct file *, fl_owner_t id);
        int (*release) (struct inode *, struct file *);
        int (*fsync) (struct file *, loff_t, loff_t, int datasync);
        int (*aio_fsync) (struct kiocb *, int datasync);
        int (*fasync) (int, struct file *, int);
        int (*lock) (struct file *, int, struct file_lock *);
        ssize_t (*sendpage) (struct file *, struct page *, int, size_t, loff_t *, int);
        unsigned long (*get_unmapped_area)(struct file *, unsigned long, unsigned long, unsigned
        long, unsigned long);
        int (*check_flags)(int);
        int (*flock) (struct file *, int, struct file_lock *);
        ssize_t (*splice_write)(struct pipe_inode_info *, struct file *, loff_t *, size_t, unsigned int);
        ssize_t (*splice_read)(struct file *, loff_t *, struct pipe_inode_info *, size_t, unsigned int);
        int (*setlease)(struct file *, long , struct file_lock **);
        long (*fallocate)(struct file *file, int mode, loff_t offset, loff_t len);
        int (*show_fdinfo)(struct seq_file *m, struct file *f);
};
```

KVM 提供的接口中，总的接口是/dev 目录下的 kvm 设备文件。该接口提供了 KVM 最基本的功能，如查询 API 版本、创建虚拟机等；对应的设备文件 fop 结构为 kvm_device_fops，其定义在 virt/kvm/kvm_main.c 中，代码如下：

```
static const struct file_operations kvm_device_fops = {
    .unlocked_ioctl = kvm_device_ioctl,
#ifdef CONFIG_COMPAT
    .ioctl = kvm_device_ioctl,
#endif
    .release = kvm_device_release,
};
```

kvm_device_fops 是一个标准的 file_operations 结构体，但是只包含了 ioctl 函数，而 read、 open、write 等常见的系统调用均采用默认实现。因此，它只能在用户态通过 ioctl 函数进行操作。

KVM 创建虚拟机时，调用函数 kvm_dev_ioctl_create_vm，代码实现在 virt/kvm/kvm_main.c 中。函数 kvm_dev_ioctl_create_vm 的核心代码如下：

```
static int kvm_dev_ioctl_create_vm(unsigned long type)
{    …
     kvm = kvm_create_vm(type);
     …
     r = kvm_coalesced_mmio_init(kvm);
     …
};
```

在调用 kvm_create_vm 之后，创建了一个匿名 inode，对应的 fop 为 kvm_vm_fops 结构体。在 QEMU 中，通过 ioctl 调用/dev/kvm 的接口，返回该 inode 的文件描述符，之后对该 VM 的操作全部通过该文件描述符进行。kvm_vm_fops 结构体定义在 virt/kvm/kvm_main.c 中，代码如下：

```
static struct file_operations kvm_vm_fops = {
     .release = kvm_vm_release,
     .unlocked_ioctl = kvm_vm_ioctl,
#ifdef CONFIG_COMPAT
     .compat_ioctl = kvm_vm_compat_ioctl,
#endif
     .llseek= noop_llseek,
};
```

创建完 VM，对于虚拟机的每个 vCPU，QEMU 都会为其创建一个线程，通过调用 kvm_vm_ioctl 中的 KVM_CREATE_VCPU 操作指令创建 vCPU，该操作通过调用 kvm_vm_ioctl =>kvm_vm_ioctl_create_vcpu =>create_vcpu_fd 创建一个名为“kvm-vcpu”的匿名 inode 并返回其描述符。之后对每个 vCPU 的操作都通过该文件描述符进行。该匿名 inode 的文件描述符操作结构体 kvm_vcpu_fops 定义在 virt/kvm/kvm_main 中，代码如下：

```
static struct file_operations kvm_vcpu_fops = {
     .release = kvm_vcpu_release,
     .unlocked_ioctl = kvm_vcpu_ioctl,
#ifdef CONFIG_COMPAT
     .compat_ioctl = kvm_vcpu_compat_ioctl,
#endif
     .mmap = kvm_vcpu_mmap,
     .llseek= noop_llseek,
};
```

7.2.3　System ioctl 调用

ioctl 是设备驱动程序中对设备的 I/O 通道进行管理的函数。所谓对 I/O 通道进行管理，就是对设备的一些特性进行控制，例如串口的传输波特率、马达的转速等。它的调用参数如下：

```
int ioctl(int fd, ind cmd, …);
```

其中，fd 是用户程序使用 open 函数打开设备时返回的文件描述符；cmd 是用户程序对设备的控制命令；后面的省略号是一些补充参数，一般最多一个，这个参数的有无和 cmd 的意义相关。

ioctl 函数是文件结构中的一个属性分量，如果驱动程序提供了对 ioctl 的支持，就可以在用户程序中使用 ioctl 函数来控制设备的 I/O 通道。

KVM API 提供的 System ioctl 调用用于控制 KVM 运行环节的参数，包括全局性的参数设置和虚拟机创建等工作，主要的指令字如下：

(1) KVM_CREATE_VM：创建 KVM 虚拟机。

(2) KVM_GET_API_VERSION：查询当前 KVM API 版本。

(3) KVM_GET_MSR_INDEX_LIST：获得 MSR 索引列表。

(4) KVM_CHECK_EXTENSION：检查扩展支持情况。

(5) KVM_GET_VCPU_MMAP_SIZE：虚拟机和用户态空间共享的内存区域的大小。

(6) KVM_CREATE_VM：比较重要的指令字。通过该指令字，KVM 将返回虚拟机对应的一个文件描述符，文件描述符指向内核空间中一个新的虚拟机。创建的全新虚拟机没有 vCPU，也没有内存，需要通过后续的 ioctl 指令进行配置。使用 mmap()系统调用，会直接返回该虚拟机对应的虚拟内存空间，并且内存的偏移量为 0。

(7) KVM_GET_VCPU_MMAP_SIZE：比较重要的指令字，返回 vCPU mmap 区域的大小。

(8) KVM_RUN ioctl：通过共享的内存区域与用户空间进行通信。

(9) KVM_CHECK_EXTENSION：KVm API 允许应用程序向核心 KVM API 查询扩展。用户空间传递一个扩展标识(一个整数)并且接受这个整数来描述扩展能力。通常情况下，0 表示不支持，1 表示支持。但是，一些扩展可能报告附加的信息。

(10) KVM_GET_API_VERSION：返回常量 KVM_API_VERSION(=12)，此指令字会将 API 版本作为稳定的 KVM API，并且这个版本号的数字不会发生变化。如果通过 KVM_GET_API_VERSION 得到的版本号不是 12，那么应用程序将拒绝运行；如果版本检测通过，所有被描述为 basic 的 ioctl 可以被用户程序调用。

7.2.4　VM ioctl 调用

VM ioctl 指令实现对虚拟机的控制，大多需要从 KVM_CREATE_VM 中返回的 fd 来进行操作，具体操作包括配置内存、配置 vCPU、运行虚拟机等，主要指令如下：

(1) KVM_CREATE_VCPU：为虚拟机创建 vCPU。

(2) KVM_RUN：根据 kvm_run 结构体信息，运行 VM 虚拟机。

(3) KVM_CREATE_IRQCHIP：创建虚拟 APIC，且随后创建的 vCPU 都关联到此 APIC。

(4) KVM_IRQ_LINE：对某虚拟 APIC 发出中断信号。

(5) KVM_GET_IRQCHIP：读取 APIC 的中断标志信息。

(6) KVM_SET_IRQCHIP：写入 APIC 的中断标志信息。

(7) KVM_GET_DIRTY_LOG：返回脏内存页的日志。

(8) KVM_CREATE_VCPU 和 KVM_RUN：VM ioctl 指令中两种重要的指令字。通过 KVM_CREATE_VCPU 为虚拟机创建 vCPU，获得对应的 fd 描述符后，可以对其调用 KVM_RUN，以启动该虚拟机(或称为调度 vCPU)。

KVM_CREATE_VCPU 属于 VM ioctl 调用，接收一个 vCPU 标识符(在 x86 架构上的 APIC 标识符)，如果成功，则返回 vCPU fd；失败的话返回 −1。

KVM_RUN 指令字虽然没有任何参数，但是在调用 KVM_RUN 指令启动虚拟机之后，可以通过 mmap 系统调用函数映射 vCPU 的 fd 所在的内存空间，获得 kvm_run 结构体信息。该结构体在内存的起始位置偏移量为 0，结束位置的内存偏移量为 KVM_GET_VCPU_MMAP_SIZE 指令所返回的大小。

kvm_run 结构体定义在 include/linux/kvm.h 中。可以通过该结构体了解 KVM 的内部运行状态，其中主要的字段及说明如表 7-2 所示。

表 7-2　kvm_run 结构体主要字段及说明

字段名	功 能 说 明
request_interrupt_window	向 vCPU 发出一个中断插入请求，让 vCPU 做好相关的准备工作
ready_for_interrupt_injection	响应 request_interrupt_windows 中的中断请求，当此位有效时，说明可以进行中断
if_flag	中断标识，如果使用了 APIC，则不起作用
hardware_exit_reason	当 vCPU 因为各种不明原因退出时，该字段保存了失败的描述信息(硬件失效)
io	该字段为一个结构体，当 KVM 产生硬件出错的原因是 I/O 输出时(KVM_EXIT_IO)，该结构体将保存导致出错的 I/O 请求的数据
mmio	该字段为一个结构体，当 KVM 产生出错的原因是内存 I/O 映射导致的(KVM_ EXIT_MMIO)时，该结构体中将保存导致出错的内存 I/O 映射请求的数据

7.2.5　vCPU ioctl 调用

vCPU ioctl 系统调用主要针对具体的每一个虚拟机的 vCPU 进行配置，包括寄存器读/写、中断设置、内存设置、调试开关、时钟管理等功能，能够对 KVM 的虚拟机进行精确的运行时配置。

对于一个 VM 的 CPU 来说，寄存器控制是最重要的一个环节，vCPU ioctl 系统调用在寄存器控制方面提供了丰富的指令字，如表 7-3 所示。

表 7-3　vCPU ioctl 指令字(中断和控制类)

指令字	功 能 说 明
KVM_GET_REGS	获取通用寄存器信息
KVM_SET_REGS	设置通用寄存器信息
KVM_GET_SREGS	获取特殊寄存器信息
KVM_SET_SREGS	设置特殊寄存器信息
KVM_GET_MSRS	获取 MSR 寄存器信息
KVM_SET_MSRS	设置 MSR 寄存器信息
KVM_GET_FPU	获取浮点寄存器信息
KVM_SET_FPU	设置浮点寄存器信息
KVM_GET_XSAVE	获取 vCPU 的 xsave 寄存器信息
KVM_SET_XSAVE	设置 vCPU 的 xsave 寄存器信息
KVM_GET_XCRS	获取 vCPU 的 xcr 寄存器信息
KVM_SET_XCRS	设置 vCPU 的 xcr 寄存器信息

vCPU ioctl 指令字中的中断类指令字和控制类指令字相当重要，下面对部分指令字进行详细介绍。

(1) KVM_GET_REGS 属于基础执行指令字，适用于所有的体系架构，接收结构体 kvm_regs，读取通用寄存器的值到 vCPU。如果执行成功，则返回 0；失败则返回 -1。其中对应的 kvm_regs 结构体代码如下：

```
struct kvm_regs {
    /* out (KVM_GET_REGS) / in (KVM_SET_REGS) */
    _u64 rax, rbx, rcx, rdx;
    _u64 rsi, rdi, rsp, rbp;
    _u64 r8, r9, r10, r11;
    _u64 r12, r13, r14, r15;
    _u64 rip, rflags;
};
```

(2) KVM_SET_REGS 属于基础执行指令字，适用于所有体系架构，同样接收结构体 kvm_regs，将通用寄存器的值写入 vCPU 中。如果执行成功，则返回 0；否则返回 -1。

(3) KVM_GET_SREGS 属于基础执行指令字，适用于 x86 体系架构，是 vCPU ioctl 指令字的一种，接收结构体 kvm_sregs，读取特殊寄存器的数值到 vCPU 中。如果执行成功，则返回 0；否则返回 -1。

(4) KVM_GET_MSRS 属于基础执行指令字，适用于 x86 体系架构，是 vCPU ioctl 指令字的一种，接收结构体 kvm_msrs，从 vCPU 中读取 MSR 寄存器的数值，支持的 MSR 目录可以通过 KVM_GET_MSR_INDEX_LIST 指令查询。如果执行成功，则返回 0；否则返回 -1。其中对应的 kvm_msrs 结构体代码如下：

```
struct kvm_msrs {
        _u32 nmsrs; /* number of msrs in entries */
        _u32 pad;
        struct kvm_msr_entry entries[0];
};
```

其中的 kvm_msr_entry 结构体代码如下：

```
struct kvm_msr_entry{
        _u32 index;
        _u32 reserved;
        _u64 data;
};
```

(5) KVM_GET_FPU 属于基础执行指令字，适用于 x86 体系架构，是 vCPU ioctl 指令字的一种，接收结构体 kvm_fpu，从 vCPU 中读取浮点数状态。如果执行成功，则返回 0；否则返回 -1。其中对应的 kvm_fpu 结构体代码如下：

```
struct kvm_fpu {
        _u8 fpr[8][16];
        _u16 fcw;
        _u16 fsw;
        _u8 ftwx;    /* in fxsave format */
        _u8 pad1;
        _u16 last_opcode;
        _u64 last_ip;
        _u64 last_dp;
        _u8 xmm[16][16];
        _u32 mxcsr;
        _u32 pad2;
};
```

(6) KVM_GET_XSAVE 指令的 Capability 为 KVM_CAP_XSAVE，适用于 x86 体系架构，属于 vCPU ioctl 指令，接收结构体 kvm_xsave，此 ioctl 指令复制当前 vCPU 的 xsave 状态到用户空间。如果执行成功，则返回 0；失败则返回 -1。其中对应的结构体代码如下：

```
struct kvm_xsave {
        _u32 region[1024];
};
```

(7) KVM_GET_XCRS 指令的 Capability 为 KVM_CAP_XSAVE，适用于 x86 体系架构，属于 vCPU ioctl 指令，接收结构体 kvm_xcrs，此 ioctl 复制当前 vCPU 的 xcr 寄存器信息到用户空间中。如果执行成功，则返回 0；失败则返回 -1。其中对应结构体代码如下：

```
struct kvm_xcr {
        _u32 xcr;
```

```
        _u32 reserved;
        _u64 value;
    };
    struct kvm_xcrs {
        _u32 nr_xcrs;
        _u32 flags;
        struct kvm_xcr xcrs[KVM_MAX_XCRS];
        _u64 padding[16];
    };
```

7.3　KVM 内核模块数据结构

7.3.1　kvm 结构体

KVM 虚拟机通过/dev/kvm 字符设备的 ioctl 的 System 指令 KVM_CREATE_VM 进行创建。对虚拟机来说，kvm 结构体是关键，一个虚拟机对应一个 kvm 结构体，虚拟机的创建过程实质为 kvm 结构体的创建和初始化过程。

kvm 结构体创建的大致流程如下：

```
用户态 ioctl(fd,KVM_CREATE_VM,…)---->内核态 kvm_dev_ioctl()
kvm_dev_ioctl_create_vm()
    kvm_create_vm()                      //实现虚拟机创建的主要函数
    kvm_arch_alloc_vm()              //为 kvm 结构体分配空间
    kvm_arch_init_vm()               //初始化 kvm 结构中的架构相关部分，比如中断等
      hardware_enable_all()          //开启硬件、架构的相关操作
        hardware_enable_nolock()
              kvm_arch_hardware_enable()
              kvm_x86_ops->hardware_enable()
          kzalloc()                  //分配 memslots 结构，并初始化为 0
          kvm_init_memslots_id()     //初始化内存槽位(slot)的 id 信息
          kvm_eventfd_init()         //初始化事件通道
          kvm_init_mmu_notifier()    //初始化 mmu 操作的通知链
          list_add(&kvm->vm_list, &vm_list)
//将新创建的虚拟机的 kvm 结构，加入到全局链表 vm_list 中
```

kvm结构体在KVM的系统架构中代表一个具体的虚拟机。当通过VM_CREATE_KVM指令字创建一个新的 KVM 虚拟机之后，就会创建一个新的 kvm 结构体对象。

kvm 结构体对象中包含了 vCPU、内存、APIC、IRQ、MMU、EVENT 事件管理等信息。这些信息主要在 KVM 虚拟机内部使用，用于跟踪虚拟机的状态。

在定义 kvm 结构体的结构成员的过程中，集成了很多编译开关，这些开关对应 KVM

体系中的不同功能点。在 kvm 结构体中，连接了如下几个重要的结构体成员，它们对虚拟机的运行有重要的作用：

- struct kvm_memslots *memslots;

KVM 虚拟机所分配到的内存 slot，以数组形式存储这些 slot 的地址信息。

- struct kvm_vcpu *vcpus[KVM_MAX_VCPUS];

KVM 虚拟机中包含的 vCPU 结构体，一个虚拟 CPU 对应一个 vCPU 结构体。

- struct kvm_io_bus *buses[KVM_NR_BUSES];

KVM 虚拟机中的 I/O 总线，一条总线对应一个 kvm_io_bus 结构体，如 ISA 总线、PCI 总线。

- struct kvm_vm_stat stat;

KVM 虚拟机中的页表、MMU 等运行时状态信息。

- struct kvm_arch arch;

KVM 的软件架构方面所需要的一些参数，将在后面初始化流程中详细叙述。

kvm 结构体的代码定义在 kvm_host.h 文件中，具体代码如下：

```
struct kvm {
    spinlock_t mmu_lock;
    struct mutex slots_lock;
    struct mm_struct *mm;
    struct kvm_memslots *memslots;
    struct srcu_struct srcu;
ifdef CONFIG_KVM_APIC_ARCHITECTURE
    u32 bsp_vcpu_id;
#endif
    struct kvm_vcpu *vcpus[KVM_MAX_VCPUS];
    atomic_t online_vcpus;
    int last_boosted_vcpu;
    struct list_head vm_list;
    struct mutex lock;
    struct kvm_io_bus *buses[KVM_NR_BUSES];
#ifdef CONFIG_HAVE_KVM_EVENTFD
   struct {
    spinlock_t         lock;
    struct list_head   items;
    struct list_head   resampler_list;
    struct mutex       resampler_lock;
    } irqfds;
    struct list_head ioeventfds;
#endif
    struct kvm_vm_stat stat;
```

```
    struct kvm_arch arch;
    atomic_t users_count;
#ifdef KVM_COALESCED_MMIO_PAGE_OFFSET
    struct kvm_coalesced_mmio_ring *coalesced_mmio_ring;
    spinlock_t ring_lock;
    struct list_head coalesced_zones;
#endif
    struct mutex irq_lock;
#ifdef CONFIG_HAVE_KVM_IRQCHIP
    struct kvm_irq_routing_table __rcu *irq_routing;
    struct hlist_head mask_notifier_list;
    struct hlist_head irq_ack_notifier_list;
    endif
    #if
    defined(CONFIG_MMU_NOTIFIER)&&defined(KVM_ARCH_WANT_MMU_NOTIFIER)
    struct mmu_notifier mmu_notifier;
    unsigned long mmu_notifier_seq;
    long mmu_notifier_count;
#endif
    long tlbs_dirty;
    struct list_head devices;
};
```

7.3.2　kvm_vcpu 结构体

在用户通过 KVM_CREATE_VCPU 系统调用请求创建 vCPU 之后，KVM 子模块将创建 kvm_vcpu 结构体并进行相应的初始化操作，然后返回对应的 vcpu_fd 描述符。在 KVM 的内部虚拟机调度中，以 kvm_vcpu 和 KVM 中的相关数据进行操作。kvm_vcpu 结构体中的字段较多，其中重要的成员如下：

- int vcpu_id;

对应 vCPU 的 ID。

- struct kvm_vcpu_arch arch;

存储 KVM 虚拟机运行时的参数，如定时器、中断、内存槽等方面的信息。

- struct kvm_run *run;

vCPU 的运行时参数，其中保存了寄存器信息、内存信息、虚拟机状态等各种动态信息。

结构体 kvm_run 的代码如下：

```
struct kvm_run {
    //向 vCPU 注入一个中断，让 vCPU 做好相关准备工作
    _u8 request_interrupt_window;
    …
```

```
    //响应 request_interrupt_window 中断请求，当设置时，说明 vCPU 可以接收中断
    _u8 ready_for_interrupt_injection;
    _u8 if_flag; //中断标识，如果使用了 APIC，则无效
    struct {
        _u64 hardware_exit_reason;
        //当发生 VMExit 时，该字段保存了由于硬件原因导致 VM-Exit 的相关信息
    }hw;
    struct {
        #define KVM_EXIT_IO_IN 0
        #define KVM_EXIT_IO_OUT 1
        _u8 direction;
        _u8 size; /* bytes */
        _u16 port;
        _u32 count;
        _u64 data_offset; /* relative to kvm_run start */
    } io; //当由于 I/O 操作导致发生 VMExit 时，该结构体保存 I/O 相关信息
    …
};
```

在 KVM 虚拟化环境中，硬件虚拟化使用 vCPU 描述符来描述虚拟 CPU。vCPU 描述符与操作系统中进程描述符类似，本质是一个结构体 kvm_vcpu，其中包含如下信息：

(1) vCPU 标识信息，如 vCPU 的 ID 号、vCPU 属于哪个虚拟机等。

(2) 虚拟寄存器信息，在 VT-x 环境中，这些信息包含在 VMCS 中。

(3) vCPU 状态信息，表示 vCPU 当前所处的状态(睡眠、运行等)，主要供调度器使用。

(4) 额外的寄存器/部件信息，主要指未包含在 VMCS 中的寄存器或 CPU 部件。

(5) 其他信息，用户 VMM 进行优化或存储额外信息的字段，如存放该 vCPU 私有数据的指针。

当 VMM 创建虚拟机时，首先要为虚拟机创建 vCPU，整个虚拟机的运行实际上可以看作 VMM 调度不同的 vCPU 运行。虚拟机的 vCPU 通过 VM ioctl 指令 KVM_CREATE_ VCPU 实现，实质为创建 kvm_vcpu 结构体，并进行相关初始化。其相关创建过程如下：

```
kvm_vm_ioctl()                              //kvm ioctl vm 指令入口
    kvm_vm_ioctl_create_vcpu()                  //为虚拟机创建 vCPU 的 ioctl 调用的入口函数
    //创建 vCPU 架构，对于 INTEL x86 来说，最终调用 vmx_create_vcpu
    kvm_arch_vcpu_create()
    kvm_arch_vcpu_setup()               //设置 vCPU 结构
    //为新创建的 vCPU 创建对应的 fd，以便于后续通过该 fd 进行 ioctl 操作
    create_vcpu_fd()
    //架构相关的善后工作，比如再次调用 vcpu_load，以及 tsc 相关处理
    kvm_arch_vcpu_postcreate()
```

结构体 kvm_vcpu 的代码定义在 kvm_host.h 文件中，其代码如下：

```
struct kvm_vcpu {
    struct kvm *kvm;
#ifdef CONFIG_PREEMPT_NOTIFIERS
    struct preempt_notifier preempt_notifier;
endif
    int cpu;
    int vcpu_id;
    int srcu_idx;
    int mode;
    unsigned long requests;
    unsigned long guest_debug;
    struct mutex mutex;
    struct kvm_run *run;
    int fpu_active;
    int guest_fpu_loaded, guest_xcr0_loaded;
    wait_queue_head_t wq;
    struct pid *pid;
    int sigset_active;
    sigset_t sigset;
    struct kvm_vcpu_stat stat;
#ifdef CONFIG_HAS_IOMEM
    int mmio_needed;
    int mmio_read_completed;
    int mmio_is_write;
    int mmio_cur_fragment;
    int mmio_nr_fragments;
    struct kvm_mmio_fragment mmio_fragments[KVM_MAX_MMIO_FRAGMENTS];
#endif
#ifdef CONFIG_KVM_ASYNC_PF
    struct {
u32 queued;
        struct list_head queue;
        struct list_head done;
        spinlock_t lock;
} async_pf;
#endif
#ifdef CONFIG_HAVE_KVM_CPU_RELAX_INTERCEPT
    struct {
    bool in_spin_loop;
```

```
        bool dy_eligible;
    } spin_loop;
#endif
    bool preempted;
    struct kvm_vcpu_arch arch;
};
```

7.3.3 kvm_x86_ops 结构体

kvm_x86_ops 结构体中包含了针对具体 CPU 架构进行虚拟化时的函数指针调用，定义在 Linux 内核文件的 arch/x86/include/asm/kvm_host.h 中。该结构体主要包含以下几种类型的操作：

(1) CPU VMM 状态硬件初始化；

(2) vCPU 创建与管理；

(3) 中断管理；

(4) 寄存器管理；

(5) 时钟管理。

kvm_x86_ops 结构体中的所有成员都是函数指针，在 kvm-intel.ko 和 kvm-amd.ko 这两个不同的模块中，针对各自的体系提供了不同的函数。在 KVM 的初始化过程和后续的运行过程中，KVM 代码将通过该结构体的函数进行实际的硬件操作。

针对 AMD 架构，kvm_x86_ops 结构体的初始化代码在 svm.c 中；针对 Intel 架构，初始化代码在 vmx.c 中。AMD 架构的 kvm_x86_ops 结构体部分代码如下：

```
static struct kvm_x86_ops svm_x86_ops = {
    .cpu_has_kvm_support = has_svm,
    .disabled_by_bios = is_disabled,
    .hardware_setup = svm_hardware_setup,
    .hardware_unsetup = svm_hardware_unsetup,
    .check_processor_compatibility = svm_check_processor_compat,
    .hardware_enable = svm_hardware_enable,
    .hardware_disable = svm_hardware_disable,
    .cpu_has_accelerated_tpr = svm_cpu_has_accelerated_tpr,
    …
}
```

需要注意的是，KVM 架构要考虑到支持不同的架构体系，因此，kvm_x86_ops 结构体是在 KVM 架构的初始化过程中注册并导出成为全局变量，让 KVM 的各子模块能够方便调用。

在 arch/x86/kvm/x86.c 中，定义了名为 kvm_x86_ops 的静态变量，通过 export_symbol 宏在全局范围内导出。在 kvm_init 的初始化过程中，通过调用 kvm_arch_init 函数给 kvm_x86_ops 赋值，代码如下：

```
kvm_init_msr_list();
kvm_x86_ops = ops;
kvm_mmu_set_nonpresent_ptes(null, null);
kvm_mmu_set_base_ptes(PT_PRESENT_MASK);
```

其中，ops 就是通过 svm.c 调用 kvm_init 函数时传入的 kvm_x86_ops 结构体。

7.4　KVM 内核模块执行流程

作为 VMM，KVM 分为两部分，分别是运行于 Kernel 模式的 KVM 内核模块和运行于 User 模式的 QEMU 模块。这里的 Kernel 模式和 User 模式，实际上指的是 VMX(一种针对虚拟化的 CPU 指令集)根模式下的特权级 0 和特权级 3。另外，KVM 将虚拟机所在的运行模式称为 Guest 模式。所谓 Guest 模式，实际上指的是 VMX 的非根模式，而内核模块的重要流程都在对应的根模式下，其主要的执行流程如图 7-5 所示。

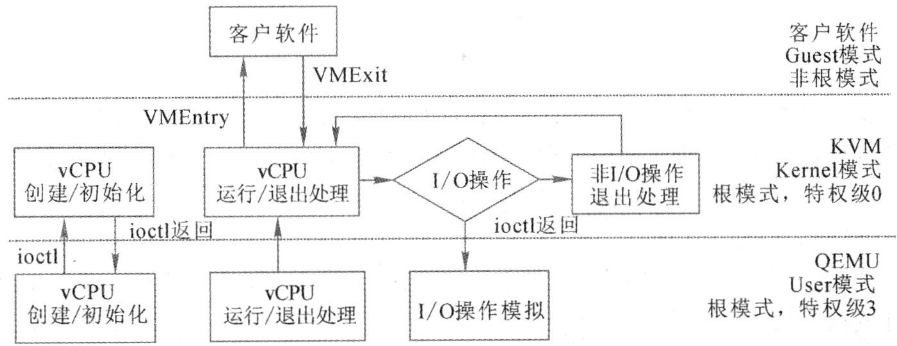

图 7-5　KVM 主要的执行流程

在 VT-x 技术的支持下，KVM 中的每个虚拟机可具有多个虚拟处理器 vCPU，每个 vCPU 对应一个 QEMU 线程，vCPU 的创建、初始化、运行以及退出处理都在 QEMU 线程上下文中进行，需要 Kernel、User 和 Guest 三种模式相互配合。QEMU 线程与 KVM 内核模块间以 ioctl 的方式进行交互，而 KVM 内核模块与客户软件之间通过虚拟机退出和虚拟机进入操作进行切换。

QEMU 线程以 ioctl 的方式指示 KVM 内核模块进行 vCPU 的创建和初始化等操作，主要指 VMM 创建 vCPU 运行所需的各种数据结构并初始化。其中很重要的一个数据结构就是 VMCS(Virtual Machine Control Structure，虚拟机控制结构体)，需要初始化配置。

初始化工作完成之后，QEMU 线程以 ioctl 的方式向 KVM 内核模块发出运行 vCPU 的指示，后者执行虚拟机进入操作，将处理器由 Kernel 模式切换到 Guest 模式，中止宿主机软件的运行，转而运行客户软件。注意，宿主机软件被中止时，正处于 QEMU 线程上下文，且正在执行 ioctl 系统调用的 Kernel 模式处理程序。

客户软件在运行过程中，如发生异常、执行 I/O 操作或外部中断等事件，可能导致虚拟机退出，此时处理器状态由 Guest 模式切换回 Kernel 模式。KVM 内核模块检查发生虚拟机退出的原因，如果虚拟机退出是由于 I/O 操作所导致的，则执行系统调用，将 I/O

操作交给处于 User 模式的 QEMU 线程来处理，QEMU 线程在处理完 I/O 操作后再次执行 ioctl，指示 KVM 切换处理器到 Guest 模式，恢复客户软件的运行；如果虚拟机退出是由于其他原因导致的，则由 KVM 内核模块负责处理，并在处理后切换处理器到 Guest 模式，恢复客户机的运行。

7.4.1 初始化流程

KVM 模块分为三个主要模块即，kvm.ko、kvm-intel.ko 和 kvm-amd.ko。这三个模块在初始化阶段的流程如图 7-6 所示。

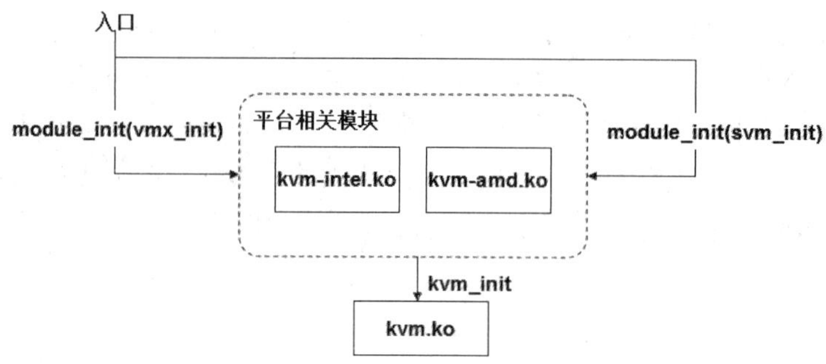

图 7-6　KVM 模块初始化流程

KVM 模块可以编译进内核中，也可以作为内核模块在 Linux 系统启动完成之后加载。加载时，KVM 根据主机所用的体系架构是 Intel 的 VMX 技术还是 AMD 的 SVM 技术，会采用略有不同的加载流程。

Linux 的子模块入口通常通过 module_init 宏进行定义，由内核进行调用。KVM 的初始化执行流程如图 7-7 所示。

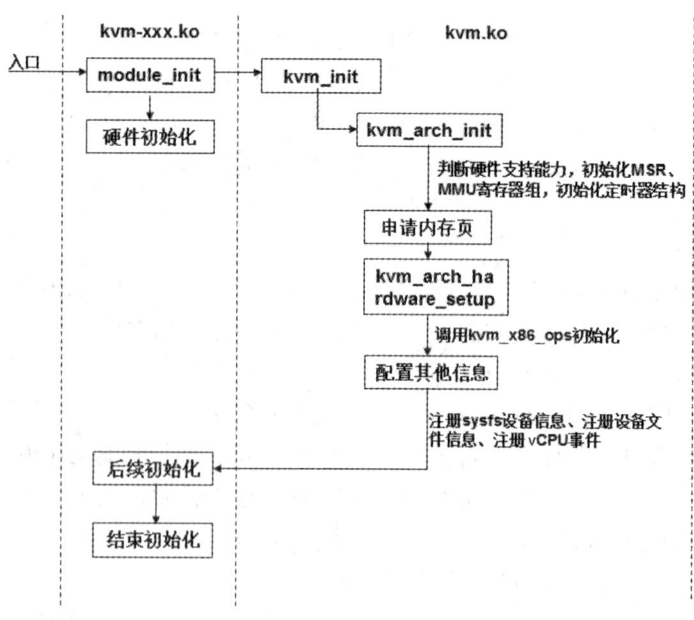

图 7-7　KVM 初始化执行流程

KVM 的初始化步骤分为以下三步：

(1) 在平台相关的 KVM 模块中通过 module_init 宏正式进入 KVM 的初始化阶段，并且进行相关的硬件初始化准备。

(2) 进入 kvm_main.c 中的 kvm_init 函数，进行正式的初始化工作，期间进行了一系列子操作。

① 通过 kvm_arch_init 函数初始化 KVM 内部的一些数据结构：注册全局变量 kvm_x86_ops、初始化 MMU 等数据结构、初始化 Timer 定时器架构。

② 分配 KVM 内部操作所需要的内存空间。

③ 调用 kvm_x86_ops 的 hardware_setup 函数进行具体的硬件体系结构的初始化工作。

④ 注册 sysfs 和 devfs 等 API 接口信息。

⑤ 初始化 debugfs 的调试信息。

(3) 进行后续的硬件初始化准备操作。

module_call_init 开始初始化 QEMU 的各模块，参数如下：

```
typedef enum {
    MODULE_INIT_BLOCK,
    MODULE_INIT_MACHINE,
    MODULE_INIT_QAPI,
    MODULE_INIT_QOM,
    MODULE_INIT_MAX
} module_init_type;
```

最开始初始化的是 MODULE_INIT_QOM，QOM(QEMU Object Model)是 QEMU 最新的设备相关的模型。module_call_init 实际上设计了一个函数链表 ModuleTypeList，链表关系如图 7-8 所示。

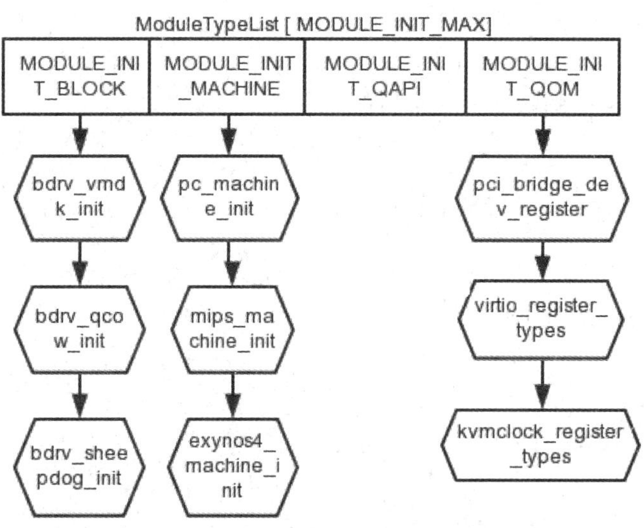

图 7-8　函数链表 ModuleTypeList 关系

ModuleTypeList 把相关的函数注册到对应的数组链表上，通过执行 init 项目完成所有设备的初始化。module_call_init 通过执行 c->init()完成设备初始化；e->init()是在 machine_init(pc_machine_init)函数注册时，通过 register_module_init 注册到 ModuleTypeList 上的 ModuleEntry 中。pc_machine_init 是针对 PC 的 QEMU 虚拟化方案，module_call_init 针对 x86 架构时调用 machine_init，为 machine_init(pc_machine_init)，即 pc_machine_init()，完成虚拟的机器类型注册。函数 pc_machine_init(void)的代码如下：

```
static void pc_machine_init(void)
{
    qemu_register_machine(&pc_machine_v1_3);
    qemu_register_machine(&pc_machine_v1_2);
    qemu_register_machine(&pc_machine_v1_1);
    qemu_register_machine(&pc_machine_v1_0);
    qemu_register_machine(&pc_machine_v1_0_qemu_kvm);
    qemu_register_machine(&pc_machine_v0_15);
    qemu_register_machine(&pc_machine_v0_14);
    qemu_register_machine(&pc_machine_v0_13);
    qemu_register_machine(&pc_machine_v0_12);
    qemu_register_machine(&pc_machine_v0_11);
    qemu_register_machine(&pc_machine_v0_10);
}
machine_init(pc_machine_init);
```

QEMU 准备模拟的机器类型从下面语句获得：

```
current_machine=MACHINE(object_new(object_class_get_name(OBJECT_CLASS(machine_class))));
    case QEMU_OPTION_machine:
    olist = qemu_find_opts("machine");
    opts = qemu_opts_parse(olist, optarg, 1);
    if(!opts)
    {
        exit(1);
    }
    optarg = qemu_opt_get(opts, "type");
    if(optarg)
    {
        machine_class = machine_parse(optarg);
    }
    break;
```

通过 Linux 的“man qemu”命令可查看 QEMU 的接收参数，其中-machine 参数如下：

```
-machine [type=]name[,prop=value[,...]]
    Select the emulated machine by name.
    Use "-machine help" to list available machines
```

configure_accelerator 函数(vl.c)是进行虚拟机模拟器的配置，它调用了 accel_list[i].init()函数，accel_list 用于存储 KVM 支持的加速模块，accel_list 初始化代码如下：

```
static struct {
    const char *opt_name;
    const char *name;
    int (*available)(void);
    int (*init)(QEMUMachine *);
    bool *allowed;
}
accel_list[] =
{
    { "tcg", "tcg", tcg_available, tcg_init, &tcg_allowed },
    { "xen", "Xen", xen_available, xen_init, &xen_allowed },
    { "kvm", "KVM", kvm_available, kvm_init, &kvm_allowed },
    { "qtest", "QTest", qtest_available, qtest_init_accel, &qtest_allowed },
};
```

本节针对 KVM 这种开源的、硬件辅助的虚拟化解决方案进行分析，其中 kvm_available 很简单，重点在 kvm_init 上。kvm_init 实际上调用了 kvm_init 函数。kvm_init 函数通过 qemu_open("/dev/kvm")检查内核驱动情况，通过 kvm_ioctl(s, KVM_GET_API_VERSION, 0)获取 API 接口版本，调用 kvm_ioctl(s, KVM_CREATE_VM, type)创建 KVM 虚拟机，获取虚拟机句柄。

假如 KVM_CREATE_VM 所代表的虚拟机创建成功，检查 kvm_check_extension 结果填充 KVMState 结构体，kvm_arch_init 初始化 KVMState，其中有 IDENTITY_MAP_ADDR、TSS_ADDR、NR_MMU_PAGES 等，cpu_register_phys_memory_client 注册 QEMU 对内存管理的函数集，kvm_create_irqchip 创建 KVM 中断管理内容，通过 kvm_vm_ioctl(s, KVM_CREATE_IRQCHIP)实现。到此，初始化工作完成，最主要的工作就是成功创建了虚拟机。

7.4.2　虚拟机创建流程

KVM 创建和运行虚拟机分为用户态和内核态两个部分，用户态主要提供应用程序接口，为虚拟机创建上下文环境，在 libkvm 中提供访问内核字符设备/dev/kvm 的接口；内核态通过用户空间接口调用创建虚拟机。在创建虚拟机的过程中，kvm 字符设备主要为客户机创建 kvm 数据结构、虚拟机文件描述符及其相应的数据结构、虚拟处理器及其相应的数据结构。KVM 创建虚拟机的流程如图 7-9 所示。

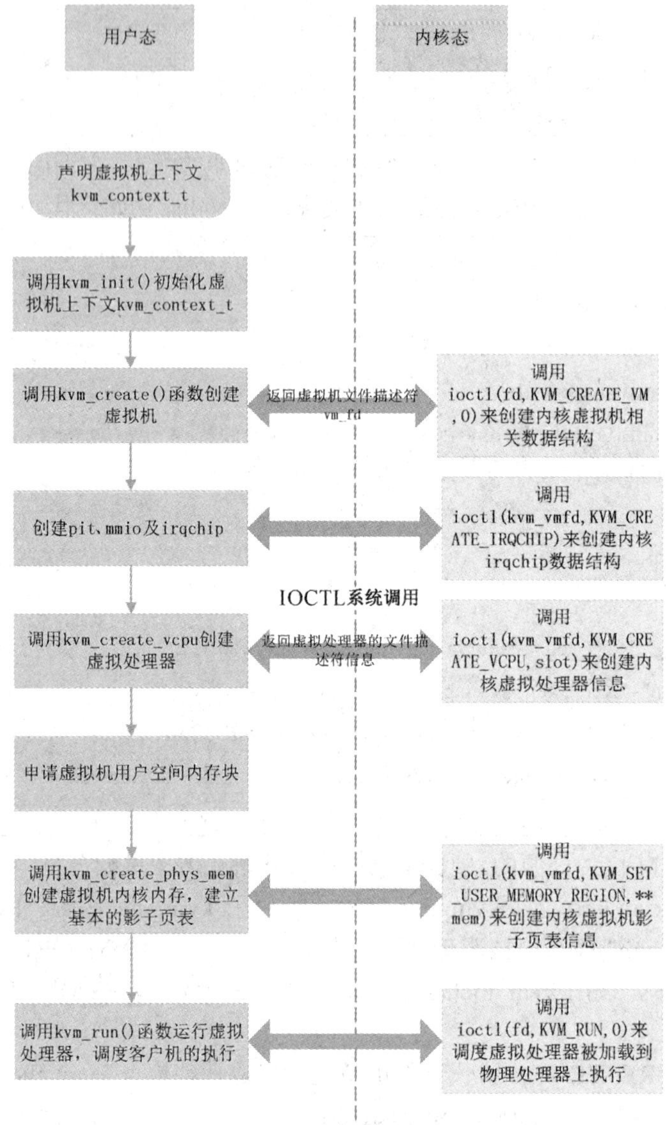

图 7-9　KVM 创建虚拟机的流程

首先声明一个 kvm_context_t 变量，用以描述用户态虚拟机上下文信息，然后调用 kvm_init()函数初始化虚拟机上下文信息；函数 kvm_create()创建虚拟机实例，该函数通过 IOCTL 系统调用创建虚拟机相关的内核数据结构，返回虚拟机文件描述符给用户态 kvm_context_t 数据结构；创建完内核虚拟机数据结构后，再创建内核 pit 以及 mmio 等基本外设模拟设备，然后调用 kvm_create_vcpu()函数来创建虚拟处理器，kvm_create_vcpu()函数通过 ioctl()系统调用向由 vm_fd 文件描述符指向的虚拟文件调用创建虚拟处理器，并将虚拟处理器的文件描述符返回给用户态程序，用于以后的调度使用；创建完虚拟处理器后，由用户态的 QEMU 程序申请客户机用户空间，用以加载和运行客户机代码；为了使客户虚拟机正确执行，必须在内核中为客户机建立正确的内存映射关系，即影子页表信息，因此申请客户机内存地址空间后，调用函数 kvm_create_phys_mem()创建客户机内存映射关系，该函数主要通过 IOCTL 系统调用，向 vm_fd 指向的虚拟文件调用设置内核数据结构中客户机内存域的相关信息，主要建立影子页表信息；当创建好虚拟处理器和影子页表后，即可读取客户机到指定分配的空间中，然后调度虚拟处理器运行。

调度虚拟机的函数为 kvm_run()，该函数通过 IOCTL 系统调用，调用由虚拟处理器文件描述符指向的虚拟文件调度处理函数 kvm_run()，调度虚拟处理器的执行。该系统调用将虚拟处理器 vCPU 信息加载到物理处理器中，通过 vm_entry 进入客户机执行。

在客户机正常运行期间，kvm_run()函数不返回，只有发生以下两种情况之一时函数才返回：当发生了 I/O 事件，如客户机发出读/写 I/O 的指令时函数返回 1；当产生了客户机和内核 KVM 都无法处理的异常时，函数返回 2。I/O 事件处理完毕后，重新调用 kvm_run ()函数继续调度客户机的执行。

下面给出虚拟机创建过程涉及的相关函数：

(1) 函数 kvm_init()：在用户态创建一个虚拟机上下文，用以在用户态保存基本的虚拟机信息。这个函数是创建虚拟机时第一个需要调用的函数，函数返回一个 kvm_context_t 结构体。该函数的原型为

```
kvm_context_t kvm_init(struct kvm_callbacks *callbacks,void *opaque);
```

参数说明：callbacks 为结构体 kvm_callbacks 变量，该结构体包含指向函数的一组指针，用于在客户机执行过程中，因为 I/O 事件退出到用户态的时候执行回调函数。

函数执行的基本过程：打开字符设备 dev/kvm，申请虚拟机上下文变量 kvm_context_t 空间，初始化上下文的基本信息，设置文件描述符 fd 指向/dev/kvm，禁用虚拟机文件描述符 vm_fd(-1)，设置 I/O 事件回调函数结构体，设置 IRQ 和 PIT 的标志位以及内存页面记录的标志位。

(2) 函数 kvm_create()：创建一个虚拟机内核环境。该函数的原型为

```
int kvm_create(kvm_context_t kvm,unsigned long phys_mem_bytes, void **phys_mem);
```

参数说明：kvm_context_t 表示传递的用户态虚拟机上下文信息，phys_mem_bytes 表示需要创建的物理内存的大小，phys_mem 表示创建虚拟机的首地址。

函数执行的基本过程：该函数首先调用 kvm_create_vm()分配 IRQ 并且初始化为 0，设置 vcpu[0]的值为-1，即不允许调度虚拟机执行。然后通过 IOCTL 系统调用 ioctl(fd,KVM_CREATE_VM,0)创建虚拟机内核数据结构 struct kvm。

系统调用函数 ioctl(fd,KVM_CREATE_VM,0)用于在内核中创建和虚拟机相关的数据结构。该函数原型为：

```
static long kvm_dev_ioctl(struct file *filp，unsigned int ioctl，unsigned long arg);
```

该函数调用 kvm_dev_ioctl_create_vm()创建虚拟机实例内核相关数据结构，首先通过内核中的 kvm_create_vm()函数创建内核中 kvm 的上下文 struct kvm，然后通过函数 Anno_inode_getfd("kvm_vm",&kvm_vm_fops,kvm,0)返回该虚拟机的文件描述符给用户调用函数，再赋值给用户态虚拟机上下文变量中的虚拟机描述符 kvm_vm_fd。

内核创建虚拟机 kvm 对象后，接着调用 kvm_arch_create 函数创建虚拟机体系结构相关的信息，主要包括 kvm_init_tss、kvm_create_pit 及 kvm_init_coalsced_mmio 等信息；然后调用 kvm_create_phys_mem 创建物理内存，其中，函数 kvm_create_irqchip 用于创建内

核 irq 信息，并通过系统调用 ioctl(kvm->vm_fd,KVM_CREATE_IRQCHIP)来实现。

(3) 函数 kvm_create_vcpu()：创建虚拟处理器。该函数的原型为

```
int kvm_create_vcpu(kvm_context_t kvm, int slot);
```

参数说明：kvm 表示用户态虚拟机上下文信息，slot 表示需要创建的虚拟处理器的个数。

函数执行的基本过程：该函数通过系统调用 ioctl(kvm->vm_fd，KVM_CREATE_VCPU，slot) 创建属于该虚拟机的虚拟处理器，其对应的具体实现函数为 static init kvm_vm_ioctl_create_vcpu(struct *kvm, n)。其中，参数 kvm 为内核虚拟机实例数据结构，n 为创建的虚拟 CPU 的数目。

(4) 函数 kvm_create_phys_mem()：用于创建虚拟机内存空间，该函数的原型为

```
void * kvm_create_phys_mem(kvm_context_t kvm,unsigned long phys_start,unsigned len,int log,int writable);
```

参数说明：kvm 表示用户态虚拟机上下文信息，phys_start 为分配给该虚拟机的物理起始地址，len 表示内存大小，log 表示是否记录脏页面，writable 表示该段内存对应的页表是否可写。

函数执行的基本过程：该函数首先申请一个结构体 kvm_userspace_memory_region，然后通过系统调用 KVM_SET_USER_MEMORY_REGION 设置内核中对应的内存属性。系统调用函数原型为

```
ioctl(int kvm->vm_fd，KVM_SET_USER_MEMORY_REGION，&memory);
```

其中，第一个参数 vm_fd 为指向内核虚拟机实例对象的文件描述符，第二个参数 KVM_SET_USER_MEMORY_REGION 为系统调用命令参数，表示该系统调用为创建内核客户机映射，即影子页表；第三个参数 memory 表示指向该虚拟机的内存空间地址。系统调用首先通过函数 copy_from_user 从用户空间复制 struct_user_momory_region 变量，然后通过 kvm_vm_ioctl_set_memory_region 函数设置内核中对应的内存域。kvm_vm_ioctl_set_memory_region 函数再调用函数 kvm_set_memory_resgion()设置影子页表。当这一切都准备完毕后，调用 kvm_run()函数即可调度执行虚拟处理器。

(5) 函数 kvm_run()：调度运行虚拟处理器。该函数的原型为

```
int kvm_run(kvm_context_t kvm，int vcpu, void *env);
```

函数执行的基本过程：该函数首先得到 vcpu 的描述符，然后通过系统调用 ioctl(fd,kvm_run,0)调度运行虚拟处理器。kvm_run()函数在正常运行情况下并不返回，除非发生 I/O 事件或客户机和 KVM 都无法处理的异常事件。

7.4.3　CPU 虚拟化流程

Intel 处理器支持的虚拟化技术即 VT-x。CPU 支持硬件虚拟化，因为 CPU 软件虚拟化的效率太低。

处理器虚拟化的本质是分时共享，主要体现在状态恢复和资源隔离上。实际上每个 VM 在 VMM 看来就是一个任务。传统 Intel 处理器在虚拟化上没有提供默认的硬件支持，传统 x86 处理器有 4 个特权级，Linux 使用了 0、3 级别，0 即内核态，3 即用户态；在虚

拟化架构上，虚拟机监控器的运行级别需要内核态特权级，而 CPU 特权级被传统操作系统所占用，所以 Intel 设计了 VT-x，提出了 VMX 模式，即 VMX root operation 和 VMX non-root operation，虚拟机监控器运行在 VMX root operation 模式下，虚拟机运行在 VMX non-root operation 模式下。每个模式下都有相对应的 0～3 级的特权级。

在传统的 x86 系统中，CPU 有不同的特权级，是为了划分不同的权限指令，某些指令只能由系统软件操作，称为特权指令；这些指令只能在最高特权级上才能正确执行，反之则会触发异常，处理器陷入最高特权级，由系统软件处理。还有一种需要操作特权资源(如访问中断寄存器)的指令，称为敏感指令。操作系统运行在特权级上，屏蔽掉用户态直接执行的特权指令，达到控制所有硬件资源的目的。在虚拟化环境中，VMM 控制所有硬件资源，虚拟机中的操作系统只能占用一部分资源，很多特权指令无法真正对硬件生效。

KVM 有三种模式，对应到 VT-x 中即是客户模式对应 VMX 非根模式，内核模式对应 VMX 根模式下的 0 特权级，用户模式对应 VMX 根模式下的 3 特权级。

在非根模式下，敏感指令引发的陷入称为 VMExit。VMExit 发生后，CPU 从非根模式切换到根模式。对应的，VMEntry 则从根模式切块到非根模式，这通常意味着调用 VM 进入运行态。VMLAUCH/VMRESUME 命令则是用来发起 VMEntry 的。

1. VMCS 寄存器

VMCS 寄存器保存虚拟机的相关 CPU 状态，每个 vCPU 都有一个 VMCS 寄存器，每个物理 CPU 都有对应的 VMCS 寄存器。当 CPU 发生虚拟机进入操作时，CPU 从 vCPU 指定的内存中读取 VMCS 加载到物理 CPU 上执行；当发生虚拟机退出操作时，CPU 则将当前的 CPU 状态保存到 vCPU 指定的内存中，即 VMCS，以备下次虚拟机恢复。

VMLAUCH 指虚拟机的第一次启动，VMRESUME 则是 VMLAUCH 之后的虚拟机进入。VMCS 中的控制域如表 7-4 所示。

表 7-4　VMCS 中的控制域

控制域名称	定　义	涉及的指令集合
VM 执行控制域	控制虚拟机退出操作发生时的行为	CR0、CR3、CR4、Exceptions、IO Ports、Interrupts、Pin Events 等
客户机状态域	保存非根模式下 vCPU 的运行状态	EIP、ESP、EFLAGS、IDTR、Segment Regs、Exit info 等
宿主机状态域	保存根模式下 CPU 的运行状态	CR3、EIP、EFLAGS 等
VMExit 控制域	CPU 从非根模式切换到根模式，即从客户机模式切换到 VMM 模式	MSR 寄存器加载和保存指令
VMEntry 控制域	CPU 从根模式切换到非根模式，即 CPU 从 VMM 模式切换到客户机模式	注入事件的相关指令

2. VMEntry/VMExit

VMEntry 是从根模式切换到非根模式，即从 VMM 切换到虚拟机；这个状态由 VMM 发起，发起之前先保存 VMM 中的关键寄存器内容到 VMCS 中，然后进入 VMEntry。VMEntry 有 3 个附带参数：① 虚拟机是否处于 64 bit 模式；② MSR VMEntry 控制；③ 注入事件。

① 只在 VMLAUCH 中有意义，② 更多是在 VMRESUME 时起作用，VMM 发起

VMEntry 更多是因为③，②主要用来每次更新 MSR。

VMExit 是 CPU 从非根模式切换到根模式，即从虚拟机切换到 VMM 的操作，VMExit 触发的原因很多，例如执行敏感指令、发生中断、模拟特权资源等。

运行在非根模式下的敏感指令一般分为三种：

(1) 行为没有变化的，也就是说该指令能够正确执行。

(2) 行为有变化的，直接产生 VMExit。

(3) 行为有变化的，但是是否产生 VMExit，受到 VM-Execution 域的控制。

3. KVM_CREATE_VM

KVM_CREATE_VM 指令完成虚拟机的创建工作，实质上为 kvm 结构体的创建和初始化过程，主要流程如下：kvm_arch_alloc_vm 负责分配 kvm 结构体；kvm_arch_init_vm 初始化 kvm 结构中的架构相关内容；hardware_enable_all 打开相关硬件；kzalloc 分配 memslots 结构，并初始化为 0；kvm_init_memslots_id、kvm_eventfd_init、kvm_init_mmu_notifier 完成内存槽 id、事件通道、MMN 的初始化工作。

4. KVM_CREATE_VCPU

KVM_CREATE_VCPU 指令完成 vCPU 的创建，通过系统调用 kvm_vm_ioctl_create_vcpu 来实现，此系统调用主要有三部分：kvm_arch_vcpu_create，kvm_arch_vcpu_setup 和 kvm_arch_vcpu_postcreate，重点是 kvm_arch_vcpu_create。

kvm_arch_vcpu_create 借助 kvm_x86_ops->vcpu_create 即 vmx_create_vcpu 完成任务，VMX 是 x86 硬件虚拟化层，从代码看，QEMU 用户态是一层，Kernel 中 KVM 通用代码是一层，类似 kvm_x86_ops 是一层，针对各个不同的硬件架构，vcpu_vmx 是具体架构的虚拟化方案一层。首先是 kvm_vcpu_init 初始化，主要是填充结构体，kvm_arch_vcpu_init 负责填充 x86 CPU 结构体。

vCPU 一旦创建成功，后续的控制从 kvm_vcpu_ioctl 开始，控制开关有 KVM_RUN、KVM_GET_REGS、KVM_SET_REGS、KVM_GET_SREGS、KVM_SET_SREGS、KVM_GET_MP_STATE、KVM_SET_MP_STATE、KVM_TRANSLATE，KVM_SET_GUEST_DEBUG，KVM_SET_SIGNAL_MASK 等。

KVM_RUN 指令的具体实现是通过依次调用以下函数来完成的，涉及 kvm_vcpu_ioctl、kvm_arch_vcpu_ioctl_run、_vcpu_run、vcpu_enter_guest、kvm_x86_ops 函数，其中 kvm_x86_ops->prepare_guest_switch(vcpu)完成客户机进入的切换，具体代码如下：

```
kvm_x86_ops->prepare_guest_switch(vcpu);
if (vcpu->fpu_active)
    kvm_load_guest_fpu(vcpu);
kvm_load_guest_xcr0(vcpu);
vcpu->mode = IN_GUEST_MODE;
smp_mb();
local_irq_disable();
```

上述代码中，kvm_load_guest_fpu(vcpu)和 kvm_load_guest_xcr0(vcpu)分别完成 fpu 和 xcr0 寄存器信息的加载，vcpu->mode = IN_GUEST_MODE 设置 vCPU 模式为客户机状态，

local_irq_disable 屏蔽中断响应。

kvm_guest_enter 完成两个任务：account_system_vtime 计算虚拟机系统时间；rcu_virt_note_context_switch 对 rcu 锁数据进行保护，完成上下文切换。准备工作完成后，kvm_x86_ops->run(vcpu)开始运行客户机，具体由 vmx_vcpu_run 实现，代码如下：

```
if (vmx->emulation_required && emulate_invalid_guest_state)
    return;
if (test_bit(VCPU_REGS_RSP, (unsigned long *)&vcpu->arch.regs_dirty))
    vmcs_writel(GUEST_RSP, vcpu->arch.regs[VCPU_REGS_RSP]);
if (test_bit(VCPU_REGS_RIP, (unsigned long *)&vcpu->arch.regs_dirty))
    vmcs_writel(GUEST_RIP, vcpu->arch.regs[VCPU_REGS_RIP]);
```

接下来就是恢复系统 NMI(Non Maskable Interrupt，不可屏蔽中断)等中断：

```
vmx_complete_atomic_exit(vmx);
vmx_recover_nmi_blocking(vmx);
vmx_complete_interrupts(vmx);
```

回到 vcpu_enter_guest，通过 hw_breakpoint_restore 恢复硬件断点。

```
if (hw_breakpoint_active())
        hw_breakpoint_restore();
        kvm_get_msr(vcpu, MSR_IA32_TSC, &vcpu->arch.last_guest_tsc);
        //设置 vCPU 模式，恢复 HOST 相关内容
        vcpu->mode = OUTSIDE_GUEST_MODE;
        smp_wmb();
        local_irq_enable();
        ++vcpu->stat.exits;
// 在 local_irq_enable()和 kvm_guest_exit()之间必须有一条指令，这样计时器中断才不会因为
    中断影子而延迟
        barrier();
        //刷新系统时间
        kvm_guest_exit();
        preempt_enable();
        vcpu->srcu_idx = srcu_read_lock(&vcpu->kvm->srcu);
        if (unlikely(prof_on == KVM_PROFILING)) {
            unsigned long rip = kvm_rip_read(vcpu);
            profile_hit(KVM_PROFILING, (void *)rip);
}
        kvm_lapic_sync_from_vapic(vcpu);
        //处理 vmx 退出
        r = kvm_x86_ops->handle_exit(vcpu);
```

handle_exit 函数由 vmx_handle_exit 具体实现，vcpu->run->exit_reason 设置 vCPU 的退

出原因，并做出相应处理。handle_exit 对应的函数集如下：

```
static int (*kvm_vmx_exit_handlers[])(struct kvm_vcpu *vcpu) = {
    [EXIT_REASON_EXCEPTION_NMI]              = handle_exception,
    [EXIT_REASON_EXTERNAL_INTERRUPT]         = handle_external_interrupt,
    [EXIT_REASON_TRIPLE_FAULT]               = handle_triple_fault,
    [EXIT_REASON_NMI_WINDOW]                 = handle_nmi_window,
    [EXIT_REASON_IO_INSTRUCTION]             = handle_io,
    [EXIT_REASON_CR_ACCESS]                  = handle_cr,
    [EXIT_REASON_DR_ACCESS]                  = handle_dr,
    [EXIT_REASON_CPUID]                      = handle_cpuid,
    [EXIT_REASON_MSR_READ]                   = handle_rdmsr,
    [EXIT_REASON_MSR_WRITE]                  = handle_wrmsr,
    [EXIT_REASON_PENDING_INTERRUPT]          = handle_interrupt_window,
    [EXIT_REASON_HLT]                        = handle_halt,
    [EXIT_REASON_INVD]                       = handle_invd,
    [EXIT_REASON_INVLPG]                     = handle_invlpg,
    [EXIT_REASON_VMCALL]                     = handle_vmcall,
    [EXIT_REASON_VMCLEAR]                    = handle_vmx_insn,
    [EXIT_REASON_VMLAUNCH]                   = handle_vmx_insn,
    [EXIT_REASON_VMPTRLD]                    = handle_vmx_insn,
    [EXIT_REASON_VMPTRST]                    = handle_vmx_insn,
    [EXIT_REASON_VMREAD]                     = handle_vmx_insn,
    [EXIT_REASON_VMRESUME]                   = handle_vmx_insn,
    [EXIT_REASON_VMWRITE]                    = handle_vmx_insn,
    [EXIT_REASON_VMOFF]                      = handle_vmx_insn,
    [EXIT_REASON_VMON]                       = handle_vmx_insn,
    [EXIT_REASON_TPR_BELOW_THRESHOLD]        = handle_tpr_below_threshold,
    [EXIT_REASON_APIC_ACCESS]                = handle_apic_access,
    [EXIT_REASON_WBINVD]                     = handle_wbinvd,
    [EXIT_REASON_XSETBV]                     = handle_xsetbv,
    [EXIT_REASON_TASK_SWITCH]                = handle_task_switch,
    [EXIT_REASON_MCE_DURING_VMENTRY]         = handle_machine_check,
    [EXIT_REASON_EPT_VIOLATION]              = handle_ept_violation,
    [EXIT_REASON_EPT_MISCONFIG]              = handle_ept_misconfig,
    [EXIT_REASON_PAUSE_INSTRUCTION]          = handle_pause,
    [EXIT_REASON_MWAIT_INSTRUCTION]          = handle_invalid_op,
    [EXIT_REASON_MONITOR_INSTRUCTION]        = handle_invalid_op,
};
```

handle_task_switch 进行任务切换，handle_io 处理 QEMU 的外部模拟 I/O 等，再次退回到_vcpu_run 函数，在 while (r > 0)中，循环受 vcpu_enter_guest 返回值控制，只有运行异

常的时候才退出循环，否则通过 kvm_resched 一直运行下去。

```
if (need_resched()) {
        srcu_read_unlock(&kvm->srcu, vcpu->srcu_idx);
        kvm_resched(vcpu);
        vcpu->srcu_idx = srcu_read_lock(&kvm->srcu);
}
```

退出到 kvm_arch_vcpu_ioctl_run 函数，至此 kvm run 的执行结束。

7.4.4　内存虚拟化流程

在虚拟机的创建与运行中，pc_init_pci 负责在 QEMU 中初始化虚拟机，内存初始化也是在这里完成的。在 vl.c 的 main 函数中有 ram_size 参数，由 QEMU 通过传参标识符 QEMU_OPTION_m 来设定，表示虚拟机内存的大小通过 machine->init 逐步传递给 pc_init1 函数。分出 above_4g_mem_size 和 below_4g_mem_size，即高低端内存（也不一定是 32 bit 机器），然后开始初始化内存，即 pc_memory_init，内存通过 memory_region_init_ram 下面的 qemu_ram_alloc 分配。

QEMU 对内存条的模拟管理是通过 RAMBlock 和 ram_list 完成的，RAMBlock 就是每次申请的内存池，ram_list 则是 RAMBlock 的链表，其结构如下：

```
typedef struct RAMBlock {
    //对应宿主的内存地址
    uint8_t *host;
    //block 在 ramlist 中的偏移
    ram_addr_t offset;
    //block 长度
    ram_addr_t length;
    uint32_t flags;
    //block 名字
    char idstr[256];
    QLIST_ENTRY(RAMBlock) next;
#if defined(__linux__) && !defined(TARGET_S390X)
    int fd;
#endif
} RAMBlock;
typedef struct RAMList {
    uint8_t *phys_dirty;
    QLIST_HEAD(ram, RAMBlock) blocks;
} RAMList;
```

qemu_ram_alloc_from_ptr 函数，使用 find_ram_offset 赋值给 new block 的 offset。然后在 kvm_enabled 的情况下使用 new_block->host = kvm_vmalloc(size)，最终内存是

qemu_vmalloc 分配的，使用 qemu_memalign 执行，qemu_memalign 函数代码如下：

```
void *qemu_memalign(size_t alignment, size_t size)
{     void *ptr;
      //使用 posix 实现内存页大小对齐
#if defined(_POSIX_C_SOURCE) && !defined(_sun_)
      int ret;
      ret = posix_memalign(&ptr, alignment, size);
      if (ret != 0) {
         fprintf(stderr, "Failed to allocate %zu B: %sn",
           size, strerror(ret));
         abort();
      }
 #elif defined(CONFIG_BSD)
      ptr = qemu_oom_check(valloc(size));
#else
      //检查 oom 就是看 memalign 对应 malloc 申请内存是否成功
      ptr = qemu_oom_check(memalign(alignment, size));
#endif
      trace_qemu_memalign(alignment, size, ptr);
      return ptr;
}
```

当 pc.ram 分配完成后，需要对已有的 ram 进行分段，分别用 ram-below-4g 和 ram-above-4g 表示高端内存和低端内存，memory_region_init_alias 函数初始化内存区域，这里用到了 struct kvm_userspace_memory_region mem 参数。

```
struct kvm_userspace_memory_region {
      _u32 slot;
      _u32 flags;
      _u64 guest_phys_addr;
      _u64 memory_size;
      _u64 userspace_addr;
};
```

kvm_vm_ioctl 进入到内核是在 KVM_SET_USER_MEMORY_REGION 参数中，即执行 kvm_vm_ioctl_set_memory_region，然后一直向下，到_kvm_set_memory_region 函数，check_memory_region_flags 检查 mem->flags 是否合法，而当前 flag 也就使用了两位，KVM_MEM_LOG_DIRTY_PAGES 和 KVM_MEM_READONLY，从 QEMU 传递过来的只能是 KVM_MEM_LOG_DIRTY_PAGES。下面是对 mem 中各参数的合规检查，(mem->memory_size & (PAGE_SIZE - 1))要求以页为单位，(mem->guest_phys_addr & (PAGE_SIZE - 1))要求 guest_phys_addr 页对齐，而((mem->userspace_addr & (PAGE_SIZE - 1)) || !access_ok(VERIFY_WRITE,(void _user *)(unsigned long)mem->userspace_addr, mem ->memory_size))则保证 host 的线性地址页对齐，而且该地址域有写权限。

id_to_memslot 则是根据 QEMU 的内存槽号得到 KVM 结构下的内存槽号，转换关系来自 id_to_index 数组，映射关系是一一对应的，在 kvm_create_vm 虚拟机创建过程中，kvm_init_memslots_id 实现对应关系的初始化，slots->id_to_index[i]=slots->memslots[i].id=i 是具体实现代码。

内存映射代码如下：

```
//映射内存有大小，不是删除内存条
if (npages) {          //内存槽号没有虚拟内存条，表示内存是新创建的
    if (!old.npages)
        change = KVM_MR_CREATE;
    else {       //修改已存在的内存修改标志或者平移映射地址
        //下面是不能处理的状态（内存条大小不能变，物理地址不能变，只读内容不能修改）
        if ((mem->userspace_addr != old.userspace_addr) || (npages != old.npages) ||
            ((new.flags ^ old.flags) & KVM_MEM_READONLY))
        goto out;
    //guest 地址不同，内存条平移
        if (base_gfn != old.base_gfn)
            change = KVM_MR_MOVE;
        else if (new.flags != old.flags)
        //修改属性
        change = KVM_MR_FLAGS_ONLY;
        else {
            r = 0;
            goto out;
        }
    }
} else if (old.npages) {
    //申请插入的内存为 0，需要删除内存槽上的已有内存
    change = KVM_MR_DELETE;
} else
goto out;
```

通过 kvm_mr_change 的定义了解 memslot 的变动值，代码如下：

```
enum kvm_mr_change {
    KVM_MR_CREATE,
    KVM_MR_DELETE,
    KVM_MR_MOVE,
    KVM_MR_FLAGS_ONLY,
};
```

检测内存是否重叠，代码如下：

```
if ((change == KVM_MR_CREATE) || (change == KVM_MR_MOVE)) {
    r = -EEXIST;
```

```
        kvm_for_each_memslot(slot, kvm->memslots) {
            if ((slot->id >= KVM_USER_MEM_SLOTS) ||
                //下面排除掉准备操作的内存条，在 KVM_MR_MOVE 中是有交集的
                (slot->id == mem->slot))
                continue;
                //下面就是当前已有的 slot 与 new 在 guest 线性区间上有交集
            if (!((base_gfn + npages <= slot->base_gfn) ||
              (base_gfn >= slot->base_gfn + slot->npages)))
              goto out;
              //out 错误码就是 EEXIST
        }
    }
```

如果是新插入内存条，代码则进入 kvm_arch_create_memslot 函数，里面主要是一个循环，KVM_NR_PAGE_SIZES 是分页的级数，这里是 3，第一次循环 lpages= gfn_to_index(slot->base_gfn + npages - 1,slot->base_gfn, level) + 1，lpages 就是一级页表所需要的 page 数，大致是 npages>>0*9，然后为 slot->arch.rmap[i]申请了内存空间，此处可以猜想，rmap 就是一级页表了，继续往下，lpages 约为 npages>>1*9，此处又多为 lpage_info 申请了同等空间，然后对 lpage_info 初始化赋值。总体来讲，kvm_arch_create_memslot 做了一个 3 级的软件页表。如果有脏页，并且脏页位图为空，则分配脏页位图，kvm_create_dirty_bitmap 实际上就是“页数/8”，代码如下：

```
        if ((new.flags & KVM_MEM_LOG_DIRTY_PAGES) && !new.dirty_bitmap) {
        if (kvm_create_dirty_bitmap(&new) < 0)
            goto out_free;
    }
```

当内存条的操作是 KVM_MR_DELETE 或者 KVM_MR_MOVE 时，先申请一个 slots，通过 kvm->memslots 存储 slots 信息，然后通过 id_to_memslot 获取准备插入的内存条，对应到 KVM 的插槽位置，将其标记为 KVM_MEMSLOT_INVALID，最后调用 install_new_memslots 函数更新 slots->generation 的值。

内存添加完成后，看一下 EPT 页表的映射，在 kvm_arch_vcpu_setup 中的 kvm_mmu_setup 是 MMU 的初始化，EPT 的初始化是 init_kvm_tdp_mmu。所谓的初始化，就是填充 vcpu->arch.mmu 结构体，代码如下：

```
    context->page_fault = tdp_page_fault;
    context->sync_page = nonpaging_sync_page;
    context->invlpg = nonpaging_invlpg;
    context->update_pte = nonpaging_update_pte;
    context->shadow_root_level = kvm_x86_ops->get_tdp_level();
    context->root_hpa = INVALID_PAGE;
    context->direct_map = true;
```

```
context->set_cr3 = kvm_x86_ops->set_tdp_cr3;
context->get_cr3 = get_cr3;
context->get_pdptr = kvm_pdptr_read;
context->inject_page_fault = kvm_inject_page_fault;
```

当客户机访问物理内存发生虚拟机退出时，跳转至 vmx_handle_exit 函数，进而根据 EXIT_REASON_EPT_VIOLATION 执行到 handle_ept_violation 函数。其中，根据代码 exit_qualification=vmcs_readl(EXIT_QUALIFICATION)获取虚拟机的退出原因。

7.4.5　客户机异常处理流程

KVM 保证客户机正确执行的基本手段是当客户机执行 I/O 指令或者其他特权指令时，引发处理器异常，从而陷入到根操作模式，由 KVM Driver 模拟执行。可以说，虚拟化保证客户机正确执行的基本手段就是异常处理机制。由于 KVM 采取了硬件辅助虚拟化技术，因此，和异常处理机制相关的一个重要的数据结构就是虚拟机控制结构 VMCS。

VMCS 控制结构分为三个部分，一个是版本信息，一个是中止标识符，最后一个是 VMCS 数据域。VMCS 数据域包含了六类信息：客户机状态域、宿主机状态域、VMEntry 控制域、VMExecution 控制域、VMExit 控制域以及 VMExit 信息域。其中 VMExecution 控制域可以设置可选的标志位，使客户机可以引发一定的异常指令。宿主机状态域则保存了基本的寄存器信息，异常处理程序根据 VMExit 信息域来判断客户机异常的根本原因，选择正确的处理逻辑来进行处理。

vmx.c 文件是和 Intel VT-x 体系结构相关的代码文件，用于处理内核态相关的硬件逻辑代码。在 vCPU 初始化中，将 KVM 中对应的异常退出处理函数赋值到 CS:EIP 中，在客户机运行过程中，产生客户机异常时，CPU 根据 VMCS 中的客户机状态域装载 CS:EIP 的值，从而退出到内核，执行异常处理。在 KVM 内核中，异常处理函数为

```
static int vmx_handle_exit(struct kvm_run *kvm_run, struct kvm_vcpu *vcpu);
```

参数说明：kvm_run 代表当前虚拟机实例的运行状态信息，vcpu 代表对应的虚拟 CPU。

这个函数首先从客户机 VMExit 信息域中读取 exit_reason 字段信息，然后调用对应于函数指针数组中退出原因字段的处理函数进行处理。函数指针数组定义信息如下：

```
static int (*kvm_vmx_exit_handlers[])(struct kvm_vcpu *vcpu， struct kvm_run *kvm_run) = {
    [EXIT_REASON_EXCEPTION_NMI]          = handle_exception,
    [EXIT_REASON_EXTERNAL_INTERRUPT]     = handle_external_interrupt,
    [EXIT_REASON_TRIPLE_FAULT]           = handle_triple_fault,
    [EXIT_REASON_NMI_WINDOW]             = handle_nmi_window,
    [EXIT_REASON_IO_INSTRUCTION]         = handle_io,
    [EXIT_REASON_CR_ACCESS]              = handle_cr,
    [EXIT_REASON_DR_ACCESS]              = handle_dr,
    [EXIT_REASON_CPUID]                  = handle_cpuid,
    [EXIT_REASON_MSR_READ]               = handle_rdmsr,
    [EXIT_REASON_MSR_WRITE]              = handle_wrmsr,
```

```
        [EXIT_REASON_PENDING_INTERRUPT]         = handle_interrupt_window,
        [EXIT_REASON_HLT]                       = handle_halt,
        [EXIT_REASON_INVLPG]                    = handle_invlpg,
        [EXIT_REASON_VMCALL]                    = handle_vmcall,
        [EXIT_REASON_TPR_BELOW_THRESHOLD]       = handle_tpr_below_threshold,
        [EXIT_REASON_APIC_ACCESS]               = handle_apic_access,
        [EXIT_REASON_WBINVD]                    = handle_wbinvd,
        [EXIT_REASON_TASK_SWITCH]               = handle_task_switch,
        [EXIT_REASON_EPT_VIOLATION]             = handle_ept_violation,
        };
```

这是一组指针数组，用于处理客户机引发异常时，根据对应的退出字段选择处理函数进行处理。例如 EXIT_REASON_EXCEPTION_NMI 对应的 handle_exception 处理函数用于处理 NMI Non Maskable Interrupt，不可屏蔽中断引脚异常，而 EXIT_REASON_EPT_VIOLATION 对应的 handle_ept_violation 处理函数用于处理缺页异常。

本 章 小 结

本章主要介绍了 KVM 内核模块的组成、KVM API、KVM 内核模块中重要的数据结构以及 KVM 内核模块中重要的流程。

首先，从源码的角度，分析了 KVM 内核模块的整体结构。从 Makefile 文件的分析中可以清晰地了解 KVM 模块对应内核代码的代码组织结构。

然后，给出 KVM API 的详细介绍，针对 API 中的三种调用 System ioctl、VM ioctl、vCPU ioctl 所涉及的核心代码给出分析过程，让读者可以对 KVM 内核模块所包含的功能有一个整体的了解。

最后，对 KVM 的核心业务代码进行了详细的分析，主要从数据结构和执行流程两方面入手，剖析了 KVM 内部实现的原理，对涉及的关键代码给出了详细的注解和分析，从而让读者可以对 KVM 的具体实现模式有一个具体的认识。

本 章 习 题

1. 简述 KVM 内核模块的架构。
2. 简述 KVM 的工作原理。
3. KVM API 分为哪三种类型？各自的功能是什么？
4. 简述 System ioctl 系统调用中涉及的主要指令字。
5. kvm_x86_ops 结构体包含哪几种类型的操作？
6. 具体描述 KVM 的初始化步骤。

第 8 章

KVM 及 QEMU 虚拟化应用实践

本章主要介绍 KVM 虚拟化的管理工具 Libvirt 的使用，包括 Libvirt 的安装、Virsh 的常用命令介绍、基于 Libvirt 的可视化工具 Virt-Manager 的安装和使用，以及基于 Libvirt 的配置与开发，最后还给出了一个基于 Python 的轻量级 KVM 虚拟机管理系统的应用案例。

知识结构图

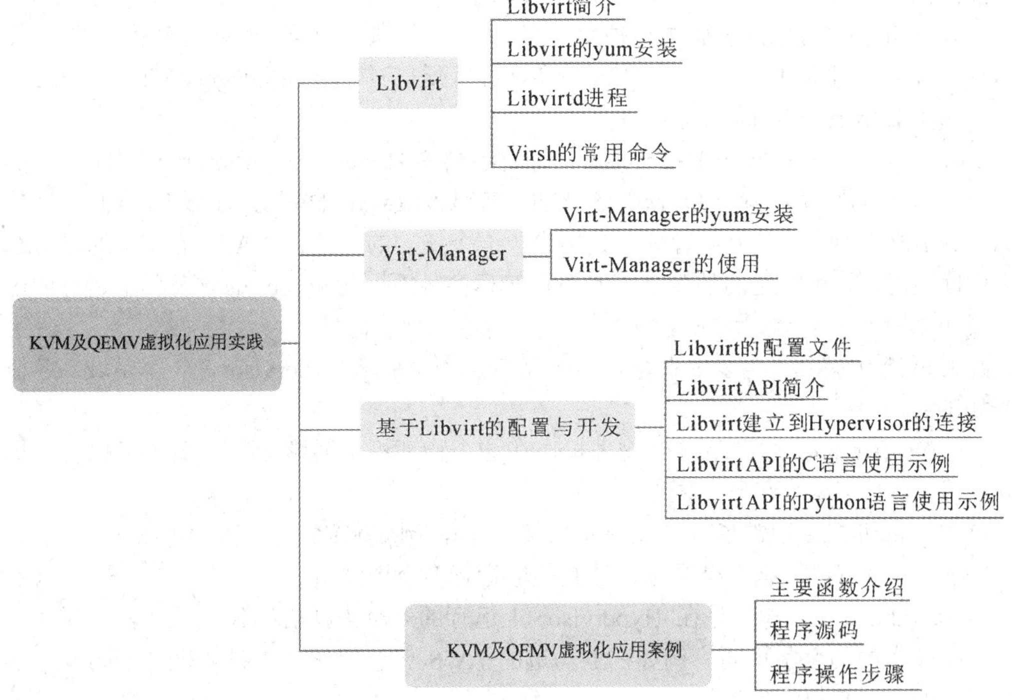

本章重点

- 掌握 Libvirt 的安装和使用。
- 掌握 Virsh 的常用命令。
- 掌握 Virt-Manager 的安装和使用。
- 理解 Libvirt 域的 XML 配置文件。
- 熟悉常用的 Libvirt 的 API。
- 掌握使用 Libvirt API 进行虚拟化管理的基本操作。
- 掌握轻量级虚拟机管理系统的应用开发。

本章任务

通过 Libvirt 工具的安装，学会使用 Virsh 命令行工具，能够使用 Virsh 命令查看和管理 KVM 虚拟机；通过 Virt-Manager 工具的安装，能够通过可视化界面对 KVM 虚拟机进行查看和管理；通过对 Libvirt API 的简单使用，能够开发轻量级的虚拟机的应用管理程序。

8.1　Libvirt

8.1.1　Libvirt 简介

Libvirt 是为了更方便地管理虚拟化平台而设计的开放源代码的应用程序接口。Libvirt 包含一个守护进程和一个管理工具，不仅能提供对虚拟机的管理，也提供了对虚拟化网络和存储的管理。可以说，Libvirt 是一个软件集合，便于使用者管理虚拟机和使用其他虚拟化功能，比如存储和网络虚拟化管理等。

Libvirt 的主要目标是提供一种统一的方式，管理多种不同的虚拟化提供方式和 Hypervisor。当前主流 Linux 平台上常用的虚拟化管理工具 Virt-Manager、Virsh、Virt-Install 等都是基于 Libvirt 开发而成的。

Libvirt 支持多种不同的 Hypervisor。针对不同的 Hypervisor，Libvirt 提供了不同的驱动，有对 Xen 的驱动，有对 QEMU 的驱动，有对 VMware 的驱动。Libvirt 屏蔽了底层各种 Hypervisor 的细节，对上层管理工具提供了一个统一的、稳定的 API。因此，通过 Libvirt 这个中间适配层，用户空间的管理工具可以管理多种不同的 Hypervisor 及其上运行的虚拟客户机。

在 Libvirt 中有几个重要的概念，一个是节点，一个是 Hypervisor，一个是域。各概念解释如下：

(1) 节点(Node)，通常指一个物理机，在这个物理机上通常运行着多个虚拟客户机。Hypervisor 和域都运行在节点之上。

(2) Hypervisor，通常指 VMM(虚拟机管理器)，例如 KVM、Xen、VMware、Hyper-V 等。Hypervisor 可以控制一个节点，让其能够运行多个虚拟机。

(3) 域(Domain)，指的是在 Hypervisor 上运行的一个虚拟机操作系统实例。域在不同的虚拟化技术中的名字不同。例如在亚马逊的 AWS 云计算服务中被叫做实例(Instance)。域有时也叫做客户机、虚拟机、客户操作系统等。

Libvirt 中节点、Hypervisor 和域之间的关系如图 8-1 所示。

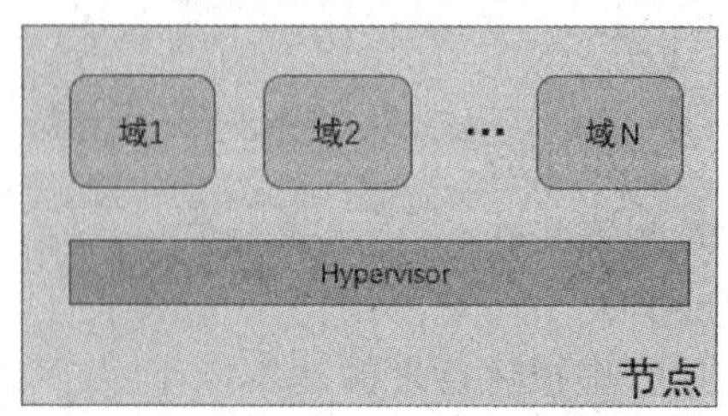

图 8-1　Libvirt 中节点、Hypervisor 和域之间的关系

Libvirt 的主要功能包括：

(1) 虚拟机管理：包括对节点上的各虚拟机生命周期的管理，比如启动、停止、暂停、保存、恢复和迁移；也支持对多种设备类型的热插拔操作，如磁盘、网卡、内存和 CPU 等。

(2) 远程节点的管理：只要物理节点上运行了 Libvirt daemon(Libvirt 守护进程)，那么，远程节点上的管理程序就可以连接到该节点，然后进行管理操作，所有的 Libvirt 功能就都可以访问和使用。Libvirt 支持多种网络远程传输，例如使用最简单的 SSH 时不需要额外配置工作。若 example.com 节点上运行了 Libvirt，而且允许 SSH 访问，下面的命令就可以在远程的主机上使用 Virsh 连接到 example.com 节点，从而管理 example.com 节点上的虚拟机。

```
virsh --connect qemu+ssh://root@example.com/system
```

(3) 存储管理：任何运行了 Libvirt daemon 的主机，都可以通过 Libvirt 管理不同类型的存储，包括创建不同格式的文件映像(qcow2、vmdk、raw 等)、挂接 NFS 共享、列出现有的 LVM 卷组、创建新的 LVM 卷组和逻辑卷、对未处理过的磁盘设备分区、挂接 iSCSI 共享等等。因为 Libvirt 可以远程工作，所以这些都可以通过远程主机进行管理。

(4) 网络接口管理：任何运行了 Libvirt daemon 的主机，都可以通过 Libvirt 管理物理和逻辑的网络接口。可以列出现有的网络接口卡，配置网络接口、创建虚拟网络接口，以及创建网络桥接，进行 VLAN 管理等。

(5) 虚拟 NAT 和基于路由的网络：任何运行了 Libvirt daemon 的主机，都可以通过 Libvirt 管理和创建虚拟网络。Libvirt 虚拟网络使用防火墙规则作为路由器，让虚拟机可以透明访问主机的网络。

概括起来，Libvirt 包括一个应用程序编程接口库(API 库)、一个 daemon(libvirtd 守护进程)和一个命令行工具(Virsh)。API 库为其他的虚拟机管理工具提供编程的程序接口库。libvirtd 负责对节点上的域进行监管；在使用其他工具管理节点上的域时，libvirtd 需要一直在运行状态。Virsh 是 Libvirt 默认给定的一个对虚拟机进行管理的命令行工具。

有了对 Libvirt 的大致理解，可以将 Libvirt 分为三个层次，如图 8-2 所示。

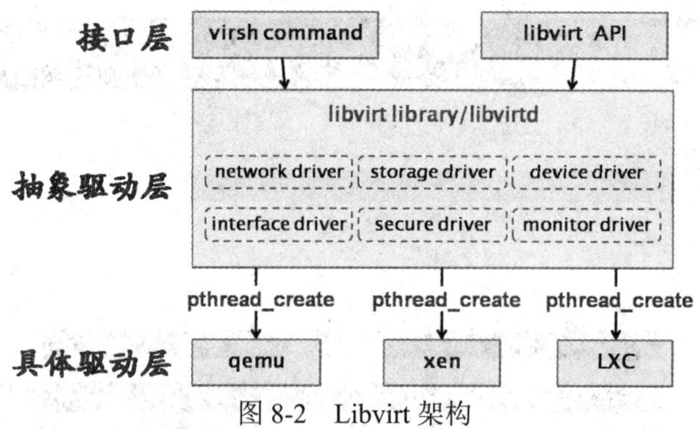

图 8-2　Libvirt 架构

在图 8-2 中，将 Libvirt 分为三层，最底层为具体驱动层，中间层为 Libvirt 的抽象驱动层，顶层为 Libvirt 提供的接口层。参照图 8-2，给出通过 Virsh 命令或接口创建虚拟机实例的执行步骤：

(1) 在接口层，通过 Virsh 命令或 Libvirt API 接口创建虚拟机。

(2) 在抽象驱动层，调用 Libvirt 提供的统一接口。

(3) 在具体驱动层，调用底层的相应虚拟化技术的接口，如果 driver=qemu，即调用 QEMU 注册到抽象驱动层上的函数 qemuDomainCreateXML()。

(4) 拼装 Shell 命令并执行。以 QEMU 为例，函数 qemuDomainCreateXML()首先会拼装一条创建虚拟机的命令，比如“qemu -hda disk.img”，然后创建一个新的线程来执行。

通过上面的四个步骤可以发现，Libvirt 将最底层的直接在 Shell 中输入命令来完成的操作进行了抽象封装，给应用程序开发人员提供了统一的、易用的接口。

8.1.2 Libvirt 的 yum 安装

在 CentOS 中可以使用 yum 命令安装 Libvirt。Libvirt 的官方网站是 https://libvirt.org/，如图 8-3 所示。

图 8-3　Libvirt 的官方网站

在图 8-3 中点击 Download 进入 Libvirt 的下载页面，如图 8-4 所示。

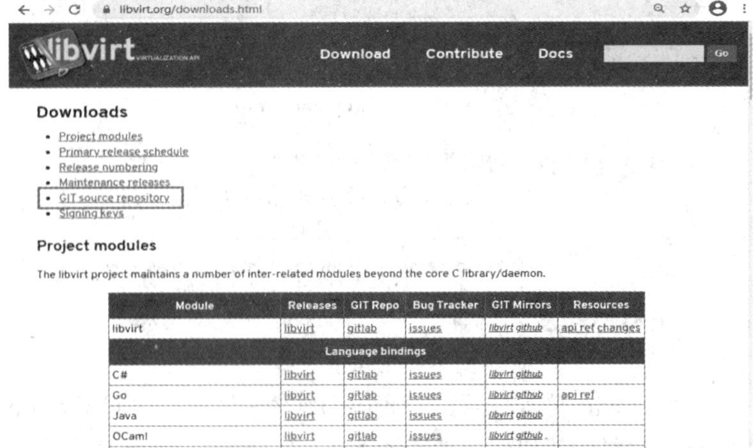

图 8-4　Libvirt 的下载页面

从图 8-4 可以看出，Libvirt 官网给出了下载 Libvirt 不同的方式，Maintenance releases 表示维护性发布版本，GIT source repository 表示使用 git 源码仓库进行下载。由于源码下载安装比较繁琐，本书使用 yum 的方式在线下载安装。关于源码安装 Libvirt，读者可自行参阅其他资料。

注意：在使用 Libvirt 前需要确保机器已开启硬件虚拟化，KVM 内核模块已加载，QEMU 已安装。

首先查看是否已安装 Libvirt：

```
[root@localhost ~]# yum list installed|grep libvirt
libvirt-daemon.x86_64                          4.5.0-36.el7_9.3        @updates
libvirt-daemon-config-network.x86_64           4.5.0-36.el7_9.3        @updates
libvirt-daemon-driver-interface.x86_64         4.5.0-36.el7_9.3        @updates
libvirt-daemon-driver-network.x86_64           4.5.0-36.el7_9.3        @updates
libvirt-daemon-driver-nodedev.x86_64           4.5.0-36.el7_9.3        @updates
libvirt-daemon-driver-nwfilter.x86_64          4.5.0-36.el7_9.3        @updates
libvirt-daemon-driver-qemu.x86_64              4.5.0-36.el7_9.3        @updates
libvirt-daemon-driver-secret.x86_64            4.5.0-36.el7_9.3        @updates
…
libvirt-daemon-kvm.x86_64                      4.5.0-36.el7_9.3        @updates
libvirt-gconfig.x86_64                         1.0.0-1.el7             @anaconda
libvirt-glib.x86_64                            1.0.0-1.el7             @anaconda
libvirt-gobject.x86_64                         1.0.0-1.el7             @anaconda
libvirt-libs.x86_64                            4.5.0-36.el7_9.3        @updates
```

可以看到，CentOS 中有默认的 Libvirt。如果后续使用中没有问题，以下步骤可省略。如果出现软件版本不兼容，需要将 Libvirt 先卸载，然后再重新安装。

使用命令“yum remove libvirt-”卸载所有 Libvirt 相关的包：

```
[root@localhost ~]# yum remove libvirt-
libvirt-daemon-config-network.x86_64
libvirt-daemon-driver-interface.x86_64
libvirt-daemon-driver-network.x86_64
libvirt-daemon-driver-nodedev.x86_64
libvirt-daemon-driver-nwfilter.x86_64
libvirt-daemon-driver-qemu.x86_64
libvirt-daemon-driver-secret.x86_64
libvirt-daemon-driver-storage-core.x86_64
libvirt-daemon-driver-storage-disk.x86_64
…
```

重新安装 Libvirt 时，会在 CentOS 中同时安装 Libvirt 的服务器端和客户端。Libvirt 服务器端的名称为 libvirt，客户端的名称为 libvirt-client。

使用 yum 下载安装前先搜索查看 Libvirt 的相关包：

```
[root@localhost ~]# yum search libvirt
Loaded plugins: fastestmirror, langpacks
Loading mirror speeds from cached hostfile
 * base: mirrors.aliyun.com
 * extras: mirrors.aliyun.com
 * updates: mirrors.aliyun.com
============================== N/S matched: libvirt
===============================
fence-virtd-libvirt.x86_64 : Libvirt backend for fence-virtd
libvirt-admin.x86_64 : Set of tools to control libvirt daemon
libvirt-cim.i686 : A CIM provider for libvirt
libvirt-cim.x86_64 : A CIM provider for libvirt
libvirt-client.i686 : Client side utilities of the libvirt library
libvirt-client.x86_64 : Client side utilities of the libvirt library
libvirt-daemon.x86_64 : Server side daemon and supporting files for libvirt
                        : library
…
ocaml-libvirt-devel.x86_64 : Development files for ocaml-libvirt
fence-agents-virsh.x86_64 : Fence agent for virtual machines based on libvirt
libvirt.x86_64 : Library providing a simple virtualization API
libvirt-bash-completion.x86_64 : Bash completion script
libvirt-daemon-driver-storage-disk.x86_64 : Storage driver plugin for disk
…
```

在安装 Libvirt 时，相关的依赖包也会安装，可以看到，libvirt-client 包也已经安装：

```
[root@localhost ~]# yum install libvirt
…
Installing:
 libvirt                          x86_64    4.5.0-36.el7_9.3    updates    203 k
Installing for dependencies:
 gnutls-dane                      x86_64    3.3.29-9.el7_6      base        36 k
 gnutls-utils                     x86_64    3.3.29-9.el7_6      base       238 k
 libvirt-bash-completion          x86_64    4.5.0-36.el7_9.3    updates    203 k
 libvirt-client                   x86_64    4.5.0-36.el7_9.3    updates    500 k
 libvirt-daemon-config-nwfilter   x86_64    4.5.0-36.el7_9.3    updates    210 k
 libvirt-daemon-driver-lxc        x86_64    4.5.0-36.el7_9.3    updates    335 k
Transaction Summary
================================================================================
```

```
Install    1 Package (+6 Dependent packages)

Total download size: 1.7 M
Installed size: 2.2 M
Is this ok [y/d/N]: y
...
Installed:
  libvirt.x86_64 0:4.5.0-36.el7_9.3

Dependency Installed:
  gnutls-dane.x86_64 0:3.3.29-9.el7_6
  gnutls-utils.x86_64 0:3.3.29-9.el7_6
  libvirt-bash-completion.x86_64 0:4.5.0-36.el7_9.3
  libvirt-client.x86_64 0:4.5.0-36.el7_9.3
  libvirt-daemon-config-nwfilter.x86_64 0:4.5.0-36.el7_9.3
  libvirt-daemon-driver-lxc.x86_64 0:4.5.0-36.el7_9.3

Complete!
```

Libvirt 安装时会默认安装 libvirtd 和 virsh 等可执行程序。安装成功后，可通过以下操作来查看安装的 Libvirt 的安装位置和版本号。

查看 libvirtd 命令位置：

```
[root@localhost ~]# which libvirtd
/usr/sbin/libvirtd
```

查看 libvirtd 的版本号：

```
[root@localhost ~]# libvirtd --version
libvirtd (libvirt) 4.5.0
```

查看 Virsh 命令位置：

```
[root@localhost ~]# which virsh
/usr/bin/virsh
```

查看 Virsh 的版本号：

```
[root@localhost ~]# virsh --version
4.5.0
```

Libvirt 安装后会默认启动，查看已经安装的 Libvirt 是否启动，实质是查看 Libvirt 的 libvirtd 这个守护进程是否启动。使用以下命令查看 libvirtd 进程是否启动：

```
[root@localhost ~]# ps -le|grep libvirtd
4 S     0   2678     1  0  80   0 - 236781 poll_s ?        00:00:00 libvirtd
```

可以看到，libvirtd 进程已经启动，进程号是 2678。

可以使用命令“service libvirtd status”查看 libvirtd 进程状态：

```
[root@localhost ~]# service libvirtd status
Redirecting to /bin/systemctl status libvirtd.service
● libvirtd.service - Virtualization daemon
   Loaded: loaded (/usr/lib/systemd/system/libvirtd.service; enabled; vendor preset: enabled)
   Active: active (running) since Sun 2021-01-24 01:42:20 PST; 11min ago
     Docs: man:libvirtd(8)
           https://libvirt.org
 Main PID: 2678 (libvirtd)
    Tasks: 19 (limit: 32768)
   CGroup: /system.slice/libvirtd.service
           ├─1473 /usr/sbin/dnsmasq --conf-file=/var/lib/libvirt/dnsmasq/def...
           ├─1475 /usr/sbin/dnsmasq --conf-file=/var/lib/libvirt/dnsmasq/def...
           └─2678 /usr/sbin/libvirtd

Jan 24 01:42:19 localhost.localdomain systemd[1]: Starting Virtualization da...
Jan 24 01:42:20 localhost.localdomain systemd[1]: Started Virtualization dae...
Jan 24 01:42:20 localhost.localdomain dnsmasq[1473]: read /etc/hosts - 2 add...
Jan 24 01:42:20 localhost.localdomain dnsmasq[1473]: read /var/lib/libvirt/d...
Jan 24 01:42:20 localhost.localdomain dnsmasq-dhcp[1473]: read /var/lib/libv...
Hint: Some lines were ellipsized, use -l to show in full.
```

8.1.3　libvirtd 进程

libvirtd 是 Libvirt 虚拟化管理工具的服务器端的守护程序。如果要使用 Libvirt 进行虚拟机管理，无论是本地管理还是远程管理，都需要在这个节点上运行 libvirtd 这个守护进程，以便让其他上层管理工具可以连接到该节点。libvirtd 负责执行其他管理工具发送给它的虚拟化管理操作指令。

Libvirt 的客户端工具(包括 Virsh、Virt-manager 等)可以连接到本地或远程的 libvirtd 进程，用于管理节点上的客户机状态，包括启动、关闭、重启、迁移等，收集节点上的宿主机和客户机的配置和资源使用状态。

在 CentOS 7 中，libvirtd 是作为一个服务(service)配置在系统中的，可以通过 service 命令来对其进行操作。

对 libvirtd 常用的操作方式有“{start|stop|restart|try-restart|reload|force-reload|status}”，其中 start 命令表示启动 libvirtd，restart 表示重启 libvirtd，reload 表示不重启该服务但是重新加载配置文件(即/etc/libvirt/libvirtd.conf 配置文件)。对 libvirtd 服务进行操作的命令行示例如下：

```
[root@localhost ~]# service libvirtd status
Redirecting to /bin/systemctl status libvirtd.service
```

```
● libvirtd.service - Virtualization daemon
   Loaded: loaded (/usr/lib/systemd/system/libvirtd.service; enabled; vendor preset: enabled)
   Active: active (running) since Sun 2021-01-24 04:06:58 PST; 18s ago
     Docs: man:libvirtd(8)
           https://libvirt.org
 Main PID: 3799 (libvirtd)
    Tasks: 19 (limit: 32768)
   CGroup: /system.slice/libvirtd.service
           ├─1473 /usr/sbin/dnsmasq --conf-file=/var/lib/libvirt/dnsmasq/def...
           ├─1475 /usr/sbin/dnsmasq --conf-file=/var/lib/libvirt/dnsmasq/def...
           └─3799 /usr/sbin/libvirtd

Jan 24 04:06:58 localhost.localdomain systemd[1]: Starting Virtualization da...
Jan 24 04:06:58 localhost.localdomain systemd[1]: Started Virtualization dae...
Jan 24 04:06:59 localhost.localdomain dnsmasq[1473]: read /etc/hosts - 2 add...
Jan 24 04:06:59 localhost.localdomain dnsmasq[1473]: read /var/lib/libvirt/d...
Jan 24 04:06:59 localhost.localdomain dnsmasq-dhcp[1473]: read /var/lib/libv...
Hint: Some lines were ellipsized, use -l to show in full.
[root@localhost ~]# service libvirtd stop
Redirecting to /bin/systemctl stop libvirtd.service
[root@localhost ~]# service libvirtd status
Redirecting to /bin/systemctl status libvirtd.service
● libvirtd.service - Virtualization daemon
   Loaded: loaded (/usr/lib/systemd/system/libvirtd.service; enabled; vendor preset: enabled)
   Active: inactive (dead) since Sun 2021-01-24 04:07:19 PST; 1s ago
     Docs: man:libvirtd(8)
           https://libvirt.org
  Process: 3799 ExecStart=/usr/sbin/libvirtd $LIBVIRTD_ARGS (code=exited, status=0/SUCCESS)
 Main PID: 3799 (code=exited, status=0/SUCCESS)
    Tasks: 2 (limit: 32768)
   CGroup: /system.slice/libvirtd.service
           ├─1473 /usr/sbin/dnsmasq --conf-file=/var/lib/libvirt/dnsmasq/def...
           └─1475 /usr/sbin/dnsmasq --conf-file=/var/lib/libvirt/dnsmasq/def...

Jan 24 04:06:58 localhost.localdomain systemd[1]: Starting Virtualization da...
Jan 24 04:06:58 localhost.localdomain systemd[1]: Started Virtualization dae...
Jan 24 04:06:59 localhost.localdomain dnsmasq[1473]: read /etc/hosts - 2 add...
Jan 24 04:06:59 localhost.localdomain dnsmasq[1473]: read /var/lib/libvirt/d...
Jan 24 04:06:59 localhost.localdomain dnsmasq-dhcp[1473]: read /var/lib/libv...
```

```
Jan 24 04:07:19 localhost.localdomain systemd[1]: Stopping Virtualization da...
Jan 24 04:07:19 localhost.localdomain systemd[1]: Stopped Virtualization dac...
Hint: Some lines were ellipsized, use -l to show in full.
```

默认情况下，libvirtd 监听一个本地的 UNIX domain socket，而没有监听基于网络的 TCP/IP socket，需要使用“-l 或--listen”的命令行参数来开启对 TCP/IP socket 的监听配置。另外，libvirtd 守护进程的启动或停止，并不会直接影响到正在运行中的客户机。libvirtd 在启动或重新启动时，只要客户机的 XML 配置文件是存在的，libvirtd 就会自动加载这些客户机的配置，获取它们的信息。当然，如果客户机没有基于 Libvirt 格式的 XML 文件在运行，libvirtd 则不能发现它。

libvirtd 是一个可执行程序，不仅可以使用 service 命令调用它作为服务来运行，也可以单独运行 libvirtd 命令来使用它。

```
[root@localhost ~]# libvirtd
2021-01-24 12:12:34.161+0000: 4107: info : libvirt version: 4.5.0, package: 36.el7_9.3 (CentOS BuildSystem <http://bugs.centos.org>, 2020-11-16-16:25:20, x86-01.bsys.centos.org)
2021-01-24 12:12:34.161+0000: 4107: info : hostname: localhost.localdomain
2021-01-24 12:12:34.161+0000: 4107: error : virPidFileAcquirePath:422 : Failed to acquire pid file '/var/run/libvirtd.pid': Resource temporarily unavailable
[root@localhost ~]# libvirtd --help

Usage:
  libvirtd [options]

Options:
  -h | --help              Display program help:
  -v | --verbose           Verbose messages.
  -d | --daemon            Run as a daemon & write PID file.
  -l | --listen            Listen for TCP/IP connections.
  -t | --timeout <secs>    Exit after timeout period.
  -f | --config <file>     Configuration file.
  -V | --version           Display version information.
  -p | --pid-file <file> Change name of PID file.

libvirt management daemon:

  Default paths:

    Configuration file (unless overridden by -f):
      /etc/libvirt/libvirtd.conf
```

```
Sockets:
  /var/run/libvirt/libvirt-sock
  /var/run/libvirt/libvirt-sock-ro

TLS:
  CA certificate:       /etc/pki/CA/cacert.pem
  Server certificate: /etc/pki/libvirt/servercert.pem
  Server private key: /etc/pki/libvirt/private/serverkey.pem

PID file (unless overridden by -p):
  /var/run/libvirtd.pid
```

libvirtd 命令主要有如下几个参数：

(1) -d 或 --daemon：表示让 libvirtd 作为守护进程(daemon)在后台运行。

(2) -f 或 --config <file>：指定 libvirtd 的配置文件为<file>，而不是使用默认值(通常是/etc/libvirt/libvirtd.conf)。

(3) -l 或 --listen：开启配置文件中配置的 TCP/IP 连接。

(4) -p 或 --pid-file <file>：将 libvirtd 进程的 PID 写入到<file>文件中，而不是使用默认值(通常是/var/run/libvirtd.pid)。

(5) -t 或--timeout <secs>：设置对 libvirtd 连接的超时时间为<secs>秒。

(6) -V 或 --verbose：让命令输出详细的信息。特别是运行出错时，详细的输出信息便于用户查找原因。

(7) --version：显示 libvirtd 程序的版本信息。

8.1.4 Virsh 的常用命令

Libvirt 在安装时会自动安装一个 Shell 工具 Virsh。Virsh 是一个虚拟化管理工具，是一个用于管理虚拟化环境中客户机和 Hypervisor 的命令行工具，与后面将要介绍的 Virt-Manager 工具类似。

Virsh 通过调用 Libvirt API 来实现虚拟化的管理，是一个完全在命令行文本模式下运行的工具，系统管理员可以通过脚本程序方便地进行虚拟化的自动部署和管理。在使用时，直接执行 virsh 命令即可获得一个特殊的 Shell，即 Virsh；在这个 Shell 里可以直接执行 Virsh 的常用命令，实现与本地的 Libvirt 交互，还可以通过 connect 命令连接远程的 Libvirt，与之交互。

Virsh 使用 C 语言编写，Virsh 程序的源代码在 Libvirt 项目源代码的 tools 目录下。实现 Virsh 工具最核心的一个源代码文件是 virsh.c。

Virsh 管理虚拟化操作时，可以使用两种工作模式，一种是交互模式，直接连接到相应的 Hypervisor 上，在命令行输入 virsh 命令执行操作并查看返回结果，使用 quit 命令退出连接；另外一种是非交互模式，在终端输入一个 virsh 命令，建立到指定 URI 的一个连接，执行完成后将结果返回到当前的终端并同时断开连接。

Virsh 通过使用 Libvirt API 实现了管理 Hypervisor、节点和域的操作。Virsh 实现了对多种 Hypervisor 的管理，除了 QEMU，还包括对 Xen、VMware 等其他 Hypervisor 的管理，

因此，Virsh 工具中的有些功能可能是 QEMU 并不支持的。

Virsh 命令行工具非常强大，功能非常丰富，它可以全生命周期地管理 KVM 虚拟化，比如创建虚拟机，查看虚拟机，动态热插拔硬盘，给虚拟机做快照，迁移、启动、停止、挂起、暂停、删除虚拟机等操作。查看 Virsh 工具的帮助信息，可以使用“virsh --help”命令，也可以使用“man virsh”命令。下面列出常用的 Virsh 命令。

1. 基本命令

virsh list——获取当前节点上所有域的列表。

virsh console <ID>——连接到一个域上。

virsh domid <Name | UUID>——根据名称或 UUID 返回域的 ID 值。

virsh domname <ID | UUID>——根据 ID 或 UUID 返回域的名称。

virsh domstat <[ID | Name | UUID]>——获取一个域的运行状态。

virsh dominfo <ID>——获取一个域的基本信息。

pwd——打印当前位置。

cd <NewDir>——进入到某一个目录下。

quit | exit——退出。

2. 定义和创建、关闭、暂停域

virsh define <VM.xml>——定义一个 VM 域，使其永久有效，并可使用 start 来启动 VM。VM.xml 会被复制一份到/etc/libvirt/qemu/下。

virsh create <VM.xml>——可通过 VM.xml 来启动临时 VM。

virsh suspend <ID>——在内存挂起一台 VM。

virsh resume <ID>——唤醒一台 VM。

virsh save <ID> <file.img>——类似于 VMware 上的暂停，并保存内存数据到 image 文件。

virsh restore <file.img>——重新载入暂停的 VM。

virsh start <VMName>——重新启动 managedsave 保存的 VM。

virsh shutdown <ID>——关闭虚拟机。

virsh reboot <ID>——重新启动虚拟机。

virsh reset <ID>——强制重启虚拟机。

virsh destroy <ID>——删除一个虚拟机。

virsh undefine <VM.xml>——取消定义一个虚拟机。

3. 快照管理

virsh snapshot-create <VMName | xxx.xml>——创建一个 VM 快照。

virsh snapshot-list <VMName>——显示当前 VM 的所有快照。

virsh snapshot-edit <VMName> <SnapName>——编辑指定的快照。

virsh snapshot-delete <VMName> <SnapName>——删除指定的快照。

virsh snapshot-info <VMName> <SnapName>——显示快照的详情。

4. 网络及接口管理

virsh domiflist <VMName>——显示 VM 的接口信息。

virsh domifstat <VMName> <Viface>——显示 VM 的接口通信统计信息。

virsh iface-list——显示物理主机的网络接口列表。

virsh iface-mac <if-name>——显示指定接口名的 MAC。

virsh iface-name <MAC>——显示指定 MAC 的接口名。

virsh iface-dempxml <if-name | UUID>——导出一份 xml 格式的接口状态信息。

virsh iface-edit <if-name | UUID>——编辑一个物理主机的网络接口的 xml 配置文件。

virsh iface-destroy <if-name | UUID>——关闭宿主机上一个物理网卡。

virsh net-list——显示 libvirt 的虚拟网络。

virsh net-info <NetName | UUID>——根据名称或 UUID 查询一个虚拟网络的基本信息。

virsh net-uuid <NetName>——根据名称查询虚拟网络的 UUID。

virsh net-name <NetUUID>——根据虚拟网络的 UUID 查看网络名称。

virsh net-dumpxml <NetName | UUID>——导出一份 xml 格式的虚拟网络配置信息。

virsh net-edit <NetName | UUID>——编辑一个虚拟网络的 xml 配置文件。

virsh net-create <net.xml>——根据网络 xml 配置信息文件创建一个虚拟网络。

virsh net-destroy <NetName | UUID>——删除一个虚拟网络。

5. VM 磁盘管理

virsh domblklist <VMName>——显示 VM 当前连接的块设备。

virsh domblkinfo <VMName> </path/to/img.img>——显示 img.img 的容量信息。

virsh domblkstat <VMName> [--human] </path/to/img.img>——显示 img.img 的读/写等信息的统计结果。

virsh domblkerror <VMName>——显示 VM 连接的块设备的错误信息。

6. vCPU 相关

virsh vcpinfo <ID>——查看指定 ID 的域的 vCPU 信息。

virsh vcppin <ID> <vCPU> <pCPU>——将一个 VM 的 vCPU 绑定到指定的物理核心上。

virsh setvcpus <ID> <vCPU-Num>——设置一个 VM 的 vCPU 最多个数。

virsh nodecpustats <CPU-Num>——显示 VM(某个)CPU 使用情况的统计。

7. 内存相关

virsh dommemstat <ID>——获取一个 VM 内存使用情况统计信息。

virsh setmem <ID> <MemSize>——设置一个 VM 的内存大小(默认单位为 KB)。

virsh freecell——显示当前 MUMA 单元的可用空闲内存。

virsh nodememstats <cell>——显示 VM 的(某个)内存单元使用情况的统计。

8. 其他

virsh dumpxml <ID>——显示一个运行中的 VM 的 XML 格式的配置信息。

virsh version——显示 Libvirt 和 Hypervisor 的版本信息。

virsh sysinfo——以 XML 格式打印宿主机的系统信息。

virsh capabilities——显示当前连接节点所在的宿主机和其自身的架构和特性。

virsh nodeinfo——显示当前连接节点的基本信息。

virsh uri——显示当前连接节点的 URI。

virsh hostname——显示当前主机名。

virsh connect <URI>——连接到 URI 指定的 Hypervisor。

virsh qemu-attach <PID>——根据 PID 添加一个 Qemu 进程到 Libvirt 中。

virsh qemu-monitor-command domain [--hmp] CMD——直接向 Qemu monitor 发送命令。

8.2　Virt-Manager

Virt-Manager 是一个由红帽公司发起、全名为 Virtual Machine Manager 的开源虚拟机管理程序。Virt-Manager 是用 Python 编写的 GUI 程序，底层使用了 Libvirt 对各类 Hypervisor 进行管理。

Virt-Manager 虽然是一个基于 Libvirt 的虚拟机管理应用程序，主要用于管理基于 KVM 的虚拟机，但是也能管理基于 Xen 等其他 Hypervisor 的虚拟机。Virt-Manager 提供了图形化界面来管理 KVM 的虚拟机，可以同时管理多个宿主机上的虚拟机，前提是宿主机上必须安装 Libvirt。

Virt-Manager 通过丰富直观的界面给用户提供了方便易用的虚拟化管理功能，包括：

(1) 创建、编辑、启动或停止虚拟机；

(2) 查看并控制每部虚拟机的控制台；

(3) 查看每部虚拟机的性能以及使用率；

(4) 查看每部正在运行中的虚拟机以及主控端的实时性能及使用率信息；

(5) 不论是在本机或远程，皆可使用 KVM、Xen、QEMU。

Virt-Manager 支持绝大部分 Hypervisor，并且可以连接本地和网络上的 Hypervisor。用户在 Virt-Managerr 中使用图形界面做的配置会被转为 Libvirt 中的 xml 格式的配置文件，保存在 Libvirt 相关目录下。使用 Virt-Manager 生成 Libvirt 中虚拟机的配置文件是一个不错的选择。

8.2.1　Virt-Manager 的 yum 安装

Virt-Manager 的官方网站是 http://virt-manager.org/，如图 8-5 所示。在该页面的右边有下载安装 Virt-Manager 的方法。在 CentOS 中使用“yum install virt-manager”安装即可。

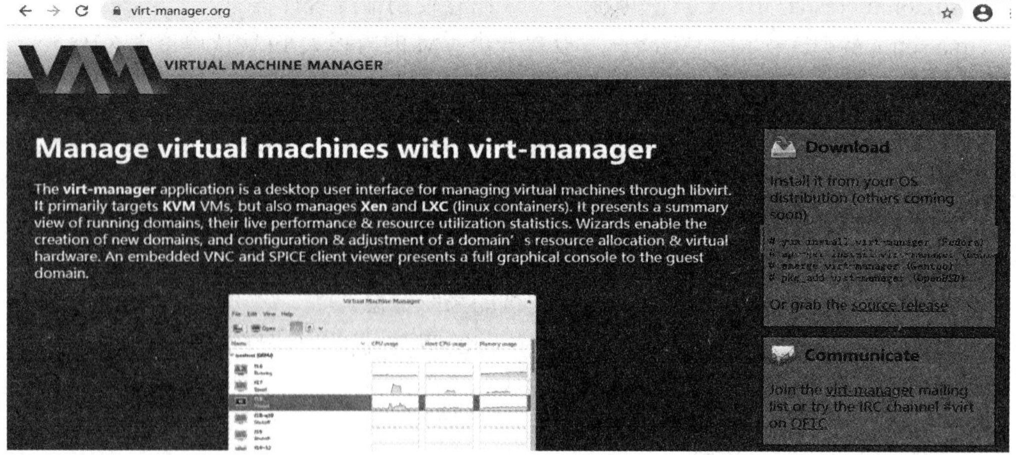

图 8-5　Virt-Manager 官网首页

首先查看是否已安装 Virt-Manager：

```
[root@localhost ~]# yum list installed|grep virt-manager
```

使用 yum 命令安装 Virt-Manager，在“Is this ok [y/d/N]:”中输入“y”允许安装即可。安装过程中相关的依赖包也会安装。

```
[root@localhost ~]# yum install virt-manager
Loaded plugins: fastestmirror, langpacks
Loading mirror speeds from cached hostfile
 * base: mirrors.aliyun.com
 * extras: mirrors.aliyun.com
 * updates: mirrors.aliyun.com
…
Total download size: 2.2 M
Installed size: 11 M
Is this ok [y/d/N]:y
…
Installed:
  virt-manager.noarch 0:1.5.0-7.el7

Dependency Installed:
  libvirt-python.x86_64 0:4.5.0-1.el7          python-ipaddr.noarch 0:2.1.11-2.el7
  virt-manager-common.noarch 0:1.5.0-7.el7

Complete!
```

8.2.2　Virt-Manager 的使用

使用 Virt-Manager 需要使用 CentOS 桌面版，为方便设置，使用 root 用户进行登录。在登录界面中点击“Not listed?”，输入用户名 root 及其密码，如图 8-6 所示。

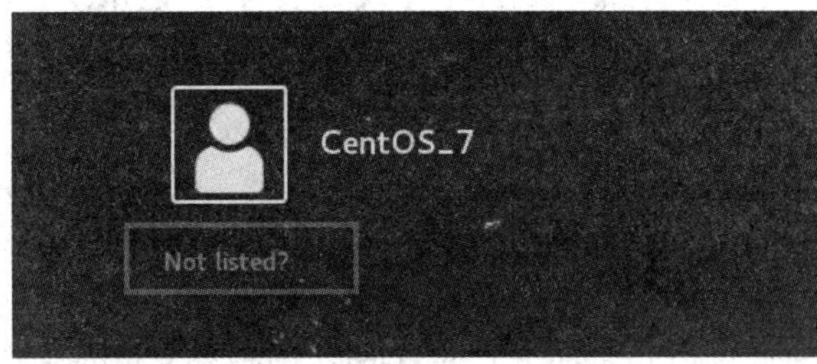

图 8-6　CentOS 登录界面

1. 在 CentOS 中打开 Virt-Manager

在 CentOS 中使用 Virt-Manager 非常方便，安装 Virt-Manager 后，在 Applications 的“System Tools”中可以看到“Virtual Machine Manager”的图标，用鼠标点击即可，如图 8-7 所示。

也可以在 CentOS 中直接运行 virt-manager 命令来打开 Virt-Manager 的管理界面，如图 8-8 所示。

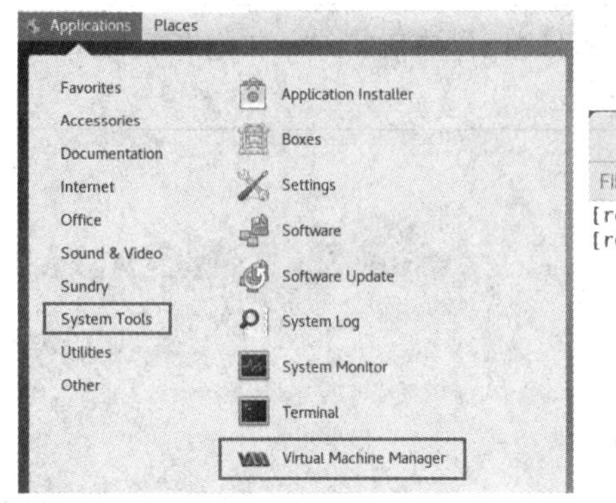

图 8-7　Virt-Manager 应用

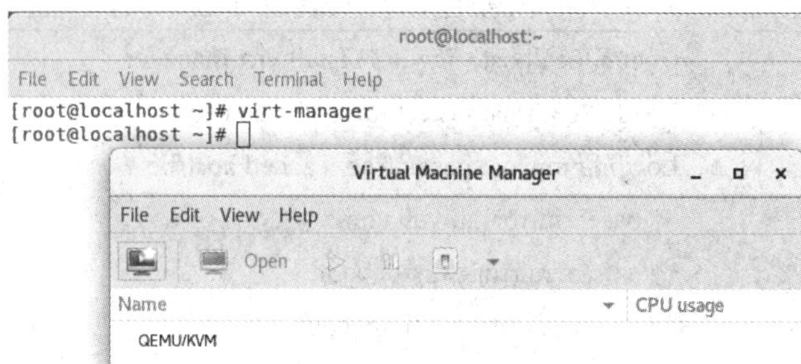

图 8-8　使用命令打开 Virt-Manager 界面

可以使用命令“virt-manager --help”来查看 Virt-Manager 的帮助信息，使用命令“virt-manager --version”查看 Virt-Manager 的版本号：

```
[root@localhost ~]# virt-manager --help
usage: virt-manager [options]

optional arguments:
  -h, --help              show this help message and exit
  --version               show program's version number and exit
  -c URI, --connect URI
                          Connect to hypervisor at URI
  --debug                 Print debug output to stdout (implies --no-fork)
  --no-fork               Don't fork into background on startup
  --no-conn-autostart     Do not autostart connections
  --spice-disable-auto-usbredir
                          Disable Auto USB redirection support
  --show-domain-creator
                          Show 'New VM' wizard
  --show-domain-editor NAME|ID|UUID
                          Show domain details window
  --show-domain-performance NAME|ID|UUID
                          Show domain performance window
  --show-domain-console NAME|ID|UUID
                          Show domain graphical console window
  --show-host-summary     Show connection details window

Also accepts standard GTK arguments like --g-fatal-warnings
[root@localhost ~]# virt-manager --version
1.5.0
```

2. 在 Virt-Manager 中创建虚拟机

在图 8-8 的 Virt-Manager 管理界面中，将鼠标放置在 QEMU/KVM 上双击，会打开“QEMU/KVM Connection Details”界面，如图 8-9 所示。该界面为虚拟机的详细信息页面，显示的 Libvirt URI 为“qemu:///system”，这是默认本地连接的 URI。

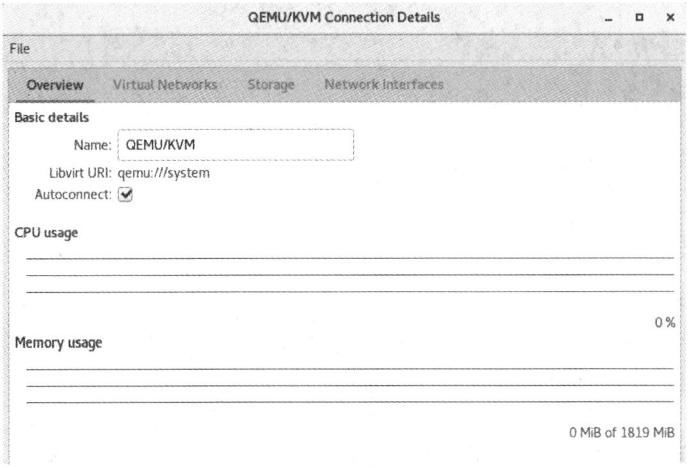

图 8-9　“QEMU/KVM Connection Details”界面

在 Virt-Manager 中创建一个虚拟机，可以点击图 8-8 左边的电脑小图标，也可以将鼠标放置在 QEMU/KVM 上右键点击其中的 New 选项创建虚拟机。新建一个虚拟机的界面如图 8-10 所示。

Virt-Manager 支持多种方式创建虚拟机操作系统，“Local install media”可以使用 ISO 文件或者是光盘文件创建虚拟机；“Network Install”可以使用网络方式安装，支持 HTTP、FTP 或者是 NFS 协议；“Network Boot”支持网络启动；“Import existing disk image”表示使用已经存在的镜像文件创建虚拟机。这里选择最后一种“Import existing disk image”，导入已存在的磁盘镜像，点击 Forward，进行下一步。

在图 8-11 中需要指定使用的磁盘镜像文件所在的路径，点击“Browse...”，打开图 8-12 所示的界面。

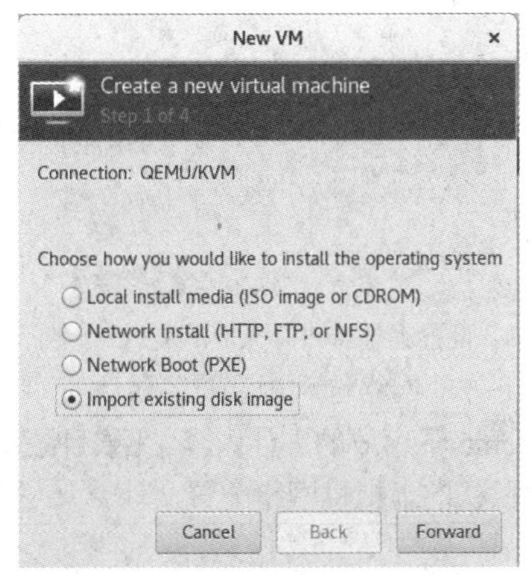

图 8-10　Virt-Manager 中创建虚拟机

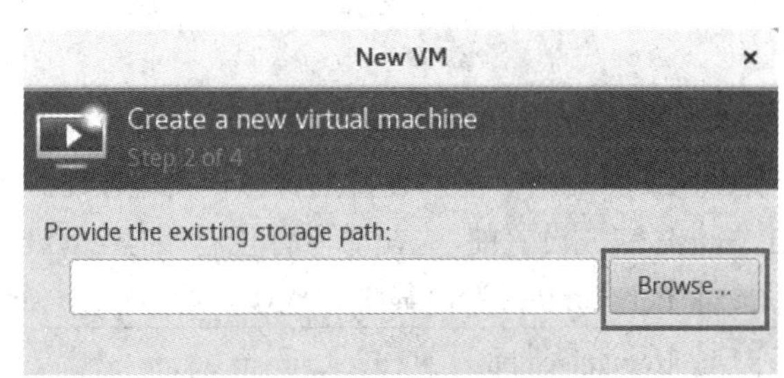

图 8-11　选择磁盘镜像文件

在图 8-12 中，点击“Browser Local”，在本地查找自己的磁盘镜像文件，然后选中打开。

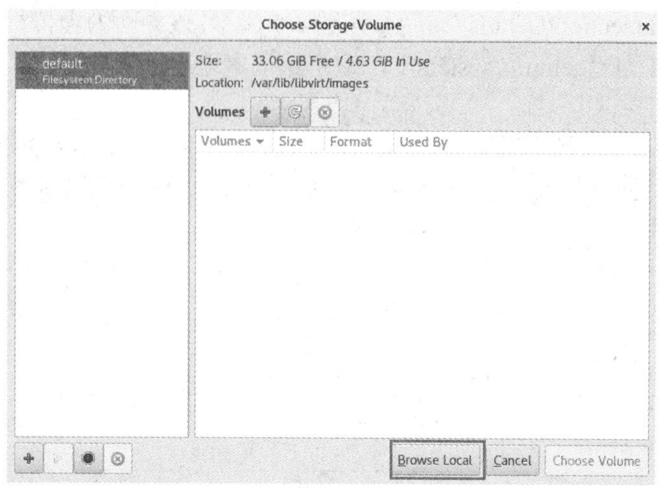

图 8-12　查找磁盘镜像文件

选择好磁盘镜像文件后，回到图 8-13 所示的页面，在页面下方选中“OS type”，选择 Linux；选中 Version，根据自己的磁盘镜像文件的 Linux 版本选择合适的内容。这里使用的磁盘镜像文件是一个名称为“cirros-0.3.5-x86_64-disk.img”的 Ubuntu 的示例镜像文件(该文件详见书籍资源包)。

在图 8-14 中选择要为虚拟机设置的内存大小和虚拟 CPU 个数，用户可根据自己服务器或电脑的具体配置自行选择，本例中内存为默认值，vCPU 个数设为 1。接下来点击 Forward，进入下一步。

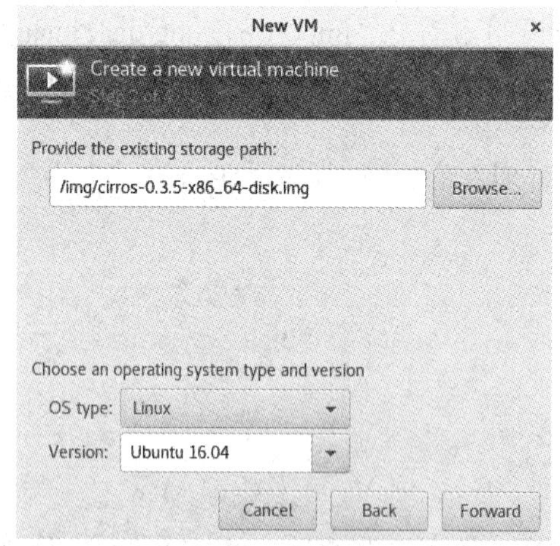

图 8-13　选择操作系统类型和版本

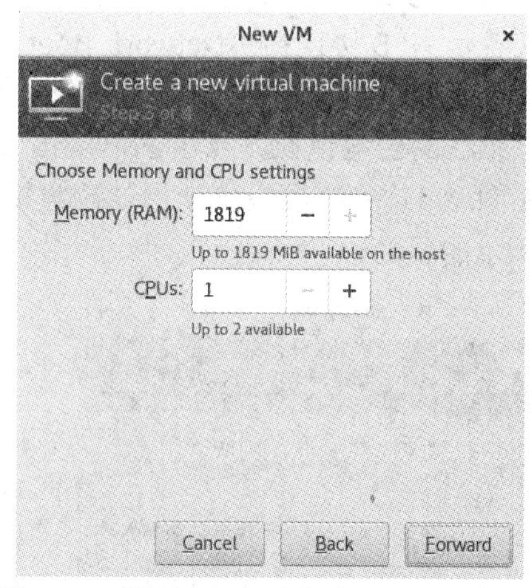

图 8-14　设置虚拟机内存大小和 CPU 个数

图 8-15 中给出了前面设置的虚拟机的基本信息。在下方的网络选项中，采用默认值即可。点击 Finish 完成设置前，先在命令行查看路径/etc/libvirt/qemu 下存放的文件内容。在该目录下，只有一个 networks 目录，其中存放了一个 default.xml 的默认的虚拟机网络配置文件。

```
[root@localhost ~]# cd /etc/libvirt/qemu/
[root@localhost qemu]# ls
```

```
networks
[root@localhost qemu]# cd networks/
[root@localhost networks]# ls
autostart    default.xml
[root@localhost networks]# cat default.xml
<!--
WARNING: THIS IS AN AUTO-GENERATED FILE. CHANGES TO IT ARE LIKELY TO BE
OVERWRITTEN AND LOST. Changes to this xml configuration should be made using:
  virsh net-edit default
or other application using the libvirt API.
-->

<network>
  <name>default</name>
  <uuid>b1ed38ec-75dc-4c38-91a1-2ae1b0114696</uuid>
  <forward mode='nat'/>
  <bridge name='virbr0' stp='on' delay='0'/>
  <mac address='52:54:00:a3:e3:bd'/>
  <ip address='192.168.122.1' netmask='255.255.255.0'>
    <dhcp>
      <range start='192.168.122.2' end='192.168.122.254'/>
    </dhcp>
  </ip>
</network>
```

然后点击图 8-15 中的 Finish 完成设置，Virt-Manager 会打开并连接到虚拟机。

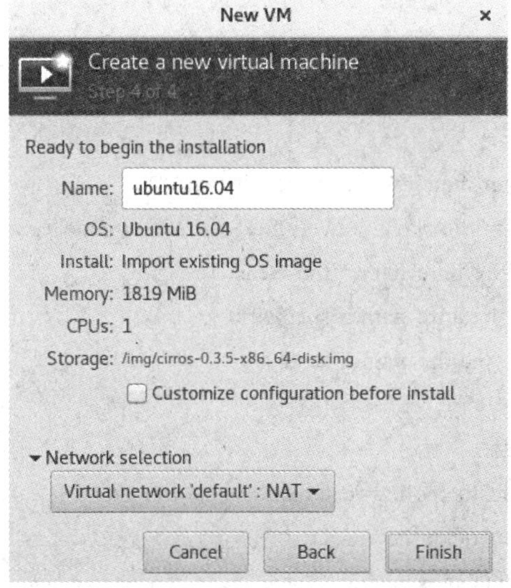

图 8-15　查看虚拟机全部信息

在客户机创建成功后，Virt-Manager 会在/etc/libvirt/qemu 路径下生成一个名称为 ubuntu16.04.xml 的 XML 配置文件(该文件详见书籍资源包)，文件名即为创建的虚拟机名称 ubuntu16.04，该配置文件配置了虚拟机的所有配置信息。查看配置文件的具体操作如下：

注意：该配置文件的具体含义在后文中阐述。

```
[root@localhost networks]# cd ..
[root@localhost qemu]# ls
networks   ubuntu16.04.xml
[root@localhost qemu]# cat ubuntu16.04.xml
<!--
WARNING: THIS IS AN AUTO-GENERATED FILE. CHANGES TO IT ARE LIKELY TO BE
OVERWRITTEN AND LOST. Changes to this xml configuration should be made using:
  virsh edit ubuntu16.04
or other application using the libvirt API.
-->

<domain type='kvm'>
  <name>ubuntu16.04</name>
  <uuid>b459e084-063d-4e42-8fc6-50e0bba6edef</uuid>
  <memory unit='KiB'>1862656</memory>
  <currentMemory unit='KiB'>1862656</currentMemory>
  <vcpu placement='static'>1</vcpu>
  <os>
    <type arch='x86_64' machine='pc-i440fx-rhel7.0.0'>hvm</type>
    <boot dev='hd'/>
  </os>
  <features>
    <acpi/>
    <apic/>
  </features>
  <cpu mode='custom' match='exact' check='partial'>
    <model fallback='allow'>Broadwell-noTSX-IBRS</model>
    <feature policy='require' name='md-clear'/>
    <feature policy='require' name='spec-ctrl'/>
    <feature policy='require' name='ssbd'/>
  </cpu>
  <clock offset='utc'>
    <timer name='rtc' tickpolicy='catchup'/>
    <timer name='pit' tickpolicy='delay'/>
    <timer name='hpet' present='no'/>
  </clock>
```

```
    <on_poweroff>destroy</on_poweroff>
    <on_reboot>restart</on_reboot>
    <on_crash>destroy</on_crash>
    <pm>
      <suspend-to-mem enabled='no'/>
      <suspend-to-disk enabled='no'/>
    </pm>
    <devices>
      <emulator>/usr/libexec/qemu-kvm</emulator>
      <disk type='file' device='disk'>
        <driver name='qemu' type='qcow2'/>
        <source file='/img/cirros-0.3.5-x86_64-disk.img'/>
        <target dev='vda' bus='virtio'/>
        <address type='pci' domain='0x0000' bus='0x00' slot='0x07' function='0x0'/>
      </disk>
      <controller type='usb' index='0' model='ich9-ehci1'>
        <address type='pci' domain='0x0000' bus='0x00' slot='0x05' function='0x7'/>
      </controller>
      <controller type='usb' index='0' model='ich9-uhci1'>
        <master startport='0'/>
        <address type='pci' domain='0x0000' bus='0x00' slot='0x05' function='0x0'
multifunction='on'/>
      </controller>
      <controller type='usb' index='0' model='ich9-uhci2'>
        <master startport='2'/>
        <address type='pci' domain='0x0000' bus='0x00' slot='0x05' function='0x1'/>
      </controller>
      <controller type='usb' index='0' model='ich9-uhci3'>
        <master startport='4'/>
        <address type='pci' domain='0x0000' bus='0x00' slot='0x05' function='0x2'/>
      </controller>
      <controller type='pci' index='0' model='pci-root'/>
      <controller type='virtio-serial' index='0'>
        <address type='pci' domain='0x0000' bus='0x00' slot='0x06' function='0x0'/>
      </controller>
      <interface type='network'>
        <mac address='52:54:00:e4:5f:ad'/>
        <source network='default'/>
        <model type='virtio'/>
        <address type='pci' domain='0x0000' bus='0x00' slot='0x03' function='0x0'/>
```

```
        </interface>
        <serial type='pty'>
          <target type='isa-serial' port='0'>
            <model name='isa-serial'/>
          </target>
        </serial>
        <console type='pty'>
          <target type='serial' port='0'/>
        </console>
        <channel type='spicevmc'>
          <target type='virtio' name='com.redhat.spice.0'/>
          <address type='virtio-serial' controller='0' bus='0' port='1'/>
        </channel>
        <input type='tablet' bus='usb'>
          <address type='usb' bus='0' port='1'/>
        </input>
        <input type='mouse' bus='ps2'/>
        <input type='keyboard' bus='ps2'/>
        <graphics type='spice' autoport='yes'>
          <listen type='address'/>
          <image compression='off'/>
        </graphics>
        <sound model='ich6'>
          <address type='pci' domain='0x0000' bus='0x00' slot='0x04' function='0x0'/>
        </sound>
        <video>
          <model type='qxl' ram='65536' vram='65536' vgamem='16384' heads='1' primary='yes'/>
          <address type='pci' domain='0x0000' bus='0x00' slot='0x02' function='0x0'/>
        </video>
        <redirdev bus='usb' type='spicevmc'>
          <address type='usb' bus='0' port='2'/>
        </redirdev>
        <redirdev bus='usb' type='spicevmc'>
          <address type='usb' bus='0' port='3'/>
        </redirdev>
        <memballoon model='virtio'>
          <address type='pci' domain='0x0000' bus='0x00' slot='0x08' function='0x0'/>
        </memballoon>
      </devices>
    </domain>
```

虚拟机启动后界面如图 8-16 所示。使用 cirros 用户名，“cubswin：)”密码登录后，可以正常使用该系统。

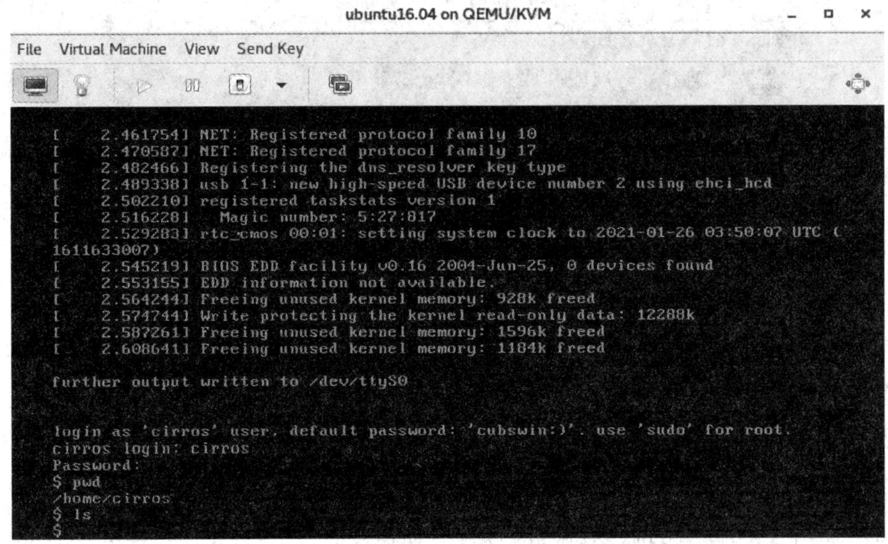

图 8-16　Virt-Manager 创建的虚拟机 ubuntu16.04

在图 8-16 左上角，将鼠标放置在图标上，提示信息为“Show virtual hardware details”；点击该图标，可以看到如图 8-17 所示的 ubuntu16.04 虚拟机的详细配置信息。在该配置信息中，包括客户机的名称、描述信息、处理器、内存、磁盘、网卡、鼠标、声卡、显卡等许多配置信息，这些详细的配置信息都写在/etc/libvirt/qemu/ubuntu16.04.xml 配置文件中。如果对运行中的客户机配置信息进行修改，配置并不能立即生效，只有重启虚拟机后才能生效。

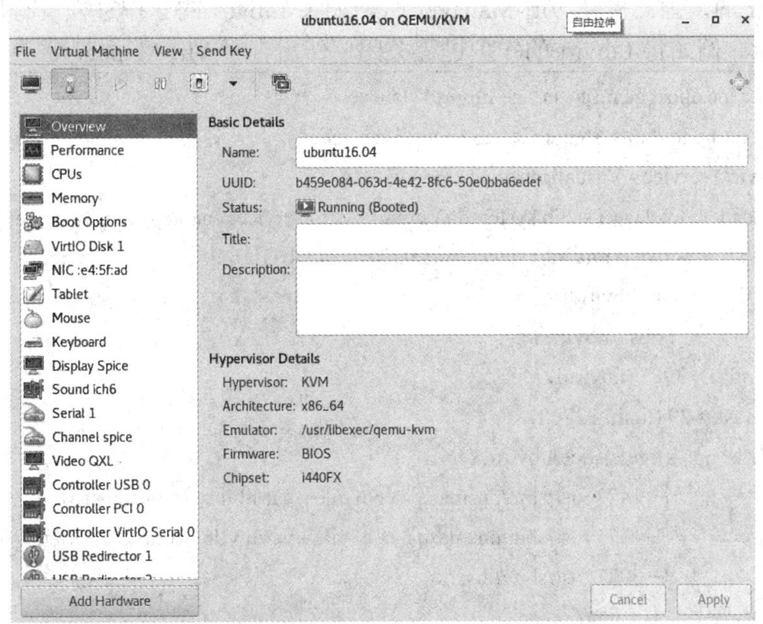

图 8-17　虚拟机 ubuntu16.04 的详细配置信息

虚拟机启动后，Virt-Manager 管理界面如图 8-18 所示。ubuntu16.04 即创建的虚拟机名称，右边是虚拟机的 CPU 使用率的图形展示。

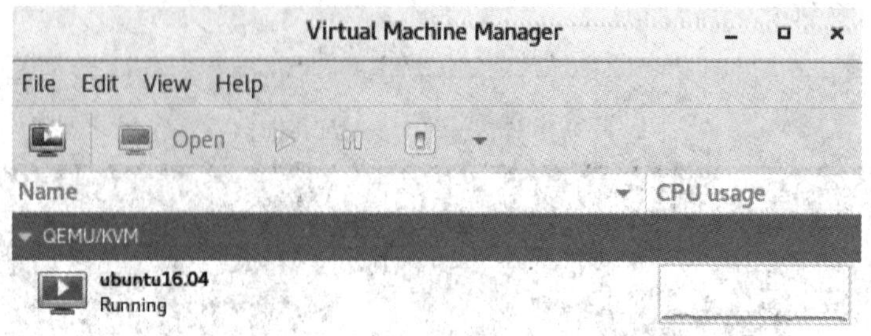

图 8-18　虚拟机启动后 Virt-Manager 管理界面

在图 8-16 中，可以点击右上角将该页面关闭，但虚拟机并未关闭，只需在图 8-18 中双击虚拟机名称，然后图 8-16 的页面会再次打开。

3. 在 Virt-Manager 中管理虚拟机

在图 8-18 中，处于运行状态的虚拟机的状态为 Running，点击 Open 图标打开虚拟机窗口界面，点击 ▷ 图标启动虚拟机。图标 ▣ ▾ 后有几个选项，包括 Reboot、Shut Down、Force Reset、Force Off 和 Save。点击 Shut Down 可正常关闭虚拟机；点击 Force Off，可强制关闭虚拟机，一般尽量避免使用 Force Off 来强制关机；点击 Reboot，可正常重启虚拟机；点击 Force Reset 可强制重启；点击 Save，可保存当前客户机的运行状态。

关于其他操作，读者可以自行查阅其他资料，这里不再赘述。

4. 建立一个新的连接

在默认情况下，启动 Virt-Manager 会自动连接本地的 Hypervisor。但由于 Virt-Manager 是基于 Libvirt 的，因此启动 Virt-Manager 时，如果 Libvirt 的守护进程没有启动，会显示连接错误提示。例如将 Libvirt 的守护进程关闭，然后查看 Virt-Manager，具体操作如下：

```
[root@localhost qemu]# service libvirtd status
Redirecting to /bin/systemctl status libvirtd.service
● libvirtd.service - Virtualization daemon
   Loaded: loaded (/usr/lib/systemd/system/libvirtd.service; enabled; vendor preset: enabled)
   Active: active (running) since Sun 2021-01-24 04:11:16 PST; 1 day 16h ago
     Docs: man:libvirtd(8)
           https://libvirt.org
 Main PID: 3987 (libvirtd)
    Tasks: 20 (limit: 32768)
   CGroup: /system.slice/libvirtd.service
           ├─1473 /usr/sbin/dnsmasq --conf-file=/var/lib/libvirt/dnsmasq/def...
           ├─1475 /usr/sbin/dnsmasq --conf-file=/var/lib/libvirt/dnsmasq/def...
           └─3987 /usr/sbin/libvirtd

Jan 25 17:54:45 localhost.localdomain dnsmasq[1473]: reading /etc/resolv.conf
```

```
Jan 25 17:54:45 localhost.localdomain dnsmasq[1473]: using nameserver 192.16...
Jan 25 18:46:37 localhost.localdomain dnsmasq[1473]: no servers found in /et...
Jan 25 18:52:54 localhost.localdomain dnsmasq[1473]: reading /etc/resolv.conf
Jan 25 18:52:54 localhost.localdomain dnsmasq[1473]: using nameserver 192.16...
Jan 25 19:45:49 localhost.localdomain libvirtd[3987]: 2021-01-26 03:45:49.18...
Jan 25 19:45:49 localhost.localdomain libvirtd[3987]: 2021-01-26 03:45:49.18...
Jan 25 19:45:49 localhost.localdomain libvirtd[3987]: 2021-01-26 03:45:49.18...
Jan 25 20:16:30 localhost.localdomain libvirtd[3987]: 2021-01-26 04:16:30.53...
Jan 25 20:16:33 localhost.localdomain libvirtd[3987]: 2021-01-26 04:16:33.45...
Hint: Some lines were ellipsized, use -l to show in full.
[root@localhost qemu]# service libvirtd stop
Redirecting to /bin/systemctl stop libvirtd.service
[root@localhost qemu]# service libvirtd status
Redirecting to /bin/systemctl status libvirtd.service
● libvirtd.service - Virtualization daemon
   Loaded: loaded (/usr/lib/systemd/system/libvirtd.service; enabled; vendor preset: enabled)
   Active: inactive (dead) since Mon 2021-01-25 20:17:44 PST; 5s ago
     Docs: man:libvirtd(8)
           https://libvirt.org
  Process: 3987 ExecStart=/usr/sbin/libvirtd $LIBVIRTD_ARGS (code=exited, status=0/SUCCESS)
 Main PID: 3987 (code=exited, status=0/SUCCESS)
    Tasks: 2 (limit: 32768)
   CGroup: /system.slice/libvirtd.service
           ├─1473 /usr/sbin/dnsmasq --conf-file=/var/lib/libvirt/dnsmasq/def...
           └─1475 /usr/sbin/dnsmasq --conf-file=/var/lib/libvirt/dnsmasq/def...

Jan 25 18:46:37 localhost.localdomain dnsmasq[1473]: no servers found in /et...
Jan 25 18:52:54 localhost.localdomain dnsmasq[1473]: reading /etc/resolv.conf
Jan 25 18:52:54 localhost.localdomain dnsmasq[1473]: using nameserver 192.16...
Jan 25 19:45:49 localhost.localdomain libvirtd[3987]: 2021-01-26 03:45:49.18...
Jan 25 19:45:49 localhost.localdomain libvirtd[3987]: 2021-01-26 03:45:49.18...
Jan 25 19:45:49 localhost.localdomain libvirtd[3987]: 2021-01-26 03:45:49.18...
Jan 25 20:16:30 localhost.localdomain libvirtd[3987]: 2021-01-26 04:16:30.53...
Jan 25 20:16:33 localhost.localdomain libvirtd[3987]: 2021-01-26 04:16:33.45...
Jan 25 20:17:44 localhost.localdomain systemd[1]: Stopping Virtualization da...
Jan 25 20:17:44 localhost.localdomain systemd[1]: Stopped Virtualization dae...
Hint: Some lines were ellipsized, use -l to show in full.
```

这时再查看 Virt-Manager 管理界面，如图 8-19 所示，可以看到，Virt-Manager 已经不能连接本地连接 qemu:///system，所以运行 Virt-Manager 时需要确保 Libvirt 已运行。

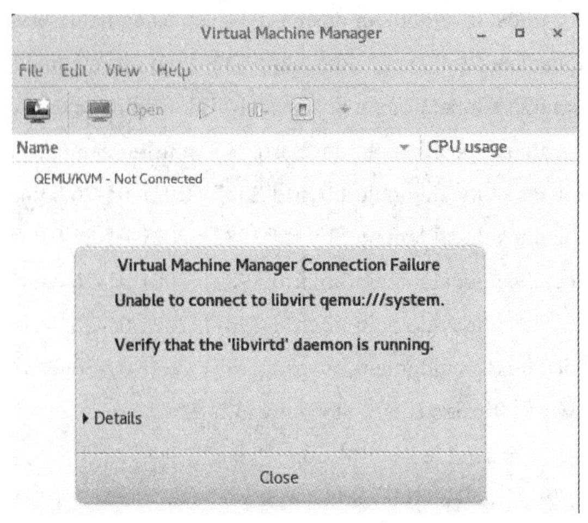

图 8-19　Virt-Manager 连接失败错误

通过 Virt-Manager 的菜单 File 中的 Add Connection，可以在 Virt-Manager 中建立一个本地或者远程 Hypervisor 的连接。

在图 8-20 中，选择 Hypervisor 的类型，Virt-Manager 支持 Xen、QEMU/KVM 和 LXC(Linux Containers)。如果要连接远程主机，选中“Connect to remote host”复选框，选择使用的远程连接方式，Virt-Manager 支持 SSH、TCP 和 TLS 进行连接，填上连接远程主机时使用的用户名，指定远程主机的主机名或 IP 地址，然后点击 Connect 即可。

填完内容后，Virt-Manager 会依据填写内容，生成一个连接远程主机的 URI，本例中的 URI 为 qemu+ssh://root@192.168.10.239/system，位于图 8-20 的下方。

图 8-20 的连接建立后，Virt-Manager 界面会同时显示出本地连接和远程连接的主机上运行的虚拟机，如图 8-21 所示。所有这些虚拟机都可以使用 Virt-Manager 进行管理。

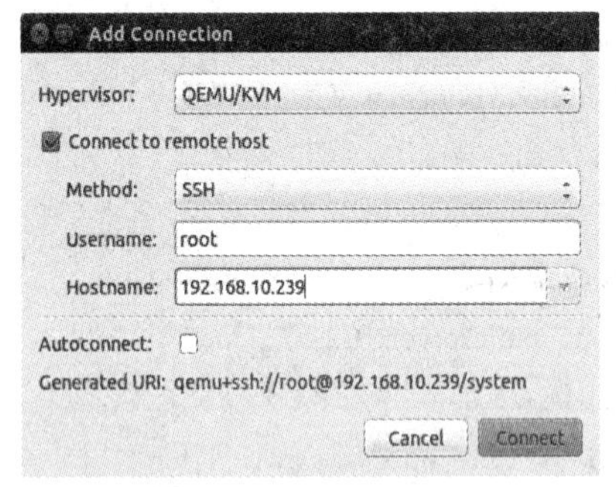

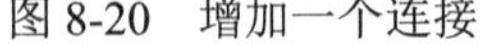
图 8-20　增加一个连接

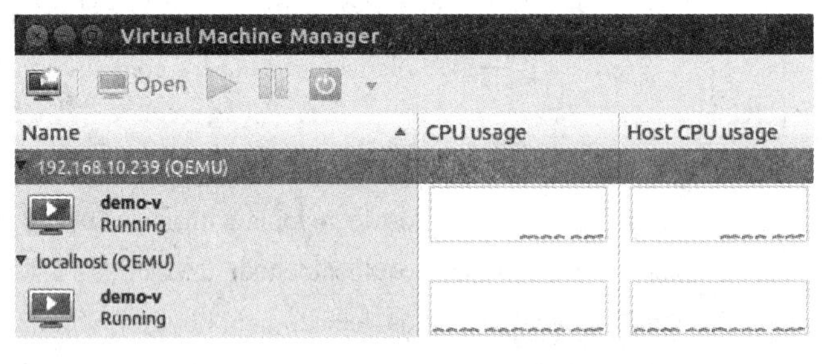

图 8-21　Virt-Manager 管理本地和远程主机的虚拟机

8.3　基于 Libvirt 的配置与开发

8.3.1　Libvirt 的配置文件

在 CentOS 中安装好 Libvirt 后，Libvirt 的配置文件默认放置在/etc/libvirt 目录下，具体操作如下：

```
[root@localhost ~]# cd /etc/libvirt/
[root@localhost libvirt]# ls
libvirt-admin.conf  lxc.conf  qemu.conf        storage
libvirt.conf        nwfilter  qemu-lockd.conf  virtlockd.conf
libvirtd.conf       qemu      secrets          virtlogd.conf
```

在该目录下，放置着常用的 Libvirt 的配置文件，包括 libvirt.conf、libvirtd.conf、qemu.conf 等。

1. libvirt.conf 配置文件

libvirt.conf 配置文件用于配置常用 Libvirt 远程连接的别名。文件中以“#”号开头的为注释内容。libvirt.conf 文件内容如下：

```
[root@localhost libvirt]# cat libvirt.conf
#
# This can be used to setup URI aliases for frequently
# used connection URIs. Aliases may contain only the
# characters  a-Z, 0-9, _, -.
#
# Following the '=' may be any valid libvirt connection
# URI, including arbitrary parameters

#uri_aliases = [
#   "hail=qemu+ssh://root@hail.cloud.example.com/system",
#   "sleet=qemu+ssh://root@sleet.cloud.example.com/system",
#]

#
# These can be used in cases when no URI is supplied by the application
# (@uri_default also prevents probing of the hypervisor driver).
#
#uri_default = "qemu:///system"
```

在该配置文件中，"hail=qemu+ssh://root@hail.cloud.example.com/system" 表示使用“hail”这个别名指代“qemu+ssh://root@hail.cloud.example.com/system”这个远程的 Libvirt 连接。使用“hail”这个别名的作用，是在 virsh 工具中或调用 Libvirt API 时来代替冗长的“qemu+ssh://root@hail.cloud.example.com/system”字符串。

2. libvirtd.conf 配置文件

libvirtd.conf 配置文件内容较长，大约 500 行，是 libvirtd 守护进程的配置文件，该文件修改后 libvirtd 需要重新加载才能生效。同样，文件中以“#”号开头的内容为注释内容。

libvirtd.conf 配置文件中配置了许多 libvirtd 的启动设置，在每个配置参数上方都有该参数的注释说明。配置内容包括基本的 libvirtd 的配置、权限控制、进程控制、日志管理等。

3. qemu.conf 配置文件

qemu.conf 是 Libvirt 对 QEMU 的配置文件，大约 800 多行，包括 VNC、SPICE 的设置，以及连接它们的权限认证方式的配置，也包括内存大页、SELinux、Cgroups 等相关配置。

4. qemu 目录

Libvirt 使用 XML 文件对虚拟机进行配置，其中包括虚拟机名称、分配内存、vCPU 等多种信息；定义、创建虚拟机等操作都需要 XML 配置文件的参与。如果底层虚拟化使用 QEMU，那么这个 XML 配置文件通常放置在 Libvirt 特定的 qemu 目录下。

```
[root@localhost qemu]# pwd
/etc/libvirt/qemu
[root@localhost qemu]# ls
networks    ubuntu16.04.xml
```

其中，ubuntu16.04.xml 是前面小节中示例使用的一个域配置文件，networks 目录中保存的是创建一个域时默认使用的网络配置。

8.3.2　Libvirt 中域的 XML 配置文件含义

运行虚拟机有多种方式，可以使用 qemu-system-x86 命令来运行虚拟机，也可以使用 Libvirt 的 virsh 命令从 XML 配置文件定义并运行虚拟机。将 qemu-system-x86 命令的参数使用 XML 文件定义，Libvirt 加载并解析该 XML 配置文件后，即可产生相应的 QEMU 命令，然后运行文件定义的虚拟机。

Libvirt 使用的 xml 格式的配置文件中，最主要的是对虚拟机(即域)的配置管理。下面以 8.2.2 小节中的/etc/libvirt/qemu 路径下的 ubuntu16.04.xml 配置文件为例，介绍该配置文件的含义。

1. 域的配置

在该配置文件中，<!--　-->中间的内容为注释部分。最外层是<domain>标签。所有其他的标签都在<domain>和</domain>之间，以表明该配置文件是一个域的配置文件。

<domain>标签有两个属性，一个是 type 属性，一个是 id 属性。type 属性指定运行该虚拟机的 Hypervisor，值是具体的驱动名称，例如 xen、kvm、qemu 等。id 属性是一个唯一标识虚拟机的整数标识符，如果不设置该值，Libvirt 会按顺序分配一个最小的可用 ID。

在<domain>标签内，有一些通用的域的元数据，表明当前的域的配置信息。

<name></name>标签内为虚拟机的简称，只能由数字、字母组成，并且在一台主机内名称要唯一。name 属性定义的虚拟机的名字在使用 Virsh 进行管理时使用。

<uuid></uuid>标签内为虚拟机的全局唯一标识符，在同一个宿主机上，各客户机的名称和 UUID 都必须是唯一的。UUID 值的格式符合 RFC4122 标准，例如 b459e084-063d-4e42-8fc6-50e0bba6edef，如果在定义或创建虚拟机时忘记设置 UUID，Libvirt 会随机

生成一个 UUID 值。

<name></name>标签和<uuid></uuid>标签都属于<domain></domain>的元数据。除此之外，还有其他的元数据标签，例如<title>、<description>和<metadata>等。

2. 内存、CPU、启动顺序等配置

<memory unit='KiB'></memory>标签内表示客户机最大可使用的内存，unit 属性表示使用的单位是 KiB，即 KB，内存大小为 1862656 KB。

<currentMemory ></currentMemory>标签内表示启动时分配给客户机使用的内存。在使用 QEMU 时，一般将两者设置为相同的值。

<vcpu></vcpu>标签内表示客户机中 vCPU 的个数，这里为一个。

<os></os>标签内定义客户机系统类型及客户机硬盘和光盘的启动顺序。其中<type>标签的配置表示客户机类型是 hvm 类型。在 KVM 中，客户机类型总是 hvm。hvm 即 Hardware Virtual Machine(硬件虚拟机)，表示在硬件辅助虚拟化技术(Inte VT 或者 AMD-V)等的支持下不需要更改客户机操作系统就可以启动客户机。arch 属性表示系统架构是 x86_64，机器类型是“pc-i440fx-rhel7.0.0”。<boot>标签用于设置客户机启动时的设备顺序，设备有 cdrom(光盘)、hd(硬盘)两种，按照在配置文件中的先后顺序进行启动。

<features></features>标签内定义 Hypervisor 对客户机特定的 CPU 或者是其他硬件特性的打开和关闭。这里打开了 ACPI、APIC 等特性。

<clock></clock>标签内定义时钟设置，客户机的时钟通常由宿主机的时钟进行初始化。大多数的操作系统硬件时钟和 UTC 保持一致，这也是默认的。offset 属性的值为 localtime 时表示在客户机启动时，时钟和宿主机时区保持同步。

<on_poweroff>destroy</on_poweroff>、<on_reboot>restart</on_reboot>和<on_crash>destroy</on_crash>都是 libvirt 配置文件中对事件的配置。并不是所有的 Hypervisor 都支持全部的事件或者动作。当用户请求一个 poweroff 事件时触发<on_poweroff>标签内的动作。同样，当用户请求 reboot 事件时触发<on_reboot>标签内动作，依次类推。每一个标签内的动作都有四种：destroy、restart、preserve 和 rename-restart。其中 destroy 表示该域将完全终止并释放所有的资源。restart 表示该域将终止但使用同样的配置重新启动。

3. 设备配置

<devices></devices>标签内放置着客户机所有的设备配置。最外层是<devices>标签，标签内放置该设备的具体信息。

<emulator> </emulator>标签内放置使用的设备模型模拟器的绝对路径。本例中的绝对路径为“/usr/libexec/qemu-kvm”。

<disk>标签表示对域的存储配置，示例中是对客户机的磁盘存储配置：

```
<disk type='file' device='disk'>
    <driver name='qemu' type='qcow2'/>
    <source file='/img/cirros-0.3.5-x86_64-disk.img'/>
    <target dev='vda' bus='virtio'/>
    <address type='pci' domain='0x0000' bus='0x00' slot='0x07' function='0x0'/>
</disk>
```

<disk>标签是客户机磁盘配置的主标签，type 属性表示磁盘使用哪种类型作为磁盘的来源，取值可以是 file、block、dir 或 network 中的一个，分别表示使用文件、块设备、目录或者网络作为客户机磁盘的来源；device 属性表示让客户机如何使用该磁盘设备，取值为 disk，表示硬盘。<disk>标签中有许多的子标签，<driver>标签用于定义 Hypervisor 如何为磁盘提供驱动；name 属性指定宿主机使用的驱动名称，QEMU 仅支持“name='qemu'”；type 属性表示支持的类型，包括 raw、bochs、qcow2、qed。<source>子标签表示磁盘的来源，如果<disk>标签的 type 属性为 file，<source>子标签由 file 属性来指定该磁盘使用的镜像文件的存放路径。<target>子标签指示客户机的总线类型和设备名称。<address>子标签表示该磁盘设备在客户机中的驱动地址。

上面的配置表示使用的镜像文件格式是 qcow2，将“/img/cirros-0.3.5-x86_64-disk.img”镜像文件作为客户机的磁盘。该磁盘在客户机中使用 virtio 总线，设备名称为 vda。

4. 网络配置

在示例的XML 配置文件中，使用默认方式配置网络：

```
<interface type='network'>
        <mac address='52:54:00:e4:5f:ad'/>
        <source network='default'/>
        <model type='virtio'/>
        <address type='pci' domain='0x0000' bus='0x00' slot='0x03' function='0x0'/>
</interface>
```

在以上配置信息中，<interface type='network'></interface>标签内是对域的网络接口的配置，type='network'表示使用默认方式使客户机获得网络。<mac address='52:54:00:e4:5f:ad'/>用来配置客户机中网卡的 MAC 地址。<source network='default'/>表示网络配置方式使用默认方式。<model type='virtio'/>表示客户机中使用的网络设备类型。<address type='pci' domain='0x0000' bus='0x00' slot='0x03' function='0x0'/>表示该网卡在客户机中的 PCI 设备编号。

5. 其他配置

<input type='tablet' bus='usb'/>表示提供 tablet 这种类型的设备，让光标可以在客户机获取绝对位置定位。

<input type='mouse' bus='ps2'/>表示让 QEMU 模拟 PS2 接口的鼠标。<input type='keyboard' bus='ps2'/>表示让 QEMU 模拟 PS2 接口的键盘。

<graphics></graphics>标签内放置连接到客户机的图形显示方式的配置。“type='spice'”表示通过 SPICE 的方式连接到客户机，type 类型的值可以是 sdl、vnc、rdp、spice 或者 desktop。可以在<graphics>标签内部使用<listen>标签指明服务器监听的具体信息。

<video></video>标签内放置的是显卡配置。<model>标签表示客户机模拟的显卡类型，type 属性的值可以为 vga、cirrus、vmvga、xen、vbox、qxl 等。vram 表示虚拟显卡的显存容量，单位为 KB，heads 的值表示显示屏幕的序号。<address type='pci' domain='0x0000' bus='0x00' slot='0x02' function='0x0'/>表示该显卡在客户机中的 PCI 设备编号。

<memballoon model='virtio'></memballoon>标签放置内存的 ballooning 相关的配置，即

客户机的内存气球设备。属性“model='virtio'”表示使用 virtio-balloon 驱动实现客户机的 ballooning 调节。<address type='pci' domain='0x0000' bus='0x00' slot='0x08' function='0x0'/> 表示该设备在客户机中的 PCI 设备编号。

另外，Libvirt 的 XML 配置文件在使用时，Libvirt 还会默认模拟一些必要的 PCI 控制器在配置文件中：

```
<controller type='usb' index='0' model='ich9-ehci1'>
    <address type='pci' domain='0x0000' bus='0x00' slot='0x05' function='0x7'/>
</controller>
<controller type='usb' index='0' model='ich9-uhci1'>
    <master startport='0'/>
    <address type='pci' domain='0x0000' bus='0x00' slot='0x05' function='0x0' multifunction='on'/>
</controller>
<controller type='usb' index='0' model='ich9-uhci2'>
    <master startport='2'/>
    <address type='pci' domain='0x0000' bus='0x00' slot='0x05' function='0x1'/>
</controller>
<controller type='usb' index='0' model='ich9-uhci3'>
    <master startport='4'/>
    <address type='pci' domain='0x0000' bus='0x00' slot='0x05' function='0x2'/>
</controller>
<controller type='pci' index='0' model='pci-root'/>
<controller type='virtio-serial' index='0'>
   <address type='pci' domain='0x0000' bus='0x00' slot='0x06' function='0x0'/>
</controller>
```

根据客户机架构的不同，有些设备总线以及关联虚拟控制器的虚拟设备可能不止出现一次。通常，Libvirt 不需要显式的 XML 标记就能够自动推断出这些 PCI 控制器，但有时需要明确地提供一个<controller>标签。以上代码显式地指定了四个 USB 控制器、一个 PCI 控制器和一个 virtio-serial 控制器。

8.3.3　Libvirt API 简介

Libvirt API 提供了一系列管理虚拟机的应用程序接口，支持多种语言，最基本、最主要的是 C 语言。Libvirt API 的官网是 https://libvirt.org/docs.html，在官网中，应用开发的 API 如图 8-22 所示。其中，“API reference”是 C 语言的 API；“Language binding and API modules”是 Libvirt 支持的其他语言的 API。

点击“API reference”，查看 C 语言的 API，可以看到如图 8-23 所示的参考手册。每一行都是 Libvirt 的一个模块，右边给出了对应的各模块说明。

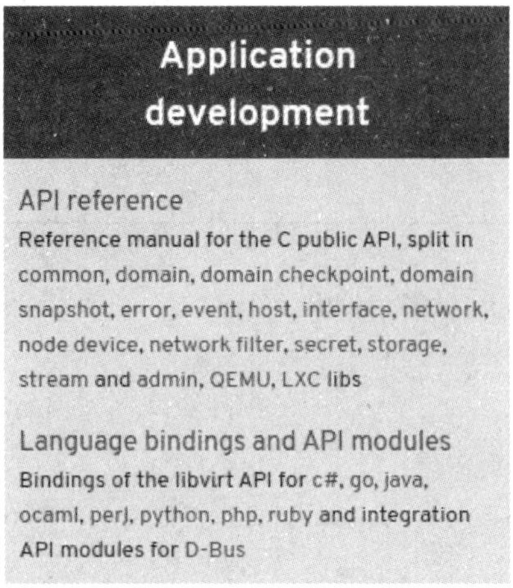

Application development

API reference

Reference manual for the C public API, split in common, domain, domain checkpoint, domain snapshot, error, event, host, interface, network, node device, network filter, secret, storage, stream and admin, QEMU, LXC libs

Language bindings and API modules

Bindings of the libvirt API for c#, go, java, ocaml, perl, python, php, ruby and integration API modules for D-Bus

图 8-22　Libvirt API 页面

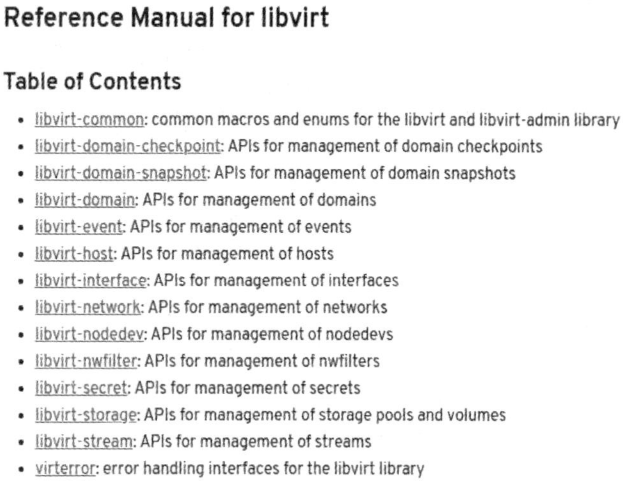

Reference Manual for libvirt

Table of Contents

- libvirt-common: common macros and enums for the libvirt and libvirt-admin library
- libvirt-domain-checkpoint: APIs for management of domain checkpoints
- libvirt-domain-snapshot: APIs for management of domain snapshots
- libvirt-domain: APIs for management of domains
- libvirt-event: APIs for management of events
- libvirt-host: APIs for management of hosts
- libvirt-interface: APIs for management of interfaces
- libvirt-network: APIs for management of networks
- libvirt-nodedev: APIs for management of nodedevs
- libvirt-nwfilter: APIs for management of nwfilters
- libvirt-secret: APIs for management of secrets
- libvirt-storage: APIs for management of storage pools and volumes
- libvirt-stream: APIs for management of streams
- virterror: error handling interfaces for the libvirt library

图 8-23　Libvirt C 语言参考手册

以下是对常用的 Libvirt API 的大致介绍：

(1) libvirt-domain：管理 Libvirt 域的 API，提供了一系列以 virDomain 开头的函数。

(2) libvirt-event：管理事件的 API，提供了一系列以 virEvent 开头的函数。

(3) libvirt-host：管理宿主机的 API。

(4) libvirt-network：管理网络的 API，提供了一系列以 virConnect 和 virNetwork 开头的函数。

(5) libvirt-nodedev：管理节点的 API，提供了一系列以 virNode 开头的函数。

(6) libvirt-storage：管理存储池和卷的 API，提供了一系列以 virStorage 开头的函数。

(7) libvirt-stream：管理数据流的 API，提供了一系列以 virStream 开头的函数。

(8) virterror：处理 libvirt 库的错误处理接口。

8.3.4　Libvirt 建立到 Hypervisor 的连接

使用 Libvirt 进行虚拟化管理，首先要建立到 Hypervisor 的连接。Libvirt 支持多种 Hypervisor，本小节以 QEMU 为例来讲解如何建立连接。

Libvirt 连接可以使用简单的客户端/服务器端的架构模式解释。服务器端运行 Hypervisor，客户端通过 Libvirt 连接服务器端的 Hypervisor 来实现虚拟化的管理。以本书为例，在基于 QEMU-KVM 的虚拟化解决方案中，不管是基于 Libvirt 的本地虚拟化的管理，还是远程虚拟化的管理，在服务器端，一方面需要运行 Hypervisor，另一方面还需要运行 libvirtd 这个守护进程。

Libvirt 支持多种 Hypervisor，需要通过唯一的标识来指定连接本地还是远程的 Hypervisor。Libvirt 使用 URI(Uniform Resources Identifier，统一资源标识符)来标识到某个 Hypervisor 的连接。

1. 连接本地 Hypervisor

使用 Libvirt 连接本地的 Hypervisor 时，URI 的一般格式如下：

```
driver[+transport]:///[path][?extral-param]
```

其中，driver 表示连接 Hypervisor 的驱动名称(如 qemu、xen 等)，本小节中以 QEMU 为例，因此为 qemu。transport 表示连接所使用的传输方式(可以为空，也可以为 unix 这样的值)。path 是连接到 Hypervisor 的路径。“?extral-param”表示额外需添加的参数。

连接 QEMU 有两种方式，一种是系统范围内的特权驱动(system 实例)，一种是用户相关的无特权驱动(session 实例)。常用的本地连接 QEMU 的 URI 如下：

```
qemu:///system
qemu:///session
```

其中，system 和 session 是 URI 格式中 path 的一部分，代表着连接到 Hypervisor 的两种方式。在建立 session 连接后，根据客户端的当前用户和当前组在服务器端寻找相应的用户和组，都一致时，才能进行管理。建立 session 连接后，只能查询和控制当前用户权限范围内的域或其他资源，而不是整个节点上的全部域或其他全部资源。在建立 system 连接后，可以查询和控制整个节点范围内的所有域和资源。使用 system 实例建立连接时，使用特权系统账户 root，因此，建立 system 连接具有最大权限，可以管理整个范围的域，也能管理节点上的块设备、网络设备等系统资源。通常，在开发过程中或者是在公司内网，可建立 system 的连接，以方便节点上内容的管理。但是，对于其他用户，赋予不同用户不同权限的 session 连接更为安全。

2. 连接远程 Hypervisor

使用 Libvirt 连接远程的 Hypervisor 时，URI 的一般格式如下：

```
driver[+transport]:///[user@][host][:port]/[path][?extral-param]
```

其中，driver 和本地连接时含义一样。transport 表示传输方式，取值通常是 ssh、tcp 等。user 表示连接远程主机时使用的用户名。host 表示远程主机的主机名或者 IP 地址。port 表示远程主机的端口号。path 和 extral-param 和本地连接时含义一样。

在进行远程连接时，也有 system 和 session 两种连接方式。例如，“qemu+ssh://root@example.com/system”表示通过 SSH 连接远程节点的 QEMU，以 root 用户连接名为 example.com 的主机，以 system 实例方式建立连接。

“qemu+ssh://user@example.com/session”表示通过 SSH 连接远程节点的 QEMU，使用 user 用户连接名为 example.com 的主机，以 session 实例方式建立连接。

3. 使用 URI 建立连接

通过 Libvirt 建立到 Hypervisor 的连接，需要使用 URI。URI 标识相对复杂些，当管理多个节点时，使用很多的 URI 连接不太容易记忆，可以在 Libvirt 的配置文件 libvirt.conf 中为 URI 指定别名。例如，“hail=qemu+ssh://root@hail.cloud.example.com/system”表示可以用“hail”这个别名连接到“qemu+ssh://root@hail.cloud.example.com/system”这个连接。

Libvirt 使用 URI，一方面是在 Libvirt API 中建立到 Hypervisor 的函数 virConnectOpen 中需要一个 URI 作为参数；另一方面，可以通过 Libvirt 的 virsh 命令行工具，将 URI 作为 virsh 的参数，建立到 Hypervisor 的连接。

本小节给出一个 demo.xml 示例文件，demo.xml 中使用的镜像文件是“/img/cirros-0.3.5-x86_64-disk.img”，本章后续小节的配置都是基于此文件进行操作的。

demo.xml 文件(该文件详见书籍资源包)如下：

```
<!--
WARNING: THIS IS AN AUTO-GENERATED FILE. CHANGES TO IT ARE LIKELY TO BE
OVERWRITTEN AND LOST. Changes to this xml configuration should be made using:
  virsh edit demo
or other application using the libvirt API.
-->

<domain type='kvm'>
  <name>demo</name>
  <uuid>b469e084-063d-4e42-8fc6-50e0bba6edef</uuid>
  <memory unit='KiB'>1862656</memory>
  <currentMemory unit='KiB'>1862656</currentMemory>
  <vcpu placement='static'>1</vcpu>
  <os>
    <type arch='x86_64' machine='pc-i440fx-rhel7.0.0'>hvm</type>
    <boot dev='hd'/>
  </os>
  <features>
    <acpi/>
    <apic/>
  </features>
  <cpu mode='custom' match='exact' check='partial'>
    <model fallback='allow'>Broadwell-noTSX-IBRS</model>
    <feature policy='require' name='md-clear'/>
    <feature policy='require' name='spec-ctrl'/>
    <feature policy='require' name='ssbd'/>
  </cpu>
  <clock offset='utc'>
    <timer name='rtc' tickpolicy='catchup'/>
    <timer name='pit' tickpolicy='delay'/>
    <timer name='hpet' present='no'/>
  </clock>
  <on_poweroff>destroy</on_poweroff>
  <on_reboot>restart</on_reboot>
  <on_crash>destroy</on_crash>
  <pm>
    <suspend-to-mem enabled='no'/>
    <suspend-to-disk enabled='no'/>
  </pm>
  <devices>
```

```
    <emulator>/usr/libexec/qemu-kvm</emulator>
    <disk type='file' device='disk'>
      <driver name='qemu' type='qcow2'/>
      <source file='/img/cirros-0.3.5-x86_64-disk.img'/>
      <target dev='vda' bus='virtio'/>
      <address type='pci' domain='0x0000' bus='0x00' slot='0x07' function='0x0'/>
    </disk>
    <controller type='usb' index='0' model='ich9-ehci1'>
      <address type='pci' domain='0x0000' bus='0x00' slot='0x05' function='0x7'/>
    </controller>
    <controller type='usb' index='0' model='ich9-uhci1'>
      <master startport='0'/>
      <address type='pci' domain='0x0000' bus='0x00' slot='0x05' function='0x0'
multifunction='on'/>
    </controller>
    <controller type='usb' index='0' model='ich9-uhci2'>
      <master startport='2'/>
      <address type='pci' domain='0x0000' bus='0x00' slot='0x05' function='0x1'/>
    </controller>
    <controller type='usb' index='0' model='ich9-uhci3'>
      <master startport='4'/>
      <address type='pci' domain='0x0000' bus='0x00' slot='0x05' function='0x2'/>
    </controller>
    <controller type='pci' index='0' model='pci-root'/>
    <controller type='virtio-serial' index='0'>
      <address type='pci' domain='0x0000' bus='0x00' slot='0x06' function='0x0'/>
    </controller>
    <interface type='network'>
      <mac address='52:54:00:e4:5f:ad'/>
      <source network='default'/>
      <model type='virtio'/>
      <address type='pci' domain='0x0000' bus='0x00' slot='0x03' function='0x0'/>
    </interface>
    <serial type='pty'>
      <target type='isa-serial' port='0'>
        <model name='isa-serial'/>
      </target>
    </serial>
    <console type='pty'>
      <target type='serial' port='0'/>
```

```
        </console>
        <channel type='spicevmc'>
          <target type='virtio' name='com.redhat.spice.0'/>
          <address type='virtio-serial' controller='0' bus='0' port='1'/>
        </channel>
        <input type='tablet' bus='usb'>
          <address type='usb' bus='0' port='1'/>
        </input>
        <input type='mouse' bus='ps2'/>
        <input type='keyboard' bus='ps2'/>
        <graphics type='spice' autoport='yes'>
          <listen type='address'/>
          <image compression='off'/>
        </graphics>
        <sound model='ich6'>
          <address type='pci' domain='0x0000' bus='0x00' slot='0x04' function='0x0'/>
        </sound>
        <video>
          <model type='qxl' ram='65536' vram='65536' vgamem='16384' heads='1' primary='yes'/>
          <address type='pci' domain='0x0000' bus='0x00' slot='0x02' function='0x0'/>
        </video>
        <redirdev bus='usb' type='spicevmc'>
          <address type='usb' bus='0' port='2'/>
        </redirdev>
        <redirdev bus='usb' type='spicevmc'>
          <address type='usb' bus='0' port='3'/>
        </redirdev>
        <memballoon model='virtio'>
          <address type='pci' domain='0x0000' bus='0x00' slot='0x08' function='0x0'/>
        </memballoon>
      </devices>
    </domain>
```

使用 virsh 命令的 create 参数由 demo.xml 配置文件创建并启动一个虚拟机，虚拟机名称为 demo。然后使用“virsh list”命令查看虚拟机状态，此时虽未显示建立连接，但 Virsh 会默认连接本地连接，因此可以看到刚才已启动的虚拟机。

然后使用“virsh -c qemu:///session”来建立到本地的连接，查看本地运行的虚拟机，这时会进入 Virsh 的交互式界面。接下来可以使用“list”命令查看虚拟机，“shutdown 虚拟机名”用于关闭虚拟机，quit 命令则是退出 Virsh。

注意：demo.xml 需放在/etc/libvirt/qemu 目录下。

```
[root@localhost qemu]# virsh list
```

```
 Id    Name                                 State
----------------------------------------------------

[root@localhost qemu]# virsh create /etc/libvirt/qemu/demo.xml
Domain demo created from /etc/libvirt/qemu/demo.xml

[root@localhost qemu]# virsh list
 Id    Name                                 State
----------------------------------------------------
 1     demo                                 running

[root@localhost qemu]# virsh -c qemu:///session
Welcome to virsh, the virtualization interactive terminal.

Type:  'help' for help with commands
       'quit' to quit

virsh # list
 Id    Name                                 State
----------------------------------------------------
 1     demo                                 running

virsh # shutdown demo
Domain demo is being shutdown

virsh # list
 Id    Name                                 State
----------------------------------------------------
```

8.3.5　Libvirt API 的 C 语言使用示例

Libvirt API 本身用 C 语言实现，提供了一套管理虚拟机的应用程序接口。本小节以 C 语言为例，给出 Libvirt API 的使用示例。使用 Libvirt API 进行虚拟化管理时，首先需要建立一个到虚拟机监控器 Hypervisor 的连接；有了到 Hypervisor 的连接，才能管理节点、节点上的域等信息。在 Libvirt API 中，一个域对应的是一个虚拟机，或者叫客户机。

1. 使用 Libvirt API 查询某个域的信息

下面举一个简单的 C 语言使用 Libvirt API 的例子，源码文件名为 libvirt-conn.c，在该例子中使用 Libvirt API 查询某个域的信息。在该代码中包含两个自定义函数，一个是 virConnectPtr getConn()，一个是 int getInfo(int id)。getConn()函数建立一个到 Hypervisor 的连接。getInfo(int id)函数获取 id 为 1 的客户机的信息。

只有与 Hypervisor 建立连接后，才能进行虚拟机管理操作。在 getConn()函数中，使用 Libvirt API 中的 virConnectPtr virConnectOpenReadOnly(const char *name)函数建立一个只读连接，如果参数 name 为 NULL，表明创建一个到本地 Hypervisor 的连接。该函数返回值是一个 virConnectPtr 类型，代表到 Hypervisor 的连接，如果连接出错，返回空值 NULL。virConnectOpenReadOnly()函数创建一个只读的连接，在该连接上只可以使用查询功能。而 Libvirt API 的 virConnectOpen()函数创建连接后，可以使用创建和修改等功能。

对虚拟机进行管理操作，大部分内容是对各节点上的域的管理。在 Libvirt API 中有很多对域管理的函数。要对域进行管理时，首先要得到域的 virDomainPtr 指针。在 getInfo()函数中，首先定义一个 virDomainPtr 指针变量 dom，然后使用 getConn()函数得到一个 virConnectPtr 类型的到 Hypervisor 的连接 conn。接着使用 virDomainLookupByID()函数在连接 conn 上查询 ID 为 1 的域，将返回的域指针赋给 virDomainPtr 类型的 dom 变量。virDomainPtr virDomainLookupByID (virConnectPtr conn, int id) 函数是根据域的 id 值到 conn 连接上查找相应的域，在得到一个 virDomainPtr 后，就可以对域进行操作。

int virDomainGetInfo (virDomainPtr domain, virDomainInfoPtr info) 函数会将 virDomainPtr 指定的域的信息放置在 virDomainInfo 中。virDomainInfo 是一个结构体，其中，state 属性表示域的运行状态，是 virDomainState 中的一个值，为 1 时表示正在运行。maxMem 属性表示分配的最大内存，单位是 KB。memory 属性表示该域使用的内存，单位也是 KB。nrVirtCpu 属性表示为该域分配的虚拟 CPU 个数。

本例还有 virConnectClose()函数和 virDomainFree()函数，其中，int virConnectClose (virConnectPtr conn)函数用于关闭到 Hypervisor 的连接；int virDomainFree (virDomainPtr domain)函数用于释放获得的 domain 对象。两个函数都是在返回 0 时表示成功，返回 -1 时表示失败。

libvirt-conn.c 文件的源码(该文件详见书籍资源包)如下：

```
#include <stdio.h>
#include <stdlib.h>
#include <libvirt/libvirt.h>
virConnectPtr conn=NULL;

virConnectPtr getConn()   //自定义函数，获取到 Hypervisor 的连接
{
        conn=virConnectOpenReadOnly(NULL);
        if(conn==NULL)
        {
                printf("error,cann't connect!");
                exit(1);
        }
        return conn;
}
```

```
int getInfo(int id)   //自定义函数，获取域的信息
{
        virDomainPtr dom=NULL;
        virDomainInfo info;
        conn=getConn();   //获取连接
        dom=virDomainLookupByID(conn,id);   //在 conn 连接中，根据域的 id 查询
        if(dom==NULL)
        {
                printf("error,cann't find domain!");
                virConnectClose(conn);
                exit(1);
        }
        if(virDomainGetInfo(dom,&info)<0)   //域 dom 的信息，存放在 info 中
        {
                printf("error,cann't get info!");
                virDomainFree(dom);   //释放域
                exit(1);
        }
        //打印域的相关信息
        printf("the Domain state is : %d\n",info.state);
        printf("the Domain allowed max memory is : %ld KB\n",info.maxMem);
        printf("the Domain used memory is : %ld KB\n",info.memory);
        printf("the Domain vCPU number is : %d\n",info.nrVirtCpu);
        //域的释放，连接的释放
        if(dom!=NULL)
        {
                virDomainFree(dom);
        }
        if(conn!=NULL)
        {
                virConnectClose(conn);
        }
        return 0;
}

int main()
{
        getInfo(1);   //调用 getInfo()函数，打印 id 为 1 的域的信息
        return 0;
}
```

2. 编译运行 libvirt-conn.c 并使用 Virsh 查看当前节点情况

首先，使用 Virsh 的交互模式查看本机默认连接的虚拟机，当前没有任何的虚拟机在运行。使用 Virsh 的 list 命令的具体操作如下：

```
[root@localhost ~]# virsh
Welcome to virsh, the virtualization interactive terminal.

Type:  'help' for help with commands
       'quit' to quit

virsh # list
 Id    Name                                   State
----------------------------------------------------
```

接下来，使用 Virsh 加载前面小节中的 demo.xml 文件作为虚拟机的配置文件。使用 virsh 的“define demo.xml”命令定义虚拟机，需要注意的是该命令执行后，虚拟机只是从指定的 XML 文件进行定义，并没有真正启动。想要定义虚拟机并同时启动虚拟机，需要使用 Virsh 下的 create 命令，例如执行“virsh create /etc/libvirt/qemu/demo.xml”命令。因此，再次执行 list 命令同样没有任何虚拟机信息。其具体操作如下：

```
virsh # define /etc/libvirt/qemu/demo.xml
Domain demo defined from /etc/libvirt/qemu/demo.xml

virsh # list
 Id    Name                                   State
----------------------------------------------------
```

接下来，启动由 demo.xml 定义的、名为 demo 的虚拟机，使用 Virsh 下的“start demo”命令。之后，再次执行 list 命令，可出现虚拟机的信息，虚拟机的 id 为 1，名字为 demo，状态为“正在运行”。其具体操作如下：

```
virsh # start demo
Domain demo started

virsh # list
 Id    Name                                   State
----------------------------------------------------
 1     demo                                   running
```

在使用 Virsh 启动 demo.xml 定义的虚拟机后，可以用 libvirt-conn.c 的代码查询并打印已经启动的域的信息。将 libvirt-conn.c 文件使用 gcc 编译为可执行文件 libvirt-conn，编译时需要连接 virt 库，然后执行该文件即可看到虚拟机的信息。其具体操作如下：

```
[root@localhost img]# gcc libvirt-conn.c -o libvirt-conn -lvirt
libvirt-conn.c:3:29: fatal error: libvirt/libvirt.h: No such file or directory
```

```
#include <libvirt/libvirt.h>
#按 Ctrl+C 终止编译
compilation terminated.
```

如果出现“libvirt-conn.c:3:29: fatal error: libvirt/libvirt.h: No such file or directory”的错误，是因为安装 Libvirt 时没有安装开发版的头文件包。安装 libvirt-devel 包后，重新编译即可。安装 libvirt-devel 包的具体操作如下：

```
[root@localhost img]# yum search libvirt-devel
Loaded plugins: fastestmirror, langpacks
Loading mirror speeds from cached hostfile
 * base: mirrors.aliyun.com
 * extras: mirrors.aliyun.com
 * updates: mirrors.aliyun.com
====================== N/S matched: libvirt-devel ======================
libvirt-devel.i686 : Libraries, includes, etc. to compile with the libvirt
                   : library
libvirt-devel.x86_64 : Libraries, includes, etc. to compile with the libvirt
                     : library
ocaml-libvirt-devel.x86_64 : Development files for ocaml-libvirt

  Name and summary matches only, use "search all" for everything.
[root@localhost img]# yum install libvirt-devel
...//省略 libvirt-devel 安装步骤
[root@localhost img]# gcc libvirt-conn.c -o libvirt-conn -lvirt
[root@localhost img]# ls
cirros-0.3.5-x86_64-disk.img   libvirt-conn   libvirt-conn.c
[root@localhost img]# ./libvirt-conn
the Domain state is : 1
the Domain allowed max memory is : 1862656 KB
the Domain used memory is : 1862656 KB
the Domain vCPU number is : 1
```

在使用 gcc 编译 libvirt-conn.c 文件时，需要加上-lvirt；这个参数表示使用 gcc 编译源文件时需要连接的依赖库文件，-lvirt 表示连接 libvirt 库。编译成功后生成 libvirt-conn 可执行文件，运行该可执行文件，得到结果；“the Domain state is : 1”，其中“1”由 info.state 得来，表示节点中域的运行状态为正在运行；“the Domain allowed max memory is : 1862656 KB”表示该域分配的最大内存为 1862656 KB；“the Domain used max memory is : 1862656 KB”表示该域可使用的内存；“the Domain vCPU number is : 1”表示该域的虚拟 CPU 个数为 1。

使用 virsh 查看虚拟机的相关信息，“domid demo”命令表示通过虚拟机的 name 属性查看虚拟机的 ID 编号。“domname 1”命令表示通过虚拟机的 ID 编号查看其 name 属性。“dominfo 1”表示通过虚拟机的 ID 编号查看虚拟机信息。从中可以看出，libvirt-conn.c 代码的执行结果和 virsh 命令下显示的 ID 号、运行状态、CPU 个数、最大内存、可用内存都保持一致。其具体操作如下：

```
virsh # domid demo
1

virsh # domname 1
demo

virsh # dominfo 1
Id:             1
Name:           demo
UUID:           b469e084-063d-4e42-8fc6-50e0bba6edef
OS Type:        hvm
State:          running
CPU(s):         1
CPU time:       29.1s
Max memory:     1862656 KiB
Used memory:    1862656 KiB
Persistent:     yes
Autostart:      disable
Managed save:   no
Security model: selinux
Security DOI:   0
Security label: system_u:system_r:svirt_t:s0:c452,c731 (enforcing)
```

通过“shutdown demo”可关闭虚拟机，最后，在 Virsh 下输入 quit 命令，退出 Virsh。其具体操作如下：

```
virsh # shutdown demo
Domain demo is being shutdown

virsh # list
 Id    Name                           State
----------------------------------------------------

virsh # quit


[root@localhost img]#
```

注意：本例是通过使用 Libvirt API 的 C 语言程序对 KVM 虚拟机进行查看，虚拟机通过 Libvirt 中的 Virsh 的命令行工具进行定义并启动。C 语言代码和 Libvirt 建立连接，查询该连接中的虚拟机状态信息并打印。demo 虚拟机是由 Libvirt 生成并管理的，因此虚拟机状态信息也可以在 Virsh 的命令行中进行查看。

8.3.6　Libvirt API 的 Python 语言使用示例

下面使用 Python 语言给出一个 Libvirt API 的使用示例。

1. 使用 Libvirt API 查询某个域的信息

自定义函数 createConnection()用来创建并打开到本地的 Libvirt 连接，连接失败，打印“Failed to open connection to QEMU/KVM”；连接成功，打印“-----Connection is created successfully-----”。

自定义函数 closeConnection(conn)用来关闭连接 conn。关闭成功后，打印“Connection is closed”。

自定义函数 getDomInfoByName(conn, name)用于在连接 conn 中查询并打印名称为 name 的域信息，包括域的 ID 号、名称、运行状态值、基本信息、最大内存值、vCPU 的个数等。

自定义函数 getDomInfoByID(conn, id)用于在连接 conn 中查询 ID 为 id 的域信息，然后将域的 id 和 name 值进行打印输出。

在主函数中定义两个名称为 demo 和 notExist 的变量，定义两个 id 为 2 和 9999 的变量。然后创建到 Libvirt 的连接，分别通过名称和 ID 使用 getDomInfoByName()函数和 getDomInfoByID()进行域的查询和域信息的打印输出，最后关闭连接。

libvirt-conn.py 文件的源码(该文件详见书籍资源包)如下：

```
#!/usr/bin/python

import libvirt
import sys
#创建并打开连接
def createConnection():
    conn = libvirt.openReadOnly(None)
    if conn == None:
        print 'Failed to open connection to QEMU/KVM'
        sys.exit(1)
    else:
        print '-----Connection is created successfully-----'
        return conn
#关闭连接 conn
def closeConnection(conn):
    print ''
```

```
        try:
            conn.close()
        except:
            print 'Failed to close the connection'
            return 1
        print 'Connection is closed'
    #在连接 conn 中查询并打印名称为 name 的域的信息
    def getDomInfoByName(conn, name):
        print ''
        print '----- get domain info by name -----'
        try:
            myDom = conn.lookupByName(name)
        except:
            print 'Failed to find the domain with name "%s"' % name
            return 1

        print "Dom id: %d name: %s" % (myDom.ID(), myDom.name())
        print "Dom state: %s" % myDom.state()
        print "Dom info: %s" % myDom.info()
        print "memory: %d MB" % (myDom.maxMemory()/1024)
        print "vCPUs: %d" % myDom.maxVcpus()
    #在连接 conn 中查询并打印 ID 为 id 的域的信息
    def getDomInfoByID(conn, id):
        print ''
        print '----- get domain info by ID -----'
        try:
            myDom = conn.lookupByID(id)
        except:
            print 'Failed to find the domain with ID "%d"' % id
            return 1

        print "Domain id is %d ; Name is %s" % (myDom.ID(), myDom.name())


    if __name__ == '__main__':
        name1 = "demo"
        name2 = "notExist"
        id1 = 2
        id2 = 9999
        print "---Get domain info via libvirt python API---"
        conn = createConnection()
```

```
    getDomInfoByName(conn, name1)
    getDomInfoByName(conn, name2)
    getDomInfoByID(conn, id1)
    getDomInfoByID(conn, id2)
    closeConnection(conn)
```

2. 编译运行 libvirt-conn.py

运行 libvirt-conn.py 文件之前，需要先使用 Virsh 打开前面小节中的 demo 虚拟机。由于前面小节中已经打开过一次该虚拟机，所以再次打开后 demo 虚拟机的 id 号变为 2，步骤如下：

```
[root@localhost img]# virsh
Welcome to virsh, the virtualization interactive terminal.

Type:  'help' for help with commands
       'quit' to quit

virsh # list
 Id    Name                           State
----------------------------------------------------

virsh # create /etc/libvirt/qemu/demo.xml
Domain demo created from /etc/libvirt/qemu/demo.xml

virsh # list
 Id    Name                           State
----------------------------------------------------
 2     demo                           running
virsh # quit
```

虚拟机开启后，使用命令“python libvirt-conn.py”执行 libvirt-conn.py 文件，运行结果如下：

```
[root@localhost img]# python libvirt-conn.py
---Get domain info via libvirt python API---
-----Connection is created successfully-----

----- get domain info by name -----
Dom id: 2 name: demo
Dom state: [1, 1]
Dom info: [1, 1862656L, 1862656L, 1, 9820000000L]
memory: 1819 MB
vCPUs: 1
```

```
----- get domain info by name -----
libvirt: QEMU Driver error : Domain not found: no domain with matching name 'notExist'
Failed to find the domain with name "notExist"

----- get domain info by ID -----
Domain id is 2 ; Name is demo

----- get domain info by ID -----
libvirt: QEMU Driver error : Domain not found: no domain with matching id 9999
Failed to find the domain with ID "9999"

Connection is closed
```

在该代码中，通过名称获取到 demo 虚拟机的 id 为 2，Dom state 中的状态为 1，1 表示虚拟机正在运行(5 表示虚拟机关闭)。Dom info 中的信息分别为虚拟机运行状态(1)，虚拟机的最大内存(1862656L，单位为 KB)，虚拟机的可使用内存(1862656L，单位为 KB)，虚拟机的 vCPU 个数(1)和虚拟机的 CPU 时间(单位为 ns)。memory 的值为 1819 MB，代码中将 memory 的值除以 1024 进行打印，和 1862656 KB 相等。

该代码还查看了名称为 notExitst 的虚拟机信息，因为没有该虚拟机，因此打印“no domain with matching name 'notExist'，Failed to find the domain with name "notExist"”。

该代码也查看了 ID 为 9999 的虚拟机信息，因为没有该虚拟机，因此打印“Domain not found: no domain with matching id 9999 Failed to find the domain with ID "9999"”。

注意：本例是通过使用 Libvirt API 的 Python 语言程序对 demo 虚拟机进行查看，虚拟机通过 Libvirt 中的 Virsh 命令行工具进行创建并启动，Python 语言代码和 Libvirt 建立连接，查询该连接中的虚拟机状态信息并打印。demo 虚拟机是由 Libvirt 生成并管理的，因此虚拟机状态信息也可以在 Virsh 的命令行中进行查看。

8.4　KVM 及 QEMU 虚拟化应用案例——基于 Python 的轻量级 KVM 虚拟机管理系统

Libvirt 包括用于管理虚拟化平台的开源 API、后台程序和管理工具，它可以用于 KVM、Xen、VMware ESX、QEMU 和其他虚拟化技术。Libvirt 也是提供方便的方式来管理虚拟机和其他虚拟化功能的软件集合。

本应用案例主要针对 Libvirt Python API 进行使用，通过简单的程序逻辑编排，结合虚拟机常用 API 的调用，编写出一个简单的基于 Python 语言的轻量级虚拟机管理系统，功能包含虚拟机的开机、关机、挂起、恢复运行、销毁等。

本案例涉及的常用 API 有：创建、关闭 QEMU 链接 API，虚拟机开机 API，虚拟机关机 API，虚拟机挂起 API，虚拟机恢复运行 API，虚拟机销毁 API，查看开机状态虚拟机 API，查看关闭状态虚拟机 API，查看 Hypervisor 上所有虚拟机 API 等。

通过本案例，读者可以掌握 Libvirt Python API 的功能与方法，熟悉虚拟机生命周期管理过程，并能编程管理虚拟机。

8.4.1　主要函数介绍

1. create_Connection( )函数

自定义函数 create_Connection()用于创建到 Hypervisor 的连接。函数 libvirt.open('qemu:///system')用于打开到本地 Hypervisor 的连接。

连接创建失败，打印“-- 连接失败 --”；连接创建成功，打印“-- 建立连接成功 --”。

2. close_Connection(conn)函数

自定义函数 close_Connection(conn)用于关闭连接。连接关闭失败，打印“-- 关闭连接失败 --”；连接关闭成功，打印“-- 关闭连接成功 --”。

3. list_Connection(conn)函数

自定义函数 list_Connection(conn)通过连接 conn 查询并打印宿主机上管理的虚拟机相关信息。其中：

- getFreeMemory( )函数返回当前宿主机上的可用内存大小。

注意：大多数 Libvirt API 提供的内存大小以 KB 为单位，但是在此函数中，返回值以字节(B)为单位。根据需要应除以 1024。

- getHostname( )函数返回当前宿主机的主机名。
- getInfo( )函数返回当前宿主机的硬件信息，包括系统位数、vCPU 的个数、CPU 当前运行速度等。该函数不能保证所提供的信息在所有硬件平台上都是准确的。
- getType( )函数返回 Hypervisor 的驱动类型，也是 Hypervisor 上 Libvirt 底层使用的虚拟化类型，这里是 QEMU。
- getURI( )函数返回 Hypervisor 连接的 URI。
- numOfDefinedDomains( )函数返回已定义的域的个数，这里是 2。
- listDefinedDomains( )函数返回已定义但不活动的域的名称列表。本例中有两个，分别是 demo 和 ubuntu16.04。
- listStoragePools( )函数返回活动的存储池的名称列表。本例中有两个，分别是 img 和 default。

4. get_all_VM(conn)函数

自定义函数 get_all_VM(conn)用于获取 Hypervisor 上所有的虚拟机。其中 listAllDomains( )函数返回所有域的列表。

在 get_all_VM(conn)的第二个 for 循环中，将所有域的对象进行打印输出。

5. get_live_VM(conn)

自定义函数 get_live_VM(conn)用于获取开机状态的虚拟机，其中 listDomainsID()函数用于获取活动状态的虚拟机。

6. get_down_VM(conn)

自定义函数 get_down_VM(conn)用于获取关闭状态的虚拟机。

7. manage_VM(conn)

自定义函数 manage_VM(conn)用于进行虚拟机的管理。首先按照用户输入的虚拟机名称查询到相应的虚拟机；然后根据用户输入的数字值，对指定的虚拟机进行挂起、继续、销毁、开启、关闭等操作。

8. 主函数

在主函数中，首先创建到 Hypervisor 的连接，然后打印相应的提示语句，根据用户输入的数字值执行不同的操作，最后关闭连接。

本案例为一个简单的 Python 程序管理虚拟机示例，读者在学习的时候也可以添加使用其他更多的 API，发挥个人能力，进行更为复杂逻辑的编写。

8.4.2 程序源码

本案例的 Python 程序源码的文件名为 manage.py(该文件详见书籍资源包)，源代码如下：

```
# coding:utf8
import libvirt
import sys

def create_Connection():
    #创建 QEMU 链接
    conn = libvirt.open('qemu:///system')
    if conn is None:
        print('-- 连接失败 --')
        sys.exit(1)
    else:
        print('-- 建立连接成功 --')
    return conn

def close_Connection(conn):
    try:
        conn.close()
    except:
        print('-- 关闭连接失败 --')
        return 1
    print('-- 关闭连接成功 --')

def list_Connection(conn):
    global vm_names  # 声明全局变量，方便管理使用
    vm_names = []
```

```
    print("主机内存        --> %s" % (conn.getFreeMemory()))
    print("主机名字        --> %s" % (conn.getHostname()))
    print("连接信息        --> %s" % (conn.getInfo()))
    print("虚机类型        --> %s" % (conn.getType()))
    print("远程链接        --> %s" % (conn.getURI()))
    print("域的数量        --> %s" % (conn.numOfDefinedDomains()))
    print("包含的域        -->")
    for name in conn.listDefinedDomains():
        vm_names.append(name)
        print("%s " % name)

    for po in conn.listStoragePools():
        print("存储池 %s" % po)

def get_all_VM(conn):
    #获取 Hypervisor 上所有的虚拟机
    vms_list = []
    for vm in conn.listAllDomains():
        vms_list.append(vm)
    for i in vms_list:
        print(i)
        # print "所有虚拟机的对象列表 %s" % vms_list

def get_live_VM(conn):
    #获取开机状态的虚拟机
    vms_dict = {}
    domain_list = conn.listDomainsID()
    for vm in domain_list:
        vms_dict[str(vm)] = conn.lookupByID(vm).name()

    print("开启状态的虚拟机 id:name %s" % vms_dict)

def get_down_VM(conn):
    #获取关闭状态的虚拟机
    global vmd_list
    vmd_list = []
    for i in conn.listDefinedDomains():
        vmd_list.append(i)
    print("处于关闭状态的虚拟机 %s" % vmd_list)

def manage_VM(conn):
```

```
    #管理虚拟机
    print("针对哪一台增量镜像操作，输入虚拟机的名字: ")
    name = raw_input()
    dom = conn.lookupByName(name)

    flag = 1
    while flag == 1:
        print("*1 停止 ")
        print("*2 继续 ")
        print("*3 销毁 ")
        print("*4 启动 ")
        print("*5 关机 ")
        print("*6 放弃菜单 : ")
        get_num = int(raw_input())
        if get_num == 1:
            dom.suspend()
        elif get_num == 2:
            dom.resume()
        elif get_num == 3:
            dom.destroy()
        elif get_num == 4:
            dom.create()
            get_live_VM(conn)
        elif get_num == 5:
            dom.shutdown()
        elif get_num == 6:
            break
    get_live_VM(conn)

if _name_ == "_main_":

    print("---这是通过 libvirt python API 进行的远程操作---")
    conn = create_Connection()

    flag = 1
    while flag == 1:
        print("-- 您是否需要阅读虚拟机的概览信息--> 1")
        print("-- 您要直接管理虚拟机-------------> 2")
        print("-- 放弃操作-----------------------> 3")
        print("输入数字指令: ")
```

```
        try:
            mm = int(raw_input())
            if mm == 1:
                list_Connection(conn)
                get_all_VM(conn)
                get_live_VM(conn)
                get_down_VM(conn)
            elif mm == 2:
                manage_VM(conn)
            elif mm == 3:
                break
        except:
            close_Connection(conn)
            print("检测到不合法输入，为保证链接安全，现关闭连接！")
            break
    close_Connection(conn)
```

8.4.3　程序操作步骤

进入到存放 manage.py 文件的目录，使用 python manage.py 命令运行程序。首先输入"1"查看虚拟机及 Hypervisor 的概览信息：

```
[root@localhost img]# ls
cirros-0.3.5-x86_64-disk.img   libvirt-conn.c      manage.py
libvirt-conn                                  libvirt-conn.py
[root@localhost img]# python manage.py
---这是通过 libvirt python API 进行的远程操作---
-- 建立连接成功 --
-- 您是否需要阅读虚拟机的概览信息--> 1
-- 您要直接管理虚拟机--------------> 2
-- 放弃操作------------------------> 3
输入数字指令:
1
主机内存      --> 511148032
主机名字      --> localhost.localdomain
连接信息      --> ['x86_64', 1819L, 2, 2111, 1, 1, 2, 1]
虚机类型      --> QEMU
远程链接      --> qemu:///system
域的数量      --> 2
包含的域      -->
demo
```

```
ubuntu16.04
存储池 img
存储池 default
<libvirt.virDomain object at 0x7fa992c07a10>
<libvirt.virDomain object at 0x7fa992c07a50>
开启状态的虚拟机 id:name {}
处于关闭状态的虚拟机 ['demo', 'ubuntu16.04']
-- 您是否需要阅读虚拟机的概览信息--> 1
-- 您要直接管理虚拟机--------------> 2
-- 放弃操作------------------------> 3
输入数字指令:
```

在“输入数字指令:”下输入“2”，进行虚拟机的管理，然后输入要管理的虚拟机名称，这里为 demo。

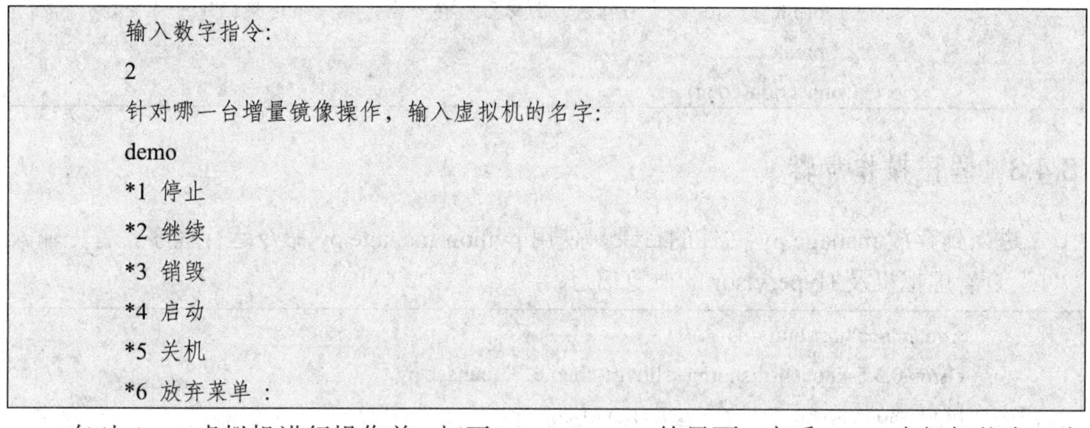

```
输入数字指令:
2
针对哪一台增量镜像操作，输入虚拟机的名字:
demo
*1 停止
*2 继续
*3 销毁
*4 启动
*5 关机
*6 放弃菜单 :
```

在对 demo 虚拟机进行操作前，打开 Virt-Manager 的界面，查看 demo 虚拟机状态，此时 demo 处于关机状态，如图 8-24 所示。

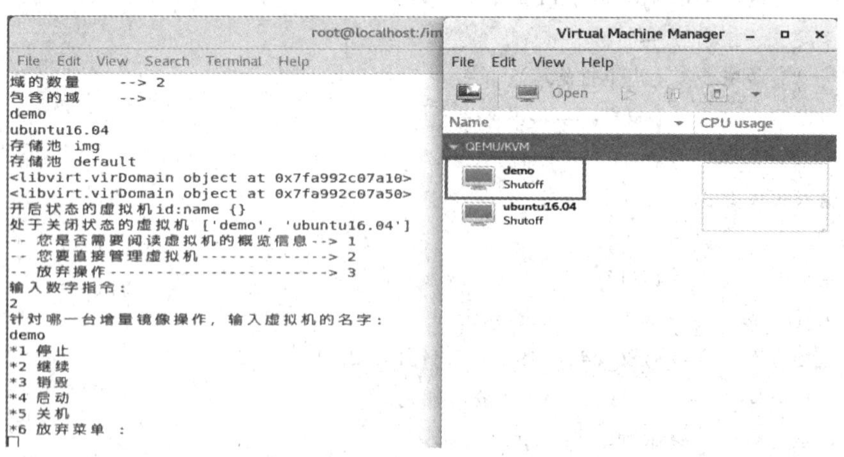

图 8-24　demo 虚拟机处于关机状态

然后在代码运行界面输入 4，对 demo 虚拟机进行启动操作。然后代码打印出处于开机状态的虚拟机的 ID 和名称。这时在 Virt-Manager 中再次查看 demo 的状态，发现 demo

虚拟机已经在运行，如图 8-25 所示。

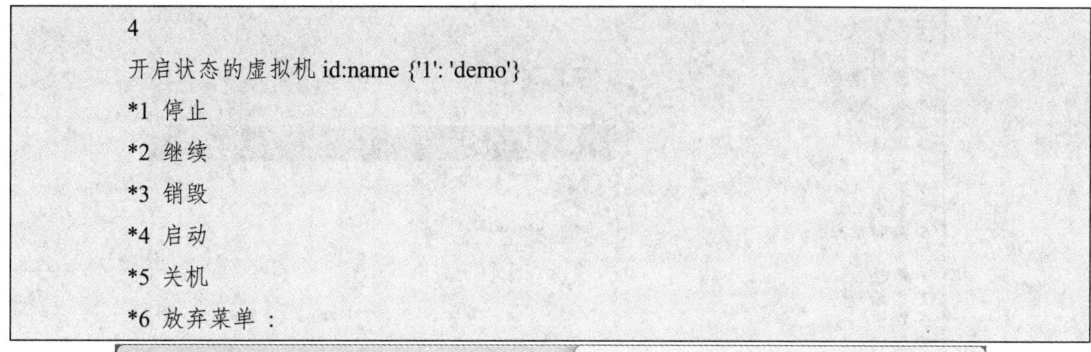

```
4
开启状态的虚拟机 id:name {'1': 'demo'}
*1 停止
*2 继续
*3 销毁
*4 启动
*5 关机
*6 放弃菜单 :
```

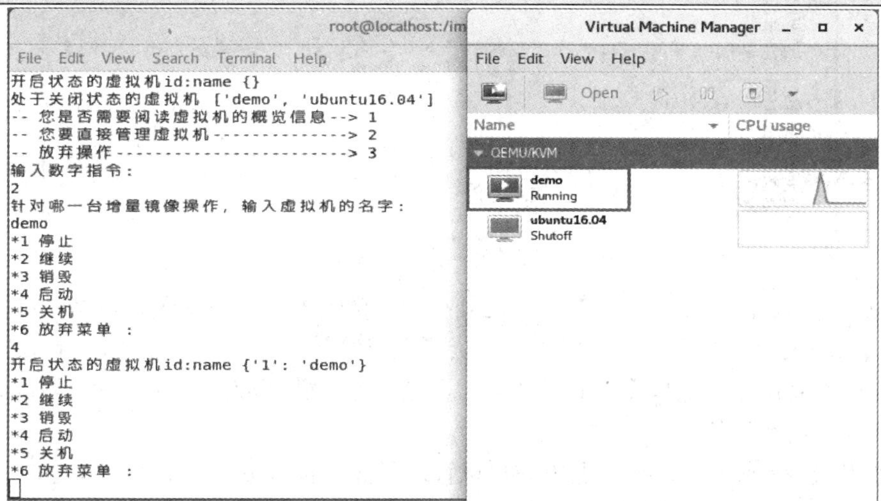

图 8-25　demo 虚拟机处于运行状态

然后在代码运行界面分别输入 1、2、3，每次输入后均查看输出的虚拟机状态，并在 Virt-Manager 中查看 demo 虚拟机的状态。输入“1”时，挂起状态如图 8-26 所示；输入“3”时，销毁后状态如图 8-27 所示。

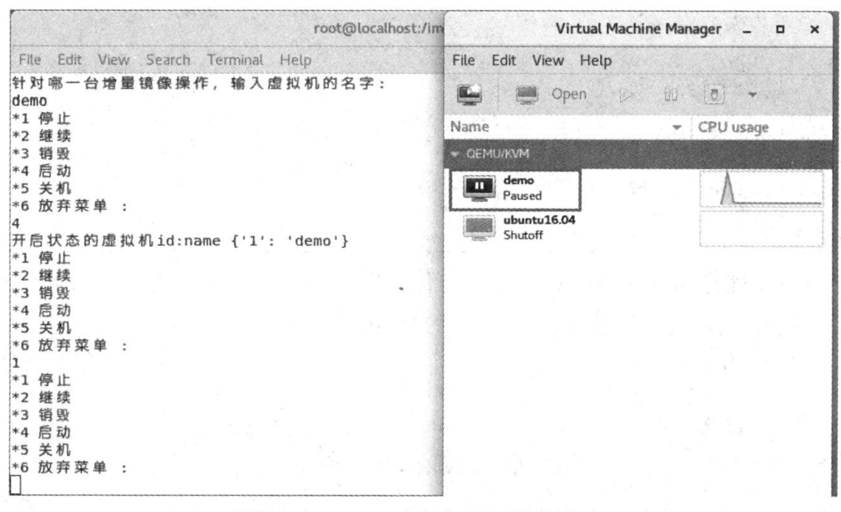

图 8-26　demo 虚拟机处于挂起状态

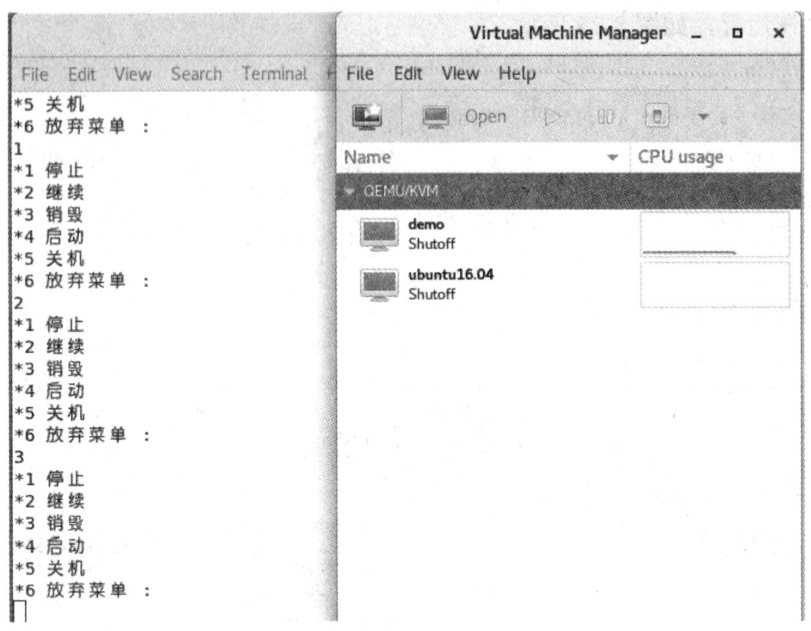

图 8-27　demo 虚拟机处于销毁状态

注意：虚拟机的销毁和关闭的不同之处在于，销毁时调用 destroy( )函数，该函数会将运行的域强制关闭，并将它所使用的所有资源返还给管理程序；关闭时调用 shutdown( )函数，该函数将虚拟机操作系统正常关闭。两个函数在关闭域后，都没有关闭域对象，但是域的操作系统都已停止。

操作完成后，输入数字 6，退出虚拟机管理界面；再次输入 3 后退出程序。

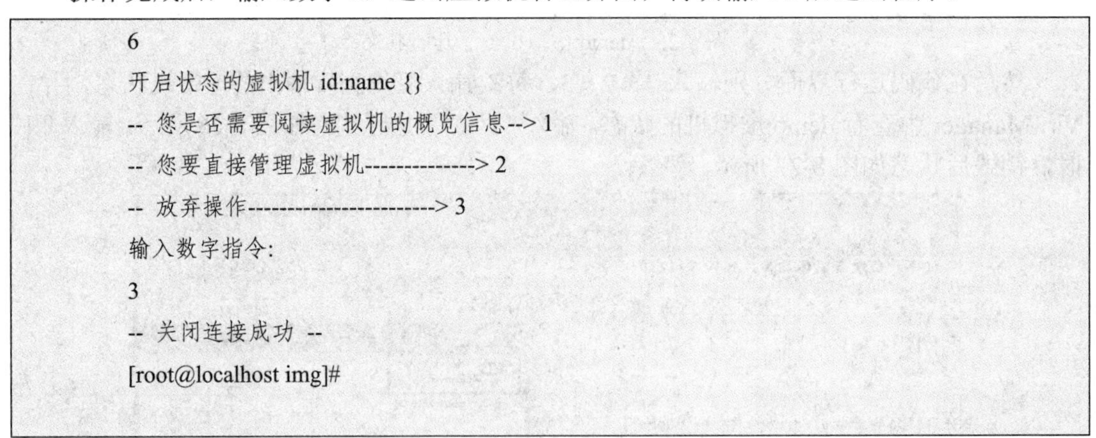

```
6
开启状态的虚拟机 id:name {}
-- 您是否需要阅读虚拟机的概览信息--> 1
-- 您要直接管理虚拟机--------------> 2
-- 放弃操作------------------------> 3
输入数字指令:
3
-- 关闭连接成功 --
[root@localhost img]#
```

注意：demo 虚拟机是由 Libvirt 生成并管理的，Virt-Manager 是基于 Libvirt 的图形化工具，因此虚拟机状态信息不仅可以在 Virsh 的命令行中进行查看，也可以通过 Virt-Manager 进行查看。

本 章 小 结

Libvirt 是一个强大的虚拟化管理工具集，Virt-Manager 提供了图形化界面来管理 KVM

的虚拟机，但是底层依赖于 Libvirt。本章给出了使用 Libvirt API 进行虚拟机查看的 C 语言和 Python 语言的示例程序，也给出了一个基于 Python 的轻量级 KVM 虚拟机管理系统。通过本章的学习，读者应该对虚拟化应用开发有初步的认识和理解。在对 Libvirt 提供的 API 进行使用的基础上，读者可自行设计对虚拟机的管理应用程序。

本章习题

1. Libvirt 中三个基本的概念是什么？
2. Libvirt 有哪些主要功能？
3. 简述 Virt-Manager。
4. 简述 Libvirt 中域的 XML 配置文件信息。
5. Libvirt 如何建立到 Hypervisor 的连接？
6. 简述使用 C 语言查看域状态信息的代码步骤。
7. 在使用 Python 语言查看域状态信息时，打开 Virt-Manager，查看域的信息和代码输出是否一致。

第 9 章

容器虚拟化技术基础

本章首先简要介绍容器虚拟化技术，进而介绍最为流行的容器 Docker 的安装与部署，并给出 Docker 镜像、Docker 仓库、Docker 容器和 Docker 网络连接的基本原理和具体操作。

由于本书侧重实践操作，在讲解 Docker 安装与部署的步骤时，给出了在 CentOS 下安装 Docker 和 Ubuntu 下安装 Docker 两种方式。

知识结构图

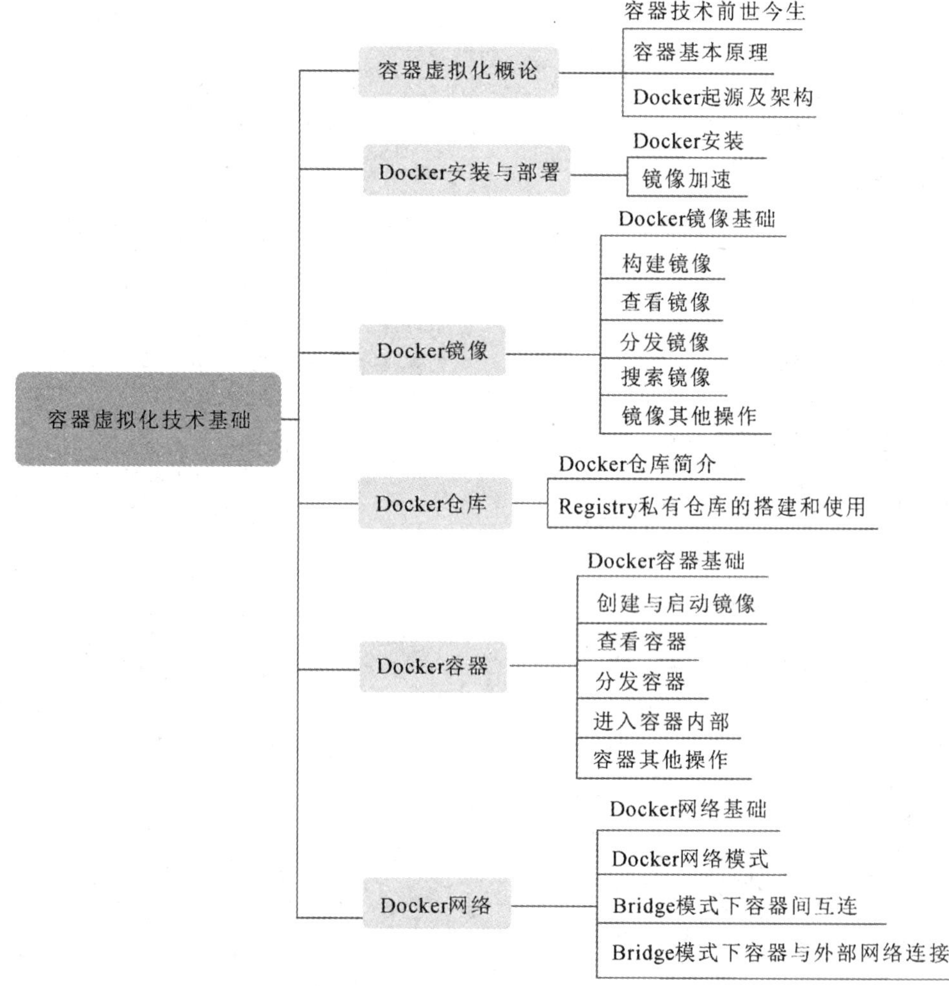

本章重点

- 了解容器虚拟化的基本原理。
- 掌握 Docker 安装与部署过程。
- 掌握 Docker 仓库搭建过程。
- 掌握 Docker 镜像、Docker 容器、Docker 网络连接的基本原理和具体操作。

本章任务

理解容器虚拟化的基本概念，能够在常见的 Linux 系统 CentOS 或者 Ubuntu 上搭建 Docker 应用容器引擎环境。掌握 Docker 容器、镜像、仓库和网络连接的基本原理，并能够进行基本操作。

9.1　容器虚拟化概述

在传统理解中，容器顾名思义就是存放东西的工具。在现代计算机技术中，容器技术就是将应用程序打包到每一个单独的容器之中，通过这个封装的过程，将每个应用程序进行隔离，打断应用程序之前的依赖与连接关系。这样，一个庞大的服务系统在容器技术的支持下，可以由许多不同的应用程序所寄居的容器组合而成，这种拆解再组合的过程，让应用程序之间的耦合度降到最低。在学习初期，读者可以把容器简单地理解为一个沙盒，每个容器是独立的，容器之间可以相互通信。

在传统的软件行业中，开发人员的主要工作是应用程序的编码、构建、测试和发布，涉及应用程序和运行时平台这两层。而运维人员的工作则涉及从硬件、操作系统到运行时平台的安装、配置、运行监控、升级和优化等。容器虚拟化提供了一种运行时环境，隔离了上层应用与下层操作系统、硬件的关联，便于更加高效地构建应用，也易于管理维护。

举个简单的例子，常见的网站开发，按照传统做法需要各种环境的安装、配置、测试和发布。而当服务器迁移时，需要把上述的安装配置等过程再执行一次，这极大地浪费了运维工程师的时间，而且容易出现一些兼容性问题。但是如果使用了容器技术，只需要一个命令就可以把整个运维环境打包，传输到另一个服务器后只需要再次运行即可，不仅操作十分简单，而且不会出现兼容性问题，降低了运维工程师的工作量。由此可见，容器技术的使用帮了开发工程师和运维工程师的大忙。

9.1.1　容器技术的前世今生

最早的容器技术始于 1979 年提出的 UNIX chroot，它最初是一个 UNIX 操作系统的系统调用，用于将一个进程及其子进程的根目录改变到文件系统中的一个新位置，让这些进程只能访问这个新的位置，从而达到进程隔离的目的。它的出现，主要是为了提高安全性，但是这种技术并不能防御来自其他方面的攻击。直到今天，主流的 Linux 系统上还有这个工具。

2000 年，R&D Associates 公司为 FreeBSD 引入了一个类似于 chroot 的容器技术，名叫 Jails。与 chroot 不同的是，它为文件系统、用户和网络等的隔离增加了进程沙盒功能。这是最早期，也是功能最多的容器技术。

2001 年，Linux 发布自己的容器技术 Linux Vserver，用于对计算机系统上的文件系统、网络地址等进行安全划分。每一个划分的分区都叫做一个安全上下文，其中的虚拟系统叫做虚拟私有化服务器。

2004 年，Solaris 发布了 Solaris Containers，它将资源进行划分，形成了一个个 zones，又叫做虚拟服务器。

2005 年，OpenVZ 被推出，它通过对 Linux 内核进行补丁来提供虚拟化的支持，每个 OpenVZ 容器都完整支持了文件系统、用户及用户组、进程、网络、设备和 IPC(Inter-Process Communication，进程间通信)对象的隔离。

2006 年，Google 公开了 Process Container 技术，用于对一组进程进行限制、记录和隔离进程组所使用的物理资源，例如 CPU、内存和 I/O 等。后来，为了避免与 Linux 内核上下文中的“容器”一词混淆，改名为 Control Groups(简称 Cgroups)。后来 Cgroups 被整合进 Linux 内核 2.6.24 中。这项技术具有跨时代意义，为后期容器的资源配额提供了技术上的保障。

2008 年， Linux Container(简称为 LXC)是基于 Cgroups 和 Linux 命名空间 Namespace 推出的第一个最完善的 Linux 容器。它可以提供轻量级的虚拟化，以便隔离进程和资源，而且不需要提供指令解释机制以及全虚拟化的其他复杂性。LXC 紧密耦合到 Linux 上，可以工作在普通的 Linux 内核上，不需要增加补丁。它的出现，为后面一系列工具的出现奠定了基础。

2011 年，CloudFoundry 发布了 Warden。与 LXC 不同，Warden 与 Linux 耦合度并不高，它可以工作在任何提供隔离环境的操作系统上，以后台守护进程的方式运行，为容器管理提供 API。

2013 年，dotCloud 公司推出到现在为止最为流行和使用最广泛的容器 Docker。相比其他早期的容器技术，Docker 引入了一整套容器管理的生态系统，包括高效分层的镜像模型、容器 Registry 库、友好的 Rest 风格 API 等，使容器更加容易操作和管理。它的 Logo 是一条鲸鱼背上驮着一堆集装箱，如图 9-1 所示。

图 9-1　Docker Logo

2014 年，CoreOS 也推出了一个类似于 Docker 的容器技术，名叫 Rocket。作为一款支持云平台的轻量级 Linux 操作系统，认为容器引擎应作为一个独立的组件，所以 Rocket 是一个在 Linux 系统上运行容器应用的功能组件，在安全和兼容性设计上比 Docket 要求更严格。

2016 年，微软也在 Windows 上提供了对容器的支持，Docker 可以以原生方式运行在 Windows 上，而不是使用 Linux 虚拟机。

9.1.2　容器基本原理

容器本质上就是宿主机上的一个进程，它的核心技术是 Namespace 和 Cgroups。容器技术通过 Namespace 实现资源隔离，确保一个容器中运行的进程只会感知容器内进程的变化，不影响容器外的其他进程，同时也不会被容器外的其他进程所影响。它通过 Cgroups 实现资源控制，可以用于资源的核算和限制。它通过 rootfs(Root FileSystem，根文件系统，简称 rootfs)实现文件系统隔离，再加上容器引擎自身的特性来管理容器的生命周期。

1. Namespace 资源隔离

chroot 命令用于将一个进程及其子进程的根目录改变到文件系统中的一个新位置，让这些进程只能访问到这个新的位置，本质是通过文件隔离从而达到进程隔离的目的。但是要在分布式环境下进行通信，容器必须有独立的 IP、端口、路由等，还需要网络的隔离。同时，有了网络自然离不开通信，进程间通信也需要被隔离，同时用户权限隔离等也需要被考虑到。因此，一个完整的容器需要做到六种基本隔离，也就是 Linux 内核需要提供六种 Namespace 隔离，如表 9-1 所示。

表 9-1　Namespace 的六种隔离

Namespace	隔 离 内 容
Mount	文件系统
Network	网络资源
IPC	信号量、消息队列和共享内存
PID	进程号
UTS	主机和域名
User	用户和用户组

实际上，Linux 内核中实现 Namespace 的主要目的就是实现资源隔离。这样，在同一个 Namespace 下进程会感知彼此的变化，但是对外界进程就一无所知。这样就会让容器中的进程误以为自己在一个独立的环境中，从而达到独立和隔离的目的。下面简单介绍如何查看当前进程的 Namespace 和几种常见的 Namespace API。

注意：本小节讨论的 Namespace 是 Linux 内核 3.8 以上版本中的 Namespace。

在了解 Namespace API 之前，可以通过 ls -l /proc/$$/ns 命令来查看当前进程下的 Namespace，其中$$表示当前进程号。

```
[root@localhost ~]# ls -l /proc/$$/ns
total 0
lrwxrwxrwx. 1 root root 0 Mar   2 10:12 ipc -> ipc:[4026531839]
lrwxrwxrwx. 1 root root 0 Mar   2 10:12 mnt -> mnt:[4026531840]
lrwxrwxrwx. 1 root root 0 Mar   2 10:12 net -> net:[4026531956]
lrwxrwxrwx. 1 root root 0 Mar   2 10:12 pid -> pid:[4026531836]
lrwxrwxrwx. 1 root root 0 Mar   2 10:12 user -> user:[4026531837]
lrwxrwxrwx. 1 root root 0 Mar   2 10:12 uts -> uts:[4026531838]
```

上述内容中的 4026531839 表示当前进程指向的 IPC Namespace。如果两个进程的

Namespace 号一致，表示它们处于同一个 Namespace 下，否则就是在不同的 Namespace 下。

Namespace API 的主要操作包括 clone()、setns()以及 unshare()。为了确定隔离的到底是哪个 Namespace，在使用这些 API 时需要具体指定 6 个参数中的一个或多个，通过位或运算即可实现。这 6 个参数分别是 CLONE_NEWIPC(进程间通信)、CLONE_NEWPID(进程)、CLONE_NEWNS(文件系统挂载点)、CLONE_NEWNET(网络设备、网络栈、端口等)、CLONE_NEWUTS(主机名与 NIS 域名)和 CLONE_NEWUSER(隔离用户和用户组)。下面简单介绍这几种 API 的用法。

(1) 使用 clone()函数在创建进程的同时创建新的 Namespace。

clone()函数原型如下：

```
int clone(int (*child_func)(void *),void *child_stack,int flags,void *arg);
```

参数说明：

- child_func：子进程运行的程序主函数。
- child_stack：子进程使用的栈空间。
- flags：标志位。
- arg：用户参数，传给子进程的参数，也就是 child_func 指向的函数参数。

从本质上说，clone()是 Linux 系统调用 fork()的一种更为通用的实现方式。系统调用 fork()通过 flag 参数来控制 clone()使用不同的功能，约有二十多种 flag 参数来控制 clone 进程。例如，flag 参数为 CLONE_FS，表示父、子进程共享相同的文件系统，而将 flag 参数设置为 CLONE_NEWNS 时，表示 clone 自己的一个新命名空间。

(2) 使用 setns()加入一个已经存在的 Namespace。

当一个 Namespace 下的所有进程都结束时，也可以通过挂载的形式把 Namespace 保留下来，此时保留 Namespace 是为后续加入的进程做准备。使用 setns()就是为了使得调用的进程能够和某个已经存在的 Namespace 关联，docker exec 命令的执行就需要调用 setns()。

setns()函数原型如下：

```
int setns(int fd, int nstype);
```

参数说明：

- fd：加入的 Namespace 的文件描述符，其指向了/proc/[pid]/ns 目录的文件描述符，可以通过直接打开该目录下的链接得到。
- nstype：用于检查 fd 指向的 Namespace 类型是否符合实际的要求。如果参数等于 0，表示不检查。

(3) 使用 unshare()在原先进程上进行 Namespace 隔离。

unshare()函数原型如下：

```
int unshare(int flags)
```

参数说明：

- flags：标志位，用于选择需要隔离的资源。

调用 unshare()的主要作用是不启动新进程就可以起到隔离的作用，相当于跳出原先的 Namespace 进行操作，可以直接在原进程上进行需要隔离的操作。Linux 中自带的 unshare 命令就是通过 unshare()系统调用来实现的，但是 Docker 目前没有使用这个系统调用。

2. Cgroups 资源隔离

Linux Namespace 主要解决的问题是环境隔离，但这只是虚拟化中最基础的一步。虽然通过 Namespace 可以隔离到一个特定的环境中，但此时进程还是可以随意使用 CPU、内存和磁盘等这些计算资源。为了对进程进行资源利用上的控制，就需要借助 Cgroups。

Cgroups 用来限制、控制和分离一个进程组群的资源，如 CPU、内存、I/O 等。2006 年，Google 的工程师 Paul Menage 和 Rohit Seth 发起了项目 Process Container。在 2007 年时，由于在 Linux 内核中也是用容器这个概念，为避免混乱，被重命名为 Cgroups，并且被整合到 2.6.24 版的 Linux 内核。

Cgroups 的官方定义为：Cgroups 是 Linux 内核提供的一种机制，这种机制可以根据需求把一系列系统任务及子任务整合到按资源划分等级的不同组内，从而为系统的资源管理提供一个统一的框架。

Cgroups 的主要功能如下：

(1) Resource Limitation:Cgroups 可以对任务使用的资源进行限制，比如设置内存使用上限以及限制文件系统的缓存等。

(2) Prioritization:Cgroups 可以通过分配 CPU 时间片个数和磁盘 I/O 宽带大小来控制优先级。

(3) Accounting:Cgroups 可以统计系统的资源使用量，主要目的是计费。

(4) Control:Cgroups 可以进行挂起进程或恢复进程等操作。

总的来说，通过利用 Cgroups，系统管理员可更加方便地对系统资源进行分配、设置优先级别、监控和管理，更好地根据任务来分配硬件资源，提高总体效率。

Linux 系统中的任务管理是一个树形结构，而系统中的多个 Cgroups 也是类似的树形结构。但是系统中多个 Cgroups 的构成并不是单根结构，而是可以允许多个根存在。如果读者将任务模型理解为具有一个根节点的一棵树，那么系统中的多个 Cgroups 就可以理解为由多棵树构成的森林。在 Cgroups 中，不同资源是由不同子系统控制的。目前，Docker 使用的子系统及作用如下：

(1) blkio：可以为每个块设备的输入/输出设置限制。

(2) cpu：使用调度程序为 Cgroups 任务提供 CPU 的访问。

(3) cpuacct：产生 Cgroups 任务的 CPU 资源报告。

(4) cpuset：如果是处理器系统，这个子系统会为 Cgroups 任务分配单独的 CPU 和内存。

(5) devices：可以允许或拒绝 Cgroups 任务对设备的访问。

(6) freezer：可以暂停和恢复 Cgroups 任务。

(7) memory：可以设定每个 Cgroups 中任务对内存的限制，并自动生成这些任务对内存资源使用情况报告。

(8) net_cls：标记每个网络包以方便 Cgroups 使用。

(9) net_prio：设置进程的网络流量优先级。

(10) perf_event：增加了对每个 Cgroups 的监测跟踪能力，可以监测属于某个特定 Cgroups 的所有线程及运行在特定 CPU 上的线程。

查看 Linux 内核中是否启用了 Cgroups 的步骤如下：

(1) 查看 Linux 的内核版本号。

```
[root@localhost ~]# uname -r
3.10.0-1160.15.2.el7.x86_64
```

(2) 查看该内核版本对应的配置文件。

```
[root@localhost ~]# cat /boot/config-3.10.0-1160.15.2.el7.x86_64 | grep CGROUP
CONFIG_CGROUPS=y
# CONFIG_CGROUP_DEBUG is not set
CONFIG_CGROUP_FREEZER=y
CONFIG_CGROUP_PIDS=y
CONFIG_CGROUP_DEVICE=y
CONFIG_CGROUP_CPUACCT=y
CONFIG_CGROUP_HUGETLB=y
CONFIG_CGROUP_PERF=y
CONFIG_CGROUP_SCHED=y
CONFIG_BLK_CGROUP=y
# CONFIG_DEBUG_BLK_CGROUP is not set
CONFIG_NETFILTER_XT_MATCH_CGROUP=m
CONFIG_NET_CLS_CGROUP=y
CONFIG_NETPRIO_CGROUP=y
```

从上面的输出可见，对应的 Cgroups 的配置值为 y，表示 Cgroups 已经被启用了。

Linux 系统是如何通过 Cgroups 来控制资源的呢？可以把 Linux 中 Cgroups 的实现形式想象为一个文件系统，首先要用 mount 挂载，然后才可以使用。输入以下命令查看 Cgroups 是否已经挂载成功：

```
[root@localhost ~]# mount -t cgroup
cgroup on /sys/fs/cgroup/systemd type cgroup (rw,nosuid,nodev,noexec,relatime,seclabel,
xattr,release_agent=/usr/lib/systemd/systemd-cgroups-agent,name=systemd)
cgroup on /sys/fs/cgroup/devices type cgroup (rw,nosuid,nodev,noexec,relatime
,seclabel,devices)
cgroup on /sys/fs/cgroup/blkio type cgroup (rw,nosuid,nodev,noexec,relatime,seclabel,blkio)
cgroup on /sys/fs/cgroup/cpu,cpuacct type cgroup (rw,nosuid,nodev,noexec,relatime,seclabel,
cpuacct,cpu)
cgroup on /sys/fs/cgroup/freezer type cgroup (rw,nosuid,nodev,noexec,relatime,seclabel, freezer)
cgroup on /sys/fs/cgroup/cpuset type cgroup (rw,nosuid,nodev,noexec,relatime,seclabel, cpuset)
cgroup on /sys/fs/cgroup/hugetlb type cgroup (rw,nosuid,nodev,noexec,relatime,seclabel, hugetlb)
cgroup on /sys/fs/cgroup/net_cls,net_prio type cgroup(rw,nosuid,nodev,noexec,relatime,
seclabel,net_prio,net_cls)
```

```
cgroup on /sys/fs/cgroup/memory type cgroup (rw,nosuid,nodev,noexec,relatime,seclabel,
memory)
cgroup on /sys/fs/cgroup/perf_event type cgroup (rw,nosuid,nodev,noexec,relatime,seclabel,
perf_event)
cgroup on /sys/fs/cgroup/pids type cgroup (rw,nosuid,nodev,noexec,relatime,seclabel,pids)
```

看到以上信息，说明 Cgroups 已经挂载成功。挂载成功后，在/sys/fs/cgroup 目录下会有很多子目录，比如 blkio、cpu、freezer、cpuset、hugetlb 和 memory 等，这些都是 Cgroup 上的子系统。

如果没有看到上述的目录，读者可以创建相应的目录并挂载，具体如下：

```
[root@localhost ~]#mkdir /sys/fs/cgroup
[root@localhost ~]#mount -t tmpfs cgroup_root /sys/fs/cgroup
[root@localhost ~]# mkdir cgroup/blkio
[root@localhost ~]#mount -t cgroup -oblkio blkio /sys/fs/cgroup/blkio /
[root@localhost ~]# mkdir cgroup/cpu
[root@localhost ~]#mount -t cgroup -ocpu cpu /sys/fs/cgroup/cpu/
[root@localhost ~]# mkdir cgroup/cpuset
[root@localhost ~]#mount -t cgroup -ocpuset cpuset /sys/fs/cgroup/cpuset/
```

一旦挂载成功，就会在/sys/fs/cgroup 目录下看到相应文件：

```
[root@localhost ~]# ls /sys/fs/cgroup/blkio /sys/fs/cgroup/cpu /sys/fs/cgroup/cpuset/
/sys/fs/cgroup/blkio:
blkio.io_merged                     blkio.throttle.read_bps_device
blkio.io_merged_recursive           blkio.throttle.read_iops_device
blkio.io_queued                     blkio.throttle.write_bps_device
blkio.io_queued_recursive           blkio.throttle.write_iops_device
blkio.io_service_bytes              blkio.time
blkio.io_service_bytes_recursive    blkio.time_recursive
blkio.io_serviced                   blkio.weight
blkio.io_serviced_recursive         blkio.weight_device
/*省略部分代码*/
/sys/fs/cgroup/cpuset/:
cgroup.clone_children   cpuset.effective_mems            cpuset.memory_spread_slab
cgroup.event_control    cpuset.mem_exclusive             cpuset.mems
cgroup.procs            cpuset.mem_hardwall              cpuset.sched_load_balance
cgroup.sane_behavior    cpuset.memory_migrate            cpuset.sched_relax_domain_level
cpuset.cpu_exclusive    cpuset.memory_pressure           notify_on_release
cpuset.cpus             cpuset.memory_pressure_enabled   release_agent
cpuset.effective_cpus   cpuset.memory_spread_page        tasks
```

9.1.3　Docker 起源及架构

Docker 是一种流行的容器技术。dotCloud 公司主要是基于 PaaS 平台为开发者或开发商提供相应的技术服务，具体来说，是和 LXC(Linux 容器虚拟技术)有关的容器技术。后来，dotCloud 公司将自己的容器技术进行了简化和标准化，并命名为 Docker。

Docker 技术诞生之后，并没有引起行业的关注。而 dotCloud 公司作为一家小型创业企业，在激烈的竞争之下，也举步维艰。正当他们快要坚持不下去的时候，"开源"的想法蹦了出来。2013 年 3 月，dotCloud 公司的创始人之一，Docker 之父，28 岁的 Solomon Hykes 正式决定将 Docker 项目开源。不开则已，一开惊人。IT 工程师很快发现了 Docker 的优点，然后蜂拥而至，加入 Docker 开源社区。Docker 开源后，迅速成为 GitHub 上最热门的项目。开源当月，Docker 0.1 版本发布，此后的每一个月，Docker 都会发布一个版本。到 2014 年 6 月 9 日，Docker 1.0 版本正式发布。

Docker 是基于容器技术的轻量级虚拟化解决方案，利用 Docker，开发者可以将应用及其依赖包打包到一个容器中，进行发布。Docker 是基于 Google 公司推出的 Go 语言实现的。

Docker 也是容器引擎，把 Linux 的 Cgroups、Namespace 等容器底层技术进行封装抽象，为用户提供了创建和管理容器的便捷界面(包括命令行和 API)。目前，微软、红帽、IBM、Oracle 等主流 IT 厂商都在自己的产品里增加了对 Docker 的支持。

之前我们学习了虚拟化技术，有些读者可能会有些疑问，虚拟机和容器有何区别呢？

事实上，虚拟机实现资源隔离的方法是利用独立的操作系统，并利用 Hypervisor 虚拟化 CPU、内存和 I/O 设备等实现的。而 Docker Engine 可以简单看成对 Linux 的 NameSpace、Cgroups 和文件系统操作的封装。Docker 并没有和虚拟机一样利用一个完全独立的 Guest OS 实现环境隔离，它利用目前 Linux 内核本身支持的容器方式实现资源和环境隔离。

虚拟机和容器最大的差异在于是否需要安装操作系统才能执行应用程序。很明显，容器并不需要安装操作系统。虚拟机技术和容器技术的对比如图 9-2 所示。

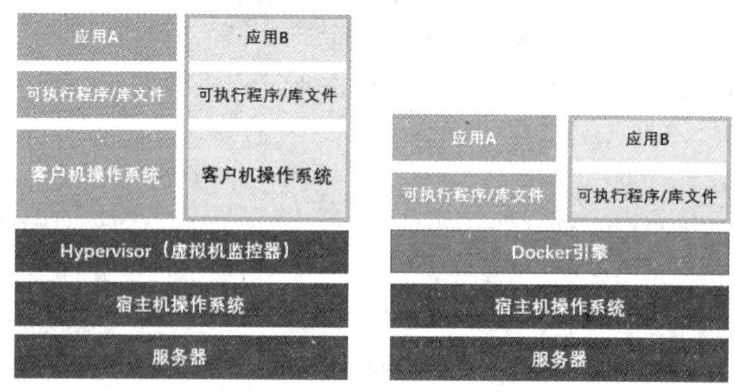

图 9-2　虚拟机技术和容器技术对比

从图 9-2 可以看出，虚拟机从操作系统层入手，目的是建立一个可以用来执行整套操作系统的独立沙盒环境；而容器本身是相互隔离的，不包含操作系统，共用宿主机的操作系统和运行库。由于容器省去了客户机操作系统，因而整个层级更加简化，用户可以在单台服务器上运行更多的应用。

与虚拟机技术相比，Docker 容器技术有很多的优势，具体如表 9-2 所示。

表 9-2　虚拟机技术和容器技术对比

	虚拟机技术	容 器 技 术
磁盘占用情况	非常大，甚至上 GB	很小，甚至几十 KB
启动速度	很慢，常常需要几分钟	很快，一般只需几秒钟
运行形态	运行在 Hypervisor 上	直接运行于宿主机的内核上，不同容器共享同一个 Linux 内核
并发性	最多几十个虚拟机	可以同时启动成百上千个容器
性能	比宿主机差	接近于宿主机本地进程
资源利用率	低	高

Docker 容器技术虽然有很多的优势，但是不如虚拟机隔离性好。Intel 和 AMD 公司为虚拟机提供了硬件隔离技术，以帮助虚拟机高效使用资源，并防止相互干扰。但是 Docker 容器还没有任何形式的硬件隔离，因此更容易受到攻击。

Docker 是 C/S(客户端 Client/服务器 Server)架构模式，它的基本架构如图 9-3 所示。

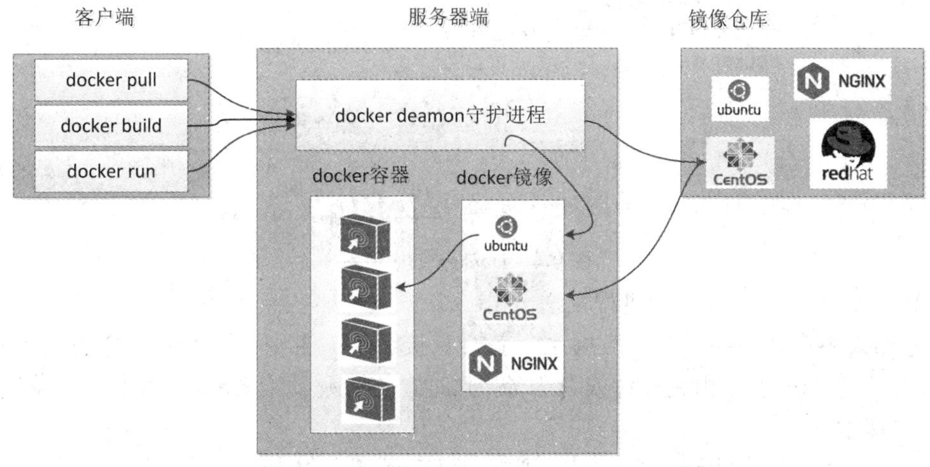

图 9-3　Docker 的基本架构

1. Docker 客户端和 Daemon 守护进程

Docker Daemon 作为 Server 端，在宿主机上以后台守护进程的形式运行。Docker 通过客户端连接守护进程，调用客户端可以向守护进程发出请求或者获取信息。守护进程是驱动整个 Docker 的核心引擎，它通过 HTTP 协议接收来自客户端的请求并返回相应响应，同时，守护进程也会通过 HTTP 协议向其他服务发送和接收镜像。Docker 客户端可以连接本地或远程的守护进程。Docker 客户端和服务器通过 Socket 或 RESTful API 进行通信。

2. Docker 镜像

Docker 镜像是用于创建 Docker 容器的模板，是 Docker 容器启动的基础。它采用分层构建，最底层是 bootfs(文件引导系统)，上面是 rootfs(容器启动时内部可见的文件系统)，使用了联合挂载技术和写时复制技术，可以进行版本管理，也有利于存储管理。

3. Docker 容器

容器是一个基于 Docker 镜像创建，包含运行某一特定程序所需要的 OS、软件、配置文件和数据，可以一直运行的单元。但是从宿主机角度看来，它只是一个简单进程。

4. Docker 仓库

仓库主要用来保存镜像文件。读者可以搭建私有化的镜像仓库，也可以使用 Docker 公司运营的官方镜像仓库——Docker Hub。Docker 官方镜像仓库提供了庞大的镜像集合以供使用，既有大公司打包上传的应用，也有大量个人开发者提供的应用。Docker 官方镜像仓库的地址为 https://hub.docker.com。

要启动一个新的 Docker 应用 A，大致的工作流程如图 9-4 所示。

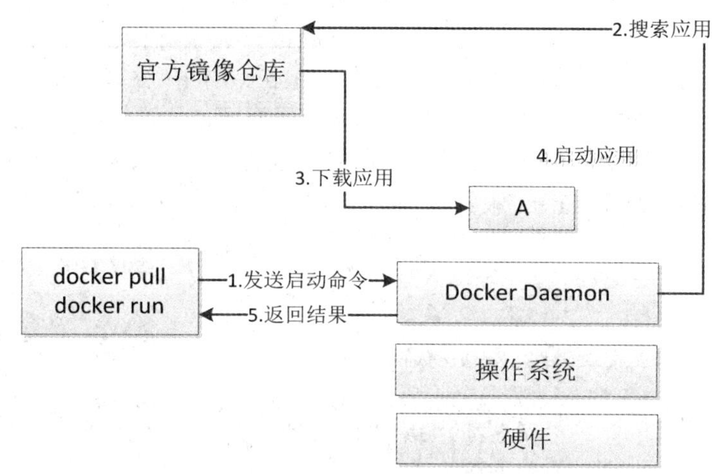

图 9-4　Docker 工作流程

(1) Docker 客户端向守护进程发送 A 指令。

(2) 如果用户之前装过这个应用 A，就会直接启动；否则，因 Linux 服务器上只装有 Docker 软件包，没有 A 相关软件或者服务，此时守护进程就给 Docker 官方仓库发送请求，在仓库中搜索 A。

(3) 如果在仓库中找到这个应用，则把它下载到服务器上，并执行第(4)步；如果没有找到应用，直接执行第(5)步。

(4) Docker 守护进程启动 A 应用。

(5) 把是否成功启动 A 应用的结果返回给 Docker 客户端。

9.2　Docker 安装与部署

到目前为止，Docker 已经原生支持几乎 Linux、Windows、Mac OS 三大平台和主流的云平台(Amazon EC2、Google Cloud Platform、Rackspace Cloud 和阿里云等)。Docker 的安装指的是 Docker Engine(即 Docker 中核心的容器处理部分)的安装。

Docker 只能安装在 64 位计算机上。对于 Linux 系统，内核版本必须大于 3.10，如果小于 3.10，会因缺少 Docker 容器运行时所需要的功能而出错。

9.2.1 Docker 的安装

Docker 官方支持 CentOS7 及以上版本。本小节以 CentOS 7 为例进行介绍。

在安装之前，先检查是否安装过旧版本的 Docker，可以使用下列命令尝试卸载：

```
[root@localhost ~]#  yum remove docker \
                       docker-client \
                     docker-client-latest \
                       docker-common \
                       docker-latest \
                       docker-latest-logrotate \
                       docker-logrotate \
                       docker-engine
Loaded plugins: fastestmirror, langpacks
No Match for argument: docker
No Match for argument: docker-client
No Match for argument: docker-client-latest
No Match for argument: docker-common
No Match for argument: docker-latest
No Match for argument: docker-latest-logrotate
No Match for argument: docker-logrotate
No Match for argument: docker-eng
```

从上面的输出可知，本机之前没有安装过旧版本的 Docker，因此 0 个安装包被卸载。

使用 Docker 仓库安装 Docker 的具体过程如下：

(1) 将 yum 包更新到最新。

```
[root@localhost ~]# yum update
/*省略部分代码*/
  vim-minimal.x86_64 2:7.4.629-8.el7_9
  xorg-x11-drv-ati.x86_64 0:19.0.1-3.el7_7
  xorg-x11-server-Xorg.x86_64 0:1.20.4-15.el7_9
  xorg-x11-server-common.x86_64 0:1.20.4-15.el7_9
  zlib.x86_64 0:1.2.7-19.el7_9

Complete!
```

(2) 安装所需的软件包 yum-utils、device-mapper-persistent-data 和 lvm2。yum-utils 提供了 yum-config-manager，device mapper 存储驱动程序需要 device-mapper-persistent-data 和 lvm2。

```
[root@localhost ~]# yum install -y yum-utils device-mapper-persistent-data lvm2
/*省略部分代码*/
Package yum-utils-1.1.31-54.el7_8.noarch already installed and latest version
Package device-mapper-persistent-data-0.8.5-3.el7_9.2.x86_64 already installed and latest version
Package 7:lvm2-2.02.187-6.el7_9.3.x86_64 already installed and latest version
Nothing to do
```

从以上输出可知，所需的软件包已经安装，无须再次安装。

(3) 设置仓库。首次安装 Docker Engine 之前，需要设置 Docker 仓库。之后，就可以从仓库安装和更新 Docker。可以选择官方源地址，速度一般较慢；也可以选择国内的源地址，例如阿里云。

使用官方源地址(较慢)，设置如下：

```
[root@localhost ~]# yum-config-manager --add-repo \
https://download.docker.com/linux/centos/docker-ce.repo
/*省略部分代码*/
```

使用阿里云的源地址(速度较快)，设置如下：

```
[root@localhost ~]# yum-config-manager \
>  --add-repo  \
>    http://mirrors.aliyun.com/docker-ce/linux/centos/docker-ce.repo
Loaded plugins: fastestmirror, langpacks
adding repo from: http://mirrors.aliyun.com/docker-ce/linux/centos/docker-ce.repo
grabbing file http://mirrors.aliyun.com/docker-ce/linux/centos/docker-ce.repo to /etc/yum.repos.d/
docker-ce.repo
repo saved to /etc/yum.repos.d/docker-ce.repo
```

(4) 安装最新版本的 Docker CE，或转到下一步安装特定版本。

```
[root@localhost ~]#   yum install docker-ce
Loaded plugins: fastestmirror, langpacks
Loading mirror speeds from cached hostfile
 /*省略部分代码*/
Complete!
```

(5) 安装特定版本的 Docker CE。

如果启用了多个 Docker 存储库，在 yum install 或 yum update 命令中未指定 Docker 版本的情况下，安装或更新会始终选择尽可能高的版本；如果要安装特定版本的 Docker CE，可以先列出 repo 中的可用版本，再选择安装。列出仓库中可用的版本如下：

```
[root@localhost ~]#yum list docker-ce --showduplicates | sort -r
 * updates: mirrors.njupt.edu.cn
Loading mirror speeds from cached hostfile
Loaded plugins: fastestmirror, langpacks
```

```
 * extras: mirrors.cqu.edu.cn
docker-ce.x86_64            3:20.10.5-3.el7            docker-ce-stable
docker-ce.x86_64            3:20.10.4-3.el7            docker-ce-stable
docker-ce.x86_64            3:20.10.3-3.el7            docker-ce-stable
/*省略部分代码*/
```

按其完全限定的包名称安装特定版本时，Docker 软件包名称是“docker-ce”加上用连字符“-”分隔的版本字符串。版本字符串为上述命令的第二列“3:20.10.4-3.el7”中从冒号“：”到连字符“-”之间的数字“20.10.4”。例如：docker-ce-20.10.4。下载安装版本为 docker-ce-20.10.4 的 Docker，具体操作如下：

```
[root@localhost ~]# yum install docker-ce-20.10.4
Loaded plugins: fastestmirror, langpacks
Loading mirror speeds from cached hostfile
 * base: mirrors.163.com
 * extras: mirrors.163.com
 * updates: mirrors.bfsu.edu.cn
Resolving Dependencies
--> Running transaction check
---> Package docker-ce.x86_64 3:20.10.4-3.el7 will be installed
/*省略部分代码*/
Complete!
```

(6) 启动 Docker，并设置为开机启动。

```
[root@localhost ~]# systemctl start docker
[root@localhost ~]# systemctl enable docker
Created symlink from /etc/systemd/system/multi-user.target.wants/docker.service to /usr/lib/systemd/
system/docker.service.
```

(7) 运行“docker run hello-world”命令，验证是否正确安装 Docker CE。如果安装正确，容器运行时会打印一条消息“Hello from Docker!”并退出。

```
[root@localhost ~]# docker run hello-world
Unable to find image 'hello-world:latest' locally
latest: Pulling from library/hello-world
0e03bdcc26d7: Pull complete
Digest: sha256:7e02330c713f93b1d3e4c5003350d0dbe215ca269dd1d84a4abc577908344b30
Status: Downloaded newer image for hello-world:latest

Hello from Docker!
This message shows that your installation appears to be working correctly.

To generate this message, Docker took the following steps:
 1. The Docker client contacted the Docker daemon.
```

```
 2. The Docker daemon pulled the "hello-world" image from the Docker Hub.
    (amd64)
 3. The Docker daemon created a new container from that image which runs the
    executable that produces the output you are currently reading.
 4. The Docker daemon streamed that output to the Docker client, which sent it
    to your terminal.

To try something more ambitious, you can run an Ubuntu container with:
 $ docker run -it ubuntu bash

Share images, automate workflows, and more with a free Docker ID:
 https://hub.docker.com/

For more examples and ideas, visit:
 https://docs.docker.com/get-started/
```

上述命令先输出“Unable to find image 'hello-world:latest' locally”，这是因为“docker run hello-world”只是一个测试命令，在本地仓库没有“hello-world”镜像。

此时在 CentOS 7 上已经成功安装 Docker，可以通过“docker version”命来查看 Docker 版本。

```
[root@localhost ~]# docker version
Client: Docker Engine - Community
 Version:           20.10.4
 API version:       1.41
 Go version:        go1.13.15
 Git commit:        d3cb89e
 Built:             Thu Feb 25 07:05:09 2021
 OS/Arch:           linux/amd64
 Context:           default
 Experimental:      true
Server: Docker Engine - Community
 Engine:
  Version:          20.10.4
  API version:      1.41 (minimum version 1.12)
  Go version:       go1.13.15
  Git commit:       363e9a8
  Built:            Thu Feb 25 07:03:05 2021
  OS/Arch:          linux/amd64
  Experimental:     false
 containerd:
```

```
  Version:          1.4.3
  GitCommit:        269548fa27e0089a8b8278fc4fc781d7f65a939b
 runc:
  Version:          1.0.0-rc92
  GitCommit:        ff819c7e9184c13b7c2607fe6c30ae19403a7aff
 docker-init:
  Version:          0.19.0
  GitCommit:        de40ad0
```

由上面输出可知，Docker 有客户端和服务器端，版本号为 docker20.10.4。

9.2.2 镜像加速

如果读者在安装完 Docker CE 后，运行命令 docker run hello-world 后出现以下情况：

```
[root@localhost ~]# docker run hello-world
Unable to find image 'hello-world:latest' locally
docker: Error response from daemon: Get https://registry-1.docker.io/v2/: net/http: TLS handshake timeout.
See 'docker run --help'.
```

说明在本地无法找到镜像文件 hello-world:latest，而且也无法从官方镜像仓库下载。出现这个问题的主要原因是 Docker 服务商在国外，有时在国内无法正常拉取镜像。为了解决这个问题，可以为 Docker 设置国内的镜像加速器。

国内提供 Docker 镜像加速服务的服务商有很多，本节以阿里云为例进行介绍，参考图 9-5 中阿里云的官方操作文档进行设置。

图 9-5　阿里云镜像容器服务页面

以 CentOS 为例，可按如下操作设置加速器，设置完毕后重新启动 Docker。

```
[root@localhost ~]# sudo mkdir -p /etc/docker
[root@localhost ~]# sudo tee /etc/docker/daemon.json <<-'EOF'
> {
>     "registry-mirrors": ["https://******.mirror.aliyuncs.com"]   //此处需将******替换
> }
> EOF
{
  "registry-mirrors": ["https://******.mirror.aliyuncs.com"]
}
[root@localhost ~]# sudo systemctl daemon-reload
[root@localhost ~]# sudo systemctl restart docker
```

当加速器配置成功后，即可运行“docker run hello-world”来下载镜像文件并运行。

9.3　Docker 镜像

9.3.1　Docker 镜像基础

Docker 镜像类似于虚拟机的镜像，是一个只读的 Docker 容器模板。它是采用联合挂载技术实现的一个层叠式的文件系统。镜像中含有启动 Docker 容器所需的文件系统结构和内容，是容器构建的基石。读者可以这样理解：镜像是容器的静态视角，而容器是镜像的动态运行状态。

Docker 镜像的关键概念如下：

1. registry

registry 主要用来保存 Docker 镜像，包括镜像层次结构和关于镜像的元数据。可以将 registry 简单地想象成类似于 Git 仓库之类的实体。用户可以在自己的数据中心搭建私有的 registry，也可以使用 Docker 官方的 registry 服务(Docker Hub)。Docker Hub 中有两种类型的仓库，即用户仓库(user repository)与顶层仓库(top-level repository)。其中，顶层仓库由 Docker 公司负责维护并提供官方版本镜像，其名称中只包含仓库名，而用户仓库由普通的 Docker Hub 用户创建，名称多了“用户名/”部分。

2. repository

repository 是具有某个功能的 Docker 镜像的所有迭代版本构成的镜像组。registry 由一系列经过命名的 repository 组成，repository 通过命名规范对用户仓库和顶层仓库进行组织。

比如，ubuntu 是一个 repository 的名称。repository 是一个镜像的集合，其中包含了多个不同版本的镜像，这些镜像之间使用标签进行版本区分，如 ubuntu:16.04、ubuntu:14.04 等，它们均属于 ubuntu 这个 repository。

3. manifest

manifest(描述文件)主要存在于 registry 中，作为 Docker 镜像的元数据文件，在 pull、push、save 和 load 过程中作为镜像结构和基础信息的描述文件。在镜像被 pull 或者 load 到 Docker 宿主机时，manifest 被转化为本地的镜像配置文件 config。

4. image

image 用来存储一组镜像相关的元数据信息，主要包括镜像的架构、默认配置、构建镜像的容器配置、所有镜像层(layer)信息的 rootfs。

5. layer

Docker 在设计的时候，引入了“layer(层)”的概念。Docker 镜像是由多个镜像层组成的，每个层仅包含前一层的差异部分，单个镜像层可以被多个镜像共享。Docker 镜像管理中的 layer 主要存放了镜像层的 diff_id、size、cache-id 和 parent 等内容，实际的文件内容则是由存储驱动来管理的，并可以通过 cache-id 在本地索引到。

Docker 镜像关键概念关系图如图 9-6 所示。

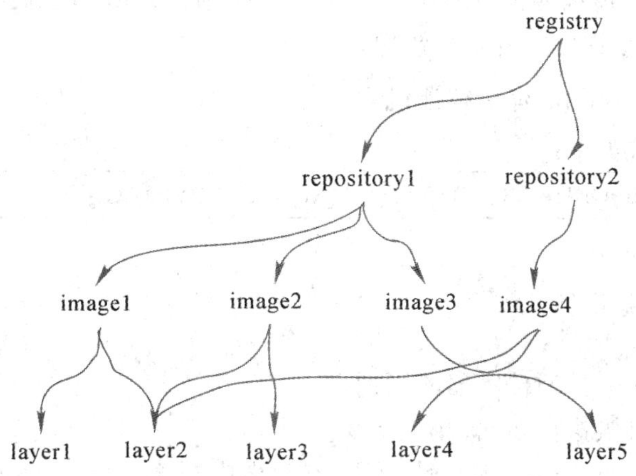

图 9-6　Docker 镜像关键概念关系图

由此可见，registry 是 repository 的集合，而 repository 是 image 的集合。image 是由多个 layer 组成的，一个 layer 也可以被多个镜像所共享。

Docker 镜像的主要特点如下：

(1) 分层：采用分层方式构建，每一个镜像都由一系列的镜像层组成。

(2) 写时复制：采用写时复制策略，多个容器间共享镜像，所有镜像层都以只读方式挂载到一个挂载点，上面附加一个可读/写层。当需要修改镜像的文件时，只对最上方的读/写层进行改动，不覆盖下层已有文件系统的内容。

(3) 联合挂载：联合挂载可以在一个挂载点同时挂载多个文件系统，将挂载点的原目录与被挂载内容进行整合，最终可见的文件系统将会包含整合之后的各层文件和目录。

例 1　假设某一个镜像共有两层，第一层有三个文件夹，第二层有两个文件夹，使用联合挂载技术叠加后，从内核角度能够显式区分开两个层次，但是从用户的角度来看，只可以看到五个文件夹，感觉不到分层的存在，如图 9-7 所示。

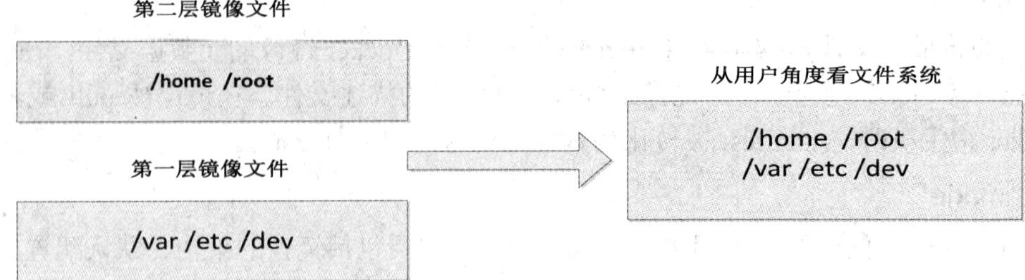

图 9-7　从用户的角度查看分层文件系统

9.3.2　构建镜像

镜像的构建是 Docker 工作流程的第一步，有了镜像才能运行容器。一般来说，构建 Docker 镜像的目的，一种是为了保存对容器的修改，并再次使用；另一种是为了以软件形式打包并且分发服务及运行环境。

构建一个 Docker 镜像的常见方法有两种，一种是通过使用 docker commit 命令构建镜像，一种是通过 Dockerfile 文件构建镜像。

1. 使用 docker commit 命令构建镜像

commit 命令格式如下：

```
docker commit [OPTIONS] CONTAINER [REPOSITORY[:TAG]]
```

OPTIONS 参数说明：

- -a，--author：添加作者信息，方便维护。
- -m：提交修改信息。
- -p：提交的时候，暂停容器的运行。
- -c，提交的时候执行 dockerfile 指令

例 2　通过镜像 centos:7 启动一个容器，在容器中新建一个 1.txt 文件，内容为“This is a test”，用 docker commit 命令提交新容器为镜像。

(1) 下载镜像 centos:7，并利用镜像来启动一个交互式容器 commit_test。

```
[root@localhost ~]# docker pull centos:7
7: Pulling from library/centos
2d473b07cdd5: Pull complete
Digest: sha256:0f4ec88e21daf75124b8a9e5ca03c37a5e937e0e108a255d890492430789b60e
Status: Downloaded newer image for centos:7
docker.io/library/centos:7
[root@localhost ~]# docker run -it  --name commit_test centos:7 /bin/bash
[root@5f29ebd5c1ac /]#
```

此时，已经进入容器 commit_test 内部，容器的 ID 号为 5f29ebd5c1ac。

(2) 在容器中新建一个 1.txt 文件，内容为“This is a test”，然后退出容器。

```
[root@5f29ebd5c1ac /]# echo "This is a test" >1.txt
```

```
[root@5f29ebd5c1ac /]# exit
exit
[root@localhost ~]#
```

(3) 把容器 commit_test 提交为镜像 commit_image1，设置镜像作者为 catherine，提交修改的内容 1.txt。

```
[root@localhost ~]# docker commit -a 'catherine' -m '1.txt' commit_test commit_image1
sha256:838d4b87da05b5f8365e47e30b28139fbe325c8a7cda43435f1fb7acb599e8a1
```

此时 commit_image1 就是最新构建的镜像文件，在镜像文件内部保存了对容器 commit_test 的修改，镜像文件 ID 号为 838d4b87da05b5f8365e47e30b28139fbe325c8a7cda43435f1fb7acb599e8a1。

(4) 使用刚创建的镜像 commit_image1 启动一个新容器 commit_test1，并查看容器内部是否有 1.txt 文件。

```
[root@localhost ~]# docker run -it   --name commit_test1 commit_image1 /bin/bash
[root@9840a77224f1 /]# cat 1.txt
This is a test
```

通过上面的输出可知，容器 commit_test1 中有 1.txt 文件，由此可见镜像文件 commit_image1 保存了对容器 commit_test 的修改，当再次利用该镜像文件启动一个新的容器时，修改依然存在。

docker commit 命令把当前容器提交打包为镜像，这样提交的镜像会保存容器内的数据，但是其他用户很难构建一个完全相同的镜像，而且其他人只能通过 registry 或者导入/导出的方式来传输镜像，非常不方便，因此一般不推荐使用。

2. 通过 Dockerfile 文件构建镜像

Dockerfile 文件是由一系列命令和参数构成的脚本。Dockerfile 从 FROM 命令开始，包含各种方法、命令和参数，其产出为一个新的可以用于创建容器的镜像。

默认的 Dockerfile 文件的名字为 Dockerfile，不带后缀，首字母大写。Dockerfile 语法由注释、命令和参数三部分组成。例如：

```
# Print "Hello docker!"
RUN echo "Hello docker!"
```

第一条指令以#开头，表示这是一条被注释的指令，不能执行。第二条指令表示输出“Hello docker!。”

编写 Dockerfile 文件的要点如下：

(1) 自动化。确保书写 Dockerfile 过程中，命令能够自动执行，并且遇到节点时，可以自动应答。

(2) 顺序。因为构建过程是从上到下的，因此需要注意指令的先后顺序。

(3) 清理。在每一个 Dockerfile 中的最后写上清理系统的命令，以保证镜像体积不会持续变大。

(4) 易读。当遇到长指令时，可以使用“\”符号来连接，当遇到几个指令需要连在一起时，可以使用“&&”符号来连接。

3. 常见 Dockerfile 指令

Dockerfile 指令很多，这里列出常见的几种指令。

1) 指定基础镜像的 FROM 指令

FROM 指令是最重要的 Dockerfile 指令之一。该命令定义了使用哪个基础镜像启动构建流程。如果基础镜像没有被发现，Docker 将试图从 Docker image index 来查找该镜像。FROM 指令必须是 Dockerfile 的首个指令，其格式如下：

```
FROM< image name >:<tag>
```

例 3　指定一个基础镜像文件 ubuntu:14.04。

```
FROM ubuntu：14.04
```

2) 设置维护者信息的 MAINTAINER 指令

MAINTAINER 指令用于声明镜像作者信息，包括镜像所有者和联系方式。该指令一般放在 FROM 的后面，其格式如下：

```
MAINTAINER [name] <email>
```

例 4　设置维护者为 catherine，联系方式为 qq 邮箱。

```
MAINTAINER catherine    3********@qq.com
```

3) 执行构建命令的 RUN 指令

RUN 指令是 Dockerfile 执行命令的核心部分。它接受命令作为参数并用于创建镜像。RUN 会在 Shell 或者 Exec 的环境下执行命令，其格式如下：

Shell 格式：

```
RUN 程序名 参数
```

Exec 格式：

```
RUN ["程序名","参数 1", "参数 2"]
```

Exec 格式运行程序，可以免除运行/bin/sh 的消耗。这种格式使用 JSON 格式将程序名与所需参数组成一个字符串数组，所以如果参数中有引号等特殊字符，需要进行转义。

4) 复制指令 COPY 和添加指令 ADD

COPY 指令用来将本地文件或者文件夹复制到镜像的指定路径下，其格式如下：

```
COPY <source>    <destination>
```

ADD 除了具有 COPY 功能，还可以从 URL 地址下载内容，也可以将压缩文件解压后复制到指定位置，其格式如下：

```
ADD <source>    <destination>
```

例 5　利用 ADD 指令将 last.tar.gz 压缩文件解压后复制到/var/www 目录下。

```
ADD lasts.tar.gz /var/www
```

注意：在使用 COPY 和 ADD 指令时应遵循的原则是，所有的文件复制均使用 COPY

指令，因为 ADD 构建的镜像比 COPY 构建的镜像大，因此仅在需要自动解压缩的场合使用 ADD。

5) 指定端口暴露的 EXPOSE 指令

EXPOSE 指令用来标明镜像中的应用监听端口，并能将这个端口映射到主机网络界面上，使容器内的应用可以通过端口和外界交互，其格式如下：

```
EXPOSE [port]
```

6) 设置镜像启动的 CMD 指令

CMD 指令和 RUN 指令相似，CMD 指令可以用于执行特定的命令。不同的是，CMD 指令每次启动容器时都运行，而 RUN 指令固化在 image 中，在创建镜像时仅执行一次。RUN 指令先于 CMD 指令和 ENTRYPOINT 指令。Dockerfile 只允许使用一次 CMD 指令，一般都是脚本中最后一条指令。

CMD 指令有两种常见格式，具体如下：

Exec 格式：

```
CMD ["executable","param1","param2"]
```

这是 CMD 指令的推荐格式。

Shell 格式：

```
CMD command param1 param2
```

其中，CMD ["param1","param2"] 为 ENTRYPOINT 提供额外的参数，此时 ENTRYPOINT 必须使用 Exec 格式。

例 6　Dockerfile 片段如下：

```
CMD echo "hello ubuntu"
```

构建镜像，并运行容器，将输出：

```
hello ubuntu
```

注意：如果 docker run 后面出现与 CMD 指定的相同命令，那么 CMD 就会被覆盖。而 ENTRYPOINT 会把容器名后面的所有内容都当成参数传递给其指定的命令。

因而如果启动容器时，使用如下命令：

```
docker run [image] echo "hello docker"
```

将会输出：

```
hello docker
```

这时，Dockerfile 文件中的 CMD 指令被 docker run 后面的指令所覆盖。

7) 设置接入点的 ENTRYPOINT 指令

ENTRYPOINT 和 CMD 指令类似，用于配置容器启动后执行的命令，但是它不可被 docker run 提供的参数覆盖。每个 Dockerfile 中只能有一个 ENTRYPOINT，当指定多个时，只有最后一个起效。ENTRYPOINT 指令有两种格式：

Exec 格式：

```
ENTRYPOINT ["executable", "param1", "param2"](推荐格式)
```

Shell 格式：

```
ENTRYPOINT command param1 param2
```

在为 ENTRYPOINT 选择格式时必须谨慎，因为这两种格式的效果差别很大。Shell 格式会忽略任何 CMD 或 docker run 提供的参数，但 Exec 格式不会。

ENTRYPOINT 的 Exec 格式用于设置要执行的命令及其参数，同时可通过 CMD 提供额外的参数。ENTRYPOINT 中的参数会始终被使用，而 CMD 的额外参数可以在容器启动时被动态替换掉。

例 7　Dockerfile 片段如下：

```
ENTRYPOINT ["/bin/echo", "Hello"]
CMD ["world"]
```

当容器通过 docker run -it [image] 启动时，输出为

```
Hello world
```

而如果通过 docker run -it [image] CloudMan 启动，则输出为

```
Hello CloudMan
```

8) 设置数据卷的 VOLUME 指令

VOLUME 指令可以向镜像创建的容器中添加数据卷，数据卷可以在容器之间共享和重用。数据卷的修改是立即生效的。数据卷的修改会对更新镜像产生影响。数据卷会一直存在，直到没有任何容器使用它。VOLUME 指令格式如下：

Exec 格式：

```
VOLUME ["<路径 1>", "<路径 2>"...]
```

Shell 格式：

```
VOLUME <路径 1>  <路径 2>
```

例 8　通过镜像 centos:7 启动一个容器，在容器中新建一个 2.txt 文件，内容为“This is a test2”，用 Dockerfile 文件提交新容器为镜像。

新建并编写 Dockerfile 文件：

```
[root@localhost ~]# vi Dockerfile
```

Dockerfile 文件内容如下：

```
#First Dockerfile
FROM centos:7
MAINTAINER catherine 3********@qq.com
RUN echo "This is a test2" >2.txt
```

利用刚编写的 Dockerfile 文件，使用 docker build 命令构建镜像 commit_image2。

```
[root@localhost ~]# docker build -t commit_image2
Sending build context to Docker daemon    55.81kB
Step 1/3 : FROM centos:7
 ---> 8652b9f0cb4c
```

```
Step 2/3 : MAINTAINER catherine 3********@qq.com
 ---> Running in be0269d8e1e7
Removing intermediate container be0269d8e1e7
 ---> 8c5aecd8ec74
Step 3/3 : RUN echo "This is a test2" >2.txt
 ---> Running in 9896daa13661
Removing intermediate container 9896daa13661
 ---> d5b8a53e709d
Successfully built d5b8a53e709d
Successfully tagged commit_image2:latest
```

使用刚创建的镜像 commit_image2 启动一个新容器 commit_test2，并查看容器内的 2.txt 文件。

```
[root@localhost ~]# docker run -it  --name commit_test2 commit_image2 /bin/bash
[root@13be03635c87 /]# cat 2.txt
This is a test2
```

通过上面的输出可知，容器 commit_test2 中有 2.txt 文件，镜像文件 commit_image2 构建成功。

9.3.3 查看镜像

实际中经常需要查看镜像的相关信息。可以使用 docker images 命令查看镜像名称、标签、ID 号、创建时间和大小等简单信息。该命令格式如下：

```
docker images [OPTIONS] [REPOSITORY]
```

OPTIONS 参数说明：

- -a：列出本地所有的镜像(含中间镜像层，默认情况下，过滤掉中间镜像层)。
- -f ：显示满足条件的镜像。
- --format：指定返回值的模板文件。
- --no-trunc：显示完整的镜像信息。
- -q：只显示镜像 ID。
- --digests：显示镜像的摘要信息。

例 9　列出包含中间层的所有镜像。

```
[root@localhost ~]# docker images -a
REPOSITORY        TAG       IMAGE ID        CREATED         SIZE
commit_image2     latest    d5b8a53e709d    22 hours ago    204MB
commit_image1     latest    838d4b87da05    23 hours ago    204MB
ubuntu            16.04     8185511cd5ad    6 weeks ago     132MB
centos            7         8652b9f0cb4c    3 months ago    204MB
ubuntu            14.04     df043b4f0cf1    5 months ago    197MB
```

```
hello-world        latest        bf756fb1ae65     14 months ago        13.3kB
```

例 10　列出镜像名为 ubuntu 的镜像 ID。

```
[root@localhost ~]# docker images -q ubuntu
8185511cd5ad
df043b4f0cf1
```

docker images 命令虽然使用方便，但是只能查看镜像的简单信息；如果想要查看镜像的详细信息，可以使用 docker inspect 命令。这个命令可以查看到包含制作者、适应架构和各层的数字摘要等一系列详细信息。docker inspect 命令格式如下：

```
docker inspect [OPTIONS] NAME|ID [NAME|ID...]
```

OPTIONS 参数说明：

- -f：指定返回值的模板文件。
- -s：显示总的文件大小。
- --type：为指定类型返回 JSON。

例 11　用 docker inspect 查看镜像 hello-world 的详细信息。

```
[root@localhost ~]# docker inspect hello-world
[
    {
        "Id":
"sha256:bf756fb1ae65adf866bd8c456593cd24beb6a0a061dedf42b26a993176745f6b",
        "RepoTags": [
            "hello-world:latest"
        ],
        "RepoDigests": [

"hello-world@sha256:7e02330c713f93b1d3e4c5003350d0dbe215ca269dd1d84a4abc577908344b30"
        ],
        "Parent": "",
        "Comment": "",
        "Created": "2020-01-03T01:21:37.263809283Z",
        "Container":
"71237a2659e6419aee44fc0b51ffbd12859d1a50ba202e02c2586ed999def583",
        "ContainerConfig": {
            "Hostname": "71237a2659e6",
            "Domainname": "",
            "User": "",
           /*省略部分代码*/
        "RootFS": {
            "Type": "layers",
            "Layers": [
```

```
"sha256:9c27e219663c25e0f28493790cc0b88bc973ba3b1686355f221c38a36978ac63"
                ]
            },
            "Metadata": {
                "LastTagTime": "0001-01-01T00:00:00Z"
            }
        }
    ]
```

从上面的输出中可以看到 hello-world 镜像的详细信息，但是输出量非常大，不利于查找，为了更快得到想要的信息，可以使用-f 参数进行快速定位。

例 12　查看 hello-world 镜像的创建时间。

```
[root@localhost ~]# docker inspect -f '镜像创建时间是: {{.Created}}' hello-world
镜像创建时间是: 2020-01-03T01:21:37.263809283Z
```

除此之外，也可将镜像信息输出为 Json 格式。

```
[root@localhost ~]# docker inspect --format='{{json    .Config}}' hello-world
{"Hostname":"","Domainname":"","User":"","AttachStdin":false,"AttachStdout":false," AttachStderr":
false,"Tty":false,"OpenStdin":false,"StdinOnce":false,"Env":["PATH=/usr/local/sbin:/usr/local/bin:/usr/sbin:/usr/
bin:/sbin:/bin"],"Cmd":["/hello"],"ArgsEscaped":true,"Image":"sha256:eb850c6a1aedb3d5c62c3a484ff01
b6b4aade130b950e3bf3e9c016f17f70c34","Volumes":null,"WorkingDir":"","Entrypoint":null,"OnBuild":
null,"Labels":null}
```

注意：docker inspect 不仅可以查看镜像的详细信息，还可以查看容器的详细信息。

9.3.4　分发镜像

采用 Docker 技术的目的就是在不同机器上创建无差别的应用环境，使一个机器上的容器迁移到另一台机器上更加容易。这可以采用容器迁移命令来实现，也可以通过镜像分发的方式来实现。能够进行镜像分发的命令很多，包括 docker pull 和 docker push、docker save 和 docker load。其中，docker pull 和 docker push 通过线上 Docker Hub 的方式迁移，而 docker save 和 docker load 通过线下包分发的方式迁移。

1. docker pull 命令

Docker 提供了非常方便的拉取指令，通过 docker pull 命令可以拉取各个镜像仓库的镜像。docker pull 命令的格式如下：

```
docker pull [OPTIONS]<仓库地址：端口> NAME[:TAG]
```

OPTIONS 参数说明：

- -a：拉取所有 tagged 镜像
- --disable-content-trust：忽略镜像的校验，开启默认。

其他 OPTIONS 选项可以通过 docker pull --help 命令查看，TAG 为镜像的标签。

如果直接从官方镜像仓库拉取镜像，则不需要指定仓库地址和端口，因为 Docker 会自动从官方仓库 Docker Hub 来搜寻匹配的镜像并开始拉取。如果没有指定标签，会自动拉取 latest 标签的镜像。

注意：一般不推荐这样拉取 latest 标签的镜像，因为不稳定，推荐使用指定标签的 pull 操作。

例 13　从官方仓库 Docker Hub 中拉取镜像 ubuntu:16.04。

```
[root@localhost ~]# docker pull ubuntu:16.04
16.04: Pulling from library/ubuntu
4007a89234b4: Pull complete
5dfa26c6b9c9: Pull complete
0ba7bf18aa40: Pull complete
4c6ec688ebe3: Pull complete
Digest: sha256:e74994b7a9ec8e2129cfc6a871f3236940006ed31091de355578492ed140a39c
Status: Downloaded newer image for ubuntu:16.04
docker.io/library/ubuntu:16.04
```

如果想从本地私有镜像仓库中拉取镜像 ubuntu:16.04，可以指定仓库地址和端口号。

```
[root@localhost ~]#docker pull localhost:5000 ubuntu:16.04
/*部分代码省略*/
```

此时仓库位于本机，端口号为 5000。

2. docker push 命令

当用户制作了镜像后，希望将其上传到仓库中，可以通过 docker push 命令完成该操作。push 命令的格式如下：

```
docker push [OPTIONS]<仓库地址：端口> NAME[:TAG]
```

Docker Hub 是 Docker 官方默认仓库，如果读者想要把镜像发布到官方默认仓库，在使用 push 命令之前，需要先在 Docker Hub 镜像仓库中注册账户并登录。注册账户和登录过程可查看 9.4.1 节。此处作者已经注册了用户名为 147258369abc 的账户。将上文中构建的镜像 commit_image1 发布到 Docker Hub 上，步骤如下：

(1) 在终端使用 docker login 命令登录 Docker Hub 仓库。

```
[root@localhost ~]# docker login
Login with your Docker ID to push and pull images from Docker Hub. If you don't have a Docker ID, head over to https://hub.docker.com to create one.
Username: 147258369abc    //此处输入 docker Hub 镜像仓库用户名
Password:                 //此处输入密码时，不会回显
WARNING! Your password will be stored unencrypted in /root/.docker/config.json.
Configure a credential helper to remove this warning. See
https://docs.docker.com/engine/reference/commandline/login/#credentials-store
```

```
Login Succeeded
```

注意：在输入密码时不会回显，只需要输入密码后点击 Enter 键即可。

(2) 因为只能推送镜像到自己有管理权限的仓库，因此在推送镜像之前需要先给镜像打上标签 147258369abc/commit_image1。

```
[centos@localhost ~]$ docker tag commit_image1 147258369abc/commit_image1
```

打完标签后只是镜像名称变化了，但是镜像内容不变。

(3) 使用 docker push 命令将镜像推送到镜像仓库中。

```
[root@localhost ~]# docker push 147258369abc/commit_image1
Using default tag: latest
The push refers to repository [docker.io/147258369abc/commit_image1]
a7468dd7358d: Pushed
174f56854903: Mounted from library/centos
Patch https://registry-1.docker.io/v2/147258369abc/commit_image1/blobs/uploads/4c7b6c80-5730-487b-aede-4bd1810c5ee3?_state=znJle1GN7VFRJfyO92VTQhbV0brKvcc4H-qn9EgQFq97Ik5hbWUiOiIxNDcyNTgzNjlhYmMvY29tbWl0X2ltYWdlMSIsIlVVSUQiOiI0YzdiNmM4MC01NzMwLTQ4N2ItYWVkZS00YmQxODEwYzVlZTMiLCJPZmZzZXQiOjAsIlN0YXJ0ZWRBdCI6IjIwMjEtMDMtMDVUMDE6MDg6NTYuMjYwNDE4OTg1WiJ9: net/http: TLS handshake timeout
```

由输出可知，当前镜像已经推送成功。

Docker Hub 是 Docker 的官方镜像仓库，但由于某些原因，在国内下载 Docker Hub 中的镜像速度特别慢。为了更加快捷地使用镜像，用户可以使用国内的第三方镜像仓库。如需将制作的镜像推送到第三方镜像仓库，需要先用 docker login 登录仓库，再为镜像打上仓库标签，然后才可以正常推送。

3. docker save 命令

若要将某一个镜像文件保存在本地文件系统，可以使用 docker save 命令。save 命令的格式如下：

```
docker save [OPTIONS] IMAGE [IMAGE...]
```

OPTIONS 参数说明：

- -o：输出到的文件。

例 14　将镜像 centos:7 保存为 centos7.tar 文档。

```
[root@localhost ~]# docker save -o centos7.tar    centos:7
[root@localhost ~]# ll centos7.tar
-rw-------. 1 root root 211696640 Mar    5 09:39 centos7.tar
```

从上面的输出可知，利用 save 命令可以将镜像文件保存成一个 tar 包。

除此之外，也可以使用“>”符号导出镜像。

```
[root@localhost ~]# docker save centos:7> centos7.tar
```

4. docker load 命令

使用 docker load 命令可以将导出的镜像包加载到本地仓库中，具体格式如下：

```
docker load [OPTIONS]
```

OPTIONS 参数说明：

- --input , -i：指定导入的文件，代替 STDIN。
- --quiet , -q：精简输出信息。

例 15　将上文使用 docker save 命令生成的 centos7.tar 文档，导入到本地仓库中。

(1) 查看本地镜像仓库，确认没有 centos:7 镜像。

```
[root@localhost ~]# docker images
REPOSITORY          TAG          IMAGE ID          CREATED          SIZE
```

(2) 使用 docker load 命令将 tar 包导入到本地镜像仓库。

```
[root@localhost ~]# docker load -i centos7.tar
Loaded image: centos:7
```

(3) 再次查看本地镜像仓库，确认 centos:7 镜像包被成功导入。

```
[root@localhost ~]# docker images
REPOSITORY          TAG          IMAGE ID          CREATED          SIZE
centos              7            8652b9f0cb4c      3 months ago     204MB
```

除此之外，也可以使用“<”符号导入镜像。

```
[root@localhost ~]# docker load < centos7.tar
```

9.3.5　搜索镜像

常见的镜像搜索方式有两种，第一种是通过 docker search 命令行的方式搜索，第二种是直接在 Docker Hub 官方网站上直接搜索。

docker search 命令的格式如下：

```
docker search [OPTIONS] TERM
```

OPTIONS 参数说明：

- --no-trunc：显示完整的镜像描述。
- -f <过滤条件>：列出收藏数不小于指定值的镜像。
- --limit int：搜索的最多结果数，默认为 25 个。

例 16　从 Docker Hub 查找所有镜像名包含 centos 并且收藏数大于 20 的镜像。

```
[root@localhost ~]#   docker search -f stars=20 centos
NAME                          DESCRIPTION                                        STARS
OFFICIAL     AUTOMATED
centos                        The official build of CentOS.                      6439
[OK]
ansible/centos7-ansible       Ansible on Centos7                                 132
 [OK]
consol/centos-xfce-vnc        Centos container with "headless" VNC session…      125
```

```
[OK]
jdeathe/centos-ssh                  OpenSSH/Supervisor/EPEL/IUS/SCL Repos…      117
[OK]
centos/systemd                      systemd enabled base container.              96
[OK]
imagine10255/centos6-lnmp-php56     centos6-lnmp-php56                           58
[OK]
tutum/centos                        Simple CentOS docker image with SSH access   46
centos/postgresql-96-centos7        PostgreSQL is an advanced Object-Relational …  45
kinogmt/centos-ssh                  CentOS with SSH                              29
[OK]
```

从上面的输出可以看到镜像文件的名称、简单描述、收藏数，以及是否为官方镜像文件等信息，如果该镜像为官方镜像文件，则最后一列结果为 OK。

注意：由于 Docker Hub 服务器在国外，当网络情况不佳时，会搜索失败，可以多次尝试。

例 17　在 Docker Hub 网站上直接搜索 centos，如图 9-8 所示。

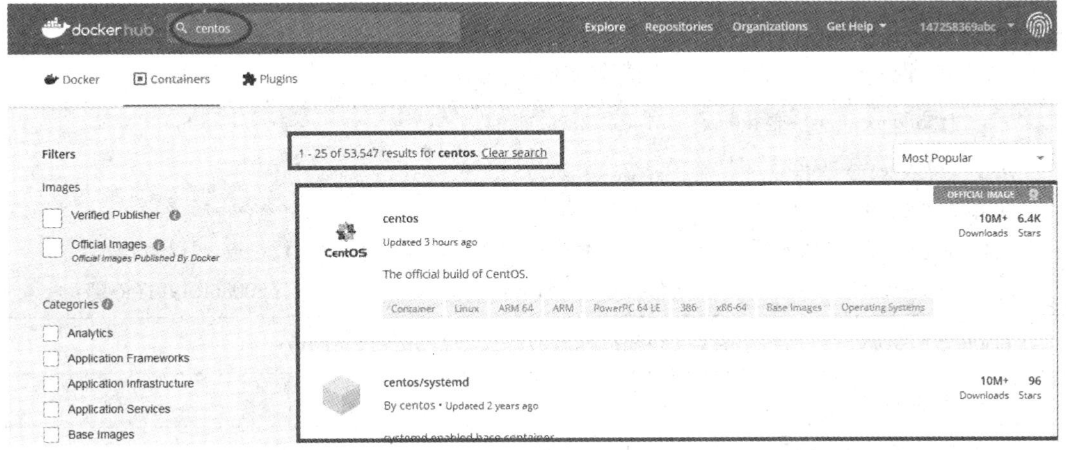

图 9-8　Docker Hub 搜索界面

由图 9-8 可见，目前关于 centos 的镜像共有 53547 个，按照受欢迎程度排序，第一个是 centos 官方镜像，总下载量为 10M+。如果读者还想进一步搜索，也可以通过左侧的 Filter 和 Categories 等来设置。

9.3.6　镜像的其他操作

删除镜像一般使用命令 docker rmi，命令格式如下：

```
docker rmi [OPTIONS] IMAGE [IMAGE...]
```

OPTIONS 参数说明：

- -f：强制删除。

• --no-prune：不移除该镜像的过程镜像，默认为移除。

其中，IMAGE 可以是镜像名称或者 ID。

例 18 删除镜像文件 ubuntu:14.04。

```
[root@localhost ~]# docker rmi ubuntu:14.04
Untagged: ubuntu:14.04
Untagged:
ubuntu@sha256:63fce984528cec8714c365919882f8fb64c8a3edf23fdfa0b218a2756125456f
Deleted: sha256:df043b4f0cf196749a9a426080f433b76cabf6b37dde2edefef317ba54c713c7
Deleted: sha256:d67d0461b8453209ccf455d0e50e1e096e1622b95448392f0381682ebcdd60ea
Deleted: sha256:873ef23ebe5a4cba2880a40f95d5b8c823524ae1192f067d86c5611dcc9ea154
Deleted: sha256:f2fa9f4cf8fd0a521d40e34492b522cee3f35004047e617c75fadeb8bfd1e6b7
```

注意：使用镜像名称删除镜像时，如果不指定标签，会删除镜像的 latest 标签。如果镜像有多个标签，此时只删除了一个标签，并没有真正删除镜像。当镜像只有一个标签的时候，用 rmi 命令才能直接删除镜像。如果使用 ID 删除镜像，会先尝试删除指向该镜像的所有标签，然后删除镜像本身。

在删除一个镜像之前，要先确保没有容器在使用该镜像。默认情况下，一个正在被使用的镜像文件是不可以删除的。如果想要强制删除，需要使用-f 参数。

例 19 删除一个正在被使用的镜像文件 ubuntu:16.04。

```
[root@localhost ~]# docker rmi -f ubuntu:16.04
Untagged: ubuntu:16.04
Untagged:
ubuntu@sha256:e74994b7a9ec8e2129cfc6a871f3236940006ed31091de355578492ed140a39c
Deleted: sha256:8185511cd5ad68f14aee2bac83a449a6eea2be06f0a4715b008cfe19f07a64f7
```

docker history 用来查看指定镜像的创建历史，命令格式如下：

```
docker history [OPTIONS] IMAGE
```

OPTIONS 参数说明：

• -H：以可读的格式打印镜像大小和日期，默认为 true。
• --no-trunc：显示完整的提交记录。
• -q：仅列出提交记录 ID。

例 20 查看镜像文件 centos:7 的历史。

```
[root@localhost ~]# docker history centos:7
IMAGE          CREATED        CREATED              BY                               SIZE COMMENT
8652b9f0cb4c   3 months ago /bin/sh -c #(nop)  CMD ["/bin/bash"]                0B
<missing>      3 months ago /bin/sh -c #(nop)  LABEL org.label-schema.sc…       0B
<missing>      3 months ago /bin/sh -c #(nop)  ADD file:b3ebbe8bd30…            204MB
```

从上面的输出可知，该镜像文件 3 个月之前被修改过。

9.4　Docker 仓库

9.4.1　Docker 仓库简介

Docker 仓库用来保存镜像的位置，Docker 提供一个注册服务器来保存多个仓库。Docker 仓库可以很方便地进行镜像的存储、分发和更新等管理操作。一般来说，仓库有以下几种：

(1) Docker Hub：当前最大的 Docker 镜像仓库，也是官方镜像仓库。

(2) 内部私有镜像仓库：用户在内部创建的私有仓库。在本地局域网搭建，类似公共仓库。

(3) 第三方镜像仓库：第三方公司设置的镜像仓库。

Docker Hub 是来自官方的镜像仓库，目前托管着大量镜像。由于有些仓库需要认证，因此对仓库进行搜索镜像、上传镜像和下载镜像都需要先登录。

下面简单介绍一下在 Docker Hub 官方镜像仓库中注册账号及使用的方法。

(1) 进入 Docker Hub 的注册界面 https://hub.docker.com，如图 9-9 所示。

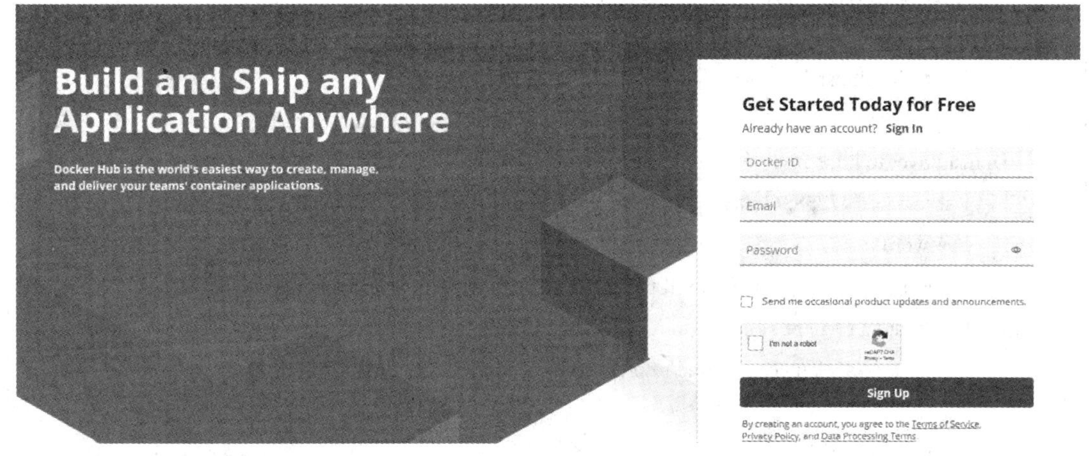

图 9-9　Docker Hub 注册界面

(2) 填写 Docker ID、Email、Password 等信息，并点击 Sign Up。

(3) 登录成功后，即可进入 Docker Hub 官网的个人页面。此时可以选择图 9-10 中的 Create Repository 来创建 Repository。

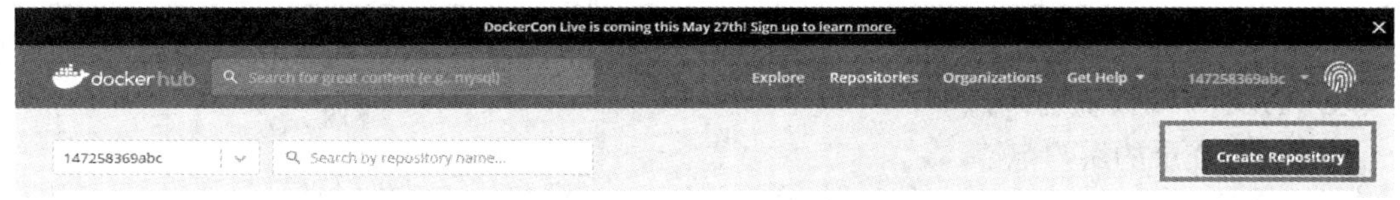

图 9-10　Docker hub 界面 1

(4) 在创建 Repository 时，设置名称为 ubuntu。之后就可以把 ubuntu 相关的镜像推送到此处。具体的推送方法在界面右侧有相应提示，如图 9-11 所示。

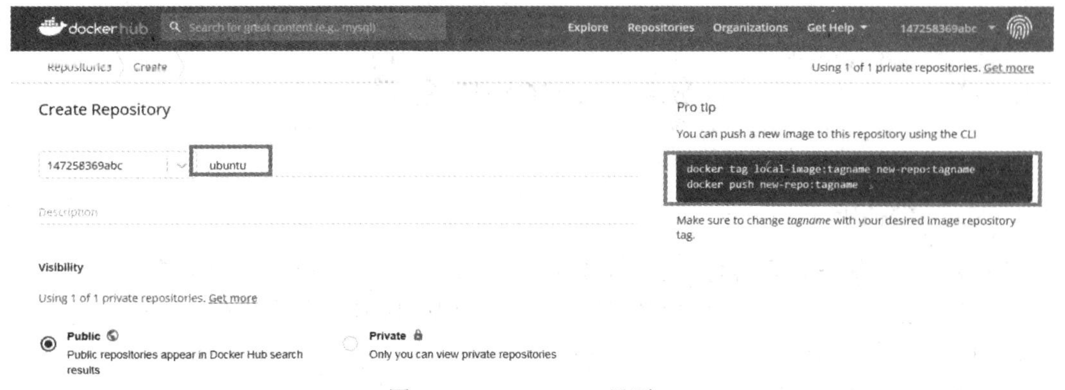

图 9-11　Docker Hub 界面 2

为了方便实验，作者已经注册了用户名为 147258369abc 的账户。下面就来简单介绍一下 Docker 仓库的登录和退出命令。

1. docker login 命令

docker login 命令用于登录 Docker Hub，命令格式如下：

```
docker login [OPTIONS] [SERVER]
```

OPTIONS 参数说明：

- -u：登录的用户名。
- -p：登录的密码。

```
[root@localhost ~]# docker login
Login with your Docker ID to push and pull images from Docker Hub. If you don't have a Docker ID, head over to https://hub.docker.com to create one.
Username: 147258369abc    //此处输入 docker Hub 镜像仓库用户名
Password:                 //此处输入密码时，不会回显
WARNING! Your password will be stored unencrypted in /root/.docker/config.json.
Configure a credential helper to remove this warning. See
https://docs.docker.com/engine/reference/commandline/login/#credentials-store

Login Succeeded
```

注意：在输入密码时若不需要回显，只要在输入密码后点击 Enter 键即可。

2. docker logout 命令

docker logout 命令用于退出 Docker Hub，命令格式如下：

```
docker logout [OPTIONS] [SERVER]
```

OPTIONS 参数说明：

- -u：登录的用户名。
- -p：登录的密码。

```
[root@localhost ~]# docker logout
Removing login credentials for https://index.docker.io/v1/
```

从上面的输出可知，已经成功退出 Docker 仓库。

由于国内网络访问 Docker Hub 官方网站速度不理想，读者也可以使用国内镜像仓库。常见的国内镜像仓库有阿里云、网易云、DaoCloud 和中国科学技术大学镜像仓库等。

9.4.2 Registry 私有仓库的搭建和使用

在实际应用中，除了使用 Docker Hub 共享镜像仓库，还可以自己搭建私有的镜像仓库。企业为了避免商业项目被暴露，一般选择部署自己的私有镜像仓库。

Registry 是 Docker 官方的一个私有仓库镜像，可以将本地的镜像打标签进行标记，然后 push 到 Registry 私有仓库中。Registry 内部主要由镜像存储模块以及提供操作的 HTTP API 模块组成。镜像存储模块与本地镜像相似，都是将镜像分割成不同的镜像层，分别放置在不同的目录中。Docker Registry 把这些镜像记录在清单文件中，记录相关验证信息，形成镜像的数据库。

下面以两个节点为例给出部署私有镜像仓库的步骤。

准备两台安装好 Docker 的服务器。

(1) 服务器端机器：Docker 私有仓库服务器，运行 Registry 容器。

(2) 客户端机器：已经安装 Docker 的普通服务器，在这台服务器上下载一个测试镜像，然后上传到 Registry 服务器进行测试。

1. 服务器端操作

(1) 在私有仓库服务器上快速创建镜像仓库，执行如下命令：

```
[root@localhost ~]# docker run -d  -p 5000:5000 --restart=always  --name registry1 registry:latest
Unable to find image 'registry:latest' locally
latest: Pulling from library/registry
e95f33c60a64: Pull complete
4d7f2300f040: Pull complete
35a7b7da3905: Pull complete
d656466e1fe8: Pull complete
b6cb731e4f93: Pull complete
Digest: sha256:da946ca03fca0aade04a73aa94b54ff0dc614216bdd1d47585f97b4c1bdaa0e2
Status: Downloaded newer image for registry:latest
02e0cae3f9f690331505514d99a6c16bcbf64a162df764a5a20edb47b43f3872
```

运行上述命令后，会从 Docker Hub 上拉取“registry”镜像，启动容器“registry1”，启动 Registry 服务，并监听 5000 端口。

(2) 使用 docker ps -l 命令查看容器情况。

```
[root@localhost ~]# docker ps -l
CONTAINER ID        IMAGE               COMMAND                  CREATED
STATUS              PORTS               NAMES
02e0cae3f9f6        registry:latest     "/entrypoint.sh /etc…"   24 seconds ago
Up 19 seconds       0.0.0.0:5000->5000/tcp    registry1
```

通过上面的输出可知，容器已经启动且正在运行，正在监听 5000 端口。

(3) 查看刚刚创建的镜像仓库中是否有镜像文件。

```
[root@localhost ~]# curl http://127.0.0.1:5000/v2/_catalog
{"repositories":[]}
```

因为镜像仓库刚创建，所以里面没有任何镜像文件。

(4) 查看本服务器的 IP 地址。

```
[root@localhost ~]# ifconfig
docker0: flags=4163<UP,BROADCAST,RUNNING,MULTICAST>  mtu 1500
        inet 172.17.0.1  netmask 255.255.0.0  broadcast 172.17.255.255
        inet6 fe80::42:9eff:feeb:f345  prefixlen 64  scopeid 0x20<link>
        ether 02:42:9e:eb:f3:45  txqueuelen 0  (Ethernet)
        RX packets 6  bytes 495 (495.0 B)
        RX errors 0  dropped 0  overruns 0  frame 0
        TX packets 21  bytes 2345 (2.2 KiB)
        TX errors 0  dropped 0 overruns 0  carrier 0  collisions 0

ens33: flags=4163<UP,BROADCAST,RUNNING,MULTICAST>  mtu 1500
        inet 192.168.3.203  netmask 255.255.255.0  broadcast 192.168.3.255
        inet6 fe80::dc27:4010:b5c:2d7  prefixlen 64  scopeid 0x20<link>
        ether 00:0c:29:1f:70:7f  txqueuelen 1000  (Ethernet)
        RX packets 7350  bytes 10475988 (9.9 MiB)
        RX errors 0  dropped 0  overruns 0  frame 0
        TX packets 5965  bytes 527737 (515.3 KiB)
        TX errors 0  dropped 0 overruns 0  carrier 0  collisions 0
```

通过上面的输出可知，本服务器的 IP 地址为 192.168.3.203。

2. 客户端操作

(1) 在客户端机器上下载一个 nginx:latest 镜像，并标记为私有仓库的版本。此时将 nginx:latest 标记为 192.168.3.203:5000/nginx:latest，其中 192.168.3.203 为服务器 IP 地址。

```
[root@localhost ~]# docker pull nginx:latest
latest: Pulling from library/nginx
45b42c59be33: Pull complete
8acc495f1d91: Pull complete
ec3bd7de90d7: Pull complete
19e2441aeeab: Pull complete
f5a38c5f8d4e: Pull complete
83500d851118: Pull complete
Digest: sha256:f3693fe50d5b1df1ecd315d54813a77afd56b0245a404055a946574deb6b34fc
Status: Downloaded newer image for nginx:latest
docker.io/library/nginx:latest
[root@localhost ~]# docker tag nginx:latest 192.168.3.203:5000/nginx:latest
```

(2) 在客户端配置私有仓库的可信任设置，以便可以通过 HTTP 直接访问。

```
[root@localhost ~]# vi /etc/docker/daemon.json
```

在 daemon.json 文件中，加入以下内容：

```
{
    "insecure-registries" : [ "192.168.3.203:5000" ]        //服务器的 IP 和端口
}
```

为了使得配置生效，重新启动 Docker 服务。

```
[root@localhost ~]#  systemctl restart docker
```

(3) 将刚刚标记的镜像推送到私有仓库中。

```
[root@localhost ~]# docker push  192.168.3.203:5000/nginx:latest
The push refers to repository [192.168.3.203:5000/nginx]
2acf82036f38: Pushed
9f65d1d4c869: Pushed
0f804d36244d: Pushed
9b23c8e1e6f9: Pushed
ffd3d6313c9b: Pushed
9eb82f04c782: Pushed
latest:  digest:  sha256:b08ecc9f7997452ef24358f3e43b9c66888fadb31f3e5de22fec922975caa75a
size: 1570
```

注意：如果不设置可信任源，又没有配置 HTTPS 证书，那么会遇到错误 error: Get https://192.168.3.203:5000/v2/: http: server gave HTTP response to HTTPS client。

(4) 在服务器端查看仓库中的镜像列表。

```
[root@localhost ~]# curl http://127.0.0.1:5000/v2/_catalog
{"repositories":["nginx"]}
```

通过上面的输出可以发现，镜像 nginx 已经上传到服务器中，说明“registry”仓库搭建成功，可以从这个私有镜像仓库中下载相应的镜像文件。

搭建“registry”私有镜像仓库很简单，但是这种方法仅适用于个人用户搭建安全要求并不高的私有仓库。事实上，在生产中直接暴露 Docker Registry 的 5000 端口不太安全，通常使用反向代理的方法让 Docker Registry 使用 HTTPS 安全协议，使得 Docker Registry 更加安全。

9.5　Docker 容器

9.5.1　Docker 容器基础

Docker 容器是基于镜像运行的一个轻量级的环境。可以把 Docker 容器简单理解为在沙盒中运行的进程。这个沙盒包含了该进程运行所必需的资源，包括文件系统、系统类库和 SHELL 环境等，但这个沙盒默认不会运行任何程序。用户需要在沙盒中运行一个进程来启动某一个容器，这个进程是该容器的唯一进程，所以当该进程结束的时候，容器也会完全停止。可以把沙盒看作是运行进程的环境，进程是在沙盒中运行的。想要启动一个容器，需要运行进程。

当容器创建时，Docker 会先检查本地镜像库，如果在本地镜像库中没有找到镜像，Docker 会从远程仓库中查找并下载镜像文件到本地。接着，Docker 会创建容器的实例，将镜像以只读的方式挂载到为容器分配的文件系统上，并在只读镜像层的外侧创建一个可读/写层。之后，Docker 会配置容器的网络，连接到宿主机中专用的网桥上，并为容器分配网络地址。

Docker 容器有以下两种运行态：

(1) 前台交互式：容器运行在前台。这种情况下，可以通过附加的参数打开容器的伪终端和输入流，与容器中的程序进行交互。当通过命令退出应用时，就意味着容器停止了运行。

(2) 后台守护式：容器运行在后台。这种情况下，运行的过程不会占用到当前输入指令的终端，也不会连接到容器内的应用程序上。但因为无法连接到容器中的程序，所以处于这种运行态的容器必须通过指令来关闭。

默认情况下，如果在用 docker run 命令时，没有显示指定容器的运行态，容器会以前台交互的形式运行，这时我们已经连接到了容器中正在运行的应用程序上，当使用 CTRL+C(exit)发出程序的终止信号后，程序停止，容器也会随之停止。

9.5.2　创建与启动容器

使用 docker create 命令可以新建一个容器，但容器并未启动。docker create 命令的格式如下：

```
docker create [OPTIONS] IMAGE [COMMAND] [ARG...]
```

例 21　使用 centos:7 镜像创建一个容器。

```
[root@localhost ~]# docker create   --name create1 -it centos:7
7de68038eaf050f5571ff6180dd4dc6dc7bce9bcd673267b0fb7126b954dbc06
[root@localhost ~]# docker ps -a
CONTAINER ID    IMAGE     COMMAND      CREATED STATUS      PORTS NAMES
7de68038eaf0    centos:7   "/bin/bash"     3 seconds ago         Created
create1
```

由上述内容可知，使用 docker create 命令新建的容器处于 Created 状态。如果想要启动该容器，可使用 docker start 命令来启动它。docker start 命令格式如下：

```
docker start [OPTIONS] CONTAINER [CONTAINER...]
```

例 22　启动刚刚创建的容器 create1。

```
[root@localhost ~]# docker start create1
create1
[root@localhost ~]# docker ps -a
CONTAINER ID    IMAGE     COMMAND      CREATED STATUS      PORTS NAMES
7de68038eaf0    centos:7   "/bin/bash"   about a minute ago      Up 2 seconds
```

```
create1
```

由上述内容可知，容器 create1 创建已经一分钟了，但是大约在两秒钟之前，才通过 start 命令启动。

容器的启动有两种情况：一种是宿主机本来有一个容器，但是容器处于一个非运行的状态，需要把这个非运行状态的容器启动起来，上一个例子就是这种情况。另一种是原来没有这个容器，需要基于一个镜像启动新的容器，此时可以使用 docker run 命令，格式如下：

```
docker run [OPTIONS] IMAGE [COMMAND] [ARG...]
```

OPTIONS 参数说明：

- -d: 后台运行容器，并返回容器 ID。
- -i: 以交互模式运行容器，通常与 -t 同时使用。
- -p: 指定端口映射，格式为“主机(宿主)端口:容器端口”。
- -t: 为容器重新分配一个伪输入终端，通常与 -i 同时使用。
- --volume , -v: 绑定一个卷。

在默认情况下，虽然容器在前台运行，但只是连接到了容器中的应用程序，并没有形成与应用程序完整的交互。要与容器形成完整的交互，还需要加入选项-it，也就是-i 和-t 的缩写，目的是让容器的标准输出保持打开，并且让 Docker 分配一个终端并绑定到标准输出上，这样就形成了一个可交互的终端界面。

例 23　使用镜像文件 centos:7 创建一个交互式容器，并查看容器当前目录。

```
[root@localhost ~]# docker run -it centos:7 /bin/bash
[root@bd22217fef48 /]# pwd
/
```

从上面的输出可知，在前台已经启动一个交互式容器 bd22217fef48，并且进入了容器内部。使用 pwd 命令查看容器的当前目录时，输出“/”，表示当前工作目录是根目录。

如果想要在后台启动守护式容器，可以使用参数-d。

例 24　使用镜像文件 ubuntu:16.04 启动一个后台守护式容器，让其在后台一直输出 hello docker。

(1) 启动后台守护式容器 dowhile1。

```
[root@localhost ~]# docker run --name dowhile1 -d centos:7  /bin/bash -c "while true; do echo hello docker; sleep 1;done;"
32cbf7394a3e21286a0ebde29daca8eb7e4334773a0d918bab72d33f491a5041
```

其中，32cbf7394a3e21286a0ebde29daca8eb7e4334773a0d918bab72d33f491a5041 是守护式容器 dowhile1 的 ID 号。

(2) 使用 docker ps 命令查看容器的状态。

```
[root@localhost ~]# docker ps -l
CONTAINER ID     IMAGE      COMMAND              CREATED STATUS    PORTS NAMES
32cbf7394a3e     centos:7   "/bin/bash -c 'while…"   4 seconds ago Up 3 seconds   dowhile1
```

由上述内容可见，容器一直在后台运行着。

(3) 使用 docker logs 命令查看容器的日志信息。

```
[root@localhost ~]# docker logs dowhile1
hello docker
hello docker
hello docker
hello docker
hello docker
hello docker
/*部分代码省略*/
```

从上面的输出可见，容器一直在后台输出 hello docker。

9.5.3 查看容器

查看容器的信息，除了可以使用 9.3.3 节中提到的 docker inspect 之外，还可以用 docker ps 命令，具体命令如下：

```
docker ps [OPTIONS]
```

OPTIONS 参数说明：

- -a：显示所有的容器，包括未运行的。
- -f：根据条件过滤显示的内容。
- -l：显示最近创建的容器。
- -n：列出最近创建的 n 个容器。

例 25　列出当前所有正在运行的容器。

```
[root@localhost ~]# docker ps
CONTAINER ID         IMAGE             COMMAND                         CREATED
STATUS               PORTS             NAMES
32cbf7394a3e         ubuntu:16.04      "/bin/bash -c 'while…"          13 minutes ago
Up 13 minutes                          test6
7de68038eaf0         centos:7          "/bin/bash"                     37 minutes ago
Up 35 minutes                          create1
02e0cae3f9f6         registry:latest   "/entrypoint.sh /etc…"          2 hours ago
Up 2 hours     0.0.0.0:5000->5000/tcp  registry1
```

从上面的输出可以看到当前正在运行的容器有三个，分别是 32cbf7394a3e、7de68038eaf0 和 02e0cae3f9f6。除了 ID 号之外，还可以看到容器的其他详细信息，比如使用的镜像名称、创建时间、目前状态、端口和容器名称等。

例 26　列出最近创建的一个容器。

```
[root@localhost ~]# docker ps -l
CONTAINER ID         IMAGE             COMMAND                         CREATED
STATUS               PORTS             NAMES
```

```
32cbf7394a3e          ubuntu:16.04          "/bin/bash -c 'while…"   13 minutes ago
Up 13 minutes                               test6
```

从上面的输出可知，最近创建的一个容器是 test6，当前容器是正在运行的状态，但是最近创建的容器也可能是已经退出的状态。

例 27　列出最近创建的 5 个容器信息。

```
[root@localhost ~]# docker ps -n 5
CONTAINER ID          IMAGE                 COMMAND                  CREATED
STATUS                PORTS                 NAMES
32cbf7394a3e          ubuntu:16.04          "/bin/bash -c 'while…"   13 minutes ago
Up 13 minutes                               test6
56314448d4e3          ubuntu:16.04          "/bin/bash –c 'while…"   15 minutes ago
Exited (127) 15 minutes ago                 test51
97bde1179bd2    centos:7    "/bin/bash –c 'while…"                       16 minutes ago
Exited (127) 16 minutes ago                 dowhile2
fc2db3c633ff    centos:7    "/bin/bash –c 'while…"                       18 minutes ago
Exited (127) 18 minutes ago                 dowhile1
bd22217fef48     centos:7            "/bin/bash"                         24 minutes ago
Exited (0) 18 minutes ago           sleepy_bardeen
```

从上面可知，获取的最近创建的容器有些是正在运行的状态，有一些已经退出。

9.5.4　分发容器

镜像可以导出和导入，容器也可以导出和导入，docker export 和 docker import 则是容器的导出/导入命令。

1. 容器导出命令

容器导出是指导出一个已经创建的容器到一个文件，不管此时这个容器是否处于运行状态，都可以使用 docker export 命令，命令格式如下：

```
docker export [OPTIONS] CONTAINER
```

OPTIONS 参数说明：

- -o：将输入内容写到文件。

例 28　将容器 exec1 导出为一个文件 1.tar。

```
[root@localhost ~]# docker export exec1 -o 1.tar
[root@localhost ~]# ls
1.tar
```

从上面的输出可知，容器已经导出为一个 1.tar 文件。

2. 容器导入命令

容器导入是指使用 docker import 命令将文件导入到本地仓库成为镜像，启动镜像就可以恢复容器。该命令格式如下：

```
docker import [OPTIONS] file|URL|- [REPOSITORY[:TAG]]
```

OPTIONS 参数说明：

- -c：应用 docker 指令创建镜像。
- -m：提交时的说明文字。

例 29　将刚刚创建的文件 1.tar 导入到本地镜像仓库，名为 import1。

```
[root@localhost ~]# docker import 1.tar import1
sha256:541f4ca2188be11664d6b0853ca53fff85336fd50b58be5d4867989827b6a1d4
[root@localhost ~]# docker images import1
REPOSITORY    TAG       IMAGE ID        CREATED          SIZE
import1       latest    541f4ca2188b    34 seconds ago   204MB
```

从上面的输出可知，镜像 import1 在 34 秒钟之前被成功导入。

9.5.5　进入容器内部

一旦容器启动，特别是使用了参数-d 让容器在后台运行，如何进入容器内部呢？可以使用 docker attach 命令或者 docker exec 命令进入容器内部。

1. docker attach 命令

docker attach 命令可以 attach 到一个已经运行的容器的 stdin，然后进行命令执行的动作，具体命令格式如下：

```
docker attach [OPTIONS] CONTAINER
```

注意：要用 attach 进入容器内部，必须确保容器正在运行。

例 30　利用 docker attach 命令来进入容器内部。

(1) 以交互方式运行一个容器 attach1，使用 ls 命令查看容器当前目录下的内容，然后用 Ctrl + P + Q 来退出但是不结束交互式容器的运行。

```
[root@localhost ~]# docker run  --name attach1 -it  centos:7  /bin/bash
[root@d1503beb929d /]# ls
anaconda-post.log  dev  home  lib64  mnt  proc  run  srv  tmp  var
bin                etc  lib   media  opt  root  sbin  sys  usr
[root@d1503beb929d /]# read escape sequence
[root@localhost ~]#
```

注意：此时千万不要使用 exit 命令或者 Ctrl+D，因为这样会使容器停止运行。

(2) 使用 ps 命令查看容器的状态是否正在运行。

```
[root@localhost ~]# docker ps -l
CONTAINER ID    IMAGE       COMMAND        CREATED           STATUS
PORTS    NAMES
d1503beb929d    centos:7    "/bin/bash"    29 seconds ago    Up 22 seconds
attach1
```

从上面的输出可知，容器 attach1 正在运行。

(3) 使用 docker attach 命令加上容器的 ID 号或名字，再次进入容器。

```
[root@localhost ~]# docker attach attach1
[root@d1503beb929d /]# ls
anaconda-post.log  dev  home  lib64  mnt  proc  run   srv  tmp  var
bin                etc  lib   media  opt  root  sbin  sys  usr
```

使用 docker attach 命令进入容器内部非常方便，但是 docker attach 命令也有缺点：当多个窗口同时 attach 到一个容器时，所有窗口会同步；当某个窗口阻塞时，其他窗口也无法执行操作。

2. docker exec 命令

利用 docker exec 命令也可以进入一个已经运行的容器，然后进行命令执行的动作，就像使用 SSH 登录服务器一样来操作容器，具体命令格式如下：

```
docker exec [OPTIONS] CONTAINER COMMAND [ARG..]
```

OPTIONS 参数说明：

- -d：分离模式，在后台运行。
- -i：即使没有附加也保持 stdin 打开。
- -t：分配一个伪终端。

例 31　利用 docker exec 命令进入容器内部。

(1) 以守护式方式运行一个容器 exec1。

```
[root@localhost ~]#  docker run --name exec1 -d centos:7 /bin/bash -c "while true; do echo hello docker; sleep 1;done;"
11490276eedbdbda13266995e8c006ed490f27fbb8be9013b62e7e85b1516ddc
[root@localhost ~]#
```

从上面的输出可知，由于启动了守护式容器，因此容器启动成功后，没有进入容器内部。

(2) 使用 ps 命令查看容器的状态，使用 logs 命令查看容器的日志。

```
[root@localhost ~]# docker ps -l
CONTAINER ID   IMAGE      COMMAND                 CREATED         STATUS
PORTS      NAMES
11490276eedb   centos:7   "/bin/bash -c 'while…"   5 seconds ago   Up 3 seconds
exec1
[root@localhost ~]# docker logs exec1
hello docker
hello docker
hello docker
hello docker
hello docker
/*省略部分代码*/
```

从上面的输出可知，容器 exec1 在后台正常运行，hello docker 也在一直打印。

(3) 使用 docker exec 命令加上容器的 ID 号或名字，以交互方式进入容器。

```
[root@localhost ~]# docker exec -it exec1 /bin/bash
[root@11490276eedb /]# ls
anaconda-post.log  dev  home  lib64  mnt  proc  run  srv  tmp  var
bin                etc  lib   media  opt  root  sbin  sys  usr
```

从上面的输出可见，已经正常进入容器内部，并且可通过 ls 命令查看当前目录下的内容。

9.5.6 容器其他操作

除了上文介绍的容器操作之外，还有一些其他的常见容器操作命令。

1. 容器停止命令

容器停止是指停止一个正在运行的容器，其命令格式如下：

```
docker stop [OPTIONS] CONTAINER [CONTAINER...]
```

例 32 停止一个正在运行的容器 exec1。

```
[root@localhost ~]# docker stop exec1
exec1
[root@localhost ~]# docker ps -l
CONTAINER ID    IMAGE        COMMAND                      CREATED
STATUS                  PORTS       NAMES
11490276eedb    centos:7     "/bin/bash -c 'while…"       40 minutes ago
Exited (137) 18 seconds ago             exec1
```

从上面的输出可知，通过 stop 命令停止了一个容器 exec1。

2. 容器“杀死”命令

容器“杀死”是指快速停止一个容器，类似于强制结束，但是这个命令容易导致数据的丢失，其命令格式如下：

```
docker kill [OPTIONS] CONTAINER [CONTAINER...]
```

OPTIONS 参数说明：

- -s：向容器发送一个信号。

例 33 “杀死”一个正在运行的容器 exec1。

```
[root@localhost ~]# docker kill exec1
exec1
[root@localhost ~]# docker ps -l
CONTAINER ID    IMAGE        COMMAND                         CREATED
STATUS                       PORTS      NAMES
11490276eedb    centos:7     "/bin/bash -c 'while…"          42 minutes ago
Exited (137)   3 seconds ago               exec1
```

从上面的输出可知，容器的退出码为 137，表示当前容器不是正常退出。

3. 容器删除

容器删除是指删除一个或多个容器，其命令格式如下：

```
docker rm [OPTIONS] CONTAINER [CONTAINER...]
```

OPTIONS 参数说明：

- -f：通过 SIGKILL 信号强制删除一个运行中的容器。
- -l：移除容器间的网络连接，而非容器本身。
- -v：删除与容器关联的卷。

例 34　用-f 选项来强制删除一个正在运行的容器 exec1。

```
[root@localhost ~]# docker rm -f exec1
exec1
```

数据卷和容器的生命周期是相互独立的，如果一个容器挂载了数据卷，默认情况下，删除一个容器不会导致数据卷被删除，如果想要删除与容器关联的数据卷，可用-v 选项。

例 35　删除容器 exec1，并删除容器挂载的数据卷。

```
[root@localhost ~]# docker rm -v exec1
```

9.6 Docker 网络

9.6.1 Docker 网络基础

容器技术通过 Namespaces 实现资源隔离，用于隔离网络信息子模块是 Network Namespaces。每一个被 Network Namespaces 隔离的空间都有自己的 IP 地址、路由表和网络配置等。要突破 Network Namespaces 的隔离，默认情况下可以通过 Veth Pair(Virtual ethernet Pair，虚拟以太网对)虚拟网络隧道来实现，打破内外网络之间的隔离。但是 Veth Pair 只提供两个端点，只能连接两个网络的终端，而 Docker 使用 Linux Bridge 把 Veth Pair 的一端连接到宿主机某一个网桥构成的交换机中，这样容器连接到不同外部网络的任务由 Veth Pair 转移到网桥。但是由于连接容器的网桥是宿主机系统虚拟生成的，无法与宿主机物理网卡连通，因而可以选择在 Docker 中使用 Iptables 技术来解决这个问题。

Docker 默认网络主要是由 Network Namespaces、Veth Pair、Linux Bridge 和 Iptables 技术等来实现的，具体如下：

(1) Network Namespaces:实现了网络隔离。

(2) Veth Pair：打穿了隔离环境中的网络数据传输通道。

(3) Linux Bridge：宿主机上的网桥，用于容器之间的数据转发。

(4) Iptables：提供网络数据穿透等功能，也可以利用它实现网络防火墙等功能。

在安装 Docker 后，在宿主机中可以使用 ifconfig 来查看系统中的网络情况，此时会发现一个网卡 docker0。Docker 守护进程通过 docker0 为容器提供网络服务。docker0 是 Linux 的虚拟网桥，是数据链路层的设备，它通过 MAC 地址或者数据链路层的物理地址来进行网络的划分。

docker0 的地址为 172.17.0.1，子网掩码为 255.255.0.0，总共可以提供 $2^{16}-2=65534$ 个 IP 地址，也会根据 IP 范围为每一个容器提供一个 MAC 地址。

默认情况下，容器是无法与外部通信互联的，需要在创建容器时加上相应的参数实现端口映射，这就是 docker run 的-p 参数。指定端口映射，其常用格式如下：

```
-p 宿主机端口：容器端口
```

例 36　启动一个 nginx 服务，将宿主机的端口 8000 映射到容器内部 80 端口。

```
[root@localhost ~]# docker run -d -p 8000:80 --name test1 nginx:alpine
5792b8c947f803dbeba14074a3a620bdcc428e811acaff56ae46485d0362c193
```

此时，可以在宿主机浏览器上访问 127.0.0.1:8000，如图 9-12 所示。

如果映射正确，就可以使用 8000 端口查看到 nginx 服务。也可以多次使用-p 选项来访问容器服务。

Welcome to nginx!

If you see this page, the nginx web server is successfully installed and working. Further configuration is required.

For online documentation and support please refer to nginx.org.
Commercial support is available at nginx.com.

Thank you for using nginx.

图 9-12　nginx 服务界面

9.6.2　Docker 网络模式

Docker 主要的网络类型为单主机虚拟网络和多主机虚拟网络。本小节主要讨论单主机虚拟网络。当安装 Docker 时，会自动创建三个网络，可以使用以下命令列出这些网络。

```
[root@localhost ~]#  docker network ls
NETWORK ID      NAME       DRIVER    SCOPE
57f90bd18810    bridge     bridge    local
b4c78bb3145d    host       host      local
34887f3c371a    none       null      local
```

由上面的输出可知，Docker 内置的这三个网络分别是 bridge、host 和 none。当运行容器时，可以使用 --network 参数来指定容器连接到哪些网络。

Docker 主要有以下四种网络模式：

(1) Host：删除容器和 Docker 主机之间的网络隔离，并直接使用主机的网络。

(2) None：禁用所有网络。

(3) Joined：Docker 中一种较为特别的网络模式。处于这个模式下的 Docker 容器会共享其他容器的网络环境，因此，至少这两个容器之间不存在网络隔离，而这两个容器又与宿主机以及除此之外的其他容器存在网络隔离。

(4) Bridge：默认网络驱动程序。当应用程序在需要通信的容器中运行时，通常会使用桥接网络。

下面分别介绍这四种网络模式。

1. Host 模式

Host 模式没有为容器创建一个隔离的网络环境。该模式下的 Docker 容器会和宿主机共享同一个网络 Namespace，所以容器可以和宿主机一样使用宿主机的网卡，实现和外界的通信。可以在容器创建时通过--network host 来指定 Host 模式。

Host 网络的特点如下：

① 容器与宿主机共用一个 Network Namespace。

② 容器的 IP 地址和宿主机的 IP 地址相同。

③ 容器中服务的端口号不能与宿主机上已经使用的端口号相冲突。

④ Host 模式能够和其他模式共存。

例 37　创建一个网络模式为 Host 的容器。

(1) 创建网络模式为 Host 的容器 b1。

```
[root@localhost ~]#  docker run --name b1 --network host -it --rm busybox
```

(2) 在容器 b1 内部用 ifconfig 查看网络状况。

```
/ # ifconfig
docker0    Link encap:Ethernet   HWaddr 02:42:65:62:F7:B0
           inet addr:172.17.0.1   Bcast:172.17.255.255   Mask:255.255.0.0
           inet6 addr: fe80::42:65ff:fe62:f7b0/64 Scope:Link
           UP BROADCAST MULTICAST   MTU:1500   Metric:1
           RX packets:4953 errors:0 dropped:0 overruns:0 frame:0
           TX packets:7639 errors:0 dropped:0 overruns:0 carrier:0
           collisions:0 txqueuelen:0
           RX bytes:271687 (265.3 KiB)   TX bytes:13516564 (12.8 MiB)
ens33      Link encap:Ethernet   HWaddr 00:0C:29:8C:75:CB
           inet addr:192.168.3.205   Bcast:192.168.3.255   Mask:255.255.255.0
           inet6 addr: fe80::dc27:4010:b5c:2d7/64 Scope:Link
           UP BROADCAST RUNNING MULTICAST   MTU:1500   Metric:1
           RX packets:97449 errors:0 dropped:0 overruns:0 frame:0
           TX packets:108884 errors:0 dropped:0 overruns:0 carrier:0
           collisions:0 txqueuelen:1000
           RX bytes:65319320 (62.2 MiB)   TX bytes:24422653 (23.2 MiB)
```

由于使用了 Host 模式，容器和宿主机共用 Network Namespace，因此在容器内部查看的网络情况和在宿主机内查看的相同。

(3) 在容器内部，在/tmp 目录下新建文件 index.html，并写入数据。启动 httpd，并查看相应端口。

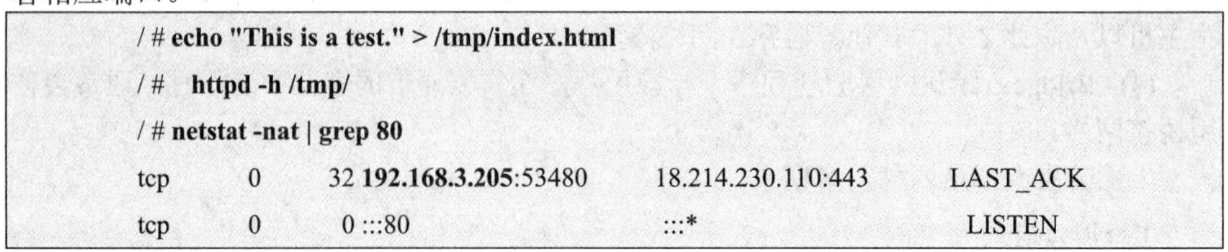

```
/ # echo "This is a test." > /tmp/index.html
/ #   httpd -h /tmp/
/ # netstat -nat | grep 80
tcp        0      32 192.168.3.205:53480       18.214.230.110:443        LAST_ACK
tcp        0       0 :::80                     :::*                      LISTEN
```

(4) 在宿主机浏览器上查看 index.html，如图 9-13 所示。

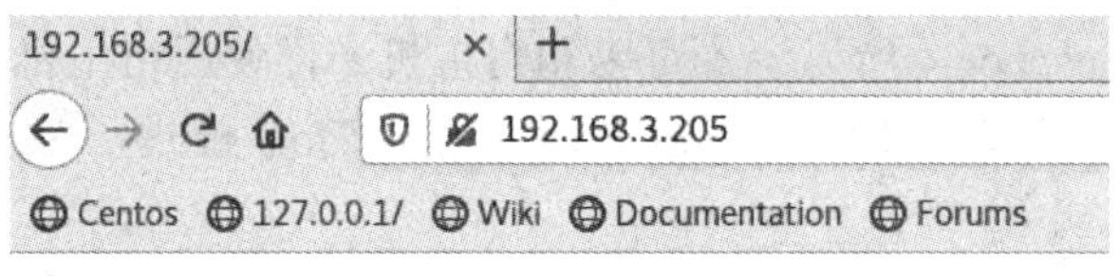

图 9-13　测试页面

从上面的输出可知，由于容器使用了 Host 网络模式与宿主机共享网络，因此可以访问容器中的相应网页。

2. None 模式

当网络模式为 None 模式时，表示 Docker 容器拥有自己的 Network Namespace，但并未对 Docker 容器进行任何网络配置。也就是说，这个 Docker 容器没有网卡、IP 和路由等信息，需要手动配置。这种类型的网络无法联网，而封闭的网络能很好地保证容器的安全性。可以在容器创建时通过--network=none 来指定 None 模式。

例 38　创建一个网络模式为 None 的容器 b2，并查看网络状况。

```
[root@localhost ~]# docker run -it --name b2 --network none --rm   busybox
/ # ifconfig
lo          Link encap:Local Loopback
            inet addr:127.0.0.1   Mask:255.0.0.0
            UP LOOPBACK RUNNING   MTU:65536   Metric:1
            RX packets:0 errors:0 dropped:0 overruns:0 frame:0
            TX packets:0 errors:0 dropped:0 overruns:0 carrier:0
            collisions:0 txqueuelen:1000
            RX bytes:0 (0.0 B)   TX bytes:0 (0.0 B)
```

由上面的输出可知，在这种网络模式下，容器只有 Local Loopback 回环网络，没有其他网卡。

3. Joined 模式

Joined 模式指定新创建的容器和已经存在的一个容器共享一个 Network Namespace。新创建的容器不会创建自己的网卡和配置 IP，而是和指定的容器共享 IP、端口范围等。同样，两个容器除了网络，其他的如文件系统、进程列表等还是被隔离的。两个容器的进程可以通过 lo 网卡设备通信。

例 39　创建一个网络模式为 Joined 的容器，并查看网络状况。

(1) 创建一个容器 b3，用 hostname 查看主机名，用 ip 命令查看网络状况。

```
[root@localhost ~]# docker run --name b3 -it --rm busybox
/ # hostname
449ea8bd730b
/ # ip a
1: lo: <LOOPBACK,UP,LOWER_UP> mtu 65536 qdisc noqueue qlen 1000
    link/loopback 00:00:00:00:00:00 brd 00:00:00:00:00:00
    inet 127.0.0.1/8 scope host lo
        valid_lft forever preferred_lft forever
60: eth0@if61: <BROADCAST,MULTICAST,UP,LOWER_UP,M-DOWN> mtu 1500 qdisc
noqueue
    link/ether 02:42:ac:11:00:02 brd ff:ff:ff:ff:ff:ff
    inet 172.17.0.2/16 brd 172.17.255.255 scope global eth0
        valid_lft forever preferred_lft forever
```

(2) 创建一个 Joined 模式的容器 b4，与 b3 共享网络，用 hostname 查看主机名，用 ip 命令查看网络情况，发现容器 b4 的主机名和网络状况与 b3 一致。

```
[root@localhost ~]# docker run --name b4 -it --network container:b3 --rm busybox
/ # hostname
449ea8bd730b
/ # ip a
1: lo: <LOOPBACK,UP,LOWER_UP> mtu 65536 qdisc noqueue qlen 1000
    link/loopback 00:00:00:00:00:00 brd 00:00:00:00:00:00
    inet 127.0.0.1/8 scope host lo
        valid_lft forever preferred_lft forever
60: eth0@if61: <BROADCAST,MULTICAST,UP,LOWER_UP,M-DOWN> mtu 1500 qdisc
noqueue
    link/ether 02:42:ac:11:00:02 brd ff:ff:ff:ff:ff:ff
    inet 172.17.0.2/16 brd 172.17.255.255 scope global eth0
        valid_lft forever preferred_lft forever
```

(3) 在容器 b3 内部，在/tmp 目录下新建文件 index.html，并写入数据，启动 httpd。

```
/ # echo "This is a test." > /tmp/index.html
/ #   httpd -h /tmp/
```

(4) 在容器 b4 上访问本地接口 lo，可以正常访问。

```
/ # wget -O - -q 127.0.0.1
```

(5) 在容器 b3 上新建一个目录。

```
/ # mkdir /tmp/test
```

(6) 在容器 b4 上访问目录，不成功。

```
/ # mkdir /tmp/test
```

从上面的输出可知，虽然容器 b4 采用 Joined 模式，与容器 b3 共享网络，但是其他的方面，例如文件系统还是被隔离的。

4. Bridge 模式

Bridge 模式是 Docker 的默认网络模式，不写--net 参数，就是 Bridge 模式。Docker 进程启动时，会在主机上创建一个名为 docker0 的虚拟网桥，此主机上启动的 Docker 容器会连接到这个虚拟网桥上。

容器创建时，在主机上创建一对虚拟网卡 Veth Pair 设备，Docker 将 Veth Pair 设备的一端放在新创建的容器中，命名为 eth0(容器的网卡)，另一端放在宿主机中，命名为 veth*，并将这个网络设备加入到 docker0 网桥中。Bridge 模式下的网络状况如图 9-14 所示。

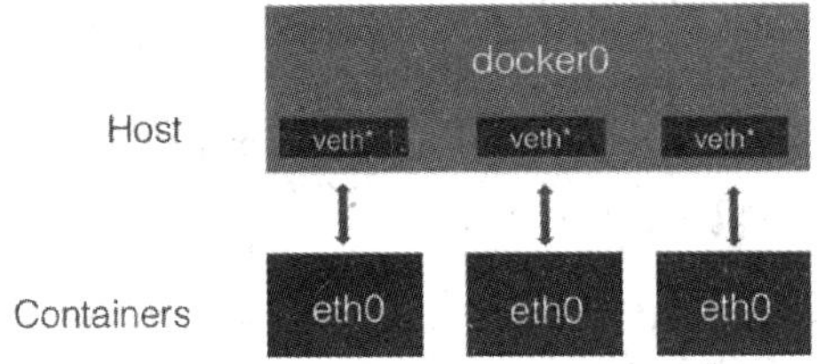

图 9-14　Bridge 模式下网络

例 40　创建一个 Bridge 模式的容器，在宿主机上和容器内部查看网络接口情况。

(1) 安装网桥管理工具。

```
[root@localhost ~]# yum install bridge-utils
Loaded plugins: fastestmirror, langpacks
Loading mirror speeds from cached hostfile
 * base: ftp.sjtu.edu.cn
 * extras: ftp.sjtu.edu.cn
 * updates: ftp.sjtu.edu.cn
/*省略部分代码*/
```

(2) 查看网桥设备 docker0，此时没有相应的网络接口。

```
[root@localhost ~]# brctl show
bridge namebridge id          STP enabled     interfaces
docker0          8000.02426562f7b0    no
```

(3) 开启一个交互式容器 b5。

```
[root@localhost ~]# docker run -it --name b5 centos:7 /bin/bash
```

(4) 进入容器内部，使用 ifconfig 命令查看 Docker 网络状况。如果使用 ifconfig 命令时出现 command not found，一般是因为 Docker 轻量级运行，若没有此命令，需要进行如下安装：

```
[root@0c207cf0b00e /]# yum install net-tools
Loaded plugins: fastestmirror, ovl
```

```
Determining fastest mirrors
 * base: mirrors.163.com
 * extras: mirrors.163.com
 * updates: mirrors.163.com
base                                              | 3.6 kB   00:00:00
extras                                            | 2.9 kB   00:00:00
updates                                           | 2.9 kB   00:00:00
(1/4): base/7/x86_64/group_gz                     | 153 kB   00:00:02
(2/4): extras/7/x86_64/primary_db                 | 225 kB   00:00:03
/*省略部分代码*/
  net-tools.x86_64 0:2.0-0.25.20131004git.el7

Complete!
```

再次用 ifconfig 命令查看网络状况，可见容器的 IP 地址为 172.17.0.3。

```
[root@0c207cf0b00e /]# ifconfig
eth0: flags=4163<UP,BROADCAST,RUNNING,MULTICAST>  mtu 1500
        inet 172.17.0.3  netmask 255.255.0.0  broadcast 172.17.255.255
        ether 02:42:ac:11:00:03  txqueuelen 0  (Ethernet)
        RX packets 7612  bytes 13513342 (12.8 MiB)
        RX errors 0  dropped 0  overruns 0  frame 0
        TX packets 4939  bytes 338979 (331.0 KiB)
        TX errors 0  dropped 0 overruns 0  carrier 0  collisions 0

lo: flags=73<UP,LOOPBACK,RUNNING>  mtu 65536
        inet 127.0.0.1  netmask 255.0.0.0
        loop  txqueuelen 1000  (Local Loopback)
        RX packets 0  bytes 0 (0.0 B)
        RX errors 0  dropped 0  overruns 0  frame 0
        TX packets 0  bytes 0 (0.0 B)
        TX errors 0  dropped 0 overruns 0  carrier 0  collisions 0
```

(5) 用 Ctrl + P + Q 退出容器，但是保持容器的继续后台运行，并在宿主机中查看网络状况。

```
[root@localhost ~]# brctl show
bridge namebridge id       STP enabled     interfaces
docker0         8000.02426562f7b0    no          veth35ce960
```

由上述内容可见，容器在创建的时候，会创建两个端：一端是在运行 Docker 守护进程的主机上，名字为 veth35ce960 的网络接口，另一端是在 Docker 容器中的 eth0，IP 地址为 172.17.0.3。

9.6.3 Bridge 模式下容器间互连

Bridge 模式下的 Docker 容器是通过虚拟网桥来进行连接的。在默认情况下，在同一宿主机中运行的容器都是可以互相连接的。

例 41 Bridge 模式下，实现同一个宿主机之间的容器互连。

(1) 新建一个目录 network。

```
[root@localhost ~]# mkdir network
```

(2) 进入 network 目录，并在该目录下新建一个 Dockerfile 文件，文件内容如下：

```
[root@localhost ~]# cd network
[root@localhost network]# vim Dockerfile
FROM ubuntu:14.04
RUN apt-get install -y ping
RUN apt-get update
RUN apt-get install -y nginx
RUN apt-get install -y curl
EXPOSE 80
CMD /bin/bash
```

(3) 利用该 Dockerfile 文件构建镜像 network1。

```
[root@localhost network]# docker build -t network1
Sending build context to Docker daemon    2.048kB
Step 1/7 : FROM ubuntu:14.04
 ---> df043b4f0cf1
Step 2/7 : RUN apt-get install -y ping
 ---> Using cache
 ---> 96c5ad2400b0
Step 3/7 : RUN apt-get update
 ---> Using cache
 ---> 9653ed68c7ef
Step 4/7 : RUN apt-get install -y nginx
 ---> Using cache
 ---> 2fabc63af7cd
Step 5/7 : RUN apt-get install -y curl
    /*省略部分代码*/
```

(4) 利用镜像 network1 启动一个容器 n1，查看该容器 IP 地址，并启动 nginx 服务。

```
[root@localhost network]# docker run -it --name n1 network1
root@09b8ca4e4147:/# ifconfig
eth0        Link encap:Ethernet    HWaddr 02:42:ac:11:00:02
```

```
          inet addr:172.17.0.2  Bcast:172.17.255.255  Mask:255.255.0.0
          UP BROADCAST RUNNING MULTICAST  MTU:1500  Metric:1
          RX packets:6 errors:0 dropped:0 overruns:0 frame:0
          TX packets:0 errors:0 dropped:0 overruns:0 carrier:0
          collisions:0 txqueuelen:0
          RX bytes:516 (516.0 B)  TX bytes:0 (0.0 B)

lo        Link encap:Local Loopback
          inet addr:127.0.0.1  Mask:255.0.0.0
          UP LOOPBACK RUNNING  MTU:65536  Metric:1
          RX packets:0 errors:0 dropped:0 overruns:0 frame:0
          TX packets:0 errors:0 dropped:0 overruns:0 carrier:0
          collisions:0 txqueuelen:1000
          RX bytes:0 (0.0 B)  TX bytes:0 (0.0 B)

root@09b8ca4e4147:/# nginx
```

(5) 使用 Ctrl + P + Q 命令将容器 n1 转到后台运行。

(6) 利用镜像 network1 启动一个容器 n2，并查看容器 IP(为 172.17.0.3)。

```
[root@localhostnetwork]# docker run -it --name n2 network1
root@e098c47a5951:/# ifconfig
eth0      Link encap:Ethernet  HWaddr 02:42:ac:11:00:03
          inet addr:172.17.0.3  Bcast:172.17.255.255  Mask:255.255.0.0
          UP BROADCAST RUNNING MULTICAST  MTU:1500  Metric:1
          RX packets:25 errors:0 dropped:0 overruns:0 frame:0
          TX packets:16 errors:0 dropped:0 overruns:0 carrier:0
          collisions:0 txqueuelen:0
          RX bytes:2802 (2.8 KB)  TX bytes:1290 (1.2 KB)

lo        Link encap:Local Loopback
          inet addr:127.0.0.1  Mask:255.0.0.0
          UP LOOPBACK RUNNING  MTU:65536  Metric:1
          RX packets:0 errors:0 dropped:0 overruns:0 frame:0
          TX packets:0 errors:0 dropped:0 overruns:0 carrier:0
          collisions:0 txqueuelen:1000
          RX bytes:0 (0.0 B)  TX bytes:0 (0.0 B)
```

(7) 在容器 n2 中，使用 ping 命令，发现可以 ping 通 n1。

```
root@e098c47a5951:/# ping 172.17.0.2
PING 172.17.0.2 (172.17.0.2) 56(84) bytes of data.
```

```
64 bytes from 172.17.0.2: icmp_seq=1 ttl=64 time=0.239 ms
64 bytes from 172.17.0.2: icmp_seq=2 ttl=64 time=0.107 ms
^C
--- 172.17.0.2 ping statistics ---
2 packets transmitted, 2 received, 0% packet loss, time 1001ms
rtt min/avg/max/mdev = 0.107/0.173/0.239/0.066 ms
```

(8) 在容器 n2 中，使用“curl 172.17.0.2”命令查看 n1 容器中的 ngnix 服务，ngnix 服务也可正常访问。

```
root@e098c47a5951:/# curl 172.17.0.2
<!DOCTYPE html>
<html>
<head>
<title>Welcome to nginx!</title>
<style>
    body {
        width: 35em;
        margin: 0 auto;
        font-family: Tahoma, Verdana, Arial, sans-serif;
    }
</style>
</head>
<body>
<h1>Welcome to nginx!</h1>
<p>If you see this page, the nginx web server is successfully installed and
working. Further configuration is required.</p>

<p>For online documentation and support please refer to
<a href="http://nginx.org/">nginx.org</a>.<br/>
Commercial support is available at
<a href="http://nginx.com/">nginx.com</a>.</p>

<p><em>Thank you for using nginx.</em></p>
</body>
</html>
```

(9) 同理，在容器 n1 中，也可以使用 ping 命令，发现可以 ping 通 n2。

```
root@09b8ca4e4147:/# ping 172.17.0.3
PING 172.17.0.3 (172.17.0.3) 56(84) bytes of data.
64 bytes from 172.17.0.3: icmp_seq=1 ttl=64 time=0.293 ms
```

```
64 bytes from 172.17.0.3: icmp_seq=2 ttl=64 time=0.143 ms
64 bytes from 172.17.0.3: icmp_seq=3 ttl=64 time=0.111 ms
^C
--- 172.17.0.3 ping statistics ---
3 packets transmitted, 3 received, 0% packet loss, time 2000ms
rtt min/avg/max/mdev = 0.111/0.182/0.293/0.080 ms
```

通过上述过程，说明在同一主机的 Bridge 模式下的容器默认是互连的。

但是，为了容器的安全性，让所有的容器之间互连是非常不安全的，此时可以通过设置启动选项 --icc 来拒绝容器之间的互连。

9.6.4 Bridge 模式下容器与外部网络连接

在默认情况下，Bridge 容器是不能被宿主机外部网络所访问的。因为容器被主机的防火墙所保护，默认的网络拓扑结构没有提供任何从宿主机外部接口到容器接口的路由。为此，需要在主机网络栈上的端口和容器端口之间建立映射关系，可以在用 docker run 创建容器时使用 -p 选项来建立映射关系。

例 42　用 docker run 创建容器时使用-p 选项来建立映射关系，实现外部网络对容器的访问。

(1) 在宿主机上启动一个容器 n3，并且指定容器开放的端口。

```
[root@localhost network]# docker run -it -p 80 --name n3 network1
```

(2) 在容器 n3 内部启动 nginx。

```
root@a38c17ea560f:/# nginx
```

(3) 使用 Ctrl + P + Q 命令将容器 n3 转到后台运行。

(4) 在宿主机上查看容器映射主机的端口。

```
[root@localhost network]# docker port n3
80/tcp -> 0.0.0.0:49153
```

(5) 在宿主机上利用容器映射主机的端口查看 nginx 服务。

```
[root@localhost network]# curl 127.0.0.1:49153
<!DOCTYPE html>
<html>
<head>
<title>Welcome to nginx!</title>
<style>
    body {
        width: 35em;
        margin: 0 auto;
        font-family: Tahoma, Verdana, Arial, sans-serif;
    }
```

```
</style>
</head>
<body>
<h1>Welcome to nginx!</h1>
<p>If you see this page, the nginx web server is successfully installed and
working. Further configuration is required.</p>

<p>For online documentation and support please refer to
<a href="http://nginx.org/">nginx.org</a>.<br/>
Commercial support is available at
<a href="http://nginx.com/">nginx.com</a>.</p>

<p><em>Thank you for using nginx.</em></p>
</body>
</html>
```

(6) 查看宿主机的 IP 地址。

```
[root@localhost network]# ifconfig
ens33: flags=4163<UP,BROADCAST,RUNNING,MULTICAST>   mtu 1500
        inet 192.168.3.152   netmask 255.255.255.0   broadcast 192.168.3.255
        inet6 fe80::dc27:4010:b5c:2d7   prefixlen 64   scopeid 0x20<link>
        ether 00:0c:29:8c:75:cb   txqueuelen 1000   (Ethernet)
        RX packets 541023   bytes 796645401 (759.7 MiB)
/*省略部分代码*/
```

(7) 在另一台主机名为 worker1 的机器上，查看容器上的 nginx 服务。

```
[root@worker1 ~]# curl 192.168.3.152:49153        //宿主机上的 ip 和映射端口 49153
<!DOCTYPE html>
<html>
<head>
<title>Welcome to nginx!</title>
<style>
    body {
        width: 35em;
        margin: 0 auto;
        font-family: Tahoma, Verdana, Arial, sans-serif;
    }
</style>
</head>
/*省略部分代码*/
```

通过上面的输出可知，通过使用-p 选项来建立映射关系，能够实现外部网络对容器的访问。但是如果想要阻止外部网络对某个容器的访问，可以通过 iptables 建立规则。

本章小结

本章从容器虚拟化概述开始，介绍了容器的基本原理和架构，进而介绍了 Docker 安装和部署的详细过程，让读者从宏观上对容器技术有一定的了解。为了让读者更深入地理解容器虚拟化技术，本章的后几个小节分别从镜像、仓库、容器和网络连接等方面进行了详细讲解，并重点给出了相应的示例来帮助读者学习。

本章习题

1. 简述 Namespace 的六种隔离。
2. 简述 Cgroups 的主要功能。
3. 简述 Docker 的基本架构。
4. 简述镜像的关键概念。
5. 简述镜像构建的常见方法和具体过程。
6. 如何推送一个自己构建的镜像到 Docker Hub 镜像仓库？
7. 如何通过线下包分发的方式进行镜像的迁移？
8. 简述容器常见的运行态。
9. 简述容器分发的过程。
10. 如何通过设置启动选项--icc 来拒绝同一主机 Bridge 模式下不同容器之间的互连？

第 10 章

Docker 高级技术

本章重点介绍 Docker 中的高级技术，包括 Docker 数据管理、Docker 日志与监控、Docker 安全、Docker Compose、Docker Machine 和 Docker API。

知识结构图

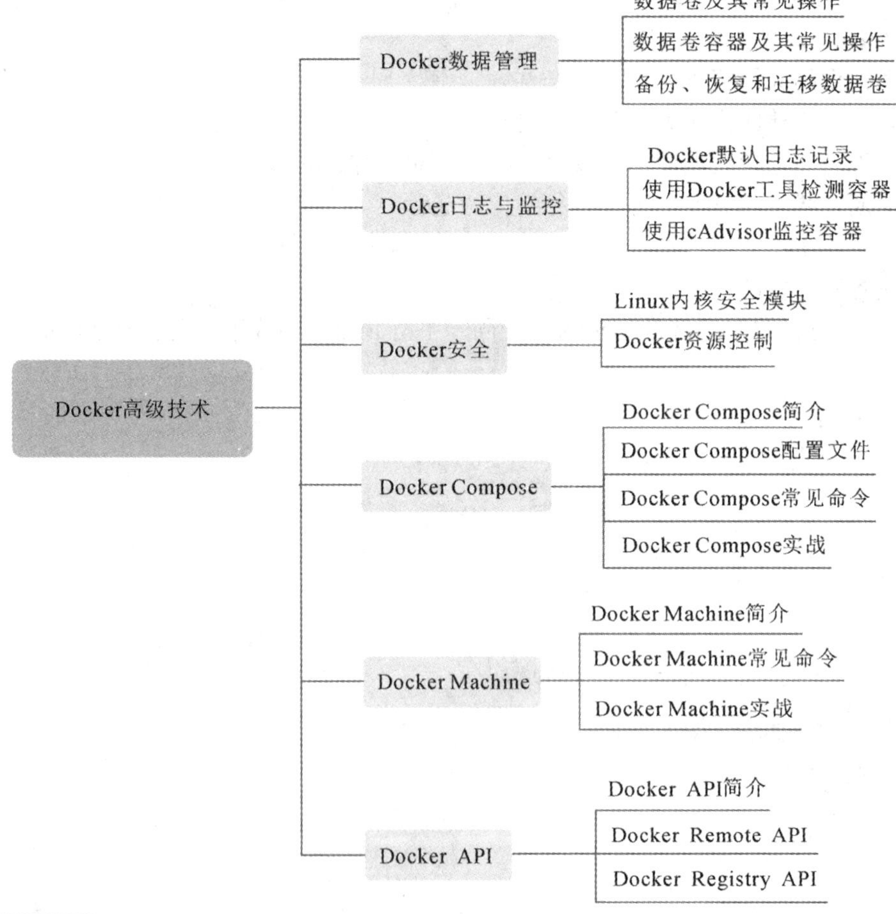

本章重点

➢ 掌握 Docker 数据管理的基本方法。
➢ 掌握 Docker 日志管理方法。

- 掌握 Docker 容器监测的基本方法。
- 了解 Docker 安全机制和 Linux 内核安全模块。
- 掌握 Docker 资源控制的基本方法。
- 掌握 Docker 常见工具 Compose 和 Machine 的使用方法。
- 了解 Docker API，能够通过命令行调用 API 实现相应功能。

本章任务

掌握 Docker 高级技术，包括 Docker 日志和监控、Docker 的安全机制和资源控制、Docker 集群管理工具以及 Docker API。

掌握 Docker 高级技术，能够利用 Docker 数据卷和数据卷容器更好地保存数据，利用 Docker 日志和监控进行错误排查，利用 Docker 安全机制和资源控制更好地保障容器安全，利用 Docker Compose 实现容器编排，利用 Docker Machine 统一管理容器，以及利用 Docker API 来操作容器。

10.1　Docker 数据管理

容器中的文件和宿主机是隔离的，如果将容器删除，数据就会因为容器的删除而丢失。为了保存数据，可以将宿主机上的文件共享给容器使用，目前常见的方式有两种：数据卷和数据卷容器。

10.1.1　数据卷及其常见操作

数据卷就是宿主机上一个特殊的目录，它可以绕过联合文件系统，为一个或多个容器提供访问。数据卷设计的目的是数据的永久化，其完全独立于容器的生命周期。数据卷原理如图 10-1 所示。

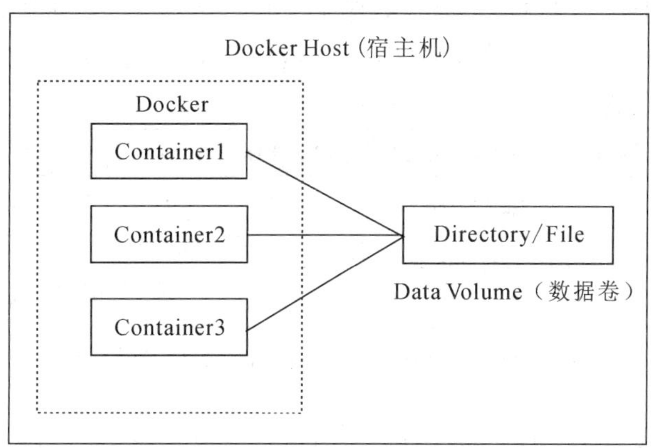

图 10-1　数据卷原理图

数据卷的特性如下：

(1) 数据卷在容器创建时初始化，在容器运行时可以使用其中的文件。

(2) 数据卷是宿主机中的一个目录，它不依赖于容器，与容器生命周期隔离，因而可以安全地存储文件到数据卷中。

(3) 在容器之间共享和重用数据卷。

(4) 容器对数据卷的修改会即刻生效。

(5) 镜像基于联合文件系统，数据卷独立于联合文件系统，因而镜像与数据卷之间不会相互影响。

(6) 数据卷默认会一直存在，没有特别设置不会在删除容器时删除其挂载的数据卷。

下面举例说明数据卷的创建、挂载、删除以及如何利用 Dockerfile 文件来创建数据卷。

1. 创建并挂载数据卷

有多种方法可用来创建数据卷，可以在创建容器时一同创建数据卷，也可以单独创建数据卷。如果想在创建容器时一同创建数据卷，可以在使用“docker run/create”命令时，采用-v 参数来实现数据卷的挂载。这种方法创建的数据卷会自动挂载到容器中，成为容器目录树的一部分。-v 参数的映射关系是“宿主机文件/目录：容器里对应的文件/目录”。此时，可以指定宿主机文件/目录，也可以不指定，如果不指定则系统将自动为数据卷分配相应的宿主机文件/目录。

注意：使用-v 参数时，宿主机上的文件/目录是要提前存在的，容器里对应的文件/目录会自动创建，且数据卷的路径必须是绝对路径。

例 1　创建容器时直接创建数据卷，并指定宿主机文件/目录。

(1) 在宿主机上创建一个目录/var/volume_test。

```
[root@localhost ~]# mkdir /var/volume_test
```

(2) 新建一个以 centos:7 为镜像，名为 web1 的交互式容器，并且创建一个数据卷，挂载宿主机目录/var/volume_test 到容器/html1 目录中。

```
[root@localhost ~]# docker run --name web1 -it -v /var/volume_test:/html1 centos:7 /bin/bash
[root@3171c40cee70 /]#
```

从上面的输出可知，用户使用命令创建了交互式容器，并且进入容器内部。

(3) 向容器/html1 中新建一个文件 1.txt，内容为“volume test”。使用 Ctrl+P+Q 暂时退出 Docker 容器，但是保持容器一直后台运行。

```
[root@3171c40cee70 /]# echo "volume test" > /html1/1.txt
```

(4) 在宿主机上，查看数据卷中的内容。

```
[root@localhost ~]# cat /var/volume_test/1.txt
volume test
```

由上可见，宿主机中的目录/var/volume_test 和容器中的目录/html1 内容一致，数据卷挂载成功。

默认情况下，挂载数据为可读写权限。但也可根据需求，将容器里挂载的共享数据权限设置为只读，这样数据修改就只能在宿主机上操作。也可以为一个容器挂载多个数据卷或者把一个数据卷挂载到多个容器上。

在使用 docker run/create 时，可采用-v<name>:<dest>来实现数据卷的挂载。如果-v 后面宿主机文件/目录没有特别指定，则数据卷在宿主机中的默认目录为 /var/lib/docker/ volumes/。

例 2　创建容器时直接创建数据卷，未指定宿主机文件/目录。

(1) 创建容器 web2，用-v 命令挂载时未指定宿主机目录。

```
[root@localhost ~]# docker run --name web2 -it -v :/html2 centos:7 /bin/bash
```

(2) 查看容器 web2 的数据卷在宿主机上的位置。

```
[root@localhost ~]# docker inspect web2
        "Mounts": [
            {
                "Type": "volume",
                "Name":
"8a1c01ebd0d845fd59d91ee4039b61b990baa1a41757cf482d6daacd4f2379c5",
                "Source": "/var/lib/docker/volumes/8a1c01ebd0d845fd59d91ee4039b61b990baa
1a41757cf482d6daacd4f2379c5/_data",
                "Destination": ":/html2",
                "Driver": "local",
                "Mode": "",
                "RW": true,
                "Propagation": ""
            }
        ],
```

由上可见，此时容器 web2 的数据卷在宿主机上的位置是/var/lib/docker/volumes/8a1c01ebd0d845fd59d91ee4039b61b990baa1a41757cf482d6daacd4f2379c5/_data。

使用 Docker 专有命令来创建数据卷，命令如下：

docker volume create [OPTIONS] [VOLUME]

该命令返回数据卷的名称，默认名称为 64 位的随机字符串。

例 3　新建一个自定义数据卷 html3，并且把它挂载到一个容器上。

(1) 新建一个自定义数据卷 html3。

```
[root@localhost ~]# docker volume create --name   html3
Html3
```

(2) 查看数据卷 html3 在宿主机上的目录。

```
[root@localhost ~]# docker inspect html3
[
    {
        "CreatedAt": "2021-03-08T11:28:55+08:00",
        "Driver": "local",
        "Labels": {},
        "Mountpoint": "/var/lib/docker/volumes/html3/_data",
        "Name": "html3",
```

```
        "Options": {},
        "Scope": "local"
    }
]
```

其中，Mountpoint 表示数据卷 html3 在宿主机上的目录，地址为/var/lib/docker/volumes/html3/_data，当数据卷挂载到容器时，容器中的数据卷显示的是该目录下的信息。

(3) 在数据卷 html1 中新建一个文件 3.txt，内容是“volume test”。

```
[root@localhost ~]# echo "volume test"> /var/lib/docker/volumes/html3/_data/3.txt
[root@localhost ~]# vim /var/lib/docker/volumes/html3/_data/3.txt
volume test
```

(4) 创建一个使用数据卷 html3 的容器 web3。

```
[root@localhost ~]# docker run --name web3 -it -v html3:/html3 centos:7 /bin/bash
```

其中，-v 代表挂载数据卷，这里使用自定义数据卷 html3，并且将数据卷挂载到容器的/html3 目录下。

(5) 在容器中查看数据卷中的数据。

```
[root@bb8c4059e2fb /]# cat /html3/3.txt
volume test
```

数据卷创建成功，并且挂载成功。

2. 删除数据卷

数据卷是脱离容器而存在的，可以通过创建容器的命令创建数据卷，但是这些数据卷不会因为容器的停止和删除被销毁。只有这样才能让数据卷同时提供给不同的容器，并且做到数据卷的重复使用。

但是正是由于没有特别设置时数据卷不会因为容器的删除而删除，已经被删除的容器所挂载的数据卷仍然存在于宿主机中，并保存着所有数据，占据着空间。此时如果不需要使用该数据卷，就需要手动删除它。通常可以用两种方法删除数据卷：直接删除数据卷和随着容器的删除而删除数据卷。

例 4　查看宿主机中所有的数据卷，并直接删除某一个数据卷。

```
[root@localhost ~]# docker volume list
DRIVER     VOLUME NAME
local      c6f8e4a14853d0206412e15d603e5d837c45c467903e2813049270853dd54b12
local      f011933f8081b501f5c125abcc1f826a0d08915a1966d5fba93dc5848d266fe5
local      fb079791ecfacaf876df1ca3304a38bd5a593a2cf17442afd556d1c8f67ff91d
local      html3
[root@localhost ~]# docker volume rm html3
html3
```

当前有多个数据卷，使用 rm 命令删除数据卷 html3。

注意：数据卷删除操作是不可逆的，务必确认数据卷已经进行备份，或者该数据卷确实没有其他用途。如果该数据卷还在使用中，则无法进行删除。

一般建议随着容器删除数据卷，可以在 docker run 运行容器时添加 --rm 选项，也可以在删除容器时添加 -v 选项。

例 5　删除容器时使用 -v 选项删除该容器的数据卷。

```
[root@localhost ~]# docker run --name web4 -d -v :/html4 centos:7 /bin/bash
86ab5fe745977f62925fb0de9a7a5252bff78c3138f2d8ae9997303835ecaa59
[root@localhost ~]# docker volume list
DRIVER      VOLUME NAME
local       c6f8e4a14853d0206412e15d603e5d837c45c467903e2813049270853dd54b12
local       f011933f8081b501f5c125abcc1f826a0d08915a1966d5fba93dc5848d266fe5
local       fb079791ecfacaf876df1ca3304a38bd5a593a2cf17442afd556d1c8f67ff91d
local       7efbf7d78928f906d9649fef85fdf4559d7bc6b13f7007b8bf4b0eee07aa4c00
[root@localhost ~]# docker rm -vf web4
web4
[root@localhost ~]# docker volume list
DRIVER      VOLUME NAME
local       c6f8e4a14853d0206412e15d603e5d837c45c467903e2813049270853dd54b12
local       f011933f8081b501f5c125abcc1f826a0d08915a1966d5fba93dc5848d266fe5
local       fb079791ecfacaf876df1ca3304a38bd5a593a2cf17442afd556d1c8f67ff91d
```

10.1.2　数据卷容器及其常见操作

一般来说，随着容器创建的数据卷最好也随着容器而删除，需要长期存储数据的数据卷，特别是用于持久化保存数据的数据卷，可以通过挂载宿主机目录的方式来保存。但这种方式存在弊端，数据迁移时会很麻烦。为了解决这个问题，可以利用数据卷容器来管理数据卷。

数据卷容器是一个专门用于存储数据卷的容器，当其他的容器中需要使用数据卷时，不再把宿主机的目录当作数据卷进行挂载而是挂载数据卷容器。也就是说，容器通过数据卷容器衔接到数据卷上。数据卷容器原理如图 10-2 所示。

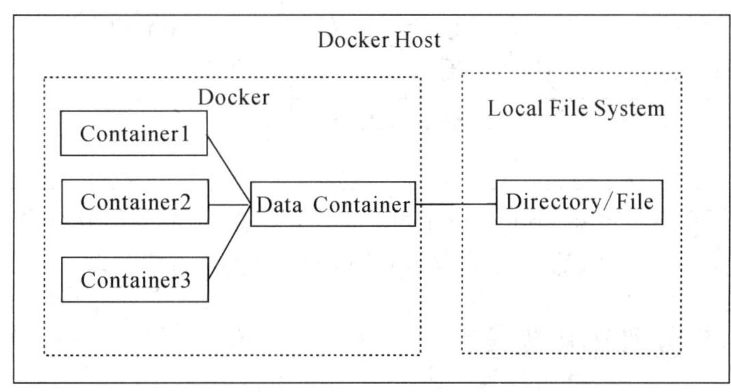

图 10-2　数据卷容器原理图

如果有持续更新的数据需要在容器之间共享，则最好使用数据卷容器。数据卷容器常见的使用场景就是利用纯数据容器来持久化数据库、配置文件或者数据文件等。

1. 创建数据卷容器

创建一个数据卷容器的方法和创建普通容器的方法类似，都是通过 docker run 或者 create 命令来创建。因为使用数据卷容器时，无须保证数据卷容器处于运行状态，所以通常使用 docker create 命令来创建数据卷容器，避免启动容器对宿主机性能的消耗。

2. 挂载数据卷容器

数据卷容器是连接其他容器和数据卷的桥梁，其他容器如何通过数据卷容器连接到自己所需的数据卷，是数据卷容器中非常重要的环节。在创建容器时，可以通过--volumes-from 参数挂载指定数据卷容器。例如，创建容器时，挂载数据卷容器 data：

```
docker run -d --name web --volumes-from data nginx
```

也可以多次使用--volumes-from 参数，实现对多个不同的数据卷容器的使用，这些数据卷容器的所有数据都会被挂载到新的容器中。例如，创建容器时，挂载数据卷容器 data 和 logs：

```
docker run -d --name web --volumes-from data --volumes-from logs nginx
```

同样，一个数据卷容器也可以被多个容器挂载，此时多个容器所挂载的目录文件是相同的。在一个容器中对挂载目录中的文件进行操作，会马上反映到另一个容器的文件上，这样就可以实现容器间的数据共享了。

例 6　创建一个数据卷容器并挂载。

(1) 创建一个名为 data_container1 的容器，此容器中包含一个数据卷/var/volume1。

```
[root@localhost ~]# docker run -it -v /var/volume1 --name data_container1 centos:7 /bin/bash
```

(2) 在 data_container1 容器中，向数据卷文件中写入数据。

```
[root@ec2c37d1b1eb /]# echo "volume test" >/var/volume1/3.txt
```

(3) 创建一个名为 app_container2 的容器，并且指定数据卷容器为 data_container1。

```
[root@localhost ~]# docker run -it --volumes-from data_container1 --name app_container2 centos:7 /bin/bash
[root@261e01ac78e1 /]#
```

从上面的输出可知，用户已经创建且进入容器 app_container2。

(4) 在容器 app_container2 中，查看数据卷容器中的数据。

```
[root@261e01ac78e1 /]# cat /var/volume1/3.txt
volume test
```

从上面的输出可知，容器 app_container2 已经正确挂载了数据卷容器 app_container1，从 app_container2 中可以获取数据卷容器 app_container1 中的数据。

10.1.3　备份、恢复和迁移数据卷

使用数据卷管理数据时，可以很方便地对数据进行备份和迁移。下面介绍如何使用数

据卷进行数据的备份和迁移。

1. 备份数据卷

要备份数据卷，首先要创建新的容器，并且将其连接到需要备份的数据卷容器上。在容器创建和运行后，进入容器内部执行打包命令，将导出数据放置到挂载的宿主机目录上。

例 7 为了利用数据卷容器备份，可使用--volumes-from 参数来加载 data_container1 容器卷容器，并从宿主机挂载当前目录到容器的/backup 目录。备份数据卷容器中的/var/volume1 数据为 test.tar，备份到当前目录下，执行完成之后删除容器。

```
[root@localhost ~]# sudo docker run --rm --volumes-from data_container1 -v $(pwd):/backup
centos:7 tar cvf  /backup/test.tar  /var/volume1
tar: Removing leading '/' from member names
/var/volume1/
/var/volume1/3.txt
[root@localhost ~]# ls -l test.tar
-rw-r--r--. 1 root root 10240 Mar  8 15:03 test.tar
```

通过上面的输出可知，数据已经备份到当前目录下，名为 test.tar。

2. 恢复和迁移数据卷

要恢复备份的数据，只需要把备份的过程逆向执行一遍即可。

例 8 将上例中备份的数据卷进行恢复和迁移。

(1) 进入数据卷容器 data_container1，将数据卷中的数据删除。

```
[root@localhost ~]# docker attach data_container1
[root@ec2c37d1b1eb var]# ls /var/volume1
3.txt
[root@ec2c37d1b1eb /]# rm -rf /var/volume1
rm: cannot remove '/var/volume1': Device or resource busy
[root@ec2c37d1b1eb /]# ls /var/volume1
[root@ec2c37d1b1eb /]#
```

从上面的输出可知，进入容器内部可以删除数据卷中的数据，但是删除不了数据卷目录。

(2) 创建一个容器，挂载宿主机中存放备份数据的目录，连接到包含目标数据卷的数据卷容器 data_container1，然后进入容器，在容器中执行解包命令，把恢复的数据放置到目标数据卷中。

```
[root@localhost ~]# docker run --rm --volumes-from data_container1 -v $(pwd):/backup
centos:7 tar xvf  /backup/test.tar  -C  /
var/volume1/
var/volume1/3.txt
```

-C 后面的路径表示将数据恢复到容器里的路径。命令中使用“/”表示将 test.tar 中的数据解压到容器的“/”路径下。

(3) 进入容器内部查看数据。

```
[root@localhost ~]# docker attach data_container1
[root@ec2c37d1b1eb /]# ls /var/volume1
3.txt
```

从上面的输出可知，数据恢复成功。

10.2 Docker 日志与监控

想保持系统正常运行，并有效地对问题进行调试，对容器进行日志记录和监控是必不可少的。特别是在微服务架构中，日志记录和监控更加重要。本小节主要介绍 Docker 默认的日志记录是如何工作的，如何将程序的日志重定向写入到宿主机的 journald 中，从而实现日志的管理，以及如何使用 Docker 工具和 cAdvisor 监控容器。

10.2.1 Docker 默认日志记录

Docker 默认的日志查看工具为 docker logs，默认情况下，Docker 会将记录发送到标准输出端和标准错误端，通过 docker logs 命令即可获取。docker logs 命令的格式如下：

```
docker logs [OPTIONS] CONTAINER
```

OPTIONS 参数说明：

- -f: 跟踪日志输出。
- --since：显示某个开始时间的所有日志。
- -t：显示时间戳。
- --tail：仅列出最新 N 条容器日志。

例 9 使用镜像文件 centos:7 启动一个容器，让其在后台一直输出 hello docker，使用 docker logs 命令获取日志记录。

(1) 启动后台守护式容器 log1。

```
[root@localhost ~]# docker run --name log1 -d centos:7  /bin/bash -c "while true; do echo hello docker; sleep 1;done;"
0786df393d30cfc197f2c2a102e6dcf1ac8a9b84e9251b377c56dfbc4aae8037
```

(2) 使用 docker ps 查看容器的状态。

```
[root@localhost ~]# docker ps -l
CONTAINER ID        IMAGE         COMMAND                  CREATED           STATUS
PORTS        NAMES
40aa6159021c        centos:7      "/bin/bash -c 'while…"   28 seconds ago    Up 26 seconds
log1
```

从上面的输出可知，容器一直在后台运行。

(3) 使用 docker logs 命令查看容器的日志信息。

```
[root@localhost ~]# docker logs log1
hello docker
hello docker
hello docker
hello docker
hello docker
hello docker
/*省略部分代码*/
```

如果想要获取时间戳，并且让正在运行的容器不断输出日志，可以使用-t 和-f 选项，具体如下：

```
[root@localhost ~]# docker logs -t -f    log1
2021-03-09T05:52:30.842976331Z hello docker
2021-03-09T05:52:31.847603384Z hello docker
2021-03-09T05:52:32.896070183Z hello docker
2021-03-09T05:52:33.897707157Z hello docker
2021-03-09T05:52:34.899934638Z hello docker
2021-03-09T05:52:35.921503221Z hello docker
2021-03-09T05:52:36.923189030Z hello docker
2021-03-09T05:52:37.925771000Z hello docker
/*省略部分代码*/
```

默认日志记录发送到标准输出端和标准错误端，这样有一些缺点，如果应用把日志记录写入文件中，而不及时清理日志文件，可能导致日志文件越来越大直到占满整个磁盘空间。

另外，如果一个宿主机上运行多个容器，则在每一个容器上执行 docker logs 命令来获取日志操作是非常烦琐的，为此，可以利用 Docker 的日志驱动程序特性，在宿主机上集中获取 docker logs 的输出。在启动 Docker 容器时，使用--log-driver 参数来选择不同的日志记录方法。可选的日志记录方法包括：

(1) json-file：日志格式化为 Json。这是 Docker 默认的日志驱动进程。

(2) syslog：将日志消息写入 syslog 工具。syslog 守护进程必须在宿主机上运行。

(3) journald：将日志消息写入 journald。journald 守护进程必须在宿主机上运行。

(4) gelf：将日志消息写入 Graylog Extended Log Format (GELF)终端，如 Graylog。

(5) fluentd：将日志消息写入 fluentd(forward input)。fluentd 守护进程必须在宿主机上运行。

例 10　利用 --log-driver 参数将日志记录到 journald 服务中。

```
[root@localhost ~]# docker run --log-driver=journald centos:7 echo 'output to journald'
output to journald
[root@localhost ~]# journalctl |grep 'output to journald'
Mar 09 14:54:33 localhost.localdomain e14e1a99af48[3748]: output to journald
```

注意：在执行上述操作之前，应确保宿主机上运行了 journal 守护进程。

如果想要对宿主机上所有容器都应用--log-driver 参数，可修改 Docker 配置文件。

首先在 CentOS7 中找到 Docker 默认配置文件/usr/lib/systemd/system/docker.service，启用 DOCKER_OPTS=""这一行，添加--log-driver 标志。例如：

```
DOCKER_OPTS="--dns 114.114.114.114 --dns 8.8.8.8  --log-driver journald"
```

然后重启 Docker 守护进程。这样宿主机上所有容器的日志将会被记录到 journald 服务中。

10.2.2 使用 Docker 工具监测容器

Docker 自带一个监测工具，名叫 docker stats，它能够返回一个资源使用情况的实时流。该命令提供 Docker CPU 利用率、内存使用情况、内存限制和网络 I/O 度量标准的统计信息。该命令格式如下：

```
docker stats [OPTIONS] [CONTAINER...]
```

OPTIONS 参数说明：

- -a：列出本地所有镜像的资源使用情况；
- --format：指定返回值的模板文件。

例 11　使用 docker stats 监测容器 stats1。

```
[root@localhost ~]# docker stats stats1
CONTAINER ID      NAME        CPU %      MEM USAGE / LIMIT      MEM %
NET I/O           BLOCK I/O   PIDS
1607c90540ca      stats1      0.29%      408KiB / 1.777GiB      0.02%
656B / 0B         73.7kB / 0B   2
```

从上面的输出可知，容器 stats1 的 CPU 使用率是 0.29%，内存使用 408KiB。因为监测是动态的，所以数据是不断变化的。如果想要退出监测，则按下 Ctrl+C 键即可退出。

注意：除非对容器做了内存限制，否则看到的内存限制是宿主机的内存总量，而不是容器可用的内存总量。

例 12　获取所有运行容器的监测统计数据。

首先利用 docker ps -q 命令来获取所有运行容器的 ID，将这些 ID 作为 docker inspect -f {{.Name}}的输入，获取所有运行容器的名称。然后将容器名称作为 docker stats 的输入，进而获取所有运行容器的监测数据。

```
[root@localhost ~]# docker stats $(docker inspect -f {{.Name}} $(docker ps -q))
CONTAINER ID      NAME        CPU %      MEM USAGE / LIMIT      MEM %
NET I/O           BLOCK I/O   PIDS
f2d9516a24af      stats3      0.00%      292KiB / 1.777GiB      0.02%
656B / 0B         0B / 0B     2
e33554b3f83b      stats2      2.01%      400KiB / 1.777GiB      0.02%
656B / 0B         0B / 0B     2
```

```
1607c90540ca          stats1          0.41%          460KiB / 1.777GiB          0.02%
656B / 0B             73.7kB / 0B     2
```

由上面的输出可知，目前有 stats1、stats2 和 stats3 三个容器正在运行。

docker stats 是 Docker 容器自带的免费监测工具，不需要像第三方工具那样进行任何配置。但它的缺点是只限于 Docker 资源的监测，不能展示其他与 Docker 并行运行的资源的统计，而且无图形化界面。另外，它的局限性在于如果出现任何问题，则会因仅基于命令行界面而无法生成警报。

10.2.3　使用 cAdvisor 监控容器

谷歌开源的 cAdvisor 是一个可以查看容器的资源使用情况和性能特征的工具。它使用 Go 语言开发，利用 Linux 的 Cgroups 获取容器的资源使用信息，可以对节点机器上的资源及容器进行实时监控和性能数据采集，包括 CPU 使用情况、内存使用情况、网络吞吐量及文件系统使用情况。

例 13　使用 cAdviser 查看资源使用情况。

(1) 下载、安装和启动 cAdviser。

```
[root@localhost ~]# docker run \
>     --volume=/:/rootfs:ro \
>     --volume=/var/run:/var/run:rw \
>     --volume=/sys:/sys:ro \
>     --volume=/var/lib/docker/:/var/lib/docker:ro \
>     --volume=/dev/disk/:/dev/disk:ro \
>     --publish=8080:8080 \
>     --detach=true \
>     --name=cadvisor \
>     google/cadvisor:latest
Unable to find image 'google/cadvisor:latest' locally
latest: Pulling from google/cadvisor
ff3a5c916c92: Pull complete
44a45bb65cdf: Pull complete
0bbe1a2fe2a6: Pull complete
Digest: sha256:815386ebbe9a3490f38785ab11bda34ec8dacf4634af77b8912832d4f85dca04
Status: Downloaded newer image for google/cadvisor:latest
3f36c3efa6ca377d29476e49f284d2321b53f24e9e4ced7b343632b4a3c8492b
```

(2) 启动成功后，使用 docker ps 查看 cAdviser 的启动情况。

```
[root@localhost ~]# docker ps -l
CONTAINER ID      IMAGE            COMMAND            CREATED
STATUS            PORTS            NAMES
```

```
3f36c3efa6ca    google/cadvisor:latest    "/usr/bin/cadvisor -…"    19 minutes ago
Up 19 minutes    0.0.0.0:8080->8080/tcp    cadvisor
```

由上面的输出可知，当前容器已经正常启动，主机和容器映射端口为 8080。

(3) 在浏览器上访问 http://127.0.0.1:8080，将会看到 cAdvisor 主界面，如图 10-3 所示。

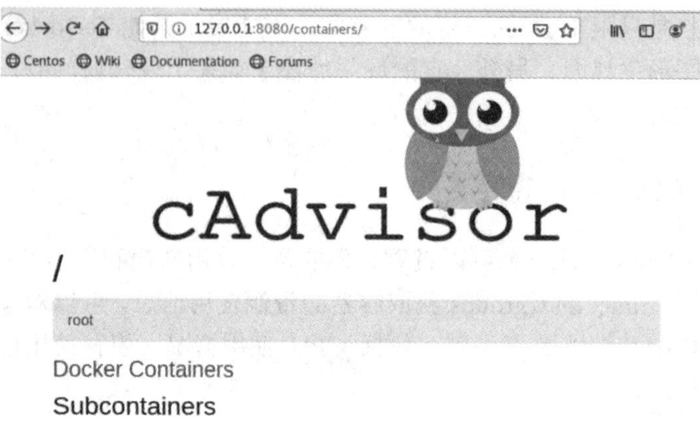

图 10-3　cAdvisor 主界面 1

(4) 将上述页面向下滑动，可以看到容器的 CPU、内存使用情况等，如图 10-4 所示。

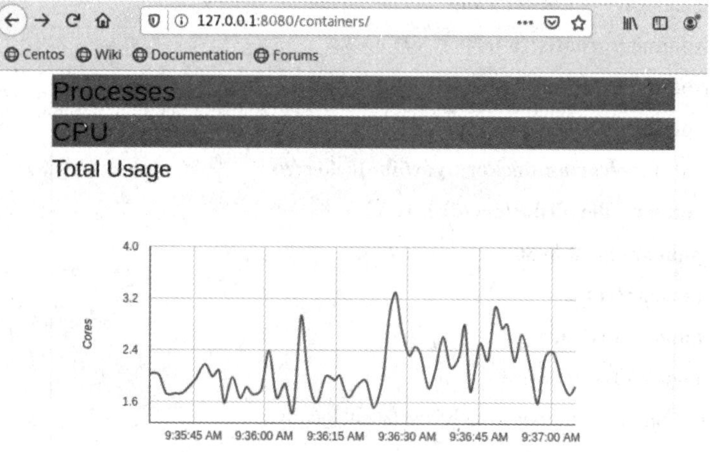

图 10-4　cAdvisor 主界面 2

(5) 点击图 10-3 中的“Docker Containers”链接，会进入新的页面，显示各个容器，如图 10-5 所示。

图 10-5　cAdvisor 的容器界面 1

(6) 单击容器 stats2，可以查看该容器的 CPU、内存和网络等详细信息，如图 10-6 所示。

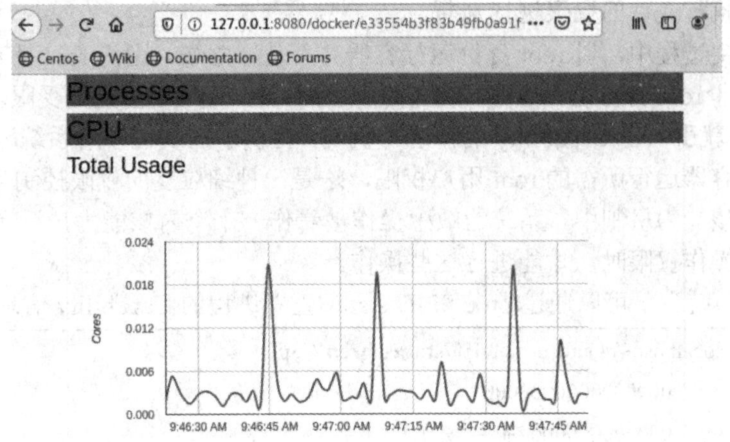

图 10-6　cAdvisor 的容器界面 2

cAdvisor 不仅可以搜集一台机器上所有运行容器的信息，还提供基础查询界面和 HTTP 接口，方便其他组件如 Prometheus 进行数据抓取，或者与 influxdb 和 grafna 搭配使用。此外，cAdvisor 已经被 Kubernetes 集成在 Kubelet 里作为默认启动项。

但是 cAdvisor 自身也有以下缺点：

(1) 只能监视一个 Docker 主机，不适合多节点部署。

(2) 图表中的移动数据只在本地保存 1 分钟。

(3) 像 docker stats 一样，cAdvisor 不会触发警报，也不会提供监视非 Docker 资源的选项。

10.3　Docker 安全

安全问题是一个老生常谈的问题，但却实实在在关系着程序运行的稳定性、数据的安全性等。随着 Docker 的流行，Docker 也将面临越发严峻的安全挑战。

Docker 是基于 Linux Container 技术基础实现的。容器只是简单地通过 Namespaces 进行内容隔离，在本质上与宿主机上的进程并没有太大区别。换言之，如果没有使用合适的安全策略，很可能会有恶意程序跳出容器隔离的环境，影响宿主机的运行。

为了更好地保障容器安全，不仅需要深入理解 Docker 的安全模式，合理利用 Linux 的内核安全模块，还需要在 CPU、内存、I/O 和文件系统等多个方面进行资源控制。

10.3.1　Linux 内核安全模块

在 Linux 中，提供了很多 Linux 内核保护功能的机制和程序，其中包括 SELinux、AppArmor、Smack 和 TOMOYO Linux。它们都超越了传统文件级别的访问控制，对于进程和用户的访问权限提供了另一重安全保护。通常与 Docker 一起使用的模块有 Capability、SELinux 和 AppArmor。

1. Capability

在 Linux 2.2 版本之前，当内核对进程进行权限验证时，可以将进程划分为两类：

privileged 和 unprivileged。其中，privileged 的进程拥有所有内核权限，而 unprivileged 的进程则根据可执行文件的权限进行判断。

在实际使用过程中，以 root 身份运行容器并不是好办法，因为 root 拥有全部的权限。但是，如果以非 root 身份运行容器，则非 root 用户缺少权限，会处处受限。Linux 内核从 2.2 版本开始，就引入了 Capability 的概念与机制，提供了控制程序对系统敏感操作权限的控制，能选择容器运行所需的 root 用户权限，这是一种细粒度的权限控制方式。

在这种内核能力机制中，系统的敏感操作被看作一个个内核能力，只有当程序有对应的内核能力的操作权限时，才能进行这些操作。

在 Linux 系统中，可以通过/proc/$PID/status 查看进程的 Capability 信息，具体如下:

```
[root@localhost ~]# cat /proc/3057/status |grep Cap
CapInh:     0000000000000000
CapPrm:     0000000000000000
CapEff:     0000000000000000
CapBnd:     0000001fffffffff
```

每个程序都带有 4 个 Capability 参数，以十六进制的形式显示，每一个数位都代表一种内核的能力。

(1) CapInh：当每个程序唤起和运行其他程序时，被唤起的程序能够得到的内核能力范围。

(2) CapPrm：程序所拥有的内核能力。

(3) CapEff: 程序实际拥有的内核能力。由于程序实际上并不一定申请所有的 CapPrm，所以会列出程序实际上会使用并且允许使用的内核能力。

(4) CapBnd：系统能够提供给程序内核能力的边界，表示了系统所有内核能力的数位范围。

通过 Linux 的 Capability 机制，Docker 提供了容器级别的内核保护。换而言之，用户不仅能够控制每个程序的内核使用权限，还能够对容器的内核能力权限进行控制。

Docker 为容器提供内核能力白名单机制，只有在白名单中的能力才能被容器中的程序使用。在默认情况下，新创建的容器会携带一些最基本且相对比较安全的内核能力，可以在创建容器时携带--cap-add 和--cap-drop 两个参数，向白名单中添加或删除指定的内核能力。

修改文件所有者这个内核能力，默认存在于 Docker 容器的内核能力白名单中。如果不希望容器拥有这个能力，可以在创建容器时从容器的内核能力白名单中将这个能力移除。

例 14　使用--cap-drop 参数，删除白名单中修改文件所有者的内核能力。

```
[root@localhost ~]# docker run -it --cap-drop chown debian:jessie /bin/bash
Unable to find image 'debian:jessie' locally
jessie: Pulling from library/debian
1282799df2f8: Pull complete
Digest: sha256:d429d34cb08f5cd247668acf571f1d34ceb625bba71a87664661b54907793b59
Status: Downloaded newer image for debian:jessie
```

```
root@d79454610b36:/# touch test1
root@d79454610b36:/# chown www-data test1
chown: changing ownership of 'test1': Operation not permitted
```

可以看出，当修改文件所有者的能力被移除后，即使是容器以 root 身份进行操作，也无法修改文件的所有者。

2. SELinux

在早期的操作系统中几乎没有权限控制机制，任何人都可以随时访问计算机的资源和数据。随着安全需求的提高，大部分系统引入了自主访问控制(Discretionary Access Control，DAC)，这种权限管理机制的主体是用户。在这种机制下，决定一个资源是否能被访问的主要因素就是某个用户是否对某个资源拥有权限，只要有权限就可以访问这个资源。但实际上，在 Linux 中，只要知道某个用户的密码，随时都可以通过 su 切换到对应的用户进行操作，甚至切换到 root 用户，这样系统上任何资源都可以无限制地访问。这样其实非常危险，因为任何不当的操作，都会影响系统的稳定性。

为了解决这个问题，就出现了强制访问控制(Mandatory Access Control，MAC)。强制访问控制将资源和数据的访问控制细化到具体的访问体级别。决定一个资源是否能被访问，还需要判断每一类进程是否拥有对某一类资源的访问权限。这样一来，即使进程是以 root 身份运行的，也需要判断这个进程的类型以及允许访问的资源类型才能决定是否允许访问某个资源。即使程序出现了漏洞，影响范围也只有在其允许访问的资源范围内，安全性大大增加。

安全增强型 Linux(Security-Enhanced Linux)简称 SELinux，它是一个 Linux 内核模块，也是 Linux 的一个安全子系统。SELinux 主要由美国国家安全局开发，是对 MAC 机制的一种实现。Linux 2.6 及以上版本的 Linux 内核都已经集成了 SELinux 模块。SELinux 有 3 种工作模式，分别是：

(1) enforcing：强制模式，即违反 SELinux 规则的行为将被阻止并记录到日志中。

(2) permissive：宽容模式，即违反 SELinux 规则的行为只会记录到日志中，一般为调试用。

(3) disabled：关闭 SELinux。

在 CentOS7 中，SELinux 已经被合并进了内核并且默认启用强制模式，可以在 /etc/selinux/config 中查看 SELinux 工作模式。

```
[root@localhost ~]# cat /etc/selinux/config
# This file controls the state of SELinux on the system.
# SELINUX= can take one of these three values:
#       enforcing - SELinux security policy is enforced.
#       permissive - SELinux prints warnings instead of enforcing.
#       disabled - No SELinux policy is loaded.
SELINUX=enforcing
# SELINUXTYPE= can take one of three values
#       targeted - Targeted processes are protected,
```

```
#       minimum - Modification of targeted policy. Only selected processes are protected.
#       mls - Multi Level Security protection.
SELINUXTYPE=targeted
```

由上面的输出可知，当前系统的 SELinux 已经默认启用强制模式。

如果想要修改 SELinux 工作模式，可以在文件中将 SELINUX=enforcing 改为 SELINUX=disabled，然后重启机器即可。也可以通过 setenforce 1|0 命令快速切换。

在 Docker 中，可以利用 SELinux 来限制容器中虚拟操作系统内的资源和数据的访问性。要在 Docker 中使用 SELinux，要先确定当前系统中的 SELinux 是否支持 Docker，可以通过命令“semodule -l”来确定。如果 SELinux 支持 Docker，则与 Docker 对应的模块也会出现在其中。

默认情况下，SELinux 不支持 Docker。

```
[root@localhost ~]# semodule -l|grep docker
```

如果想要在 Docker 服务中开启 SELinux 的支持，可以在 dockerd 守护进程启动时加上“--selinux-enabled”参数，但是这种方式只是临时有效。如果想要一直在 Docker 服务中开启 SELinux，则可以在/etc/docker/daemon.json 配置文件中加上：

```
{
″selinux-enabled″: true
}
```

然后重启 Docker 服务，此时就在 Docker 服务中开启了 SELinux。

3. AppArmor

AppArmor(Application Armor)是 Linux 内核的一个安全模块，允许系统管理员将每个程序与一个安全配置文件关联，从而限制程序的功能。简单地说，AppArmor 是一个访问控制系统，可以指定程序读、写或运行哪些文件，是否可以打开网络端口等。作为对传统 UNIX 的自主访问控制模块的补充，AppArmor 提供了强制访问控制机制，其已经被整合到 2.6 版本的 Linux 内核中。目前 Ubuntu 自带了 AppArmor。AppArmor 有两种工作模式：enforcement 和 complain。

(1) enforcement：在这种模式下，配置文件里列出的限制条件都会得到执行，并且对于违反这些限制条件的程序会进行日志记录。

(2) complain：在这种模式下，配置文件里的限制条件不会得到执行，AppArmor 只是对程序的行为进行记录。

在 Docker 中，使用 AppArmor 也非常方便。在 Docker Daemon 启动时，只要检查到该 Linux 内核中支持 AppArmor，就会为 Docker 创建 AppArmor 配置文件。Docker 会自动生成并加载一个容器的默认配置文件 docker-default。在 Docker 1.13.0 及以上版本中，Docker 二进制文件在 tmpfs 中生成该配置文件，然后将其加载到内核中。在早于 Docker 1.13.0 的版本中，此配置文件将在/etc/apparmor.d/docker 中生成。

docker-default 配置文件是运行容器的默认设置。运行容器时，如果想要将其他的 AppArmor 配置用于 Docker 容器，可以在启动 Docker 容器的时候通过“--security-opt”参数选择容器所使用的 AppArmor 配置文件。

```
[root@localhost ~]# docker run --rm -it --security-opt apparmor=your_profile hello-world
```

其中，your_profile 用于指定 AppArmor 配置文件。

10.3.2　Docker 资源控制

Docker 中安全问题最突出的是容器方面。如果一个进程消耗的资源超过了可用的物理资源，进程可能会被迫停止。想确保一个程序不会过多地使用资源，最简单的办法就是对资源进行控制。Docker 为 docker run 和 docker create 命令提供了不同的选项来管理不同类型的资源。

1. CPU 限制

正常情况下，宿主机上的容器在竞争资源时平分 CPU 使用。如果想要给一些重要的容器分配更多的 CPU，可以在启动容器时加入相应参数，常见参数如下：

- --cpuset-cpu：指定容器使用的 CPU 核。
- -c,--cpu-shares：用来设置容器对 CPU 使用的权值。默认情况下，所有容器的权值是相同的，也就是所有容器竞争资源时得到的资源相同。Docker 默认每个容器的权值为 1024，当不设置或将其设置为 0 时，都将使用这个默认值。系统会根据每个容器的共享权值和所有容器共享权值比例来给容器分配 CPU 时间。
- --cpu-period：用来指定容器对 CPU 的使用要在多长时间内重新分配一次。
- --cpu-quota：用来指定在这个 CPU 周期内，最多可以有多少时间用来运行容器。

例 15　设置容器在 cpu1 和 cpu3 上运行。

(1) 通过“--cpuset-cpus”参数设置容器在 cpu1 和 cpu3 上运行。

```
[root@localhost /] # docker run -it --cpuset-cpus="1,3" --name cpu1   centos:7 /bin/bash
```

(2) 通过 inspect 命令查看容器的 ID 号。

```
[root@localhost /]# docker inspect cpu1 |grep Id
        "Id": "eb1e5a00f4c004115ab9c99077b97e634a6347259586118c33a6e7ed84199a47",
```

(3) 通过 cat 命令查看 cpuset.cpus 文件。

```
[root@localhost /]# cat
/sys/fs/cgroup/cpuset/docker/eb1e5a00f4c004115ab9c99077b97e634a6347259586118c33a
6e7ed84199a47/cpuset.cpus
1,3
```

根据上面的输出可知，容器中的进程可以在 cpu1 和 cpu3 上运行。

容器最常使用的限制 CPU 时间方式有两种：一是有多个 CPU 密集型的容器竞争 CPU 时，设置各个容器能使用的 CPU 时间相对比例；二是以绝对的方式设置容器在每个调度周期内最多能使用的 CPU 时间。

假设有四台容器 A、B、C 和 D，它们的任务是 CPU 密集型的，同时都在使用 CPU 资源，可以通过-c 或“--cpu-shares”设置各个容器能使用的 CPU 时间权值：

(1) 如果它们的 CPU 权值相等，都为 1024，那么每个容器都可以分配到 1/4 的 CPU；

(2) 如果 A 和 B 的权值为 1024，C 和 D 的权值为 512，那么 A 和 B 各得 1/3，C 和 D

各得 1/6；

(3) 如果运行的容器只有 D，那么它就能使用所有的 CPU 资源。

例 16　通过-c 或--cpu-shares 设置容器权值，A 为 1024，C 为 512。

(1) 通过--cpu-shares 参数设置容器 A 和 C 的权值。

```
[root@localhost /]# docker run -it --cpu-shares=1024 --name cpuA centos:7 /bin/bash
[root@localhost /]# docker run -it --cpu-shares=512 --name cpuC centos:7 /bin/bash
```

(2) 通过 inspect 命令查看容器 A 和 C 的 ID 号。

```
[root@localhost /]#   docker inspect cpuA |grep Id
        "Id": "10c2099f42f57c4577a2922846aa1ccf3ab23e70d93e594590d815b587ad5790",
[root@localhost /]#   docker inspect cpuC |grep Id
        "Id": "b60939a2b44c49b004b261199bbe6f8f473e6753fa92e550f709907e82a6dc62",
```

(3) 通过 cat 命令查看容器 A 和 C 的 cpuset.cpus 文件。

```
[root@localhost /]# cat
/sys/fs/cgroup/cpu/docker/10c2099f42f57c4577a2922846aa1ccf3ab23e70d93e594590d815b587a
d5790/cpu.shares
1024
[root@localhost /]# cat
/sys/fs/cgroup/cpu/docker/b60939a2b44c49b004b261199bbe6f8f473e6753fa92e550f709907e82a
6dc62/cpu.shares
512
```

此时，如果只有容器 A 和 C 在运行，那么容器 A 就被分配了 2/3 的 CPU，而容器 C 就被分配了 1/3 的 CPU。

Linux 通过 CFS(Completely Fair Scheduler，完全公平调度器)来调度各个进程对 CPU 的使用，以绝对的方式设置容器在每个调度周期内最多能使用的 CPU 时间。CFS 默认的调度周期是 100 ms。可以使用--cpu-period 设置每个容器进程的调度周期，使用--cpu-quota 设置在这个周期内各个容器最多能使用多少 CPU 时间。如果容器在既定时间内使用的 CPU 超过了配额，它就必须等到下一个时间段才能执行。

例 17　将 CFS 调度的周期设为 50 000，将容器在每个周期内的 CPU 配额设置为 25 000，即容器每 50 ms 可以得到 50%的 CPU 运行时间。

```
[root@localhost /]# docker run -it --cpu-period=50000 --cpu-quota=25000 --name cpu1
centos:7 /bin/bash
```

同样，也可以使用 cat 命令来查看周期和每个周期内容器使用的 CPU 时间，具体如下：

```
cat /sys/fs/cgroup/cpu/docker/<容器的完整长 ID>/cpu.cfs_period_us
cat /sys/fs/cgroup/cpu/docker/<容器的完整长 ID>/cpu.cfs_quota_us
```

上面是通过命令参数来限制 CPU 的使用，也可以在配置文件中限制对 CPU 的使用。下面展示如何利用 Cgroups 进行 CPU 限制。

假设有一个程序 test1.c，其源码如下：

```
#include <stdio.h>
int main(void)
{
int i = 1;
While(1) i++;
return 0;
}
```

这是一个死循环程序，使用 gcc 编译源码程序并执行。

```
[root@localhost ~]# gcc test1.c -o test1
[root@localhost ~]# ./test1
```

此时，CPU 状态如下：

```
[root@localhost ~]# top
top - 14:22:32 up    8:33,    3 users,    load average: 0.93, 0.38, 0.21
Tasks: 232 total,      2 running, 230 sleeping,      0 stopped,      0 zombie
%Cpu(s): 30.2 us,    1.8 sy,    0.0 ni, 67.6 id,    0.3 wa,    0.0 hi,    0.1 si,    0.0
KiB Mem :    1863032 total,      182972 free,        889136 used,      790924 buff/cache
KiB Swap:    2097148 total,    2092532 free,          4616 used.      787240 avail Mem

PID     USER    PR    NI    VIRT      RES        SHR S    %CPU %MEM TIME+ COMMAND
58895   root        20    0     4212        352     276 R       100.0    0.0       1:26.78 test1
2409    centos_7    20    0    3822408 183024 45936 S     22.2      9.8       5:51.42 gnome-+
1244    root            20    0    350208    37380     14556 S    20.5    2.0       2:19.38 X
55441 centos_7    20    0    682496    29872    17792 S      7.3      1.6       0:21.98 gnome-+
726        root          20    0    90568        3124        2264 S     2.6      0.2       0:21.29 rngd
2380    centos_7    20    0    233104    3928        3164 S     1.0      0.2       0:02.80 at-spi+
9            root          20    0        0              0            0 S      0.7      0.0       0:32.28 rcu_sc+
/*省略部分显示*/
```

为了限制 CPU 的使用，在/sys/fs/cgroup/cpu 下创建了一个名叫 cg 的 group，并限制 group 的 CPU 最高利用率为 30%。

```
[root@localhost ~]# mkdir /sys/fs/cgroup/cpu/cg
[root@localhost ~]# echo 30000 > /sys/fs/cgroup/cpu/cg/cpu.cfs_quota_us
```

通过进程的 PID，把运行 tests1 程序的进程 58895 加到这个 Cgroups 中：

```
[root@localhost ~]# #echo 58895>> /sys/fs/cgroup/cpu/cg/tasks
```

再次使用 top 命令查看 CPU 的利用情况，结果如下：

```
[root@localhost ~]# top
top - 14:29:28 up    8:40,    4 users,    load average: 0.54, 0.66, 0.42
Tasks:      235 total,      2 running, 233 sleeping,      0 stopped,      0 zombie
```

```
%Cpu(s):  9.7 us,  2.7 sy,  0.0 ni, 87.5 id,  0.0 wa,  0.0 hi,  0.1 si,  0.0
KiB Mem :  1863032 total,   171060 free,   899204 used,   792768 buff/cache
KiB Swap:  2097148 total,  2092532 free,     4616 used.   775692 avail Mem
PID    USER     PR  NI  VIRT     RES     SHR S   %CPU %MEM TIME+ COMMAND
58895  root     20  0   4212     348     276 R   29.9   0.0   1:10.03 test1
1244   root     20  0   354188   41248   15980 S 17.9   2.2   2:36.14 X
2409   centos_7 20  0   3823944  185024  47504 S 16.3   9.9   6:23.66 gnome-+
55441  centos_7 20  0   684316   31360   17808 S 7.6    1.7   0:28.81 gnome-+
/*省略部分显示*/
```

此时，CPU 的利用率已经下降到 30%(29.9%)以下了。

2. 内存限制

内存是程序不可或缺的基础计算资源，对容器的内存进行限制是最基础的限制。内存限制限制了容器中的进程能够使用的内存大小。内存限制能够确保一个容器不会因为过多使用内存而影响运行在同一个计算机上的其他容器。内存限制相关的参数如下：

• -m,--memory：物理内存限制，格式是数字加单位，单位可以为 B、KB、MB、GB。

• --memory-swap：虚拟内存使用量的限制，即物理内存和交换内存之和。

• --memory-reservation：内存的软性限制。它不保证任何时刻容器使用的内存不会超过 --memory-reservation 限定的值，它只是确保容器不会长时间占用超过--memory-reservation 限制的内存大小。

• --oom-kill-disable：是否阻止 OOM(Out-Of-Memory，内存超出) killer 杀死容器，默认为 true。

• --oom-score-adj：容器被 OOM killer 杀死的优先级，范围是[-1000, 1000]，默认为 0。

• --memory-swappiness：用于设置容器的虚拟内存控制行为，值为 0～100 的整数。

用户在对容器能使用的内存和虚拟内存使用量的大小做出限制时，要遵循以下两条原则：

(1) -m,--memory 选项的参数最小为 4 MB。

(2) --memory-swap 不是交换内存，而是物理内存和交换内存的总大小，因此--memory-swap 必须比-m,--memory 大。

在这两条规则下，常见有以下几种设置方式：

(1) 不设置-m,--memory 和--memory-swap，容器默认可以用完宿主机的所有内存和 Swap 分区。

(2) 设置-m,--memory，不设置--memory-swap，若容器能使用的内存大小为 a，则 Docker 默认容器交换分区的大小和内存相同，即也为 a。

(3) 设置-m,--memory=a, --memory-swap=b，且 b > a，则容器能使用的 Swap 分区大小为(b-a)。

例 18　启动一个容器，设置容器能使用的内存大小为 1 GB，虚拟内存使用量为 3 GB，则能使用的 Swap 分区大小为 2 GB。

```
[root@localhost /]# docker run -it -m 1G --memory-swap 3G centos:7 /bin/bash
```

默认情况下，在出现 Out-Of-Memory(OOM)错误时，系统会杀死容器内的进程来获取更多空闲内存。这个杀死进程来节省内存的进程被称为 OOM killer。可以通过设置--oom-kill-disable 选项来禁止 OOM killer 杀死容器内进程，但要确保只有在使用了--memory 选项时才使用--oom-kill-disable 禁用 OOM killer。

例 19　限制容器的内存为 1 GB 并禁止 OOM killer。

```
[root@localhost /]# docker run -it -m 1G --oom-kill-disable centos:7 /bin/bash
```

如果容器没设置内存限制，却禁用 OOM killer，是非常危险的；因为容器没用内存限制，可能或导致系统无内存可用。

也可以通过设置配置文件来限制内存的使用。下面展示利用 Cgroups 进行内存限制。

假设有一个程序 test2.c，其源码如下：

```
#include <stdio.h>
#include <stdlib.h>
#include <unistd.h>
#include <string.h>
int main(void)
{
    int size = 0;
    int chunk_size = 1024;
    void *p = NULL;
    while(1) {
        if ((p = malloc(chunk_size)) == NULL) {
            printf("out of memory!!\n");
            break;
        }
        memset(p, 1, chunk_size);
        size += chunk_size;
        printf("[%d]: 内存被分配了[%8d] bytes.\n", getpid(), size);
        sleep(1);
    }
  return 0;
}
```

这是一个死循环程序，其不断地分配内存直至内存耗尽。使用 gcc 编译源码程序，并执行：

```
[root@localhost ~]# gcc test2.c -o test2
[root@localhost ~]# ./test2
[59490]: 内存被分配了 [1024] bytes.
[59490]: 内存被分配了 [2048] bytes.
[59490]: 内存被分配了 [3072] bytes.
```

```
[59490]: 内存被分配了 [4096] bytes.
[59490]: 内存被分配了 [5120] bytes.
[59490]: 内存被分配了 [6144] bytes.
[59490]: 内存被分配了 [7168] bytes.
/*省略部分显示*/
```

为了限制内存的使用，在/sys/fs/cgroup/memory 下创建了一个名叫 cg2 的 group，并限制 group 的 Memory 最高使用值为 32 KB。

```
[root@localhost ~]# mkdir /sys/fs/cgroup/memory/cg2
[root@localhost ~]# echo 32k > /sys/fs/cgroup/memory/cg2/memory.limit_in_bytes
```

通过进程的 PID，把运行 test2 程序的进程 59490 加到这个 Cgroups 中：

```
[root@localhost ~]# echo 59490 >> /sys/fs/cgroup/memory/cg2/tasks
```

当上面的进程使用内存过多(超过 32 KB)时，进程会因为内存问题被 kill 掉。

3. I/O 限制

相对于 CPU 和内存的资源控制，Docker 对磁盘 I/O 的控制大多数都在有宿主机设备的情况下使用。其主要包括以下参数：

- --device-read-bps：限制此设备上的读速度，单位可以是 KB、MB 或者 GB。
- --device-read-iops：通过每秒读 I/O 次数来限制指定设备的读速度。
- --device-write-bps：限制此设备上的写速度，单位可以是 KB、MB 或者 GB。
- --device-write-iops：通过每秒写 I/O 次数来限制指定设备的写速度。
- --blkio-weight：容器默认磁盘 I/O 的加权值，有效值范围为 10～100。
- --blkio-weight-devic：针对特定设备的 I/O 加权控制，格式为 DEVICE_NAME: WEIGHT。

在 Docker 中，可以通过--device-read-bps 和--device-write-bps 限制硬盘读/写速度，通过--device-read-iops 和--device-write-iops 限制 I/O 数量。

例 20　利用--device-write-bps 选项限制容器写/dev/sda 的速率为 30 MB/s。

```
[root@localhost ~]# docker run -it --device-write-bps /dev/sda:30MB centos:7
```

通过 dd 命令测试在容器中写磁盘的速度。因为容器的文件系统是在/dev/sda 上的，在容器中写文件相当于对/dev/sda 进行写操作。另外，oflag= direct 指定用 direct I/O 方式写文件，这样--device-write-bps 才能生效。

```
[root@e11fe573c401 /]# time dd if=/dev/zero of=test.out bs=1M count=800 oflag=direct
800+0 records in
800+0 records out
838860800 bytes (839 MB) copied, 30.0726 s, 27.9 MB/s

real    0m30.131s
user    0m0.107s
sys     0m13.493s
```

由上面的输出可知，容器的写速度为 27.9 MB/s，小于 30 MB/s。

如果没有对容器进行写限制，则输出如下：

```
[root@localhost ~]# docker run -it centos:7
[root@7e4fcb4e1e9c /]# time dd if=/dev/zero of=test.out bs=1M count=800 oflag=direct
800+0 records in
800+0 records out
838860800 bytes (839 MB) copied, 22.7926 s, 66.8 MB/s

real    0m14.828s
user    0m0.055s
sys     0m9.408s
```

由上面的输出可知，容器的写速度为 66.8 MB/s。

默认情况下，所有容器能平等地读/写磁盘，可以通过设置--blkio-weight 参数来改变容器 Block I/O 的优先级。--blkio-weight 与--cpu-shares 类似，设置的是相对权重值，默认为 500。要使--blkio-weight 生效，需要保证 I/O 的调度算法为 CFQ(Completely Fair Queuing，完全公平队列)。

例 21 查看 I/O 的调度算法为 CFQ，并创建一个容器，确保使用--blkio-weight 选项限制优先级为 100。

```
[root@localhost ~]# cat /sys/block/sda/queue/scheduler
noop [deadline] cfq
[root@localhost ~]# docker run -it --rm --blkio-weight 100 centos:7
[root@59787989b2f3 /]#
```

4. 文件系统限制

为了阻止攻击者写入文件系统，可以对文件系统做出相应的限制。比如在 docker run 命令执行时加入--read-only 参数，把文件系统设置为完全只读。

例 22 加入--read-only 参数，把文件系统设置为完全只读。

```
[root@localhost /]# docker run -it --read-only centos:7 /bin/bash
[root@2921718a1ecd /]# echo "This is a test" >1.txt
bash: 1.txt: Read-only file system
```

由上面的输出可知，当前文件系统是只读系统，因而不能向容器中写入数据。

也可以在数据卷参数之后加上:ro 来进行限制，将容器里挂载共享的数据设置为只读，这样数据修改就只能在宿主机上操作。

例 23 数据卷参数之后加上:ro 来进行文件系统限制。

```
[root@localhost /]# docker run -it -v $(pwd):/root:ro centos:7 touch /root/1.txt /bin/bash
touch: cannot touch '/root/1.txt': Read-only file syste
```

由上面的输出可知，由于在数据卷的参数上进行了只读限制，因此不能在容器中修改数据卷数据。

5. 通过 ulimit 限制

在 Linux 系统中，可以通过 ulimit 命令对部分资源的使用进行限制。在 Docker 1.6 之后的版本，可以通过 ulimit 命令设置容器独立的资源限制和配置。在 Docker 1.6 之前的版本，Docker Container 继承来自 Docker Daemon 的 ulimit 设置。常见的 Docker 修改 ulimit 的方案，通过--ulimit 选项来设置。

例 24　通过--ulimit 选项限制容器，限制 Shell 进程打开文件的数目为 1000，限制进程能够使用的 CPU 资源为 1024。

```
[root@localhost ~]# docker run -it --ulimit nofile=1024:1024 --ulimit cpu=1000 centos:7 /bin/bash
[root@f149a1ba11ae /]# ulimit -t
1000
[root@f149a1ba11ae /]# ulimit -n
1024
```

ulimit 命令的功能非常强大，通过 ulimit 命令不仅可以修改所创建的内核文件的大小、进程数据块的大小、Shell 进程创建文件的大小、内存锁住的大小及常驻内存集的大小，还可以修改打开文件描述符的数量、分配堆栈的最大大小、CPU 时间、单个用户的最大线程数和 Shell 进程所能使用的最大虚拟内存等。

想要修改 Docker 服务的默认设置，还可以通过修改配置文件来实现。

例 25　通过配置文件来修改 Docker 服务。

打开配置文件 docker.service，修改[Service]部分中的 ulimit 限制。

```
[root@localhost ~]# vim /usr/lib/systemd/system/docker.service
/*省略部分代码*/
[Service]
LimitNOFILE=infinity
LimitNPROC=infinity
LimitCORE=infinity   //修改为相应的数值
```

重启 Docker Daemon 和 Docker 服务。

```
[root@localhost ~]# systemctl daemon-reload
[root@localhost ~]# systemctl restart docker
```

10.4　Docker Compose

之前讲解的 Docker，准确来说是 Docker Engine，主要用于 Docker 容器技术的实现，包括镜像启动和停止、构建和迁移等操作，可以实现在不同的机器中实现快速部署和程序环境搭建。对于集群环境下的容器编排服务，包括自动配置、协作和管理服务等，就需要借助其他方案来解决。目前 Docker 官方提供了多个与 Docker 相关的工具软件来辅助 Docker Engine，比如 Docker Compose、Docker Machine 以及 Docker Swarm。接下来重点讲解 Docker Compose 的常见使用方法。

目前，任何一个功能相对完善的应用服务都不会使用单一程序来支持，通常将大型服务拆解成微服务架构，分别部署在不同的容器中。一个大型服务往往是由数十个甚至上百个容器组成的。

例如，对于一个简单的 Web 应用，一般需要先启动数据库容器，然后再启动应用容器，最后还可能要启动一个反向代理容器，这就需要三个命令才能部署，操作麻烦，而且不能把三个容器统一管理。那么如何统一管理多个互联的容器呢？可以采用容器编排工具 Docker Compose。

10.4.1 Docker Compose 简介

Docker Compose 是 Docker 官方的开源项目，负责实现对 Docker 容器集群的快速编排。它由 Python 编写，最初源于一个开源项目 Fig，目标就是定义和运行应用程序。

Docker Compose 将所管理的容器分为三层，分别是工程(Project)、服务(Service)以及容器(Container)。

工程是由一个或者多个服务所组成的一个相对完整的业务单元。Docker Compose 运行目录下的所有文件，包括 docker-compose.yml，extends 文件或环境变量文件等组成一个工程，若无特殊指定，则工程名即为当前目录名。

服务是运行同种应用程序的一个或多个相同容器的运行镜像、参数和依赖，也是在 Docker Compose 中配置的主要对象。一个工程可包含多个服务，而一个服务可包括多个容器实例。

Docker Compose 的工程配置文件默认为 docker-compose.yml，可通过环境变量 COMPOSE_FILE 或-f 参数自定义配置文件，其定义了多个有依赖关系的服务及每个服务运行的容器。Docker Compose 允许用户通过一个单独的 docker-compose.yml 模板文件(YAML 格式)来定义一组相关联的应用容器为一个项目(Project)。

使用 Docker Compose 可分为三步：

(1) 使用 Dockerfile 定义应用的运行环境。

(2) 使用 docker-compose.yml 定义组成应用的各服务。

(3) 执行 docker-compose up 启动并运行整个应用。

Docker Compose 项目调用 Docker 服务提供的 API 来对容器进行管理。因此，只要所操作的平台支持 Docker API，就可以在其上利用 Docker Compose 来进行编排管理。

目前，Docker Compose 的代码托管在 GitHub 上，可以通过 https://github.com/docker/compose 找到 Docker Compose 下载链接。Docker Compose 具体的安装步骤如下：

(1) 下载 Docker Compose 1.25.5 版本。

```
[root@localhost ~]#  sudo curl -L
https://github.com/docker/compose/releases/download/1.25.5/docker-compose-'uname
-s'-'uname -m' -o /usr/local/bin/docker-compose
```

其中：使用-L 参数，curl 就会跳转到新的网址；使用 uname -s，可以显示操作系统名称；使用 uname -m，可以显示操作系统架构。如果想要安装其他版本的 Compose，可替换 1.25.5 版本。

(2) 修改 docker-compose 文件的可执行权限。

```
[root@localhost ~]# chmod +x /usr/local/bin/docker-compose
```

(3) 创建软连接。

```
[root@localhost ~]# ln -s /usr/local/bin/docker-compose /usr/bin/docker-compose
```

(4) 查看 Docker Compose 版本，测试是否安装成功。

```
[root@localhost ~]# docker-compose --version
docker-compose version 1.25.5, build 8a1c60f6
```

由上面的输出可知，当前 Docker Compose 文件版本为 1.25.5。

10.4.2 Docker Compose 配置文件

Docker Compose 是使用 YML 文件来定义多个容器关系的，实际上是把 YML 文件解析成原生的 Docker 命令，定义解析容器依赖关系，然后按照顺序启动容器。它定义了包括服务、网络、数据卷在内的一系列项目组件。

Docker Compose 配置文件默认路径是当前目录下的 docker-compose.yml，可以使用 .yml 或 .yaml 作为文件扩展名。一份标准配置文件应该包括 version、services 和 networks 这三大部分。其中 services 和 networks 最关键。例如：

```
version: '3'
services:
  web:
    build: .
    ports:
     - "5000:5000"
    volumes:
     - .:/code
depends_on:
     - redis
redis:
    image: redis
```

Docker Compose 目前有三个版本，分别为 Version 1、Version 2 和 Version 3。本书采用 Version 3 的默认文件写法。下面介绍 services 的书写规则。

1. 指定服务使用的镜像(image)

如果镜像在本地不存在，则 Compose 将会尝试拉取镜像。例如，设置服务使用的镜像为 hello-world。

```
services:
  web:
      image: hello-world
```

2. 指定构建上下文(build)

服务除了可以基于指定的镜像，还可以基于 Dockerfile，在使用 up 启动时执行构建任务。构建标签是 build，可以指定 Dockerfile 所在文件夹的路径。Compose 将会利用 Dockerfile 自动构建镜像，然后使用镜像启动服务容器。路径可以是绝对路径，也可以是相对路径，设定上下文根目录，然后以该目录为准指定 Dockerfile。

```
build: /root/dir   //绝对路径
build: ./dir       //相对路径
```

如果同时指定 image 和 build 两个标签，那么 Compose 会构建镜像并且把镜像命名为 image 值指定的名字。

3. 指定服务镜像启动命令(command)

使用 command 可以覆盖容器启动后默认执行的命令。

```
command: bundle exec thin -p 3000
```

4. 指定运行服务的容器名称(container_name)

Compose 的容器名称格式是<项目名称><服务名称><序号>，可以自定义项目名称、服务名称。但如果想给一个容器指定名字为 docker1，则格式如下：

```
container_name: docker1
```

5. 指定服务依赖关系(depends_on)

一般项目容器启动的顺序是有要求的，如果直接从上到下启动容器，必然会因为容器依赖问题而启动失败。例如，在没有启动数据库容器时启动应用容器，应用容器会因为找不到数据库而退出。depends_on 标签用于解决容器的依赖、启动先后的问题。

```
version: '3'
services:
  web:
    build: .
    depends_on:
      - db
      - redis
  redis:
    image: redis
  db:
image: postgres
```

上述 YAML 文件定义的容器会先启动 redis 和 db 两个服务，最后才启动 web 服务。

6. 指定端口暴露(expose)

expose 暴露端口，但不映射到宿主机，只允许能连接的服务访问。仅可以指定内部端口为参数。

```
expose:
    - "3000"
    - "8000"
```

7. 设置服务容器的端口映射(ports)

ports 是用于映射端口的标签，使用[HOST:CONTAINER]格式或者只是指定容器的端口，宿主机会随机映射端口，如下所示：

```
ports:
  - "3000:3000"
  - "8000:8000"  //"宿主机端口:容器暴露端口"
```

注意：当使用[HOST:CONTAINER]格式来映射端口时，如果使用的容器端口小于 60，可能会得到错误结果；因为 YAML 将会解析 xx:yy 这种数字格式为六十进制，所以建议采用字符串格式。

8. 设置容器数据卷(volumes)

挂载一个目录或者一个已存在的数据卷容器，可以直接使用 [HOST:CONTAINER]格式。Compose 的数据卷指定路径可以是相对路径，也可以是绝对路径。

```
volumes:
  //只是指定一个路径，Docker 会自动创建一个数据卷
  - /var/test1
  //使用绝对路径挂载数据卷
  - /var/test2:/var/test2    //"宿主机路径:容器路径"
```

10.4.3　Docker Compose 常见命令

docker-compose 命令格式如下：

```
docker-compose [-f <arg>...] [OPTIONS] [COMMAND] [ARGS...]
```

OPTIONS 参数说明：

- -f,--file FILE：指定 Compose 模板文件，默认为 docker-compose.yml。
- -p,--project-name NAME：指定项目名称，默认使用当前所在目录为容器名称的前缀。
- --verbose：输出更多调试信息。
- -v,--version：打印版本并退出。
- --log-level LEVEL：定义日志等级。

其中，-f 参数可以使用多次，例如：

```
docker-compose -f docker-compose.yml -f docker-compose.admin.yml run centos:7
```

如果两份配置文件中有同名的服务，Docker Compose 只会解析执行后面的服务。

Docker Compose 启动容器时，默认会把当前的目录名称设置为容器名称的前缀。例如，在 web 目录下启动容器，配置文件中有两个服务 app 和 nginx，启动的容器名默认是 web_app_1 和 web_nginx_1，如果要指定容器的前缀，则使用-p 参数。例如：

```
docker-compose -p myapp up
```

此时容器名称就会是 myapp_app_1 和 myapp_nginx_1。

1. 运行容器组合 docker-compose up

docker-compose up 命令可以让 Docker Compose 完成整个项目的镜像构建、容器创建、启动和运行。简而言之，一条命令可以完成整个项目的运行。命令格式如下：

```
docker-compose up [OPTIONS] [--scale SERVICE=NUM...] [SERVICE...]
```

OPTIONS 参数说明：

- -d：在后台运行服务容器。
- --force-recreate：强制重新创建容器，就是重建已经存在于 Docker 中的容器。
- -build：在启动容器前先构建服务镜像。

启动容器组合命令如下：

```
docker-compose up
```

在后台启动容器组合命令如下：

```
docker-compose up -d
```

2. 停止容器组合 docker-compose down

docker-compose down 命令可以停止和删除容器、网络、卷、镜像。这个命令和 docker-compose up 命令是成对使用的。命令格式如下:

```
docker-compose down [OPTIONS]
```

OPTIONS 参数说明：

- --rmi type：删除镜像。如果类型为 all，则删除 compose 文件中定义的所有镜像；如果类型为 local，则删除镜像为空的镜像。
- -v, --volumes：删除已经在 compose 文件中定义的和匿名的附在容器上的数据卷。

停止容器组合命令如下：

```
docker-compose down
```

3. 构建项目镜像 docker-compose build

docker-compose build 命令可以对项目中需要且由 dockerfile 文件提供的镜像进行构建。命令格式如下：

```
docker-compose build [options] [--build-arg key=val...] [SERVICE...]
```

options 参数说明：

- --force-rm：删除构建过程中的临时容器。
- --no-cache：构建镜像过程中不使用缓存。
- --pull：在构建过程中，始终尝试通过拉取操作来获取更新版本的镜像。
- -m, --memory MEM：为构建的容器设置内存大小。

4. 创建项目容器 docker-compose create

docker-compose create 命令可以让 Docker Compose 根据项目配置文件创建相应的容器。在创建容器的过程中，Docker Compose 会自动解决容器之间的依赖关系，完成对数据卷、网络、容器的连接等工作。命令格式如下:

```
docker-compose create [options] [SERVICE...]
```

options 参数说明：

- --force-recreate：强制重新创建容器，不能与--no-recreate 同时使用。
- --no-recreate：如果容器已经存在，则不重新创建，不能与--force-recreate 同时使用。
- --no-build：不自动构建缺失的镜像。
- --build：创建容器前生成镜像。

5. 启动项目容器 docker-compose start

docker-compose start 命令可以启动 Docker Compose 定义的所有容器。命令格式如下:

```
docker-compose start [SERVICE...]
```

如果只是想启动某一个服务，可以在命令之后加上需要启动的服务列表。例如：

```
docker-compose start nginx php mysql
```

6. 拉取服务依赖的镜像 docker-compose pull

拉取服务依赖的镜像的命令格式如下：

```
docker-compose pull [options] [SERVICE...]
```

options 参数说明：

- --ignore-pull-failures：忽略拉取镜像过程中的错误。
- --parallel：多个镜像同时拉取。
- --quiet：拉取镜像过程中不打印进度信息。

7. 查看服务日志 docker-compose logs

通过 docker-compose logs 命令，可以得到容器中的日志信息。命令格式如下：

```
docker-compose logs [options] [SERVICE...]
```

默认情况下，docker-compose logs 将对不同的服务输出使用不同的颜色来区分。可以通过--no-color 来关闭颜色。

10.4.4 Docker Compose 实战

创建一个 Python 应用，使用 Flask 将数值记入 Redis。该应用有两个服务，即 web 和 redis，每一个服务对应一个容器，容器的启动有先后依赖关系。通过 Docker Compose 编排容器的启动顺序，然后使用 Docker Compose 的 up 命令启动该 Python 应用。其具体操作步骤如下：

(1) 建立 Python 应用目录 python，并在该目录下新建一个文件，名叫 app.py。

```
[root@localhost ~]# mkdir python
[root@localhost ~]# cd python
[root@localhost python]# vi app.py
```

app.py 文件的内容为

```
from flask import Flask
from redis import Redis
app = Flask(__name__)
redis = Redis(host='redis', port=6379)
@app.route('/')
def hello():
    redis.incr('hits')
    return 'Hello! I have been seen %s times.' % redis.get('hits')
if __name__ == "__main__":
    app.run(host="0.0.0.0", debug=True)
```

(2) 在同一个目录下创建 Dockerfile 文件，用于构建这个应用的镜像。文件内容如下：

```
[root@localhost python]# vim Dockerfile
FROM python:3.7
ADD . /code
WORKDIR /code
RUN pip install -r flask redis
CMD python app.py
```

在上面的 Dockerfile 文件中，FROM python:3.7 表示容器将使用 Python 3.7 的镜像，ADD . /code 表示将当前目录下文件拷贝到容器内，用 WORKDIR 指定工作目录为/code，用 RUN pip install -r flask redis 设置安装 Python 需要的库 flask 和 redis，最后容器执行命令为 python app.py。

(3) 在同一目录下，创建编排脚本 docker-compose.yml。

```
[root@localhost python]# vim docker-compose.yml
version: '3'
services:
  web:
    build: .
    ports:
     - "5000:5000"
    volumes:
     - .:/code
    depends_on:
     - redis
  redis:
    image: redis
```

由上面的编排脚本可知，这个应用定义了两个服务：web 和 redis。

在 web 服务中，“build: .”表示利用当前路径下的 Dockerfile 创建镜像文件，用 ports 来指定 web 容器内的 5000 端口映射到宿主机的 5000 端口，用 volumes 将当前目录挂载到

web 容器的/code 目录，用 depends_on 设置 web 服务依赖于 redis 服务。

在 redis 服务中，用 images 设置从 Docker Hub 获取镜像 redis。

(4) 通过 up 命令启动应用。Compose 会执行编排脚本，分别制作和抓取 web 与 redis 镜像，启动两个容器并连接它们。

```
[root@localhost python]# docker-compose up
Building web
Step 1/6 : FROM python:3.7
 ---> 2699987679cd
Step 2/6 : ADD . /code
 ---> c042a21939fe
Step 3/6 : WORKDIR /code
 ---> Running in c0a88dab78ec
Removing intermediate container c0a88dab78ec
 ---> def01c98440d
Step 4/6 : RUN pip install    flask
/*省略部分代码*/
```

(5) 通过 curl http://localhost:5000/访问应用。如果出现下列结果，则说明部署正确。

```
[root@localhost python] curl http://localhost:5000/
Hello! I have been seen b'1' times.
[root@localhost python] curl http://localhost:5000/
Hello! I have been seen b'2' times
[root@localhost python] curl http://localhost:5000/
Hello! I have been seen b'3' times.
```

10.5 Docker Machine

10.5.1 Docker Machine 简介

Docker Machine 是 Docker 官方容器编排项目之一，是使用 Go 语言编写的。利用 Docker Machine 工具管理宿主机，可以很方便地在本地的 MAC OS 或者 Windows、数据中心以及 AWS 这样的云计算提供商上创建 Docker。对于集群部署来说，提高效率不仅仅体现在对服务程序的部署上，还体现在对 Docker 的安装、更新和配置上。

由于 Docker 的迭代速度很快，要想保证运行在 Docker 容器上的应用程序得到一致的运行体验，首先要保证运行这些容器的 Docker 在功能配置上是一致的。此时可以使用 Docker Machine 统一将 Docker 部署在不同的宿主机上，特别是不同操作系统的宿主机上。

使用 Docker Machine 命令，可以统一管理运行在不同宿主机上的 Docker，进行统一启动、检查、停止和重新启动托管主机，也可以升级 Docker 客户端和守护程序，以及配置 Docker 客户端与宿主机进行通信，如图 10-7 所示。

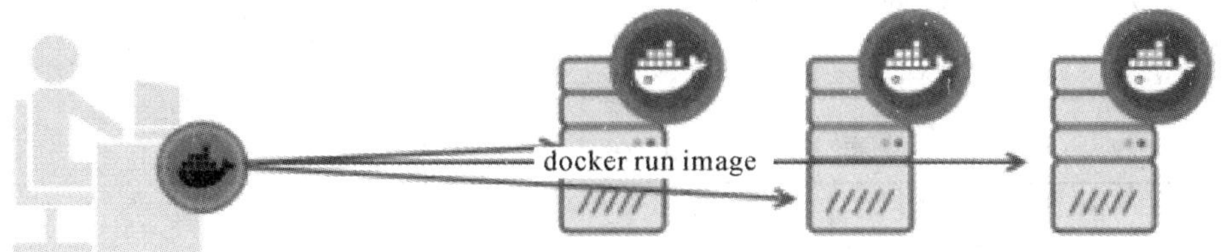

图 10-7　利用 Docker Machine 统一管理 Docker

可以把 Docker Machine 理解为 Docker Daemon 和 Docker CLI(Command-Line Interface，命令行接口)分离的程序。Docker Machine 的客户端通过连接宿主机服务器端来操作 Docker，这种连接方式通过网络进行，如图 10-8 所示。

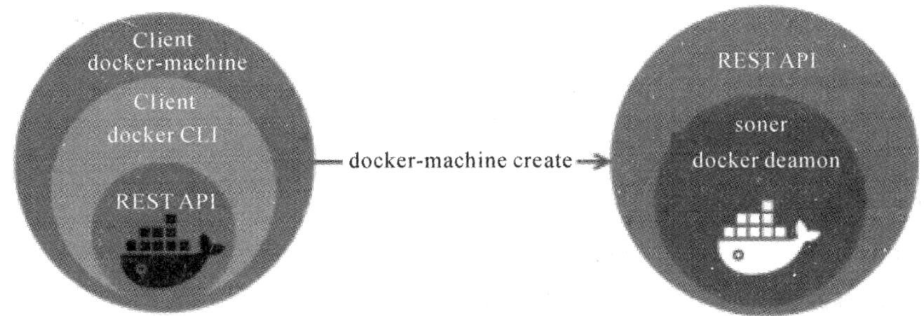

图 10-8　利用 Docker Machine 远程操作 Docker 所在的宿主机

目前，Docker Machine 的代码托管在 GitHub 上，可以在 https://github.com/docker/machine/releases/页面中找到下载链接。在 Linux 系统中，Docker Machine 的具体安装过程如下：

(1) 下载 Docker Machine 的某一个版本，此时选择 v0.16.2。

```
[root@localhost ~]#  curl - L
https://github.com/docker/machine/releases/download/v0.16.2/docker-machine-'uname
-s'-'uname -m' >/tmp/docker-machine
```

其中：使用参数-L，curl 就会跳转到新的网址；使用参数 uname -s，可以显示操作系统名称；使用参数 uname-m，可以显示电脑类型。如果想要安装其他版本的 Docker Machine，可替换 v0.16.2 版本。

(2) 修改 docker-machine 文件的可执行权限。

```
[root@localhost ~]# chmod +x /tmp/docker-machine
```

(3) 复制文件到指定目录。

```
[root@localhost ~]# cp /tmp/docker-machine /usr/local/bin/docker-machine
```

(4) 查看 Docker Machine 版本，测试是否安装成功。

```
[root@localhost ~]# docker-machine version
docker-machine version 0.16.0, build 702c267f
```

由上面的输出可知，Docker Machine 已经安装成功。

10.5.2　Docker Machine 常见命令

Docker Machine 的常见命令如表 10-1 所示。

表 10-1　Docker Machine 常见命令

命　令	说　明
docker-machine create	用于创建 Docker 主机
docker-machine start	启动一个指定的 Docker 主机，如果对象是个虚拟机，则该虚拟机将被启动
docker-machine stop	停止一个指定的 Docker 主机
docker-machine ls	列出所有的管理主机
docker-machine status	获取指定 Docker 主机的状态，包括 Running、Paused、Saved、Stopped、Stopping、Starting、Error 等
docker-machine upgrade	将一个指定主机的 Docker 版本更新
docker-machine inspect	以 Json 格式输出指定 Docker 的详细信息
docker-machine rm	删除某台 Docker 主机，对应的虚拟机也会被删除
docker-machine ssh	通过 ssh 连接到主机上，执行命令
docker-machine version	显示 Docker Machine 的版本或者主机 Docker 版本
docker-machine config	查看当前激活状态 Docker 主机的连接信息
docker-machine env	显示连接到某个主机需要的环境变量

10.5.3　Docker Machine 实战

Docker Machine 可以管理多个宿主机上的 Docker，以下以两个机器为例，manager 是管理机，client 是被管理机(也叫做宿主机)，演示如何利用 Docker Machine 创建并查看宿主机上的 Docker。

准备两台主机，操作系统为 CentOS7 且已经安装 Docker Engine：manager 是管理机，需安装 Docker Machine，IP 为 192.168.3.206；client 是被管理机，IP 为 192.168.3.204。

首先，在 manager 主机上配置主机间的 ssh 免密。

(1) 生成 keys 并配置可以免密登录宿主机。

```
[root@localhost ~]# ssh-keygen
Generating public/private rsa key pair.
Enter file in which to save the key (/home/centos_7/.ssh/id_rsa):
Created directory '/home/centos_7/.ssh'.
Enter passphrase (empty for no passphrase):
Enter same passphrase again:
Your identification has been saved in /home/centos_7/.ssh/id_rsa.
Your public key has been saved in /home/centos_7/.ssh/id_rsa.pub.
```

```
The key fingerprint is:
SHA256:qQdzqxlA4z1EGhu29UI4IjPXXengcUzwj1YnFLttL1s centos_7@localhost.localdomain
The key's randomart image is:
+---[RSA 2048]----+
|    .+o==o.o.    |
|+ o.+X+o+. .     |
| = .*oo=o + .    |
|    o +...= =    |
|     o = S o o   |
|      . B . . .  |
|       o o   . E |
|        =      + |
|       o     .   |
+----[SHA256]-----+
```

注意：在配置过程中遇到选择时，直接按 Enter 键即可。

(2) 将 keys 拷贝到 client 宿主机上。

```
[root@localhost ~]#  ssh-copy-id root@192.168.3.204
The authenticity of host '192.168.3.204 (192.168.3.204)' can't be established.
ECDSA key fingerprint is SHA256:21fAZUhXPWRIZiE8ZYSHF3Y7zLcVRuX3FVU5jgiIUHA.
ECDSA key fingerprint is MD5:40:75:7f:12:cb:df:42:97:f9:99:02:db:11:28:67:6f.
Are you sure you want to continue connecting (yes/no)? yes
/usr/bin/ssh-copy-id: INFO: attempting to log in with the new key(s), to filter out any that are
already installed
/usr/bin/ssh-copy-id: INFO: 1 key(s) remain to be installed -- if you are prompted now it is to install
the new keys
root@192.168.3.204's password:

Number of key(s) added: 1

Now try logging into the machine, with:    "ssh 'root@192.168.3.204'"
and check to make sure that only the key(s) you wanted were added.
```

(3) 测试是否可以免密登录。

```
[root@localhost ~]# ssh 'root@192.168.3.204'
Last login: Tue Mar  2 10:10:25 2021
```

由上面的输出发现，可以免密登录。

(4) 退出登录。

```
[root@localhost ~]# exit
```

```
logout
Connection to 192.168.3.204 closed.
```

接下来在 manager 管理机上使用 Docker Machine 在宿主机上创建 Docker 容器。

(1) 执行 docker-machine ls 查看是否有运行 Docker 的宿主机。

```
[root@localhost ~]# docker-machine ls
NAME    ACTIVE    DRIVER    STATE    URL    SWARM    DOCKER    ERRORS
```

由上面的输出可知，目前没有运行 Docker 的宿主机。

(2) 创建第一个 machine，即 docker123-192.168.3.204，也就是在宿主机上启动 Docker。

```
[root@localhost ~]# docker-machine create --driver generic --generic-ip-address=192.168.3.204
docker123
Creating CA: /home/centos_7/.docker/machine/certs/ca.pem
Creating client certificate: /home/centos_7/.docker/machine/certs/cert.pem
Running pre-create checks...
Creating machine...
(docker123) No SSH key specified. Assuming an existing key at the default location.
Waiting for machine to be running, this may take a few minutes...
Detecting operating system of created instance...
Waiting for SSH to be available...
Detecting the provisioner...
Provisioning with centos...
Copying certs to the local machine directory...
Copying certs to the remote machine...
Setting Docker configuration on the remote daemon...
Checking connection to Docker...
```

(3) 创建 machine 成功后，执行 ls 查看。

```
[root@localhost ~]# docker-machine ls
NAME          ACTIVE              DRIVER         STATE          URL
SWARM         DOCKER              ERRORS
docker123 -   generic    Running tcp://192.168.3.204:2376   v20.10.5
```

由上面的输出可知，Docker 容器 docker123 创建成功。

(4) 使用 docker-machine inspect 命令查看容器 docker123 的情况。

```
[root@localhost ~]# docker-machine inspect docker123
{
    "ConfigVersion": 3,
    "Driver": {
        "IPAddress": "192.168.3.204",
        "MachineName": "docker123",
```

```
        "SSHUser": "root",
        "SSHPort": 22,
        "SSHKeyPath": "",
        "StorePath": "/home/centos_7/.docker/machine",
        "SwarmMaster": false,
        "SwarmHost": "",
        "SwarmDiscovery": "",
        "EnginePort": 2376,
        "SSHKey": ""
    },
    "DriverName": "generic",
    "HostOptions": {
        "Driver": "",
        "Memory": 0,
        "Disk": 0,
    /*省略部分代码*/
    "Name": "docker123"
}
```

(5) 使用 docker-machine env 查看 docker123 的环境变量。

```
[root@localhost ~]# docker-machine env docker123
export DOCKER_TLS_VERIFY="1"
export DOCKER_HOST="tcp://192.168.3.204:2376"
export DOCKER_CERT_PATH="/home/centos_7/.docker/machine/machines/docker123"
export DOCKER_MACHINE_NAME="docker123"
# Run this command to configure your shell:
# eval $(docker-machine env docker123)
```

(6) 登录到 client 查看配置项和当前目录中的文件情况。

```
[root@localhost ~]# ssh root@192.168.3.204
Last login: Tue Mar 16 10:15:35 2021 from 192.168.3.206
[root@docker123 ~]# cat /etc/systemd/system/docker.service.d/10-machine.conf
[Service]
ExecStart=/usr/bin/dockerd -H tcp://0.0.0.0:2376 -H unix:///var/run/docker.sock --storage-driver
overlay2 --tlsverify --tlscacert /etc/docker/ca.pem --tlscert /etc/docker/server.pem --tlskey
/etc/docker/server-key.pem --label provider=generic
[root@docker123 ~]# ls
1.tar              centos7.tar            python      test1.c   test.tar
anaconda-ks.cfg    dockerfile             syslogger   test2
centos72.tar       initial-setup-ks.cfg   test1       test2.c
```

10.6　Docker API

在之前的学习过程中，都是使用 Docker 命令对 Docker 下达指令，但是使用 Docker 的命令行存在一定的局限性，主要如下：

(1) 操作指令需要通过 Docker 命令行中转，才能作用到 Docker 服务程序中。

(2) 对远程进行的 Docker 操作，使用 Docker 命令行还需搭配具有远程 Shell 功能的软件。

于是 Docker 提供了另外一种更加方便、更加通用的方法来解决服务调用的问题，即 Docker API。

10.6.1　Docker API 简介

Docker API 是一套基于 HTTP，用于操作 Docker 服务的接口。Docker API 将对 Docker 的操作封装成一个个 HTTP 接口，只要根据相应的规则对这些接口进行调用，就能直接对 Docker 中的内容进行操作，并获得 Docker 的运行状态等信息。由于 HTTP 本身就是依赖网络的，所以通过 HTTP 实现的接口具有远程操作能力，这就使编写的程序能够直接在另一台主机上向 Docker 下达指令。Docker API 连接程序与 Docker 服务如图 10-9 所示。

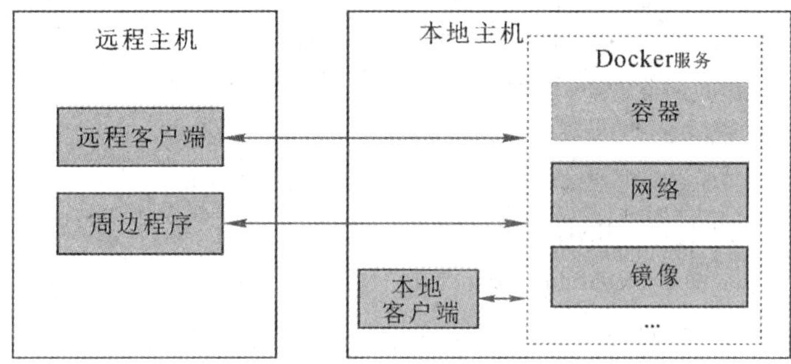

图 10-9　Docker API 连接程序与 Docker 服务

在 Docker 的生态系统中，存在下列三种 API：

(1) Docker Hub API：Docker Hub 相关的功能。

(2) Docker Remote API：Docker 守护进程相关的功能。

(3) Docker Registry API：存储 Docker 镜像的 Registry 相关的功能。

这三种 API 都是 RESTful 风格的，其中 Docker Remote API 是使用最为频繁的 API 类型。

10.6.2　Docker Remote API

Docker Remote API 是 Docker API 中最重要的部分，它能够控制 Docker 服务及其中的容器、镜像、网络等功能的运行。Docker Remote API 由 Docker 服务程序提供，随着 Docker 服务的运行而启动。在默认的配置中，Docker Remote API 监听的连接方式是 Unix Socket，监听位置是 unix:///var/run/docker.sock。除此之外，还可以通过 Docker Daemon 中的-H 参数修改默认的监听地址。在本小节中，将使用命令行工具 curl 来处理 URL 相关操作。

Docker Remote API 的常见操作如表 10-2 所示。

表 10-2　Docker Remote API 常见操作

操 作 名 称	相应 API
列出所有容器	GET /containers/json
创建容器	POST/containers/create
启动容器	POST/containers/(id)/start
获取容器内进程清单	GET /containers/(id)/top
检索根镜像，获取容器日志	GET /containers/(id)logs
停止容器	POST /containers/(id)/stop

1. 启动 Docker Remote API

Docker Remote API 主要用于远程访问 Docker 守护进程。因此，在启动 Docker 守护进程时，需要添加-H 参数并指定开启的访问端口。通常通过编辑守护进程的配置文件来实现端口设置。对于不同操作系统而言，守护进程启动的配置文件也不尽相同，本书以 CentOS7 操作系统为例，具体操作如下：

(1) 找到/usr/lib/systemd/system/docker.service 文件，在 ExecStart=/usr/bin/dockerd 后面直接添加-H unix://var/run/docker.sock -H tcp://0.0.0.0:2375。

```
[root@localhost ~]# cat /usr/lib/systemd/system/docker.service
/*省略部分代码*/
[Service]
Type=notify
# the default is not to use systemd for cgroups because the delegate issues still
# exists and systemd currently does not support the cgroup feature set required
# for containers run by docker
ExecStart=/usr/bin/dockerd -H fd:// --containerd=/run/containerd/containerd.sock
-H unix://var/run/docker.sock -H tcp://0.0.0.0:2375
ExecReload=/bin/kill -s HUP $MAINPID
TimeoutSec=0
RestartSec=2
Restart=always
/*省略部分代码*/
```

注意：端口 2375 可以自行定义，但是不能与当前已用端口冲突。

(2) 重启 Docker Daemon 和 Docker 服务。

```
[root@localhost ~]# systemctl daemon-reload
[root@localhost ~]# systemctl restart docker
```

(3) 检查配置是否已修改成功。

```
[root@localhost ~]# ps -ef | grep docker
root        5969        1 12 17:17 ?        00:01:53 /usr/bin/dockerd -H fd://
--containerd= /run/containerd/containerd.sock -H unix://var/run/docker.sock -H tcp://0.0.0.0:2375
root        8351    4469    0 17:32 pts/0       00:00:00 grep --color=auto docker
```

(4) 用 curl 测试 Docker Remote API 是否启用成功。

```
[root@localhost sysconfig]# curl -v --unix-socket /var/run/docker.sock tcp::/images/nginx:alpine/json
* About to connect() to tcp: port 80 (#0)
* Trying /var/run/docker.sock...
* Failed to set TCP_KEEPIDLE on fd 3
* Failed to set TCP_KEEPINTVL on fd 3
* Connected to tcp: (/var/run/docker.sock) port 80 (#0)
> GET /images/nginx:alpine/json HTTP/1.1
> User-Agent: curl/7.29.0
> Host: tcp:
> Accept: */*
>
< HTTP/1.1 200 OK
< Api-Version: 1.41
< Content-Type: application/json
< Docker-Experimental: false
< Ostype: linux
< Server: Docker/20.10.5 (linux)
< Date: Mon, 15 Mar 2021 09:36:48 GMT
< Transfer-Encoding: chunked
/*省略部分代码*/
```

如果以 Json 格式返回一个本地镜像 nginx:alpine 的信息，则说明开启成功，否则开启失败。

2. 通过 Docker Remote API 列出所有容器

可以通过 docker ps 命令列出所有容器，还可以通过 Docker Remote API 来获取这些信息，列出容器的 API 接口地址为 GET /containers/json。

例 26 通过 Remote API 列出所有容器。

```
[root@localhost ~]# curl --unix-socket /var/run/docker.sock tcp::/containers/json
[{"Id":"f7ec977f8caa482ecac39c6b0a2f57614a9387e8a49a6292f059a6dbc3374922","Names":
["/nginx.5.rzicu3s6bhopqv9kezdn74ia0"],"Image":"nginx:latest@sha256:d2925188effb4ddca9f1
4f162d6fba9b5fab232028aa07ae5c1dab764dca8f9f","ImageID":"sha256:6084105296a952523c36eea261af
38885f41e9d1d0001b4916fa426e45377ffe","Command":"/docker-entrypoint.shnginx  -g  'daemon  off;'",
```

"Created":1615799853,"Ports":[{"PrivatePort":80,"Type":"tcp"}],"Labels":{"com.docker.swarm.node.id":"dfx68ol246ma4fo47gc5ms8l4","com.docker.swarm.service.id":"bxgyfpvoinaea4z8cljwcga5r","com.docker.swarm.service.name":"nginx","com.docker.swarm.task":"","com.docker.swarm.task.id":"rzicu3s6bhopqv9kezdn74ia0","com.docker.swarm.task.name":"nginx.5.rzicu3s6bhopqv9kezdn74ia0","maintainer":"NGINX Docker Maintainers

单纯使用 curl 获得的容器列表格式不规范，一般配合格式化工具 python -mjson.tool 使用。

3. 通过 Docker Remote API 创建一个容器

创建容器的 API 接口地址为 POST/containers/create。

例 27　通过 Docker Remote API 创建一个容器。

```
[root@localhost ~]# curl -X POST -H "Content-Type:application/json"
http://localhost:2375/containers/create -d '
> {
> "Hostname":"testAPI1",
> "Cmd":["/bin/sh","-c","cat /etc/hosts"],
> "Image":"nginx:alpine"
> }
> '
{"Id":"85eb8c450bcf22735771c2dcf71f4d5ab304ee51c040aba7e2cea3949261b66c","Warnings":[]}
[root@localhost ~]# docker ps -l
CONTAINER ID    IMAGE          COMMAND                   CREATED
STATUS          PORTS           NAMES
85eb8c450bcf    nginx:alpine    "/docker-entrypoint.…"    14 seconds ago
Created                 boring_panini
```

以上创建一个容器，但容器状态是 created，表示这个容器只是创建了，并没有启动，容器名称也是系统自行设置的。如果想设置容器的名字为 API1，则操作如下：

```
[root@localhost ~]# curl -X POST -H "Content-Type:application/json"
http://localhost:2375/containers/create\?name=\API1 -d '
{
"Hostname":"testAPI1",
"Cmd":["/bin/sh","-c","cat /etc/hosts"],
"Image":"nginx:alpine"
}
'
{"Id":"0b81906d44cd988f584895dbfc52ea51dfdd7c44638550a9d6b645f9ba54f42b","Warnings":[
]}
[root@localhost ~]# docker ps -l
```

```
CONTAINER ID    IMAGE    COMMAND    CREATED    STATUS
PORTS    NAMES
0b81906d44cd    nginx:alpine    "/docker-entrypoint...."    3 seconds ago    Created
API1
```

4. 通过 Docker Remote API 启动容器

启动容器的 API 接口地址为 POST/containers/(id)/start。

例 28　启动容器 API1。

```
[root@localhost ~]# curl -X POST -H "Content-Type:application/json"
http://localhost:2375/containers/API1/start
[root@localhost ~]# docker ps -a
CONTAINER ID    IMAGE    COMMAND    CREATED
STATUS    PORTS    NAMES
0b81906d44cd    nginx:alpine    "/docker-entrypoint...."    5 minutes ago
Exited (0) 11 seconds ago    API1
```

由上面的输出可知，容器启动后又马上停止了。

5. 通过 Docker Remote API 停止一个容器

停止容器的 API 接口地址为 POST /containers/(id)/stop。

例 29　停止容器 API1。

```
[root@localhost ~]# curl -X POST -H "Content-Type:application/json"
http://localhost:2375/containers/API1/stop
[root@localhost ~]# docker ps -a
CONTAINER ID    IMAGE    COMMAND    CREATED
STATUS    PORTS    NAMES
0b81906d44cd    nginx:alpine    "/docker-entrypoint...."    1 minutes ago
Exited (0) 4 seconds ago    API1
```

6. 通过 Docker Remote API 拉取镜像

从 Registry 拉取镜像或者导入镜像的 API 接口地址为 POST /images/create。

例 30　拉取镜像 hello-world:latest。

```
[root@localhost ~]# curl -v -X POST
http://localhost:2375/images/create?fromImage=hello-world&tag=latest
[1] 11462
* About to connect() to localhost port 2375 (#0)
*    Trying ::1...
* Connected to localhost (::1) port 2375 (#0)
> POST /images/create?fromImage=hello-world HTTP/1.1
> User-Agent: curl/7.29.0
```

```
> Host: localhost:2375
> Accept: */*
>
< HTTP/1.1 200 OK
< Api-Version: 1.41
< Content-Type: application/json
< Docker-Experimental: false
< Ostype: linux
/*省略部分代码*/
```

其中，fromImage 表示镜像拉取的名称，默认从 Docker Hub 上拉取，tag 表示标签。

7. 通过 Docker Remote API 获取镜像列表

获取镜像列表的 API 接口地址为 GET/images/json；获取容器内进程清单，接口地址为 GET /containers/(id)/top；容器的日志信息，接口地址为 GET/containers/(id)logs。

10.6.3　Docker Registry API

Docker Registry API 是 Docker Registry 的 REST API，它简化了镜像和仓库的存储，可以管理和使用远程镜像仓库。它主要提供了以下功能：

(1) 镜像信息操作：镜像信息是指镜像的 ID、仓库名、标签等可以全面描述镜像内容的信息，包括所有组成镜像的镜像层数据以及能够从仓库中识别出它们的必要信息。无论是想要推送镜像还是拉取镜像，都需要先对镜像信息进行推送和拉取，才能够准确地将每个镜像层上传到服务器或者下载到本地。

(2) 镜像验证：对镜像信息中的相关字段进行校验，保障镜像的安全和完整。

(3) 镜像推送：提供了分块方式将镜像信息推送到 Registry 服务器，这种方式不但可以让客户端同时上传多个数据块，还能够减少因为某块数据传输失败引起的其他数据块失败的问题。

(4) 镜像拉取：与推送类似，拉取镜像的数据块，然后在本地进行镜像的组装。

(5) 镜像层的控制：在推送一个镜像层到 Registry 时，Docker Registry API 会先通过传递的镜像散列值，判断镜像层是否已经存在于 Registry 中，如果已存在，就不需要重复传输了。

Docker Registry API 的常见操作如表 10-3 所示。

表 10-3　Docker Registry API 的常见操作

操 作 名 称	相 应 API
获取镜像信息	GET /v2/<name>/manifests/<reference>
拉取镜像	GET /v2/<name>/blobs/<refernce>
插入镜像层	PUT /v2/images/(image_id)/layer
检索镜像	GET /v2/images/(image_id)/json
检索根镜像	GET /v2/images/(image_id)/ancestry
获取库里所有的标签或者指定标签	GET /v2/repositories/(namespace)/(repository)/tags

判断 Docker Registry 是否已经做好准备接受镜像的上传	POST /v2/<name>/blobs/uploads

本 章 小 结

本章从 Docker 中的数据管理开始，讲解了如何对容器进行有效的监控和日志记录，进而阐述了 Docker 中的安全机制；对于多容器或者集群而言，介绍了常见工具 Docker Compose 和 Docker Machine 的基本原理与相应操作，最后讲解了常用的 Docker API。

本 章 习 题

1. 简述如何利用数据卷进行数据的备份、恢复和迁移。
2. 举例说明如何利用 Cgroups 限制 CPU，确保容器的 CPU 使用率在 50%以下。
3. 简述利用 Docker Compose 启动应用的主要过程。
4. 简述使用 Docker Machine 管理容器的优势。
5. 简述通过 Docker 命令对 Docker 下达指令的局限性。
6. 简述在 Docker 的生态系统中常见的三种 API。

第 11 章

容器集群管理

本章主要介绍容器集群管理的两个常用工具 Docker Swarm 和 Kubernetes。首先阐述了 Docker Swarm 的重要概念和常见命令，以 3 个节点为例给出了 Docker Swarm 集群搭建的详细步骤，并对集群的服务创建，服务扩容缩容，滚动升级进行了配置。然后阐述了 Kubernetes 的重要概念，包括容器组(Pod)、服务(Service)、控制器(Controller)、卷(Volume)和命名空间(Namespace)等，并以两个节点为例，给出了 Kubernetes 集群安装部署的详细步骤。最后，通过在 Kubernetes 上部署自己的第一个应用，使读者进一步理解容器集群管理的具体方法。

Kubernetes 是一个非常强大的集资源调度、部署管理、服务发现、扩容缩容、监控维护等容器管理功能于一身的容器编排工具。由于本书篇幅有限，Kubernetes 的详细功能使用无法展开介绍，读者如想深入学习 Kubernetes，可参阅相关书籍。

知识结构图

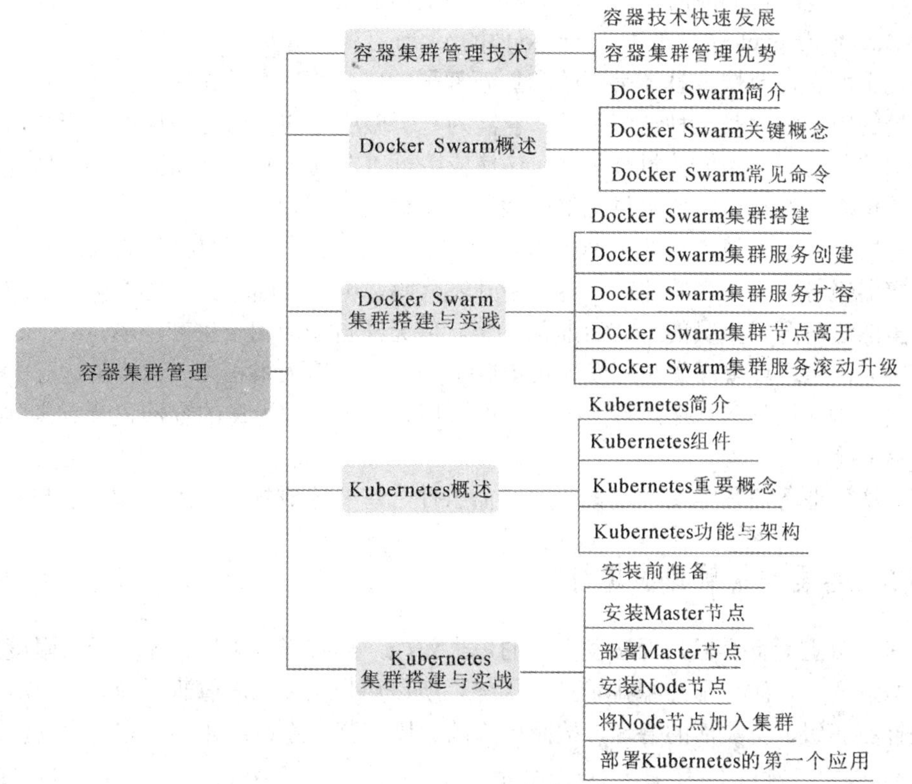

本章重点

- 了解容器集群管理的概念。
- 了解常用的容器集群管理工具。
- 理解 Docker Swarm 中的重要概念。
- 掌握 Docker Swarm 集群的搭建方法。
- 理解 Kubernetes 中的重要概念及其功能架构。
- 掌握 Kubernetes 集群的搭建方法。
- 掌握在 Kubernetes 集群中部署应用的简单方式。

本章任务

通过对容器集群管理工具的理解，能够明白容器集群管理的基本功能和使用优势，理解 Docker Swarm 和 Kubernetes 中的核心概念，掌握搭建 Docker Swarm 和 Kubernetes 集群的具体步骤，并部署第一个应用到 Kubernetes 集群。

11.1 容器集群管理技术

11.1.1 容器技术的发展

在 Docker 的引领下，容器技术在过去的几年里得到了飞速发展。容器技术提供了组件化环境，能够帮助应用在云之间轻松迁移。容器技术还提供轻量化打包应用的方式，是所有 DevOps(Development 和 Operations 的组合)工具的重要组成部分。

几乎所有需要快速且经常更改和重新部署的应用程序都非常适合集装箱化。使用微服务架构的应用程序是一种自然选择，容器为基于微服务的应用程序提供了一个理想的应用程序部署单元和自包含的执行环境。这使应用可以在同一硬件上以微服务的形式运行多个独立的模块，对每个模块提供更好的控制和生命周期管理。

容器解决了开发人员的生产力问题，使 DevOps 工作流变得异常流畅。开发人员可以创建容器镜像，运行容器并在该容器中开发代码，再将其部署在本地数据中心或公共云环境。虽然这时开发人员的工作流非常流畅，但无法自动应用于生产环境。

首先，生产环境通常与开发人员电脑上的本地环境大不相同。无论是运行大规模的传统三层架构应用程序，还是基于微服务的应用程序，管理大量的容器和节点集群都不是一件容易的事。

其次，业务流程是实现规模化的必需组件，想要形成规模，就必须实现自动化。

11.1.2 容器集群管理的优势

在单机上运行容器，无法发挥它的最大效能，只有形成集群，才能最大限度发挥容器的良好隔离、资源分配与编排管理的优势。所以用户需要一套管理系统，对 Docker 及容器进行更高级、更灵活的管理，按照用户的意愿和整个系统的规则，完全自动化地处理好容器之间的各种关系，这些任务都属于容器集群管理的范畴。

目前，正在影响现代基础设施的两个趋势分别是容器和 DevOps。DevOps 生态系统正不断发展，提供着持续集成、持续测试、持续部署和持续监控的功能，从而提高了软件开发的速度。另一方面，容器正与 DevOps 实践相结合，以实现大规模的快速部署。

容器集群管理的优势包括以下几个方面：

(1) 容器的短生命周期和增加的部署密度使得基础设施监控愈加重要，需要被单独监控的事物以指数的数量级增加。容器有助于提高开发人员的生产效率，容器集群管理工具则为组织优化其 DevOps 和运营投资提供了帮助。

(2) 容器集群管理工具提供容器调度和集群管理的技术，提供基于容器应用可扩展性的基本机制，用于跨多个主机协调创建、管理和更新多个容器。容器集群管理工具可帮助用户在开发、测试和部署时管理容器化的应用，可根据给定的规范编排完整的应用程序生命周期。

(3) 容器集群管理工具可用于自动化管理任务，能够进行资源的调配和部署，能够进行负载均衡和流量路由，能够监控容器的运行状况，根据需求对容器进行配置应用，还能保障容器间交互的安全性和可用性。

容器集群管理的优势还包括高效的资源管理、可无缝扩展的服务、集群的高可用性、低成本的大规模运营等。

DevOps 的概念在软件开发行业中逐渐流行起来，越来越多的团队希望实现产品的敏捷开发，DevOps 使一切成为可能。有了 DevOps，团队可以定期发布代码、自动化部署，并将持续集成、持续交付作为发布过程的一部分。

容器集群管理工具就属于 DevOps 工具，本章主要介绍两个流行的开源容器集群管理工具 Docker Swarm 和 Kubernetes。

11.2　Docker Swarm 概述

11.2.1　Docker Swarm 简介

Docker Swarm 是 Docker 公司推出的管理 Docker 集群的平台，主要使用 Go 语言开发完成，开源代码网址为 https://github.com/docker/swarm。Docker Swarm 和 Docker Compose 一样，都是 Docker 官方容器编排项目，但不同的是，Docker Compose 是一个在单个服务器或主机上创建多个容器的工具，而 Docker Swarm 则可以在多个服务器或主机上创建容器集群服务，对于微服务的部署，显然 Docker Swarm 更加适合。

从 Docker v1.12 开始，Docker SwarmKit 项目开启并被集成进 Docker Engine，同时内置服务发现工具。其主要作用是把若干台 Docker 主机抽象为一个整体，并且通过一个入口统一管理这些 Docker 主机上的各种 Docker 资源。与 Kubernetes 相比，Docker Swarm 更加轻量级，具有的功能也较 Kubernetes 更少。Swarm 的基本架构如图 11-1 所示。

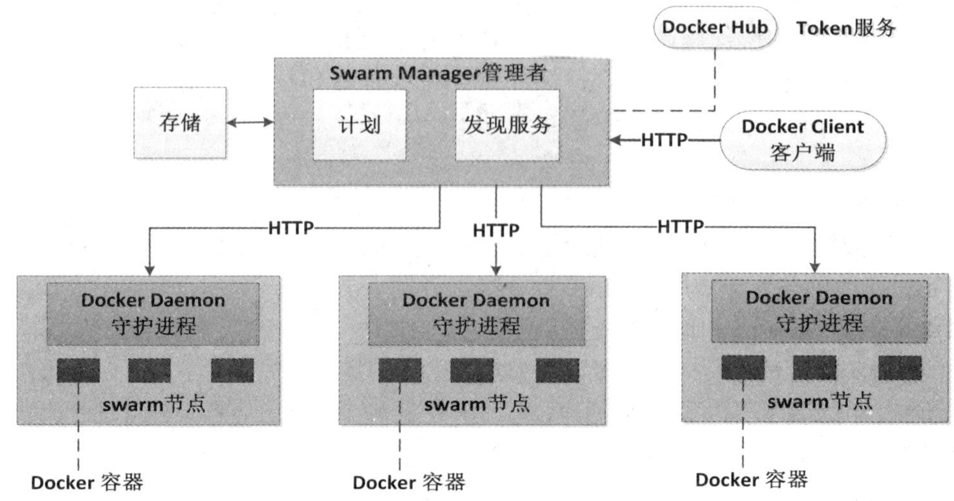

图 11-1　Docker Swarm 的基本架构

图 11-1 就是一个 Docker Swarm 集群，里面有多台物理服务器，每台服务器上都装有 Docker 并且开启了基于 HTTP 的 Docker API。在这个集群中有一个 Swarm Manager 的管理者，用来管理集群中的容器资源。它的管理对象是集群层面的，只能笼统地向集群发出指令而不能具体到某台服务器上。至于具体的管理实现方式，Manager 向外暴露了一个 HTTP 接口，外部用户通过这个 HTTP 接口来实现对集群的管理。对于稍微大一点的集群，一般会用一台实际的服务器作为专门的管理者。

11.2.2　Docker Swarm 的关键概念

1. Swarm

当 Docker Engine 初始化一个 Swarm 或者加入一个存在的 Swarm 时，它就启动了 Swarm Node。没有启动 Swarm Node 时，Docker 执行的是容器命令。运行 Swarm Node 后，Docker 增加了编排 Service 的能力。Docker 允许在同一个 Docker 主机上既运行 Swarm Service，又运行单独的容器。

2. Node

一个 Node(节点)是 Docker 引擎集群的一个实例。Swarm 中的每个 Docker Engine 都是一个 Node，有两种类型的 Node：Manager Node 和 Worker Node。

(1) Manager Node 负责执行编排和集群管理工作，保持并维护 Swarm 状态。Swarm 中如果有多个 Manager Node，集群会自动协商并选举出一个 Leader(首领)执行编排任务。Worker Node 接受并执行由 Manager Node 派发的任务。在默认配置下，Manager Node 同时也是一个 Worker Node，不过也可以将其配置成 Manager-only Node，让其专职负责编排和集群管理工作。

(2) Worker Node 会定期向 Manager Node 报告自己的状态和它正在执行的任务状态，这样 Manager 就可以维护整个集群的状态。

为了在 Swarm 中部署应用，需要在 Manager Node 上执行部署命令，Manager Node 会将部署任务拆解并分配给一个或多个 Worker Node 完成部署。

3. Service

Service(服务)定义了 Worker Node 上要执行的任务。Swarm 的主要编排目的就是保证 Service 处于期望的状态下。

例如，在 Swarm 中启动一个 Nginx 服务，使用的镜像是 nginx:latest，副本数为 3。Manager Node 负责创建这个 Service，需要启动三个 Nginx 容器，根据当前各 Worker Node 的状态将运行容器的任务分配下去，比如 worker1 上运行两个容器，worker2 上运行一个容器。运行了一段时间，worker2 突然宕机了，Manager 监控到这个故障，于是立即在 worker3 上启动了一个新的 Nginx 容器。这样就保证了 Service 处于期望的三个副本状态。

4. Task

Task(任务)是在 Docker 容器中执行的命令，Manager 节点根据指定数量的任务副本分配任务给 Worker 节点。Task 是 Service 的执行实体，Task 启动 Docker 容器并在容器中执行任务。

总的来说，Swarm 是以节点的方式组织集群(Cluster)，每个节点上可以部署一个或者多个服务(Service)，每个服务又可以包括一个或者多个容器(Container)。

11.2.3　Docker Swarm 的常见命令

Docker Swarm 常见命令如表 11-1 所示。

表 11-1　Docker Swarm 常见命令

命　令	说　　明
docker swarm init	用于创建一个新的 Swarm。执行该命令的节点会成为第一个管理节点，并且会切换到 Swarm 模式
docker swarm join-token	用于查询加入管理节点和工作节点到现有 Swarm 时所使用的命令和 Token
docker swarm join	加入 Swarm 集群
docker swarm leave	离开 Swarm 集群
docker swarm update	对 Swarm 集群更新配置
docker node ls	用于列出 Swarm 中的所有节点及相关信息
docker node rm	只能删除 down 状态的节点，要删除 active 状态的节点，需要加上 force 参数
docker service ls	查看服务列表
docker service ps	查看具体服务信息
docker service inspect	用于获取关于服务的详细信息
docker service create	用于创建一个新服务
docker service update	用于对运行中的服务的属性进行变更
docker service logs	用于查看服务的日志

11.3　Docker Swarm 集群搭建与实践

11.3.1　Docker Swarm 集群搭建

本小节以一个 manager 节点和两个 worker 节点为例，讲解集群的搭建过程。首先准备 3 台物理器或者虚拟机，这里都已经安装好 Docker Engine。其具体情况如下：

- manager 是 Manager Node，IP 为 192.168.3.204。
- worker1 和 worker2 是 Worker Node，IP 为 192.168.3.206 和 192.168.3.207。
- manager、worker1 和 worker2 均为 Linux 虚拟机节点，系统为 CentOS7。

集群搭建的具体步骤如下：

(1) 初始化 manager 节点。在 manager 节点上，使用 docker swarm init 创建 Swarm，同时让 manager 成为 Manager Node。

```
[root@manager~]#  docker swarm init --advertise-addr 192.168.3.204
Swarm initialized: current node (dfx68ol246ma4fo47gc5ms8l4) is now a manager.

To add a worker to this swarm, run the following command:

docker swarm join --token SWMTKN-1-634hrb7gf6whnu4f9j52k2x5oz3fk46h84n4ujja4l7yfclw9u-
7sqpka047k78knueua4lcwlg0 192.168.3.204:2377

To add a manager to this swarm, run 'docker swarm join-token manager' and follow the instructions.
```

由上面的输出可知，docker swarm init 输出非常友好，执行该命令后，显示 Swarm 已经初始化成功并且成为一个 manager，同时显示了添加 Worker Node 和 Manager Node 需要执行的命令。

注意：--advertise-addr 指定与其他 Node 通信的地址，这里的 IP 为本机 IP。

(2) 在 manager 节点上，使用 docker node ls 查看刚创建的节点状态信息。

```
[root@manager~]# docker node ls
ID                              HOSTNAME      STATUS      AVAILABILITY
MANAGER     STATUS    ENGINE VERSION
dfx68ol246ma4fo47gc5ms8l4 *     manager       Ready       Active
Leader            20.10.5
```

由上面输出可以看出，当前集群中只有一个节点 manager。

(3) 切换到 worker1 和 worker2 虚拟机节点上，执行 docker swarm join -token <TOKEN> <MANAGER-IP>创建 worker 节点。在 swarm-worker1 节点和 swarm-worke21 节点上分别输入如下命令：

```
[root@worker1 ~]# docker swarm join --token SWMTKN-1-634hrb7gf6whnu4f9j52k2x5oz3fk46
h84n4ujja4l7yfclw9u-7sqpka047k78knueua4lcwlg0 192.168.3.204:2377
This node joined a swarm as a worker.
```

此时的 192.168.3.204 是 manager 节点的 IP 地址。如果输出结果为 This node joined a swarm as a worker，则说明添加节点成功，可以直接执行(4)。但是如果输出如下结果：

```
[root@worker1 ~]# docker swarm join --token SWMTKN-1-634hrb7gf6whnu4f9j52k2x5oz3fk46
h84n4ujja4l7yfclw9u-7sqpka047k78knueua4lcwlg0 192.168.3.204:2377
Error response from daemon: rpc error: code = Unavailable desc = connection error: desc =
"transport: Error while dialing dial tcp 192.168.3.204:2377: connect: no route to host"
```

则说明 Node 主机没有成功加入 Swarm 中，此时需要在 manager 节点上关闭防火墙。

```
[root@manager~]# systemctl stop firewalld.service
[root@manager~]# systemctl status firewalld.service
firewalld.service - firewalld - dynamic firewall daemon
   Loaded: loaded (/usr/lib/systemd/system/firewalld.service; enabled; vendor preset: enabled)
   Active: inactive (dead) since Mon 2021-03-15 12:44:36 CST; 11s ago
     Docs: man:firewalld(1)
  Process: 817 ExecStart=/usr/sbin/firewalld --nofork --nopid $FIREWALLD_ARGS
(code=exited, status=0/SUCCESS)
 Main PID: 817 (code=exited, status=0/SUCCESS)

Mar 15 11:53:27 localhost.localdomain firewalld[817]: WARNING: COMMAND_FAILED: '/us....
```

由上述可知，防火墙已经被关闭，可以再次尝试将 Node 主机加入 Swarm。

(4) 在 manager 节点上，查看创建的节点。

```
[root@manager~]# docker node ls
ID                            HOSTNAME     STATUS     AVAILABILITY
MANAGER STATUS    ENGINE VERSION
ph1grqas772orbkp0j8x9te7y     worker2      Ready      Active
20.10.5
dfx68ol246ma4fo47gc5ms8l4 *   manager      Ready      Active     Leader
20.10.5
mo46mc6w9ouckuxitvis2ibve     worker1      Ready      Active
20.10.5
```

由上面的输出可知，三个节点全部创建成功，此时集群搭建成功。

可以使用 docker node rm 删除某个节点，但这个命令只能删除 down 状态的节点，如果要删除 active 状态的节点，则需要加上--force 选项。例如：

```
docker node rm --force NodeID
```

11.3.2　Docker Swarm 集群服务创建

本小节为集群创建相应的服务，具体步骤如下：

(1) 以上文中的集群为基础，在 manager 节点上部署一个基本的 Nginx 服务，--replicas 参数指定创建三个正在运行的服务数，--publish 公开指定端口是 8080 映射容器 80，同时使用 Nginx 镜像。

```
[root@manager~]# docker service create --replicas 3 --name nginx --publish 8080:80   nginx
bxgyfpvoinaea4z8cljwcga5r
1/3: running
2/3: running
3/3: running
```

(2) 在 manager 节点上，通过 docker service ls 查看当前 Swarm 中的服务。代码如下：

```
[root@manager~]# docker service ls
ID              NAME     MODE         REPLICAS    IMAGE           PORTS
bxgyfpvoinae    nginx    replicated   3/3         nginx:latest    *:8080->80/tcp
```

由上面的输出可知，三个服务创建成功，公开指定的端口 8080 映射 80 端口成功。

(3) 在 manager 节点上，使用 docker service ps 查看具体的 Nginx 服务。

```
[root@manager~]# docker service ps nginx
ID               NAME       IMAGE          NODE       DESIRED STATE
CURRENT STATE    ERROR      PORTS
jqsbyc0rwggj     nginx.1    nginx:latest   worker2    Running
Running 9 minutes ago
bzrrih3mct9r     nginx.2    nginx:latest   manager    Running
Running 11 minutes ago
xk59l01mzjyz     nginx.3    nginx:latest   worker1    Running
Running 3 minutes ago
```

通过上面的输出可以发现，Nginx 服务在不同的节点里已经启动并运行成功。此时，manager、worker1 和 worker2 里面分别运行了一个容器。此时，使用 docker service rm 命令可以删除 service。

11.3.3　Docker Swarm 集群服务扩容

在上文中，启动了 3 个 Nginx 服务，如果想要提高可用性，就需要对服务进行扩容。将 Nginx 服务数目提升到 5 个，具体步骤如下：

(1) 在 manager 节点上，使用 docker service scale 命令对 service 进行扩容。

```
[root@manager~]# docker service scale nginx=5
nginx scaled to 5
```

```
overall progress: 5 out of 5 tasks
1/5: running
2/5: running
3/5: running
4/5: running
5/5: running
```

(2) 在 manager 节点上，使用 docker service ps 命令查看服务情况。

```
[root@manager~]# docker service ps nginx
ID              NAME       IMAGE          NODE       DESIRED STATE    CURRENT STATE
ERROR           PORTS
jqsbyc0rwggj    nginx.1    nginx:latest   worker2    Running          Running 11 minutes ago
bzrrih3mct9r    nginx.2    nginx:latest   manager    Running          Running 13 minutes ago
xk59l01mzjyz    nginx.3    nginx:latest   worker1    Running          Running 5 minutes ago
y2ni3aolw69f    nginx.4    nginx:latest   worker1    Running          Running 16 seconds ago
tq4oadru2wu4    nginx.5    nginx:latest   manager    Running          Running 16 seconds ago
```

由上面的输出可以看到启动了五个 Nginx 服务，并且分布在不同的节点里，其中 manager 节点里启动了两个服务，worker1 启动了两个服务，而 worker2 启动了一个服务。

(3) 在 worker1 节点上，通过 docker ps -a 查看服务情况。

```
[root@worker1 ~]# docker ps -a
CONTAINER ID        IMAGE            COMMAND                     CREATED
STATUS              PORTS            NAMES
2bff03c548fd        nginx:latest     "/docker-entrypoint.…"      3 minutes ago
Up 3 minutes        80/tcp           nginx.4.y2ni3aolw69ffovlci74kxr75
fdf9f102ac85        nginx:latest     "/docker-entrypoint.…"      9 minutes ago
Up 9 minutes        80/tcp           nginx.3.xk59l01mzjyzt0iw1chxwbmwl
```

由上面的输出可知，worker1 节点上启动了 2 个服务。

11.3.4　Docker Swarm 集群节点离开

如果想要某一个 Node 离开 Docker Swarm，可以通过在 Node 所在的 Docker Engine 中运行 docker swarm leave 命令来实现。其具体操作步骤如下：

(1) 如果 worker2 想要离开 Docker Swarm，可以在 worker2 节点上执行 docker swarm leave 命令。

```
[root@#worker2~]# docker swarm leave
Node left the swarm.
```

(2) 在 manager 节点上，查看节点情况。

```
[root@manager~]# docker node ls
ID                              HOSTNAME     STATUS    AVAILABILITY    MANAGER
```

```
STATUS    ENGINE VERSION
    ph1grqas772orbkp0j8x9te7y        worker2        Down        Active        20.10.5
    dfx68ol246ma4fo47gc5ms8l4 *      manager        Ready       Active        Leader
20.10.5
    mo46mc6w9ouckuxitvis2ibve        worker1        Ready       Active        20.10.5
```

此时可以看到，worker2 节点已经被关闭。

(3) 在 manager 节点上，使用 docker service ps 命令查看 5 个 Nginx 服务的分布情况。

```
    [root@localhost ~]# docker service ps nginx
    ID              NAME        IMAGE           NODE        DESIRED STATE   CURRENT STATE
    ERROR       PORTS
    rrovfxf3ban1    nginx.1     nginx:latest    manager     Running         Running 1 second ago
    bzrrih3mct9r    nginx.2     nginx:latest    manager     Running         Running 24 minutes ago
    xk59l01mzjyz    nginx.3     nginx:latest    worker1     Running         Running 16 minutes ago
    y2ni3aolw69f    nginx.4     nginx:latest    worker1     Running         Running 11 minutes ago
    tq4oadru2wu4    nginx.5     nginx:latest    manager     Running         Running 11 minutes ago
```

此时可以看到，由于 worker2 节点被关闭，因此之前执行在 worker2 节点上的服务已经被迁移到 manager 节点上运行。

11.3.5　Docker Swarm 集群服务滚动升级

将 Redis 版本滚动升级至更高版本，具体过程如下：

(1) 在 manager 节点上，首先利用 redis:3.0.6 镜像创建三个 Redis 服务。

```
    [root@localhost ~]# docker service create --replicas 3 --name redis --update-delay 10s redis:3.0.6
    oj9h64bh3zkz1vlfnyuuv53js
    overall progress: 3 out of 3 tasks
    1/3: running
    2/3: running
    3/3: running
    verify: Service converged
```

其中，--update-delay 参数用于配置滚动升级的时间间隔为 10 s。

(2) 在 manager 节点上，查看 redis service 是否已经启动成功。

```
    [root@localhost ~]# docker service inspect --pretty redis
    ID:          oj9h64bh3zkz1vlfnyuuv53js
    Name:        redis
    Service Mode:    Replicated
     Replicas:   3
    Placement:
```

```
UpdateConfig:
 Parallelism:       1
 Delay:             10s
 On failure: pause
 Monitoring Period: 5s
 Max failure ratio: 0
 Update order:          stop-first
RollbackConfig:
 Parallelism:       1
 On failure: pause
 Monitoring Period: 5s
 Max failure ratio: 0
 Rollback order:        stop-first
ContainerSpec:
 Image:
redis:3.0.6@sha256:6a692a76c2081888b589e26e6ec835743119fe453d67ecf03df7de5b73d69842
 Init:          false
Resources:
Endpoint Mode:   vip
```

由上面的输出可知，服务创建成功。

(3) 在 manager 节点上，当所有的 Task 已经启动后，使用“docker service update”命令将所有服务升级到 3.0.7 版本，用--image 参数指定升级的版本。

```
[root@localhost ~]# docker service update --image redis:3.0.7 redis
redis
overall progress: 3 out of 3 tasks
1/3: running
2/3: running
3/3: running
verify: Service converged
```

(4) 在 manager 节点上，再次使用“docker service ps”命令查看滚动升级后服务的状态变化。

```
[root@localhost ~]# docker service inspect --pretty redis
ID:             oj9h64bh3zkz1vlfnyuuv53js
Name:           redis
Service Mode:     Replicated
 Replicas:   3
UpdateStatus:
```

```
  State:        completed
  Started:    2 minutes ago
  Completed:       28 seconds ago
  Message:  update completed
Placement:
UpdateConfig:
  Parallelism:       1
  Delay:             10s
  On failure: pause
  Monitoring Period: 5s
  Max failure ratio: 0
  Update order:        stop-first
RollbackConfig:
  Parallelism:       1
  On failure: pause
  Monitoring Period: 5s
  Max failure ratio: 0
  Rollback order:      stop-first
ContainerSpec:
  Image:
 redis:3.0.7@sha256:730b765df9fe96af414da64a2b67f3a5f70b8fd13a31e5096fee4807ed802e20
  Init:        false
Resources:
Endpoint Mode:   vip
```

由上面的输出可知，滚动升级成功。

11.4 Kubernetes 概述

11.4.1 Kubernetes 简介

Kubernetes(缩写为 K8s 或 Kube)是一个开源、可移植、用于集群管理的业务流程框架。Kubernetes 的名字起源于希腊语，含义是舵手、领航员、向导。Google 于 2014 年将 Brog 系统开源为 Kubernetes。Kubernetes 构建在 Google Brog 运行大规模分布式系统的经验基础之上，并结合了开源社区最好的想法和实践。由于 Kubernetes 的可配置性、可靠性和大型社区的支持，Kubernetes 正在成为容器集群管理领域的领导者。

Kubernetes 是基于 Docker 的开源容器集群管理系统，为容器化的应用提供资源调度、部署运行、服务发现、扩容缩容等一整套功能，因为容器本身可移植，所以 Kubernetes 容器集群能运行在私有云、公有云或者混合云上。

Kubernetes 适用于多种环境，包括裸机、内部部署虚拟机、大多数云提供商以及三者的组合/(混合)。自 Kubernetes 推出以来，它已被移植到 Azure、DC/OS 以及几乎所有的云平台上。

Kubernetes 是由 Google 工程师开发设计的开源容器编排工具。2015 年 Google 将 Kubernetes 项目捐献给了 Linux 基金会下新成立的云原生计算基金会 CNCF(Cloud Native Computing Foundation)。现在 Kubernetes 由 CNCF 管理。

Kubernetes 脱胎于 Google 内部久负盛名的大规模集群管理系统 Borg，是 Google 在容器化基础设施领域十余年实践经验的沉淀和升华。Google 利用 Kubernetes 的架构和设计思想，成功地将其所有应用(包括搜索、地图、视频、金融、社交、人工智能等)运行在超过 100 万台服务器，超过 80 个数据中心之上，所以 Kubernetes 是唯一具有超过 10 年以上大规模容器生产使用技术经验和积淀的开源项目。Kubernetes 还采用了非常人性化的软件工程设计和开源开放的态度，使得用户可以根据自己的使用场景，通过灵活插拔的方式，采用自定义的网络、存储、调度、监控、日志等模块。因此，Kubernetes 在 Github 上的各项指标一路飙升，它将较为简单并且较为封闭的 Docker Swarm 项目远远地甩在了后边。

Kubernetes 提供高度的互操作性，以及自我修复、自动升级回滚和存储编排。Kubernetes 通过无需重新设计应用即可迁移的方式，来实现工作负载可移植和负载均衡。

Kubernetes 消除了部署和扩展应用过程中的很多手动操作。用户可以将多主机组成集群运行容器，无论是物理机还是虚拟机，Kubernetes 都提供了很好的平台可以简单高效地管理这些集群。这些集群可以跨越分布于不同公有云、私有云、混合云的主机。因此，Kubernetes 是托管需要快速扩展的云原生应用的理想平台。

Kubernetes 编排允许用户构建跨多个容器的应用程序服务，跨集群调度容器，扩展这些容器，并随着时间的推移管理它们的运行状况。

在用户、社区和大厂的支持中，Kubernetes 逐步成为企业基础架构的部署标准和新一代的应用服务层。

11.4.2　Kubernetes 组件

1. Cluster

在 Kubernetes 中，Cluster 是计算、存储和网络资源的组合。Cluster 由各个节点组成，这些节点可以是物理服务器，也可以是虚拟机，Kubernetes 利用这些节点提供的基础资源来运行各种应用程序。Cluster 是 Kubernetes 容器集群的基础环境。

2. Master

Master 是整个集群的主控节点。在每个 Kubernetes 集群中，都至少有一个 Master 节点来负责整个集群的管理和控制。几乎所有的集群控制命令都是在 Master 节点上执行的。在实际应用中，为了实现高可用性，可以部署多个 Master 节点。

Master 节点上通常会运行 Kubernetes API Server 进程、Kubernetes 控制器管理器、Kubernetes 调度器和 Etcd 组件。Master 的架构图如图 11-2 所示。

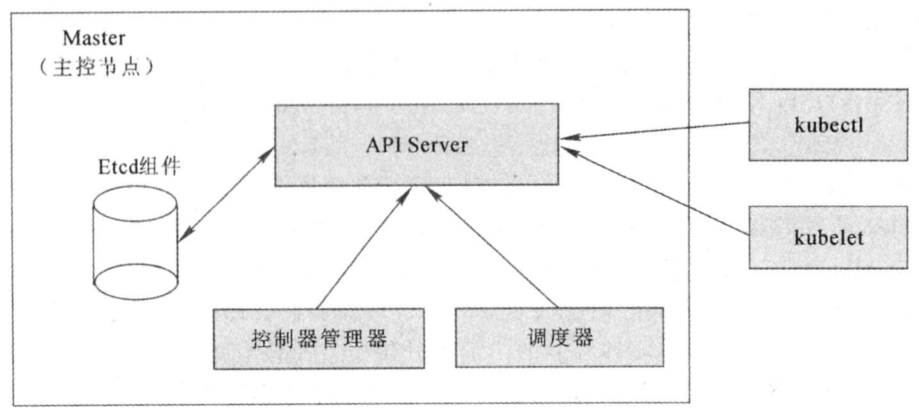

图 11-2　Master 的架构图

Kubernetes API Server 即 Kubernetes API 服务器，它的进程名为 kube-apiserver。kube-apiserver 进程为 Kubernetes 中各类资源对象提供了增删查改等 HTTP REST 接口，也提供了集群管理的 REST API 接口，包括认证授权、数据校验、集群状态变更等。kube-apiserver 进程是 Kubernetes 模块之间进行数据交互和通信的枢纽，也是资源配额控制的入口。用户访问 Kubernetes API Server 有三种方式：

(1) 直接通过 REST Request 的方式来访问。

(2) 通过官方提供的客户端文件来访问，这种方式在本质上是转换为对 API Server 进程的 REST API 调用。

(3) 通过命令行工具 kubectl 来访问。

Kubernetes Controller Manager 即 Kubernetes 控制器管理器，它是集群内部的管理控制中心，负责集群内的节点(Node)、容器组副本(Pod)、服务端点(Endpoint)、命名空间(Namespace)、服务账号(Service Account)和资源配额(Resource Quota)等的控制和管理。Kubernetes 控制管理器会通过 API Server 进程提供的接口，实时监控 Node 的信息并进行相应处理。

Kubernetes Scheduler 即 Kubernetes 调度器，它用于监听最近创建但还未分配 Node 的容器组 Pod 资源，根据特定的调度算法把容器组 Pod 调度到指定的工作节点上。Kubernetes 调度器在调度时，会考虑资源需求、硬件软件限制条件和内部负载等各种因素。调度过程中通过 API Server 进程接口监听新建的 Pod，搜索所有满足该 Pod 需求的 Node 列表，然后执行 Pod 调度逻辑，调度成功后将 Pod 绑定在目标 Node 上。

Etcd 组件是一个轻量级的分布式键值存储组件，用于保存集群中所有的配置信息和各个对象的状态信息，只有 API Server 进程才能直接访问和操作 Etcd。

3. Node

Node 是 Kubernetes 集群中的计算机，可以是虚拟机或物理机，多个 Node 协同工作。每个 Node 都由 Master 管理。一个 Node 可以有多个 Pod，Kubernetes Master 会根据每个 Node 上可用资源的情况，自动调度 Pod 到最佳的 Node 上。

Node 的组成分为 3 部分，分别为 Kubelet、Kube-proxy 和 Container Runtime。

Node 的架构图如图 11-3 所示。

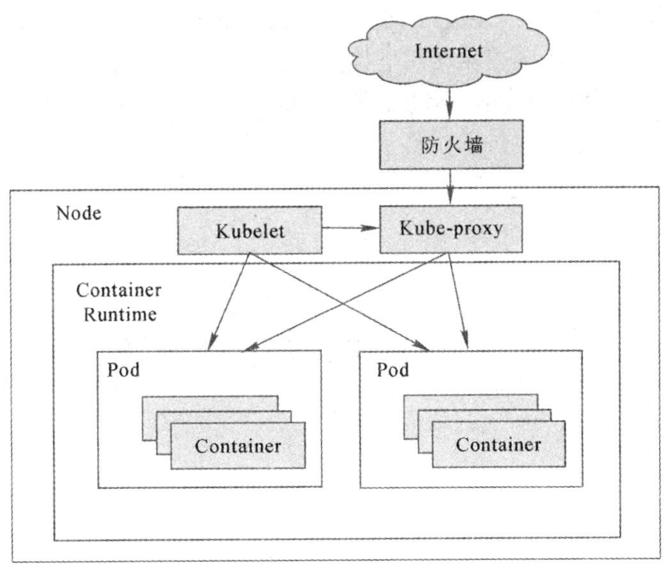

图 11-3　Node 的架构图

在 Kubernetes 集群中，每个 Node 都会运行 Kubelet 进程。Kubelet 用来处理 Master 节点下发的任务，管理 Pod 和其中的容器。Kubelet 负责维护容器的生命周期，也负责管理存储卷等资源。每个 Node 上的 Kubelet 会在 API Server 上注册信息，定期向 Master 汇报节点资源的使用情况。API Server 进程接收到这些信息后，会将 Node 的状态信息更新到 Etcd 中。Kubelet 通过 API Server 进程监听 Pod 信息，它是 Node 上的 Pod 管家。

Kube-proxy 运行在所有的 Node 上，监听每个 Node 上 Kubernetes API 中定义的服务变化，并创建路由规则来进行服务负载均衡。

Container Runtime 是负责运行容器的组件，负责下载镜像、创建和运行容器等。Kubernetes 支持多种容器，包括 Docker、containerd、cri-o、rktlet 以及任何基于 Kubernetes CRI(Container Runtime Interface，容器运行环境接口)的实现。

11.4.3　Kubernetes 的重要概念

虽然应用程序部署的底层机制是容器，但 Kubernetes 在容器接口上使用了额外的抽象层，以支持弹性伸缩和生命周期管理的功能。用户并不直接管理容器，而是定义由 Kubernetes 对象模型提供的各种基本类型的实例，并与这些实例进行交互。

1. 容器组(Pod)

Kubernetes 中最基本的操作单元就是 Pod。一个 Pod 可以包含一个或多个紧密相关的容器，多个容器应用之间通常是紧密耦合的。Pod 可以看作是一个容器环境下的逻辑宿主机，Pod 在 Node 上被创建、启动或者销毁。每个 Pod 中运行着一个或多个容器，多个容器拥有同样的生命周期，共享网络、命名空间和存储卷资源。Pod 支持多种容器环境，Docker 是最流行的容器环境。

每一个 Pod 都会被指派一个唯一的 IP 地址，在 Pod 中的每一个容器共享网络命名空间，包括 IP 地址和网络端口。在同一个 Pod 中的容器可以互相通信。当 Pod 中的容器需要与 Pod 外的实体进行通信时，需要通过端口等共享的网络资源。在 Pod 中所有的容器都能访问共享存储卷，并允许这些容器共享数据。

Pod 的示例图如图 11-4 所示。Pod1～Pod4 的每一个 Pod 都有一个 IP 地址，Pod 内包含相应的容器化应用和所需的共享存储卷。

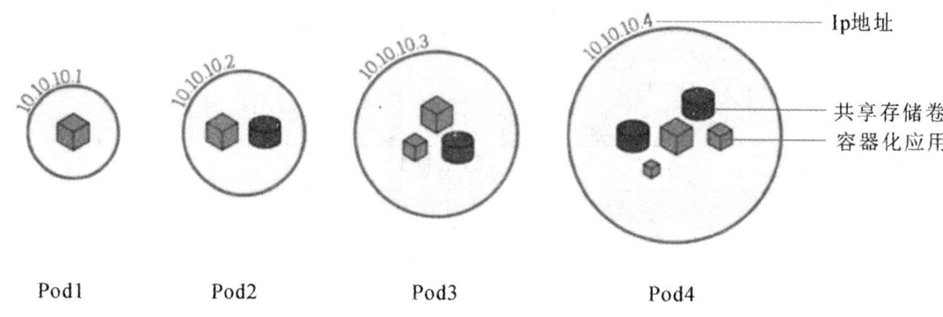

图 11-4　Pod 示例图

单容器 Pod 是最常见的应用方式。对于多容器 Pod，Kubernetes 会保证所有的容器都在同一台物理主机或虚拟主机中运行。多容器 Pod 是相对高阶的使用方式，除非应用耦合特别严重，一般不推荐使用这种方式。

Pod 作为一个可以独立运行的服务单元，以更高的抽象层次为应用部署提供了极大的方便，简化了应用部署的难度。另外，Pod 作为最小的应用实例可以独立运行，因此可以方便地进行部署、水平扩展和收缩以及调度管理与资源分配。

2. 服务(Service)

在 Kubernetes 中，Pod 是有生命周期的，它们可以被创建和终止。每一个 Pod 都拥有自己的 IP 地址，但是这些 IP 地址会随着 Pod 的销毁而消失。这会导致一个问题，如果在一组 Pod 组成的集群中，前端的 Pod 需要调用后端的 Pod 的功能，那么这些前端的 Pod 如何发现和跟踪后端的 Pod?

在 Kubernetes 中，Service 是一个抽象的概念，它定义了 Pod 逻辑集合和访问这些 Pod 的策略。一个服务可以看作是一组提供相同服务的 Pod 的对外访问接口，服务通过标签选择器(Label Selector)选择 Pod。

Service 的主要作用在于提供服务自动发现和负载均衡。服务自动发现可以防止 Pod 失联，因为增删 Pod 都能被感知。负载均衡可以通过定义一组 Pod 的访问策略来实现。

Service 通常拥有以下特点：

(1) 拥有一个指定的名字，例如 mysql-server。

(2) 拥有一个虚拟 IP 地址和端口号，销毁之前不会改变，只能内网访问。

(3) 能够提供某种远程服务能力。

(4) 能够被映射到提供这种服务能力的一组容器应用上。

Service 有三种常用的类型：ClusterIP、NodePort 和 LoadBalancer。

(1) ClusterIP：默认的 ServiceType(服务类型)，分配一个集群内部 IP 地址，即 VIP，只能在集群内部访问(同命名空间内的 Pod)。

(2) NodePort：分配一个集群内部的 IP 地址，并在每个节点上启用一个端口来暴露服务，可以从集群外部访问。访问地址格式为 NodelP: NodePort。

(3) LoadBalancer：与 NodePort 类似，分配一个集群内部 IP 地址，并在每个节点上启用一个端口来暴露服务。除此之外，Kubernetes 会请求底层云平台上的负载均衡器，将每个节点(NodelP: NodePort)作为后端添加进去。

3. 控制器(Controller)

Kubernetes 通常不会直接创建 Pod，而是创建控制器，然后通过控制器来管理 Pod。控制器中定义了 Pod 的部署特性，比如有几个副本，在什么样的 Node 上运行等。为了满足不同的业务场景，Kubernetes 提供了多控制器，包括 Deployment 控制器、ReplicaSet 控制器、DaemonSet 控制器、StatefuleSet 控制器和 Job 控制器等。

(1) Deployment 控制器。Deployment 控制器是最常用的控制器，可以通过创建 Deployment 控制器来部署应用。Deployment 可以管理 Pod 的多个副本，并确保 Pod 按照期望的状态运行。Deployment 控制器旨在简化 Pod 的生命周期管理，只要简单更改 Deployment 控制器的配置文件，Kubernetes 就能自动调节 ReplicaSet 控制器，管理应用程序不同版本之间的切换，还可以实现自动维护事件历史记录及自动撤销功能。正是由于这些强大的功能，Deployment 控制器可能是使用频率最高的控制器。

(2) ReplicaSet 控制器。ReplicaSet 控制器实现了 Pod 的多副本管理。使用 Deployment 控制器时会自动创建 ReplicaSet 控制器，Deployment 控制器通过 ReplicaSet 控制器来管理 Pod 的多个副本，通常不需要直接使用 ReplicaSet。

(3) DaemonSet 控制器。DaemonSet 控制器用于每个 Node 最多只运行一个 Pod 副本的场景。DaemonSet 控制器非常适合部署那些为节点本身提供服务或执行维护的 Pod。通常，日志收集和转发、监控以及运行以增加节点本身功能为目的的服务，常设置为 DaemonSet 控制器。

(4) StatefuleSet 控制器。StatefuleSet 控制器能够保证 Pod 的每个副本在整个生命周期中名称保持不变。StatefulSet 控制器为每个 Pod 创建唯一的、基于数字的名称，从而提供稳定的网络标识符。即使要将 Pod 转移到另一个节点，该名称也将持续存在。同时 StatefuleSet 控制器会保证副本按照固定的顺序启动、更新或者删除。

(5) Job 控制器。Job 控制器基于特定任务而运行，当运行任务的容器完成工作后，Job 控制器成功退出。对于需要执行一次的而非提供连续的任务，Job 控制器非常适合。而其他控制器中的 Pod 通常是长期持续运行的。

4. 卷(Volume)

默认情况下，容器的数据都是非持久化的，在容器销毁之后数据也会跟着消失，因此，在 Docker 中提供了卷机制可以将数据持久化。为了实现数据的持久性存储，Docker 在宿主机和容器内做映射，保证在容器的生命周期结束后，数据依旧可以实现持久性存储。

但是在 Kubernetes 中，由于 Pod 分布在各个不同的节点之上，不能实现不同节点之间持久性数据的共享，并且在节点出现故障时，可能会导致数据的永久性丢失。为此，Kubernetes 引入了外部存储卷的功能。

在 Docker 中存储卷只是磁盘或另一个容器中的目录，并没有对其生命周期进行管理。与 Dockcr 不同的是，Kubernetes 的卷存在明确的生命周期，且卷的生命周期和 Pod 绑定。因此，卷的生命周期比 Pod 中任意容器的生命周期还长，不管容器重启了多少次，数据都能被保留下来。容器宕机后，再次启动容器，卷的数据还在，只有 Pod 删除时，卷才会被清理。

从根本上来说，一个卷仅仅是一个可被容器组中的容器访问的文件目录。这个目录是怎么来的，取决于该卷的类型，不同类型的卷使用不同的存储介质。

使用卷时，需要先在容器组中定义一个卷，并将其挂载到容器的挂载点上。同一个容器组中的不同容器各自独立地挂载卷，即同一个容器组中的两个容器可以将同一个卷挂载到各自不同的路径上。

图 11-5 展示了容器组、容器、挂载点、卷和存储介质等几个概念之间的关系。

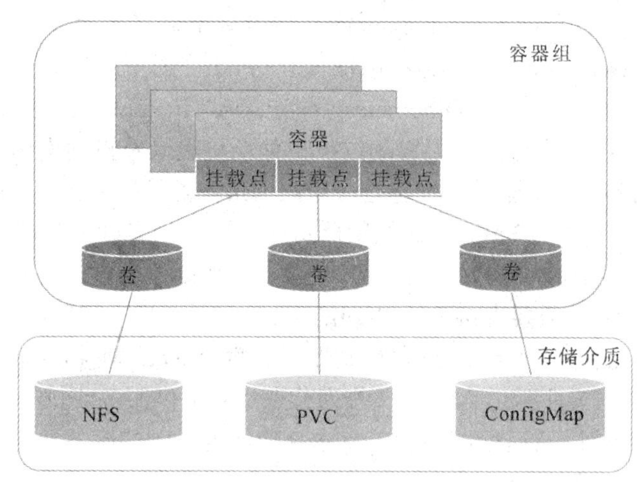

图 11-5　容器组、容器、挂载点、卷和存储介质之间的关系

一个容器组可以包含多个卷和多个容器；一个容器通过挂载点来决定某一个卷被挂载到容器的什么路径；不同类型的卷对应不同的存储介质。图 11-5 列出了 NFS(Network File System)、PVC(Persistent Volume Claim)和 ConfigMap(用来存储配置文件的 Kubernetes 资源对象，保存 key-value 配置数据对)三种存储介质。

5. 命名空间(Namespace)

命名空间的主要作用是对 Kubernetes 集群资源进行划分。这种划分不是物理划分，而是逻辑划分，是对一组资源和对象的抽象集合，用于实现多租户的资源隔离。

命名空间可以将系统内部的对象分配到不同的逻辑组中，形成逻辑上不同的项目或分组、便于不同的项目或分组在共享使用整个集群资源的同时还能够被分别管理。

命名空间实现逻辑隔离，可以把多个用户项目分割到不同的环境，这种方式可以有效防止跨项目的污染。例如，用户可以安装不同版本的 Jenkins，如果它们的环境变量是在不同的命名空间，就不会发生冲突。

Kubernetes 集群在启动后，会创建一个名为 default 的默认命名空间，如果不特别指明命名空间，那么用户创建的 Pod、服务等都会被系统创建到默认的命名空间中。

11.4.4　Kubernetes 功能与架构

1. Kubernetes 的主要功能

Kubernetes 的主要功能包括：

(1) 资源调度：它是一套分布式系统最基本的核心指标。

(2) 资源管理：控制 Pod 对计算资源、网络资源、存储资源的使用。

(3) 服务发现：管理外在的程序或者内部的程序如何访问 Kubernetes 里面的某个 Pod。

(4) 健康检查：监控检测服务是否正常运行。

(5) 自动伸缩：由于在虚拟机时代之前操作系统或程序运行环境的快速迁移和复制都非常难实现。容器化时代很自然地解决了这个问题，Kubernetes 保证了资源的按需扩容。

(6) 更新升级：Kubernetes 为服务的滚动和平滑升级提供了很好的机制。

使用 Kubernetes 的优势有：提供了完整的企业级容器和集群管理服务；有据可查且可扩展；调整工作负载而无须重新设计应用；降低了资源成本；部署和管理具有灵活性；由于容器隔离，增强了可移植性。

2. Kubernetes 架构

Kubernetes 属于主从分布式集群架构，包含 Master 和 Node。Master 作为控制节点，调度管理整个系统；Node 是运行节点，负责运行应用。Pod 是 Kubernetes 创建或部署的最小单位。一个 Pod 封装一个或多个容器(Container)、存储资源(Volume)、一个独立的网络 IP 以及管理控制容器运行方式的策略选项。

Kubernetes 的架构图如图 11-6 所示。

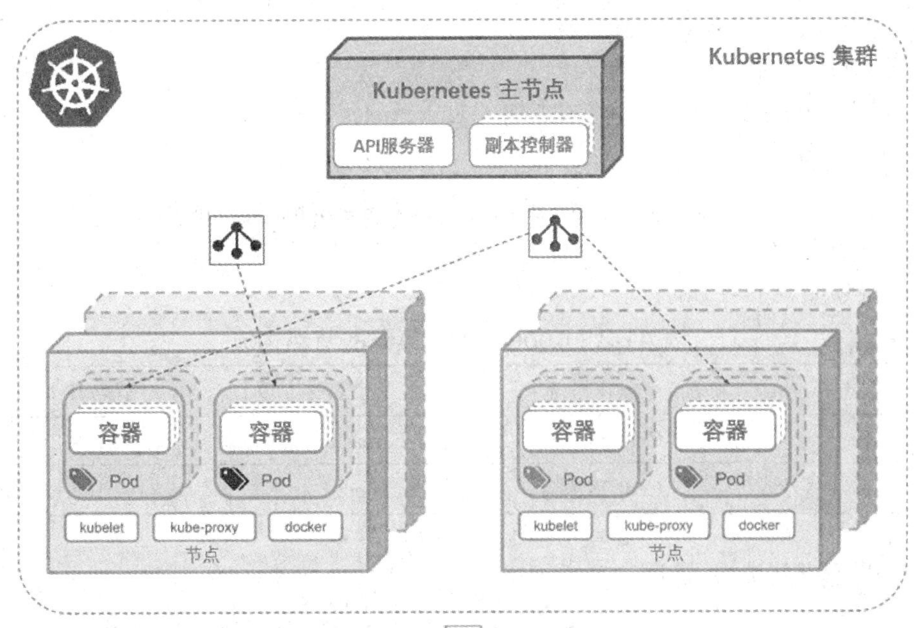

图 11-6　Kubernetes 的架构图

11.5 Kubernetes 集群搭建与实践

Kubernetes 集群的安装部署有不同的方式，可以使用二进制包的方式进行安装，也可以使用官方社区推出用于快速部署 Kubernetes 的 kubeadm 工具进行安装。此外，Kubernetes 可以部署在一台或多台主机上。由于 Kubernetes 是分布式集群，本书以两个节点为例，使用 kubeadm 的方式进行 Kubernetes 的安装与部署。

11.5.1 安装前的准备

1. 安装要求

安装部署 Kubernetes 集群需要满足以下几个条件，这是部署 Kubernetes 集群的前提，否则无法成功安装。

(1) 一台或多台服务器或虚拟机。

(2) 硬件配置：2 GB 或更高内存，2 个 CPU 或更多，硬盘 30 GB 或更高(Master 节点最低是 2 核 CPU)。

(3) 集群中所有机器之间的网络能够互相连通。

(4) 集群中所有机器可以访问外网，因为安装过程需要拉取镜像。

(5) 各节点禁止 Swap 分区。

2. 安装目标

(1) 在所有节点上安装 Docker 和 kubeadm。

(2) 部署 Kubernetes Master。

(3) 部署容器网络插件。

(4) 部署 Kubernetes Node，将节点加入 Kubernetes 集群中。

3. 节点规划

本小节以 VMware 中的 CentOS7 虚拟机作为 Kubernetes 集群的各个节点，一共使用了两个节点，一个 Master 节点，一个普通节点。

节点规划如表 11-2 所示。

表 11-2 Kubernetes 集群的节点构成

节点类型	节点操作系统	节点名称	节点 IP 地址
Master	CentOS 7	master	192.168.124.10
Node	CentOS 7	node1	192.168.124.11

11.5.2 安装 Master 节点

注意：本小节内容不仅需要在 Master 节点上进行操作，也需要在 Node 节点上进行操作。如果读者是使用 VMware 中的 CentOS 进行配置安装，则在安装 Master 节点之后，部署 Master 节点之前，最好对 Master 节点拍摄快照，以便在后续克隆生成 Node 节点。

首先禁用 Master 节点的 Swap 分区，此处为临时关闭。永久关闭的命令为“sed -ri 's/.*swap.*/#&/' /etc/fstab”。

```
[root@localhost ~]# swapoff -a
```

关闭防火墙。

```
[root@localhost ~]# systemctl stop firewalld
[root@localhost ~]# systemctl disable firewalld
Removed symlink /etc/systemd/system/multi-user.target.wants/firewalld.service.
Removed symlink /etc/systemd/system/dbus-org.fedoraproject.FirewallD1.service.
```

禁用 Selinux，此处为临时禁用。setenforce 0 用于设置 SELinux 为 permissive 模式。getenforce 可以查看 SELinux 状态。永久禁用的命令为“sed -i 's/enforcing/disabled/' /etc/selinux/config”。

```
[root@localhost ~]# setenforce 0
[root@localhost ~]# getenforce
Permissive
```

配置/etc/hosts，在文件末尾分别添加 Master 和 Node1 的 IP 地址。如果该文件修改保存后节点进行了重启，则主机名将修改为 master。

注意：此处 192.168.124.10 是 Master 节点的 IP 地址，192.168.124.11 是后续将要配置的 Node 节点的 IP 地址，读者配置时需更改为自己使用的 IP 地址。

```
[root@master ~]# vim /etc/hosts
127.0.0.1    localhost localhost.localdomain localhost4 localhost4.localdomain4
::1          localhost localhost.localdomain localhost6 localhost6.localdomain6


192.168.124.10 master
192.168.124.11 node1
```

Kubernetes 默认 CRI(Container Runtime Interface，容器运行时接口)为 Docker，因此接下来需要安装 Docker(如果已安装，可以跳过该步骤)。

安装 Docker 之前，使用命令“uname -a”先查看 Linux 内核版本，建议 3.8 以上，本例是 3.10，如下：

```
[root@master ~]# uname -a
Linux localhost.localdomain 3.10.0-1160.11.1.el7.x86_64 #1 SMP Fri Dec 18 16:34:56 UTC 2020
x86_64 x86_64 x86_64 GNU/Linux
```

使用 yum 命令安装 Docker，默认安装 Docker 的最新版本，代码如下：

```
[root@master ~]# yum install docker
[此处省略安装内容]
Complete!
```

如果可以看到“Complete!”，则说明 Docker 安装成功。可以使用“docker --version”命令查看 Docker 的安装版本，此处可以看到 Docker 的版本是 1.13.1，如下：

```
[root@master ~]# docker --version
Docker version 1.13.1, build 0be3e21/1.13.1
```

接下来配置 Docker 加速(如果已配置，可以跳过该步骤)。鉴于国内网络问题，后续使用 Docker 过程中，拉取 Docker 镜像十分缓慢，可以根据需要配置加速器来解决，这里使用的是网易的镜像地址 http://hub-mirror.c.163.com。

进入 Docker 的/etc/docker/目录，修改 daemon.json 配置文件。在该配置文件中加入{"registry-mirrors":["https://hub-mirror.c.163.com"] }。

```
[root@master ~]# cd /etc/docker/
[root@master docker]# vim daemon.json
{"registry-mirrors":["https://hub-mirror.c.163.com"] }
```

重新启动 Docker，使用“docker info”命令查看加速器是否生效。如果能看到刚才配置的 Registry Mirrors，就说明加速器已启用。

```
[root@master docker]# systemctl daemon-reload
[root@master docker]# systemctl restart docker
[root@master docker]# docker info
Containers: 0
 Running: 0
 Paused: 0
 Stopped: 0
Images: 0
Server Version: 1.13.1
…
Insecure Registries:
 127.0.0.0/8
Registry Mirrors:
 https://hub-mirror.c.163.com
Live Restore Enabled: false
Registries: docker.io (secure)
```

接下来安装 Kubernetes 相关组件，这些组件包括 kubelet、kubeadm 和 kubectl。

(1) kubelet 运行在集群所有节点上，负责启动 Pod 和 Container。由于 Kubernetes 是一个分布式的集群管理系统，在每个节点上都要运行一个工作进程对容器进行生命周期的管理，这个工作进程就是 kubelet。kubelet 的主要功能包括 Pod 管理、容器健康检查和容器监控等。

(2) kubeadm 是 Kubernetes 官方提供的用于快速部署 Kubernetes 集群的命令行工具，也是官方推荐的最小化部署 Kubernetes 集群的最佳实践，比起直接用二进制部署能省去很多工作。该方式部署的集群各个组件以 Docker 容器的方式启动，而各个容器都是通过该工具进行自动化启动的。kubeadm 不仅能部署 Kubernetes 集群，还能很方便地管理集群，比如集群的升级、降级、集群初始化配置等管理操作。kubeadm 的设计初衷是为新用户提供一种便捷的方式首次试用 Kubernetes，同时也方便老用户搭建集群测试应用。

(3) kubectl 是 Kubernetes 集群的命令行工具。通过 kubectl 能够对集群本身进行管理，能够在集群上进行容器化应用的安装部署。kubectl 还可以查看各种资源，创建、删除和更新各种组件。

在安装 Kubernetes 的组件时，如果无法科学上网，则是不能使用 Kubernetes 官方的源来安装 kubelet、kubeadm 和 kubectl 组件的。因此，在安装 kubelet、kubeadm 和 kubectl 之前，可使用以下命令添加国内阿里云的 YUM 软件源。

```
cat > /etc/yum.repos.d/kubernetes.repo << EOF
[kubernetes]
name=Kubernetes
baseurl=https://mirrors.aliyun.com/kubernetes/yum/repos/kubernetes-el7-x86_64
enabled=1
gpgcheck=0
repo_gpgcheck=0
gpgkey=https://mirrors.aliyun.com/kubernetes/yum/doc/yum-key.gpg
https://mirrors.aliyun.com/kubernetes/yum/doc/rpm-package-key.gpg
EOF
```

其具体操作步骤如下：

```
[root@master ~]# cat > /etc/yum.repos.d/kubernetes.repo << EOF
> [kubernetes]
> name=Kubernetes
> baseurl=https://mirrors.aliyun.com/kubernetes/yum/repos/kubernetes-el7-x86_64
> enabled=1
> gpgcheck=0
> repo_gpgcheck=0
> gpgkey=https://mirrors.aliyun.com/kubernetes/yum/doc/yum-key.gpg
https://mirrors.aliyun.com/kubernetes/yum/doc/rpm-package-key.gpg
> EOF
```

安装 kubelet、kubeadm 和 kubectl 时，由于 Kubernetes 组件版本更新频繁，这里指定版本号进行安装。

```
[root@master ~]# yum install -y kubelet-1.15.0 kubeadm-1.15.0 kubectl-1.15.0
[此处省略安装过程]
Complete!
```

如果可以看到“Complete!”，则说明 Kubernetes 以上各组件已安装成功。

设置 kubelet 开机自启动。

```
[root@master ~]# systemctl enable kubelet
Created symlink from /etc/systemd/system/multi-user.target.wants/kubelet.service to /usr/lib/systemd/system/kubelet.service.
```

11.5.3 部署 Master 节点

注意：如果 Master 节点使用的是 VMware 的虚拟机，则在进行本部分配置之前需要对虚拟机拍摄快照，以方便后续 Node 节点的克隆。

通过 kubectl version 查看 Kubernetes 的安装版本为 v1.15.0。

```
[root@master docker]# kubectl version
Client Version: version.Info{Major:"1", Minor:"15", GitVersion:"v1.15.0", GitCommit:"e8462b5b5dc2584fdcd18e6bcfe9f1e4d970a529", GitTreeState:"clean", BuildDate:"2019-06-19T16:40:16Z", GoVersion:"go1.12.5", Compiler:"gc", Platform:"linux/amd64"}
The connection to the server localhost:8080 was refused - did you specify the right host or port?
```

使用以下命令，进行 kubeadm 的初始化。

注意：以下命令中，--apiserver-advertise-address 选项的 IP 地址 192.168.124.10 是本例中的 Master 节点 IP，读者在配置时应修改为自己的 Master 节点 IP。

由于默认拉取镜像地址 k8s.gcr.io 国内无法正常访问，因此在这里--image-repository 选项指定阿里云镜像仓库地址。镜像拉取过程根据自身网络情况可能需要几分钟，读者在该过程中需稍加等待。--kubernetes-version 选项是指 Kubernetes 的安装版本，通过 kubectl version 可以查看到，本书搭建使用的是 1.15.0。

--service-cidr 选项用于指定服务的网络范围。

--pod-network-cidr 选项用于指定 Pod 网络的范围。Kubernetes 支持多种网络方案，而且不同网络方案对--pod-network-cidr 有自己的要求，这里设置为 10.244.0.0/16，是因为接下来将使用 flannel 网络方案。

```
kubeadm init \
--apiserver-advertise-address=192.168.124.10 \
--image-repository registry.aliyuncs.com/google_containers \
--kubernetes-version v1.15.0 \
--service-cidr=10.1.0.0/16 \
--pod-network-cidr=10.244.0.0/16
```

具体操作步骤如下(此步骤可能需要数分钟的时间，需耐心等待)：

```
[root@master ~]# kubeadm init \
> --apiserver-advertise-address=192.168.124.10 \
> --image-repository registry.aliyuncs.com/google_containers \
> --kubernetes-version v1.15.0 \
> --service-cidr=10.1.0.0/16 \
```

```
> --pod-network-cidr=10.244.0.0/16
[init] Using Kubernetes version: v1.15.0
[preflight] Running pre-flight checks
 [WARNING Service-Docker]: docker service is not enabled, please run 'systemctl enable docker.service'
[preflight] Pulling images required for setting up a Kubernetes cluster
[preflight] This might take a minute or two, depending on the speed of your internet connection
[preflight] You can also perform this action in beforehand using 'kubeadm config images pull'
…
Your Kubernetes control-plane has initialized successfully!

To start using your cluster, you need to run the following as a regular user:

  mkdir -p $HOME/.kube
  sudo cp -i /etc/kubernetes/admin.conf $HOME/.kube/config
  sudo chown $(id -u):$(id -g) $HOME/.kube/config

You should now deploy a pod network to the cluster.
Run "kubectl apply -f [podnetwork].yaml" with one of the options listed at:
  https://kubernetes.io/docs/concepts/cluster-administration/addons/

Then you can join any number of worker nodes by running the following on each as root:

kubeadm join 192.168.124.10:6443 --token a2s8cx.os6yiky01mlrxmqs \
    --discovery-token-ca-cert-hash
sha256:bdfaa7f219b3e6a923bd4c9f19a9d46b96e26bd8cc4ea8dfef6ce45c07a1f4b2
```

出现以上内容，说明 Master 节点的 kubeadm 初始化已经完成。

接下来执行以下命令，执行完以后才能使用集群。

```
[root@master ~]#mkdir -p $HOME/.kube
[root@master ~]#sudo cp -i /etc/kubernetes/admin.conf $HOME/.kube/config
[root@master ~]#sudo chown $(id -u):$(id -g) $HOME/.kube/config
```

安装 Pod 网络插件，配置 flannel 网络。代码如下：

```
[root@master ~]# kubectl apply -f
https://raw.githubusercontent.com/coreos/flannel/master/Documentation/kube-flannel.yml
podsecuritypolicy.policy/psp.flannel.unprivileged created
clusterrole.rbac.authorization.k8s.io/flannel created
clusterrolebinding.rbac.authorization.k8s.io/flannel created
serviceaccount/flannel created
```

```
configmap/kube-flannel-cfg created
daemonset.apps/kube-flannel-ds created
```

在 Master 中查看 Pod，可以看到所有 Pod 都运行起来了，至此 Kubernetes 的 Master 节点已经搭建成功。

```
[root@master ~]# kubectl get pods -n kube-system
NAME                               READY     STATUS     RESTARTS    AGE
coredns-bccdc95cf-n6kwx            1/1       Running    0           20m
coredns-bccdc95cf-rg4sq            1/1       Running    0           20m
etcd-master                        1/1       Running    0           19m
kube-apiserver-master              1/1       Running    0           19m
kube-controller-manager-master     1/1       Running    0           19m
kube-flannel-ds-lp7jq              1/1       Running    0           57s
kube-proxy-56psw                   1/1       Running    0           20m
kube-scheduler-master              1/1       Running    0           19m
[root@master ~]#
```

11.5.4　安装 Node 节点

注意：读者可以从头开始配置一个全新的 Node 节点，这时需要将 11.5.2 小节中安装 Master 节点的内容全部在 Node 节点进行安装设置。但如果读者的 Master 节点使用的是 VMware 中的虚拟机，那么只需在部署 Master 节点前将 Master 克隆即可形成 Node 节点。

全新配置一个 Node 节点时，步骤和 11.5.2 节中的完全一致，只需将 Node 节点的 IP 地址进行修改即可。克隆生成 Node 时，从部署 Master 节点之前的快照进行克隆，然后修改其 IP 地址即可。

修改 Node 节点的 IP 地址时，使用 vim 打开文件/etc/sysconfig/network-scripts/ifcfg-ens33，修改 IP 地址为 192.168.124.11。

注意：此处 Node 的 IP 地址是本例中为 Node 规划的 IP，且该 IP 需要和 Master 的 IP 地址处于同一个网段，读者需修改为自己使用的 IP 地址。

修改完成后重新启动网络，再使用命令"ifconfig ens33"查看 IP 地址是否已经修改。

```
[root@master ~]# vim /etc/sysconfig/network-scripts/ifcfg-ens33
[修改 IP 地址为 192.168.124.11]
[root@master ~]# service network restart
Restarting network (via systemctl):                        [  OK  ]
[root@master ~]# ifconfig ens33
ens33: flags=4163<UP,BROADCAST,RUNNING,MULTICAST>  mtu 1500
        inet 192.168.124.11  netmask 255.255.255.0  broadcast 192.168.124.255
        inet6 fe80::ccbb:7131:e8f1:8d04  prefixlen 64  scopeid 0x20<link>
```

```
        ether 00:0c:29:fa:3e:17   txqueuelen 1000   (Ethernet)
        RX packets 93   bytes 10262 (10.0 KiB)
        RX errors 0   dropped 0   overruns 0   frame 0
        TX packets 153   bytes 16516 (16.1 KiB)
        TX errors 0   dropped 0 overruns 0   carrier 0   collisions 0
```

确认 Node 节点上的 Swap 和 SELinux 已经关闭，如果未关闭则需确认再次关闭。

```
[root@node1 ~]# getenforce
Enforcing
[root@node1 ~]# swapoff -a
[root@node1 ~]# setenforce 0
[root@node1 ~]# getenforce
Permissive
```

11.5.5　将 Node 节点加入集群

1. 在 Master 节点执行操作

在 Master 节点上生成 token 和 hash 值。

```
[root@master ~]# kubeadm token create
mw63t6.x27lasyjb6hp5ggx
[root@master ~]# openssl x509 -pubkey -in /etc/kubernetes/pki/ca.crt | openssl rsa -pubin -outform
der 2>/dev/null | openssl dgst -sha256 -hex | sed 's/^.* //'
bdfaa7f219b3e6a923bd4c9f19a9d46b96e26bd8cc4ea8dfef6ce45c07a1f4b2
```

2. 在 Node 节点执行操作

向集群添加新节点，执行 kubeadm join 命令。

命令模板：kubeadm join --token <token> <master-ip>:<master-port> --discovery-token-ca-cert-hash sha256:<hash>

注意：该命令中--token 选项后的<token>为 Master 节点上生成的 token 值。一般情况下 token 两天会过期，如果过期则需要重新创建，创建 token 的命令是“kubeadm token create”，查看 token 的命令是“kubeadm token list”。<master-ip>为 Master 主机的 IP 地址，<master-port>为 Master 提供的端口号，默认为 6443。--discovery-token-ca-cert-hash 选项后的<hash>为 Master 节点生成的 hash 值。

命令执行如下：

```
[root@node1 docker]# kubeadm join --token mw63t6.x27lasyjb6hp5ggx 192.168.124.10:6443 --discovery-
token-ca-cert-hash sha256:bdfaa7f219b3e6a923bd4c9f19a9d46b96e26bd8cc4ea8dfef6ce45c07a1f4b2
[此处内容省略]
This node has joined the cluster:
* Certificate signing request was sent to apiserver and a response was received.
```

```
* The Kubelet was informed of the new secure connection details.

Run 'kubectl get nodes' on the control-plane to see this node join the cluster.
```

如果能看到“This node has joined the cluster”的内容，则说明 Node 节点已经加入集群中。

如果过程中出现了“ERROR FileContent--proc-sys-net-bridge-bridge-nf-call-iptables”的错误提示，则使用命令“echo "1">/proc/sys/net/bridge/bridge-nf-call-iptables”解决即可。

```
[root@node1 docker]# kubeadm join --token mw63t6.x27lasyjb6hp5ggx 192.168.124.10:6443 --discovery-token-ca-cert-hash sha256:bdfaa7f219b3e6a923bd4c9f19a9d46b96e26bd8cc4ea8dfef6ce45c07a1f4b2
[preflight]  Running pre-flight checks
[WARNING Service-Docker]: docker service is not enabled, please run 'systemctl enable docker.service'
error execution phase preflight: [preflight] Some fatal errors occurred:
[ERROR FileContent--proc-sys-net-bridge-bridge-nf-call-iptables]: /proc/sys/net/bridge/bridge-nf-call-iptables contents are not set to 1
[preflight] If you know what you are doing, you can make a check non-fatal with '--ignore-preflight-errors=...'
[root@node1 ~]# echo "1">/proc/sys/net/bridge/bridge-nf-call-iptables
```

在 Master 节点执行以下操作，查看 Node 节点。

```
[root@master ~]# kubectl get nodes
NAME      STATUS   ROLES     AGE    VERSION
master    Ready    master    63m    v1.15.0
node1     Ready    <none>    38m    v1.15.0
```

至此，本书使用两个节点进行示例，已将 Kubernetes 搭建成功，Node 节点也已成功加入集群。

11.5.6 部署 Kubernetes 的第一个应用

Kubernetes 集群搭建成功后，本小节在 Kubernetes 集群中部署第一个应用程序，以验证 Kubernetes 集群是否能成功运行。

本小节使用 Nginx 镜像作为第一个应用程序在 Kubernetes 集群进行部署。Nginx 是一个使用 C 语言开发的开源的、高性能的 HTTP 和反向代理服务器，也是一个电子邮件(包括 IMAP/POP3/SMTP)代理服务器。Nginx 由俄罗斯的程序设计师 Igor Sysoev 所开发，其特点是占用内存少、稳定性高、并发能力强。官方测试 Nginx 能够支撑 5 万多个并发链接，并且 CPU、内存等资源消耗非常低，运行非常稳定。Nginx 运行简单，部署运行后可以通过浏览器进行访问。

1. 在 Master 节点执行操作

为了实现在 Kubernetes 集群上部署容器化应用程序，需要创建一个 Kubernetes

Deployment，Deployment 负责创建和更新应用。创建 Deployment 后，Kubernetes Master 会将 Deployment 创建好的应用实例调度到集群中的各个节点上。

在 Master 节点上创建一个名称为 Nginx 的 Deployment。Kubernetes 会自动创建 Nginx 的 Pod。

```
[root@master ~]# kubectl create deployment nginx --image=nginx
deployment.apps/nginx created
```

使用命令“kubectl get deployments”可以查看到 Nginx 的 Deployment 已创建成功。

```
[root@master ~]# kubectl get deployments
NAME     READY   UP-TO-DATE   AVAILABLE   AGE
nginx    0/1     1            0           30s
```

接下来创建一个 Service。

Service 用做服务发现，用于指定 Deployment 或者特定集合 Pod 的网络层抽象。由于 Pod 是有生命周期的，当一个工作节点销毁时，节点上运行的 Pod 也会销毁，因此需要有一种方式来自动协调各个 Pod 之间的变化，以便应用能够持续运行。Kubernetes 中的 Service 是一个抽象的概念，它定义了 Pod 的逻辑分组和一种可以访问它们的策略。

Service 有 4 种 Type 类型，NodePort 属于其中一种，通过每个 Node 上的 IP 和静态端口(NodePort)暴露服务。这种 Service 可以将 Service 的 Port 映射到集群内每个节点的相同端口上，实现通过 NodeIP:NodePort 从集群外访问服务。

为了让各节点都能访问 Kubernetes 提供的 Nginx 服务，需要将 Service 的类型指定为 NodePort。本例中创建的 Service 即为 NodePort 类型。

```
[root@master ~]# kubectl create service nodeport nginx --tcp 80:80
service/nginx created
```

使用命令 kubectl get service 可以查看 Nginx 的 Service 已创建成功。

```
[root@master ~]# kubectl get service
NAME         TYPE        CLUSTER-IP    EXTERNAL-IP   PORT(S)        AGE
kubernetes   ClusterIP   10.1.0.1      <none>        443/TCP        71m
nginx        NodePort    10.1.92.82    <none>        80:30696/TCP   34s
```

使用命令“kubectl get pod,svc”可同时查看 Pod 和 Service。

```
[root@master ~]# kubectl get pod,svc
NAME                         READY   STATUS    RESTARTS   AGE
pod/nginx-554b9c67f9-vxh69   1/1     Running   0          11m

NAME                 TYPE        CLUSTER-IP   EXTERNAL-IP   PORT(S)        AGE
service/kubernetes   ClusterIP   10.1.0.1     <none>        443/TCP        81m
service/nginx        NodePort    10.1.92.82   <none>        80:30696/TCP   10m
```

从以上的命令结果可知，Nginx 服务的外部映射端口为 30696，接下来从各节点使用节点 IP:30696 即可访问 Nginx 服务首页。

2. 在 Node 节点执行操作

在 Node 节点打开浏览器，输入地址 “<Master IP>:30696”，端口号 30696 为在 Master 节点上创建的 Nginx 服务的访问端口号。

如果在浏览器中能看到如图 11-7 所示的界面，则说明第一个 Nginx 服务已经在 Kubernetes 上部署成功。

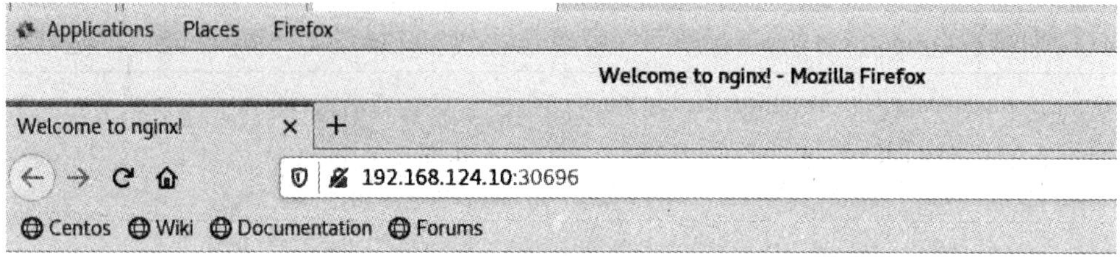

图 11-7　在 Node 节点查看 Nginx 服务首页

也可以在 Master 节点打开浏览器，输入 IP 地址和服务端口号，看到 Nginx 的首页，如图 11-8 所示。

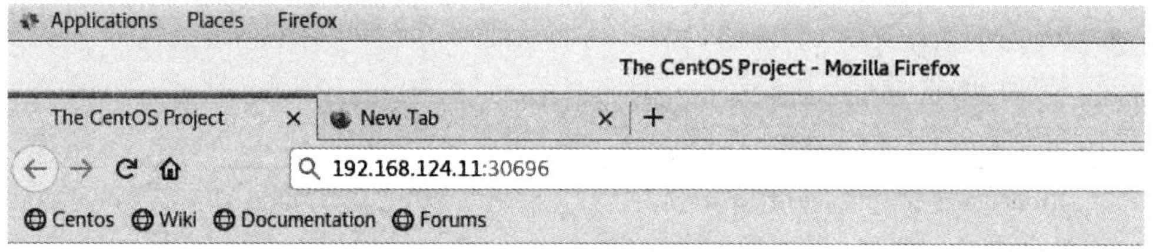

图 11-8　在 Master 节点查看 Nginx 服务首页

本 章 小 结

本章属于扩展延伸内容，读者在学习了虚拟化技术和容器虚拟化基础之后，可以适当了解目前流行的容器集群管理工具，能够对容器的集群管理有初步的理解和认识。Docker Swarm 可以使用单节点概念，扩展成 Swarm 集群，允许开发人员快速、轻松地部署多个容器和微服务。Kubernetes 作为一个开源的、用于自动化容器部署、扩展和管理的容器集群管理系统，具有非常强大的功能。Kubernetes 提供了资源调度、部署管理、服务发现、扩容缩容、监控维护等容器管理功能，读者如果想进一步学习 Kubernetes，可参阅 Kubernetes 相关书籍。

本 章 习 题

1. 流行的容器集群管理工具主要有哪些？分别予以介绍。
2. 简述 Docker Swarm 关键概念中的 Node 及其分类。
3. 简述 Docker Swarm 关键概念中 Node、Service 和 Task 之间的关系。
4. 简述 Kubernetes 中 Pod、Service 和 Controller 的概念与功能。
5. 简述 Kubernetes 集群的安装步骤。

第 12 章

其他主流虚拟化技术

前面各章着重阐述了基于 KVM 的虚拟化技术和容器虚拟化技术，但市场上不同公司的虚拟化技术产品较多，本章主要对常见的其他主流虚拟化技术做简单的介绍，包括虚拟化龙头公司 VMware 旗下的多种虚拟化产品、微软公司的 Hyper-V、Linux 基金会的开源项目 Xen Project、开源分布式虚拟化解决方案 oVirt、Proxmox 公司的企业虚拟化开源平台 Proxmox Virtual Environment 和 Oracle 公司的 VirtualBox。

知识结构图

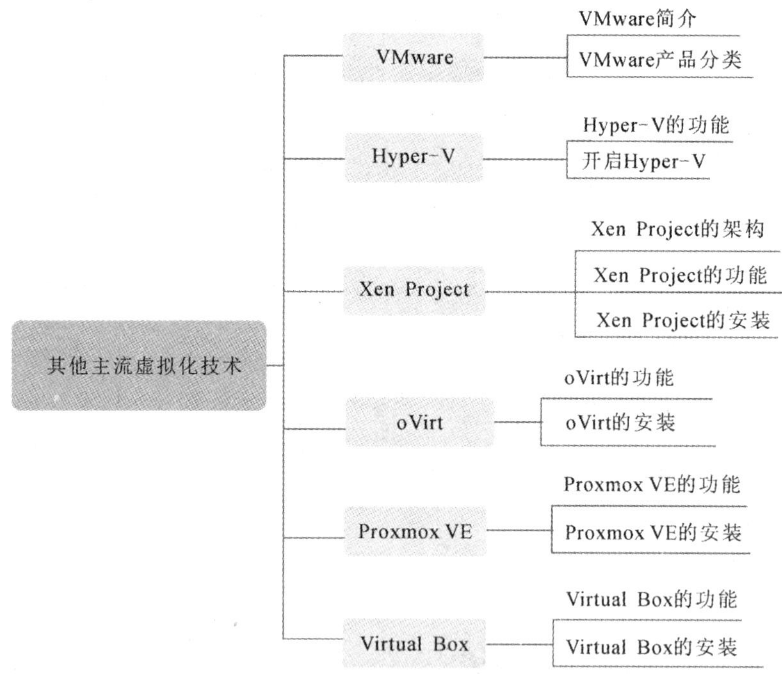

本章重点

- 了解 VMware 公司相关虚拟化产品的分类。
- 了解 Hyper-V 的基本功能及使用方式。
- 了解 Xen Project 的架构及功能。
- 了解 oVirt 的基本功能。
- 了解 Proxmox VE 的基本功能。
- 了解 Virtual Box 的基本功能。

本章任务

了解常见的主流虚拟化公司的主要技术以及不同公司的虚拟化技术产品分类；了解不同的虚拟化产品的架构及功能，能够对虚拟化技术的市场使用及技术发展有更深入的理解。

12.1　VMware

12.1.1　VMware 简介

VMware 公司创办于 1998 年，其中 VM 即 Virtual Machine，从名字可以看出，这是一家专注于提供虚拟化解决方案的公司。VMware 中国区官方网站地址是 https://www.vmware.com/cn.html。VMware 公司很早就预见到了虚拟化在未来数据处理中的核心地位，有针对性地开发虚拟化软件，从而抓住了 21 世纪初虚拟化兴起的机遇，成为虚拟化业界的标杆。虽然虚拟化技术并不是 VMware 公司发明的，但早在 20 世纪 90 年代 VMware 就率先对 x86 平台进行了虚拟化。现在，VMware 已成为 x86 虚拟化领域的全球领导者，拥有超过 35 万家客户，其中包括世界财富 500 强中的全部企业。VMware 公司从创建至今，一直占据着全球虚拟化软件市场的最大份额，是毫无争议的业界龙头老大。

VMware 公司作为最成熟的商业虚拟化软件提供商，其产品线是业界覆盖范围最广的，其技术能够简化 IT 的复杂性，优化运维，帮助企业变得更加敏捷、高效，利润更加丰厚。借助 VMware，无论从数据中心到多云环境，还是到边缘环境，用户都可以自由地构建和部署现代应用，在环境之间无缝迁移，并确保所有数据和应用在任何云中均有安全性且受到保护。VMware 产品能够构建、运行、管理、连接和保护任何云中的任何应用，同时保持基础架构、运维和开发人员体验到最高级别的一致性。

VMware 可以虚拟化企业级应用，例如可以虚拟化 Microsoft Exchange 并超越本机性能，同时让基础架构实现 5～10 倍的整合率。VMware 对 Oracle 数据库和应用的虚拟化可以让 Oracle 数据库动态扩展以确保满足服务级别要求。VMware 可以整合 SQL Server 数据库，并将硬件和软件成本削减 50%以上。VMware 还可以将企业级 Java 应用迁移至虚拟化 x86 平台，以便轻松地使用生命周期和扩展性管理功能提高资源利用率。

12.1.2　VMware 产品分类

VMware 产品按类别来分，大致分为以下八大类。

1. 混合云平台

私有云和混合云产品能够创建从数据中心延展到云环境再到边缘环境的通用运维环境。混合云是 IT 的新运维模式，是私有云和公有云的一种混合使用方式。VMware 混合云基于 VMware Cloud Foundation(VCF)，能够管理跨数据中心、公有云和边缘环境部署的基于虚拟机和容器的应用组合，可以提供虚拟化和软件定义数据中心(Software Defined Data Center，SDDC)技术，无论部署了什么工作负载，它都可以提供一致的基础架构和一致的运维。

混合云创造了新的数字化可能性，为经济高效的可扩展性、灵活性和现代化打开了大门。应用开发人员可以专注于满足业务需求和开发软件功能，而不必过多地担心底层基础架构。当业务优先级发生变化时，可以快速响应并转移工作负载，而不会局限于特定环境。

VMware Cloud Foundation 是面向私有云和公有云的集成式云计算基础架构和管理服务，是基于全体系超融合基础架构(Hyper Converged Infrastucture，HCI)技术构建的混合云平台，用于管理虚拟机和编排容器。凭借易于部署的单一体系架构，VMware Cloud Foundation 可在私有云和公有云之间实现一致、安全的基础架构和运维，提高企业的敏捷性和灵活性。VMware 的混合云架构如图 12-1 所示。

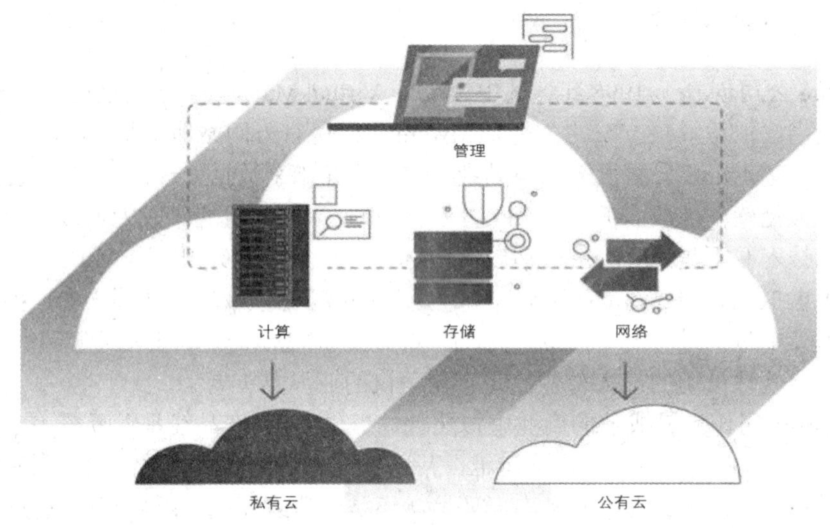

图 12-1　VMware 混合云架构

2. 桌面和应用虚拟化

桌面和应用虚拟化可以随时随地向任何设备提供安全的桌面和应用。它是一种在本地数据中心或云端发布终端用户桌面和应用，并在终端设备上呈现的软件技术。桌面和应用虚拟化能使终端用户安全地访问企业资源，随时随地在任何设备上工作。精简的现代桌面虚拟化方法可以使用户的企业能够交付、保护及管理桌面和应用，同时控制成本。

桌面和应用虚拟化的产品包括 Horizon、Horizon Cloud 和 Horizon Apps 等。

Horizon 是一款可跨混合云并安全交付虚拟桌面和应用的现代平台，可以高效部署和扩展虚拟桌面和应用。Horizon 的 REST API 可集成丰富的功能并实现自动化，包括监控、授权以及用户和计算机管理。

Horizon Cloud 支持用户将虚拟桌面和应用从云环境交付到任何位置的任何设备，能够提供功能丰富的虚拟桌面和应用。用户可以采用自己的云计算基础架构，或者购买 VMware 的云托管基础架构。

Horizon Apps 允许用户通过其工作空间访问其所有已发布的应用、SaaS 应用和移动应用，可以实现应用虚拟化的根本转型，以较低的成本获得前所未有的简便性、安全性、速度和规模。

3. 数据中心虚拟化

软件定义数据中心可将虚拟化计算、虚拟存储和虚拟网络与云计算管理相结合，使用户跨数据中心、云环境和设备进行快速部署、运行、管理和连接。

VMware 的数据中心虚拟化可以利用服务器虚拟化整合虚拟化网络连接、存储和安全保护，将数据中心转变成灵活的云计算基础架构。

VMware 的数据中心虚拟化产品包括 vSphere、vSphere Hypervisor、vCenter Server 和 VMware vCenter Converter 等。

vSphere 将虚拟化扩展到存储和网络服务，并添加基于策略的自动调配和管理功能。vSphere 是 VMware 软件定义数据中心的基础，采用 Kubernetes 进行重新构建，能够在一小时内将企业级 Kubernetes 插入到现有基础架构中，大幅提高在现有基础架构上使用 Kubernetes 工作负载的速度，简化云环境运维。使用 vSphere 可以使容器化应用与企业级应用一起以简单、统一的方式运行。

vSphere Hypervisor 是一种可将服务器虚拟化的裸机 Hypervisor，支持整合应用，可节省管理 IT 基础架构所用的时间和成本。vSphere Hypervisor 内置了虚拟机的管理，能够在数分钟内创建和备份虚拟机，有高效的存储分配，能够分配超出物理存储实际容量的存储资源，并执行页面共享和压缩以优化性能。

VMware vCenter Server 是高级服务器管理软件，用于控制 vSphere 环境的集中式平台，能够进行简单且高效的服务器管理。VMware vCenter Server 可集中管理 vSphere 虚拟基础架构，向下可统一管理主机、虚拟机、存储和网络，维护数据中心对象清单和关系目录，协调对象间的资源分配，监控对象运行情况等；向上可为云管理平台、监控运营平台或者第三方监控和管理平台提供接口，以构建顶层云平台。

使用 vCenter Server 可对虚拟机进行实时监控，包括服务器应用、网络和共享存储，并诊断故障；可以实时查看详细统计数据和图标，监控虚拟机和资源的性能可用性；一旦发生故障能够自动生成通知并报警，并触发自动化工作。

VMware vSphere 数据中心的物理拓扑如图 12-2 所示。

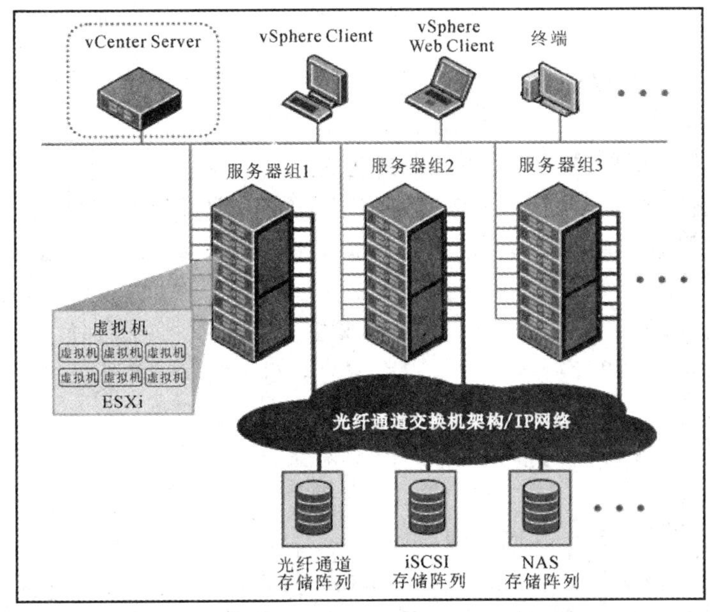

图 12-2　VMware VSphere 数据中心物理拓扑图

VMware vCenter Converter 用于将本地和远程物理机快速转换为虚拟机，而不会导致任何停机。vCenter Converter 能够执行许多导入和导出的任务。可以导出 vCenter Server 管理的虚拟机，供其他 VMware 产品使用，也可以将物理机、虚拟机和系统映像导入到 vCenter Server 中。

4. 网络虚拟化

NSX Cloud 是适用于软件定义的数据中心(SDDC)的网络虚拟化平台。通过将虚拟机运维模式引入数据中心网络，可以大幅提升网络和安全运维的经济效益。NSX Cloud 是 VMware 虚拟云网络的重要组成部分，使用 NSX Cloud，可为云中应用提供一致的网络和安全服务，提供跨虚拟网络、区域和云环境的全局原生安全策略和精确控制。借助 NSX Cloud，可获得一致的管理和安全策略。

利用 NSX Cloud，可以将物理网络视为容量传输池，同时借助策略驱动的方法为虚拟机提供网络和安全服务。NSX 可提供经验证的 SDDC 网络连接，能够按需创建、保存、删除和还原虚拟网络，而无须重新配置物理网络。

NSX 还提供敏捷性和精简运维模式，可将调配多层网络连接和安全服务的时间从数周缩减至数秒，从而能够从底层物理网络抽象化虚拟网络。这将使数据中心操作员能够更快地完成部署并提高敏捷性，同时能够基于任何网络硬件灵活地运行。

NSX 使用与虚拟机关联的自动化精细策略来实现数据中心的安全性，使网络可以安全地相互隔离，从而为数据中心提供更佳的安全模型。

VMware NSX Intelligence 是可用于数据中心的分布式安全和网络分析引擎，内置在 NSX 中，具有分布式体系架构，可以简化安全事件故障排除过程，在 NSX 控制台中获得详细的可视化网络拓扑，从而消除安全可见性中的任何盲点。

VMware NSX Intelligence 还能对经典攻击技术，如网络扫描、过滤备用协议、不匹配的应用层协议等进行检测，主动检测网络流量模式中的异常行为。

5. 存储虚拟化

存储虚拟化是使用软件定义的存储技术增强和简化存储体系架构，主要产品有 VMware vSAN 和 VMware vSphere Virtual Volumes 等。

vSAN 是软件定义的基于服务器集群搭建的分布式存储，是企业级存储虚拟化软件，与 vSphere 结合使用时，可通过单个平台管理计算和存储。借助 vSAN，可使用基于服务器的存储为虚拟机创建共享存储，消除对外部共享存储的需求，并简化存储配置和虚拟机配置。

vSAN 与 VMware vSphere 完全集成，vSAN 集群中的每个主机都可以为集群提供存储。vSAN 内置故障保护，能够确保磁盘、主机或网络发送故障时绝不丢失数据，还能实现为集群添加主机或为主机添加磁盘时无中断地扩展 vSAN 数据容量。vSAN 能够自行调节存储和动态存储的负载均衡，可以无中断地维持为每个虚拟机指定的存储容量、性能和可用性级别。

图 12-3 所示为 vSAN 的存储架构。

VMware vSphere Virtual Volumes (vVols)叫做 VMware 的虚拟卷，定义了一个独立于底层物理存储表现形式的全新虚拟磁盘容器。vVols 将物理硬件资源抽象为逻辑容量池(vVols

数据存储)，以此来虚拟化 SAN(Storage Area Network，存储区域网络)和 NAS(Network Attached Storage，网络附加存储)设备。vVols 数据存储是一种逻辑结构，可以在不中断运行的情况下即时配置，并且不需要使用文件系统进行格式化。

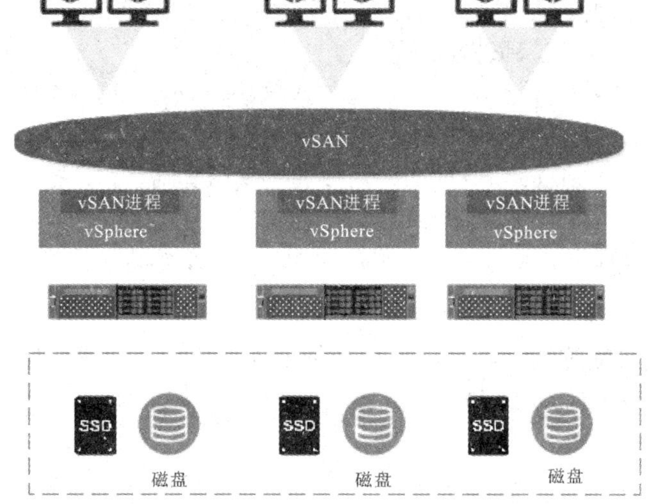

图 12-3　vSAN 存储架构

Virtual Volume 能够将虚拟磁盘和其他虚拟机文件封装起来，并存储在存储系统中，成为一个新的管理单元。借助 vVols，用户可根据各个虚拟机的具体要求，更轻松地交付和支持适当的存储服务级别。

6. 桌面 Hypervisor

VMware 的桌面 Hypervisor 可以在单台 PC 或 Mac 上运行多个操作系统，为 IT 专业人员、开发人员和企业提供了强大的本地虚拟化环境，用以构建、运行或支持任何类型的应用。其产品有 VMware Workstation Pro、VMware Fusion for Mac 和 VMware Workstation Player，其中最出名的产品就是 VMware Workstation Pro。

VMware Workstation 是 VMware 公司销售的运行于台式机和工作站上的虚拟化软件，也是 VMware 公司第一个面市的产品(1999 年 5 月面市)。该产品最早采用了 VMware 在业界知名的二进制翻译技术，在 x86 CPU 硬件虚拟化技术还未出现之前，为客户提供了纯粹的基于软件的全虚拟化解决方案。作为最初的拳头产品，VMware 公司投入了大量的资源对二进制翻译进行优化，其二进制翻译技术带来的虚拟化性能甚至超过了第一代的 CPU 硬件虚拟化产品。

VMware Workstation 适用于 Windows 和 Linux，被世界各地的 IT 专业人士和开发人员广泛使用。VMware Workstation Pro 可将多个操作系统作为虚拟机在单台 Linux 或 Windows PC 上运行，可配置虚拟网络连接和网络条件模拟，结合其他桌面、服务器和平板电脑环境，用于代码开发、解决方案构建、应用测试、产品演示等。Workstation Pro 支持数百种操作系统的虚拟，可与云技术和容器技术(如 Docker 和 Kubernetes)协同工作。VMware Workstation Pro 还可连接到 VMware vSphere、ESXi 或其他 Workstation 服务器，以启动、控制和管理虚拟机与物理主机。

VMware Fusion 是适用于 Mac 操作系统的桌面 Hypervisor，能够在其上运行 Windows、MacOS 或 Linux 虚拟桌面，也能构建并运行 OCI(Open Container Initiative，开放容器计划)容器和 Kubernetes 集群。VMware Fusion 也可连接到 VMware vSphere，进行虚拟机和物理机的启动、控制和管理操作。Fusion Pro 包含了一个 RESTful API，可与 Docker、Vagrant、Ansible、Chef 等新式开发工具进行集成。

借助 VMware Workstation Player，可以在一台 PC 上运行第二个隔离的操作系统。第二个操作系统作为虚拟机在单台 PC 上安全轻松地运行，不会影响主桌面环境且无需重新启动。借助 VMware Workstation Player，可以通过禁用复制粘贴、拖放、共享文件夹以及对 USB 设备的访问，将企业桌面与终端用户拥有的设备隔离开来。运行加密且受密码保护的受限虚拟机，确保只有经过授权的用户才能与企业数据进行交互。

7. 云计算管理平台

云计算管理平台通过统一平台，管理从传统虚拟化到容器等一切内容的混合虚拟环境，相关产品有 vRealize Cloud Management、vRealize Cloud Universal、vRealize AI Cloud 和 vRealize Operations 等。

vRealize Cloud Management 可在数据中心、云环境和边缘环境中实现对应用、基础架构和平台服务的一致部署与运维。vRealize Cloud Management 以本地部署产品和 SaaS 两种形式提供，具有几种组合，可满足混合云的独特要求。vRealize Cloud Management 提供基于 DevOps 实践的可编程自动化以及自动驾驶式运维，可跨多个云环境置备、监管和优化 IT 服务，这意味着可以为企业交付一致的基础架构和一致的运维。

vRealize Cloud Universal 通过将 SaaS 和本地部署功能相结合来实现自动化、运维和日志分析，从而加快云计算的采用速度。灵活的许可和交付模式使用户能够将云计算管理部署在本地或部署为 SaaS，并根据需要在两者之间自由移动，逐步演变为 SaaS 管理套件，以提高云计算的敏捷性、可扩展性和计算效率。

vRealize AI Cloud 是用于优化基础架构运维的首个人工智能(AI)和机器学习(ML)解决方案，是 vRealize Cloud Universal 的一部分，目的是探索将自动化、运维和日志分析功能结合为一个许可证中的 SaaS 管理套件。

vRealize Operations 是用于规划和扩展 SDDC(Software Defined Data Center，软件定义的数据中心)多云基础架构的统一管理平台。它可以借助预测分析和基于策略的自动化，对 vSphere、Hyper-V、Amazon 及物理硬件等实现从应用到存储的智能 IT 运维管理。vRealize Operations 能够对物理、虚拟和云计算基础架构(包括虚拟机和容器)及这些基础架构支持的应用提供完整体系的可视化管理，以及持续性能优化、成本规划与管理和应用感知智能修复。

自动驾驶(Self-Driving)是 vRealize Operations 提出的概念，它能够做到基于业务和运维意图来以最小的代价实现持续和自动的闭环性能优化。实现这种无人干预运维模式的关键是工作负载优化，在计算集群中合理调度工作负载以确保它们始终能够得到需要的资源。管理员只需要指定运维意图，例如保证关键业务应用的性能、尽可能地降低运营成本、保证一定的运营服务等级 SLA 等，剩下的工作就可以交给 vRealize Operations 来自动完成。

8. 新兴技术

VMware 可在物理基础架构和虚拟基础架构上为应用提供技术支持。这既包括传统虚拟化业务应用，也包括现代云端应用，例如大数据应用、高性能运算、区块链技术和物联网技术。

VMware 可对 Hadoop 等大数据应用进行虚拟化，可以简化大数据基础架构的管理，让用户更快地取得成果，从而提高成本效益。这种优势在物理基础架构或云技术环境中是无法实现的。

多核计算技术的发展，带来了越来越多和越来越复杂的计算资源。采用单一操作系统对系统计算资源进行管理会导致计算资源的浪费和不合理分配。VMware 也支持高性能计算(High Performance Computing，HPC)的虚拟化。虚拟化 HPC 能够按需快速调配基础架构，实现快速迭代和扩展，减少设置和重装工具所花费的时间。还能进行资源的集中管理，简化日常调配和基础架构维护等后续运维工作。

在区块链技术方面，VMware 推出了企业区块链平台 VMware Blockchain。VMware Blockchain 具有可扩展性，能够处理数百万个事务，有强大的第 2 天操作功能，允许在第 2 天操作中进行审核或从区块链中删除数据，还提供了包括简易部署、监控、管理、升级等在内的一套全面运营功能。VMware Blockchain 利用其行业领先的优势，提供安全、隐私、性能以及可扩展性等企业级功能。

VMware 还提供了服务于物联网的边缘基础架构和设备管理的管理平台 Pulse IoT Center。VMware Pulse IoT Center 整合了 VMware 的两项领先管理监控技术——vRealize Operations 和 AirWatch，可对物联网的整个基础架构提供设备的管理、监控和安全保护。

Pulse IoT Center 能够管理任何类型的边缘网关，无论网关是什么类型的硬件架构、操作系统和通信协议，还能对网关进行隔空(Over The Air，OTA)软件更新。Pulse IoT Center 通过边缘网关来管理所有的互连设备，可以图形化地展示设备之间的层级关系，实时采集设备的状态，对这些数据进行实时分析，以图表的方式展现给管理员，帮助运维人员更有效地管理整个物联网。

Pulse IoT Center 也为物联网提供了各种安全机制，例如强制要求每台边缘网关都必须采用唯一的用户名和密码来注册设备，所有的网络通信都采用安全传输层协议 TLS(Transport Layer Security Protocol)，其采用哈希信息验证码 HMAC(Hash Message Authentication Code)令牌作为网关和后台服务器之间通信的身份认证机制。

12.2　Hyper-V

Hyper-V 是微软的一款虚拟化产品，支持不同操作系统的虚拟化，包括各种版本的 Linux、FreeBSD 和 Windows。Hyper-V 设计的目的是为用户提供更为熟悉以及成本效益更高的虚拟化基础设施软件，降低运作成本、提高硬件利用率、优化基础设施并提高服务器的可用性。

Hyper-V 可以采用半虚拟化(Para-virtualization)和全虚拟化(Full-virtualization)两种方式创建虚拟机。半虚拟化方式要求虚拟机与物理主机的操作系统(通常是版本相同的 Windows)

相同，以使虚拟机达到高的性能。全虚拟化方式要求 CPU 支持全虚拟化功能，如 Intel-VT 或 AMD-V，以便创建不同的操作系统，例如 Linux 和 Mac OS 的虚拟机。

从架构上讲，Hyper-V 只有“硬件—Hyper-V—虚拟机”3 层，本身非常小巧，代码简单，且不包含任何第三方驱动，所以安全可靠、执行效率高，能充分利用硬件资源，使虚拟机系统性能更接近真实系统性能。

Hyper-V 目前已经被预先集成到 Windows 10 Pro、Education 和 Enterprise 中，但是在 Windows 家庭版上却并不自带。Hyper-V 也适用于 Windows 的服务器版本，例如适用于 Windows Server 2016、Microsoft Hyper-V Server 2016、Windows Server 2019、Microsoft Hyper-V Server 2019 等。

Hyper-V 采用微内核的架构，兼顾了安全性和性能的要求。Hyper-V 底层的 Hypervisor 运行在 CPU 最高特权级别下，微软将其称为 ring 1(而 Intel 则将其称为 root mode)，虚拟机的操作系统内核和驱动运行在 CPU 的 ring 0 级别下，应用程序运行在 ring 3 级别下，这种架构不需要采用复杂的 BT(二进制特权指令翻译)技术，可以进一步提高系统安全性。

Hyper-V 在服务器/客户机网络应用程序中有两个部分协同运行，即服务器端组件和客户端组件，以实现网络通信。服务器端组件总是进行侦听，为客户端组件提供网络服务。而客户端组件总是向服务器端组件请求服务。在 Hyper-V 中，包括名为 VSP(Virtualization Service Provider)和 VSC(Virtualization Service Client)的虚拟服务提供端组件和虚拟服务客户端组件。VSP 代表虚拟化服务提供者，而 VSC 代表虚拟化服务客户机，VSP 和相应的 VSC 都可以使用一种名为 VMBUS(Virtual Machine BUS)的沟通渠道，与对方进行通信。结合 VMBUS，VSP 组件和 VSC 组件能提升在 Hyper-V 上运行的虚拟机整体性能。

Hyper-V 采用基于 VMBUS 的高速内存总线架构，来自虚拟机的硬件请求包括显卡、鼠标、磁盘、网络等的请求，可以直接经过 VSC，通过 VMBUS 总线将硬件请求发送到根分区的 VSP。VSP 调用对应的设备驱动，直接访问硬件，中间不需要 Hypervisor 的帮助。

Hyper-V 的架构如图 12-4 所示。

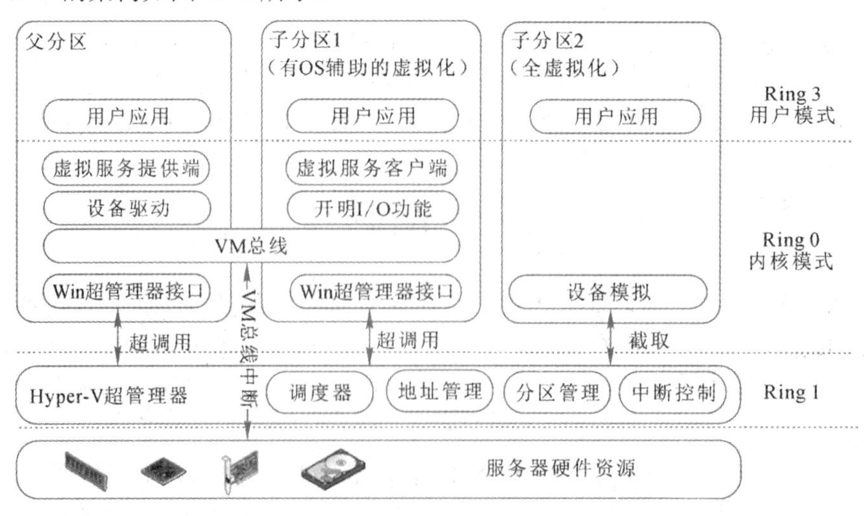

图 12-4　Hyper-V 架构

Hyper-V 以分区的形式进行虚拟机之间的隔离。Hyper-V 的 Hypervisor(超管理器)创建分区，在分区中运行系统。至少有一个运行 Windows 系统的分区，叫做父分区或者根分区。根分区通过 Hyper Call 超调用 API 创建子分区，并在子分区中创建各种操作系统的虚拟机。子分区需要支持硬件虚拟化，即需要处理器支持 Intel VT-d 或者 AMD-V 技术。

12.2.1 Hyper-V 的功能

Hyper-V 的主要功能如下：

(1) Hyper-V 可以建立或扩展私有云环境，通过移动或扩展共享资源的使用，包括内存、处理器、存储和网络等，按照需求变化调整利用率，提供更灵活的按需 IT 服务。

(2) Hyper-V 能有效使用硬件，将服务器和工作负载合并到更少、功能更强大的物理计算机上，以减少能耗和物理空间。

(3) Hyper-V 能建立或扩展虚拟机基础结构(Virtual Desktop Infrastructure，VDI)。使用具有 VDI 的集中式桌面策略可以提高业务灵活性和数据安全性，还可简化管理桌面操作系统和应用程序。

(4) Hyper-V 能够提供虚拟机的灾难恢复和备份。

(5) Hyper-V 能够进行虚拟机的实时迁移、存储迁移以及导入/导出功能，更轻松地移动或分发虚拟机。

(6) Hyper-V 还能防止恶意软件和对虚拟机及其数据的其他未经授权的访问。

(7) Hyper-V 支持嵌套虚拟化，允许用户将虚拟机用作 Hyper-V 主机并在该虚拟化的主机中再创建虚拟机，这对于开发和测试环境尤其有用。

图 12-5 所示为未开启嵌套虚拟化时的 Hyper-V 架构，这时 Hyper-V 虚拟机监控程序完全控制硬件虚拟化功能，并且不会向客户操作系统开启虚拟化扩展功能。

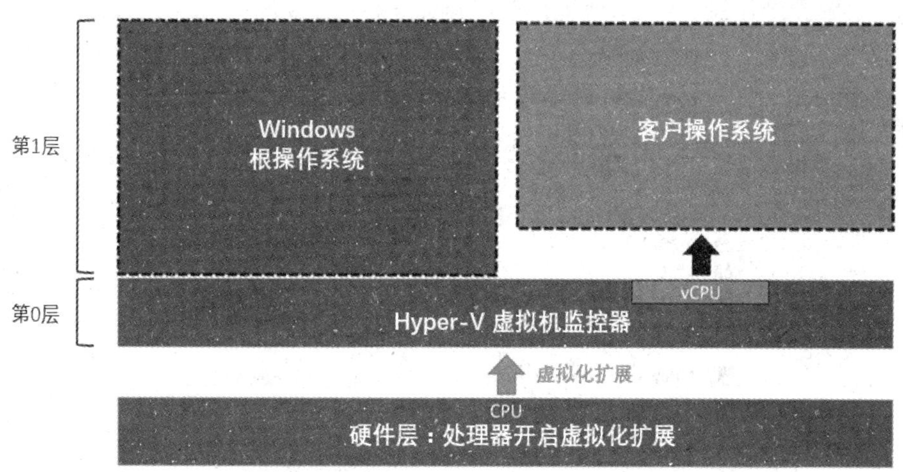

图 12-5 未开启嵌套虚拟化时的 Hyper-V 架构

在已启用嵌套虚拟化的 Hyper-V 中，Hyper-V 的 Hypervisor 会向其上运行的虚拟机公开硬件虚拟化扩展。启用虚拟化的嵌套后，Level1 上的客户操作系统(虚拟 Hyper-V Hypervisor)可以安装并运行其自己的客户虚拟机(Guest OS)。图 12-6 为开启嵌套虚拟化时的 Hyper-V 架构。

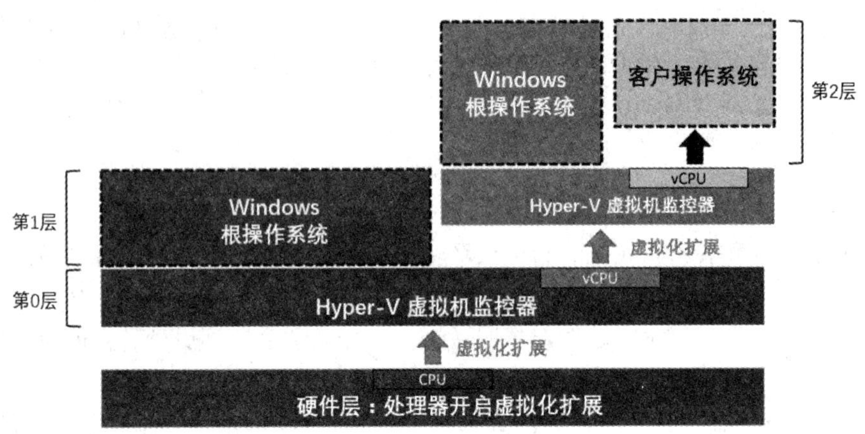

图 12-6　开启嵌套虚拟化时的 Hyper-V 架构

12.2.2　开启 Hyper-V

在 Windows 桌面操作系统的 Windows 10 Pro、Education 和 Enterprise 版本中，Hyper-V 已经被预先集成，因此只需打开 Hyper-V 的功能即可使用。

打开 Windows 操作系统中控制面板的“程序和功能”，单击“启用或关闭 Windows 功能”，如图 12-7 所示。

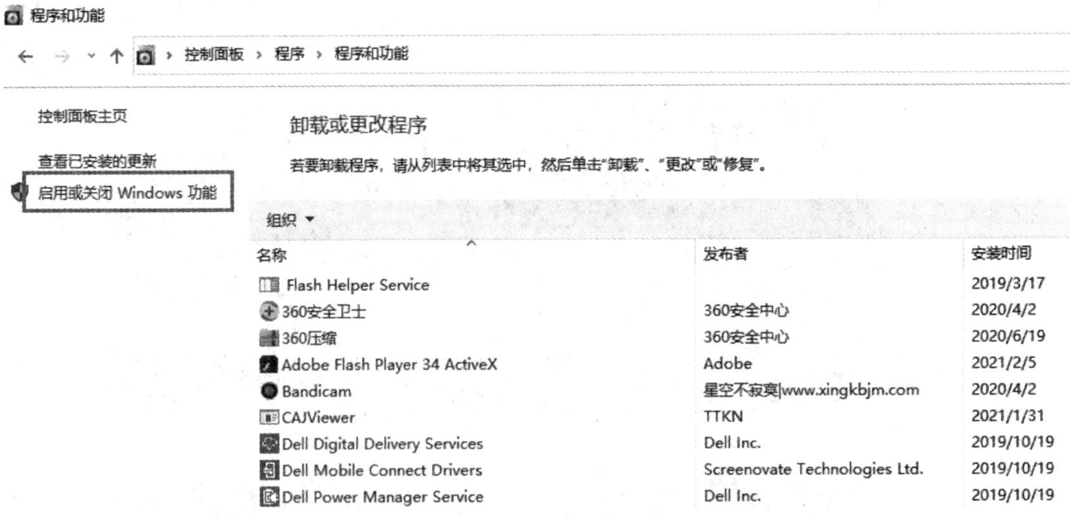

图 12-7　Windows 10 Pro 控制面板界面

在“启用或关闭 Windows 功能”界面中选中“Hyper-V”前面的复选框，即开启了 Hyper-V 的功能，如图 12-8 所示。然后单击“确定”并重启 Windows。

Windows 重启后，可在 Windows “开始”菜单的“Windows 管理工具”处看到“Hyper-V 管理器”(如图 12-9 所示)，单击打开即可开启 Hyper-V 的虚拟化之旅。

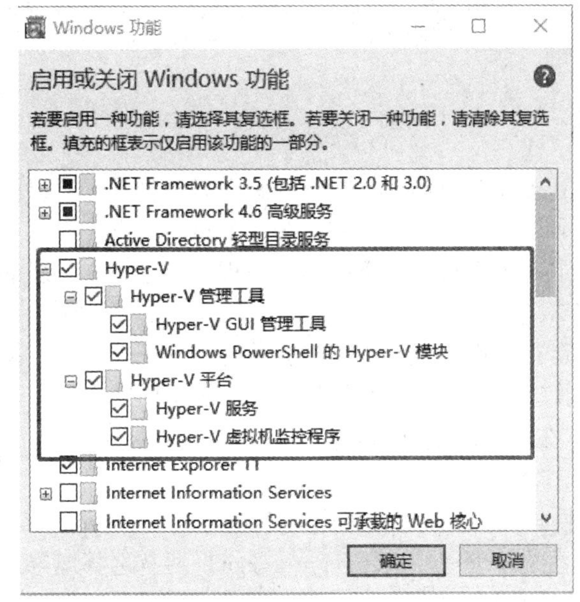

图 12-8　开启 Hyper-V 功能

图 12-9　Hyper-V 管理器界面

Hyper-V 的具体使用方法读者可查阅相关资料，这里不再赘述。

12.3　Xen Project

Xen 是由剑桥大学计算机实验室开发的一个开源项目，Xen 项目专注于在不同的商业和开源应用程序中推进虚拟化，包括服务器虚拟化、基础设施即服务(IaaS)、桌面虚拟化、安全应用程序、嵌入式和硬件设备以及汽车和航空领域。

Xen 项目起源于古希腊语 Xenos，用于指代在 Xenia 仪式(一种客人友谊仪式)下建立关系的客人与朋友。这在虚拟化术语中，类似于客户机操作系统与开发者社区和用户的关系。

早在 20 世纪 90 年代，伦敦剑桥大学的伊恩 • 普拉特(Ian Pratt)和 Keir Fraser 在一个叫做 Xenoserver 的研究项目中开发了 Xen 虚拟机。作为 Xenoserver 的核心，Xen 虚拟机负责管理和分配系统资源，并提供必要的统计功能。在那个年代，x86 的处理器还不具备对虚拟化技术的硬件支持，所以 Xen 从一开始是作为一个半虚拟化的解决方案出现的。因此，为了支持多个虚拟机，虚拟机内核必须针对 Xen 做出特殊的修改才可以运行。为了吸引更多开发人员参与，2002 年 Xen 正式被开源。2004 年，Intel 的工程师开始为 Xen 添加硬件虚拟化的支持，从而为即将上市的新款处理器做必需的软件准备。2004 年 Xen 1.0 正式发布，在 Intel 工程师的努力下，2005 年发布的 Xen 3.0 开始正式支持 Intel 的 VT 技术和 IA64 架构，从而 Xen 虚拟机可以运行完全没有修改的操作系统。同时，伊恩 • 普拉特和其他几位技术负责人成立了一家名为 XenSource 的公司。2007 年 10 月，思杰(Citrix)公司出资 5 亿美元收购了 XenSource，变成了 Xen 虚拟机项目的东家，目的是将虚拟机管理程序从研究工具转换为企业计算的竞争产品。

2013 年，Xen 虚拟机项目归 Linux 基金会所有。随后采用了新商标“Xen Project”，以将开源项目与使用旧商标“Xen”的项目区分开来。Xen Project 团队是一个全球性的开源社区，用于开发 Xen Project Hypervisor 及其相关的子项目。Xen Project 的官方网站是 https://xenproject.org/。

12.3.1　Xen Project 的架构

Xen Project 支持 x86、x86-64、安腾(Itanium)、Power PC 和 ARM 等多种处理器，因此 Xen 可以在大量的计算设备上运行，目前 Xen Project 支持 Linux、NetBSD、FreeBSD、Solaris、Windows 和其他常用的操作系统作为客户操作系统在其管理程序上运行。最新的 Xen Project 还支持 ARM 平台的虚拟化。

Xen Project 是一个直接在系统硬件上运行的虚拟机管理程序。Xen 在系统硬件与虚拟机之间插入一个虚拟化层，将系统硬件转换为一个逻辑计算资源池，Xen 可将其中的资源动态地分配给任何操作系统或应用程序。在虚拟机中运行的操作系统能够与虚拟资源交互，就好像它们是物理资源一样。

在 Xen Project 上运行的虚拟机，既支持半虚拟化，也支持全虚拟化。在 Xen Hypervisor 上运行的半虚拟化的操作系统，为了调用系统管理程序 Xen Hypervisor，要有选择地修改操作系统，但不需要修改操作系统上运行的应用程序。在 Xen Hypervisor 上运行的全虚拟化的操作系统都是标准的操作系统，即无需任何修改的操作系统版本。例如，在 Xen Project 上虚拟 Windows 虚拟机必须采用完全虚拟化技术。

在 Xen Project 的体系架构中，虚拟机和硬件之间的管理层就是在硬件系统之上的 Xen Hypervisor。在 Xen Hypervisor 上运行的虚拟机，有一个 Domain 0(dom0)，也叫 0 号虚拟机，它是一个具有特权的特殊虚拟机。而其他的虚拟机都称为 Domain U。

Xen Project 的体系架构如图 12-10 所示。

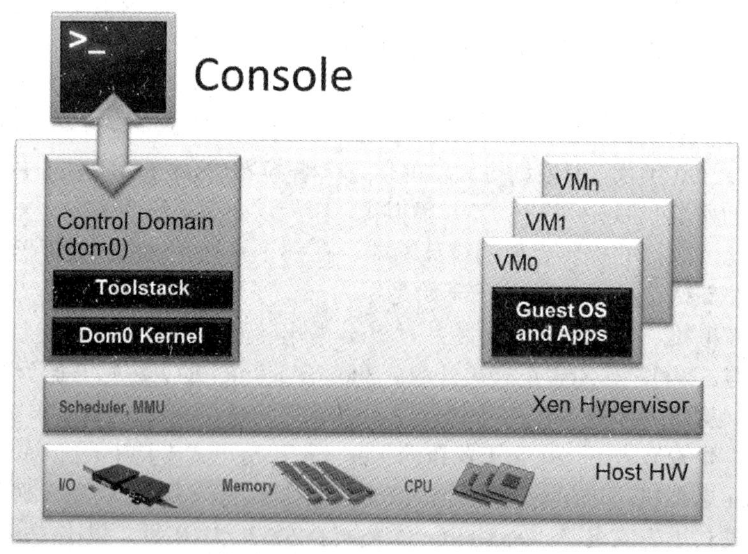

图 12-10　Xen Project 体系架构

在 Xen Project 上运行的所有虚拟机中，0 号虚拟机是特殊的，其中运行的是经过修改的支持准虚拟化的 Linux 操作系统，大部分的输入/输出设备都交由这个虚拟机直接控制，而非 Xen Project 本身控制。这样做可以使基于 Xen Project 的系统最大限度地复用 Linux 内核的驱动程序。更广泛地说，Xen Project 虚拟化方案在 Xen Hypervisor 和 0 号虚拟机的功能上做了合理的划分，既能够复用大部分 Linux 内核的成熟代码，又可以控制系统之间的隔离，还能提供对虚拟机更加有效的管理和调度。通常，0 号虚拟机也被视为是 Xen Project 虚拟化方案的一部分。

Xen Project 体系架构包含以下三大部分：

(1) Xen Hypervisor 直接运行于硬件之上，是 Xen 客户操作系统与硬件资源之间的访问接口。通过将客户操作系统与硬件进行分类，Xen Project 管理系统可以允许客户操作系统安全、独立地运行在相同的硬件环境之中。

Xen Hypervisor 是直接运行在硬件与所有操作系统之间的基本软件层。它负责为运行在硬件设备上的不同种类的虚拟机(不同操作系统)进行 CPU 调度和内存分配。Xen Hypervisor 对虚拟机来说不单单是硬件的抽象接口，同时也控制虚拟机的执行，让它们之间共享通用资源的处理环境。但是 Xen Hypervisor 不负责处理网络、外部存储设备、视频或其他通用的 I/O 处理。

(2) Domain 0：运行在 Xen Project 管理程序之上，是具有直接访问硬件和管理其他客户操作系统的特权客户操作系统。

Domain 0 是经过修改的 Linux 内核，是运行在 Xen Hypervisor 之上独一无二的虚拟机，拥有访问物理 I/O 资源的特权，并可以与其他运行在 Xen Hypervisor 之上的虚拟机进行交互。所有的 Xen 虚拟环境都需要先运行 Domain 0，然后才能运行其他的虚拟客户机。Domain 0 在 Xen Project 中担任管理员的角色，它负责管理其他虚拟客户机。在 Domain 0 中包含两个驱动程序，用于支持其他客户虚拟机对于网络和硬盘的访问请求。这两个驱动分别是 Network Backend Driver 和 Block Backend Driver。

Network Backend Driver 直接与本地的网络硬件进行通信，用于处理来自 Domain U 客户机的所有关于网络的虚拟机请求。根据 Domain U 发出的请求，Block Backend Driver 直接与本地的存储设备进行通信，然后将数据读写到存储设备上。

(3) Domain U：运行在 Xen 管理程序之上的普通客户操作系统或业务操作系统，如图 12-10 的 Guest OS 中的 VM0、VM1 和 VMn。Domain U 不能直接访问硬件资源，如内存、硬盘等，但可以独立并行地存在多个。

Domain U 客户虚拟机没有直接访问物理硬件的权限。所有在 Xen Hypervisor 上运行的半虚拟化客户虚拟机都是被修改过的基于 Linux 的操作系统以及 Solaris、FreeBSD 和其他基于 UNIX 的操作系统。所有完全虚拟化客户虚拟机则是标准的 Windows 和其他任何一种未被修改过的操作系统。

无论是半虚拟化 Domain U 还是完全虚拟化 Domain U，作为客户虚拟机系统，Domain U 在 Xen Hypervisor 上可并行存在多个，且之间相互独立，每一个 Domain U 都能单独进行重启和关机操作而不影响其他 Domain U。

12.3.2 Xen Project 的功能

Xen Project 大致包括以下四部分功能：

(1) 在虚拟化方面，Xen Project 具有独特的体系结构，可以实现强大的虚拟化功能。

(2) 在云平台方面，Xen Project 是行业内超大规模云的第一选择，包括 Amazon Web Service、腾讯和阿里云、Oracle 云、Rackspace 的公共云和 IBM SoftLayer。

(3) 在安全性方面，Xen Project 提供了先进的安全功能，提供可靠的管理程序。Xen Project 是 Citrix、Huawei、Inspur 和 Oracle 成功的商业虚拟化产品的基础，行业参与者都将 Xen Project 视为最大的可使用的安全虚拟化平台。

(4) 在汽车和嵌入式领域，Xen Project 产品还提供了成熟度高、隔离性强、安全性高、带有实时支持、容错能力强和体系架构灵活的虚拟机管理程序应用。

1. 虚拟化

Xen Project 服务器支持多核处理器、实时迁移、物理服务器到虚拟机转换(P2V)、虚拟机到虚拟机转换(V2V)、集中化的多服务器管理、实时性能监控等功能。Xen Project 架构灵活，用户可根据需要定制安装。

Xen Project 支持多种主机和客户工作环境，包括泛虚拟化技术、硬件辅助支持以及修改过或未修改过的客户操作系统；支持的客户操作系统包括 UNIX、Linux 和 Windows 等，支持的系统架构包括 x86、IA64 和 AMD、Fujitsu、IBM、Sun 公司的 ARM 以及 x86/64 CPU 和 Intel 的嵌入式架构等。Xen Project 也支持多种云平台，包括 CloudStack 和 OpenStack。

Xen Project 支持虚拟机的非中断动态迁移，并且支持非中断的动态工作负载平衡和例行维护。

2. 云平台

Xen Project 已率先进入 Unikernel 领域。Unikernel 是用高级语言定制的操作系统内核，作为独立的软件构件运行，也称为云操作系统。完整的应用(或应用系统)作为一个分布式系统运行在一套 Unikernel 上。Unikernel 程序可以独立使用并在异构环境中部署。它可以促进专业化和隔离化服务，并被广泛用于在微服务架构中开发应用程序。

Xen Project 构建的云操作系统包括 Mirage OS 和 Unikraft。

Mirage OS 是第一个达到生产标准的云操作系统，它使用 OCaml 语言构建，可以用于各种云计算和移动平台上安全的高性能网络应用中。Mirage OS 代码可以在诸如 Linux 或 MacOS 等普通的操作系统上开发，然后编译成在 Xen Project 虚拟机管理程序下运行的完全独立的专用 Unikernel。

Unikraft 通过统一的代码库简化了构建 Unikernel 的过程。Unikraft 开发了一个真正模块化的 Unikernel 通用代码库，可以让用户轻松地建立一个针对特定应用需求的定制操作系统和软件栈，并作为 AWS(Amazon Web Services)镜像进行部署。

除此此外，还有其他云操作系统，例如 LING(以前为 Xen 的 Erlang)和 OSv，它们也可以用于 Xen Project 的云平台。

3. 安全性

Xen Project 的体系架构将 Hypervisor 与 Linux 内核分开，能够免受常见漏洞的入侵。即使 Linux 内核受到攻击，它也不会像其他虚拟机管理程序和容器一样影响 Xen Hypervisor。

在基于 Xen Project 的系统中，虚拟机的网络驱动程序、QEMU、控制软件可以在 Xen Project 安全模块定义的特权模式下运行，这与 Xen 的体系结构一起，极大地限制了许多安全漏洞类别的影响，从而确保系统的其他部分不受攻击。

Xen Project 虚拟机管理程序中的 Intel 和 ARM 芯片都支持虚拟机自检(Virtual Machine Introspection，VMI)，这成为开发人员构建和监视安全应用程序的理想 API。此外，硬件辅助的 VMI 还可以防止入侵和恶意软件攻击，增加额外的安全保护。

Xen Project 的 KCONFIG 功能可以使开发人员、Xen 发行商和系统管理员在编译时删除 Xen Hypervisor 核心功能。这种删除操作可以在特殊情况下方便用户创建更轻量级的虚拟机管理程序，并消除额外的攻击。这在安全第一的环境，或者是微服务体系架构，或者是对遵从性要求较高的环境(如汽车控制)中非常有用。

Xen Project 还提供保证系统安全的实时补丁，可以免费重新部署安全补丁，以最大限度地减少系统管理员和开发从业人员在安全升级期间的中断和停机时间。

4. 汽车/嵌入式

虚拟化在数据中心的运用已经日渐成熟，现在虚拟化已开始过渡到嵌入式领域，包括 Intel 和 ARM 的低功耗设备。Xen Project 为这些环境提供了与数据中心相同的优势。

在汽车和嵌入式领域，虚拟化可以将工作负载整合到较少的硬件上，以降低成本、功耗和空间的使用；还能将硬件虚拟抽象，以使应用程序与硬件规范脱钩。系统管理程序将是嵌入式系统虚拟化的核心组件，特别是在汽车、导航和交付管理系统等场景中。

Xen Project 在嵌入式和汽车领域中有众多的合作者，包括 GlobalLogic、EPAM、ARM、高通、博世等。Xen Project 虚拟机管理程序也已在嵌入式和汽车系统中使用，包括 GlobalLogic 的 Nautilus、EPAM Fusion Cloud、BAE Systems、Dornerworks 和 Star Labs 等。

Xen Project 虚拟机管理程序是一个开放源代码解决方案，是许多商业产品的基础。表 12-1 列出了 Xen 的产品应用。

表 12-1　Xen 的产品应用

类型版本	资　源
Linux 发行版	用户可以从大多数 Linux 和 UNIX 的发行版(包括开源和商业版)中获得最新的 Xen 的软件包文件
商业服务器虚拟化产品	提供以下商业和开源产品：Citrix Hypervisor (以前为 XenServer)、Huawei UVP、Oracle VM for x86
嵌入式 Xen 发行版	提供以下商业和开源产品：Crucible Hypervisor、Virtuosity (formerly XZD)、Xen Zynq
基于 Xen 的安全产品	提供以下商业和开源产品：Bitdefender HVI、Magrana Server、OpenXT、Qubes OS

12.3.3　Xen Project 安装

最好在物理机上安装 Xen Project。安装 Xen 可以使用源码的方式安装，也可以使用 yum 的方式安装。源码安装方式太过复杂，通常使用 yum 的方式进行安装。这里以在 VMware 的 CentOS 虚拟机上使用 yum 方式安装 Xen Project 为例来进行简单的介绍。

安装时首先需要安装 Xen Project 的 CentOS 依赖包 centos-release-xen。

```
[root@localhost ~]# yum install centos-release-xen
…

Installed:
  centos-release-xen.x86_64 10:8-7.el7.centos

Dependency Installed:
  centos-release-virt-common.noarch 0:1-1.el7.centos
  centos-release-xen-common.x86_64 10:8-7.el7.centos

Complete!
```

然后安装 Xen 的虚拟化包。

```
[root@localhost ~]# yum install xen
…
Installed:
  xen.x86_64 0:4.8.5.86.g8db85532cb-1.el7

Dependency Installed:
  SDL.x86_64 0:1.2.15-17.el7
  seabios.x86_64 0:1.11.1-99.el7
  xen-hypervisor.x86_64 0:4.8.5.86.g8db85532cb-1.el7
  xen-libs.x86_64 0:4.8.5.86.g8db85532cb-1.el7
  xen-licenses.x86_64 0:4.8.5.86.g8db85532cb-1.el7
  xen-ovmf.x86_64 0:20160905-1.gitbc54e50e0.el7
  xen-runtime.x86_64 0:4.8.5.86.g8db85532cb-1.el7

Dependency Updated:
  seabios-bin.noarch 0:1.11.1-99.el7

Complete!
```

接下来安装 Xen 依赖的内核包 kernel-xen，安装完毕后 Xen 的内核会被设置为默认的系统内核。

```
[root@localhost ~]# yum install kernel-xen
…
done
Setting Xen as the default
  Verifying:   kernel-4.9.215-36.el7.x86_64 1/1

Installed:
```

```
    kernel.x86_64 0:4.9.215-36.el7

  Complete!
```

安装完毕后，重新启动系统，会发现新增的系统内核界面里面有 Xen Hypervisor 的选项。默认进入带有 Xen Hypervisor 的内核，如图 12-11 所示。

```
CentOS Linux, with Xen hypervisor
Advanced options for CentOS Linux (with Xen hypervisor)
CentOS Linux (4.9.215-36.el7.x86_64) 7 (Core)
CentOS Linux (3.10.0-1160.11.1.el7.x86_64) 7 (Core)
CentOS Linux (3.10.0-957.el7.x86_64) 7 (Core)
CentOS Linux (0-rescue-c7606840812343d0b044bd8032b145ea) 7 (Core)
```

图 12-11　CentOS 启动时 Xen Hypervisor 的内核界面

重启系统后，可以通过“xl list”命令确认是否安装成功，如果能够看到“Domain-0”即说明 Xen Project 已经安装成功。

```
[root@localhost ~]# xl list
Name                                        ID   Mem VCPUs      State   Time(s)
Domain-0                                     0  1024     2     r-----      57.7
```

可以通过 Xen Project 的“xl info”命令查看 Xen 的相关信息。

```
[root@localhost ~]# xl info
host                   : localhost.localdomain
release                : 4.9.215-36.el7.x86_64
version                : #1 SMP Mon Mar 2 11:42:52 UTC 2020
machine                : x86_64
nr_cpus                : 2
max_cpu_id             : 127
nr_nodes               : 1
cores_per_socket       : 2
threads_per_core       : 1
cpu_mhz                : 2112
hw_caps                :
178bfbff:f7fa3223:2c100800:00000121:0000000f:009c27ab:00000000:00000100
virt_caps              : hvm hvm_directio
total_memory           : 2047
free_memory            : 989
sharing_freed_memory   : 0
sharing_used_memory    : 0
outstanding_claims     : 0
free_cpus              : 0
xen_major              : 4
```

```
xen_minor              : 8
xen_extra              : .5.86.g8db85532
xen_version            : 4.8.5.86.g8db85532
xen_caps               : xen-3.0-x86_64 xen-3.0-x86_32p hvm-3.0-x86_32
hvm-3.0-x86_32p hvm-3.0-x86_64
xen_scheduler          : credit
xen_pagesize           : 4096
platform_params        : virt_start=0xffff800000000000
xen_changeset          :
xen_commandline        : placeholder dom0_mem=1024M,max:1024M cpuinfo
com1=115200,8n1 console=com1,tty loglvl=all guest_loglvl=all
cc_compiler            : gcc (GCC) 4.8.5 20150623 (Red Hat 4.8.5-39)
cc_compile_by          : mockbuild
cc_compile_domain      : centos.org
cc_compile_date        : Thu Dec 12 15:10:22 UTC 2019
build_id               : 758b32738223bc21223741bec488a75ce4f823ab
xend_config_format     : 4
[root@localhost ~]#
```

对于 Xen Project 的其他使用方式，读者可查询相关资料进行了解，此处不再赘述。

12.4　oVirt

oVirt 是一个基于 x86 架构的 KVM 虚拟化技术的开源 IaaS 云服务解决方案，官方网站是 https://www.ovirt.org/。截至 2021 年 5 月 20 日，oVirt 的最新版本 4.4.6 全面上市。

oVirt 底层使用 KVM 内核虚拟化，基于包括 Libvirt、Gluster、PatternFly 和 Ansible 等几个社区项目构建，能够管理整个企业基础架构；在架构设计上使用了 Node/Engine 分离结构，以方便功能的划分与管理；目的是提供一套符合市场规范的 KVM 虚拟化管理软件，尽可能地开发和利用 KVM 的特点。

12.4.1　oVirt 的功能

oVirt 的主要功能包括：主机、存储和网络配置的集成管理；在主机和存储之间实时迁移虚拟机和磁盘；主机发生故障时保证虚拟机的高可用性；为管理员和非管理员用户提供丰富的基于 Web 的用户界面等。

oVirt 的主要组件包括 oVirt-engine 引擎，Post-GRESQL 数据库，AD 或 LDAP 目录服务，REST API 对外数据接口，FC、iSCSI 或 NFS 共享存储，以及 Node 集群。

oVirt 组件架构如图 12-12 所示。

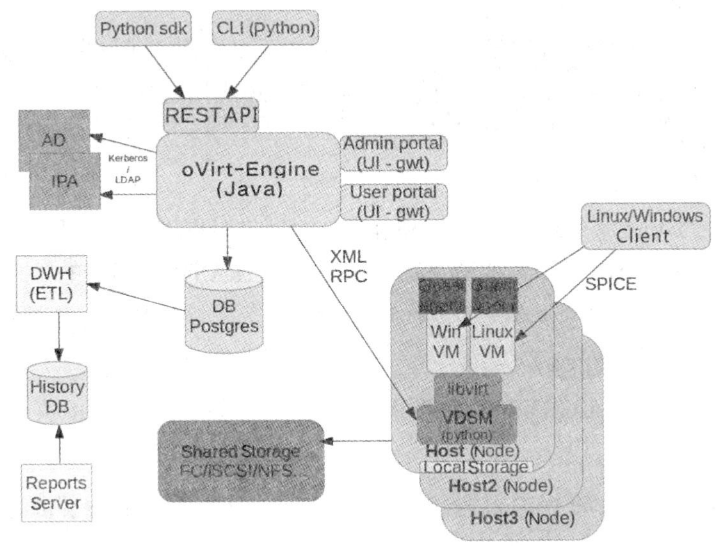

图 12-12　oVirt 主要组件架构

下面分别介绍图 12-12 中各组件的功能。

1. oVirt-Engine(引擎)

oVirt-Engine(引擎)提供完全的企业级虚拟化平台管理，包括用户管理、Web 门户、存储管理、Node 计算节点管理等。它是一个基于 JBoss 的 Java 应用程序，作为 Web 服务运行。该服务直接与 Node 上的主机代理进行通信，用于部署、启动、停止、迁移和监视 VM，还可以从模板创建新的存储镜像。

oVirt-Engine 能够对虚拟机提供生命周期管理，能够在 Node 之间动态迁移正在运行的虚拟机，也能在非高峰时间将虚拟机集中在较少的 Node 上。

2. Node(节点)

Node 也叫做 oVirt-Node，是 oVirt 的数据节点端，用于基于 KVM 的虚拟化计算，通常分为主机节点和存储节点。

主机节点是安装有主机代理 VDSM 和 Libvirt 组件的 Linux 发行版，也包含用来实现网络虚拟化和其他系统服务的组件。

存储节点使用块存储或文件存储，可以利用主机节点自身的存储作存储节点(Local on Host 模式)，也可以使用外部存储，通过 NFS 访问；还可以使用超融合架构，通过集群将存储节点自身的磁盘组成池来使用，实现高可用和冗余。

3. 主机代理（VDSM）

VDSM(Virtual Desktop and Server Manager，虚拟桌面和服务器管理器)是 Python 开发的一个组件，是虚拟化管理器 oVirt-Engine 所需的一个守护进程，oVirt 引擎需要与 VDSM 进行通信，才能对 Node 上的 VM 进行相关操作。VDSM 涵盖了 oVirt-Engine 用于管理 Linux 主机、虚拟机、网络和存储所需的所有功能。oVirt-Engine 与 Node 都需要安装 VDSM，oVirt-Engine 是管理端，Node 是被管理端，VDSM 管理和监视 Node 的存储、内存和网络，还负责管理虚拟机创建、统计信息收集和日志收集任务等。

4. 基于 Web 的用户界面

基于 Web 的用户界面包含管理员门户(Admin Portal)和用户门户(User Portal)。管理员门户是系统管理员用于执行高级操作的基于 Web 的 UI 应用程序。用户门户是一个简化的基于 Web 的 UI 应用程序，用于简化管理用例。

5. REST API

REST API 是 oVirt 命令行工具和 Python SDK 对应用程序执行虚拟化操作的 API。与 oVirt Engine 集成的 REST API 为所有 API 函数公开了 RESTful 形式的接口。oVirt 命令行工具和 Python SDK 使用 REST API 与 oVirt-Engine 引擎进行通信。

6. 数据库（DB Postgres）

oVirt-Engine 使用 Post-GRESQL 数据库为 oVirt 部署的配置信息提供持久化存储。

7. 访客代理

访客代理(Guest Agent)在虚拟机内部运行，并向 oVirt 引擎提供关于资源使用的情况。

8. 目录服务

目录服务(Active Directory，AD)引擎使用目录服务接收用户和组的信息，以便与 oVirt 的权限机制一起使用。

9. 报告引擎

报告引擎(Reports Server)使用 Jasper Reports 根据历史数据库中的数据生成关于系统资源使用情况的报告。

10. SPICE 客户端

SPICE 客户端允许用户访问虚拟机的实用程序。

一个标准的 oVirt 部署架构通常包括如下三个主要部分：

(1) 一个 oVirt-Engine，用来进行虚拟机的管理(创建和开关启/停)，创建虚拟机镜像，配置网络和存储等操作。

(2) 一个或多个主机节点，用来在其上运行虚拟机(VM)。

(3) 一个或多个存储节点，用来存放虚拟机镜像和 ISO 镜像文件。

oVirt-Engine 中有一个认证服务组件，用来实现用户和管理员的认证；通常将身份服务部署在引擎上，以便为用户和管理员提供验证。

12.4.2　oVirt 安装

进行 oVirt 虚拟化平台安装时，以两台机器为例，一台安装 oVirt-Engine 节点，一台安装 oVirt-Node 节点。

安装 oVirt-Engine 节点的步骤如下：

(1) 在开始安装 oVirt 之前，添加官方存储库 yum install http://resources.ovirt.org/pub/yum-repo/ovirt-release43.rpm。

(2) 使用“yum update”命令对 yum 源进行更新，确保所有的程序包都是最新的。

(3) 使用命令“yum install ovirt-engine”安装 oVirt-Engine 的程序包和相关依赖包。

(4) 运行命令“engine-setup”对 oVirt 引擎进行配置。

安装 oVirt-Node 节点的步骤如下：

oVirt-Node 支持两种部署方式，可由普通 Linux 系统安装 VDSM 和 KVM 服务组建 Node 节点，也可以在服务器之上安装 oVirt-Node 定制的 Linux 操作系统。下面以普通 Linux 系统部署服务的方法为例，安装步骤如下：

(1) 在开始安装 oVirt 之前，添加官方存储库 yum install http://resources.ovirt.org/pub/yum-repo/ovirt-release43.rpm。

(2) 使用“yum update”命令对 yum 源进行更新，确保所有的程序包都是最新的。

(3) 使用命令“yum -y install vdsm”安装 VDSM。

安装完毕后需要将 oVirt 节点添加到 oVirt-Engine 的管理环境中，然后登录 oVirt-Engine 的管理界面，才能开始配置虚拟化环境，具体的步骤读者可参阅相关资料，这里不再赘述。

12.5　Proxmox VE

Proxmox 公司由 Martin Maurer 和 Dietmar Maurer 于 2005 年成立，公司总部位于奥地利维也纳。公司的主要产品有 Proxmox Virtualization Environment(Proxmox 虚拟化环境)，Proxmox Backup Server(Proxmox 备份服务器)和 Proxmox Mail Gateway(Proxmox 邮件网关)。Proxmox 技术是安全且开源的 IT 基础架构，公司的官方网站是 https://www.proxmox.com/en/。

(1) Proxmox Virtualization Environment 即 Proxmox VE，简称 PVE，是一个开源且免费的基于 Linux 的企业级虚拟化方案。Proxmox VE 基于内置的 Web 界面，可以让用户方便快捷地管理虚拟机、容器、软件定义的存储、软件定义的网络、高可用性的集群等。

Proxmox VE 基于 Debian Linux 开发，既可以运行虚拟机也可以运行容器，也可将 PVE 看成一个基于 Debian 的、内置一套虚拟机管理工具的 Linux 系统。

Proxmox VE 项目始于 2007 年，在 2008 年发布了第一个稳定版本，最初采用 OpenVZ 容器技术和 KVM 虚拟化技术。很快，Proxmox VE 开发了新的集群功能，引入了新的 Proxmox 集群文件系统 pmxcfs，实现了集群管理。

2014 年 Proxmox VE 默认支持 ZFS(Zettabyte File System，也叫动态文件系统，即 Dynamic File System，是第一个 128 位文件系统)，是在 Linux 发行版中第一个使用的。另一个重要的里程碑是 Proxmox VE 支持 Ceph 存储服务，提供了一种性价比极高的部署方式。

Proxmox VE4.0 有一个重大变化就是舍弃了 OpenVZ 容器，转向 LXC(Linux Container) 容器技术。目前 LXC 容器技术已经深度整合到了 Proxmox VE 中，并可和虚拟机在同一个存储和网络环境中同时使用。目前的 Proxmox VE 支持两种虚拟化技术，即 KVM 虚拟机和 LXC 容器。Proxmox VE 还有简单易用的模板功能，可以进行基于模板的应用程序部署。

Proxmox VE 提供了 Web 管理页面和基于 Java 的 UI，用户可以方便地进行虚拟机的管理。Proxmox VE 的一个重要设计目标就是尽可能简化管理员的工作。可以用单机模式使用 Proxmox VE，也可以组建多节点 Proxmox VE 集群。所有的管理工作都可以通过基于 Web 的管理界面完成。

(2) Proxmox Backup Server 是一种企业备份解决方案，用于备份和还原虚拟机、容器和物理主机，支持增量备份、重复数据删除、Zstandard 无损压缩和身份验证加密。

(3) Proxmox Mail Gateway 是一种开源的电子邮件安全解决方案，可保护用户的邮件服务器免受所有的电子邮件威胁。只需几分钟，就可以在防火墙和内部邮件服务器之间轻松部署功能齐全的邮件代理。

12.5.1 Proxmox VE 的功能

1. Proxmox 集群

Proxmox VE 支持管理平台的集群创建，使用基于数据库的 Proxmox 文件系统(pmxcfs)来保存配置文件。该文件系统可以同时保存几千台虚拟机的配置信息，并能通过 Corosync(一个开放性集群引擎工程)将配置文件实时复制到 Proxmox VE 集群的所有节点。Proxmox 文件系统一方面将所有数据都保存在服务器磁盘的数据库文件上，以免数据丢失；另一方面，Proxmox 文件系统在内存中也复制一个副本，以提高性能。

2. 基于 Web 的管理界面

Proxmox VE 内置的 Web 界面管理控制台可以纵览所有的 KVM 虚拟机、LXC 容器和整个集群。可以通过 Web 界面轻松管理 Proxmox 的虚拟机、容器、存储和集群。

Proxmox VE 的 Web 界面管理控制台可以对多主集群架构通过任意节点进行管理。基于 JavaScript 框架开发的集中 Web 管理界面可以浏览每个节点的历史记录和系统日志，包括虚拟机备份恢复日志、虚拟机在线迁移日志等。

3. 基于角色的权限管理

在 Proxmox VE 中可以使用基于角色的方法对所有对象，包括虚拟机、存储、节点等设置用户管理权限。Proxmox VE 的权限管理方式类似于访问控制列表，每个权限都针对特定主体(用户或用户组)，每个角色(一组权限)都被限制在特定目录。

4. 多认证源

Proxmox VE 支持多种用户身份认证方法，即支持多认证源，包括 Microsoft 活动目录，LDAP(Lightweight Directory Access Protocol，轻型目录访问协议)、Linux PAM(Linux Pluggable Authentication Modules，Linux 可插拔式认证模块)以及 Proxmox VE 内置的身份认证。

5. 支持多种存储类型

Proxmox VE 支持多种存储技术，虚拟机镜像可以保存在服务器本地存储，也可以保存在基于 NFS(Network File System，网络文件系统)的共享存储设备上。实际上，Debian Linux 支持的所有类型的存储技术都可以用于 Proxmox VE。

使用共享存储保存虚拟机镜像有一个很大的好处，那就是集群中所有节点都可以直接访问该虚拟机镜像，虚拟机从一个 Proxmox VE 节点迁移到另一个节点上运行时，虚拟机在迁移过程中无需关机，可以保持连续运行。

Proxmox VE 支持的网络共享存储类型有 LVM 卷组、iSCSI 网络存储设备、NFS 共享存储、Ceph RBD、ZFS 等。

6. 虚拟机备份与恢复

Proxmox VE 内嵌了虚拟机备份工具 vzdump，可以在线创建 KVM 虚拟机和 LXC 容器的快照备份。创建的备份不仅包括虚拟机和容器的完整镜像数据，同时也包含了相应的配置文件信息。

KVM 虚拟机在线备份功能可以兼容所有的存储类型，对于保存在 NFS、Ceph RBD 上的虚拟机镜像，均可以进行备份。

7. 支持多种虚拟网络技术

Proxmox VE 支持基于桥接模式的虚拟网络。在该模式下，所有的虚拟机共享一个虚拟交换机，效果相当于同时接入同一个交换机。虚拟交换机和 Proxmox VE 的物理网络桥接，可以让虚拟机和外部网络进行 TCP/IP 通信。

Proxmox VE 还支持 VLAN(802.1q)和网络绑定/链路聚合技术。用户可以充分利用 Linux 网络组件的强大功能，构建复杂多样的虚拟网络环境。

12.5.2 Proxmox VE 的安装

Proxmox VE 的安装有两种方式：一种是安装一个最小化的 Debian 操作系统，然后在系统中添加 Proxmox 的安装源进行安装；另一种是下载 Proxmox 提供的 ISO 文件进行安装。在第二种方式下，如果是裸机安装 Proxmox VE，则需要将下载的 ISO 文件制作成安装 U 盘，若是在 VMware 中安装则不需要。

可到官方网站(https://www.proxmox.com/en/downloads)下载最新的 Proxmox VE 系统，如图 12-13 所示。

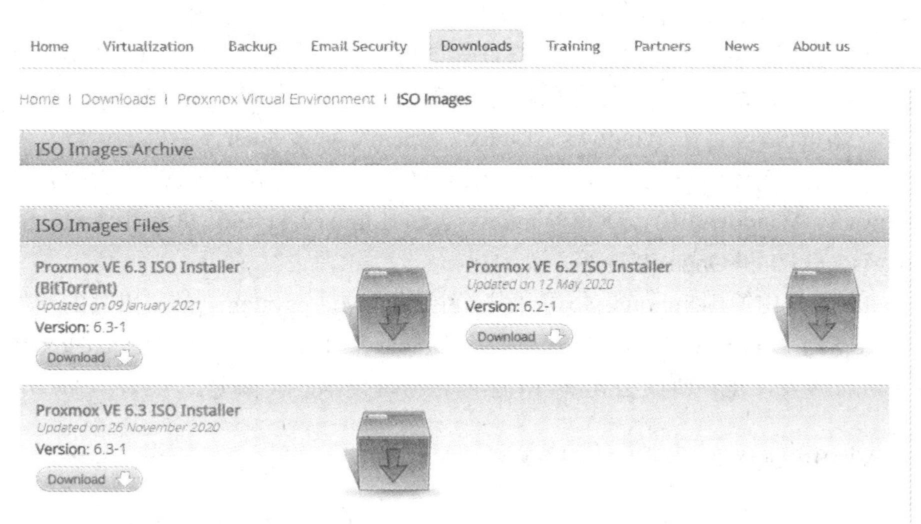

图 12-13　Proxmox VE 官网 ISO 文件下载

在裸机安装 Proxmox VE 时，可以查看 Proxmox 官方网站的安装指南，按照图 12-14 所示的步骤进行操作，或者阅读 Proxmox VE 文档中的完整安装指南，网址为 https://www.proxmox.com /en/proxmox-ve/get-started。

下载并安装

1个

下载ISO镜像

ISO映像文件是磁盘的映像。下载Proxmox VE ISO，然后将其复制到USB闪存驱动器或CD / DVD以便使用。

下载ISO镜像

2

从USB或CD / DVD引导

按"Enter"以在专用硬件上启动自动安装向导。

如果您需要安装方面的帮助，请阅读文档或获取技术支持订阅。

获取支持订阅

3

通过GUI配置

您可以通过网络浏览器执行所有操作。您不需要安装单独的管理工具。

在文档中找到所有详细信息：

如何配置

注意：Proxmox VE是裸机安装程序，请注意，已使用完整的服务器，所有现有数据将被删除。

图 12-14　Proxmox 官方网站的安装指南

如果读者不想在裸机上安装，也可以在 VMWare 的虚拟机中进行安装。具体安装信息读者可以查阅其他相关资料，这里不再赘述。

12.6　VirtualBox

VirtualBox 是一个强大的基于 AMD64 和 Intel64 的虚拟化产品，可供企业和家庭使用。VirtualBox 的官方网站是 https://www.virtualbox.org/。

VirtualBox 不仅是一款功能丰富、高性能的虚拟化产品，也是 GNU 通用公共许可证(GPL)第 2 版条款下唯一一个作为开源软件免费提供的虚拟化专业解决方案。

目前，VirtualBox 可在 Windows、Linux、Macintosh 和 Solaris 主机上运行，并支持大量客户操作系统，包括但不限于 Windows(NT4.0、2000、XP、Server 2003、Vista、Windows 7、Windows 8、Windows 10)、DOS/Windows 3.x、Linux(2.4、2.6、3.x 和 4.x)、Solaris 和 Open Solaris、OS/2 和 Open BSD 等。

VirtualBox 是由德国 Innotek 公司开发，由 Sun Microsystems 公司出品的软件，使用 Qt 编写，在 Sun 被 Oracle 收购后正式更名为 Oracle VM VirtualBox。VirtualBox 现在由甲骨文公司进行开发，是甲骨文公司 xVM 虚拟化平台技术的一部分。

12.6.1　VirtualBox 的功能

VirtualBox 可以一次运行多个操作系统，能够简化软件安装。软件供应商可以使用虚拟机来交付整个软件配置。例如，在真实计算机上安装完整的邮件服务器解决方案可能是一项烦琐的任务。使用 VirtualBox，可以将这种复杂的设置(通常称为设备)打包到虚拟机中。安装和运行邮件服务器变得像将此类设备导入 VirtualBox 一样容易。

VirtualBox 能够使系统测试和问题恢复变得更加简单。VirtualBox 虚拟机及其虚拟硬盘可以任意暂停、唤醒、复制和备份。

1. 虚拟机可移植

VirtualBox 在所有主机平台上其功能都是相同的，并使用相同的文件和镜像文件格式。这可以在两台具有不同操作系统的主机上运行同一个虚拟机。例如，可以在 Windows 上创建虚拟机，然后在 Linux 上运行它。

此外，可以使用开放虚拟化格式(OVF 镜像格式)轻松导入和导出虚拟机，甚至可以导入使用其他虚拟化软件创建的 OVF 镜像。对于 Oracle Cloud Infrastructure 的用户，功能扩展到了与云之间的虚拟机导入和导出，这大大简化了应用程序的开发以及在生产环境中的部署工作。

2. 客户附加

客户附加(Guest Additions)是 VirtualBox 提供的客户附加软件包，可以将其安装在受支持的客户操作系统内部，以提高其性能并提供与主机系统的附加集成和通信。

安装 Guest Additions 后，可以为虚拟机提供附加功能，包括文件共享、剪贴板和图形加速，虚拟机将支持自动调整视频分辨率、无缝窗口、加速的 3D 图形等。

Guest Additions 为客户操作系统提供共享文件夹，可以使用户从客户操作系统访问主机系统上的文件。

3. 强大的硬件支持

(1) 多处理器支持：VirtualBox 可以为每个虚拟机最多提供 32 个虚拟 CPU，而与主机上实际存在多少个 CPU 内核无关。

(2) USB 设备支持：VirtualBox 实现了一个虚拟 USB 控制器，可以将任意 USB 设备连接到虚拟机，而不必在主机上安装特定设备的驱动程序。

(3) 硬件兼容性：VirtualBox 能够虚拟大量硬件设备，包括 IDE、SCSI 和 SATA 硬盘控制器、网卡和声卡、串行和并行端口以及输入/输出高级可编程中断控制器，这样可以轻松地从物理计算机克隆磁盘映像，以及将第三方虚拟机导入 VirtualBox。

(4) 全面的 ACPI(Advanced Configuration and Power Management Interface，高级配置和电源管理接口)支持：凭借 ACPI 电源状态支持，可以将磁盘映像从物理计算机或第三方虚拟机克隆到 VirtualBox，甚至可以向支持 ACPI 的客户操作系统报告主机的电源状态。

(5) 内置 iSCSI 存储支持：无须通过主机系统即可将虚拟机直接连接到 iSCSI 存储服务器。可以使虚拟机直接访问 iSCSI 目标。

4. 快照功能

VirtualBox 支持虚拟化快照功能，可以保存虚拟机的特定状态，并在必要时恢复到该状态。在 VirtualBox 的虚拟机中可以创建任意数量的快照，还能进行多分支快照，保存虚拟机的任意状态，使用户可以在虚拟机快照之间来回移动。

VirtualBox 还支持在虚拟机运行时创建和删除快照，在虚拟机运行时删除快照可以回收磁盘空间。

5. 虚拟机组

VirtualBox 提供了虚拟机分组功能，使用户可以集体或分别组织和控制虚拟机。除了基本组之外，任何虚拟机都可以位于多个组中，组可以嵌套在层次结构中。通常，可在组上执行的操作与可应用于单个虚拟机的操作相同：启动、暂停、重置、关闭、在文件系统中显示、分类等。

6. 远程连接

通过 VirtualBox 远程桌面扩展(Virtual Remote Desktop Extension，VRDE)，可以对任何正在运行的虚拟机进行高性能的远程访问。VRDE 不依赖 Microsoft Windows 内置的 RDP(Remote Desktop Protocol，远程桌面协议)服务器，可以在文本模式下与 Windows 以外的客户操作系统一起使用，并且在虚拟机中也不需要应用程序支持。VirtualBox 还支持 Windows 上的 Winlogon 和 Linux 上的 PAM(Pluggable Authentication Modules，可插拔认证模块)进行 RDP 身份验证。

使用 RDP 身份验证，VirtualBox 还可以将任意本地 USB 设备连接到在 VirtualBox RDP 服务器上远程运行的虚拟机。

VirtualBox 既支持纯软件虚拟化，也支持 Intel VT-x 与 AMD 的 AMD-V 硬件虚拟化技术。为了方便其他虚拟机用户向 VirtualBox 的迁移，VirtualBox 可以读/写 VMware VMDK(VMware Virtual Machine Disk)格式与其他虚拟化产品 VHD(Virtual Hard Disk)格式的虚拟磁盘文件。

12.6.2 Virtual Box 的安装

2021 年 1 月 19 日，Oracle 发布了 VirtualBox 的最新版本 6.1.18。VirtualBox 的官方下载网站为 https://www.virtualbox.org/wiki/Downloads。在该页面下，读者可以根据自己的操作系统性能，选择合适的 platform packages 平台安装包进行下载。其下载界面如图 12-15 所示。

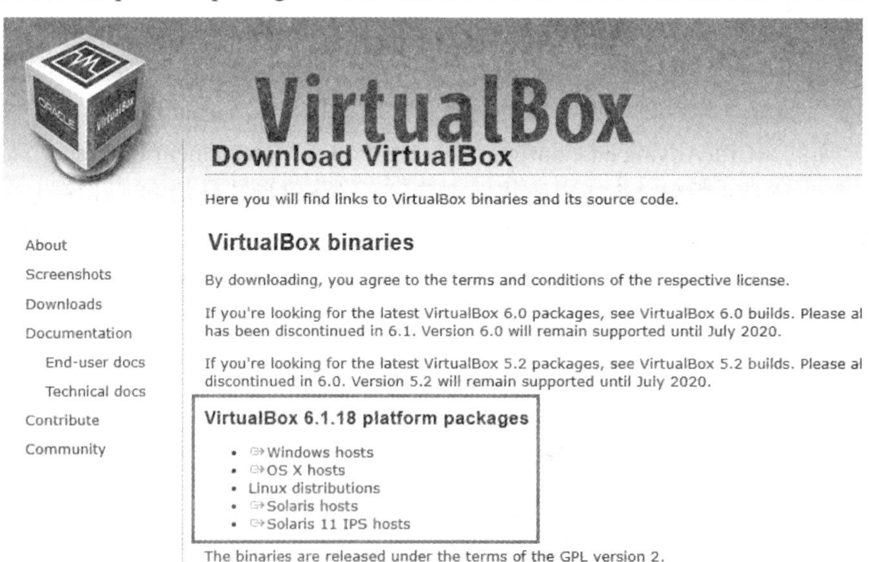

图 12-15　VirtualBox 下载界面

以在 Windows 操作系统中安装 VirtualBox 为例，在图 12-15 中选择“Windows hosts”进行下载，下载完毕后直接双击，选择需要的功能进行安装即可。安装界面如图 12-16 和图 12-17 所示。

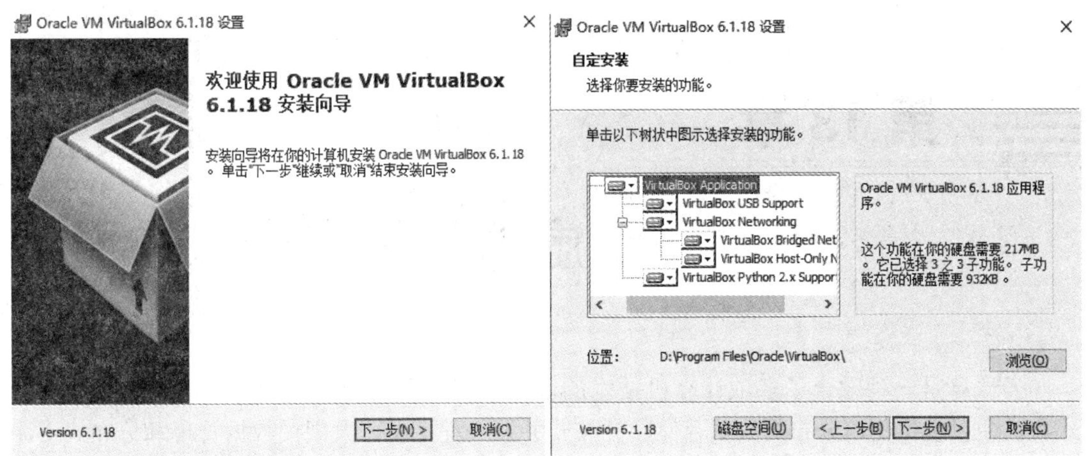

图 12-16　VirtualBox 安装界面 1　　　图 12-17　VirtualBox 安装界面 2

VirtualBox 的安装为图形界面，读者按照需求自行安装即可，详细的安装和使用方式这里不再赘述。

本 章 小 结

本章主要是让读者了解更多的其他虚拟化公司提供的各类虚拟化产品，通过对市场上不同虚拟化产品架构和功能的了解，明白虚拟化技术的不同实现及使用方式，并对虚拟化技术发展方向有更深入的理解。

本 章 习 题

1. VMware 公司的虚拟化产品众多，结合 VMware 公司官网，对虚拟化技术产品进行分类和总结。
2. 简述 Hyper-V 的功能、开启和使用方式。
3. 简述 Xen Project 的虚拟化架构。
4. 简述 oVirt 的主要功能。
5. 简述 Proxmox 公司三类产品的使用场景。
6. 简述 VirtualBox 的主要功能。

第 13 章

虚拟化技术未来与展望

云计算是一种融合了多项计算机技术的以数据存储和处理能力为中心的密集型计算模式，其中以虚拟化、分布式数据存储、分布式并发编程模型、大规模数据管理和分布式资源管理技术最为关键。近几年，随着一些国际知名的虚拟化软件厂商在中国市场的大力开拓，云计算虚拟化技术的概念和应用越来越热，虚拟化软件市场大幅升温，同时也带动了国内一批虚拟化软件企业的迅速发展。虚拟化技术从早期的企业应用逐步过渡到公有云应用，应用范围越来越广泛。与此同时，云计算的核心技术也在发生着巨大的变化，新一代技术正在改进甚至取代前一代技术，容器虚拟化技术以其轻便、灵活和部署快速等特性对传统的基于虚拟机的虚拟化技术带来了颠覆性的挑战，正在改变着基础设施即服务(IaaS)和平台即服务(PaaS)的架构和实现。那么，未来虚拟化技术又会发生什么样的变化呢？本章将从整体的虚拟化技术应用及发展角度，阐述和分析云计算虚拟化技术的下一步研究方向和发展趋势。

知识结构图

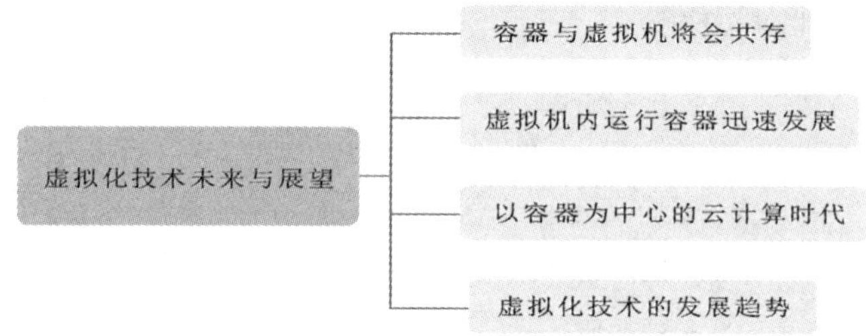

本章重点

- 了解容器虚拟化与虚拟机的优缺点。
- 了解容器虚拟化的发展趋势。
- 了解虚拟化技术的发展趋势。

本章任务

了解容器虚拟化和服务器虚拟化的优缺点，明白容器与虚拟机共同发展的虚拟化技术的新阶段，了解虚拟化技术的发展趋势。

13.1　容器和虚拟机的发展

Docker 的出现给传统的基于虚拟机的云计算发展带来了强有力的冲击，那么，是不是虚拟机技术已过时，容器技术要彻底取代虚拟机技术了呢？容器技术本身能不能以及如何解决目前仍然存在的问题？容器技术会给云计算的下一步发展和市场带来哪些根本的变化？

容器和虚拟机的主要差别在于容器提供一种应用级的虚拟化方法，使得多个应用可以相互独立地运行在一个操作系统实例上；而虚拟机提供一种虚拟化硬件的方法，使得多个操作系统可以相互独立地运行在一个物理服务器上。尽管容器技术比虚拟机更轻便、快速，并具有更好的可迁移性，但由于容器本身的不完善性以及一些应用场合的特性，容器并不能够完全代替虚拟机成为唯一的虚拟化技术。

容器和虚拟机的主要区别如下：

(1) 虚拟机的安全性要比容器强，主要原因是虚拟机之间是通过硬件实现隔离的，而容器之间共享操作系统和应用库程序，容器可能受到的攻击面大于虚拟机。其一，容器需要防止宿主操作系统不会被攻破。如果攻击者能够获取访问宿主操作系统的权限，就有机会攻击运行在其上面的容器；其二，用来隔离容器的命名空间设施也是潜在的攻击面。攻击者可通过运行在容器里的应用去攻击运行在同一台宿主机上的其他容器，且目前不是进程的所有属性都通过命名空间进行了隔离，有些属性还在容器间共享；其三，操作系统暴露给容器的使用界面远远大于虚拟机监控程序(Hypervisor)暴露给虚拟机的界面，任何系统调用方面的缺陷都有可能被攻击者用来攻击操作系统。

尽管容器的安全性得到了改善，但还不能完全保证上述安全问题都能够得到解决。对于安全性要求高的用户场景来讲，虚拟机仍然是更好的选择。因此，公有云服务提供商还不能放弃提供虚拟机服务，从而导致所提供服务的适应面变窄。

(2) 容器的整个生态链还不完善，用来对容器进行监控、管理和维护的工具还不成熟，而虚拟机经过二十多年的发展已有了成熟的管理和控制工具生态圈。不管是容器还是虚拟机本身都不能够保证应用可以作为产品的正常运行，都还需要各种管理工具来管理应用的性能、安全性和资源。对于一个应用来讲，消耗资源少、启动快和迁移性好是重要的，但这还不够，一个成熟的、经过企业级应用验证的应用架构更为重要。容器目前的生态圈还不成熟，特别是缺少经过企业级应用验证的应用架构，容器编排引擎也还在不断改进中，因此还不具备替代虚拟机的条件。

(3) 容器更适合需要运行同一个应用的多个实例或者许多相近应用的场景，但是不太适合多租户场景。使用容器运行一个应用(如 MySQL)的多个实例，由于相应的容器之间共享同样的操作系统和代码，因此可以节省大量资源；同样，使用容器运行许多相近的应用也可以节省大量的系统资源。但容器并非适合于多租户场景，一方面是因为不同租户之间使用的操作系统版本可能不同，应用之间共享的代码也会有差别，因此节省的系统资源量有限；更主要的原因是容器的安全性弱点可能导致攻击者使用容器非法入侵其他容器。

总之，因为容器和虚拟机具有各自的优势和弱点，并且具有不同的功能，应该把容器虚拟化和虚拟机看成是两个互相补充的技术，而不是相互替代的技术。一个数据中心应该同时支持这两个技术以满足不同应用场景的需求。如何选择使用容器还是虚拟机取决于应用的场景。如果需要在有限的资源上运行同一个应用的许多实例，那么容器是最好的选择。例如，在一个教育云平台上，需要为几百个学生每人部署一套实验环境，那么容器就是最佳的选择。如果应用需要同时使用多种不同的操作系统或者使用版本差别较大的操作系统，并且应用的安全性也很重要，那么就应该使用虚拟机来运行这些应用。比如，需要为某个政府部门部署一套进行数据挖掘的大数据平台。因大数据平台需要安装 Hadoop、HBase、Hive、Kafka、MySQL、Elastic Search 和 SQL Server 等多个系统，这些应用运行在不同的操作系统之上，并且这些应用启动以后会长期运行，而且政府机构对安全性要求都比较高，所以这种场景就需要选择使用虚拟机。

13.2　虚拟机内运行容器的发展

容器和虚拟机技术各有优势和弱点，并且各自都有自己的使用场景。如何把容器和虚拟机技术结合，相互取长补短，利用一个技术的优势克服另一个技术的弱点已成为一个热门研究课题。基本思路是把容器运行在虚拟机的内部，利用虚拟机的硬件隔离来提高容器的安全性，使用虚拟机丰富成熟的监控和管理工具完善容器的运行环境；同时，通过简化虚拟机客户操作系统本身尽可能保持容器的轻量、快速优势。传统虚拟化技术领军企业 Citrix、VMware 和 Microsoft 都在研究在各自的虚拟化产品里运行容器。

虚拟机技术提供了一个灵活安全且方便使用的运行平台，可以高效部署和管理各种应用；容器则提供了一种方便地包装、分发和部署应用的方法。这两种技术处于应用生命周期的不同阶段，如果能够把它们结合起来发挥各自的优势，那么就可以更好地同时满足应用开发者和应用架构管理者的需求。

2015 年，Citrix 为 XenServer 虚拟机技术引进了对 Docker 容器技术的支持，使 XenServer 可以掌握哪些虚拟机里运行了 Docker 容器，并把容器的相关信息展示给系统管理员。这样就可以使系统管理员比较方便地使用同一套工具监控、分析和管理容器；同时开发人员还可以使用他们熟悉的工具进行容器的部署和管理。Citrix 还计划在 XenServer 的管理工具中引入容器编排引擎 Kubernetes、Swarm 和 Mesos，以便快速完成基于容器的应用部署。VMware 的 VIC(vSphere Integrated Containers)项目的目的是为使用 VMware 产品的开发团队提供一套产品级容器方案。通过使用 vSphere 的现有能力，企业 IT 管理者可以在同一套系统架构上同时运行容器和虚拟机。在虚拟机里运行容器，开发人员可以利用 vSphere 的安全、网络、存储、资源管理等能力来运行容器。VIC 包括 3 个核心组件：容器仓库、容器引擎和容器管理。容器仓库用来安全地存储容器的镜像；容器引擎提供了启动容器的远程 API；容器管理给应用开发团队提供了管理容器镜像、仓库和宿主机，以及运行容器的界面。Microsoft 与 Docker 已经宣布合伙把 Windows 服务器的生态系统引入 Docker 社区。Windows 为容器提供了两个运行模式：Windows Server 容器模式和 Hyper-V 容器模式。Windows Server 容器模式类似于 Docker 在 Linux 中的模式，容器共享宿主操作系统；Hyper-V 容器模式是在轻量虚拟机上运行容器，每个容器拥有自己的操作系统内核。

如上所述，在虚拟机里运行容器将会提高容器的安全性，并且可以利用各种成熟的虚拟机监控和管理工具来为容器服务，但是这种方法是不是会影响容器的性能？无可置疑，在虚拟机内运行容器的性能会低于直接在物理机上运行容器的性能，但是两者之间的差距到底有多大？VMware 的测试报告指出两点：首先是把一个应用运行在基于 vSphere 虚拟机内的容器上与运行在直接部署在物理机上的容器上相比，两者之间的性能差别不到 5%；其次，把一个应用运行在 vSphere 虚拟机上与运行在基于 vSphere 虚拟机的容器上相比，两者之间的性能几乎没有任何差别。因此，用不到 5%的性能损失换取安全性能的提高和方便的监控与管理工具是完全值得的。

在虚拟机内运行容器是当前研究的一个热点，特别是传统的虚拟化公司希望借助于自己多年来在虚拟化领域的技术沉淀来迎接容器虚拟化带来的挑战。从当前的初步结果来看，这种方式是一个很有潜力的快速解决容器弱点的途径。相信在传统虚拟化公司的带领下，容器和虚拟机技术会更加融合，在虚拟机内运行容器将会成为一种趋势。

13.3　以容器为核心的云计算时代

由于容器技术存在许多传统虚拟机技术所达不到的技术水平，并且由于容器技术的多元化操作方式更加符合我国云计算虚拟化技术的发展趋势，因此，我国云计算的发展趋势将以容器技术为中心，传统虚拟机技术为辅助。Docker 容器技术的出现给云计算行业带来了颠覆性的改变。

过去的几年中，以 Docker 为代表的容器技术不断发展的同时，云计算行业也在研究如何迎接容器技术给云计算平台带来的挑战和机会。IaaS 平台开发商在研究如何在平台上引进对容器的支持，PaaS 平台开发商也在研究如何利用容器技术来改进平台。随着容器技术不断走向成熟，以容器为中心的云计算时代即将开始。通过把第一代云计算的 IaaS 层与 PaaS 层合二为一，CaaS 将有可能成为新一代的云计算架构。

Amazon AWS 已经提供了容器管理服务 ECS(Amazon EC2 Container Service)。ECS 提供高度可扩展的高性能容器管理服务，目前支持的 Docker 容器使用户可以在租用的 Amazon EC2 实例群集上通过容器轻松地运行应用程序。Amazon ECS 的用户不需要关心安装、运维、扩展和管理集群基础设施，只需简单地调用 API 便可以启动和停止 Docker 应用程序，查询集群的整体状态。同时，用户还可以使用 Amazon EC2 的其他功能，包括安全组、Elastic Load Balancing 和 EBS 卷等。Amazon ECS 还可根据应用的资源需求和可用性要求在集群中设置和安排容器。Microsoft Azure 也引进了对容器的支持，Azure 容器服务提供了一个优化的容器托管服务，用户可以方便地创建、设置和管理专门用来运行容器的虚拟机集群。用户可以设置容器集群的大小，并且可以选择流行的容器编排引擎 Kubernetes、Marathon 或者 Swarm 来部署自己的应用。Google 容器引擎是一个功能强大的用来运行 Docker 容器的集群管理和编排系统。容器引擎负责使用编排和部署用户的容器到集群中，并且负责根据用户定义的需求对容器进行管理。Google 容器引擎建立在 Kubernetes 开源编排系统之上。开源云计算系统 OpenStack 从 2014 年就开始添加对容器的支持，并且在 Liberty 版本中提供了 Swarm 和 Kubernetes 编排引擎功能。OpenStack 的最终目标是想提供一套兼容的 API 来统一管理物理机、虚拟机和容器。OpenStack 的 Magnum 项目的任务就是实现在 OpenStack 中提供多租户 CaaS 服务。

Docker 不仅掀起了 IaaS 服务提供商对容器支持的热潮，同时也极大地推动了 PaaS 平台的发展。PaaS 的目标是提供一个让开发者可以快速开发、部署和全周期管理应用的环境，而容器技术的优势就是使应用的开发和管理变得简单方便。早期的 PaaS 平台支持许多上传应用及其包装和依赖的方法，随着开发者开始使用 Docker 容器作为包装和转移应用的方法，支持 Docker 容器已经成为 PaaS 平台的一种新局势。三大 PaaS 公司的产品，即 Pivotal 的 Cloud Foundry、Red Hat 的 OpenShift 和 Apprenda 都开始支持容器。Red Hat 于 2015 年颁布了 OpenShift Enterprise 3——基于 Docker 容器、Kubernetes 容器引擎和 Red Hat Enterprise Linux 7 的容器应用平台。2016 年 3 月 Apprenda 也宣布在其 PaaS 平台上支持 Kubernetes。Apprenda 过去以支持传统的.NET 和 Java 应用为主，通过支持 Kubernetes，Apprenda 希望成为一个可以管理传统应用、微应用和容器应用的通用平台。Cloud Foundry 从一开始就使用了容器的概念，并引入了容器管理平台 Warden，但是该容器格式与 Docker 容器不一样。随着 Docker 容器得到广泛采用，Cloud Foundry 也计划支持 Docker。为此，Cloud Foundry 重新开发了其容器管理平台，改名为 Garden。

Docker 的出现使得以容器为单位的云平台成为可能。相比传统系统虚拟化技术，Docker 可以让更多数量的应用程序在同一硬件上运行；可以让开发人员更容易快速构建可随时运行的容器化应用程序；可以大大简化管理和部署应用程序的任务。任何后端的服务程序，都可以封装在 Docker 容器中进行销售、分发和部署，后端开发者能像 Mobile App 开发者那样去做自己的产品。Docker 的分布式特点令其具有非常好的发展前景。

13.4　虚拟化技术的发展趋势

纵观虚拟化技术发展历程，不难看出未来虚拟化技术将出现以下四方面的发展趋势。

1. 虚拟技术应用将多元化

目前，通过服务器虚拟化实现资源整合是虚拟化技术得到应用的主要驱动力，现阶段服务器虚拟化的部署远比桌面或者存储虚拟化等多。但从整体来看，桌面和应用虚拟化在虚拟化技术的下一步发展中处于优先地位，仅次于服务器虚拟化。未来，桌面平台虚拟化将得到大量部署。

2. 安全、存储、管理将成为热点

对于服务器虚拟化技术本身而言，随着硬件辅助虚拟化技术的日趋成熟以及各个虚拟化厂商对自身软件虚拟化产品的持续优化，不同的服务器虚拟化技术在性能方面的差异将日益减小。未来，虚拟化技术的发展热点将主要集中在安全、存储、管理等方面。

3. 功能将更加集成且使用更方便

就当前来看，虚拟化技术的持续扩张遇到的障碍将主要集中在虚拟化的性能、虚拟化环境的部署、虚拟机的零宕机迁移和长距离迁移、虚拟化软件与存储等设备的兼容性、虚拟化环境的安全以及其他管理方面的问题上，任何一家在以上这些方面有所突破的厂家都将获利颇丰。

4. 虚拟化客户端硬件化

当前的桌面虚拟化和应用虚拟化技术对包含动画、声音、视频及用户交互的富媒体的

客户体验与传统 PC 终端相比还是有一定的差距的，主要原因是对于 2D/3D/视频/Flash 等富媒体缺少硬件辅助虚拟化支持。随着虚拟化技术越来越成熟及广泛应用，终端芯片将逐步加强对虚拟化的支持，从而通过硬件辅助处理来提升富媒体的用户体验。特别是对于 PAD、智能手机等移动终端设备，如果对虚拟化指令有较好的硬件辅助支持，将大大加速虚拟化技术在移动终端的落地。

云计算时代是开放、共赢的时代，作为云计算基础架构的虚拟化技术，将会不断有新的技术变革，逐步增强开放性、安全性、兼容性以及用户体验。

本章小结

本章主要对虚拟化技术的未来进行了展望，主要分析了容器虚拟化和虚拟机虚拟化的各自未来发展前景，并指出容器虚拟化的出现给云计算行业带来了颠覆性的改变，最后给出了虚拟化技术的未来发展趋势。

本章习题

1. 虚拟机比容器的安全性更强，表现在哪些方面？
2. 如何根据不同的应用场景，选择容器虚拟化或服务器虚拟化？
3. 虚拟化技术的未来发展趋势是什么？

参 考 文 献

[1] 樊峰鑫，牛晓博. 浅议云计算技术[J]. 数字技术与应用，2020，38(12)：71-73 .

[2] 人工智能 AI515070. 云计算到底是谁发明的？[EB/OL].https://xueqiu.com/ 1866014742/ 157130107,2020-08-20/2021-05-13.

[3] 一世浮沉. 中国云计算发展历程：2008—2018 中国云计算大事年表[EB/OL]. https://www.xianjichina.com/news/details_90355.html, 2018-11-08/2021-05-01.

[4] 周洪波.云计算：技术、应用、标准和商业模式[M]. 北京：电子工业出版社，2011.

[5] 李莉，廖剑伟，欧灵. 云计算初探[J]. 计算机应用研究，2010，27(12)：4419-4422+4426.

[6] BUYYA R, YEO C S, VENUGOPAL S, et al. Cloud computing and emerging IT platforms: Vision, hype, and reality for delivering computing as the 5th utility[J]. Future Generation computer systems, 2009, 25(6)：599-616.

[7] 罗军舟，金嘉晖，宋爱波，等. 云计算：体系架构与关键技术[J]. 通信学报，2011，32(07)：3-21.

[8] 陈璞. 探究计算机信息技术中虚拟化技术的运用[J]. 电子制作，2020(16)：64-65.

[9] PRATT I, FRASER K, HAND S, et al. Xen 3.0 and threat of virtualization[C]. Ottawa: Proceedings of the Linux Symposium，2005，36(5)：164-177.

[10] 马博峰. VMware、Citrix 和 Microsoft 虚拟化技术详解与应用实践[M]. 北京：机械工业出版社，2013.

[11] KIVITY A, KAMAY Y, LAOR D, et al. KVM: the Linux virtual machine monitor[C]. Ottawa: Proceedings of the Linux Symposium，2007，1(8)：225-230.

[12] IBM 虚拟化与云计算小组.虚拟化与云计算[M]. 北京：电子工业出版社，2010.

[13] 南宫乘风. kubeadm 部署 Kubernetes(k8s) 完整版详细教程[EB/OL]. https://blog.csdn.net /heian_99/article/details/103888459，2020-01-08/2021-03-25.

[14] qhh0205. 使用 kubeadm 搭建 kubernetes 集群[EB/OL]. https://blog.csdn.net/ qianghaohao/ article /details/88676241，2019-03-19/2021-03-25.

[15] wucong60. Kubernetes 系列之一：在 Ubuntu 上快速搭建一个集群 Demo[EB/OL]. https:// blog.csdn.net/wucong60/article/details/81161360,2018-08-01/2021-04-03.

[16] Xenproject. Xenproject[EB/OL]. https://xenproject.org/users/virtualization/，2021-02-03.

[17] IBM. IBM[EB/OL]. https://www.ibm.com/developerworks/cn/cloud/library/1209_xiawc_ ovirt/，2021-02-07.

[18] 李朝兵，张涛涛，都升升. Proxmox 虚拟化平台简介[J]. 中国传媒科技，2018(10)：50-53.

[19] FELTER W, FERREIRA A, RAJAMONY R, et al. An updated performance comparison of virtual machines and Linux containers[C]. Proceedings of the 2015 IEEE International Symposium on Performance Analysis of Systems and Software. Washington DC: IEEE Computer Society，2015：171-172.

[20] 武志学.云计算虚拟化技术的发展与趋势[J]. 计算机应用，2017，37(04)：915-923.

[21] VMware vSphere Blog. vSphere Integrated Containers—Technology Walkthrough [EB/OL]. https://blogs.vmware.com/vsphere/2015/10/vsphere-integrated-containers-technology-walkthro- ugh. html, 2021-04-16.

[22] VROOM! Performance Blog. Docker Containers Performance in VMware vSphere [EB/OL]. http://blogs.vmware.com/performance/2014/10/docker-containers-performance-vmware-vsphere.html, 2021-04-22.